ಸಮಗ್ರ ಖಗೋಲ ಗಣಿತ

ಅನೇಕ ಉದಾಹರಣೆಗಳು ಸಹಿತ

ಮನೋಹರ ನಾರಾಯಣ ಪುರೋಹಿತ

Copyright © Manohar Narayan Purohit
All Rights Reserved.

ISBN 979-8-88667-553-5

This book has been published with all efforts taken to make the material error-free after the consent of the author. However, the author and the publisher do not assume and hereby disclaim any liability to any party for any loss, damage, or disruption caused by errors or omissions, whether such errors or omissions result from negligence, accident, or any other cause.

While every effort has been made to avoid any mistake or omission, this publication is being sold on the condition and understanding that neither the author nor the publishers or printers would be liable in any manner to any person by reason of any mistake or omission in this publication or for any action taken or omitted to be taken or advice rendered or accepted on the basis of this work. For any defect in printing or binding the publishers will be liable only to replace the defective copy by another copy of this work then available.

ಅನುಕ್ರಮಣಿಕೆ

ಲೇಖಕನ ಸ್ವ-ಪರಿಚಯ

ಹೆಸರು: ಮನೋಹರ ನಾರಾಯಣ ಪುರೋಹಿತ

ತಂದೆ - ನಾರಾಯಣ ತಮ್ಮಾಜಿ ಪುರೋಹಿತ

ತಾಯಿ - ಪದ್ಮಾವತಿ

ಜನ್ಮದಿನಾಂಕ - ೧೦ - ೦೯ - ೧೯೪೦

ಜನ್ಮಸ್ಥಳ - ಶಿರಕೋಳ (ಧಾರವಾಡ ಜಿಲ್ಲೆ)

ಶಿಕ್ಷಣ ಮತ್ತು ಕಾರ್ಯಾನುಭವ

ಮಾಧ್ಯಮಿಕ ಶಿಕ್ಷಣ : ಮಾಡೆಲ್ ಹಾಯ್ ಸ್ಕೂಲ್ ನವಲಗುಂದದಿಂದ   ಎಸ್ ಎಸ್ ಸಿ (1956) (ಪ್ರಥಮ ಶ್ರೇಣಿ - ಪ್ರಥಮ)

ಧಾರವಾಡದಲ್ಲಿಯ ಕೆ.ಎಚ್.ಕಬ್ಬೂರ ಇನಸ್ಟಿಟ್ಯೂಟ ಅಫ್ ಇಂಜಿನಿಯರಿಂಗ (ಪ್ರಥಮ ಬ್ಯಾಚ್) ಡಿಪ್ಲೊಮಾ ಇನ್ ಸಿವಿಲ್ ಇಂಜಿನಿಯರಿಂಗ 1956-1959. (ಮೂರೂ ವರುಷಗಳಲ್ಲಿ ಪ್ರಥಮ ಶ್ರೇಣಿ - ಪ್ರಥಮ).

1959 ರಿಂದ 1965 ಮಹಾರಾಷ್ಟ್ರ PWD ರತ್ನಾಗಿರಿ ಡಿವಿಜನ್ ದಲ್ಲಿ ಸೇವೆ.

1962 ಮತ್ತು 1964ರಲ್ಲಿ AMIE ಸೆಕ್ಷನ್ A ಮತ್ತು B (BE-Civil ಗೆ ಸರಿಸಮಾನ) ಪರೀಕ್ಷೆಗಳಲ್ಲಿ ಯಶ. ಮತ್ತು ಇನ್ಸ್ಟಿಟ್ಯೂಶನ್ ಆಫ್ ಇಂಜಿನಿಯರ್ಸ್ (ಇಂಡಿಯಾ) ದ ಸದಸ್ಯತೆ ಪ್ರಾಪ್ತಿ.

1965 ರಿಂದ ಶಾಸಕೀಯ ತಂತ್ರನಿಕೇತನ ರತ್ನಾಗಿರಿಯಲ್ಲಿ ಅಪ್ಲೈಡ ಮೆಕ್ಯಾನಿಕ್ಸ್ ವಿಷಯದ ಪ್ರಾಧ್ಯಾಪಕ ವೃತ್ತಿಯ ಪ್ರಾರಂಭ. ನಂತರ ಅಲ್ಲಿಯೇ ವಿಭಾಗಪ್ರಮುಖ (Maharashtra Education Service Class-I) ನಾಗಿಯೂ ಕಾರ್ಯರತ.

1976 ದಲ್ಲಿ ಶಾಸಕೀಯ ತಂತ್ರನಿಕೇತನ ಸೋಲಾಪುರಕ್ಕೆ ಬದಲಿ ಮತ್ತು 1988 ರ ವರೆಗೆ ಅಲ್ಲಿ ಕಾರ್ಯರತ.

1988 ರಲ್ಲಿ ಶಾಸಕೀಯ ಸೇವೆಯಿಂದ ನಿವೃತ್ತಿ. 1993 ವರೆಗೆ ಖಾಸಗಿ ಪಾಲಿಟೆಕ್ನಿಕ್ ದಲ್ಲಿ ಸಿವಿಲ್ ಇಂಜಿನಿಯರಿಂಗ ವಿಭಾಗಪ್ರಮುಖನಾಗಿ ಕಾರ್ಯ.

1993 ಯಲ್ಲಿ ಎಲ್ಲ ಸೇವೆಗಳಿಂದ ಸಂಪೂರ್ಣ ನಿವೃತ್ತಿ.

ಕಲೆ ಮತ್ತು ಹವ್ಯಾಸಗಳು:

ಚಿಕ್ಕಂದಿನಿಂದಲೇ ಸಂಗೀತದಲ್ಲಿ ಆಸಕ್ತಿ. ತಂದೆ ಕೈ.ಶ್ರೀ.ನಾರಾಯಣರಾವ ಪುರೋಹಿತ ಆಲ್ ಇಂಡಿಯಾ ರೇಡಿಯೋ ಧಾರವಾಡ ಕೇಂದ್ರದ ಗಾಯಕರಾಗಿದ್ದರು. ಅವರಿಂದ ಬಾಲ್ಯದಲ್ಲಿಯೇ ಸಂಗೀತದ ಸಂಸ್ಕಾರ.

ಮುಂದೆ ಸ್ವಾಭ್ಯಾಸ ಸ್ವಪ್ರಯತ್ನದಿಂದ ಸಿತಾರ, ಬಾಸುರಿ, ಹಾರ್ಮೋನಿಯಮ್, ತಬಲಾ, ವಾಯೋಲಿನ್ ಮುಂತಾದ ವಾದ್ಯಗಳ ವಾದನಚಾತುರ್ಯದ ಉಪಲಬ್ಧಿ.

ಅಖಿಲ ಭಾರತೀಯ ಗಾಂಧರ್ವ ಮಹಾವಿದ್ಯಾಲಯಮಂಡಲದ ಅಲಂಕಾರದ ವರೆಗಿನ ಎಲ್ಲ (ವಿಷಯ-ಗಾಯನ) ಪರೀಕ್ಷೆಗಳಲ್ಲಿ ಪ್ರಥಮ ಶ್ರೇಣಿಯಲಲ್ಲಿ ಉತ್ತೀರ್ಣ.

ಅಖಿಲಭಾರತದಲ್ಲಿ ಪ್ರಸಿದ್ಧಿ ಪಡೆದ ರಾಷ್ಟ್ರೀಯ ಗಾಯಕ ಕೈ.ಪಂ.ಪ್ರಭುದೇವ ಸರದಾರ ಸೊಲ್ಲಾಪುರದಲ್ಲಿ ಇರುವಾಗ ಅವರಿಂದ ಮಾರ್ಗದರ್ಶನ ಹಾಗೂ ಅವರೊಡನೆ ಹಾರ್ಮೋನಿಯಮ್ ಸಾಥ ಮಾಡುವ ಸುಸಂಧಿಗಳು ಅವಿಸ್ಮರಣೀಯ.

ಅನೇಕ ಬಾರಿ ಗಾಯನ ಹಾಗೂ ವಾದ್ಯವಾದನಗಳ ಸಾಂಗೀತಿಕ ಕಾರ್ಯಕ್ರಮಗಳಲ್ಲಿ ಭಾಗಿಯಾಗುವ ಸುಸಂಧಿಗಳು. ಅವುಗಳಲ್ಲಿ ಅವಿಸ್ಮರಣೀಯವಾದವುಗಳು ಕೆಳಗಿನಂತಿವೆ.

೧. ಕುಂದಗೋಳದ ಸವಾಯಿ ಗಂಧರ್ವ ಸಂಗೀತ ಮಹೋತ್ಸವ (2009)ದಲ್ಲಿ ವ್ಹಾಯೋಲಿನ ವಾದನ.

೨. ಪಣಜಿ (ಗೋವಾ) ದಲ್ಲಿ ನಡೆದ ಪಂ.ಪ್ರಭುದೇವ ಸರದಾರ ಸ್ಮೃತಿ ಸಂಗೀತ ಸಮಾರೋಹ (15-3-2009) ದಲ್ಲಿ ಗಾಯನ.

೩. ಸಂತೂರವಾದನ ಮತ್ತು ಬೆಂಗಳೂರಿನ ಸಂಗೀತ-ಕೃಪಾ-ಕುಟೀರ ಎಂಬ ಸಂಸ್ಥೆಯಿಂದ (14-4-2013) 'ಸಂಗೀತ-ಕಲಾರವಿಂದ' ಪದವಿಯ ಪ್ರದಾನ.

ಮನೋಹರ ನಾರಾಯಣ ಪುರೋಹಿತ

ಮುನ್ನುಡಿ

ನಾನು ಅಧ್ಯಾಪಕವೃತ್ತಿಯಿಂದ ನಿವೃತ್ತನಾದಾಗ ಹೊಸತು ಏನಾದರೂ ಕಲಿಯುವ ಉದ್ದೇಶದಿಂದ ಜ್ಯೋತಿಷ್ಯಶಾಸ್ತ್ರವನ್ನು ಅಭ್ಯಸಿಸಲು ನಿರ್ಧರಿಸಿದೆ. ಜೋತಿಷ್ಯದಲ್ಲಿ ಮೊಟ್ಟಮೊದಲು ಬೇಕಾಗುವದು ಕುಂಡಲಿ. ಕುಂಡಲಿ ಎಂದರೆ ಮತ್ತೇನೂ ಅಲ್ಲದೆ ಆಕಾಶದೊಳಗಿನ ಗ್ರಹಗಳ ಒಂದು ಪ್ರಕಾರದ ನಕ್ಷೆ. ಕುಂಡಲಿ ತಯಾರಿಸುವಾಗ ಗ್ರಹಗಳ ಸ್ಥಾನಗಳಿಗಾಗಿ ಪಂಚಾಂಗವನ್ನು ಅವಲಂಬಿಸಬೇಕಿತ್ತು. ಅದೇ ವೇಳೆಗೆ ನಾನು ಕಾಂಪ್ಯೂಟರ ಪ್ರೊಗ್ರ್ಯಾಮಿಂಗದ ಅಭ್ಯಾಸವನ್ನೂ ಪ್ರಾರಂಭಿಸಿದೆನು. ಪಂಚಾಂಗವನ್ನು ಅವಲಂಬಿಸದೆ ಗ್ರಹಗಳ ಸ್ಥಾನಗಳನ್ನು ಗಣಿತದಿಂದ ನಿರ್ಧರಿಸಲು ನಮಗೇ ಏಕೆ ಸಾಧ್ಯವಾಗಬಾರದು ಎಂಬ ವಿಚಾರವು ಮನಸ್ಸಿನಲ್ಲಿ ಮೂಡಿತು. ಅದೇ ನನ್ನ ಖಗೋಲಗಣಿತದ ಅಭ್ಯಾಸಕ್ಕೆ ನಾಂದಿಯಾಯಿತು. ಗ್ರಂಥಾಲಯಗಳು ಹಾಗೂ ಪುಸ್ತಕಾಲಯಗಳಲ್ಲಿ ಗ್ರಹಗಣಿತದ ಪುಸ್ತಕಗಳನ್ನು ಹುಡುಕಾಡಲಾಯಿತು. ಇಂಟರನೆಟನಲ್ಲಿ ಶೋಧಿಸಿಯಾಯಿತು. ಎನ್ಸಾಯಕ್ಲೋಪೀಡಿಯಾ ಜ್ಞಾನಕೋಶಗಳಲ್ಲಿಯ ಮಾಹಿತಿಯು ಆಳವಿಲ್ಲದ ಮೇಲುಮೇಲಿನದಾಗಿತ್ತು. ಸೂರ್ಯಸಿದ್ಧಾಂತ ಹಾಗೂ ಆರ್ಯಭಟೀಯ ಆದಿ ಗ್ರಂಥಗಳನ್ನು ತಿರುವಿ ಹಾಕಲಾಯಿತು. ಅವುಗಳಲ್ಲಿಯ ಸೂತ್ರಗಳು ಮತ್ತು ತಂತ್ರಗಳು ಆಶ್ಚರ್ಯಕರ ಮತ್ತು ಸ್ತುತ್ಯವಾಗಿವೆ. ಆದರೆ ದೃಶ್ಯ ಗ್ರಹಸ್ಥಿತಿಗಳಿಗೆ ಹೊಂದಿಕೆಯಾಗುವದಿಲ್ಲ. ಎಮ್.ಡಬ್ಲ್ಯು.ಸ್ಮಾರ್ಟರ 'ಸ್ಫೆರಿಕಲ್ ಅಸ್ಟ್ರಾನಾಮೀ' ಪುಸ್ತಕವು ಗಣಿತದೃಷ್ಟಿಯಿಂದ ಬಹಳೆ ಸಹಾಯಕವಾಯಿತು. ಗ್ರಹಗತಿಯ ಅತ್ಯಾಧುನಿಕ ಅಂಕಿಸಂಖ್ಯೆಗಳನ್ನು ಇಂಟರನ್ಯಾಶನಲ್ ಅಸ್ಟ್ರಾನಾಮಿಕಲ್ ಯೂನಿಯನ್ನಿನ ಸರಕ್ಯುಲರ್ 179 ನಿಂದ ತೆಗೆದುಕೊಂಡು ಅನೇಕ ವರುಷಗಳ ಪ್ರಯತ್ನದಿಂದ ನನಗೆ ನಿಖರವಾದ ಗಣಿತ ಮಾಡುವದರಲ್ಲಿ ಯಶ ದೊರೆಯಿತು. ನನಗೆ ದೊರೆತ ಈ ಜ್ಞಾನವನ್ನು ಎಲ್ಲರೊಡನೆ ಹಂಚಿಕೊಳ್ಳುವ ಉದ್ದೇಶದಿಂದ ಹಾಗೂ ಈ ತೆರದ ಮಾಹಿತಿಯನ್ನು ಕೊಡುವ ಪುಸ್ತಕಗಳು ಲಭ್ಯವಿರಲಿಲ್ಲವೆಂಬ ಅರಿವು ಆದುದರಿಂದ 'ಎ ಗಾಯಿಡ್ ಟು ಅಸ್ಟ್ರಾನಾಮಿಕಲ್ ಕ್ಯಾಲ್ಕ್ಯುಲೇಶನ್ಸ್' ಎಂಬ ಪುಸ್ತಕವನ್ನು 2016 ರಲ್ಲಿ ಪ್ರಕಟಿಸಿದೆನು. ಅದು ಜಗದಾದ್ಯಂತ ಎಲ್ಲೆಡೆಗೂ ಪ್ರಸಿದ್ಧಿಯನ್ನು ಪಡೆದಿದೆ ಹಾಗೂ ಜಗತ್ತಿನ ಬೇರೆ ಬೇರೆ ಸ್ಥಾನಗಳಿಂದ ಅದರ ಬಗ್ಗೆ ಒಳ್ಳೆಯ ಅಭಿಪ್ರಾಯದ ಪತ್ರಗಳೂ ಬಂದಿವೆ ಹಾಗೂ ಬರುತ್ತಲಿವೆ. ವಿಶೇಷವೆಂದರೆ ಈ ಪುಸ್ತಕದಿಂದ ಸ್ಫೂರ್ತಿ ಪಡೆದು ಹೈದರಾಬಾದಿನಲ್ಲಿಯ ಎರಡು ಸಂಸ್ಥೆಗಳು ತಮ್ಮದೇ ಆದ 'ತೆಲುಗು ಪಂಚಾಂಗ' ವನ್ನು ಪ್ರಾರಂಭಿಸಿದರು. ಅವೇ ಎರಡು ಸಂಸ್ಥೆಗಳ ಪರವಾಗಿ ಲೇಖಕನನ್ನು 'ಅಭಿನವ ವರಾಹಮಿಹಿರ' ನೆಂಬ ಪದವಿಯಿಂದ ಭೂಷಿಸಿ ಸನ್ಮಾನಿಸಲಾಯಿತು.

Sree Ramanuja Vishistadvaita Vedanta Parishath

Sree Kameswari Vaidika Vignana Parishath

Plot # 165, Bank Colony, Road # 8, Behind Suchitra Junction, Hyderabad - 67

AWARD
'ABHINAVA VARAHA MIHIRA'

We are glad to inform that the jury constituted for selection of highest award as captioned above instituted jointly by our organizations has unanimously decided to confer the same for the Plava Nama Samvatsram (year 2021-22) on

Shri Manohar Narayan Purohit

Author of 'A Guide to Astronomical Calculations'

in recognition of his invaluable contribution in the field of Astronomy.

Considering the current covid-19 restrictions, we are constrained to present this award in person at his place at Solapur (Maharashtra) on 28th Nov 2020.

The program will be live-streamed on 28 Nov 2020 at 12:00 to 13:00 hrs. on facebook for friends and relatives to watch.

Dr. S Laxmana Murthy Ph.D   Chivukula Seshachala Sarma

ಅನೇಕರು ಈ ಪುಸ್ತಕವನ್ನು ಹಿಂದಿ ಭಾಷೆಯಲ್ಲಿ ಪ್ರಕಟಿಸಿದರೆ ವಿಷಯವನ್ನು ತಿಳಿದುಕೊಳ್ಳಲು ಅನುಕೂಲವಾಗುವದೆಂದು ಸೂಚಿಸಿದ್ದರಿಂದ ಇದೇ ಪುಸ್ತಕದ ಹಿಂದಿ ಆವೃತ್ತಿಯನ್ನು 2020 ರಲ್ಲಿ ಪ್ರಕಟಿಸಲಾಯಿತು. ಕನ್ನಡವು ನನ್ನ ಮಾತೃಭಾಷೆ. ನಮ್ಮ ಪೂರ್ವಜರು ವರಕವಿ ಕುಮಾರವ್ಯಾಸನ ಊರೆಂದು ಹೆಸರಾದ ಧಾರವಾಡ ಜಿಲ್ಲೆಯಲ್ಲಿಯ ಕೋಳಿವಾಡ ಗ್ರಾಮದವರು. ಸುಲಿದ ಬಾಳೆಯ ಹಣ್ಣಿನಂದದಿ ಸುಲಭವಾಗಿರ್ಪ ನನ್ನ ಮಾತೃಭಾಷೆಯಾದ ಲಲಿತವಹ ಕನ್ನಡದ ನುಡಿಯಲ್ಲಿ ಈ ನನ್ನ ಕೃತಿಯನ್ನು ಪ್ರಕಟಿಸದೆ ಹೋದರೆ ಹುಟ್ಟು ಕನ್ನಡಿಗನಾದ ನನ್ನ ಈ ಬರವಣಿಗೆಯೇ ವ್ಯರ್ಥವೆಂಬ ಭಾವನೆ ಮೂಡಿತು. ಆದ್ದರಿಂದ ಈ ನನ್ನ ಕೃತಿಯನ್ನು ಕನ್ನಡಿಗ ಬಂಧುಗಳಿಗೆ ಅರ್ಪಿಸುತ್ತಿದ್ದೇನೆ. ಅವರು ಪ್ರೀತಿಪೂರ್ವಕವಾಗಿ ಇದನ್ನು ಸ್ವೀಕರಿಸುವರೆಂದು ನಂಬಿದ್ದೇನೆ. ಸಿರಿಗನ್ನಡಂ ಗೆಲ್ಗೆ.

ಮನೋಹರ ನಾರಾಯಣ ಪುರೋಹಿತ

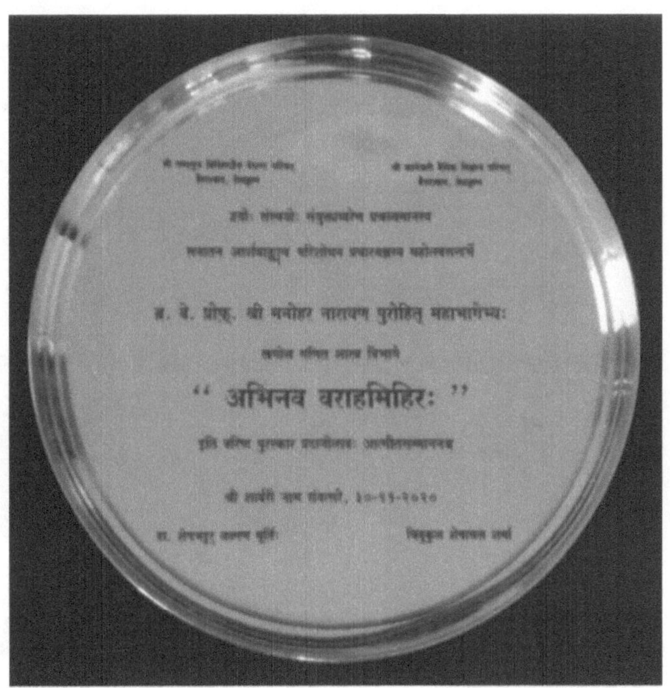

ಹೈದರಾಬಾದ ಸ್ಥಿತ ಎರಡು ಸಂಸ್ಥೆಗಳಾದ ಶ್ರೀ ರಾಮಾನುಜ ವಿಶಿಷ್ಟಾದ್ವೈತ ವೇದಾಂತ ಪರಿಷತ್ ಮತ್ತು ಶ್ರೀ ಕಾಮೇಶ್ವರೀ ವೈದಿಕ ವಿಜ್ಞಾನ ಪರಿಷತ್ ಇವುಗಳ ವತಿಯಿಂದ ಸಂಯುಕ್ತವಾಗಿ ಲೇಖಕನಿಗೆ 'ಅಭಿನವ ವರಾಹಮಿಹಿರ' ಉಪಾಧಿಯಿಂದ ಸನ್ಮಾನಿಸಿ ಪ್ರದಾನ ಮಾಡಿದ ರಜತ-ತಬಕ.

ಅಧ್ಯಾಯ 1

ಖಗೋಲಶಾಸ್ತ್ರದ ಇತಿಹಾಸ

ಮೇಲೆ ನೋಡೆ ಕಣ್ಣ ತಣಿಪ ನೀಲಪಟದಿ ವಿವಿಧ ರೂಪ

ಜಾಲಗಳನು ಬಣ್ಣಿಸಿರ್ಪ ಚಿತ್ರಚತುರನಾರ್ !

ಕಾಲದಿಂದೆ ಮಾಸದಾ ವಿಚಿತ್ರವೆಸಪನಾರ್ ! (ಕವಿ ಡಿವಿಜಿ)

ಅನಾದಿ ಕಾಲದಿಂದಲೂ ಮಾನವರು ಆಕಾಶದಲ್ಲಿ ಅದ್ಭುತವಾಗಿ ಹೊಳೆಯುವ ವಸ್ತುಗಳನ್ನು ಅತ್ಯಂತ ಕುತೂಹಲದಿಂದ ವೀಕ್ಷಿಸುತ್ತಿದ್ದರು. ಸೂರ್ಯ, ಚಂದ್ರ, ಗ್ರಹಗಳು, ನಕ್ಷತ್ರಗಳು ಮತ್ತು ಯಾವಾಗಲೊಮ್ಮೆ ಕಂಡುಬರುವ ಬಾಲವುಳ್ಳ ಧೂಮಕೇತುಗಳ ಚಲನವಲನಗಳನ್ನು ಗಮನಿಸುತ್ತ, ಅವು ಆಕಾಶದಲ್ಲಿ ಹೇಗೆ ತಮ್ಮನ್ನು ತಾವು ಇರಿಸಿಕೊಳ್ಳುತ್ತವೆ ಎಂದು ಆಶ್ಚರ್ಯಪಡುತ್ತಿದ್ದರು. ಈ ವಸ್ತುಗಳು ಭೂಮಿಯ ಮೇಲಿನ ತಮ್ಮ ಆಗುಹೋಗುಗಳನ್ನು ನಿಯಂತ್ರಿಸುತ್ತವೆ ಎಂಬ ನಂಬಿಕೆಯೊಂದಿಗೆ, ಹೆಚ್ಚಾದ ಆಸಕ್ತಿಯಿಂದ ಅವುಗಳನ್ನು ಗಮನಿಸತೊಡಗಿದರು. ತಮ್ಮ ಜೀವನದಲ್ಲಿ ನಡೆದ ಘಟನೆಗಳನ್ನು ಆಕಾಶದಲ್ಲಿ ನಕ್ಷತ್ರಗಳ ಮತ್ತು ಗ್ರಹಗಳ ಸ್ಥಾನಗಳೊಂದಿಗೆ ಜೋಡಿಸಲು ಪ್ರಾರಂಭಿಸಿದರು. ತಮ್ಮ ಜೀವನದಲ್ಲಿ ಮುಂಬರುವ ಸಂಗತಿಗಳನ್ನು ತಿಳಿದುಕೊಳ್ಳುವ ಉದ್ದೇಶದಿಂದ, ನಕ್ಷತ್ರಗಳು ಮತ್ತು ಗ್ರಹಗಳ ಮುಂಬರುವ ಸ್ಥಿತಿಗಳನ್ನು ಕಂಡುಹಿಡಿಯಲು ಪ್ರಯತ್ನಿಸಿದರು. ಹೀಗೆ "ಖಗೋಲಶಾಸ್ತ್ರ" ಮತ್ತು "ಜ್ಯೋತಿಷ್ಯ" ಶಾಸ್ತ್ರಗಳ ಉಗಮವಾಯಿತು. ಈ ಎರಡು ವಿಷಯಗಳು ಒಂದಕ್ಕೊಂದು ಹೊಂದಿಕೊಂಡಿವೆ. ಗ್ರಹಗಳು ಮತ್ತು ನಕ್ಷತ್ರಗಳು ಮಾನವ-ಜೀವನವನ್ನು ನಿಯಂತ್ರಿಸುವಷ್ಟು ಬಲಶಾಲಿಯಾಗಿವೆ ಎಂಬ ಕಲ್ಪನೆಯಿಂದ , ಅವು ದೈವತ್ವ ಮತ್ತು ಧರ್ಮದೊಂದಿಗೆ ಜೋಡಿಸಲ್ಪಟ್ಟವು ಆದ್ದರಿಂದ ಅನೇಕ ಖಗೋಲಶಾಸ್ತ್ರಜ್ಞರು ಮುಖ್ಯವಾಗಿ ಧಾರ್ಮಿಕ ವ್ಯಕ್ತಿಗಳಾಗಿದ್ದರು. ಅನೇಕ ಧಾರ್ಮಿಕ ಗ್ರಂಥಗಳು ವಿಶ್ವವನ್ನು ತಮ್ಮದೇ ಆದ ರೀತಿಯಲ್ಲಿ ವರ್ಣಿಸಿದವು.

ಖಗೋಲಶಾಸ್ತ್ರವು ಅತ್ಯಂತ ಪ್ರಾಚೀನ ವಿಜ್ಞಾನಗಳಲ್ಲಿ ಒಂದಾಗಿದೆ. ಆದಾಗ್ಯೂ, ಖಗೋಲಶಾಸ್ತ್ರದ ಅಧ್ಯಯನವು ನಿಜವಾದ ಅರ್ಥದಲ್ಲಿ ಸುಮಾರು ಕ್ರಿ.ಪೂ ೫೦೦೦ ರಲ್ಲಿ ಪ್ರಾರಂಭವಾಯಿತು ಎನ್ನಬಹುದು. ಖಗೋಲಶಾಸ್ತ್ರದ ಬೆಳವಣಿಗೆಯು ಕ್ರಮೇಣವಾಗಿ ಮತ್ತು ಪ್ರಪಂಚದ ವಿವಿಧ ಭಾಗಗಳಲ್ಲಿ ಸಮಾಂತರವಾಗಿ ನಡೆದದ್ದರಿಂದ ಅದರ ಉಗಮವನ್ನು ಖಚಿತವಾಗಿ ನಿರ್ಧರಿಸಲು ಸಾಧ್ಯವಿಲ್ಲ.

ಸೂಚನೆ: ಈ ಅಧ್ಯಾಯಯದಲ್ಲಿರುವ ಮಾಹಿತಿ ಮತ್ತು ವಿಜ್ಞಾನಿಗಳ ಭಾಯಾಚಿತ್ರಗಳನ್ನು ವಿಕಿಪೀಡಿಯಾದ ಮೂಲಕ ತೆಗೆದುಕೊಳ್ಳಲಾಗಿದೆ. ವಿಕಿಪೀಡಿಯಾಗೆ ಅನೇಕ ಧನ್ಯವಾದಗಳು.

ಭೂಮಿ ಚಪ್ಪಟೆಯಾಗಿದೆ !

ಇದು 600 B .C ವರೆಗೆ ಜಗತ್ತಿನ ಜನರ ನಂಬಿಕೆಯಾಗಿತ್ತು. ಗೋಳಾಕಾರದ ಭೂಮಿಯ ಕಲ್ಪನೆಯನ್ನು ಪೈಥಾಗರಸ್ (ಕ್ರಿ.ಶ 6ನೇ ಶತಮಾನ) ಮುಂದಿಟ್ಟನೆಂದು ನಂಬಲಾಗಿದೆ. ಆದರೆ ಚಪ್ಪಟೆ-ಭೂಮಿಯ ಕಲ್ಪನೆಯು ಬಹುಕಾಲ ಮುಂದುವರೆಯಿತು. ಸುಮಾರು 330 B.C. ಅರಿಸ್ಟಾಟಲ್ ಚಂದ್ರಗ್ರಹಣದ ಸಮಯದಲ್ಲಿ ಚಂದ್ರನ ಮೇಲೆ ಭೂಮಿಯ ನೆರಳು ವೃತ್ತಾಕಾರವಿದೆಯೆಂಬುದನ್ನು ತೋರಿಸಿ ಭೂಮಿಯ ಗೋಳಾಕಾರವಾಗಿದೆ ಎಂದು ಹೇಳಿದ. ಆದರೆ, ಜಗತ್ತಿನ ಇನ್ನೊಂದು ಬದಿಯಲ್ಲಿರುವ ಜನರು ತಲೆಕೆಳಗಾಗಿ ಹೇಗೆ ನಿಲ್ಲಬಲ್ಲರು ಎಂಬ ಸಂಶಯದಿಂದ ನಂಬುವುದು ಕಠಿಣವಾಯಿತು.

ಎರಾಟೊಸ್ಥನೀಸ್ (276-196 B.C.) ಸೂರ್ಯನು ಒಂದು ಸ್ಥಳದಲ್ಲಿ ನೇರವಾಗಿ ನೆತ್ತಿಯ ಮೇಲೆ ಹಾಗೂ ಇನ್ನೊಂದು ಕಡೆಗೆ ಕೋನದಲ್ಲಿ ಕಾಣುವದನ್ನು ನಿರೀಕ್ಷಿಸಿ ಭೂಮಿಯ ವ್ಯಾಸವನ್ನು ಅಂದಾಜಿಸಿದ ಮೊದಲ ವ್ಯಕ್ತಿಯಾದನು. ಸೆಲ್ಯೂಕಸ್ (ಮೆಸೊಪೂಟೇಮಿಯಾ - 190 B.C.) ಭೂಮಿಯು ಸೂರ್ಯನ ಸುತ್ತ ಕ್ರಮಿಸುತ್ತಿದೆ ಎಂದು ನಂಬಿದ್ದನು.

ಭೂಗರ್ಭಶಾಸ್ತ್ರಜ್ಞ ಸ್ಟ್ರಾಬೊ (64 B.C. - 24) ಸಮುದ್ರದಲ್ಲಿ ನೌಕೆಯ ತಮ್ಮ ಕಡೆಗೆ ಬರುತ್ತಿರುವಾಗ, ಮೊದಲು ಧ್ವಜವು ಕಾಣುವದು ಆಮೇಲೆ ಇತರ ಕೆಳಭಾಗಗಳು ಕ್ರಮೇಣ ಗೋಚರಿಸುತ್ತವೆ ಎಂದು ಸೂಚಿಸಿದನು.

ಕ್ಲಾಡಿಯಸ್ ಟಾಲೆಮಿ (ಪ್ರ.ಶ.90 -168) ತನ್ನ 'ಆಲ್ಮಾಜೆಸ್ಟ್' ಎಂಬ ಪುಸ್ತಕದಲ್ಲಿ ಭೂಮಿಯು ಗೋಳಾಕಾರವಾಗಿರುವ ಬಗ್ಗೆ ಅನೇಕ ವಾದಗಳನ್ನು ಮಂಡಿಸಿದ್ದಾನೆ.

ಅಬು ರಾಯನ್ ಬಿರುನಿ (973-1048) ಹೊಸ ತ್ರಿಕೊನಮಿತಿಯ ವಿಧಾನವನ್ನು ಬಳಸಿ, ಭೂಮಿಯ ವ್ಯಾಸವು 6339.9 ಕಿ.ಮೀ ಎಂದು ಅಂದಾಜಿಸಿದ, ಇದು ಪ್ರಸ್ತುತ ತಿಳಿದಿರುವ ಮೌಲ್ಯಕ್ಕ ಅತ್ಯಂತ ಸಮೀಪದಲ್ಲಿದೆ.

15ನೇ ಶತಮಾನದಲ್ಲಿ ಮಾರ್ಕೋಪೋಲೊ, ಕೊಲಂಬಸ್, ವಾಸ್ಕೋ ಡಿ ಗಾಮ ಮುಂತಾದ ಮಹಾನ್ ಅನ್ವೇಷಕರು ಅನೇಕ ಹೊಸ ಭೂಪ್ರದೇಶಗಳನ್ನು ಕಂಡುಕೊಂಡರು.

ಪೋರ್ಚುಗೀಸ್ ಅನ್ವೇಷಕ ಫರ್ಡಿನಾಂಡ್ ಮೆಗೆಲನ್ ಮತ್ತು ಸ್ಪೇನಿನ ಜಾನ್ ಸೆಬೆಸ್ಟಿಯನ್ ಎಲ್ಕನೊ ಸ್ಪ್ಯಾನಿಷ್ ರಾಜನ ಧನಸಹಾಯದಿಂದ ಪೃಥ್ವೀಪ್ರದಕ್ಷಿಣ ಮಾಡಲು ನಿರ್ಧರಿಸಿದರು. ಆಗಸ್ಟ್ 1519ರಂದು ಮೆಗೆಲನ್ ನ ನೇತೃತ್ತದಲ್ಲಿ 237 ಜನರಿದ್ದ ಐದು ಹಡಗುಗಳು ಸೆವಿಲ್ ನಿಂದ ಹೊರಟವು. ಅವರು ಅಟ್ಲಾಂಟಿಕ್ ಮತ್ತು ಪೆಸಿಫಿಕ್ ಮಹಾಸಾಗರ, ಮೆಗೆಲನ್ ಜಲಸಂಧಿಗಳನ್ನು

ದಾಟಿ ಸೆಬೂಗೆ ಬಂದರು, ಅಲ್ಲಿ ಫಿಲಿಪ್ಪೈನ್ಸ್ ಸ್ಥಳೀಯರು ಮೆಗೆಲನ್ ನನ್ನು ಯುದ್ಧದಲ್ಲಿ ಕೊಂದರು. ನಂತರ ಎಕ್ಲಾನೋ ದಂಡಯಾತ್ರೆಯನ್ನು ಮುಂದುವರಿಸಿ, ಸೆಪ್ಟೆಂಬರ್ 6, 1522ರಂದು, ಪ್ರದಕ್ಷಿಣೆಯನ್ನು ಪೂರ್ಣಗೊಳಿಸಿ ಸೆವಿಲ್ಲಿಗೆ ಬಂದು ಮುಟ್ಟಿದನು. ಅವರು ಹಿಂದಿರುಗುವ ಹೊತ್ತಿಗೆ ಐದು ಹಡಗುಗಳಲ್ಲಿ ಕೇವಲ ಒಂದು ಹಡಗು ಮತ್ತು 237 ಜನರ ಪೈಕಿ 18 ಜನ ಮಾತ್ರ ಬದುಕಿ ಉಳಿದಿದ್ದರು. ಸ್ಪೇನ್ ನ ಚಾರ್ಲ್ಸ್ 1, ಗೌರವಾರ್ಥವಾಗಿ ಎಕ್ಲಾನೊಗೆ ಕೋಟ್ ಆಫ್ ಆರ್ಮ್ಸ್ ಪ್ರದಾನ ಮಾಡಿದನು.

ಇಂತಹ ಅನೇಕ ಘಟನೆಗಳ ನಂತರ, ಜಗತ್ತು ಭೂಮಿ ಗೋಲವಾಗಿದೆ ಎಂದು ನಂಬಲು ಆರಂಭಿಸಿತು.

ಭಾರತದಲ್ಲಿ 'ಸೂರ್ಯಸಿದ್ಧಾಂತ'ವು (300 & 400 B.C.) ಖಗೋಲಶಾಸ್ತ್ರದ ಅತ್ಯಂತ ಪ್ರಾಚೀನ ಕೃತಿ. ಅದರ ಕರ್ತೃ ಅಜ್ಞಾತ. ಈ ಪುಸ್ತಕದ ಆರಂಭದಲ್ಲಿ ಈ ಗ್ರಂಥದಲ್ಲಿರುವ ವಿಷಯವನ್ನು ಸೂರ್ಯದೇವನಿಂದ 'ಮಯಾಸುರ' ಎಂಬ ರಾಕ್ಷಸನಿಗೆ ವಿವರಿಸಲಾಯಿತು ಎಂದು ಉಲ್ಲೇಖಿಸಲಾಗಿದೆ. ಈ ಪುಸ್ತಕದಲ್ಲಿ ಭೂಮಿಯು ಗೋಲವೆಂದೇ ಹೇಳಲಾಗಿದೆ.

ಆದರೆಸೂರ್ಯಸಿದ್ಧಾಂತದಲ್ಲಿಭೂಮಿಯನ್ನೇಬ್ರಹ್ಮಾಂಡದಕೇಂದ್ರವೆಂದುಪರಿಗಣಿಸಲಾಗಿದೆ. ಸೂರ್ಯಸಿದ್ಧಾಂತದಲ್ಲಿಯ ಈ ಕೆಳಗಿನ ಶ್ಲೋಕಗಳು ಸುರಸವೆನಿಸಬಹುದಾಗಿವೆ.

ಮಧ್ಯೇ ಸಮಂತಾದಂಡಸ್ಯ ಭೂಗೋಲೋ ವ್ಯೋಮ್ನಿ ತಿಷ್ಠತಿ

ಬಿಭ್ರಾಣಃ ಪರಮಾಂ ಶಕ್ತಿಂ ಬ್ರಹ್ಮಣೋ ಧಾರಣಾತ್ಮಿಕಮ್ || ಸೂ ೧-೧೭||

ಬ್ರಹ್ಮನ ಅತ್ಯಂತ ಶ್ರೇಷ್ಠ ಧಾರಣಾಶಕ್ತಿಯನ್ನು ಹೊಂದಿರುವ ಭೂಮಿಯು ಬ್ರಹ್ಮಾಂಡದ ಮಧ್ಯದಲ್ಲಿ ಅಂತರಿಕ್ಷದಲ್ಲಿ ಇರುತ್ತದೆ.

ಅಲ್ಲದೆ, ಒಬ್ಬ ಶಿಕ್ಷಕನಿಂದ ವಿದ್ಯಾರ್ಥಿಗಳಿಗೆ ವಿವರಿಸಲು ಬ್ರಹ್ಮಾಂಡದ ಮಾದರಿಯನ್ನು ತಯಾರಿಸುವ ವಿಧಾನವನ್ನು ಸಹ ನೀಡಲಾಗಿದೆ.

ಆಚಾರ್ಯಃ ಶಿಷ್ಯಬೋಧಾರ್ಥಂ ಸರ್ವಂ ಪ್ರತ್ಯಕ್ಷದರ್ಶಿವಾನ್

ಭೂಭಗೋಲಸ್ಯ ರಚನಾಂ ಕುರ್ಯಾದಾಶ್ಚರ್ಯಕಾರಿಣೀಮ್ || ೧-೧೨ ||

ವಿದ್ಯಾರ್ಥಿಗಳಿಗೆ ಪ್ರಾತ್ಯಕ್ಷಿಕೆ ನೀಡಲು ಭೂಮಿ (ಕೇಂದ್ರದಲ್ಲಿ) ಸೇರಿದಂತೆ ಅದ್ಭುತ ಪ್ರತಿಕೃತಿಯನ್ನು ಶಿಕ್ಷಕರು ನಿರ್ಮಿಸಲಿ.

ಕೋನಗಳ ಅಳತೆಯನ್ನು ಅಂಶ-ಕಲೆ-ವಿಕಲೆಗಳ ರೂಪದಲ್ಲಿ ಬರೆಯುವ ಸೆಗ್ಸಾಗೆಸಿಮಲ್ ಪ್ರಣಾಲಿಯು ಸೂರ್ಯಸಿದ್ಧಾಂತದಲ್ಲಿ ಕೆಳಗಿನ ಶ್ಲೋಕದಿಂದ ಕಂಡುಬರುತ್ತದೆ.

ವಿಕಲಾನಾಂ ಕಲಾ ಷಷ್ಟ್ಯಾ ತತ್ಷಷ್ಟ್ಯಾ ಭಾಗ ಉಚ್ಯತೆ |

ತತ್ತ್ರಿಂಶತಾ ಭವೇದ್ರಾಶಿಃ ಭಗಣೋ ದ್ವಾದಶ್ಯುವ ತೇ || ೧-೧೯||

ಈ ಶ್ಲೋಕಗಳಿಂದ ನಾವು ಆ ಸಮಯದಲ್ಲಿ ಭಾರತದಲ್ಲಿಯ ಖಗೋಲಜ್ಞಾನದ ಮಟ್ಟವನ್ನು ತಿಳಿಯಬಹುದಾಗಿದೆ.

ಆ ದಿನಗಳಲ್ಲಿ ಬರಿಗಣ್ಣಿನಿಂದಲೇ ಆಕಾಶವನ್ನು ನಿರೀಕ್ಷಿಸಲಾಗುತ್ತಿತ್ತು. ದುರ್ಬೀನಿನ ಆವಿಷ್ಕಾರವು ಮನುಕುಲಕ್ಕೆ ದಿವ್ಯದೃಷ್ಟಿಯನ್ನೇ ಒದಗಿಸಿತು. ಅನಂತರ ವೈಜ್ಞಾನಿಕ ಕ್ರಾಂತಿಯೊಂದಿಗೆ, ಅನೇಕ ಹೊಸ ಉಪಕರಣಗಳು ಮನುಷ್ಯನಿಗೆ ಲಭ್ಯವಾದವು ಮತ್ತು ಖಗೋಲಶಾಸ್ತ್ರದ ವ್ಯಾಪ್ತಿ ವಿಸ್ತಾರಗೊಳ್ಳುತ್ತ ಹೋಯಿತು.

ಖಗೋಲಶಾಸ್ತ್ರದ ಇತಿಹಾಸವನ್ನು ಮೂರು ಅವಧಿಗಳಾಗಿ ವಿಂಗಡಿಸಬಹುದು.

1. ಪ್ರಾಚೀನ ಕಾಲ

2. ಪುನರುಜ್ಜೀವನದ ಕಾಲ

3. ಆಧುನಿಕ ಕಾಲ

ಪ್ರಾಚೀನ ಕಾಲ

ಮೆಸೊಪೊಟೇಮಿಯಾ

ಪಶ್ಚಿಮದ ಖಗೋಲಶಾಸ್ತ್ರದ ಮೂಲಗಳನ್ನು ಮೆಸೊಪೊಟೇಮಿಯಾದಲ್ಲಿ ಕಾಣಲಾಗಿದೆ. ಟ್ಯೆಗ್ರಿಸ್ ಮತ್ತು ಯೂಫ್ರಟಿಸ್ ನದಿಗಳ ನಡುವಿನ ಭೂಮಿ ಇರಾಕಿನಲ್ಲಿಯ ಸುಮೇರ, ಅಸೀರಿಯಾ ಮತ್ತು ಬೆಬಿಲೋನಿಯಾ ರಾಜ್ಯಗಳನ್ನು ಹೊಂದಿರುವ ಪ್ರದೇಶವಾಗಿತ್ತು. ಸುಮಾರು 3500-3000 BC ಸುಮೇರಿಯನ್ನರು 'ಕ್ಯೂನಿಫಾರ್ಮ್' ಎಂಬ ಲಿಪಿಯನ್ನು ವಿಕಸಿತಗೊಳಿಸಿದ್ದರು. ಸೆಗ್ಸಾಗೆಸಿಮಲ ಸಿಸ್ಟಮ್ (೬೦ರ ವಿಭಜನೆ) ಅಂದರೆ ಡಿಗ್ರಿ-ಮಿನಿಟ್-ಸೆಕೆಂಡ ಪದ್ಧತಿಯನ್ನು ಸುಮೇರಿಯನ್ನರು ರೂಪಿಸಿದರು ಎನ್ನಲಾಗುತ್ತದೆ. ಅಸೀರಿಯಾ ಮತ್ತು ಬೆಬಿಲೋನಿಯಾದ ಖಗೋಲ ಶಾಸ್ತ್ರಜ್ಞರನ್ನು 'ಚಾಲ್ಡಿಯನ್ನರು' ಎಂದು ಕರೆಯಲಾಗುತ್ತಿತ್ತು. ಅವರು ಕ್ಯೂನಿಫಾರ್ಮ್ ಲಿಪಿಯಲ್ಲಿ ನಕ್ಷತ್ರಗಳು ಮತ್ತು ಗ್ರಹಗಳ ದೈನಂದಿನ ಸ್ಥಾನಗಳನ್ನು ವೀಕ್ಷಿಸಿ ದಾಖಲಿಸುತ್ತಿದ್ದರು ಮತ್ತು ಅವುಗಳನ್ನು 'ಖಗೋಲ ಶಾಸ್ತ್ರದ ದಿನಚರಿಗಳು' ಎಂದು ಸಂರಕ್ಷಿಸುತ್ತಿದ್ದರು. ಕ್ರಿ.ಪೂ 1200 ರಲ್ಲಿಯ ಬೆಬಿಲೋನಿಯನ್ ನಕ್ಷತ್ರಪಟ್ಟಿಗಳು ದೊರೆತಿವೆ. ಕ್ರಿಪೂ747-733ದ ಫಲಕಗಳು ಪ್ರತಿ 18 ವರ್ಷಗಳಿಗೊಮ್ಮೆ ಗ್ರಹಣಗಳು ಪುನರಾವರ್ತನೆಯಾಗುತ್ತವೆ ಎಂಬ ಸತ್ಯವನ್ನು ತಾವು ಅರಿತಿರುವುದಾಗಿ ತೋರಿಸುತ್ತವೆ. ಇಂತಹ ಅನೇಕ ಫಲಕಗಳನ್ನು ಬ್ರಿಟಿಷ್ ಮ್ಯೂಸಿಯಂನಲ್ಲಿ ಸಂರಕ್ಷಿಸಿಡಲಾಗಿದೆ. ಕ್ರಿ.ಪೂ.3ನೇ ಶತಮಾನದಲ್ಲಿ, ಬೆಬಿಲೋನಿಯನ್ನರು ತಮ್ಮ ಮುಂಬರುವ ಗ್ರಹಸ್ಥಿತಿಗಳನ್ನು ಊಹಿಸಲು ಗ್ರಹಗಳ ಹಿಂದಿನ ದಾಖಲೆಗಳನ್ನು ಬಳಸುತ್ತಿದ್ದರು, ಆದರೆ ಸ್ವಲ್ಪ ಸಮಯದ ನಂತರ, ಹಿಂದಿನ ದಾಖಲೆಗಳಿಲ್ಲದೆ ಅವುಗಳನ್ನು ಊಹಿಸಲು ಗಣಿತದ ಮಾದರಿಗಳನ್ನು

ಸೃಷ್ಟಿಸಿದರು. ವಿಶ್ವದ ಅನೇಕ ಭಾಗಗಳಲ್ಲಿ ಬೆಬಿಲೋನಿಯನ್ ಜ್ಞಾನವು ಖಗೋಲವಿಜ್ಞಾನದ ಬೆಳವಣಿಗೆಗೆ ಆಧಾರವಾಗಿದೆ.

ಈಜಿಪ್ಟ್

ಈಜಿಪ್ಟಿನ ಬೃಹತ್ ಪಿರಮಿಡ್ಡುಗಳು ಕ್ರಿ.ಪೂ 3000ರ ಸುಮಾರಿಗೆ ನಿರ್ಮಿತವಾದವು. ಪಿರಮಿಡ್ ಗಳು ಧ್ರುವ-ನಕ್ಷತ್ರದ ಕಡೆಗೆ ಮುಖವಾಗಿರುವದು ಕಂಡುಬಂದಿದೆ. ಕರ್ನಾಕ್ ನ ಅಮನ್-ರೆ ಯ ದೇವಾಲಯದ ಮುಖವು ಚಳಿಗಾಲದ ಮಧ್ಯದಲ್ಲಿ ಉದಯಿಸುವ ಸೂರ್ಯನಿಗೆ ಎದುರಾಗಿತ್ತು. ಧಾರ್ಮಿಕ ಹಬ್ಬಗಳ ದಿನಾಂಕಗಳನ್ನು ಖಗೋಲಶಾಸ್ತ್ರದ ಆಧಾರದ ಮೇಲೆ ನಿಗದಿಪಡಿಸಲಾಗುತ್ತಿತ್ತು. ರಾಮೇಸೆಸ್ VI ಮತ್ತು ರಾಮೆಸೆಸ್ IX ರ ಸಮಾಧಿಗಳ ಭಾವಣಿಗಳ ಮೇಲೆ ನಕ್ಷತ್ರಗಳನ್ನು ಗುರುತು ಮಾಡಲಾಗಿತ್ತು. ಈಜಿಪ್ಸಿಯನರು ಆಕಾಶಗೋಲಗಳ ಸ್ಥಾನಗಳನ್ನು ಅಳೆಯಲು ಒಂದು ಜ್ಯಾಮಿತೀಯ ಉಪಕರಣವನ್ನೂ ತಯಾರಿಸಿದ್ದರು.

ಗ್ರೀಸ್

ಪ್ರಾಚೀನ ಗ್ರೀಕರು ಖಗೋಲಶಾಸ್ತ್ರವನ್ನು ಗಣಿತಶಾಸ್ತ್ರದ ಒಂದು ಶಾಖೆ ಎಂದು ಪರಿಗಣಿಸಿದರು. ಗ್ರಹಗತಿಗಳ ಮೂರು ಆಯಾಮದ ಮಾದರಿಯನ್ನು ಅಭಿವೃದ್ಧಿಪಡಿಸಿದ ಮೊದಲವರು. ಆಗ ಭೂಮಿಯೇ ಬ್ರಹ್ಮಾಂಡದ ಕೇಂದ್ರವೆಂದು ನಂಬಲಾಗಿತ್ತು. ಕೆಲವೊಮ್ಮೆ ಗ್ರಹಗಳು ಹಿಮ್ಮುಖವಾಗಿ ಚಲಿಸುವಂತೆ ತೋರುತ್ತವೆ ಎಂಬುದನ್ನು ಗಮನಿಸಿದ ಗ್ರೀಕರು ಎಪಿಸೈಕಲ್ಲ ಳನ್ನು ಕಲ್ಪಿಸಿದರು. ಇಂತಹ ಮೊದಲ ಮಾದರಿ ಪ್ರೈಗಾದ ಅಪೊಲೊನಿಯಸ್ ಮತ್ತು ಅದರ ಮುಂದಿನ ಬೆಳವಣಿಗೆಗಳಿಗೆ ಹಿಪಾರ್ಕಸ್ ಕಾರಣರಾದರೆಂದು ಹೇಳಲಾಗುತ್ತದೆ. ಎಪಿಸೈಕಲ್ ಕಲ್ಪನೆಯು ಭಾರತೀಯ ಪ್ರಾಚೀನ ಗ್ರಂಥಗಳಾದ **ಸೂರ್ಯಸಿದ್ಧಾಂತ** ಹಾಗೂ ಆರ್ಯಭಟನ **ಆರ್ಯಭಟೀಯಗಳಲ್ಲಿಯೂ** (499 CE) ಕಂಡುಬರುತ್ತದೆ.

ಹಿಪಾರ್ಕಸ್(ಕ್ರಿ.ಪೂ2ನೇಶತಮಾನ)ನು ನಕ್ಷತ್ರಗಳ ಆಕಾರದ ಪರಿಮಾಣದ ವ್ಯವಸ್ಥೆಯನ್ನು ಪ್ರಸ್ತಾಪಿಸಿದ ಮೊದಲಿಗ. ನಕ್ಷತ್ರಗಳ ಆಕಾರಗಳ ಸಂಕಲನಸೇರಿದಂತೆ ಅನೇಕ ಕೊಡುಗೆಗಳನ್ನು ನೀಡಿದ್ದಾನೆ. ಇದೇ ಸಮಯದಲ್ಲಿ ಸಮೋಸ್ ನ ಅರಿಸ್ಟಾರ್ಕಸ್ ಮೊದಲ ಬಾರಿಗೆ ರವಿಕೇಂದ್ರೀಯ ವ್ಯವಸ್ಥೆಯನ್ನು ಸೂಚಿಸಿದ ಮತ್ತು ಪೃಥ್ವಿಯ ವ್ಯಾಸವನ್ನು ಅತ್ಯಂತ ನಿಖರತೆಯೊಂದಿಗೆ ಊಹಿಸಿದನು. ಆಂಟಿಕೈಥೆರಾ ದ್ವೀಪದ ಬಳಿ ಸಿಕ್ಕ ಉದ್ಧ್ವಸ್ತ ಹಡಗಿನಿಂದ ಖಗೋಲ ಸಾಧನವೊಂದು ಪತ್ತೆಯಾಯಿತು, ಇದನ್ನು ಗ್ರಹಗಳ ಸ್ಥಾನಗಳನ್ನು ನಿರ್ಧರಿಸಲು ಬಳಸಲಾಗುತ್ತಿತ್ತು.

ಅಲೆಕ್ಸಾಂಡ್ರಿಯಾದ ಕ್ಲಾಡಿಯಸ್ ಟಾಲೆಮಿ (೦೦೯೦-
೦೧೬೮ AD) ಖಗೋಲಶಾಸ್ತ್ರದ ಬಗ್ಗೆ ಒಂದು ಪುಸ್ತಕವನ್ನು
ಬರೆದಿದ್ದಾನೆ, ಅದರ ಅರೇಬಿಕ್ ಅನುವಾದ 'ಅಲ್ಮಾಜೆಸ್ಟ್'
ಎಂಬ ಹೆಸರಿನಿಂದ ಪ್ರಸಿದ್ಧವಾಗಿದೆ. ಅವನು ನಕ್ಷತ್ರಗಳ
ಹಾಗೂ ಜಗತ್ತಿನ ನಕ್ಷೆಯನ್ನು ತಯಾರಿಸಿದನು.
ಭೂಗೋಲಶಾಸ್ತ್ರ ಗ್ರಂಥವನ್ನೂ ಬರೆದು ಅದರಲ್ಲಿ ನಕ್ಷೆಗಳನ್ನು
ತಯಾರಿಸುವ ವಿಧಾನವನ್ನು ವಿವರಿಸಿದನು. ಅವನಿಗೆ
ಭೂಕೇಂದ್ರಿತ ಗ್ರಹಮಂಡಲದ ಬಗ್ಗೆಯೇ ನಂಬಿಕೆಯಿತ್ತು.

ಭಾರತ

ಭಾರತೀಯ ಖಗೋಲಶಾಸ್ತ್ರವು ವೇದಗಳಿಂದ (ಕ್ರಿ.ಪೂ 2000 -1000) ಪ್ರಾರಂಭವಾಗುತ್ತದೆ.
ಭಾರತೀಯರು ನಿರಯನ ಪಂಚಾಂಗವನ್ನು ಅನುಸರಿಸುತ್ತಾರೆ. ಪಂಚಾಂಗ ಎಂದರೆ ತಿಥಿ, ವಾರ,
ನಕ್ಷತ್ರ, ಯೋಗ ಮತ್ತು ಕರಣ ಎಂಬ ಕಾಲವನ್ನು ಅಳೆಯುವ ಐದು ಅಂಗಗಳು.

ಕೆಲವು ಪ್ರಸಿದ್ಧ ಪ್ರಾಚೀನ ಭಾರತೀಯ ಖಗೋಲಶಾಸ್ತ್ರಜ್ಞರು ಮತ್ತು ಅವರು ಬರೆದ
ಗ್ರಂಥಗಳನ್ನು ಕೆಳಗೆ ನಮೂದಿಸಲಾಗಿದೆ.

ಲಗಧ (ಕ್ರಿ.ಪೂ 2ನೇ ಸಹಸ್ರಕ)   :   ವೇದಾಂಗ ಜ್ಯೋತಿಷ್ಯ

ಆರ್ಯಭಟ (476-550 CE)   :   ಆರ್ಯಭಟೀಯ

ಬ್ರಹ್ಮಗುಪ್ತ (598-668 CE)   :   ಬ್ರಹ್ಮಸ್ಫುಟ ಸಿದ್ಧಾಂತ

ವರಃ ಮಿಹಿರ್ (505 CE)   :   ಪಂಚಸಿದ್ಧಾಂತಿಕಾ

1 ಭಾಸ್ಕರಾಚಾರ್ಯ (629 CE) :   ಲಘುಭಾಸ್ಕರೀಯ ಮತ್ತು

                                                    ಮಹಾಭಾಸ್ಕರೀಯ

ಲಲ್ಲ (8ನೇ ಶತಮಾನ CE)   :   ಶಿಷ್ಯಾಧಿವೃದ್ಧಿದಾ

2ನೇ ಭಾಸ್ಕರ (1114 CE)   :   ಸಿದ್ಧಾಂತ ಶಿರೋಮಣಿ

ಶ್ರೀಪತಿ (1045 CE)   :   ಸಿದ್ಧಾಂತಶೇಖರ

ಆರ್ಯಭಟನು ಸಂಸ್ಕೃತ ಅಕ್ಷರಗಳ ಮೂಲಕ ಸಂಖ್ಯೆಗಳನ್ನು ವ್ಯಕ್ತಪಡಿಸುವ ತನ್ನದೇ ಆದ
ವಿಧಾನವನ್ನು ವಿಕಸಿತಗೊಳಿಸಿದನು, ಇದು ಇಂದು ಕಂಪ್ಯೂಟರ್ ಗಳಲ್ಲಿ ಬಳಸಲಾಗುವ ASCII
(ಅಮೆರಿಕನ್ ಸ್ಟ್ಯಾಂಡರ್ಡ್ ಕೋಡ್ ಫಾರ್ ಇನ್ಫರ್ಮೇಷನ್ ಇಂಟರ್ಚೇಂಜ್)ಗೆ ಸಮಾನವಾಗಿದೆ.

ಆರ್ಯಭಟನು ಭೂಮಿಯು ಗೋಲಾಕಾರವಾಗಿದ್ದು ತನ್ನ ಅಕ್ಷದ ಸುತ್ತ ಸುತ್ತುತ್ತದೆ ಎಂದು ಅರಿತಿದ್ದನು. ಅವನು ಬರೆದ ಅರ್ಯಭಟೀಯ ಗ್ರಂಥದಲ್ಲಿಯ ಈ ಕೆಳಗಿನ ಕೆಲವು ಪದ್ಯಗಳು ಸ್ವಾರಸ್ಯಕರವಾಗಿವೆ.

ವೃತ್ತಭಪಂಜರಮಧ್ಯೇ ಕಕ್ಷ್ಯಾ ಪರಿವೇಷ್ಟಿತಃ ಖಮಧ್ಯಗತಃ

ಮೃಜ್ಜಲಶಿಖಿವಾಯುಮಯೋ ಭೂಗೋಲಃ

ಸರ್ವತೋವೃತ್ತಃ ||

ಮಣ್ಣು, ನೀರು, ಬೆಂಕಿ ಮತ್ತು ವಾತಾವರಣಗಳಿಂದ ಕೂಡಿದ ಭೂಮಂಡಲವು ಎಲ್ಲ ಕಡೆಯಿಂದ ಆಕಾಶಪಂಜರದಿಂದ ಸುತ್ತುವರಿಯಲ್ಪಟ್ಟು ಆಕಾಶದ ಮಧ್ಯದಲ್ಲಿ ನಿಂತಿದೆ.

ಅನುಲೋಮಗತಿರ್ನೌಸ್ಥಃ ಪಶ್ಯತ್ಯಚಲಂ ವಿಲೋಮಗಂ ತದ್ವತ್ |

ಅಚಲಾನಿ ಭಾನಿ ತದ್ವತ್ ಸಮಪಶ್ಚಿಮಗಾನಿ ಲಂಕಾಯಾಮ್ ||

ಚಲಿಸುವ ಹಡಗಿನಲ್ಲಿರುವ ವ್ಯಕ್ತಿಗಳಿಗೆ ದಡದಲ್ಲಿರುವ ಸ್ಥಿರ ವಸ್ತುಗಳು ಹಿಮ್ಮುಖಿವಾಗಿ ಚಲಿಸುವಂತೆ ತೋರುತ್ತವೆ, ಅದೇ ತರಹ ಭೂಮಿಯ ಮೇಲಣ ವ್ಯಕ್ತಿಗೆ ನಕ್ಷತ್ರಗಳು ಪಶ್ಚಿಮಾಭಿಮುಖಿವಾಗಿ ಚಲಿಸುವಂತೆ ತೋರುತ್ತವೆ.

ಉದಯಾಸ್ತಮಯನಿಮಿತ್ತಂ ನಿತ್ಯ ಪ್ರವಹೇಣ ವಾಯಿನಾ |

ಲಂಕಾಸಮಪಶ್ಚಿಮಗೋ ಭಪಂಜರಃ ಸಗ್ರಹೋ ಭ್ರಮತಿ ||

'ಪ್ರವಹ' ಎಂಬ ಗಾಳಿಯ ವತ್ತದದಿಂದ ಆಕಾಶಪಂಜರವು ಗ್ರಹನಕ್ಷತ್ರಗಳ ಸಮವೇತ ಪೂರ್ವದಿಂದ ಪಶ್ಚಿಮಕ್ಕೆ ನಿರಂತರವಾಗಿ ತಿರುಗುತ್ತದೆ. ಅದರಿಂದ ಗ್ರಹನಕ್ಷತ್ರಗಳ ಉದಯಾಸ್ತಗಳು ಜರುಗುತ್ತವೆ.

ಮೇಲಿನ ಶ್ಲೋಕಗಳಿಂದ ಆ ಸಮಯದಲ್ಲಿ ಭಾರತೀಯ ಖಗೋಲಜ್ಞಾನದ ಮಟ್ಟವನ್ನು ಕಲ್ಪಿಸಿಕೊಳ್ಳಬಹುದು. ಆಗಿನವರು ದೂರದರ್ಶಕವಿಲ್ಲದೆಯೇ ಖಗೋಳೀಯ ಅಂಕಿಸಂಖ್ಯೆಗಳನ್ನು ನಿರ್ಧರಿಸಿರುವುದು ಅದ್ಭುತವಾಗಿದೆ. ಭೂಕೇಂದ್ರತ್ವವನ್ನು ಬಿಡಲಾಗಿ ಆರ್ಯಭಟನು ಒದಗಿಸಿದ ಖಗೋಲಶಾಸ್ತ್ರದ ಬಹುತೇಕ ಅಂಕಿಸಂಖ್ಯೆಗಳು ಅತ್ಯಂತ ನಿಖರವಾಗಿವೆ. ಭೂಕೇಂದ್ರತ್ವದ ಕಲ್ಪನೆಯು ಕೇವಲ ಭಾರತದಲ್ಲಷ್ಟೇ ಅಲ್ಲ ಜಗತ್ತಿನಾದ್ಯಂತ ಪ್ರಚಲಿತವಾಗಿತ್ತು.

ವರಾಹಮಿಹಿರ (499 – 587) ಈಸವೀ 5-೬ನೇ ಶತಕಗಳ ಭಾರತೀಯ ಖಗೋಲ ಗಣಿತಜ್ಞ. ತನ್ನ 'ಪಂಚಸಿದ್ಧಾಂತಿಕಾ' ಎಂಬ ಗ್ರಂಥದಲ್ಲಿ ಅಯನಾಂಶವು ಪ್ರತಿವರುಷ 50.32

ವಿಕಲೆಗಳಷ್ಟು ಹೆಚ್ಚುತ್ತಿದೆ ಎಂದು ಹೇಳಿದ ಮೊದಲಿಗನು. ಅದರಲ್ಲಿ ತ್ರಿಕೋನಮಿತಿಯ ಅನೇಕ ಮಹತ್ವಪೂರ್ಣ ಸೂತ್ರಗಳನ್ನೂ ಕೊಡಲಾಗಿದೆ. ಉಜ್ಜಯಿನಿಯಲ್ಲಿ ಅವನು ಸ್ಥಾಪಿಸಿದ ಖಗೋಲಶಾಸ್ತ್ರದ ಗುರುಕುಲವು ಏಳೆಂಟು ಶತಕಗಳವರೆಗೆ ಅದ್ವಿತೀಯವಾಗಿತ್ತು. ಪಂಚಸಿದ್ಧಾಂತಿಕಾ ಗ್ರಂಥದಲ್ಲಿ ತತ್ಪೂರ್ವದಲ್ಲಿ ಪ್ರಚಲಿತ ಪೌಲಿಶ ಸಿದ್ಧಾಂತ, ರೋಮಕ ಸಿದ್ಧಾಂತ, ವಶಿಷ್ಟ ಸಿದ್ಧಾಂತ, ಸೂರ್ಯಸಿದ್ಧಾಂತ ಹಾಗೂ ಪಿತಾಮಹ ಸಿದ್ಧಾಂತ ಈ ಐದು ಸಿದ್ಧಾಂತಗಳ ವರ್ಣನೆಯಿದ್ದು ಅದರಲ್ಲಿ ನಿಖರವಾದ ಗ್ರಹಗಣಿತಕ್ಕಾಗಿ ತನ್ನದೇ ಆದ 'ಬೀಜಸಂಸ್ಕಾರ' ವನ್ನು ಸೇರಿಸಿದ್ದಾನೆ. ಫಲಜ್ಯೋತಿಷ್ಯ ವಿಷಯದಲ್ಲಿ ವರಾಹಮಿಹಿರನ ಲಘುಜಾತಕ, ಬೃಹಜ್ಜಾತಕ ಮತ್ತು ಬೃಹತ್ಸಂಹಿತಾ ಎಂಬ ಗ್ರಂಥಗಳು ಪ್ರಸಿದ್ಧವಾಗಿವೆ.

ಚೀನಾ

ಚೀನಾದ ಖಗೋಲ ಶಾಸ್ತ್ರಕ್ಕೆ ಒಂದು ಸುದೀರ್ಘ ಇತಿಹಾಸವಿದೆ. ಕ್ರಿ.ಪೂ.6ನೇ ಶತಮಾನದಲ್ಲಿ ಖಗೋಲ ವೀಕ್ಷಣೆಗಳ ವಿವರವಾದ ದಾಖಲೆಯನ್ನು ಇಡಲಾಗಿದೆ. ಚೀನಾದ ಖಗೋಲ ಶಾಸ್ತ್ರಜ್ಞರು ಧೂಮಕೇತುಗಳು ಮತ್ತು ಗ್ರಹಣಗಳನ್ನು ಊಹಿಸಲು ಸಮರ್ಥರಾಗಿದ್ದರು. ವಿಶ್ವದ ಮೊದಲ ನಕ್ಷತ್ರ-ಪಟ್ಟಿಯ ಕ್ರಿ.ಪೂ 4ನೇ ಶತಮಾನದಲ್ಲಿ ಚೀನಾದ ಖಗೋಲವಿಜ್ಞಾನಿ ಗ್ಯಾನ್ ಡೆ ಯಿಂದ ತಯಾರಿಸಲ್ಪಟ್ಟಿತು.

ಮೆಸೊಅಮೆರಿಕ

ಮಾಯಾ ಖಗೋಲಶಾಸ್ತ್ರವು ಚಂದ್ರನ ಹಂತಗಳ ಕೋಷ್ಟಕಗಳು, ಗ್ರಹಣಗಳ ಪುನರಾವೃತ್ತಿ, ಸೂಕ್ಷ್ಮತೆಯಿಂದ ಲೆಕ್ಕ ಮಾಡಿದ ಗ್ರಹಗಳ ಆವರ್ತನಗಳನ್ನು ಒಳಗೊಂಡಿದೆ. ಪ್ರಾಚೀನ ಮಾಯಾ ಜನರು ಸೌರವರ್ಷವನ್ನು ಅತ್ಯಂತ ನಿಖರತೆಯೊಂದಿಗೆ ಲೆಕ್ಕ ಹಾಕಿದ್ದರು. ಅವರು ಶುಕ್ರನನ್ನು ಯುದ್ಧದ ಆಶ್ರಯದಾತನೆಂದು ನಂಬಿದ್ದರು.

ಇಸ್ಲಾಮಿಕ್ ಖಗೋಲಶಾಸ್ತ್ರ

ಇಸ್ಲಾಂ ನ ವಶದಲ್ಲಿದ್ದ ಅರೇಬಿಕ್ ಜಗತ್ತು ಹೆಚ್ಚು ಸುಸಂಸ್ಕೃತವಾಗಿತ್ತು. ಗ್ರೀಸ್ ಮತ್ತು ಭಾರತದ ಅನೇಕ ಗ್ರಂಥಗಳು ಅರೇಬಿಕ್ ಭಾಷೆಗೆ ಅನುವಾದಗೊಂಡಿವೆ. 9ನೇ ಶತಮಾನದ ಪರ್ಶಿಯನ್ ಖಗೋಲಶಾಸ್ತ್ರಜ್ಞ ಫರ್ಘಾನಿಯ ಬರಹವನ್ನು 12ನಯ ಶತಮಾನದಲ್ಲಿ ಲ್ಯಾಟಿನ್ ಭಾಷೆಗೆ ಅನುವಾದಿಸಲಾಯಿತು. ಅಲ್ಬುಮಸರ್ ಒಂದು ರವಿಕೇಂದ್ರೀಯ ಗ್ರಹಮಂಡಲ ಮಾದರಿಯನ್ನು ಯೋಜಿಸಿದ್ದನು. 10 ನೇ ಶತಮಾನದಲ್ಲಿ ಅಜೋಫಿ 'ಫಿಕ್ಸೆಡ್ ಸ್ಟಾರ್ಸ್ ಬುಕ್ ಆಫ್ ಸ್ಟಾರ್ಸ್' ಎಂಬ ಗ್ರಂಥವನ್ನು ಬರೆದನು. ತೆಹರಾನ್ ಬಳಿ ಖುಜಾಂಡಿ ಎಂಬವನಿಂದ ಬೃಹತ್ ಖಗೋಲ ವೀಕ್ಷಣಾಲಯವನ್ನು ಕಟ್ಟಲಾಗಿದೆ. ಮುಸ್ಲಿಂ ಖಗೋಲಶಾಸ್ತ್ರಜ್ಞರು ಸಮುದ್ರದಲ್ಲಿ ನಕ್ಷತ್ರಗಳ ಸ್ಥಾನವನ್ನು ಅಳೆಯಲು ಆಸ್ಟ್ರೊಲೇಬ್ ಎಂಬ ಉಪಕರಣವನ್ನು ತಯಾರಿಸಿದ್ದರು.

ಪುನರುಜ್ಜೀವನ ಕಾಲ

ಖಗೋಳಶಾಸ್ತ್ರದ ಅಧ್ಯಯನ ಬಹಳ ಹಿಂದೆಯೇ ಆರಂಭವಾಗಿದ್ದರೂ, ಅನೇಕ ತಪ್ಪು ಕಲ್ಪನೆಗಳು ಪ್ರಚಲಿತವಾಗಿದ್ದವು, ಮುಖ್ಯವಾಗಿ ಭೂಕೇಂದ್ರಿಯತ್ವ. ಸೂರ್ಯಕೇಂದ್ರಿಯತ್ವದ ಅರಿವಾದ ನಂತರ ಖಗೋಳಶಾಸ್ತ್ರದ ಪುನರುಜ್ಜೀವನವಾಯಿತೆನ್ನಬಹುದು. ಖಗೋಳಶಾಸ್ತ್ರವು ವಿಕಸಿತವಾದ ರೀತಿ ಹಾಗೂ ಅದಕ್ಕೆ ಕಾರಣರಾದ ವ್ಯಕ್ತಿಗಳ ಸಂಕ್ಷಿಪ್ತ ವಿವರಣೆ ಈ ಕೆಳಗಿನಂತಿದೆ.

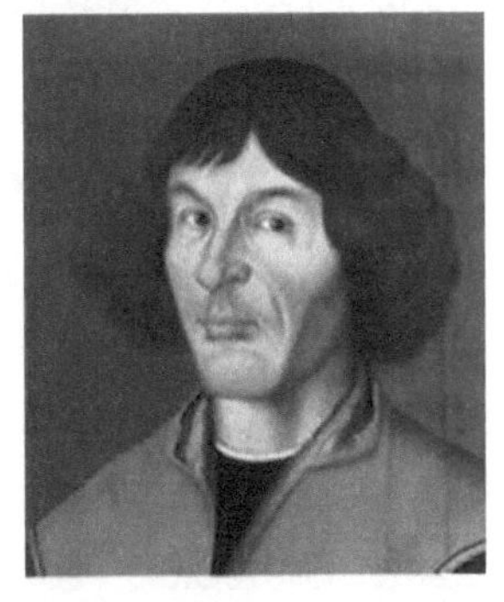

ನಿಕೋಲಸ್ ಕೋಪರ್ನಿಕಸ್ (1473-1543) ಇಟಲಿಯಲ್ಲಿ ಜನಿಸಿದ, ನವೋದಯ ಖಗೋಲಶಾಸ್ತ್ರಜ್ಞ ಮತ್ತು ಸೂರ್ಯಕೇಂದ್ರತ್ವದ ಸತ್ಯವನ್ನು ರೂಪಿಸಿದ ಮೊದಲ ವ್ಯಕ್ತಿ. ಸೂರ್ಯನೇ ಗ್ರಹಮಂಡಲದ ಕೇಂದ್ರಬಿಂದುವೆಂದೂ ಇತರ ಗ್ರಹಗಳಂತೆ ಭೂಮಿಯೂ ಸೂರ್ಯನ ಸುತ್ತ ಚಲಿಸುತ್ತದೆ ಎಂದು ತೋರಿಸಿಕೊಟ್ಟನು. ಆದರೆ ಗ್ರಹಗಳ ಕಕ್ಷೆಗಳು ವೃತ್ತಾಕಾರವಾಗಿಸುತ್ತವೆ ಎಂದು ಅವನ ನಂಬಿಕೆಯಾಗಿತ್ತು. ಅವನ ಮರಣಕ್ಕೆ ಸ್ವಲ್ಪ ಮುಂಚೆಯೇ ಅವನ ಪುಸ್ತಕ ಪ್ರಕಟವಾಯಿತು. ಅವನ ವಿಚಾರಗಳು ಧಾರ್ಮಿಕ ನಂಬಿಕೆಗಳಿಗೆ ವಿರುದ್ಧವಾದುದರಿಂದ, ಅನೇಕ ವರ್ಷಗಳ ಕಾಲ ಜನರು ಅದನ್ನು ಸ್ವೀಕರಿಸಿರಲಿಲ್ಲ. ಆದರೆ ಅವನ ಕಾರ್ಯಗಳು ಹೆಚ್ಚಿನ ಸಂಶೋಧನೆಗಳನ್ನು ಪ್ರಚೋದಿಸಿದವು ಮತ್ತು ಅದು ಖಗೋಲಶಾಸ್ತ್ರದ ಇತಿಹಾಸದಲ್ಲಿ ಒಂದು ಮೈಲಿಗಲ್ಲು ಆಯಿತು.

ಟ್ಯಕೊ ಬ್ರಾಹೆ (1546-1601) ಡ್ಯಾನಿಷ್ ಶ್ರೇಷ್ಟ ಮತ್ತು ಒಬ್ಬ ಖಗೋಲಶಾಸ್ತ್ರಜ್ಞ. ಅತ್ಯಂತ ನಿಖರವಾದ ಖಗೋಲ ವೀಕ್ಷಣೆಗಳಿಗೆ ಅವನು ಹೆಸರಾಗಿದ್ದಾನೆ. ಬೋಹೀಮಿಯನ್ ದೊರೆಯು ಒಂದು ಹೊಸ ವೀಕ್ಷಣಾಲಯವನ್ನು ನಿರ್ಮಿಸಲು ಅವನನ್ನು ಆಹ್ವಾನಿಸಿದ್ದನು. ಟ್ಯಕೊನ ಗ್ರಹಗಳ ಮತ್ತು ನಕ್ಷತ್ರಸ್ಥಾನಗಳ ನಿರೀಕ್ಷಣೆಯ ನೋಂದುಗಳು ನಿಖರತೆ ಮತ್ತು ವಿಶಾಲತೆಗಳೆರಡರಲ್ಲೂ ಗಮನಾರ್ಹವಾಗಿವೆ. ಆತನು ಧೂಮಕೇತು ಮತ್ತು 'ಸುಪರ್ ನೋವಾ' ಬಗ್ಗೆಯೂ ಕೆಲವು ಹೊಸ ಸಂಶೋಧನೆಗಳನ್ನು ಮಾಡಿದ್ದನು.

ಟ್ಯಕೊ ಬ್ರಾಹೆ ಭೂ-ರವಿಕೇಂದ್ರತ್ವದ ಮಾದರಿಯನ್ನು ನಂಬಿದ್ದು, ಇದರಲ್ಲಿ ಸೂರ್ಯನು ಸ್ಥಿರಭೂಮಿಯ ಸುತ್ತ ಸುತ್ತುತ್ತಾನೆ ಮತ್ತು ಐದು ಗ್ರಹಗಳು ಸೂರ್ಯನನ್ನು ಸುತ್ತುತ್ತವೆ ಎಂಬ ವಿಚಾರವಿದೆ. ಇದನ್ನು ಕ್ರಿಸ್ತ ಪೂರ್ವ 4ನೇ ಶತಮಾನದಲ್ಲಿ ಹೆರಾಕ್ಲಿಡ್ಸ್ ಮೊದಲ ಬಾರಿಗೆ ಪ್ರಸ್ತಾಪಿಸಿದ್ದನು. ಟ್ಯಕೊ ತನ್ನದೇ ಆದ ಟ್ಯಕೊನಿಕ್ ವ್ಯವಸ್ಥೆಯನ್ನು ಸ್ಥಾಪಿಸಲು ಬಯಸಿದ್ದನು,

ಆದರೆ ಅದು ಕಾರ್ಯರೂಪಕ್ಕೆ ಬರಲಿಲ್ಲ. ಟೈಕೊ ಒಬ್ಬ ಕುಶಲ ನಿರೀಕ್ಷಕನಾಗಿದ್ದರೂ, ಸ್ವತಃ ಅವಲೋಕನಗಳನ್ನು ವಿಶ್ಲೇಷಿಸಲು ಅಸಮರ್ಥನಾಗಿದ್ದನು, ಆದ್ದರಿಂದ ಅವನು ಜೋಹಾನ್ಸ್ ಕೆಪ್ಲರನನ್ನು ತನ್ನ ಸಹಾಯಕನಾಗಿ ಕೆಲವು ಸಮಯ ನೇಮಿಸಿಕೊಂಡಿದ್ದನು.

ಹ್ಯಾನ್ಸ್ ಲಿಪಶೇ 1608ರಲ್ಲಿ ದೂರದರ್ಶಕವನ್ನು ಕಂಡುಹಿಡಿದ ಮೊದಲಿಗನು. ನಂತರ ಗೆಲಿಲಿಯೋ, ನ್ಯೂಟನ್, ಹರ್ಶಲ್ ಮತ್ತು ಹಬಲ್ ಮುಂತಾದವರು ದೂರದರ್ಶಕದಲ್ಲಿ ಅನೇಕ ಸುಧಾರಣೆಗಳನ್ನು ಮಾಡಿದರು, ಇದರ ಪರಿಣಾಮವಾಗಿ ಖಗೋಲಶಾಸ್ತ್ರವು ವೇಗವಾಗಿ ವಿಸ್ತರಿಸಿತು.

ಗೆಲಿಲಿಯೋ ಗೆಲಿಲಿ (1564-1642) ಒಬ್ಬ ಇಟಾಲಿಯನ್ ಭೌತಶಾಸ್ತ್ರಜ್ಞ, ಗಣಿತಶಾಸ್ತ್ರಜ್ಞ ಮತ್ತು ತತ್ವಜ್ಞಾನಿಯಾಗಿದ್ದು, ವೈಜ್ಞಾನಿಕ ಕ್ರಾಂತಿಯಲ್ಲಿ ಪ್ರಮುಖ ಪಾತ್ರ ವಹಿಸಿದನು. ಗುರುಗ್ರಹದ ನಾಲ್ಕು ಅತಿದೊಡ್ಡ ಉಪಗ್ರಹಗಳನ್ನೂ, ಶುಕ್ರನ ಕಲೆಗಳನ್ನೂ ಮತ್ತು ಸೂರ್ಯನ ಮೇಲಿರುವ ಕಲೆಗಳನ್ನೂ ತಾನೇ ತಯಾರಿಸಿದ 20x ದೂರದರ್ಶಕದಿಂದ ವೀಕ್ಷಿಸಿದ ಮೊದಲ ವ್ಯಕ್ತಿಯಾದನು. ಧಾರ್ಮಿಕ ನಂಬಿಕೆಗಳಿಗೆ ವಿರುದ್ಧವಾಗಿರುವ ರವಿಕೇಂದ್ರೀಯತ್ವವನ್ನು ಪ್ರತಿಪಾದಿಸುವ ಅವನ ಪುಸ್ತಕಗಳನ್ನು ನಿಷೇಧಿಸಿ ಗೆಲಿಲಿಯೋನನ್ನು ಗೃಹಬಂಧನದಲ್ಲಿರಿಸಲಾಯಿತು ಮತ್ತು ಅವನಿಗೆ ಇನ್ನುಳಿದ ಜೀವಿತಾವಧಿಯನ್ನು ಅಲ್ಲಿಯೇ ಕಳೆಯಬೇಕಾಯಿತು. ನಿಸರ್ಗದ ನಿಯಮಗಳು ಗಣಿತ ಶಾಸ್ತ್ರವನ್ನು ಅವಲಂಬಿಸಿವೆ ಎಂದು ಸ್ಪಷ್ಟವಾಗಿ ಹೇಳುವ ಮೊದಲನೆಯವ ಗೆಲಿಲಿಯೋ. ಅವನ ಎಲ್ಲ ಬರಹಗಳೂ ಅವನ ಮರಣಾನಂತರವೇ ಬೆಳಕಿಗೆ ಬಂದವು.

ಜೋಹಾನ್ಸ್ ಕೆಪ್ಲರ್ (1571-1630) ಒಬ್ಬ ಜರ್ಮನ್ ಗಣಿತಶಾಸ್ತ್ರಜ್ಞ, ಖಗೋಲ ಶಾಸ್ತ್ರಜ್ಞ ಮತ್ತು ಜ್ಯೋತಿಷಿ. ವಕ್ರೀಭವನ ದೂರದರ್ಶಕಗಳಲ್ಲಿ ಸುಧಾರಣೆಗಳನ್ನು ಮಾಡಿದನು. ಟೈಕೊ ಬ್ರಾಹೆ ಯೊಂದಿಗೆ ಕೆಲಸ ಮಾಡುತ್ತಿದ್ದಾಗ, ಅವನ ವಿಶಾಲವಾದ ಖಗೋಲ ಲಿಖಿತಾಂಶಗಳ ಸಂಗ್ರಹ ಕೆಪ್ಲರನಿಗೆ ಬಹಳೇ ಉಪಯುಕ್ತವಾಯಿತು. ಅದರ ವಿಸ್ತೃತ ವಿಶ್ಲೇಷಣೆಯಿಂದ, ಗ್ರಹಗಳು ಸೂರ್ಯನ ಸುತ್ತಲೂ ದೀರ್ಘವೃತ್ತಾಕಾರದ ಕಕ್ಷೆಗಳಲ್ಲಿ ಚಲಿಸುತ್ತವೆ ಎಂದು ಕಂಡುಹಿಡಿದನು. ಅವನ ಸಿದ್ಧಾಂತಗಳು ಗ್ರಹಚಲನೆಯ ಕೆಪ್ಲರನ ನಿಯಮಗಳೆಂದು ಹೆಸರಾದವು. 1609ರಲ್ಲಿ ಅವನು ತನ್ನ ಸಂಶೋಧನೆಗಳನ್ನು 'ಆಸ್ಟ್ರೋನೊಮಿಯಾ ನೋವಾ' ಪತ್ರಿಕೆಯಲ್ಲಿ ಪ್ರಕಟಿಸಿದನು. ಟೈಕೊನ ಅಪೂರ್ಣ ಕೃತಿಯಾದ ರುಡಾಲ್ಫಿನ್ ಟೇಬಲ್ಸ್ ಕೂಡ ಅವನು ಪೂರ್ಣಗೊಳಿಸಿದನು.

ಸರ್ ಐಸಾಕ್ ನ್ಯೂಟನ್ (1643-1727) ಒಬ್ಬ ಇಂಗ್ಲಿಷ್ ಭೌತಶಾಸ್ತ್ರಜ್ಞ, ಗಣಿತಶಾಸ್ತ್ರಜ್ಞ, ಖಗೋಲಶಾಸ್ತ್ರಜ್ಞ, ರಸವಿಜ್ಞಾನಿ ಮತ್ತು ಯಾವುದು ಇಲ್ಲವೆಂತಿಲ್ಲ. ಬಿಳಿ ಬೆಳಕನ್ನು ಪ್ರಿಸ್ಮ್(ಲೋಲಕ)ವನ್ನು ಬಳಸಿ ಅದನ್ನು ವಿವಿಧ ಬಣ್ಣಗಳ ವರ್ಣಪಟಲದಲ್ಲಿ ವಿಭಜಿಸಬಹುದು ಎಂದು ಅವನು ಕಂಡುಹಿಡಿದನು. ವಕ್ರ ದರ್ಪಣಗಳನ್ನು ಬಳಸಿ ಮೊದಲ ಪ್ರಾಯೋಗಿಕ ಪರಾವರ್ತನ ದೂರದರ್ಶಕವನ್ನು ನಿರ್ಮಿಸಿದನು. ಸಮಗ್ರ ಡಿಫರನ್ನಿಯಲ್ ಕ್ಯಾಲ್ಕುಲಸ್ ಅಭಿವೃದ್ಧಿಯ ಶ್ರೇಯದಲ್ಲಿ ಅವನು ಗಾಟಫ್ರೈಡ್ ಲೀಬ್ನಿಜನೊಂದಿಗೆ ಪಾಲುಗಾರನಾಗಿದ್ದಾನೆ.

ಗಣಿತ ಮತ್ತು ಭೌತಶಾಸ್ತ್ರ ಕ್ಷೇತ್ರಕ್ಕೆ ಅನೇಕ ಕೊಡುಗೆಗಳನ್ನು ನೀಡಿದ್ದಾನೆ. ನ್ಯೂಟನ್ ನು ಗುರುತ್ವಾಕರ್ಷಣೆಯ ನಿಯಮಗಳನ್ನು ಕಂಡು ಹಿಡಿದು ಕೆಪ್ಲರನ ಗ್ರಹಚಲನೆಯ ನಿಯಮಗಳನ್ನು ಗಣಿತೀಯವಾಗಿ ಸಿದ್ಧ ಮಾಡಿ ತೋರಿಸಿದನು. 1687ರಲ್ಲಿ 'ಪ್ರಿನ್ಸಿಪಿಯಾ ಮ್ಯಾಥಿಮೆಟಿಕಾ' ಎಂಬ ತನ್ನ ಶ್ರೇಷ್ಠ ಕೃತಿಯನ್ನು ಪ್ರಕಟಿಸಿದನು.

ಎಡ್ಮಂಡ್ ಹ್ಯಾಲಿ (1656-1742) ಒಬ್ಬ ಇಂಗ್ಲಿಷ್ ಖಗೋಲಶಾಸ್ತ್ರಜ್ಞ, ಭೂಭೌತಶಾಸ್ತ್ರಜ್ಞ, ಗಣಿತಶಾಸ್ತ್ರಜ್ಞ ಮತ್ತು ಭೌತವಿಜ್ಞಾನಿ. ಪ್ರತಿ 75 ವರ್ಷಗಳ ನಂತರ 'ಹ್ಯಾಲಿಯ ಧೂಮಕೇತು' ಮರಳಿ ಬರುವ ಲೆಕ್ಕಾಚಾರಕ್ಕೆ ಹೆಸರುವಾಸಿ. ಅವನು ವಿವರವಾದ ನಕ್ಷತ್ರ-ನಕ್ಷೆಗಳನ್ನು ತಯಾರಿಸಿ, ಹವಾಮಾನ ಶಾಸ್ತ್ರ ಮತ್ತು ಭೂಭೌತಶಾಸ್ತ್ರ ಕ್ಷೇತ್ರದಲ್ಲಿ ಅನೇಕ ಕೊಡುಗೆಗಳನ್ನು ನೀಡಿದ. 1718ರಲ್ಲಿ ಮೊದಲ ಬಾರಿಗೆ ಸ್ಥಿರ ನಕ್ಷತ್ರಗಳ ಸರಿಯಾದ ಚಲನೆಯನ್ನು ಕಂಡುಹಿಡಿದ.

ಫ್ರೆಡರಿಕ್ ವಿಲಿಯಂ ಹರ್ಷೆಲ್ (1738-1852) ಜರ್ಮನ್ ಮೂಲದ ಇಂಗ್ಲಿಷ್ ಖಗೋಲಶಾಸ್ತ್ರಜ್ಞ ಮತ್ತು ಸಂಗೀತ-ಸಂಯೋಜಕ. ಯುರೇನಸ್ ಎಂಬ ಗ್ರಹದ ಆವಿಷ್ಕಾರದಿಂದ ಅವನು ಪ್ರಸಿದ್ಧಿಯನ್ನು ಪಡೆದನು. ದೂರದರ್ಶಕಗಳನ್ನು ತಯಾರಿಸುವುದರಲ್ಲಿ ನಿಪುಣನಾಗಿದ್ದ. ತಮ್ಮ ವೃತ್ತಿಜೀವನದಲ್ಲಿ ಅವನು 400ಕ್ಕೂ ಹೆಚ್ಚು ದೂರದರ್ಶಕಗಳನ್ನು ನಿರ್ಮಿಸಿದ್ದನು, ಅದರಲ್ಲಿ ಅತಿ ದೊಡ್ಡದು 1.26ಮೀ ವ್ಯಾಸದ ಪ್ರಾಥಮಿಕ ದರ್ಪಣ ಮತ್ತು 12ಮೀ ನಾಭಿಯದು. ಅದರ ಸಹಾಯದಿಂದ ಶನಿಗ್ರಹದ ಉಪಗ್ರಹಗಳನ್ನು ಕಂಡುಹಿಡಿದನು.

ಫ್ರೆಡರಿಕ್ ವಿಲ್ಹೆಲ್ಮ್ ಬೆಸೆಲ್ (1784-1846) ಜರ್ಮನಿಯ ಗಣಿತಶಾಸ್ತ್ರಜ್ಞ, ಬೆಸೆಲ್ ಫಂಕ್ಷನ್ಸ್ ಕಂಡುಹಿಡಿದ ಖಗೋಲಶಾಸ್ತ್ರಜ್ಞ. ನಕ್ಷತ್ರಗಳ ದೂರಗಳನ್ನು ಲೆಕ್ಕ ಹಾಕುವಲ್ಲಿ ಪ್ಯಾರಲಾಕ್ಸ್ (ಲಂಬನ) ವನ್ನು ಬಳಸಿದ ಕೀರ್ತಿ ಅವನಿಗೆ ಸಲ್ಲುತ್ತದೆ. 50000ಕ್ಕೂ ಹೆಚ್ಚು ನಕ್ಷತ್ರಗಳ ಸ್ಥಾನಗಳನ್ನು ನಿರ್ಧಾರ ಮಾಡಲು ಅವನಿಗೆ ಸಾಧ್ಯವಾಯಿತು. ಗಣಿತಕ್ಕೆ ಅವರ ಕೊಡುಗೆಯು ಪ್ರಸಿದ್ಧವಾದ 'ಬೆಸೆಲ್ ಫಂಕ್ಷನ್ಸ್' ಮತ್ತು ಬೆಸೆಲ್ಸ್ ಇಂಟರ್ಪೋಲೇಶನ್ ವಿಧಾನ' ಗಳನ್ನು ಒಳಗೊಂಡಿದೆ. 'ಬೆಸೆಲಿಯನ್ ತತ್ವ'ಗಳು ಸೂರ್ಯಗ್ರಹಣದ ಗಣಿತದಲ್ಲಿ ಅತ್ಯಂತ ಉಪಯುಕ್ತವಾಗಿವೆ.

ಅರ್ನೆಸ್ಟ್ ವಿಲಿಯಂ ಬ್ರೌನ್ (1866-1938) ಒಬ್ಬ ಬ್ರಿಟಿಷ್ ಗಣಿತಶಾಸ್ತ್ರಜ್ಞ ಮತ್ತು ಖಗೋಲಶಾಸ್ತ್ರಜ್ಞ, ಯುನೈಟೆಡ್ ಸ್ಟೇಟ್ಸ್ ನಲ್ಲಿ ಕಾರ್ಯರತನಾಗಿದ್ದನು. ಚಂದ್ರನ ಚಲನೆಯ (ಚಾಂದ್ರಸಿದ್ಧಾಂತ) ಅಧ್ಯಯನ ಮತ್ತು ಅತ್ಯಂತ ನಿಖರವಾದ ಚಂದ್ರಕೋಷ್ಟಕಗಳ ಸಂಕಲನ ಇವನ ಜೀವನದ ಕೆಲಸವಾಗಿತ್ತು. ಹಿಲ್, ಡೆಲಾನಿ ಮತ್ತು ಹ್ಯಾನ್ಸೆನ್ ರಂತಹ ಹಿಂದಿನ ಸಂಶೋಧಕರ ಕೆಲಸವನ್ನು ಕೂಲಂಕುಷವಾಗಿ ಪರಿಶೀಲಿಸಿ, ಇತರ *ಗ್ರಹಗಳ ಕ್ಷೋಭಗಳ* ಪರಿಣಾಮಗಳನ್ನೂ ಪರಿಗಣಿಸಿ ತನ್ನದೇ ಆದ ಹೊಸ ಚಾಂದ್ರಸಿದ್ಧಾಂತವನ್ನು ತಯಾರಿಸಿದನು. **ಬ್ರೌನ್ ಕೋಷ್ಟಕಗಳು** ಎಂದು ಕರೆಯಲ್ಪಡುವ ಈತನ ಚಾಂದ್ರಕೋಷ್ಟಕಗಳು 1919 ರಲ್ಲಿ ಪ್ರಕಟವಾಗಿದ್ದು, ಇವು 0.001 ಆರ್ಕ್-ಸೆಕೆಂಡುಗಳಷ್ಟು ನಿಖರವಾಗಿದ್ದವು.

ಅಲ್ಬರ್ಟ್ ಐನ್ ಸ್ಟೈನ್ (1879-1955) ಒಬ್ಬ ಜರ್ಮನ್ ಸೈದ್ಧಾಂತಿಕ ಭೌತಶಾಸ್ತ್ರಜ್ಞನಾಗಿದ್ದ, ಸಾಮಾನ್ಯ ಸಾಪೇಕ್ಷತಾ ಸಿದ್ಧಾಂತದ ಜನಕ. ಭೌತಶಾಸ್ತ್ರ ಕ್ಷೇತ್ರಕ್ಕೆ ಅನೇಕ ಕೊಡುಗೆಗಳನ್ನು ನೀಡಿದ್ದಾನೆ. ನಕ್ಷತ್ರಗಳಿಂದ ಬರುವ ಬೆಳಕು ಸೂರ್ಯನ ಗುರುತ್ವಾಕರ್ಷಣೆಯಿಂದಾಗಿ ವಕ್ರೀಬಹವನವಾಗುತ್ತದೆ ಎಂಬುದನ್ನು ಕಂಡು ಹಿಡಿದನು. 1919ರ ಸಂಪೂರ್ಣ ಸೂರ್ಯಗ್ರಹಣದ ಸಮಯದಲ್ಲಿ ಬುಧಗ್ರಹದ ವೀಕ್ಷಣೆಗಳಿಂದ ಎಡ್ಡಿಂಗ್ಟನ್ ಮತ್ತು

ಚಣದ್ರಶೇಖರ ಮುಂತಾದವರು ದೃಢಪಡಿಸಿದರು. ಐನ್ ಸ್ಟೈನ್ ಗೆ ಭೌತಶಾಸ್ತ್ರದಲ್ಲಿ ೧೯೧೦ರ ನೊಬೆಲ್ ಪ್ರಶಸ್ತಿ ದೊರೆಯಿತು.

ಎಡ್ವಿನ್ ಹಬಲ್ **(1889-1953)** ಒಬ್ಬ ಅಮೇರಿಕನ್ ಖಗೋಲಶಾಸ್ತ್ರಜ್ಞ. 'ರೆಡ್-ಶಿಫ್ಟ್' ಮುಖಾಂತರ ಗ್ಯಾಲಕ್ಸಿಗಳು ನಮ್ಮಿಂದ ದೂರ ಸರಿಯುತ್ತಿದೆ ಎಂಬುದನ್ನು ಅವನು ಸಿದ್ಧ ಮಾಡಿದನು ಮತ್ತು ಬ್ರಹ್ಮಾಂಡವು ಒಂದು ದೊಡ್ಡ ಸ್ಫೋಟದೊಂದಿಗೆ ಜನಿಸಿ, ನಿರಂತರವಾಗಿ ವಿಸ್ತರಿಸುತ್ತಿದೆ ಎಂದು ಹೇಳುವ ಬಿಗ್ ಬ್ಯಾಂಗ್ ಸಿದ್ಧಾಂತವನ್ನು ಬೆಂಬಲಿಸಲು ಸಹಾಯ ಮಾಡಿದನು. ಅವನು 'ಗ್ಯಾಲಕ್ಸಿಗಳ ರೆಡ್-ಶಿಫ್ಟ್ ಡಿಸ್ಟೆನ್ಸ್ ಲಾ' ಅನ್ನು ಸಹ ರೂಪಿಸಿದನು, ಇದನ್ನು ಹಬಲ್ಸ್ ಲಾ ಎಂದು ಕರೆಯಲಾಗುತ್ತದೆ. ಹಬಲ್ ಅಂತರಾಳ ಟೆಲಿಸ್ಕೋಪ್ 500km ದೂರದಲ್ಲಿ ಭೂಮಿಯನ್ನು ಪರಿಭ್ರಮಿಸುತ್ತಿದ್ದು ಬಾಹ್ಯಾಕಾಶದಿಂದ ಅನೇಕ ಉಪಯುಕ್ತ ಚಿತ್ರಗಳನ್ನು ಕಳಿಸುತ್ತಿರುತ್ತದೆ.

ಫ್ರೆಡ್ ಎಸ್ಪೆನಾಕ (ಜನನ ೧೯೫೩) ಒಬ್ಬ ಅಮೇರಿಕನ್ ಖಗೊಲಶಾಸ್ತ್ರಜ್ಞ. ಗ್ರಹಣದ ಮುನ್ಸೂಚನೆಗಳ ಬಗ್ಗೆ ಅನೇಕ ಕೃತಿಗಳನ್ನು ರಚಿಸಿದ್ದಾನೆ. ನಾಸಾದ ಗ್ರಹಣದ ಬುಲೆಟಿನ್ ಗಳನ್ನು ಹಾಗೂ ಸೌರಗ್ರಹಣದ ಐದು ಮಿಲೇನಿಯಂ ಕ್ಯಾನನ್ ಸಹ-ಲೇಖಕ ಜೀನ್ ಮೀಯಸ್ ನೊಂದಿಗೆ ಪ್ರಕಟಿಸಿರುವನು. ಇವನನ್ನು ಮಿಸ್ಟರ್ ಎಕ್ಲಿಪ್ಸ್ ಎಂದು ಕರೆಯಲಾಗುತ್ತದೆ.

ಜೀನ್ ಮೀಯಸ್ (ಜನನ ೧೯೨೮) ಖಗೋಲ ಶಾಸ್ತ್ರದ ತಜ್ಞ ಬೆಲ್ಜಿಯಂನ ಖಗೋಲಶಾಸ್ತ್ರಜ್ಞ. ನಾಸಾದ ಗ್ರಹಣದ ವೆಬ್ ಸೈಟ್ ನಲ್ಲಿ LUNECJM ಎಂಬ ಕಾರ್ಯಕ್ರಮವನ್ನು ಪ್ರಕಟಿಸಿರುವನು. ಇದು 1999 ರಿಂದ 4000 ರ ವರೆಗಿನ 14459 ಚಂದ್ರಗ್ರಹಣಗಳ ಮಾಹಿತಿಯನ್ನು ಆಕೃತಿಸಹಿತ ತೋರಿಸುತ್ತದೆ. ಖಗೋಲಶಾಸ್ತ್ರದ ಕೆಲವು ಗ್ರಂಥಗಳೂ ಪ್ರಕಟವಾಗಿವೆ.

ಆಧುನಿಕ ಕಾಲ

20ನೇ ಶತಮಾನದಲ್ಲಿ ಖಗೋಲ ವಿಜ್ಞಾನ ಕ್ಷೇತ್ರದಲ್ಲಿ ಸಾಕಷ್ಟು ಪ್ರಗತಿ ಸಾಧಿಸಲಾಗಿದೆ.

ದೂರದರ್ಶಕಗಳು ಅನೇಕ ಸುಧಾರಣೆಗಳನ್ನು ಪಡೆದುಕೊಂಡವು, ಇದರಿಂದ ಆಕಾಶದಲ್ಲಿಯ ಅನೇಕ ಹೊಸವಸ್ತುಗಳನ್ನು ಗುರುತಿಸಲು ಸಾಧ್ಯವಾಯಿತು. ದೂರ ಮತ್ತು ಕೋನಗಳ ಸೂಕ್ಷ್ಮ ಅಳತೆಗಳಿಗೆ ಸಾಧನಗಳು ಒದಗಿದವು. ಆಪ್ಟಿಕಲ್ ಟೆಲಿಸ್ಕೋಪಗಳಲ್ಲದೆ ರೇಡಿಯೋ ಟೆಲಿಸ್ಕೋಪ್, ಕ್ಷ-ಕಿರಣ ದೂರದರ್ಶಕ, ಇನ್ಫ್ರಾರೆಡ್ ಟೆಲಿಸ್ಕೋಪ್, ಗಾಮಾ-ಕಿರಣ ದೂರದರ್ಶಕಗಳು ಮುಂತಾದ ಹಲವು ಬಗೆಯ ಟೆಲಿಸ್ಕೋಪ್ ಗಳನ್ನು ಅಭಿವೃದ್ಧಿಪಡಿಸಲಾಯಿತು.

ಅನೇಕ ಸ್ಥಳಗಳಲ್ಲಿ ವಿವಿಧ ರೀತಿಯ **ವೀಕ್ಷಣಾಲಯಗಳನ್ನು** ನಿರ್ಮಿಸಲಾಯಿತು. ಹಬಲ್ ದೂರದರ್ಶಕವು ಬಾಹ್ಯಾಕಾಶ ಆಧಾರಿತ ವೀಕ್ಷಣಾಲಯವಾಗಿದ್ದು, ಇದು ನಕ್ಷತ್ರಗಳು ಮತ್ತು ಗ್ರಹಗಳ ಬಗ್ಗೆ ಚಿತ್ರಗಳನ್ನು ಮತ್ತು ಉಪಯುಕ್ತ ಮಾಹಿತಿಯನ್ನು ಕಳುಹಿಸುತ್ತದೆ.

ಬಾಹ್ಯಾಕಾಶ-ತಂತ್ರಜ್ಞಾನ: ಮಾನವ ಬಾಹ್ಯಾಕಾಶವನ್ನು ಅನ್ವೇಷಿಸಲು ಪ್ರಾರಂಭಿಸಿದನು. ಮಾನವರಹಿತ ಅನ್ವೇಷಕ ಯಂತ್ರಗಳು ಚಂದ್ರ ಮತ್ತು ಮಂಗಳಗ್ರಹದ ಮೇಲೆ ಇಳಿದವು. ೧೯೬೯ರಲ್ಲಿ ಅಪೋಲೊ-೧೧ ಬಾಹ್ಯಾಕಾಶ ಕಾರ್ಯಕ್ರಮದಲ್ಲಿ ಅಮೆರಿಕದ ನೀಲ್ ಆರ್ಮ್ ಸ್ಟ್ರಾಂಗ್ ಚಂದ್ರನ ಮೇಲೆ ಇಳಿದ ಮೊದಲ ಮಾನವನಾದನು. ಚಂದ್ರನ ಮೇಲೆ ನಾಲ್ಕು ವಿಭಿನ್ನ ಸ್ಥಳಗಳಲ್ಲಿ ಲೇಸರ್ ಪರಾವರ್ತಕಗಳನ್ನು ಸ್ಥಾಪಿಸಲಾಯಿತು, ಇದು ಭೂಮಿಯಿಂದ ಚಂದ್ರನ ದೂರಗಳನ್ನು ನಿಖರವಾಗಿ ಅಳೆಯಲು ಮತ್ತು ಚಂದ್ರನ ಸಿದ್ಧಾಂತವನ್ನು ಸುಧಾರಿಸಲು ಬಹಳ ಉಪಯುಕ್ತವೆಂದು ಸಿದ್ಧವಾಯಿತು.

ಕಂಪ್ಯೂಟರುಗಳು ಮನುಕುಲಕ್ಕೆ ವರವಾಗಿ ಪರಿಣಮಿಸಿದವು. ಅತ್ಯಂತ ಸಂಕೀರ್ಣವಾದ ಲೆಕ್ಕಾಚಾರಗಳನ್ನು ಕೆಲವೇ ಕ್ಷಣಗಳಲ್ಲಿ ಮಾಡಬಹುದು. ಇದರಿಂದ ಇತರ ವಿಜ್ಞಾನಗಳನ್ನು ಒಳಗೊಂಡು ಖಗೋಲಶಾಸ್ತ್ರಕ್ಕೂ ಹೆಚ್ಚಿನ ಲಾಭ ದೊರೆಯಿತು. ಗಣಕೀಕೃತ ಸಂಖ್ಯಾವಿಶ್ಲೇಷಣೆಯನ್ನು ಬಳಸಿಕೊಂಡು, ಗ್ರಹಗಳ ಚಲನೆಗಳಿಗಾಗಿ ಬಹುಪದೀಯ ಸರಣಿಗಳನ್ನು ನಿರ್ಮಿಸಲಾಯಿತು ಮತ್ತು ಎಫೆಮೆರಿಡ್ (ಪಂಚಾಂಗ)ಗಳನ್ನು ತಯಾರಿಸುವಲ್ಲಿ ಹೆಚ್ಚು ಹೆಚ್ಚು ನಿಖರತೆಯನ್ನು ಸಾಧಿಸಲಾಯಿತು.

ಉಪಗ್ರಹಗಳು: ಮಾನವ ನಿರ್ಮಿತ ಭೂಸ್ಥಿರ ಉಪಗ್ರಹಗಳು ಭೂಮಿಯನ್ನು ಸುತ್ತಲು ಪ್ರಾರಂಭಿಸಿದವು. ದೂರದರ್ಶನ, ಅಂತರ್ಜಾಲ, ಉಪಗ್ರಹ ಸಂವಹನ, ಮೊಬೈಲ್ ಫೋನ್ ಗಳ ಆವಿಷ್ಕಾರದಿಂದ ಜಗತ್ತು ಚಿಕ್ಕದಾಯಿತು.

IAU (ಇಂಟರ್ನ್ಯಾಷನಲ್ ಆಸ್ಟ್ರೋನಾಮಿಕಲ್ ಯೂನಿಯನ್), ನಾಸಾ (ನ್ಯಾಷನಲ್ ಏರೋನಾಟಿಕ್ಸ್ ಅಂಡ್ ಸ್ಪೇಸ್ ಅಡ್ಮಿನಿಸ್ಟ್ರೇಷನ್), ಜಪಿಎಲ್ (ಜೆಟ್ ಪ್ರೊಪಲ್ಷನ್ ಲ್ಯಾಬೋರೇಟರಿ), IERS (ಇಂಟರ್ ನ್ಯಾಷನಲ್ ಅರ್ಥ್ ರೊಟೇಶನ್ ಅಂಡ್ ರೆಫರೆನ್ಸ್ ಸಿಸ್ಟಮ್) ಮುಂತಾದ ಕುಶಾಗ್ರಬುದ್ಧಿಯ ಅತ್ಯುತ್ತಮ ತಜ್ಞರನ್ನೊಳಗೊಂಡ ಸಂಸ್ಥೆಗಳು ಖಗೋಲವಿಜ್ಞಾನ ಕ್ಷೇತ್ರದಲ್ಲಿ ಪ್ರಗತಿಸಾಧಿಸಲು ಕಾರಣವಾದವು.

ಖಗೋಲೀಯ ಪರಿಭಾಷೆ

ಬ್ರಹ್ಮಾಂಡ

ಅಸ್ತಿತ್ವದಲ್ಲಿರುವ ಎಲ್ಲವೂ ಬ್ರಹ್ಮಾಂಡವೇ ಆಗಿದೆ. ಕಣ್ಣಿಗೆ ಕಾಣಿಸುವುದೆಲ್ಲ ಅದಕ್ಕಿಂತ ಹೆಚ್ಚಾಗಿ ಕಾಣಿಸದೇ ಇರುವುದೆಲ್ಲ ಹಾಗೆಯೇ ತಿಳಿದಿರುವ ಹಾಗೂ ಅದಕ್ಕಿಂತ ಹೆಚ್ಚಾಗಿ ತಿಳಿಯದೇ ಇರುವುದೆಲ್ಲವನ್ನೂ ಅದು ಒಳಗೊಂಡಿದೆ. ಬ್ರಹ್ಮಾಂಡ ಎಂದರೇನು, ಅದು ಹೇಗೆ ಹುಟ್ಟಿತು ಮತ್ತು ಅದರ ಭವಿಷ್ಯವೇನು ಎಂಬುದರ ಬಗ್ಗೆ ವಿಭಿನ್ನ ಅಭಿಪ್ರಾಯಗಳಿವೆ. ಅದರ ಬಗ್ಗೆ ಇಂದು ವಿಜ್ಞಾನಿಗಳಿಗೆ ಹಿಂದೆಂದಿಗಿಂತಲೂ ಹೆಚ್ಚು ತಿಳಿದಿದೆ, ಆದರೂ ಇನ್ನೂ ತಿಳಿಯಬೇಕಾದದ್ದು ಬಹಳಷ್ಟಿದೆ.

ಬ್ರಹ್ಮಾಂಡವು 15 ಬಿಲಿಯನ್ ವರ್ಷಗಳ ಹಿಂದೆ *ಬಿಗ್ ಬ್ಯಾಂಗ್* ಎಂಬ ದೈತ್ಯ ಸ್ಫೋಟದಲ್ಲಿ ನಿರ್ಮಾಣವಾಗಿದೆ ಮತ್ತು ಅಂದಿನಿಂದ ಅದು ಒಂದೇಸವನೇ ಪ್ರಸರಣಗೊಳ್ಳುತ್ತ ಇನ್ನೂ ವಿಸ್ತರಿಸುತ್ತಿದೆ ಎಂದು ನಂಬಲಾಗಿದೆ.

ಬ್ರಹ್ಮಾಂಡದಲ್ಲಿ ಅಸಂಖ್ಯಾತ ಆಕಾಶಗಂಗೆ(ಗ್ಯಾಲಕ್ಸಿ)ಗಳಿದ್ದು ಅದರಲ್ಲಿ ಪ್ರತಿಯೊಂದೂ ಶತಕೋಟಿಗಟ್ಟಲೆ ನಕ್ಷತ್ರಗಳನ್ನು ಒಳಗೊಂಡಿರುತ್ತದೆ. ನಮ್ಮ ಸೌರಮಂಡಲವಿರುವ ಮಿಲ್ಕಿ-ವೇ (ಕ್ಷೀರಪಥ) *ಗ್ಯಾಲಕ್ಸಿ* ಅವುಗಳಲ್ಲಿ ಒಂದಾಗಿದೆ. ಮಿಲ್ಕಿ-ವೇ ಆಕಾಶಗಂಗೆಯ ವ್ಯಾಪ್ತಿ ಸುಮಾರು 100,000 ಪ್ರಕಾಶವರ್ಷಗಳಷ್ಟಿದ್ದು ಶತಕೋಟಿಗಳಷ್ಟು ನಕ್ಷತ್ರಗಳಿಂದ ಕೂಡಿದೆ. ನಕ್ಷತ್ರಗಳು ಸರಾಸರಿ ಸುಮಾರು 4 ಪ್ರಕಾಶವರ್ಷಗಳ ಅಂತರದಲ್ಲಿರುತ್ತವೆ. ಪ್ರಕಾಶವರ್ಷವು **(ಲೈಟ-ಯಿಯರ)** ಖಗೋಲವಿಜ್ಞಾನದಲ್ಲಿ 9.46 ಟ್ರಿಲಿಯನ್ ಕಿ.ಮೀ.ಗೆ ಸಮನಾದ ಅಂತರದ ಅಳತೆಯಾಗಿದೆ. ಸೌರಮಂಡಲವು ಕ್ಷೀರಪಥದ ಕೇಂದ್ರದಿಂದ ಸುಮಾರು 27,700 ಪ್ರಕಾಶವರ್ಷಗಳಷ್ಟು ದೂರದಲ್ಲಿದೆ. ಬ್ರಹ್ಮಾಂಡದಲ್ಲಿ ಅತ್ಯಂತ ಸಾಮಾನ್ಯ ವಸ್ತುವೆಂದರೆ ನಕ್ಷತ್ರ. ಅವುಗಳಲ್ಲಿ ಸುತ್ತಲೂ ಸುತ್ತುವ ಗ್ರಹಗಳಿರುವ ನಕ್ಷತ್ರವೆಂದರೆ ನಮ್ಮ ಸೂರ್ಯ. ಈ ಗ್ರಹಗಳಲ್ಲಿ ಒಂದಾದ ಭೂಮಿಯ ಮೇಲೆ ಜೀವನವಿದೆ. ಬ್ರಹ್ಮಾಂಡದಲ್ಲಿ ಬೇರೆಡೆಗೆ ಎಲ್ಲಿಯಾದರೂ ಜೀವನವಿದೆಯೇ ಎಂಬುದು ಇದುವರೆಗೂ ಯಾರಿಗೂ ತಿಳಿದಿಲ್ಲ.

ಸೌರಮಂಡಲ

ನಮ್ಮ ಸೌರಮಂಡಲವು ವಿಶಾಲವಾದ ಕ್ಷೀರಪಥ ಆಕಾಶಗಂಗೆಯಲ್ಲಿ ಒಂದು ಸಣ್ಣ ಚಿಕ್ಕೆಯಂತಿದೆ. ಕೋಟ್ಯಂತರ ನಕ್ಷತ್ರಗಳಲ್ಲಿ ಸೂರ್ಯ ಸಹ ಒಬ್ಬ. ಬುಧ, ಶುಕ್ರ, ಪೃಥ್ವಿ, ಮಂಗಳ, ಗುರು, ಶನಿ, ಯುರೇನಸ್, ನೆಪ್ಚೂನ್ ಪ್ರಮುಖ ಗ್ರಹಗಳು * ಸೂರ್ಯನನ್ನು ಪರಿಭ್ರಮಿಸುತ್ತಿವೆ. ಅವುಗಳಲ್ಲಿ ಕೆಲವು ಗ್ರಹಗಳು ತಮ್ಮ ಸುತ್ತಲೂ ಚಲಿಸುವ ಉಪಗ್ರಹಗಳನ್ನು ಹೊಂದಿವೆ. ಚಂದ್ರನು ಭೂಮಿಯ ಉಪಗ್ರಹ. ನೆಪ್ಚೂನ್ ನ ಆಚೆಗೆ ಕೆಲವು ಧೂಮಕೇತುಗಳು, ಸಾವಿರಾರು ಕ್ಷುದ್ರಗ್ರಹಗಳು ಸಹ ಸೂರ್ಯನ ಸುತ್ತ ಪರಿಭ್ರಮಿಸುತ್ತಿವೆ. ಇವೆಲ್ಲವುಗಳನ್ನು ಒಟ್ಟಾಗಿ 'ಸೌರಮಂಡಲ'' ಎಂದು ಕರೆಯಲಾಗುತ್ತದೆ.

***ಪ್ಲೂಟೊವನ್ನು ಇತ್ತೀಚೆಗೆ ಸಣ್ಣ ಸೌರಮಂಡಲವಸ್ತು ಎಂದು ವರ್ಗೀಕರಿಸಲಾಗಿದೆ**

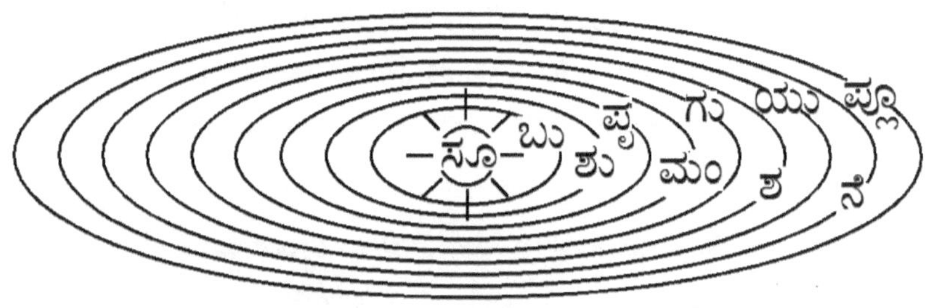

ಸೌರಮಂಡದಲ್ಲಿ ಗ್ರಹಗಳ ಅನುಕ್ರಮ

ಮೇಲಿನ ಆಕೃತಿಯು ಸೌರಮಂಡಲದ ಸರಳೀಕೃತ ಚಿತ್ರವಾಗಿದೆ. ಗ್ರಹಗಳ ಹೆಸರುಗಳನ್ನು ಸೂರ್ಯನಿಂದ ಅವುಗಳ ದೂರದ ಕ್ರಮದಲ್ಲಿ ತೋರಿಸಲಾಗಿದೆ. ಗ್ರಹಗಳ ದೂರಗಳು ಮಾತ್ರ ಪ್ರಮಾಣಬದ್ಧವಾಗಿಲ್ಲ, ಏಕೆಂದರೆ ಸೌರಮಂಡಲವನ್ನು ಯಾವುದೇ ಪ್ರಮಾಣದಲ್ಲಿ ಕಾಗದದ ಮೇಲೆ ತೋರಿಸುವುದು ಅಸಾಧ್ಯ. ಗ್ರಹಗಳ ಭ್ರಮಣ ಕಕ್ಷೆಯ ಪಾತಳಿಗಳು ಸಹ ಪರಸ್ಪರ ಭಿನ್ನವಾಗಿರುತ್ತವೆ.

ಭೂಮಿ

ನಮ್ಮ ಭೂಮಿಯು ಸೌರಮಂಡಲದ ಗ್ರಹಗಳಲ್ಲಿ ಒಂದಾಗಿದೆ. ಪ್ರಾಯೋಗಿಕ ಉದ್ದೇಶಗಳಿಗಾಗಿ ಭೂಮಿಯನ್ನು ಗೋಳಾಕಾರ ವಸ್ತುವೆಂದು ಪರಿಗಣಿಸಬಹುದು.

ಅಕ್ಷ

ಭೂಮಿಯು ತನ್ನದೇ ಸುತ್ತಲು ತಿರುಗುವ ಸರಳ ರೇಖೆಯನ್ನು ಅಕ್ಷ ಎಂದು ಕರೆಯಲಾಗುತ್ತದೆ.

ಧ್ರುವಗಳು

ಭೂಮಿಯ ಪರಿಭ್ರಮಣದ ಅಕ್ಷವು ಭೂಮಿಯ ಮೇಲ್ಮೈಯನ್ನು ಕತ್ತರಿಸುವ ಬಿಂದುಗಳನ್ನು ಧ್ರುವಗಳು ಎಂದು ಕರೆಯಲಾಗುತ್ತದೆ. N ಉತ್ತರ ಧ್ರುವ ಮತ್ತು S ದಕ್ಷಿಣ ಧ್ರುವ.

ವಿಷುವವೃತ್ತ

ವಿಷುವವೃತ್ತ ಅಕ್ಷಕ್ಕೆ ಲಂಬವಾಗಿರುವ ಕಾಲ್ಪನಿಕ ಸಮಭಾಜಕ ವೃತ್ತವಾಗಿದ್ದು, ಇದು ಭೂಮಿಯನ್ನು ಉತ್ತರ ಮತ್ತು ದಕ್ಷಿಣದ ಎರಡು ಗೋಲಾರ್ಧಗಳಾಗಿ ವಿಭಜಿಸುತ್ತದೆ.

ಯಾಮ್ಯೋತ್ತರವೃತ್ತ (ಮೆರಿಡಿಯನ್)

ಮೆರಿಡಿಯನ್ ಧ್ರುವಗಳನ್ನು ಸೇರುವ ಅರೆವೃತ್ತವಾಗಿದೆ. ಬೇರೆ ರೀತಿಯಲ್ಲಿ ಹೇಳುವುದಾದರೆ ಇದು ಭೂ-ಗೋಲದ ಮೇಲ್ಮೈ ಉದ್ದಕ್ಕೂ ಧ್ರುವದಿಂದ ಧ್ರುವಕ್ಕೆ ಎಳೆಯಲಾದ ರೇಖೆಯಾಗಿದೆ.

ಗ್ರೀನ್‌ವಿಚ್ ವೀಕ್ಷಣಾಲಯದ ಮೂಲಕ ಹಾದುಹೋಗುವ ಒಂದು ನಿರ್ದಿಷ್ಟ ಮೆರಿಡಿಯನ್ ಅನ್ನು ಸಾರ್ವತ್ರಿಕ ಒಪ್ಪಂದದ ಮೂಲಕ, ಒಂದು *ಪ್ರಮಾಣಿತ ಮೆರಿಡಿಯನ್ ಅಥವಾ ಗ್ರೀನ್ ವಿಚ್ ಮೆರಿಡಿಯನ್* ಎಂದು ಪರಿಗಣಿಸಲಾಗುತ್ತದೆ.

ಭೌಗೋಲಿಕ ಅಕ್ಷಾಂಶ ಮತ್ತು ರೇಖಾಂಶ

ಕೋನೀಯ ಅಳತೆಯಲ್ಲಿ ವ್ಯಕ್ತಪಡಿಸಲಾದ ಸಮಭಾಜಕ ವೃತ್ತದಿಂದ ಲಂಬವಾದ ದೂರವನ್ನು ಸ್ಥಳದ **ಅಕ್ಷಾಂಶ** ಎಂದು ಕರೆಯಲಾಗುತ್ತದೆ. (ಉತ್ತರಕ್ಕೆ + ಮತ್ತು ದಕ್ಷಿಣಕ್ಕೆ -)

ಗ್ರೀನ್ ವಿಚ್ ಮೆರಿಡಿಯನ್ ನಿಂದ ಪೂರ್ವ ಅಥವಾ ಪಶ್ಚಿಮದ ಕಡೆಗೆ ಸ್ಥಳೀಯ ಮೆರಿಡಿಯನ್ ವರೆಗಿನ ಕೋನೀಯ ಅಳತೆಯನ್ನು ಆ ಸ್ಥಳದ **ರೇಖಾಂಶ** ಎಂದು ಕರೆಯಲಾಗುತ್ತದೆ.

ಹೀಗೆ ಭೂಮಿಯ ಮೇಲ್ಮೈಯಲ್ಲಿ ಒಂದು ಸ್ಥಳದ ಸ್ಥಾನವನ್ನು ಅಕ್ಷಾಂಶ ಮತ್ತು ರೇಖಾಂಶ ಎಂಬ ಎರಡು ನಿರ್ದೇಶಾಂಕಗಳಿಂದ ನಿರ್ಧರಿಸಬಹುದು. ಉದಾಹರಣೆಗೆ ಭಾರತದಲ್ಲಿ ದೆಹಲಿಯ ರೇಖಾಂಶವು 14°77' ಪೂ ಮತ್ತು ಅಕ್ಷಾಂಶ 38°28'ಉ.

ನಭೋಮಂಡಲ

ನಾವು ಯಾವುದೇ ನಿರಭ್ರ ರಾತ್ರಿಯಲ್ಲಿ ಆಕಾಶದ ಕಡೆಗೆ ನೋಡಿದಾಗ, ನಾವು ವಿವಿಧ ತೇಜದ ಅಸಂಖ್ಯ ನಕ್ಷತ್ರಗಳನ್ನು ಕಾಣುತ್ತೇವೆ. ಅವುಗಳನ್ನು ಅನಂತ ತ್ರಿಜ್ಯದ ಒಂದು ಅದೃಶ್ಯ ಗೋಲದ ಮೇಲ್ಮೈಯಲ್ಲಿ ಕೂಡಿಸಲಾಗಿದೆ ಎಂದು ಕಲ್ಪಿಸಿದರೆ ಅದೇ ನಭೋಮಂಡಲ ಅಥವಾ ಆಕಾಶಗೋಲವೆನಿಸುತ್ತದೆ ಮತ್ತು ಭೂಮಿಯ ಮೇಲಿನ *ವೀಕ್ಷಕನ* ಸ್ಥಾನವು ಅದರ ಕೇಂದ್ರವಾಗುತ್ತದೆ.

ನಭೋಮಂಡಲದಲ್ಲಿ ಒಂದೇ ಸಾಪೇಕ್ಷ ಸ್ಥಾನದಲ್ಲಿರುವಂತೆ ತೋರುವ ಚುಕ್ಕೆಗಳನ್ನು *ಸ್ಥಿರ ನಕ್ಷತ್ರಗಳು* ಎಂದು ಕರೆಯಲಾಗುತ್ತದೆ. ತಮ್ಮ ಸ್ಥಾನಗಳನ್ನು ನಿರಂತರವಾಗಿ ಬದಲಾಯಿಸುವ ವಸ್ತುಗಳನ್ನು *ಗ್ರಹಗಳು* ಎಂದು ಕರೆಯಲಾಗುತ್ತದೆ. ಸ್ಥಿರನಕ್ಷತ್ರಗಳು ಸ್ವಯಂ ಪ್ರಕಾಶಮಾನವಾಗಿದ್ದು ಗ್ರಹಗಳು ಸೂರ್ಯನ ಪ್ರಕಾಶದಿಂದ ಬೆಳಗುತ್ತವೆ. ನಮ್ಮ ಭೂಮಿಯೂ ಗ್ರಹಗಳಲ್ಲಿ ಒಂದಾಗಿದೆ.

ನಭೋಮಂಡಲವು ಭೂಮಿಯ ಹೋಲಿಕೆಯಲ್ಲಿ ಅಪಾರ ವಿಶಾಲವಾಗಿರುವದರಿಂದ ಭೂಮಿಯ ಮೇಲ್ಮೈಯಲ್ಲಿರುವ ಯಾವುದೇ ಸ್ಥಳವೂ ನಭೋಮಂಡಲದ ಕೇಂದ್ರದಲ್ಲಿದೆ ಎಂದು ಪರಿಗಣಿಸಬಹುದು. ಆದ್ದರಿಂದ, ಭೂಮಿಗೆ ಬಹಳ ಹತ್ತಿರದಲ್ಲಿರುವ ಚಂದ್ರನನ್ನು ಹೊರತುಪಡಿಸಿ, ಭೂಮಿಯ ಮೇಲಿನ ಎಲ್ಲ ಸ್ಥಾನಗಳಲ್ಲೂ ನಕ್ಷತ್ರಗಳು ಅಥವಾ ಗ್ರಹಗಳ ಸಾಪೇಕ್ಷ ಸ್ಥಾನಗಳು ಒಂದೇ ಆಗಿರುತ್ತವೆ.

ಆಕಾಶಸ್ಥ ಧ್ರುವಗಳು

ಪೃಥ್ವಿಯ ಉತ್ತರಮತ್ತು ದಕ್ಷಿಣಧ್ರುವಗಳಂತೆ ಆಕಾಶಗೋಲದಲ್ಲಿಯೂಧ್ರುವಗಳನ್ನು ಕಲ್ಪಿಸಲಾಗಿದೆ. ಭೂಮಿಯ ಪರಿಭ್ರಮಣದ ಅಕ್ಷವು ಆಕಾಶಗೋಲವನ್ನು ಕತ್ತರಿಸುವ ಎರಡು ಬಿಂದುಗಳು ಉತ್ತರ ಮತ್ತು ದಕ್ಷಿಣ ಆಕಾಶಸ್ಥ ಧ್ರುವಗಳಾಗಿವೆ.

ಆಕಾಶಸ್ಥ ವಿಷುವವೃತ್ತ

ಇದು ಭೂಮಿಯ ವಿಷುವವೃತ್ತದ ವಿಸ್ತೃತ ಸಮತಲದಲ್ಲಿಯೇ ಇರುವ ಆಕಾಶಗೋಲದ ಮೇಲಿನ ಒಂದು ಮಹಾವೃತ್ತವಾಗಿದೆ. ಇದು ಆಕಾಶಗೋಲವನ್ನು ಉತ್ತರ ಮತ್ತು ದಕ್ಷಿಣ ಗೋಲಾರ್ಧಗಳಲ್ಲಿ ವಿಭಾಜಿಸುತ್ತದೆ.

ಆಕಾಶಸ್ಥ ಮೆರಿಡಿಯನ್

ಆಕಾಶಸ್ಥ ಮೆರಿಡಿಯನ್ ಆಕಾಶಸ್ಥ ಧ್ರುವಗಳನ್ನು ಸೇರುವ ಅರ್ಧ-ಮಹಾವೃತ್ತವಾಗಿದೆ.

ಸಂಸ್ಕೃತ ಗ್ರಂಥಗಳಲ್ಲಿ ಇದಕ್ಕೆ ಯಾಮ್ಯೋತ್ತರ ವೃತ್ತ ಎನ್ನಲಾಗಿದೆ. ಸರಳತೆಗಾಗಿ ಇದನ್ನು ಲಂಬವೃತ್ತ ಎನ್ನಬಹುದು. ವೀಕ್ಷಕನ ಖ-ಸ್ವಸ್ತಿಕದ (ನಿಖರವಾಗಿ ನೆತ್ತಿಯ ಮೇಲಿರುವ ಬಿಂದು) ಮೂಲಕ ಹಾದುಹೋಗುವ ಲಂಬವೃತ್ತವನ್ನು **ವೀಕ್ಷಕ-ಲಂಬವೃತ್ತ** ಅಥವಾ **ಸ್ಥಳೀಯ-ಲಂಬವೃತ್ತ** ಎನ್ನಲಾಗುತ್ತದೆ.

ಕ್ರಾಂತಿವೃತ್ತ (ಎಕ್ಲಿಪ್ಟಿಕ್)

ನಭೋಮಂಡಲದ ಮೇಲೆ ಸೂರ್ಯನು ಕ್ರಮಿಸುವಂತೆ ತೋರುವ ಮಾರ್ಗದ ಮಹಾವೃತ್ತಕ್ಕೆ ಕ್ರಾಂತಿವೃತ್ತ ಎನ್ನುತ್ತಾರೆ.

ಸಂಪಾತ ಬಿಂದುಗಳು

ಕ್ರಾಂತಿವೃತ್ತವು ವಿಷುವವೃತ್ತಕ್ಕೆ ಸುಮಾರು 23.5 ಅಂಶ ಕೋನದಲ್ಲಿ ಇರುವ ಕಾರಣ ಅದು ವಿಷುವವೃತ್ತವನ್ನೆರಡು ಬಿಂದುಗಳಲ್ಲಿ ಭೇದಿಸುತ್ತದೆ. ಸೂರ್ಯನು ವಿಷುವವೃತ್ತವನ್ನು ಉತ್ತರಾಭಿಮುಖಿವಾಗಿ ದಾಟುವ ಬಿಂದುವನ್ನು **ವಸಂತಸಂಪಾತ, ಮೇಷಸಂಪಾತ, ಉದಗಯನ ಬಿಂದು, ವರ್ನಲ್ ಇಕ್ವಿನಾಕ್ಸ್** ಮುಂತಾದ ಹೆಸರುಗಳಿಂದ ಕರೆಯಲಾಗುತ್ತದೆ ಮತ್ತು ಸೂರ್ಯನು ವಿಷುವವೃತ್ತವನ್ನು ದಕ್ಷಿಣಾಭಿಮುಖಿವಾಗಿ ದಾಟುವ ಮತ್ತೊಂದು ವಿರುದ್ಧ ದಿಸೆಯಲ್ಲಿಯ ಬಿಂದುವನ್ನು **ಶರತ್ ಸಂಪಾತ** ಅಥವಾ **ತುಲಾ ಸಂಪಾತ** ಎಂದು ಕರೆಯಲಾಗುತ್ತದೆ.

ವಸಂತಸಂಪಾತವು ರಾಶಿಚಕ್ರದ ಪ್ರಾರಂಭಸ್ಥಾನವಾಗಿದ್ದು ಅಲ್ಲಿಂದಲೇ ಎಲ್ಲ ಗ್ರಹಗಳ ಸ್ಥಾನಾಂತರವನ್ನು ಅಳೆಯಲಾಗುತ್ತದೆ. ವಸಂತಸಂಪಾತದಿಂದ ಗ್ರಹದವರೆಗಿನ ಅಂಶಾತ್ಮಕ ರೇಖಾಂತರಕ್ಕೆ ಭೋಗ ಎನ್ನುವರು. ಭೋಗವು ೦ ದಿಂದ ೩೬೦ ಅಂಶಗಳ ವರೆಗೆ ಇರಬಲ್ಲದು.

ಕ್ಷಿತಿಜ (ಹೊರ್ಕೈಝುನ)

ಆಕಾಶವು ನೆಲವನ್ನು ಸಂಧಿಸುವಂತೆ ಕಾಣುವ ನಭೋಮಂಡಲದ ಮಹಾವೃತ್ತವನ್ನು **ಕ್ಷಿತಿಜ, ದಿಗಂತ, ಹೊರ್ಕೈಝುನ** ಮುಂತಾದ ಹೆಸರುಗಳಿಂದ ಸೂಚಿಸಲಾಗುತ್ತದೆ. ಇದು ಆಕಾಶಗೋಲದ ದೃಶ್ಯ ಅರ್ಧಭಾಗದ ತಳರೇಖೆಯಾಗಿದೆ.

ಖಸ್ವಸ್ತಿಕ ಮತ್ತು ಅಧಃಸ್ವಸ್ತಿಕ (ಝೆನಿತ್ ಮತ್ತು ನಾದಿರ್)

ದೃಶ್ಯ ಆಕಾಶದಲ್ಲಿಯ ಉಚ್ಚತಮ ಅಥವಾ ಮಧ್ಯಬಿಂದುವಿಗೆ (ವೀಕ್ಷಕನ ನೆತ್ತಿಯ ಮೇಲಿನ ಬಿಂದು) **ಖಸ್ವಸ್ತಿಕ (ಝೆನಿಥ್)** ಎಂದು ಹೆಸರು. ಅದೇ ತರಹ ಆಕಾಶಗೋಲದ ಅದೃಶ್ಯ ಕೆಳಭಾಗದ ಮಧ್ಯಬಿಂದುವನ್ನು **ಅಧಃಸ್ವಸ್ತಿಕ (ನಾದಿರ್)** ಎಂದು ಹೇಳಲಾಗುತ್ತದೆ.

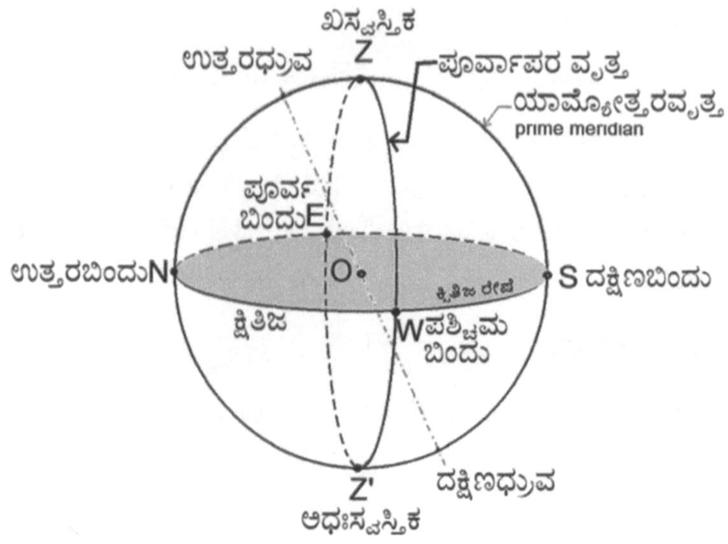

ದಿಗ್-ಬಿಂದುಗಳು (ಕಾರ್ಡಿನಲ್ ಪಾಯಿಂಟ್ಸ್)

(ಚಿತ್ರವನ್ನು ನಿರೀಕ್ಷಿಸಿ.) ವೀಕ್ಷಕನು ಉತ್ತರ ಗೋಲಾರ್ಧದಲ್ಲಿದ್ದರೆ, ಆಕಾಶದ *ಉತ್ತರಧ್ರುವ* ವನ್ನು ಅಲ್ಲಿ ಹೊಳೆಯುತ್ತಿರುವ ಒಂದು ನಕ್ಷತ್ರದಿಂದ ಸಹಜವಾಗಿ ಗುರುತಿಸಬಹುದು. ಅದು ಯಾವಾಗಲೂ ಅದೇ ಜಾಗದಲ್ಲಿರುವಂತೆ ತೋರುತ್ತದೆ. ಇದು *ಪೋಲಾರಿಸ್ ಅಥವಾ ಉತ್ತರ ಧ್ರುವ ನಕ್ಷತ್ರ.* ಧ್ರುವದ ಮೇಲೆ ಹಾಯುತ್ತಿರುವ ಯಾಮ್ಯೋತ್ತರವನ್ನು *ಪ್ರಮುಖ ಲಂಬವೃತ್ತ* ಎಂದು ಕರೆಯಲಾಗುತ್ತದೆ ಮತ್ತು ಅದು ದಿಗಂತವನ್ನು ಕತ್ತರಿಸುವ ಬಿಂದು N ಅನ್ನು ದಿಗಂತದ *ಉತ್ತರ ಬಿಂದು* ಎಂದು ಕರೆಯಲಾಗುತ್ತದೆ ಮತ್ತು ಅದರ ವಿರುದ್ಧ ಬದಿಯಲ್ಲಿರುವ S ಬಿಂದುವನ್ನು ದಕ್ಷಿಣಬಿಂದು ಎನ್ನಲಾಗುತ್ತದೆ. ಇವೆರಡಕ್ಕೂ ಕಾಟಕೋನಗಳಲ್ಲಿರುವ E ಮತ್ತು W ಬಿಂದುಗಳನ್ನು ಕ್ರಮವಾಗಿ *ಪೂರ್ವಬಿಂದು* ಮತ್ತು *ಪಶ್ಚಿಮಬಿಂದು* ಎನ್ನುತ್ತಾರೆ. ಈ ಎಲ್ಲವುಗಳನ್ನು ದಿಗ್- ಬಿಂದುಗಳು ಎನ್ನಲಾಗುವದು.

ಭಚಕ್ರ

ಭ ಎಂದರೆ ಆಕಾಶ. ಚಂದ್ರ ಮತ್ತು ಎಲ್ಲ ಗ್ರಹಗಳು ಸೂರ್ಯನ ಮಾರ್ಗವಾದ ಕ್ರಾಂತಿವೃತ್ತದ ಎರಡೂ ಬದಿಗಳಲ್ಲಿ ಸುಮಾರು ೧೦° ವಿಸ್ತಾರದ ಪಟ್ಟಿಯಲ್ಲಿಯೇ ಚಲಿಸುವಂತೆ ತೋರುತ್ತವೆ. ನಭೋಮಂಡಲದ ಈ ಪಟ್ಟಿಯೇ ಭಚಕ್ರ ಅಥವಾ ರಾಶಿಚಕ್ರವು. ಭಚಕ್ರದ ೩೬೦ ಅಂಶಗಳಲ್ಲಿ ೧೨ ಸಮಾನ ಭಾಗಗಳನ್ನು ಕಲ್ಪಿಸಿ ಪ್ರತಿಯೊಂದು ಭಾಗಕ್ಕೆ ಆಯಾ ರಾಶಿಯ ಹೆಸರಿಡಲಾಗಿದೆ. ಅದೇ ಭಚಕ್ರದಲ್ಲಿ ೨೭ ಭಾಗಗಳನ್ನು ಕಲ್ಪಿಸಿ ಆಯಾ ನಕ್ಷತ್ರಗಳ ಹೆಸರಿಡಲಾಗಿದೆ. ನಕ್ಷತ್ರವೆಂದರೆ ಒಂದು ವಿಶಿಷ್ಟ ತಾರೆಯಾಗಿರದೆ ಭಚಕ್ರದ ಒಂದು ವಿಶಿಷ್ಟ ಭಾಗವೆಂದು ತಿಳಿಯಬೇಕು. ಗಣಿತದ ದೃಷ್ಟಿಯಲ್ಲಿ ರಾಶಿಯ ಭಚಕ್ರದ ೩೦ ಅಂಶಗಳ ಒಂದು ಭಾಗ ಮತ್ತು ನಕ್ಷತ್ರವೆಂದರೆ

ಭಚಕ್ರದ 13¹/₃ ಅಂಶಗಳ ಒಂದು ಭಾಗ. ಹೀಗೆ ಪ್ರತಿಯೊಂದು ರಾಶಿಯು 2¹/₄ ನಕ್ಷತ್ರಗಳನ್ನು ಒಳಗೊಂಡಿರುತ್ತದೆ.

ರಾಶಿಗಳ ಹೆಸರು ಮತ್ತು ಅವುಗಳ ಸಾಂಕೇತಿಕ ಚಿಹ್ನೆಗಳನ್ನು ಕೆಳಗಿನ ಕೋಷ್ಟಕದಲ್ಲಿ ತೋರಿಸಲಾಗಿದೆ

ರಾಶಿಚಕ್ರ

ರಾಶಿ ಕ್ರಮಾಂಕ	ಇಂಗ್ಲಿಷ ಹೆಸರು	ಚಿಹ್ನೆ	ಚಿತ್ರ	ಕನ್ನಡ ಹೆಸರು
1	Aries	♈		ಮೇಷ
2	Taurus	♉		ವೃಷಭ
3	Gemini	♊		ಮಿಥುನ
4	Cancer	♋		ಕರ್ಕ
5	Leo	♌		ಸಿಂಹ
6	Virgo	♍		ಕನ್ಯಾ
7	Libra	♎		ತುಲಾ
8	Scorpio	♏		ವೃಶ್ಚಿಕ
9	Sagitarius	♐		ಧನು
10	Capricorn	♑		ಮಕರ
11	Aquarius	♒		ಕುಂಭ
12	Pisces	♓		ಮೀನ

ಜ್ಯೋತಿಷಿಗಳು ಗ್ರಹಾದಿಗಳ ಭೋಗವನ್ನು ರಾಶಿ-ಅಂಶ-ಕಲೆ-ವಿಕಲೆ (ರಾ:ಅಂ:ಕ:ವಿ) ಗಳಲ್ಲಿ ವ್ಯಕ್ತಪಡಿಸುತ್ತಾರೆ. ಉದಾಹರಣೆಗೆ ಭೋಗ 254°30'25" ಅನ್ನು 8-14°30'25" ಎಂದು ಬರೆಯಬಹುದು. ಅಲ್ಲಿ 8 ಈ ಸಂಖ್ಯೆಯು ಎಂಟು ರಾಶಿಗಳು ಪೂರ್ಣಗೊಂಡಿವೆ ಎಂದು ಸೂಚಿಸುತ್ತದೆ. ಅದನ್ನೇ ಧನು-14°30'25" ಹೀಗೂ ಬರೆಯಬಹುದು. ಇಲ್ಲಿ ರಾಶಿಯ ಹೆಸರು ಗ್ರಹವು ಇರುವ ರಾಶಿಯನ್ನು ಸೂಚಿಸುತ್ತದೆ.

ಖಗೋಲೀಯ ಪ್ರಮಾಣ (ಅಸ್ಟ್ರೋನಾಮಿಕಲ್ ಯುನಿಟ್)

ಸೂರ್ಯನಿಂದ ಭೂಮಿಯ ಸರಾಸರಿ ದೂರವು **149 597 870 691** ಮೀ. ಇರುವದು. ಇದನ್ನೇ ಸೌರಮಂಡಲದಲ್ಲಿನ ದೂರಗಳನ್ನು ಅಳೆಯುವ ಪ್ರಮಾಣವಾಗಿ ಬಳಸಲಾಗಿದೆ. ಇದನ್ನು ಖಗೋಲೀಯ ಪ್ರಮಾಣ (ಅಸ್ಟ್ರೋನಾಮಿಕಲ್ ಯುನಿಟ್ AU) ಎಂದು ಕರೆಯಲಾಗಿದೆ. ಇದನ್ನು ಸೂರ್ಯಸಿದ್ಧಾಂತದಲ್ಲಿ 'ಭೂರವಿ' ಎನ್ನಲಾಗಿದೆ.

ತೈರ್ಯಕ್ಯ (ಒಬ್ಲಿಕ್ವಿಟಿ)

ವಿಷುವವೃತ್ತದೊಡನೆ ಕ್ರಾಂತಿವೃತ್ತದಿಂದ ಮಾಡಲ್ಪಟ್ಟ ಕೋನವೇ ತೈರ್ಯಕ್ಯವಾಗಿದೆ. ಇದೂ ಸಹ ಸಮಯದೊಂದಿಗೆ ಅತಿಸೂಕ್ಷ್ಮಪ್ರಮಾಣದಲ್ಲಿ ಬದಲಾಗುತ್ತಿರುತ್ತದೆ. ಸ್ಥೂಲವಾಗಿ ಇದು 23.5° ಇರುವದು. ಇದರ ಸೂಕ್ಷ್ಮ ಮೂಲ್ಯದ ಬಗ್ಗೆ ಮುಂದೆ ಹೇಳಲಾಗಿದೆ.

ಅಯನಚಲನ (ಪ್ರಿಸೆಶನ್)

ವಸಂತಸಂಪಾತ ಬಿಂದುವು ಕ್ರಾಂತಿವೃತ್ತದ ಮೇಲೆ ಒಂದೇ ಕಡೆಗೆ ಸ್ಥಿರವಾಗಿರದೆ ಪ್ರತಿವರ್ಷ ಸರಾಸರಿ 50.288 ವಿಕಲೆಗಳಷ್ಟು ಹಿಂದಕ್ಕೆ ಸರಿಯುತ್ತಿರುತ್ತದೆ. ಇದಕ್ಕೇ ಅಯನಚಲನ (ಪ್ರಿಸೆಶನ್) ಎನ್ನುತ್ತಾರೆ.

ಅಯನವಿಚಲನ (ನ್ಯೂಟೇಶನ್)

ನ್ಯೂಟೇಶನ್ ಎಂಬುದು ಅಯನಚಲನದ ಹೊರತಾಗಿ ವಸಂತಸಂಪಾತದ ಸ್ಥಿತಿಯಲ್ಲಾಗುವ ಅತಿಸೂಕ್ಷ್ಮ ಅತಿರಿಕ್ತ ಬದಲಾವಣೆಯಾಗಿದೆ. ಇದು ಅಯನಚಲನದ ಜೊತೆಯೇ ಸಂಭವಿಸುತ್ತದೆ.

ಖಗೋಲ ಗಣಿತದಲ್ಲಿ ಮೇಲೆ ಕಾಣಿಸಿದ ಎರಡೂ ಬದಲಾವಣೆಗಳ ವಿಚಾರ ಮಾಡುವದು ಅವಶ್ಯವಾಗಿರುವದು.

(ಅಧ್ಯಾಯ 5 ರಲ್ಲಿ ಅಯನವಚಲನ ಮತ್ತು ಅಯನವಿಚಲನಗಳ ಬಗ್ಗೆ ವಿಸ್ತೃತ ವಿವರಣ ನೀಡಲಾಗಿದೆ.)

ಲಂಬನ (ಪೆರೆಲ್ಯಾಕ್ಸ್)

ಆಕಾಶದಲ್ಲಿಯ ಯಾವದೇ ವಸ್ತುವನ್ನು ಎರಡು ವಿಭಿನ್ನ ಸ್ಥಳಗಳಿಂದ ನೋಡುವಾಗ ಆ ವಸ್ತುವಿನ ದಿಕ್ಕುಗಳಲ್ಲಿ ವ್ಯತ್ಯಾಸ ಕಂಡು ಬರುವದು. ಈ ವ್ಯತ್ಯಾಸವೇ ಲಂಬನ ಅಥವಾ ಪೆರೆಲ್ಯಾಕ್ಸ್.

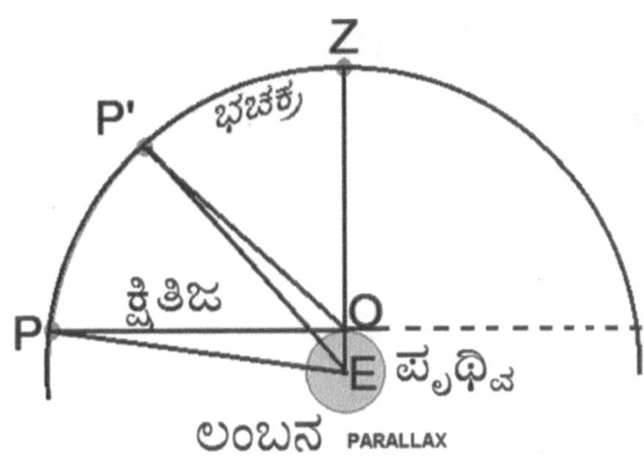

ಆಕೃತಿ ಗಮನಿಸಿ. O ಭೂಮಿಯ ಮೇಲಿನ ವೀಕ್ಷಣ-ಸ್ಥಾನ, E ಭೂಮಿಯ ಕೇಂದ್ರವಾಗಿದೆ. ಆಕಾಶವಸ್ತು P' ಸ್ಥಿತಿಯಲ್ಲಿದ್ದಾಗ OP'E ಎಂಬುದು ಲಂಬನವಾಗಿದೆ. ವಸ್ತುವು ಉತ್ತುಂಗದಲ್ಲಿರುವಾಗ, ಲಂಬನವು ಶೂನ್ಯವಾಗಿರುತ್ತದೆ. ವಸ್ತುವು P ದಿಗಂತದಲ್ಲಿರುವಾಗ ಮತ್ತು ವೀಕ್ಷಕ ವಿಷುವ ವೃತ್ತದ ಮೇಲೆ ಇರುವಾಗ OPE ಗರಿಷ್ಠ. ಇದನ್ನು ವಿಷುವವೃತ್ತೀಯ ಸಮತಲ ಲಂಬನ ಅಥವಾ 'ಪರಮಲಂಬನ' ಎಂದು ಕರೆಯಲಾಗುತ್ತದೆ. ಇದನ್ನು ಆಕಾಶವಸ್ತುಗಳ ಭೂಮಿಯಿಂದ ಅಂತರದ ಅಳತೆಯಾಗಿಯೂ ಬಳಸಲಾಗುತ್ತದೆ.

sin(ಲಂಬನ)	=	(ಭೂತ್ರಿಜ್ಯ/ದೂರ) ಅಥವಾ
ಲಂಬನ	=	$\sin^{-1}$ (ಭೂತ್ರಿಜ್ಯ/ದೂರ)
ಭೂಮಿಯ ವಿಷುವವೃತ್ತೀಯ ತ್ರಿಜ್ಯ	=	6378.14 ಕಿ.ಮೀ.
ಚಂದ್ರನ ಸರಾಸರಿ ದೂರ	=	385000 ಕಿ.ಮೀ.
ಸೂರ್ಯನ ಸರಾಸರಿ ದೂರ	=	$1.496*10^8$ ಕಿ.ಮೀ.
ಚಂದ್ರನ ಪರಮಲಂಬನ	=	$\sin^{-1}(6378.14/385000)$
	=	56.954 ಕಲೆ (ಆರ್ಕ್-ನಿಮಿಷ) ಗಳು.
ಸೂರ್ಯನ ಸರಾಸರಿ ಪರಮಲಂಬನ	=	$\sin^{-1}(6378.14/1.496*10^8)$
	=	8.794ವಿಕಲೆ (ಆರ್ಕಸೆಕೆಂಡ) ಗಳು

ವ್ಯಾಸಾರ್ಧಗಳು

ವ್ಯಾಸಾರ್ಧವು ವಸ್ತುವಿನ ನಿಜವಾದ ವ್ಯಾಸಕ್ಕೆ ಸಂಬಂಧಿಸಿದ್ದಲ್ಲ ಆದರೆ ವೀಕ್ಷಕನಿಗೆ ಕಂಡುಬರುವ ಆ ವಸ್ತುವಿನ ಬಿಂಬದ ಅರ್ಧವ್ಯಾಸವಾಗಿದೆ. ಆಕಾಶಪಿಂಡದ ತ್ರಿಜ್ಯವು ವೀಕ್ಷಣಬಿಂದುವಿನಲ್ಲಿ ಮಾಡುವ ಕೋನವು ವ್ಯಾಸಾರ್ಧವೆನಿಸುತ್ತದೆ.

ವ್ಯಾಸಾರ್ಧವನ್ನು ಹೀಗೆ ಗಣಿಸಲಾಗುತ್ತದೆ

ವ್ಯಾಸಾರ್ಧ = sin⁻¹ (ವಸ್ತುವಿನ ತ್ರಿಜ್ಯ / ವಸ್ತುವಿನ ದೂರ)

ಸೂರ್ಯ ಮತ್ತು ಚಂದ್ರನ ವ್ಯಾಸಾರ್ಧಗಳ ಸರಾಸರಿ ಮೌಲ್ಯಗಳು ಈ ಕೆಳಗಿನಂತಿವೆ.

ಚಂದ್ರನ ಸರಾಸರಿ ವ್ಯಾಸಾರ್ಧ

= sin⁻¹ (ಚಂದ್ರನ ಸರಾಸರಿ ತ್ರಿಜ್ಯ / ಚಂದ್ರನ ಸರಾಸರಿ ದೂರ)

= sin⁻¹ (1737.1/385000) = 15.511 ಆರ್ಕ್-ನಿಮಿಷಗಳು

ಸೂರ್ಯನ ಸರಾಸರಿ ವ್ಯಾಸಾರ್ಧ

= sin⁻¹ (ಸೂರ್ಯನ ಸರಾಸರಿ ತ್ರಿಜ್ಯ / ಸೂರ್ಯನ ಸರಾಸರಿ ದೂರ)

= sin⁻¹ (696000/149597870) = 15.994 ಆರ್ಕ್-ನಿಮಿಷಗಳು

ಸೂರ್ಯ ಮತ್ತು ಚಂದ್ರನ ವ್ಯಾಸಾರ್ಧಗಳು ಉದಯಾಸ್ತ ಮತ್ತು ಗ್ರಹಣಗಳ ಗಣಿತದಲ್ಲಿ ಬಹಳೇ ಉಪಯುಕ್ತವಾಗಿವೆ.

ಪರಮಲಂಬನ ಮತ್ತು ವ್ಯಾಸಾರ್ಧಗಳ ನಡುವಿನ ಸಂಬಂಧ

ಒಂದು ಆಕಾಶಪಿಂಡದ ವ್ಯಾಸಾರ್ಧವನ್ನು ಹೀಗೂ ಗಣಿಸಬಹುದು.

ವ್ಯಾಸಾರ್ಧ = k * P

ಅಲ್ಲಿ P   = ವಸ್ತುವಿನ ಪರಮಲಂಬನ

ಮತ್ತು k   = (ವಸ್ತುವಿನ ತ್ರಿಜ್ಯ / ಭೂಮಿಯ ತ್ರಿಜ್ಯ)

ಚಂದ್ರನ k   = 0.27235227

ಮತ್ತು ಸೂರ್ಯನ k = 109.12278047.

ಯುತಿ

ಎರಡು ಗ್ರಹಗಳು ಸಮಾನವಾದ ರೇಖಾಂಶ (ಭೋಗ)ಗಳನ್ನು ಹೊಂದಿರುವಾಗ, ಅವು ಯುತಿಯಲ್ಲಿವೆ ಎಂದು ಹೇಳಲಾಗುತ್ತದೆ. ಸೂರ್ಯ ಮತ್ತು ಚಂದ್ರರ ಯುತಿ ಇದ್ದಾಗ ಚಂದ್ರನ ಬಿಂಬವು ಕಾಣದಣತಾಗುತ್ತದೆ. ಅದೇ ಅಮಾವಾಸ್ಯೆ ಮತ್ತು ಹೊಸ ಚಾಂದ್ರಮಾಸದ ಪ್ರಾರಂಭವನ್ನು ಸೂಚಿಸುತ್ತದೆ. ಸೂರ್ಯ ಮತ್ತು ಚಂದ್ರರು ಯುತಿಯಲ್ಲಿದ್ದಾಗ ಮಾತ್ರ ಸೂರ್ಯಗ್ರಹಣ ಸಾಧ್ಯ.

ಪ್ರತಿಯುತಿ

ಎರಡು ಆಕಾಶಗೋಲಗಳ ಭೋಗಗಳ ಅಂತರವು 180° ಆಗಲು ಅವು ವಿರೋಧದಲ್ಲಿವೆ ಎಂದು ಹೇಳಲಾಗುತ್ತದೆ. ಅದನ್ನೇ ಪ್ರತಿಯುತಿ ಎನ್ನುತ್ತಾರೆ. ಸೂರ್ಯ ಮತ್ತು ಚಂದ್ರರು ಪ್ರತಿಯುತಿಯಲ್ಲಿದ್ದಾಗ ಚಂದ್ರನು ಸಂಪೂರ್ಣವಾಗಿ ಪ್ರಕಾಶಮಾನವಾಗುತ್ತಾನೆ. ಅದನ್ನೇ ಹುಣ್ಣಿಮೆ ಎಂದು ಕರೆಯಲಾಗುತ್ತದೆ. ಸೂರ್ಯಚಂದ್ರರು ಪ್ರತಿಯುತಿಯಲ್ಲಿದ್ದಾಗ ಮಾತ್ರ ಚಂದ್ರಗ್ರಹಣ ಸಾಧ್ಯ.

ಗ್ರಹಗಳ ಕಕ್ಷಾತತ್ತ್ವಗಳು (ಪ್ಲಾನೆಟರಿ ಆರ್ಬಿಟಲ್ ಎಲೆಮೆಂಟ್ಸ್)

ಬಾಹ್ಯಾಕಾಶದಲ್ಲಿ ಗ್ರಹದ ಮೂರು ಆಯಾಮದ ಸ್ಥಾನವನ್ನು ವ್ಯಾಖ್ಯಾನಿಸುವ ಆರು ನಿಯತಾಂಕಗಳನ್ನು ಪ್ಲಾನೆಟರಿ ಆರ್ಬಿಟಲ್ ಎಲಿಮೆಂಟ್ಸ್ ಎಂದು ಕರೆಯಲಾಗುತ್ತದೆ. ಇವುಗಳನ್ನು ಅಧ್ಯಾಯ ೯ ರಲ್ಲಿ ಹೆಚ್ಚು ವಿವರವಾಗಿ ಚರ್ಚಿಸಲಾಗಿದೆ.

ಚಂದ್ರಾರ್ಕ ಉಪಕರಣಗಳು (ಲುನಿಸೋಲಾರ್ ಅರ್ಗ್ಯೂಮೆಂಟ್ಸ)

ಇವು ಸೂರ್ಯ ಮತ್ತು ಚಂದ್ರನ ಸ್ಥಾನಗಳಿಗೆ ಸಂಬಂಧಿಸಿದ ಸಮಯಾವಲಂಬಿತ ಮೌಲ್ಯಗಳಾಗಿವೆ, ಇವು ಚಂದ್ರನ ಸ್ಥಾನನಿರ್ಣಯ ಮತ್ತು ಅಯನವಿಚಲನದ (ನ್ಯುಟೇಶನ್) ಮೌಲ್ಯಮಾಪನ ಮುಂತಾದವುಗಳಲ್ಲಿ ಬಳಸುವ ಗಣಿತೀಯ ಉಪಕರಣಗಳಾಗಿವೆ. (ಅಧ್ಯಾಯ ೮ರಲ್ಲಿ ಹೆಚ್ಚಿನ ವಿವರಗಳು.)

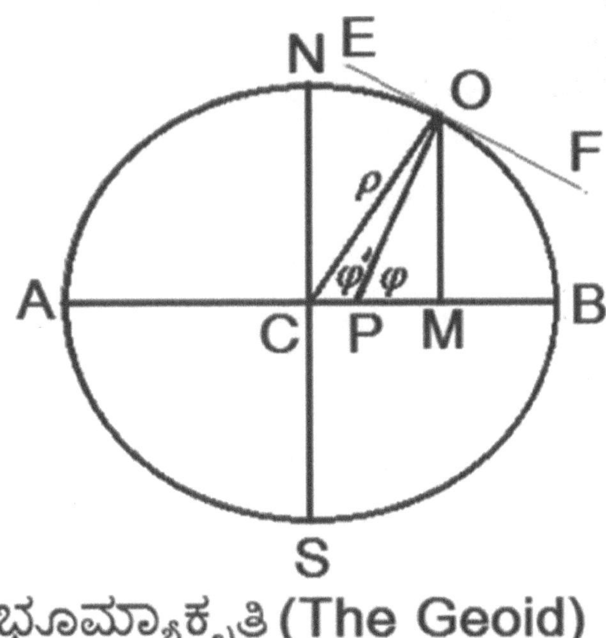

ಭೂಮ್ಯಾಕೃತಿ (The Geoid)

ಭೂಮಿಯ ಆಕಾರವು ಪರ್ವತಗಳು ಮತ್ತು ಕಣಿವೆಗಳಿಂದ ಒಡಗೂಡಿ ತುಂಬಾ ಅನಿಯಮಿತವಾಗಿದೆ. ಭೂಮ್ಯಾಕೃತಿ (ಜಿಯೋಯಿಡ್) ಎಂಬುದು ಭೂಮಿಯ ಆದರ್ಶೀಕೃತ ಆಕಾರಕ್ಕೆ ನೀಡಲಾದ ಹೆಸರು. ಇದು ಅತ್ಯಲ್ಪ ಚಪ್ಪಟೆಯಾದ ಗೋಲದಂತಿದ್ದು ಇದರ ಮೇಲ್ಮೈಯ ಪ್ರತಿಯೊಂದು ಬಿಂದುವೂ ಸಮುದ್ರಸಪಾಟಿ (ಮೀನ್ ಸೀ ಲೆವೆಲ್) ನಲ್ಲಿದೆ ಮತ್ತು ಸ್ಥಳೀಯ ಲಂಬಕರೇಷೆಗೆ ಲಂಬವಾಗಿದೆ ಎಂದು ಗ್ರಹಿಸಲಾಗಿದೆ.

ಭೂಗೋಲದ ವಿಷುವವೃತ್ತೀಯ ತ್ರಿಜ್ಯ ಅ = 6378.14 ಕಿ.ಮೀ

ಮತ್ತು ಧ್ರುವೀಯ ತ್ರಿಜ್ಯ ಬ   = 6356.75 ಕಿ.ಮೀ.

ಚಪ್ಪಟೆ ಪ್ರಮಾಣ   = ಧ್ರುವೀಯ ಮತ್ತು ವಿಷುವ ತ್ರಿಜ್ಯಗಳ ಅನುಪಾತ

                          = ಬ/ಅ = 0.99664718.

ಭೂಕೇಂದ್ರಿತ ಮತ್ತು ಭೌಗೋಳಿಕ ಅಕ್ಷಾಂಶಗಳು

ಮೇಲಿನ ಚಿತ್ರವು ಭೂಮ್ಯಾಕೃತಿಯ ಅಡ್ಡ ವಿಭಾಗವನ್ನು ತೋರಿಸುತ್ತದೆ. C ಭೂಮಿಯ ಕೇಂದ್ರವಾಗಿದೆ. N ಮತ್ತು S ಧ್ರುವಗಳು. O ಎಂಬುದು ನೋಡುಗನ ಸ್ಥಾನವಾಗಿದೆ. EF ನೋಡುಗನಲ್ಲಿ ಅಡ್ಡವಾದ ಸಮತಲವಾಗಿದೆ ಮತ್ತು CO EF ಗೆ ಲಂಬವಾಗಿದೆ. OM ಭೂಮಿಯ ಅಕ್ಷ NS ಗೆ ಸಮಾನಾಂತರವಾಗಿರುವ ಒಂದು ರೇಖೆಯಾಗಿದೆ.

ಭೂಮಿಯ ಮಧ್ಯಭಾಗದಲ್ಲಿ ಆಗುವ OCB ಕೋನವನ್ನು **ಭೂಕೇಂದ್ರಿತ ಅಕ್ಷಾಂಶ** ಎಂದು ಕರೆಯಲಾಗುತ್ತದೆ ಮತ್ತು ಇದನ್ನು **φ'** ನಿಂದ ತೋರಿಸಲಾಗಿದೆ. ಕೋನ OPBಯನ್ನು **ಭೌಗೋಳಿಕ ಅಕ್ಷಾಂಶ** ಎಂದು ಕರೆಯಲಾಗುತ್ತದೆ ಮತ್ತು ಇದನ್ನು **φ** ಎನ್ನಲಾಗಿದೆ. ಭೂಮಿಯ ಮೇಲಿನ ಸ್ಥಳಗಳನ್ನು ಯಾವಾಗಲೂ ಭೌಗೋಳಿಕ ಅಕ್ಷಾಂಶದಿಂದಲೇ ವ್ಯಕ್ತಗೊಳಿಸುತ್ತಾರೆ.

ಭೂಕೇಂದ್ರಿತ ಮತ್ತು ಭೌಗೋಳಿಕ ಅಕ್ಷಾಂಶದ ನಡುವಿನ ಸಂಬಂಧವೆಂದರೆ,

$$\tan\varphi' = (ff^2)\, \tan\varphi$$

ಗ್ರಹಣಗಳ ಲೆಕ್ಕಾಚಾರದಲ್ಲಿ $\rho\sin\varphi'$ (ರೊಸ್ಯೆನ್‌ಫೈ) ಮತ್ತು $r\cos\varphi'$ (ರೊಕಾಸ್‌ಫೈ) ಇವುಗಳಿಗೆ ಮಹತ್ವವಿದೆ, ಆರ್ಯಭಟನು ಇವುಗಳಿಗೆ ಕ್ರಮವಾಗಿ **ಅಕ್ಷಜ್ಯಾ** ಮತ್ತು **ಅಕ್ಷಕೋಟಿಜ್ಯಾ** ಎಂದಿದ್ದಾನೆ. ಇವು ಟೋಪೋಸೆಂಟ್ರಿಕ್ ಮತ್ತು ಕ್ಷಿತಿಜ ನಿರ್ದೇಶಾಂಕಗಳ ಗಣಿತದಲ್ಲಿ ಹಾಗೂ ಸೂರ್ಯಗ್ರಹಣಗಳ ಕೇಂದ್ರಸ್ಥಾನಗಳನ್ನು ಕಂಡುಹಿಡಿಯಲು ಬೇಕಾಗುತ್ತವೆ. ಅವುಗಳನ್ನು ಈ ಕೆಳಗಿನಂತೆ ಪಡೆಯಬಹುದು.

$$\tan(Q) = ff * \tan\varphi$$

$$\rho\sin\varphi' = ff * \sin(Q) + (H/6378140) * \sin\varphi$$

$$r\cos\varphi' = \cos(Q) + (H/6378140) * \cos\varphi$$

ಇಲ್ಲಿ Q ಒಂದು ಸಹಾಯಕ ಕೋನವಾಗಿದೆ,

H = ಸಮುದ್ರಸಪಾಟಿಯಿಂದ ವೀಕ್ಷಕನ ಎತ್ತರ (ಮೀ)

ρ = ವೀಕ್ಷಕನ ಸ್ಥಾನದಲ್ಲಿ ಭೂಮಿಯ ತ್ರಿಜ್ಯ (ಮೀ)

ಸಮುದ್ರಸಪಾಟಿಯ ಸ್ಥಾನಗಳಲ್ಲಿ ಎತ್ತರ H ದ ಮೂಲ್ಯವು ಶೂನ್ಯ ಇರುವದರಿಂದ ಮೇಲ್ಕಾಣಿಸಿದ $\rho\sin\varphi'$(ರೊಸ್ಯೆನ್ಫೈ) ಮತ್ತು $r\cos\varphi'$(ರೊಕಾಸ್ಫೈ) ಸೂತ್ರಗಳಲ್ಲಿ ಎರಡನೆಯ ಪದಗಳು ಮಾಯವಾಗಿ ಒಂದೊಂದೇ ಪದಗಳು ಉಳಿಯುವವು.

ವಿಪಥನ

ಭೂಮಿಯು ನಿರಂತರವಾಗಿ ತಿರುಗುತ್ತಿದೆ ಮತ್ತು ಚಲಿಸುತ್ತಿದೆ. ಬೆಳಕು 299792458 ಮೀ/ ಸೆ ವೇಗವನ್ನು ಹೊಂದಿದೆ. ಆದ್ದರಿಂದ, ಆಕಾಶವಸ್ತುವಿನಿಂದ ಹೊರಹೊಮ್ಮಿದ ಬೆಳಕು ಭೂಮಿಯನ್ನು ತಲುಪಲು ಸ್ವಲ್ಪ ಸಮಯ ತೆಗೆದುಕೊಳ್ಳುತ್ತದೆ. ಈ ಸಮಯದಲ್ಲಿ ಭೂಮಿಯ ಸ್ವಲ್ಪಾದರೂ ಚಲಿಸಿರುತ್ತದೆ. ಆದ್ದರಿಂದ, ನಾವು ವಸ್ತುವನ್ನು ಬೆಳಕು ಆ ವಸ್ತುವನ್ನು ಬಿಟ್ಟ ಕ್ಷಣದಲ್ಲಿ ಇದ್ದಾಗಿನ ಸ್ಥಿತಿಯಲ್ಲಿ ನೋಡುತ್ತೇವೆ. ಹೀಗಾಗಿ ತೋರಿಕೆಯ ಸ್ಥಾನವು ಸೈದ್ಧಾಂತಿಕ ಸ್ಥಾನದಿಂದ ಭಿನ್ನವಾಗಿರುತ್ತದೆ. ಈ ವ್ಯತ್ಯಾಸವನ್ನು ವಿಪಥನ ಎನ್ನಬಹುದು. ಸೂರ್ಯನಿಂದ ಭೂಮಿಗೆ ತಲುಪಲು ಬೆಳಕು ತೆಗೆದುಕೊಳ್ಳುವ ಸಮಯ ಸುಮಾರು 499 ಸೆಕೆಂಡುಗಳು (8.32 ನಿಮಿಷಗಳು). ಈ ಪುಸ್ತಕದಲ್ಲಿಯ ಖಗೋಲದ ಲೆಕ್ಕಾಚಾರಗಳಲ್ಲಿ ವಿಪಥನದ ವಿಚಾರವನ್ನು ಪರಿಗಣಿಸಲಾಗುವುದಿಲ್ಲ.

ಅಧ್ಯಾಯ 3

ಗಣಿತದ ಉಜಳಣಿ

ಖಗೋಳಶಾಸ್ತ್ರದ ಅಧ್ಯಯನವು ಕ್ಯಾಲ್ಕುಲಸ್, ಮೂರು ಆಯಾಮದ ಜ್ಯಾಮಿತಿ, ಗೋಳಾಕಾರದ ತ್ರಿಕೋನಮಿತಿ ಮತ್ತು ಸಂಖ್ಯಾತ್ಮಕ ವಿಶ್ಲೇಷಣ ಸೇರಿದಂತೆ ಗಣಿತದ ಅನೇಕ ಶಾಖೆಗಳ ಜ್ಞಾನವನ್ನು ಒಳಗೊಂಡಿರುತ್ತದೆ. ಆದರೆ ಖಗೋಳಗಣಿತವನ್ನು ಮಾಡಬಯಸುವ ವ್ಯಕ್ತಿಗಳಿಗೆ ಇವೆಲ್ಲವುಗಳ ಸಖೋಲ ಜ್ಞಾನವಿರಲೇಬೇಕು ಎಂಬ ಅವಶ್ಯಕತೆಯಿಲ್ಲ. ಇವೆಲ್ಲ ಖಗೋಳಗಣಿತದಲ್ಲಿ ಉಪಯೋಗಿಸುವ ವಿವಿಧ ಸೂತ್ರಗಳ ವ್ಯುತ್ಪತ್ತಿಗಳಿಗೆ ಬೇಕಾಗುತ್ತವೆ. ಆದರೆ ಗಣಿತದ ಮೂಲಭೂತ ಜ್ಞಾನವನ್ನು ಹೊಂದಿರುವ, ಕೊಡಲಾದ ತ್ರಿಕೋನಮೆಟ್ರಿಕ್ ಅಥವಾ ಬೀಜಗಣಿತದ ಪದಗಳಿಂದ ಕೂಡಿದ ಸೂತ್ರಗಳಲ್ಲಿ ನೀಡಲಾದ ಮೌಲ್ಯಗಳನ್ನು ಹಾಕಿ ಉತ್ತರಗಳನ್ನು ಪಡೆಯಲು ಸಮರ್ಥನಾದ ವ್ಯಕ್ತಿಯು, ಗ್ರಹಗಳ ಗಣಿತವನ್ನು ಚೆನ್ನಾಗಿಯೇ ಮಾಡಬಹುದು.

ಇದರಲ್ಲಿ ಅಗತ್ಯವಿರುವ ನಿಖರತೆಯನ್ನು ಪಡೆಯಲು ಅಂಕಿಗಳನ್ನು ದಶಮಾಂಶ ಸ್ಥಳಗಳ ಕನಿಷ್ಠ ಎಂಟು ಸ್ಥಾನಗಳವರೆಗೆ ತೆಗೆದುಕೊಳ್ಳಬೇಕಾಗುವದು ಎಂಬುದನ್ನು ಗಮನಿಸಬೇಕು. ಈ ಗಣಿತವನ್ನು 12 ರಿಂದ 16 ಸ್ಥಾನಗಳ ಎಲೆಕ್ಟ್ರಾನಿಕ್ ಕ್ಯಾಲ್ಕುಲೇಟರ್ ಗಳ ಮೂಲಕ ಮಾಡಬಹುದು. ಆದರೆ ಲೆಕ್ಕಾಚಾರಗಳು ಅತ್ಯಂತ ದೀರ್ಘವಾಗಿರುವುದರಿಂದ ಕಂಪ್ಯೂಟರ್ ಪ್ರೋಗ್ರಾಮಿಂಗ್ ಅನ್ನು ಬಳಸುವುದು ಯಾವಾಗಲೂ ಸೂಕ್ತವಾಗಿದೆ.

ಇಲ್ಲಿ ಉಪಯೋಗಿಸುವ ಕೆಲವು ಗಣಿತ ವಿಧಾನಗಳು ಓದುಗರಿಗೆ ಹೊಸತು ಇರಬಹುದು ಆದರೆ ಸ್ವಲ್ಪ ಅಭ್ಯಾಸದಿಂದ ಕಲಿಯಬಹುದಾಗಿವೆ. ಈ ವಿಧಾನಗಳನ್ನು ಕೆಳಗೆ ಸಂಕ್ಷಿಪ್ತವಾಗಿ ವಿವರಿಸಲಾಗಿದೆ.

ಅಳತೆಯ ಮಾನಗಳು

ಸಮಯದ ಅಳತೆಮಾನಗಳು:

ಸಮಯವು 'ಗಂಟೆ:ನಿಮಿಷ:ಸೆಕೆಂಡು'ಗಳು, ಜೂಲಿಯನ್ ದಿನಗಳು ಅಥವಾ ಜೂಲಿಯನ್ ಶತಮಾನಗಳಲ್ಲಿ ಅಳತೆ ಮಾಡಲಾಗುತ್ತದೆ.

1 ಗಂಟೆ = 60 ನಿಮಿಷಗಳು = 3600 ಸೆಕೆಂಡುಗಳು.

1 ಜೂಲಿಯನ್ ದಿನ = 86400 ಸೆಕೆಂಡುಗಳು (ಟಿಟಿ) .

1 ಜೂಲಿಯನ್ ಶತಕ = 36525.0 ಜೂಲಿಯನ್ ದಿನಗಳು.

ಉದಾ:

ಸಮಯ 15.76003416 ಗಂಟೆಗಳನ್ನು $15^{ಗಂ}\,45^{ಮಿ}\,36^{ಸೆ}.123$ ಅಥವಾ

15: 45: 36.123 ಹೀಗೆ ಬರೆಯಬಹುದು.

ದೂರದ ಅಳತೆಮಾನಗಳು:

ಸೌರಮಂಡಲದಲ್ಲಿಯ ದೂರ(ಅಂತರ)ಗಳನ್ನು ಅಳೆಯಲು ಖಗೋಲೀಯ ಮಾನ (ಖಮಾ) ಅನ್ನು ಬಳಸಲಾಗುತ್ತದೆ. **1 ಖಮಾ = 149 597 870 691 ಮೀ.** ಇದು ಸೂರ್ಯ ಮತ್ತು ಭೂಮಿಯ ಕೇಂದ್ರಗಳ ನಡುವಿನ ಸರಾಸರಿ ಅಂತರವಾಗಿದೆ. ಇದಕ್ಕೆ ಅಸ್ಟ್ರೋನಾಮಿಕಲ್ ಯುನಿಟ್ (AU) ಎನ್ನುತ್ತಾರೆ.

ಕೆಲವೊಮ್ಮೆ ದೂರಗಳನ್ನು ಭೂಮಿಯ ತ್ರಿಜ್ಯ (ಭೂತ್ರಿ) ಅಥವಾ Earth-Radius (ER) ಅಳತೆಯಲ್ಲಿಯೂ ವ್ಯಕ್ತಪಡಿಸಲಾಗುತ್ತದೆ.

ಭೂತ್ರಿ (ER) = 6378.1376 ಕಿ.ಮೀ.

ಆಕಾಶಕಾಯಗಳ ದೂರಗಳನ್ನು ಲಂಬನ (ಪರಲ್ಲಾಕ್ಸ್) ನ ಮುಖಾಂತರವೂ ವ್ಯಕ್ತಪಡಿಸಲಾಗುತ್ತದೆ. ಇದು ಆಕಾಶವಸ್ತುವಿನ ಕೇಂದ್ರದಲ್ಲಿ ಭೂಮಿಯ ತ್ರಿಜ್ಯದಿಂದ ಮಾಡಲ್ಪಟ್ಟ ಕೋನದ ಅಳತೆ ಆಗಿದೆ.

ಪರಲ್ಲಾಕ್ಸ್ = $\sin^{-1}$ (**ವಸ್ತುವಿನ ತ್ರಿಜ್ಯ/ವಸ್ತುವಿನ ದೂರ**)

ಕೋನಗಳ ಅಳತೆಮಾನಗಳು

ಕೋನಗಳನ್ನು (ಅಂಶ'ಕಲೆ'ವಿಕಲೆ") ಗಳಲ್ಲಿ ಅಥವಾ 0° ರಿಂದ 360°ವರೆಗಿನ ಅಂಶಗಳಲ್ಲಿ, ಅಥವಾ ರೇಡಿಯನ್ ಅಳತೆಯಲ್ಲಿ ವ್ಯಕ್ತಪಡಿಸಲಾಗುತ್ತದೆ. ಉದಾ:

273°.87772468 = 273° 52' 39.81"

= 4.780068044 ರೇಡಿಯನ್ ಗಳು.

1° = 60 ಕಲೆ (ಆರ್ಕ-ನಿಮಿಷಗಳು = 3600 ಚಾಪ-ಸೆಕೆಂಡುಗಳು

= (ಪಾಯ್/180) ರೇಡಿಯನ್ ಗಳು.

ಪಾಯ್ (π) = 3.14159265358979323846...

1 ರೇಡಿಯನ್ = (180/ಪಾಯ್)ಅಂಶಗಳು = 57°.295779513...

ಎಲೆಕ್ಟ್ರಾನಿಕ್ ಕ್ಯಾಲ್ಕುಲೇಟರ್ ಗಳಲ್ಲಿ, ಡಿಗ್ರಿಗಳು ಮತ್ತು ರೇಡಿಯನ್ ಎರಡನ್ನೂ ತ್ರಿಕೋನಮೆಟ್ರಿಕ್ ಲೆಕ್ಕಾಚಾರಗಳಲ್ಲಿ ಬಳಸಬಹುದು, ಆದರೆ ಬಹುತೇಕ ಕಂಪ್ಯೂಟರ್ ಪ್ರೋಗ್ರಾಮಿಂಗ್ ಭಾಷೆಗಳಲ್ಲಿ ರೇಡಿಯನ್ ಮಾನಗಳನ್ನು ಮಾತ್ರ ಬಳಸಬಹುದಾಗಿದೆ. ಆದ್ದರಿಂದ, ಕಾಂಪ್ಯೂಟರ ಪ್ರೋಗ್ರಾಮ್ ಮಾಡುವಾಗ ವಿಶೇಷ ಫಂಕ್ಷನ್ ಗಳನ್ನು ರೂಪಿಸುವುದು ಅಗತ್ಯವಾಗುತ್ತದೆ.

ಚಕ್ರಶುದ್ಧ ಕೋನ

ಸೂರ್ಯ, ಚಂದ್ರ, ಅಥವಾ ಗ್ರಹಗಳ ಸ್ಥಾನಗಳನ್ನು ಕಂಡುಹಿಡಿಯುವ ಖಗೋಳ ಗಣಿತಗಳಲ್ಲಿ, ಕೆಲವೊಮ್ಮೆ ಕೋನಗಳ ಮೌಲ್ಯಗಳು ಬಹಳೇ ದೊಡ್ಡವಾಗಿ ಅಥವಾ ಋಣವಾಗಿ ಬರಬಹುದು. ಈ ಮೌಲ್ಯಗಳನ್ನು ೦° ದಿಂದ 360°ವರೆಗಿನ ಮೂಲ್ಯಗಳಿಗೆ ಇಳಿಸಬೇಕೆಂದು ಸೂಚಿಸಲು ಚಕ್ರಶುದ್ಧ() ಎಂಬ ಪದವನ್ನು ಬಳಸಲಾಗುತ್ತದೆ. ಇದನ್ನು ಮಾಡಲು, ಅಪೇಕ್ಷಿತ ಫಲಿತಾಂಶವನ್ನು ಪಡೆಯುವವರೆಗೆ ಈ ಮೌಲ್ಯಗಳಿಗೆ 360° ಅಥವಾ ಅದರ ಬಹುವನ್ನು ಸೇರಿಸಲು ಅಥವಾ ಕಡಿತಗೊಳಿಸಲು ಬೇಕಾಗುವದು.

ಉದಾಹರಣೆಗೆ, ಚಕ್ರಶುದ್ಧ (3740°.12345678) = 140°.12345678

ಚಕ್ರಶುದ್ಧ (-3271°.12345678) = 328°.87654320

ಚಕ್ರಶುದ್ಧ ಕೋನಕ್ಕೆ ಇಂಗ್ಲೀಷಿನಲ್ಲಿ **ಲೀಸ್ಟ ಕೋಲ್ಯಾಟರಲ್ ಏಂಗಲ್** ಎನ್ನುವರು.

ಪೂರ್ಣಾಂಕ ಮತ್ತು ತೇಲುವ-ಬಿಂದು ಭಾಜನ

ಪೂರ್ಣಾಂಕ ಭಾಗವೆಂದರೆ, ಇದರಲ್ಲಿ ವಿಭಾಗದ ಪೂರ್ಣಾಂಕ ಭಾಗವನ್ನು ಮಾತ್ರ ತೆಗೆದುಕೊಂಡು ಆಂಶಿಕ ಭಾಗವನ್ನು ನಿರ್ಲಕ್ಷಿಸಲಾಗುತ್ತದೆ.

ಪೂರ್ಣಾಂಕ (ಅ/ಬ) ಎಂದು ಬರೆದರೆ ಅ ವನ್ನು ಬ ದಿಂದ ಭಾಗಿಸಿದಾಗ ಬರುವ ಭಾಗಲಬ್ಧದ ಪೂರ್ಣಾಂಕವನ್ನಷ್ಟೇ ತೆಗೆದುಕೊಳ್ಳಬೇಕು ಎಂದರ್ಥ.

ಉದಾ: ಪೂರ್ಣಾಂಕ (7/4) = 1; ಪೂರ್ಣಾಂಕ(21/5) = 21%5 = 4.

ತೇಲುವ-ಬಿಂದು ಭಾಜನ (ಫ್ಲೋಟಿಂಗ್ ಪಾಯಿಂಟ್ ಡಿವಿಜನ್) ಸೂಕ್ಷ್ಮಭಾಜನದಲ್ಲಿ ಉತ್ತರವನ್ನು ಸಾಧ್ಯವಾದಷ್ಟು ದಶಮಾಂಶ ಸ್ಥಳಗಳ ವರೆಗೆ ತೆಗೆದುಕೊಳ್ಳಲಾಗುತ್ತದೆ. (ಖಗೋಳೀಯ ಲೆಕ್ಕಾಚಾರಗಳಲ್ಲಿ ಕನಿಷ್ಟ 8 ಸ್ಥಾನಗಳ ವರೆಗೆ ಅಂಕಿಸಂಖ್ಯೆಗಳನ್ನು ತೆಗೆದುಕೊಳ್ಳುವದು ಅನಿವಾರ್ಯವಾಗಿದೆ.

(ಅ÷ಬ) ದ ಸೂಕ್ಷ್ಮ ಭಾಜನವನ್ನು ಸರಳವಾಗಿ (ಅ/ಬ) ಎಂದು ಬರೆಯಬಹುದು.

ಉದಾ: 7/3 = 2.333333333...

ಪೂರ್ಣಾಂಕ ( ) ಎಂದು ಬರೆದಲ್ಲಿ ಮಾತ್ರ ಭಾಗಲಬ್ಧಿಯ ಆಂಶಿಕ ಭಾಗವನ್ನು ಬಿಟ್ಟು ಪೂರ್ಣಾಂಕವನ್ನಷ್ಟೇ ತೆಗೆದುಕೊಳ್ಳಬೇಕು.

ತ್ರಿಕೋನಮಿತಿಯ ವಿಲೋಮ ಪದಗಳು

$\sin^{-1}()$, $\cos^{-1}()$, $\tan^{-1}()$ ಅಥವಾ asin( ) and acos( ) atan( )ನಂತಹ ವಿಲೋಮ ತ್ರಿಕೋನಮಿತಿಯ ಪದಗಳು ಎರಡು ಸರಿಯಾದ ಉತ್ತರಗಳನ್ನು ಹೊಂದಿರುತ್ತವೆ. ಕಂಪ್ಯೂಟರಗಳು ಮತ್ತು ಎಲೆಕ್ಟ್ರಾನಿಕ್ ಕ್ಯಾಲ್ಕುಲೇಟರಗಳು (೦° ರಿಂದ ೯೦° ನಡುವಿನ ಮೌಲ್ಯವನ್ನು ಮಾತ್ರ ನೀಡುತ್ತವೆ, ಅದು ಒಂದು ವೇಳೆ ಸರಿಯಾದ ಉತ್ತರವಲ್ಲದಿರಬಹುದು.

ಉದಾಹರಣೆಗೆ

$\text{asin}(0.5)$ = $\sin^{-1}(0.5)$ = 30° ಅಥವಾ 150°

$\text{acos}(0.5)$ = $\cos^{-1}(0.5)$ = 60° ಅಥವಾ 300°

$\text{atan}(1.0)$ = $\tan^{-1}(1.0)$ = 45° ಅಥವಾ 225°

ಸರಿಯಾದ ಉತ್ತರವು ಎರಡು *ಉತ್ತರಗಳಲ್ಲಿ ಯಾವುದಾದರೂ ಒಂದಾಗಿರುತ್ತದೆ.*

ಮುಂದಿನ ಚಿತ್ರವನ್ನು ನಿರೀಕ್ಷಿಸಿರಿ.

ಕೋನ-ವರ್ತುಳದಲ್ಲಿ ವರ್ತುಳವನ್ನು ನಾಲ್ಕು ವರ್ತುಳಪಾದಗಳಲ್ಲಿ ವಿಭಾಜಿಸಲಾಗಿದೆ.

ಕಂಪ್ಯೂಟರಗಳು ಮತ್ತು ಎಲೆಕ್ಟ್ರಾನಿಕ್ ಕ್ಯಾಲ್ಕುಲೇಟರಗಳಲ್ಲಿ ಚಿತ್ರದಲ್ಲಿ ತೋರಿಸಿದ ಅ೧, ಅ೨, ಅ೩, ಅ೪ ಈ ಕೋನಗಳು ಬರುತ್ತವೆ. ಆದರೆ ಅವು ಸರಿಯಾದ ಉತ್ತರಗಳು ಎಂದು ಖಚಿತವಾಗಿ ಹೇಳಲಾಗದು. ಆದುದರಿಂದ ಸರಿಯಾದ ಚಕ್ರಶುದ್ಧ ಕೋನಗಳನ್ನು ಪಡೆಯಲು ಕೆಳಗಿನ ಕೋಷ್ಟಕದಲ್ಲಿ ತೋರಿಸಿರುವ ಪರಿವರ್ತನೆ ಮಾಡಬೇಕಾಗುವದು.

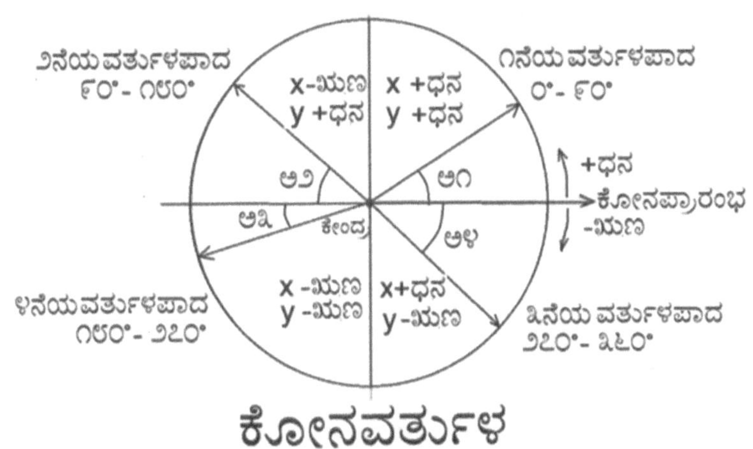

ವರ್ತುಳಪಾದ	X(ಧನ/ಋಣ)	Y(ಧನ/ಋಣ)	ಕೋನ ಅ	ಸ್ಪಷ್ಟಕೋನ
1	+	+	ಅ1	ಅ1
2	−	+	ಅ2	180 − ಅ2
3	−	−	ಅ3	180 + ಅ3
4	+	−	ಅ4	270 − ಅ4

ಇದೇ ಕಾರಣ ಕಾಂಪ್ಯೂಟರ ಪ್ರೋಗ್ರ್ಯಾಮಿನ ಭಾಷೆಗಳಲ್ಲಿ atan2(y,x) ಫಲನದ ನಿರ್ಮಾಣವಾಗಿದೆ. ಅದನ್ನು ಬಳಸುವುದು ಸೂಕ್ತ, ಇದು x ಮತ್ತು y ಮೌಲ್ಯಗಳನ್ನು ಅವುಗಳ ಋಣ-ಧನ ಚಿಹ್ನೆಗಳೊಂದಿಗೆ ಗಣನೆಗೆ ತೆಗೆದುಕೊಂಡು ಸರಿಯಾದ ಉತ್ತರವನ್ನು ನೀಡುತ್ತದೆ ಮತ್ತು ಕೋನವು ಇರುವ ಸರಿಯಾದ ವರ್ತುಳಪಾದವನ್ನು ನಾವು ಪಡೆಯುತ್ತೇವೆ.

ಆವರ್ತೀ ಗಣಿತ

ಕಠಿಣವಾದ ಕೆಲವು ಸಮೀಕರಣಗಳನ್ನು ಬಿಡಿಸಲು ಆವರ್ತೀಗಣಿತ (ಇಟರೇಶನ್) ಎಂಬ ವಿಶೇಷ ವಿಧಾನವನ್ನು ಉಪಯೋಗಿಸಬೇಕಾಗುತ್ತದೆ. ಇದರಲ್ಲಿ ಅಜ್ಞಾತ ಮೌಲ್ಯದ ಹತ್ತಿರದ ಅಂದಾಜು ಮೌಲ್ಯವನ್ನು ಊಹಿಸಿ ಅದರ ಸರಿಯಾದ ಮೌಲ್ಯವನ್ನು ಪಡೆಯುವವರೆಗೆ ಗಣಿತವನ್ನು ಹಲವಾರು ಬಾರಿ ಮತ್ತೆ ಮತ್ತೆ ಮಾಡಬೇಕಾಗುವದು. ಇದರ ಉಪಯೋಗವನ್ನು ಪ್ರಾಚೀನ ಗ್ರಂಥವಾದ ಸೂರ್ಯಸಿದ್ಧಾಂತದಲ್ಲಿಯೂ ಹೇಳಲಾಗಿದೆ. ಇದಕ್ಕೆ **ಅಸಕೃತ್ ಕರ್ಮ** ಎನ್ನಲಾಗಿದೆ.

ಉದಾಹರಣೆಗೆ ಗ್ರಹಗಳ ಲೆಕ್ಕಾಚಾರಗಳಲ್ಲಿ ಸಾಮಾನ್ಯ ಸಂಭವಿಸುವ **ಕೆಪ್ಲರ್** ನ ಸಮೀಕರಣವನ್ನು ಪರಿಗಣಿಸಿ.

$$E = M + e\ \sin E$$

ಇದರಲ್ಲಿ M ಮತ್ತು e ಗಳ ಗೊತ್ತಿರುವ ಮೌಲ್ಯಗಳನ್ನು ಸೇರಿಸಿ ಅಜ್ಞಾತ E ವನ್ನು ಕಂಡುಹಿಡಿಯುವದಿದೆ. ಈ ಸಮೀಕರಣವು ಕಾಣುವಷ್ಟು ಸುಲಭವಾಗಿಲ್ಲ. ಇದನ್ನು ಆವರ್ತೀ ವಿಧಾನದಿಂದಲೇ ಬಿಡಿಸಬೇಕು. ಮೇಲಿನ ಸಮೀಕರಣವನ್ನು ಆವರ್ತನೆಗೆ ನೇರವಾಗಿ ಬಳಸಿದರೆ, ಆವರ್ತನೆಗಳ ಸಂಖ್ಯೆ ತುಂಬಾ ದೊಡ್ಡದಾಗುತ್ತದೆ. ಆದ್ದರಿಂದ ತ್ವರಿತ ಸಂಯೋಜನೆಗಾಗಿ ಈ ಸಮೀಕರಣವನ್ನು ಕೆಳಗಿನ ರೂಪಕ್ಕೆ ಮಾರ್ಪಡಿಸಲಾಗುತ್ತದೆ.

E0 = E0 + (E0 − e*180/pi * sinE0 − M) / (1+ecosE0)

E0 ದ ಮೊದಲ ಅಂದಾಜು ಮೌಲ್ಯವನ್ನು E0 = e*180/pi * sinM ತೆಗೆದುಕೊಂಡು

ನಂತರ ಮುಂದೆ ಕ್ರಮವಾಗಿ ಲಭ್ಯವಾಗುವ ಹೊಸ ಮೌಲ್ಯಗಳು E1, E2, E3 ಗಳನ್ನು ಬಳಸುವ ಮೂಲಕ ಪ್ರತಿ ಬಾರಿಯೂ E ಯ ಹೊಸ ಮೌಲ್ಯವನ್ನು ಪಡೆಯಬೇಕು

E1 = E0 + (E0 − e*180/pi * sinE0 − M) / (1 − e cos E0)

E2 = E1 + (E1 – e*180/pi * sinE1 – M) / (1 – e cos E1)

E3 = E2 + (E2 – e*180/pi * sinE2 – M) / (1 – e cos E2)

ಈ ಪ್ರಕ್ರಿಯೆಯಲ್ಲಿ E ಯ ಮೌಲ್ಯವು ಸರಿಯಾದ ಮೌಲ್ಯವನ್ನು ಸಮೀಪಿಸುತ್ತ ಹೋಗಿ ಕೊನೆಗೆ ಅದನ್ನು ತಲುಪುತ್ತದೆ. E ಯ ಮೌಲ್ಯದಲ್ಲಿ ಯಾವುದೇ ಹೆಚ್ಚಿನ ಬದಲಾವಣೆ ಸಂಭವಿಸದಿದ್ದಾಗ ಆವರ್ತನೆಯನ್ನು ನಿಲ್ಲಿಸಲಾಗುತ್ತದೆ.

ಗ್ರಹಗಳ ವಿಷಯದಲ್ಲಿ e ಚಿಕ್ಕದಾಗಿರುವದರಿಂದ ಸರಿಯಾದ ಮೌಲ್ಯವನ್ನು ಎರಡರಿಂದ ಮೂರು ಆವರ್ತನೆಗಳ ಒಳಗೆ ಪಡೆಯಲಾಗುತ್ತದೆ.

ಉದಾಹರಣೆಗೆ, ಬುಧ ಗ್ರಹಕ್ಕೆ ಒಂದು ನಿರ್ದಿಷ್ಟ ಸಮಯದಲ್ಲಿ,

M = 232.75948172 और e = 0.20564805 ಎಂದು ಗ್ರಹಿಸಿದಾಗ..

ಮೊದಲ ಅಂದಾಜು E0 = M + e*180/pi * sinM = 223.37919679

ನಂತರ ಪುನರಾವರ್ತನೆಯನ್ನು ಬಳಸುವುದು–

E1 = E0 – (E0 –e *180/pi * sinE0 – M)/(1 – e*cosE0) = 224.49936782

E2 = E1 – (E1 –e *180/pi * sinE1 – M)/(1 – e *cosE1) = 224.50072587

E3 = E2 – (E2 –e *180/pi * sinE2 – M)/(1 – e *cosE2) = 224.50072587

ಯಾವುದೇ ಬದಲಾವಣೆ ಸಂಭವಿಸಿಲ್ಲ. ಆದ್ದರಿಂದ

ಅಂತಿಮ ಮೌಲ್ಯ E = 224.50072587

ಸೂರ್ಯಗ್ರಹಣಗಳ ವಿಶಿಷ್ಟ ಸಮಯಗಳ ನಿಖರವಾದ ಲೆಕ್ಕಾಚಾರ ಮಾಡುವಲ್ಲಿ ಆವರ್ತೀ ವಿಧಾನವನ್ನು ಬಳಸಲೇಬೇಕಾಗುತ್ತದೆ. ಸೂರ್ಯಗ್ರಹಣಗಳ ಅಧ್ಯಾಯದಲ್ಲಿ ಈ ಬಗ್ಗೆ ಹೆಚ್ಚಿನ ವಿವರಣೆಯನ್ನು ನೀಡಲಾಗಿದೆ.

ಅಂತರ್ವೇಶನ (ಇಂಟರಪೊಲೇಶನ್)

ಇದು ನಿಯಮಿತ ಮಧ್ಯಂತರಗಳಲ್ಲಿ ಕೊಡಲಾದ ಮೌಲ್ಯಗಳ ನಡುವಿನ ಯಾವದೇ ಮೌಲ್ಯವನ್ನು ಹುಡುಕುವ ಪ್ರಕ್ರಿಯೆಯಾಗಿದೆ. ಉದಾಹರಣೆಗೆ, y0, y1, y2, y3 ಇವು x ದ x0, x1, x2, x3 ಮೌಲ್ಯಗಳಿಗೆ ಅನುಗುಣವಾದ y ಮೌಲ್ಯಗಳಾಗಿದ್ದರೆ, y1 ಮತ್ತು y2 ಗಳ ನಡುವೆ y ಇದ್ದಾಗ x ದ ಮೌಲ್ಯವನ್ನು ಕಂಡುಹಿಡಿಯುವುದು ಅಥವಾ x1 ಮತ್ತು x2 ಗಳ ನಡುವೆ x ಇದ್ದಾಗ y ಮೌಲ್ಯವನ್ನು ಕಂಡುಹಿಡಿಯುವುದು. ಇಂಟರಪೊಲೇಶನ್ ಸಲುವಾಗಿ ಅನೇಕ ವಿಧಾನಗಳಿವೆ. ಖಗೋಳಗಣಿತದಲ್ಲಿಯ ಮೌಲ್ಯಗಳು ಎಂದಿಗೂ ಸಾಮಾನ್ಯವಲ್ಲದ ಕಾರಣ, ರೇಖೀಯ ಇಂಟರ್ಪೊಲೇಶನ್ ಅನ್ನು ಬಳಸುವದು ಸೂಕ್ತವಲ್ಲ. ಈ ಪುಸ್ತಕದಲ್ಲಿ ಈ ಕೆಳಗಿನ ಸರಳೀಕೃತ ವಿಧಾನವನ್ನು ಅಳವಡಿಸಿಕೊಳ್ಳಲಾಗುವುದು, ಇದು ನಮ್ಮ ಉದ್ದೇಶಕ್ಕೆ ಸಾಕಾಗಬಹುದು.

ಮಧ್ಯಂತರ = h ಇರಲಾಗಿ x_0 = x1−h; x2 = x1+h; x3 = x1+2h

x ನ ನಾಲ್ಕು ಮೌಲ್ಯಗಳಿಗೆ ಅನುಗುಣವಾದ ನಾಲ್ಕು ಅನುಕ್ರಮ y ಮೌಲ್ಯಗಳನ್ನು ನೀಡಲಾಗಿದೆ ಮತ್ತು (y = y1+ dy) ಇರುವಾಗ x ನ ಮೌಲ್ಯವನ್ನು ಕಂಡುಹಿಡಿಯಬೇಕು ಎಂದು ಭಾವಿಸೋಣ. ಮೊದಲು y ಮೌಲ್ಯಗಳ k, m, l ವ್ಯತ್ಯಾಸಗಳನ್ನು ಕಂಡುಹಿಡಿಯಬೇಕು. ನಂತರ ಕೆಳಗಿನ ಚೌಕಟ್ಟಿನಲ್ಲಿ ತೋರಿಸಿರುವ ಹಂತಗಳನ್ನು ಅನುಸರಿಸಿದರೆ, ಬೇಕಾಗಿರುವ x ದ ಮೌಲ್ಯವು ಸಿಗುವದು. ಅವು ಸ್ವಯಂ ವಿವರಣಾತ್ಮಕವಾಗಿವೆ.

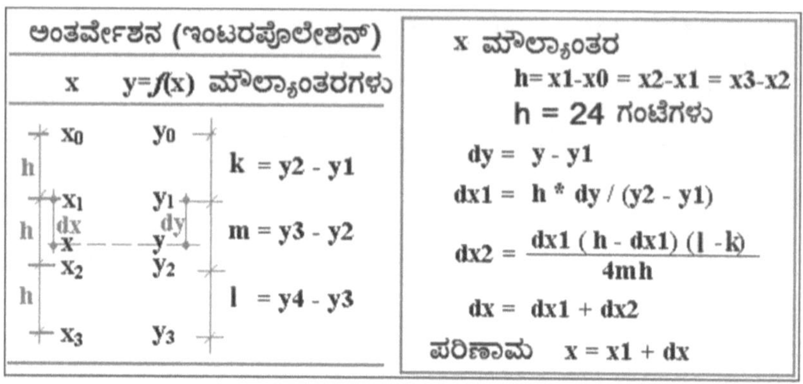

ಪಂಚಾಂಗದ ಗಣಿತಗಳಲ್ಲಿ ಈ ವಿಧಾನವು ಬಹಳೇ ಉಪಯುಕ್ತವಾಗಿರುತ್ತದೆ. (ಅಧ್ಯಾಯ 10).

ನಿರ್ದೇಶಾಂಕ ವ್ಯವಸ್ಥೆಗಳು (ಕೋಆರ್ಡಿನೇಟ ಸಿಸ್ಟೆಮ್ಸ)

ಆಕಾಶವಸ್ತುವಿನ ಸ್ಥಾನವನ್ನು ನಿರ್ದಿಷ್ಟಪಡಿಸಲು ಕನಿಷ್ಠ ಮೂರು ನಿರ್ದೇಶಾಂಕಗಳು ಅಗತ್ಯ. ವಿವಿಧ ನಿರ್ದೇಶಾಂಕ ವ್ಯವಸ್ಥೆಗಳು ಬಳಕೆಯಲ್ಲಿ ಇರುವವು. ನಿರ್ದೇಶಾಂಕಗಳಿಗಾಗಿ ಆಯ್ಕೆ ಮಾಡಿದ ಮೂಲ(ಒರಿಜಿನ್)ದ ಪ್ರಕಾರ ಅವುಗಳನ್ನು ವರ್ಗೀಕರಿಸಲಾಗಿದೆ

1) ಸೂರ್ಯಕೇಂದ್ರಿತ (ಹೆಲಿಯೋಸೆಂಟ್ರಿಕ್)

2) ಭೂಕೇಂದ್ರಿತ (ಜಿಯೋಸೆಂಟ್ರಿಕ್) ಮತ್ತು

3) ಸ್ಥಳೀಯ (ಟೊಪೊಸೆಂಟ್ರಿಕ್)

ನಿರ್ದೇಶಾಂಕಗಳ ವಿಧಗಳು

ನಿರ್ದೇಶಾಂಕಗಳಲ್ಲಿ ಎರಡು ವಿಧಗಳಿವೆ

ಅ) ಧ್ರುವೀಯ ನಿರ್ದೇಶಾಂಕಗಳು.

ಬ) ಆಯತಾಕಾರ ನಿರ್ದೇಶಾಂಕಗಳು.

1. ಸೂರ್ಯಕೇಂದ್ರಿತ (ಹೆಲಿಯೋಸೆಂಟ್ರಿಕ್) ನಿರ್ದೇಶಾಂಕಗಳು

ಸೂರ್ಯಕೇಂದ್ರಿತ ನಿರ್ದೇಶಾಂಕಗಳು ಸೂರ್ಯನಲ್ಲಿ ತಮ್ಮ ಮೂಲವನ್ನು ಹೊಂದಿರುತ್ತವೆ. ಸೂರ್ಯನ ಸುತ್ತ ಪರಿಭ್ರಮಿಸುತ್ತಿರುವ ಗ್ರಹಗಳು ಮತ್ತು ಇತರ ವಸ್ತುಗಳ ಸ್ಥಾನಗಳನ್ನು ಕಕ್ಷಾತತ್ವಗಳು ಎಂದು ಕರೆಯಲಾಗುವ ಆರು ನಿಯತಾಂಕಗಳಿಂದ ವ್ಯಕ್ತಪಡಿಸಲಾಗುತ್ತದೆ. ಇವು ಸೂರ್ಯಕೇಂದ್ರಿತ ನಿರ್ದೇಶಾಂಕಗಳಳೇ ಆಗಿರುವವು. ಇವುಗಳ ಹೆಚ್ಚಿನ ವಿವರಣೆಯನ್ನು ಅಧ್ಯಾಯ 10 ರಲ್ಲಿ ಕೊಡಲಾಗಿದೆ.

2. ಭೂಕೇಂದ್ರಿತ ನಿರ್ದೇಶಾಂಕಗಳು: ಭೂಕೇಂದ್ರಿತ ನಿರ್ದೇಶಾಂಕಗಳು ಭೂಮಿಯನ್ನು ಕೇಂದ್ರದಲ್ಲಿ ಕಲ್ಪಿಸುತ್ತವೆ. ಸಾಮಾನ್ಯವಾಗಿ ಸೂರ್ಯ, ಚಂದ್ರ ಮತ್ತು ಗ್ರಹಗಳ ಆಕಾಶೀಯ ಸ್ಥಾನಗಳನ್ನು ಭೂಕೇಂದ್ರಿತ ಧ್ರುವೀಯ ನಿರ್ದೇಶಾಂಕಗಳಲ್ಲಿಯೇ ವ್ಯಕ್ತಪಡಿಸುತ್ತಾರೆ. ಇವು ಎರಡು ವಿಧ.

1) ಕ್ರಾಂತಿವೃತ್ತೀಯ (ಎಕ್ಲಿಪ್ಟಿಕ್) ನಿರ್ದೇಶಾಂಕಗಳು

2) ವಿಷುವವೃತ್ತೀಯ (ಇಕ್ವಟೋರಿಯಲ್) ನಿರ್ದೇಶಾಂಕಗಳು.

ಕ್ರಾಂತಿವೃತ್ತೀಯ (ಎಕ್ಲಿಪ್ಟಿಕ್) ನಿರ್ದೇಶಾಂಕಗಳು
ಭೋಗ (ಲಾಂಗಿಟ್ಯೂಡ್) ಮತ್ತು ಶರ (ಲ್ಯಾಟಿಟ್ಯೂಡ್)

ನಭೋಮಂಡಲದಲ್ಲಿ ಕ್ರಾಂತಿವೃತ್ತದ ಉದ್ದಕ್ಕೂ ವಸಂತಸಂಪಾತದಿಂದ ವಸ್ತುವಿನ ವರೆಗಿನ ಕೋನಾತ್ಮಕ ಅಂತರಕ್ಕೆ ಭೋಗ ಎನ್ನಲಾಗುತ್ತದೆ. ಇದು ೦° ದಿಂದ ೩೬೦° ವರೆಗೆ ಇರಬಹುದು.

ಕ್ರಾಂತಿವೃತ್ತದಿಂದ ಅದಕ್ಕೆ ಲಂಬವಾಗಿ ಅಳೆಯಲಾದ ವಸ್ತುವಿನ ಅಂಶಾತ್ಮಕ ಅಂತರಕ್ಕೆ ಶರ ಎನ್ನುತ್ತಾರೆ. ಇದನ್ನು ಉತ್ತರದ ಕಡೆಗೆ ಧನ (+) ಮತ್ತು ದಕ್ಷಿಣದ ಕಡೆಗೆ ಋಣ (-) ಎಂದು ಗಣಿಸಲಾಗುವುದು. ಇದು -೯೦° ದಿಂದ +೯೦° ವರೆಗೆ ಇರಬಹುದು.

ವಿಷುವವೃತ್ತೀಯ (ಇಕ್ವಟೋರಿಯಲ್) ನಿರ್ದೇಶಾಂಕಗಳು.

1) ವಿಷುವಾಂಶ (ರೈಟ ಅಸೆನ್ಷನ್) ಮತ್ತು ಕ್ರಾಂತಿ (ಡೆಕ್ಲಿನೇಶನ್)

2) ಹೋರಾಂಶ (ಅವರ್ ಐಂಗಲ್) ಮತ್ತು ಕ್ರಾಂತಿ (ಡೆಕ್ಲಿನೇಶನ್)

ವಿಷುವಾಂಶ (ರೈಟ ಅಸೆನ್ಷನ್) ಮತ್ತು ಕ್ರಾಂತಿ (ಡೆಕ್ಲಿನೇಶನ್)

ವಿಷುವವೃತ್ತದ ಉದ್ದಕ್ಕೂ ವಸಂತಸಂಪಾತದಿಂದ ಅಳೆಯಲಾದ ಆಕಾಶವಸ್ತುವಿನ ಕೋನಾತ್ಮಕ ಅಂತರಕ್ಕೆ ವಿಷುವಾಂಶ (ರೈಟ ಅಸೆನ್ಷನ್) ಎನ್ನಲಾಗುತ್ತದೆ. . ಇದು ೦° ದಿಂದ ೩೬೦° ವರೆಗೆ ಇರಬಹುದು.

ವಿಷುವವೃತ್ತದಿಂದ ಅದಕ್ಕೆ ಲಂಬವಾಗಿ ಅಳೆಯಲಾದ ಆಕಾಶವಸ್ತುವಿನ ಕೋನೀಯ ದೂರವನ್ನು **ಕ್ರಾಂತಿ (ಡಕ್ಲಿನೇಶನ್)** ಎನ್ನುವರು. ಇದನ್ನು ಉತ್ತರದ ಕಡೆಗೆ ಧನ (+) ಮತ್ತು ದಕ್ಷಿಣದ ಕಡೆಗೆ ಋಣ (-) ಎಂದು ಗಣಿಸಲಾಗುವದು. ಇದು -೯೦° ದಿಂದ +೯೦° ವರೆಗೆ ಇರಬಹುದು.

ಹೋರಾಂಶ (ಅವರ್ ಐಂಗಲ್) ಮತ್ತು ಕ್ರಾಂತಿ (ಡಕ್ಲಿನೇಶನ್)

ಆಕಾಶವಸ್ತುವಿನ **ಹೋರಾಂಶ (ಅವರ್ ಐಂಗಲ್)** ವೀಕ್ಷಕನ ಮೆರಿಡಿಯನ್ ನಿಂದ ಪಶ್ಚಿಮದ ಕಡೆಗೆ ವಿಷುವವೃತ್ತದ ಉದ್ದಕ್ಕೂ ಅಳೆಯಲಾದ ಕೋನೀಯ ದೂರವಾಗಿದೆ. ಇದನ್ನು ೦° ದಿಂದ ೩೬೦° ವರೆಗೆ ಅಂಶಗಳಲ್ಲಿ ಅಥವಾ ೦ ದಿಂದ ೨೪ ರ ವರೆಗೆ ಗಂಟೆಗಳಲ್ಲಿಯೂ ವ್ಯಕ್ತಪಡಿಸಲಾಗುತ್ತದೆ. ಒಂದು ಗಂಟೆಯ ಅಳತೆ ೧೫°ಗಳಿಗೆ ಸಮಾನವಾಗಿರುತ್ತದೆ.

ಕ್ರಾಂತಿ (ಡಕ್ಲಿನೇಶನ್) ಮೇಲೆ ವ್ಯಾಖ್ಯಾನಿಸಿದಂತೆಯೇ ಇದೆ.

ವಿಷುವಾಂಶವನ್ನು ಪೂರ್ವಕ್ಕೆ ಅಳೆಯಲಾಗುತ್ತದೆ, ಆದರೆ ಹೋರಾಂಶವನ್ನು ಪಶ್ಚಿಮಕ್ಕೆ ಅಳೆಯಲಾಗುತ್ತದೆ. ಯಾವುದೇ ಆಕಾಶವಸ್ತುವಿನ ಇವೆರಡರ ಮೊತ್ತವು ವಸಂತಸಂಪಾತದ ವಿಷುವಾಂಶವಾಗುತ್ತದೆ, ಇದು ಪರಿಭಾಷೆಯ ಪ್ರಕಾರ ನಾಕ್ಷತ್ರ ಸಮಯ (ಸಿಡೆರಿಯಲ್ ಟೈಮ್) ಆಗಿದೆ. ಇವು ಮೂರನ್ನೂ ಜೋಡಿಸುವ ಸೂತ್ರವು ಕೆಳಗಿನಂತಿದೆ.

ಅವರ್ ಆಂಗಲ್ = ನಾಕ್ಷತ್ರ ಸಮಯ - ವಿಷುವಾಂಶ.

ಕೆಳಗಿನ ಚಿತ್ರದಲ್ಲಿನ ಮೂರು ಪ್ರಮುಖ ಮಹಾವೃತ್ತಗಳ ಸಹಾಯದಿಂದ ವಿಭಿನ್ನ ನಿರ್ದೇಶಾಂಕಗಳನ್ನು ವಿವರಿಸಲಾಗಿದೆ.

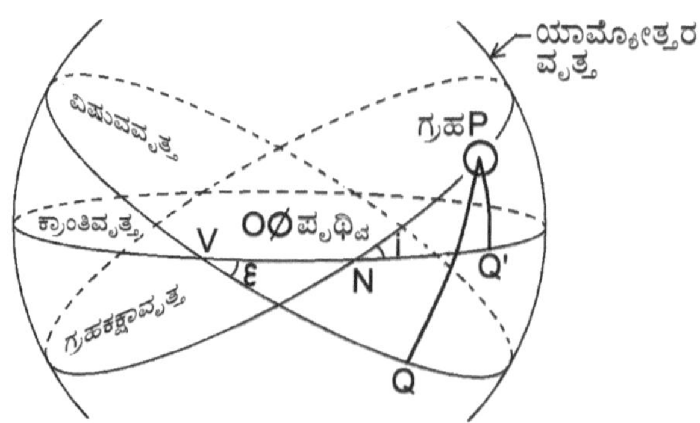

ಆಕಾಶಗೋಳದ ಮೇಲಿನ ಮೂರು ಪ್ರಮುಖ ಮಹಾವೃತ್ತಗಳು

ಈ ಚಿತ್ರವು ಆಕಾಶಗೋಳದ ಮೇಲಿನ ಮೂರು ಪ್ರಮುಖ ಮಹಾವೃತ್ತಗಳನ್ನು ತೋರಿಸುತ್ತದೆ, ಅದರ ಮುಖಾಂತರ ಗ್ರಹದ ನಿರ್ದೇಶಾಂಕಗಳನ್ನು ವ್ಯಾಖ್ಯಾನಿಸಲಾಗಿದೆ.

O = ವೀಕ್ಷಕನ ಸ್ಥಾನ

V = ವಸಂತಸಂಪಾತ

ε = ಕ್ರಾಂತಿವೃತ್ತದ ತೈರ್ಯಕ್ಯ (ಒಬ್ಲಿಕ್ಟಿಟಿ)

i = ಗ್ರಹದ ಕಕ್ಷೆಯ ಏರುಕೋನ.

P = ಗ್ರಹದ ಸ್ಥಾನ.

N = ಗ್ರಹದ ಆರೋಹೀ ಪಾತ (ಅಸೆಂಡಿಂಗ್ ನೋಡ್)

ಚಾಪ VN = ಗ್ರಹದ ಆರೋಹೀ ಪಾತದ ಭೋಗ

ಕ್ರಾಂತಿವೃತ್ತೀಯ (ಎಕ್ಲಿಪ್ಟಿಕ್) ನಿರ್ದೇಶಾಂಕಗಳು:

PP' = P ಯಿಂದ ಎಕ್ಲಿಪ್ಟಿಕ್ ಗೆ ಲಂಬವಾಗಿ ಚಾಪ

ಚಾಪ VQ' = ಗ್ರಹದ ಭೋಗ

ಚಾಪ PQ' = ಗ್ರಹದ ಶರ

ಚಾಪ NQ' = ಗ್ರಹದ ಪಾತೋನಭೋಗ

ವಿಷುವವೃತ್ತೀಯ (ಇಕ್ವೆಟೋರಿಯಲ್) ನಿರ್ದೇಶಾಂಕಗಳು

PQ = ಸಮಭಾಜಕ ವೃತ್ತಕ್ಕೆ ಲಂಬವಾಗಿ ಚಾಪ

ಚಾಪ VQ = ಗ್ರಹದ ವಿಷುವಾಂಶ

ಚಾಪ PQ = ಗ್ರಹದ ಕ್ರಾಂತಿ

3) ಸ್ಥಲೀಯ (ಟೋಪೋಸೆಂಟ್ರಿಕ್) ನಿರ್ದೇಶಾಂಕಗಳು

ಸ್ಥಲೀಯ ನಿರ್ದೇಶಾಂಕಗಳ ಮೂಲಬಿಂದು ಭೂಮಿಯ ಮೇಲ್ಮೈಯಲ್ಲಿ ವೀಕ್ಷಣೆಯ ಸ್ಥಳವಾಗುತ್ತದೆ. ಇವು ಮೂಲಬಿಂದು ಹೊರತಾಗಿ ಉಳಿದ ಎಲ್ಲವೂ ಭೂಕೇಂದ್ರಿತ ನಿರ್ದೇಶಾಂಕಗಳಂತೆಯೇ ಇರುವವು..

ಕ್ಷೈತಿಜ್ಯ ನಿರ್ದೇಶಾಂಕಗಳು ದಿಗಂಶ(ಅಜಿಮಥ್) ಮತ್ತು ಉನ್ನತಾಂಶ (ಆಲ್ಟಿಟ್ಯೂಡ್)

ಇವು ಸಹ ಸ್ಥಲೀಯವೇ ಅಗಿವೆ. ಆದರೆ ಕ್ಷಿತಿಜಕ್ಕೆ ಸಂಬಂಧಿಸಿರುತ್ತವೆ.

ದಿಗಂಶ (ಅಜಿಮಥ್) ಎಂಬುದು ಉತ್ತರಬಿಂದುವಿನಿಂದ ಪೂರ್ವದ ಕಡೆಗೆ ದಿಗಂತದ ಉದ್ದಕ್ಕೂ ಅಳೆಯಲಾದ ಆಕಾಶವಸ್ತುವಿನ ಕೋನೀಯ ದೂರವಾಗಿದೆ.

ಉನ್ನತಾಂಶವು (ಆಲ್ಟಿಟ್ಯೂಡ್) ದಿಗಂತದಿಂದ ಲಂಬವಾಗಿ ಅಳೆಯಲಾದ ವಸ್ತುವಿನ ಕೋನೀಯ ಎತ್ತರವಾಗಿದೆ.

ಆಯತಾಕಾರದ ನಿರ್ದೇಶಾಂಕಗಳು

ಇವುಗಳನ್ನು ಮೂಲಬಿಂದುವಿನಿಂದ ಎಕ್ಸ್, ವೈ, ಝುಡ್ ಎಂಬ ಮೂರು ಆಯ್ಕೆಮಾಡಿದ ಪ್ರಧಾನ ದಿಕ್ಕುಗಳಲ್ಲಿ ಅಳೆಯಲಾದ ರೇಖೀಯ ಘಟಕಗಳಲ್ಲಿ ವ್ಯಕ್ತಪಡಿಸಲಾಗುತ್ತದೆ. ಹೆಲಿಯೋಸೆಂಟ್ರಿಕ್ ಮತ್ತು ಜಿಯೋಸೆಂಟ್ರಿಕ್ ನಿರ್ದೇಶಾಂಕಗಳ ಸಂದರ್ಭದಲ್ಲಿ ಉಲ್ಲೇಖ ಅಕ್ಷಗಳನ್ನು ಈ ಕೆಳಗಿನಂತೆ ತೆಗೆದುಕೊಳ್ಳಲಾಗುತ್ತದೆ.

X ದಿಕ್ಕು - ವೆರ್ನಲ್ ವಿಷುವತ್ ಸಂಕ್ರಾಂತಿಯ ಕಡೆಗೆ

Z ದಿಕ್ಕು - ಎಕ್ಲಿಪ್ಟಿಕ್/ಸಮಭಾಜಕ ವೃತ್ತದಲ್ಲಿ ಉತ್ತರ ಧ್ರುವದ ಕಡೆಗೆ

Y ದಿಕ್ಕು - ೯೦° ಎಕ್ಸ್ ನಿಂದ ಪಶ್ಚಿಮಕ್ಕೆ ಎಕ್ಲಿಪ್ಟಿಕ್/ಸಮಭಾಜಕ

ಸಮಭಾಜಕ ಸಮತಲದಲ್ಲಿ.

ಗ್ರಹಗಳ ಕಕ್ಷಾತತ್ತ್ವಗಳು ಸಹ ಹೆಲಿಯೋಸೆಂಟ್ರಿಕ್ ಆಗಿವೆ. ಕಕ್ಷೆಯ ಮೂಲತತ್ತ್ವಗಳ ಆಯತಾಕಾರದ ನಿರ್ದೇಶಾಂಕಗಳನ್ನು ಈ ಕೆಳಗಿನಂತೆ ತೆಗೆದುಕೊಳ್ಳಲಾಗುತ್ತದೆ.

X ಅಕ್ಷ - ಪೆರಿಹೆಲಿಯನ್ ಕಡೆಗೆ.

Y ಅಕ್ಷ - ೯೦° ಕಕ್ಷೆಯ ಸಮತಲದಲ್ಲಿ ಪೆರಿಹೆಲಿಯನ್ ನಿಂದ ಪಶ್ಚಿಮದ ಕಡೆಗೆ.

Z ಅಕ್ಷ - ಕಕ್ಷೆಯ ಸಮತಲಕ್ಕೆ ಲಂಬವಾಗಿ.

ನಿರ್ದೇಶಾಂಕಗಳ ರೂಪಾಂತರ

ಲೆಕ್ಕಾಚಾರಗಳ ಅನುಕೂಲಕ್ಕಾಗಿ ಮತ್ತು ಅಂತಿಮ ಉತ್ತರಗಳನ್ನು ಅಗತ್ಯ ರೂಪದಲ್ಲಿ ಇರಿಸಲು ನಿರ್ದೇಶಾಂಕಗಳನ್ನು ಒಂದು ವ್ಯವಸ್ಥೆಯಿಂದ ಮತ್ತೊಂದು ವ್ಯವಸ್ಥೆಗೆ ಪರಿವರ್ತಿಸಬೇಕಾಗುವದು. ನಿರ್ದೇಶಾಂಕಗಳ ರೂಪಾಂತರಕ್ಕೆ ಅಗತ್ಯವಾದ ಸೂತ್ರಗಳನ್ನು ೭ನೇ ಅಧ್ಯಾಯದಲ್ಲಿ ವಿವರಿಸಲಾಗಿದೆ.

ವೈಜ್ಞಾನಿಕ ಸಂಜ್ಞೆ

ವೈಜ್ಞಾನಿಕ ಸಂಜ್ಞೆ ಅಥವಾ ಎಂಜಿನಿಯರಿಂಗ್ ಸಂಜ್ಞೆ (ಇ-ನೊಟೇಶನ್) ಎಂಬುದು ದಶಮಾಂಶ ರೂಪದಲ್ಲಿ ಅನುಕೂಲಕರವಾಗಿ ಬರೆಯಲಾಗದ ತುಂಬಾ ದೊಡ್ಡ ಅಥವಾ ತುಂಬಾ ಚಿಕ್ಕದಾದ ಸಂಖ್ಯೆಗಳನ್ನು ವ್ಯಕ್ತಪಡಿಸುವ ಒಂದು ಮಾರ್ಗವಾಗಿದೆ. ಉದಾಹರಣೆಗೆ, ಭೂಮಿಯಿಂದ ಸೂರ್ಯನ ದೂರ, 149597870691 ಮೀ.ಅನ್ನು ವೈಜ್ಞಾನಿಕ ಸಂಜ್ಞೆಯಲ್ಲಿ $1.49597870691 * 10^{11}$ ಮೀ ಎಂದು ವ್ಯಕ್ತಪಡಿಸಬಹುದು. ೮ ದಶಾಂಶ ಅಂಶಗಳವರೆಗೆ ತೆಗೆದುಕೊಂಡರೆ ಅದನ್ನು $1.49597870 * 10^{11}$ ಮೀ ಎಂದು ಬರೆಯಬಹುದು. ಕಡಿಮೆ ನಿಖರತೆಯೊಂದಿಗೆ ಇದನ್ನು $1.496 * 10^{11}$

ಮೀ ಎಂದು ಬರೆಯಬಹುದು. ಇದನ್ನು ಇ-ನೊಟೇಶನ್ ನಲ್ಲಿ 1.496E11 ಅಥವಾ 1.496e11 ಎಂದು ಸಹ ವ್ಯಕ್ತಪಡಿಸಬಹುದು.

$$\text{ಬೆಳಕಿನ ವೇಗ} = 299\ 792\ 458\ \text{ಮೀ/ಸೆ} = 2.99792458 * 10^8\ \text{ಮೀ/ಸೆ}$$

$$= 2.99792458E8\ \text{ಮೀ/ಸೆ} = \text{ಅಂದಾಜು } 3 * 10^8\ \text{ಮೀ/ಸೆ}.$$

ಅದೇ ರೀತಿ ತುಂಬಾ ಸಣ್ಣ ಸಂಖ್ಯೆಗಳ ಉದಾಹರಣೆಗಳನ್ನು ತೆಗೆದುಕೊಂಡರೆ,

$$3.562E-7 = 3.562 * 10^{-7} = 0.0000003562$$

$$1.302E-9 = 1.302 * 10^{-9} = 0.0000000001302$$

7ನೇ ಅಧ್ಯಾಯದಲ್ಲಿ ಗ್ರಹಕಕ್ಷೆಯ ಅಂಶಗಳ ಲೆಕ್ಕಾಚಾರದಲ್ಲಿ ಇವುಗಳ ಉಪಯೋಗವನ್ನು ಕಾಣಬಹುದು.

ಗಣಿತ ಚಿಹ್ನೆಗಳಾಗಿ ನಕ್ಷತ್ರಚಿಹ್ನೆ (*)

ಅನೇಕ ಕಂಪ್ಯೂಟರ್ ಪ್ರೋಗ್ರಾಮಿಂಗ್ ಭಾಷೆಗಳಲ್ಲಿ ನಕ್ಷತ್ರಚಿಹ್ನೆ (*) ಯನ್ನು ಗುಣಾಕಾರ ಚಿಹ್ನೆಯಾಗಿ (×) ಹಾಗೂ ಎರಡು ನಕ್ಷತ್ರಚಿಹ್ನೆಗಳನ್ನು (**) ಘಾತಾಂಕಗಳನ್ನು ವ್ಯಕ್ತಪಡಿಸಲು ಬಳಸಲಾಗುತ್ತದೆ.

ಉದಾ: ಅ*ಬ = ಅ×ಬ; ಅ**೪ = ಅ⁴ = ಅ*ಅ*ಅ*ಅ

ಕಾಲಗಣನೆ

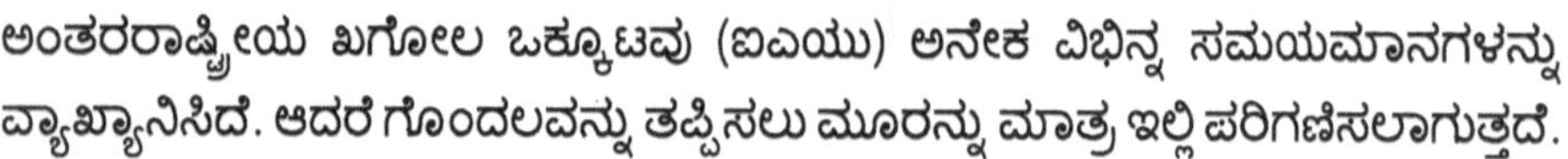

ಅಂತರರಾಷ್ಟ್ರೀಯ ಖಗೋಳ ಒಕ್ಕೂಟವು (ಐಎಯು) ಅನೇಕ ವಿಭಿನ್ನ ಸಮಯಮಾನಗಳನ್ನು ವ್ಯಾಖ್ಯಾನಿಸಿದೆ. ಆದರೆ ಗೊಂದಲವನ್ನು ತಪ್ಪಿಸಲು ಮೂರನ್ನು ಮಾತ್ರ ಇಲ್ಲಿ ಪರಿಗಣಿಸಲಾಗುತ್ತದೆ.

ಸಾರ್ವತ್ರಿಕ ಸಮಯ (ಯುಟಿ)

ನಾಗರಿಕ ಸಮಯ ಅಥವಾ ಮೀನ್ ಸೋಲಾರ್ ಟೈಮ್ ಎಂಬುದು ಸಾಮಾನ್ಯವಾಗಿ ಎಲ್ಲೆಡೆ ಬಳಸಲಾಗುವ ಸಮಯಮಾಪಕವಾಗಿದೆ. ಯೂನಿವರ್ಸಲ್ ಟೈಮ್ (ಯುಟಿ) ಗ್ರೀನ್ಸ್ಟಿಚ್ ನಲ್ಲಿ ನಾಗರಿಕ ಸಮಯ (ಶೂನ್ಯ ರೇಖಾಂಶ). ಇದನ್ನು ಗ್ರೀನ್ ವಿಚ್ ಮೀನ್ ಟೈಮ್ (ಜಿಎಂಟಿ) ಎಂದೂ ಕರೆಯಲಾಗುತ್ತದೆ. ಇದು ಗ್ರೀನ್ಸ್ವಿಚ್ ನಲ್ಲಿ ಮಧ್ಯರಾತ್ರಿಯಿಂದ ಪ್ರಾರಂಭವಾಗುತ್ತದೆ. ಸೂರ್ಯ ಉನ್ನತ ಸ್ಥಾನದಲ್ಲಿರುವಾಗ ಮಧ್ಯಾಹ್ನ 12:00 ಗಂಟೆ.

ಭಾರತೀಯ ಪ್ರಮಾಣಿತ ಸಮಯ (ಐ.ಎಸ್.ಟಿ.):

ನಾವು ಭಾರತದಲ್ಲಿ ಭಾರತೀಯ ಪ್ರಮಾಣಿತ ಸಮಯವನ್ನು (ಐಎಸ್ ಟಿ) ಬಳಸುತ್ತೇವೆ. ಯುಟಿ, ಜಿಎಂಟಿ ಮತ್ತು ಐಎಸ್ ಟಿ ನಡುವಿನ ಸಂಬಂಧವೆಂದರೆ,

ಯುಟಿ = ಜಿಎಂಟಿ = ಐಎಸ್ ಟಿ – 5ಗಂ:30ಮಿ

ಯುಟಿ ಸೂರ್ಯನ ಸ್ಥಾನವನ್ನು ಆಧರಿಸಿದ್ದು ಅದು ಭೂಮಿಯ ಪರಿಭ್ರಮಣವನ್ನು ಅವಲಂಬಿಸಿರುತ್ತದೆ.

ಟೆರೆಸ್ಟ್ರಿಯಲ್ ಟೈಮ್ (ಟಿಟಿ): ಟೆರೆಸ್ಟ್ರಿಯಲ್ ಟೈಮ್ (ಟಿಟಿ) ಅಂತರರಾಷ್ಟ್ರೀಯ ಪರಮಾಣು ಸಮಯವನ್ನು (ಟಿಎಐ) ಆಧರಿಸಿದೆ, ಇದನ್ನು ಪರಮಾಣು ಗಡಿಯಾರವು ಇರಿಸುತ್ತದೆ ಅದುದರಿಂದ ಇದು ತುಂಬಾ ನಿಖರ ಮತ್ತು ಏಕರೂಪವಾಗಿರುವದು. ಟೆರೆಸ್ಟ್ರಿಯಲ್ ದಿನವು ಮಧ್ಯಾಹ್ನದಿಂದ ಪ್ರಾರಂಭವಾಗುತ್ತದೆ.

ಡೆಲ್ಟಾಟೀ

ವಿಜ್ಞಾನಿಗಳ ದೀರ್ಘಕಾಲದ ಅವಲೋಕನಗಳ ಮೂಲಕ ಭೂಮಿಯ ಪರಿಭ್ರಮಣ ವೇಗವು ಸೂಕ್ಷ್ಮಪ್ರಮಾಣದಲ್ಲಿ ಹೆಚ್ಚುಕಡಿಮೆಯಾಗುತ್ತಿರುವುದು ಕಂಡುಬಂದಿದೆ. ಸಾರ್ವತ್ರಿಕ ಸಮಯ

(ಯುಟಿ) ಏಕರೂಪವಾಗಿಲ್ಲ ಆದ್ದರಿಂದ ಎಲ್ಲ ಖಗೋಳಗಣಿತಕ್ಕೆ ಟೆರೆಸ್ಟ್ರಿಯಲ್ ಟೈಮ್ (ಟಿಟಿ) ಅನ್ನೇ ಆಧರಿಸಬೇಕು ಎಂದು ನಿರ್ಧರಿಸಲಾಗಿದೆ. ಟಿಟಿ ಮತ್ತು ಯುಟಿ ನಡುವಿನ ವ್ಯತ್ಯಾಸವನ್ನು ಡೆಲ್ಟಾಟೇ ಎಂದುಕರೆಯಲಾಗುತ್ತದೆ. ಟಿಟಿ ಮತ್ತು ಯುಟಿ ನಡುವಿನ ಸಂಬಂಧವನ್ನು ಈ ಮೂಲಕ ನೀಡಲಾಗಿದೆ

ಟಿಟಿ = ಯುಟಿ + ಡೆಲ್ಟಾಟಿ

ಡೆಲ್ಟಾಟೇ ಧನ ಅಥವಾ ಋಣ ಆಗಿರಬಹುದು.

ಗ್ರೆಗೋರಿಯನ್ ಕ್ಯಾಲೆಂಡರ್

ನಾವು ಸಾಮಾನ್ಯವಾಗಿ ಬಳಸುವ ಕ್ಯಾಲೆಂಡರ್ ಗ್ರೆಗೋರಿಯನ್ ಕ್ಯಾಲೆಂಡರ್ ಆಗಿದ್ದು, ಇದರಲ್ಲಿ ನಾವು ಕಾಲದ ಪ್ರಸ್ತುತ ಸ್ಥಿತಿಯನ್ನು ವರ್ಷ-ತಿಂಗಳು-ದಿನಾಂಕ ಮತ್ತು ಗಂಟೆಗಳು-ನಿಮಿಷಗಳು-ಸೆಕೆಂಡುಗಳಲ್ಲಿ ವ್ಯಕ್ತಪಡಿಸುತ್ತೇವೆ.

ಲೀಪ್ ವರ್ಷ

4 ರಿಂದ ಭಾಗಹೋಗುವ ವರ್ಷಗಳು ಲೀಪ್ ವರ್ಷಗಳೆನಿಸುತ್ತವೆ. 100ರಿಂದ ಭಾಗಹೋಗುವ ವರ್ಷಗಳು ಲೀಪ ವರ್ಷಗಳಲ್ಲ ಆದರೆ ಅವೇ 400 ರಿಂದ ಭಾಗಹೋಗುವಂತಿದ್ದರೆ ಲೀಪ್ ವರ್ಷಗಳಾಗುತ್ತವೆ. (ಉದಾ: 2012, 2016, 2020, 1600, 2000, 2400 ಲೀಪ್ ವರ್ಷಗಳು ಆದರೆ 1700, 1900, 2100 ಸಾಮಾನ್ಯ ವರ್ಷಗಳು). ಲೀಪ್ ವರ್ಷಗಳ ಫೆಬ್ರವರಿಯಲ್ಲಿ 29 ದಿನಗಳು ಮತ್ತು ಸಾಮಾನ್ಯ ವರ್ಷಗಳಲ್ಲಿ 28 ದಿನಗಳು ಇರುತ್ತವೆ.

ಜೂಲಿಯನ್ ಕ್ಯಾಲೆಂಡರ್

ಜೂಲಿಯನ್ ಕ್ಯಾಲೆಂಡರ್ ಕ್ರಿ.ಪೂ 4743 (ಅಂದರೆ, ವರ್ಷ -4742) ದ ಮೊದಲನೆಯ ದಿನ 12:00 ಯುಟಿ. ಯಿಂದ ಪ್ರಾರಂಭವಾಗುತ್ತದೆ.

ಒಂದು ಜೂಲಿಯನ್ ದಿನವು 86400 ಸೆಕೆಂಡುಗಳ ಟಿಟಿಗೆ ಸಮನಾಗಿದೆ.

ಒಂದು ಜೂಲಿಯನ್ ವರ್ಷವು 365.25 ಜೂಲಿಯನ್ ದಿನಗಳಿಗೆ ಸಮನಾಗಿದೆ.

ಜೂಲಿಯನ್ ಶತಕವು 36525 ಜೂಲಿಯನ್ ದಿನಗಳಿಗೆ ಸಮವಾಗಿದೆ.

ಜೂಲಿಯನ್ ಡೇ ನಂಬರ್ ಜೂಲಿಯನ್ ಕ್ಯಾಲೆಂಡರದ ಪ್ರಾರಂಭ ಅಂದರೆ (ಕ್ರಿ.ಪೂ. 4743 ಅಥವಾ ವರ್ಷ -4742, **ಜನವರಿ 1,12:00** ಯುಟಿ) ದಿಂದ ಎಣಿಸಲಾದ ಜೂಲಿಯನ್ ದಿನಗಳ ಸಂಖ್ಯೆಯಾಗಿದೆ. ಇದರಲ್ಲಿ ದಿನದ ಅಂಶವನ್ನೂ ತೆಗೆದುಕೊಳ್ಳಬೇಕು.

ಉದಾ: 2000, ಜನವರಿ 1 ರ 12:00 ಟಿಟಿ ವೇಳೆಗೆ , ಜಡಿ = 2451545.0

ಕ್ಷೇಪಕ (ಎಪೋಚ್)

ಕ್ಷೇಪಕವು ಕಾಲಮಾಪನದಲ್ಲಿ ಒಂದು ನಿರ್ದಿಷ್ಟ ಸ್ಥಿರ ಕ್ಷಣವಾಗಿದೆ, ಇದನ್ನು ಶೂನ್ಯ ಸಮಯವಾಗಿ ತೆಗೆದುಕೊಳ್ಳಲಾಗುತ್ತದೆ ಮತ್ತು ಆ ಕ್ಷಣದ ಪ್ರಾರಂಭದಿಂದಲೇ ಎಲ್ಲ ಖಗೋಳ ಲೆಕ್ಕಾಚಾರಗಳಿಗೆ ಸಮಯವನ್ನು ಎಣಿಸಲಾಗುತ್ತದೆ. ಜೆ2000.0 ಅಂದರೆ, ಜನವರಿ 1, 12:00 ಟಿಟಿ (ಜೆಡಿ 2451545.0). ಈ ಕ್ಷಣವನ್ನು ಅಂತರರಾಷ್ಟ್ರೀಯ ಖಗೋಳ ಒಕ್ಕೂಟವು "ಪ್ರಮಾಣಿತ ಕ್ಷೇಪಕ" ಎಂದು ನಿಗದಿಪಡಿಸಿದೆ.

ಜೆ2000.0 ಕ್ಷೇಪಕದಿಂದ ಕಳೆದ ಸಮಯವನ್ನು ಜೂಲಿಯನ್ ದಿನಗಳ ಸಂಖ್ಯೆಯಲ್ಲಿ ಅಥವಾ ಜೂಲಿಯನ್ ಶತಕಗಳಲ್ಲಿ ವ್ಯಕ್ತಪಡಿಸಬಹುದು.

ಜೆ೨೦೦೦ ಕ್ಷೇಪಕದಿಂದ ಕಳೆದ ದಿನಗಳ ಸಂಖ್ಯೆಗೆ ದಿನಗಣ (ದಿ) ಎಂಬ ಸಂಜ್ಞೆ ಕೊಡಲಾಗಿದೆ. ಮತ್ತು ಜೆ೨೦೦೦ ಕ್ಷೇಪಕದಿಂದ ಕಳೆದ ಶತಕಗಳ ಸಂಖ್ಯೆಗೆ ಶತಕಗಣ ಎಂಬ ಸಂಜ್ಞೆ ಕೊಡಲಾಗಿದೆ.

ದಿನಗಣ (ದಿ) = (ಜೆಡಿ – 2451545.0) ಜೂಲಿಯನ್ ದಿನಗಳು

ಶತಕಗಣ (ಶ) = ದಿ/36525.0

ಜೂಲಿಯನ್ ದಿನಗಳ ಸಂಖ್ಯೆಗೆ ದಿನಗಣ ಅಥವಾ ಅಹರ್ಗಣ ಎನ್ನಲಾಗುತ್ತದೆ. ಗ್ರೆಗೋರಿಯನ್ ಕ್ಯಾಲೆಂಡರಿನ ಯಾವುದೇ ದಿನಾಂಕದ ಆರಂಭದಲ್ಲಿ(ಅಂದರೆ ೦:೦ ಯುಟಿ) ದಿನಗಣವನ್ನು (ದಿಂ) ಎನ್ನೋಣ. ಇದರ ಮೌಲ್ಯವನ್ನು ಈ ಕೆಳಗಿನ ಸೂತ್ರದಿಂದ ತೆಗೆಯಬಹುದು.

ದಿನಾರಂಭ ದಿನಗಣ [ದಿಂ] = ವರ್ಷ*365 + ಪೂರ್ಣಾಂಕ(ವರ್ಷ/4)

$$- \text{ಪೂರ್ಣಾಂಕ} (\text{ವರ್ಷ}/100) + \text{ಪೂರ್ಣಾಂಕ} (\text{ವರ್ಷ}/400)$$

$$+ [N + \text{ದಿನಾಂಕ}] - 730485.5$$

ಇದರಲ್ಲಿ ವರ್ಷವನ್ನುಪೂರ್ಣ ನಾಲ್ಕು ಅಂಕಿಗಳಲ್ಲಿ ತೆಗೆದುಕೊಳ್ಳಬೇಕು.

(ಉದಾ: 1940, 1600,2010, 2065 ಇತ್ಯಾದಿ).

N = ಕೆಳಗಿನ ಕೋಷ್ಟಕದಲ್ಲಿರುವಂತೆ ತಿಂಗಳಿಗೆ ಅನುಗುಣವಾದ ಸಂಖ್ಯೆ .

(ವಾಸ್ತವವಾಗಿ ಇವು ತಿಂಗಳ ಪ್ರಾರಂಭಕ್ಕೆ ಮೊದಲು ವರ್ಷದಲ್ಲಿಕಳೆದ ದಿನಗಳ ಸಂಖ್ಯೆಗಳಾಗಿವೆ)

ಜನವರಿ	ಫೆಬ್ರುವರಿ	ಮಾರ್ಚ್	ಎಪ್ರಿಲ್	ಮೇ	ಜೂನ
N = 00	N = 31	N = 59	N = 90	N=121	N=151

ಜುಲೈ	ಅಗಸ್ಟ	ಸಪ್ಟಂಬರ	ಅಕ್ಟೋಬರ	ನವಂಬರ	ಡಿಸೆಂಬರ
N=181	N=212	N=243	N=273	N=304	N=334

*ಸೂಚನೆ:- ನೀಡಲಾದ ದಿನಾಂಕವು ಲೀಪ್ ವರ್ಷದ ಜನವರಿ ಅಥವಾ ಫೆಬ್ರವರಿಯಲ್ಲಿ ಬಿದ್ದರೆ N ಮೌಲ್ಯವನ್ನು 1 ರಷ್ಟು ಕಡಿಮೆ ಮಾಡಬೇಕು.

ಪೂರ್ಣಾಂಕ (ವರ್ಷ/4), ಪೂರ್ಣಾಂಕ (ವರ್ಷ/100) ಇತ್ಯಾದಿಗಳು ಪೂರ್ಣಾಂಕ ವಿಭಾಗಗಳನ್ನು ಸೂಚಿಸುತ್ತವೆ, ಇದರಲ್ಲಿ ವಿಭಾಗದ ಪೂರ್ಣಾಂಕ ಭಾಗವನ್ನು ಮಾತ್ರ ತೆಗೆದುಕೊಳ್ಳಬೇಕು.

ಉದಾ: ಪೂರ್ಣಾಂಕ (7/4) = 1.

ಮೇಲ್ಕಂಡ ದಿನಾರಂಭ-ದಿನಗಣ (ದಿಂ) ಯಲ್ಲಿ ಡೆಲ್ಟಾಟಿ ಮತ್ತು ದಿನಾಂಶ (ದಿನದಲ್ಲಿಯ ಆಂಶಿಕ ಭಾಗ)ವನ್ನು ಕೂಡಿಸಲಾಗಿ ಸ್ಪಷ್ಟ ದಿನಗಣ (ದಿ) ಸಿಗುವದು.

ಮೇಲಿನ ಸೂತ್ರದಲ್ಲಿ ಕೊನೆಯ ಪದವು ತೇಲುವ ಬಿಂದು ವಿಭಜನೆಯಾಗಿದ್ದು, ಇದರಲ್ಲಿ ಆಂಶಿಕ ಭಾಗವನ್ನು ಕನಿಷ್ಠ ಲ ಸ್ಥಳಗಳಿಗೆ ತೆಗೆದುಕೊಳ್ಳಬೇಕು.

ಉದಾ: 7/4 = 1.750000000.

ಡೆಲ್ಟಾಟಿ ನಿರ್ಣಯ

ಡೆಲ್ಟಾಟಿ ಸಲುವಾಗಿ ಯಾವುದೇ ಸಾಮಾನ್ಯ ಸೂತ್ರ ಕಂಡುಬಂದಿಲ್ಲ ಏಕೆಂದರೆ ಅದು ತುಂಬಾ ಅನಿಯಮಿತವಾಗಿದೆ ಮತ್ತು ಅನೇಕ ಅನಿಶ್ಚಿತತೆಗಳನ್ನು ಹೊಂದಿದೆ. ಅನೇಕ ಸಂಶೋಧಕರು ಅನೇಕ ವಿಭಿನ್ನ ಸೂತ್ರಗಳನ್ನು ಸೂಚಿಸಿದ್ದಾರೆ. 'ನಾಸಾ'ದವರು ವಿವಿಧ ಅವಧಿಗಳಲ್ಲಿಯ ಡೆಲ್ಟಾಟಿ (ಸೆಕೆಂಡುಗಳಲ್ಲಿ) ತೆಗೆಯುವ ಸಲುವಾಗಿ ಈ ಕೆಳಗಿನ ಸೂತ್ರಗಳನ್ನು ಉಪಯೋಗಿಸಿರುವರು. ಇವನ್ನೇ ಈ ಪುಸ್ತಕದಲ್ಲಿ ಬಳಸಲಾಗುವುದು.

ವರ್ಷಗಣ = ವರ್ಷ + (ವರ್ಷದಲ್ಲಿ ಕಳೆದ ದಿನಗಳು/365.0).

-500 ರ ಹಿಂದಿನ ವರ್ಷಗಳಲ್ಲಿ,

ಯ = (ವರ್ಷಗಣ-1820)/100

ಡೆಲ್ಟಾಟಿ = -20 + 32 ಯ^2

-500 ಮತ್ತು 500 ರ ನಡುವಿನ ವರ್ಷಗಳಲ್ಲಿ,

ಯ = ವರ್ಷಗಣ/100.

ಡೆಲ್ಟಾಟಿ = 10583.6 -1014.41 ಯ + 33.78311 ಯ^2 - 5.952053 ಯ^3

- 0.1798452 ಯ^4 + 0.022174192 ಯ^5 + 0.0090316521 ಯ^6

500 ಮತ್ತು 1600 ರ ನಡುವಿನ ವರ್ಷಗಳಲ್ಲಿ,

ಯ= (ವರ್ಷಗಣ-1000)/100.

ಡೆಲ್ಟಾಟಿ = 1574.2 - 556.01 ಯ + 71.23472 ಯ^2 + 0.319781 ಯ^3

-0.8503463 ಯ^4 - 0.005050998 ಯ^5 + 0.0083572073 ಯ^6

1600 ಮತ್ತು 1700 ರ ನಡುವಿನ ವರ್ಷಗಳಲ್ಲಿ,

ಯ= (ವರ್ಷಗಣ-1600);

ಡೆಲ್ಟಾಟಿ =120 - 0.9808 ಯ - 0.01532 ಯ^2 + ಯ^3/7129

1700 ಮತ್ತು 1800 ರ ನಡುವಿನ ವರ್ಷಗಳ ವರೆಗೆ,

ಯ = ವರ್ಷಗಣ-1700.

ಡೆಲ್ಟಾಟಿ = 8.83 + 0.1603 ಯ - 0.0059285 ಯ^2
    + 0.00013336 ಯ^3 -ಯ^4/1174000

1800 ಮತ್ತು 1860 ರ ನಡುವಿನ ವರ್ಷಗಳ ವರೆಗೆ,

ಯ = ವರ್ಷಗಣ-1800.

ಡೆಲ್ಟಾಟಿ = 13.72 -0.332447 ಯ + 0.0068612 ಯ^2 + 0.0041116 ಯ^3
    -0.00037436 ಯ^4 + 0.0000121272 ಯ^5
    -0.0000001699 ಯ^6 + 0.00000000000875 ಯ^7

1860 ಮತ್ತು 1900 ರ ನಡುವಿನ ವರ್ಷಗಳ ವರೆಗೆ,

ಯ = ವರ್ಷಗಣ-1860.

ಡೆಲ್ಟಾಟಿ = 7.62 + 0.5737 ಯ - 0.251754 ಯ^2 + 0.01680668 ಯ^3
    -0.0004473624 ಯ^4 +ಯ^5/233174

1900 ಮತ್ತು 1920 ರ ನಡುವಿನ ವರ್ಷಗಳ ವರೆಗೆ,

ಯ = ವರ್ಷಗಣ-1900.

ಡೆಲ್ಟಾಟಿ = -2.79 + 1.494119 ಯ - 0.0598939 ಯ^2
    + 0.0061966 ಯ^3 - 0.000197 ಯ^4

1920 ಮತ್ತು 1941 ರ ನಡುವಿನ ವರ್ಷಗಳ ವರೆಗೆ,

ಯ = ವರ್ಷಗಣ-1920.

ಡೆಲ್ಟಾಟಿ = 21.20 + 0.84493 ಯ - 0.076100 ಯ^2 + 0.0020936 ಯ^3

1941 ಮತ್ತು 1961 ರ ನಡುವಿನ ವರ್ಷಗಳ ವರೆಗೆ,

ಯ = ವರ್ಷಗಣ-1950.

ಡೆಲ್ಟಾಟಿ = 29.07 + 0.407 ಯ - ಯ^2/233+ ಯ^3/2547

1961 ಮತ್ತು 1986 ರ ನಡುವಿನ ವರ್ಷಗಳ ವರೆಗೆ,

ಯ = ವರ್ಷಗಣ-1975.

ಡೆಲ್ಟಾಟಿ = 45.45 + 1.067 ಯ - ಯ²/260 - ಯ³/718

1986 ಮತ್ತು 2005 ರ ನಡುವಿನ ವರ್ಷಗಳ ವರೆಗೆ,

ಯ = ವರ್ಷಗಣ- 2000.

ಡೆಲ್ಟಾಟಿ = 63.86 + 0.3345 ಯ - 0.060374 ಯ² + 0.0017275 ಯ³
+ 0.000651814 ಯ⁴ + 0.00002373599 ಯ⁵

2005 ಮತ್ತು 2050 ರ ನಡುವಿನ ವರ್ಷಗಳ ವರೆಗೆ,

ಯ = ವರ್ಷಗಣ-2000.

ಡೆಲ್ಟಾಟಿ = 62.92 + 0.32217 ಯ + 0.005589 ಯ²

2050 ಮತ್ತು 2150 ರ ನಡುವಿನ ವರ್ಷಗಳ ವರೆಗೆ,

ಯ = (ವರ್ಷಗಣ-1820)/100.

ಡೆಲ್ಟಾಟಿ = -20 + 32 ಯ² - 0.5628 * (2150 - ವರ್ಷಗಣ) ;

2150 ರ ನಂತರ ವರ್ಷಗಳ ವರೆಗೆ

ಯ = (ವರ್ಷಗಣ-1820)/100.

ಡೆಲ್ಟಾಟಿ = -20 + 32 ಯ²

1955 ಮತ್ತು 2005 ರ ನಡುವಿನ ವರ್ಷಗಳನ್ನು ಹೊರತುಪಡಿಸಿ ಮೇಲಿನಂತೆ ಪಡೆದ ಡೆಲ್ಟಾಟಿ ಮೌಲ್ಯಗಳಿಗೆ ಕ = -0.000012932*(ವರ್ಷಗಣ-1955)² ಇಷ್ಟನ್ನು ಸೇರಿಸಿ ತಿದ್ದುಪಡಿಸಬೇಕು.

1600 ರಿಂದ 2400 ವರ್ಷಗಳ ಆರಂಭದಲ್ಲಿ ಡೆಲ್ಟಾಟಿ ಯ ಮೌಲ್ಯಗಳನ್ನು ಈ ಅಧ್ಯಾಯದ ಕೊನೆಯಲ್ಲಿ ಕೋಷ್ಟಕದಲ್ಲಿ ನೀಡಲಾಗಿದೆ.

ನಾಕ್ಷತ್ರ ಸಮಯ (ಸಿಡೆರಿಯಲ್ ಟೈಮ್)

ನಾಕ್ಷತ್ರ ಸಮಯ ಆಕಾಶದಲ್ಲಿ ವಸಂತಸಂಪಾತದ ಹೋರಾಂಶ (ಅವರ್ ಐಂಗಲ್) ಆಗಿದೆ. ಇದು ಸಹ ಭೂಮಿಯ ಪರಿಭ್ರಮಣವನ್ನು ಅವಲಂಬಿಸಿರುತ್ತದೆ. ವಸಂತಸಂಪಾತ (ವರ್ನಲ್ ಇಕ್ವಿನಾಕ್ಸ್) ಅತ್ಯಂತ ಉನ್ನತ ಸ್ಥಾನದಲ್ಲಿದ್ದಾಗ ನಾಕ್ಷತ್ರ ಸಮಯವು ಶೂನ್ಯವೆಂದು ತಿಳಿಯಲಾಗುತ್ತದೆ.

ನಾಕ್ಷತ್ರ ಸಮಯವನ್ನು ಶೂನ್ಯದಿಂದ 24 ರ ವರೆಗೆ ಗಂಟೆಗಳಲ್ಲಿ ಅಥವಾ ಶೂನ್ಯದಿಂದ 360°ರ ವರೆಗೆ ಕೋನೀಯ ಘಟಕಗಳಲ್ಲಿ ವ್ಯಕ್ತಪಡಿಸಲಾಗುತ್ತದೆ.

ಗ್ರೀನ್ ವಿಚ್ ನಾಕ್ಷತ್ರ ಸಮಯ (ಜಿ.ಎಸ್.ಟಿ.)

ಗ್ರೀನ್ವಿಚ್ (ಶೂನ್ಯ ರೇಖಾಂಶ)ದಲ್ಲಿಯ ವಸಂತಸಂಪಾತದ ಹೋರಾಂಶವನ್ನೇ ಗ್ರೀನ್ವಿಚ್ ನಾಕ್ಷತ್ರ ಸಮಯ ಎಂದು ವ್ಯಾಖ್ಯಾನಿಸಲಾಗಿದೆ.

ಯಾವದೇ ಇಚ್ಛಿತ ಕ್ಷಣದಲ್ಲಿ ಗ್ರೀನ್ವಿಚ್ ಮಧ್ಯಮ ನಾಕ್ಷತ್ರ ಸಮಯ (ಗ್ರೀಮನಾಸ) ವನ್ನು ಕೆಳಗಿನ ಸೂತ್ರದಿಂದ ತೆಗೆಯಬಹುದು.

ಗ್ರೀಮನಾಸ = 280°.46061837 +360°.98564736*ದಿನಗಣ (ಡೆಲ್ಟಾಟಿ* ರಹಿತ)

ನಾಕ್ಷತ್ರಸಮಯವನ್ನು ಲೆಕ್ಕಿಸುವಾಗ ಡೆಲ್ಟಾಟಿ ಸೇರಿಸಬಾರದು ಎಂಬುದನ್ನು ನೆನಪಿನಲ್ಲಿಡಬೇಕು.

ಸ್ಪಷ್ಟ ಗ್ರೀನ್ವಿಚ್ ನಾಕ್ಷತ್ರಸಮಯ (ಗ್ರೀನಾಸ)

ಸ್ಪಷ್ಟ ಗ್ರೀನ್ವಿಚ್ ನಾಕ್ಷತ್ರಸಮಯಕ್ಕಾಗಿ ಅದರಲ್ಲಿ ನ್ಯುಟೇಶನ್ ಸೇರಿಸಬೇಕಾಗುವದು.

ಗ್ರೀನಾಸ = ಗ್ರೀಮನಾಸ + ನಾಕ್ಷತ್ರಸಮಯದ ನ್ಯುಟೇಶನ್

(ನ್ಯುಟೇಶನ್ ದ ವಿವರಣಕ್ಕಾಗಿ 4ನೇ ಅಧ್ಯಾಯವನ್ನು ನೋಡಿ.)

ಸ್ಥಾನಿಕ ನಾಕ್ಷತ್ರ ಸಮಯ (ಲೋಕಲ್ ಸಿಡೆರಿಯಲ್ ಟೈಮ್)

ಸ್ಥಾನಿಕ ನಾಕ್ಷತ್ರ ಸಮಯ (ಸ್ಥಾನಾಸ) ಪಡೆಯಲು ಗ್ರೀನ್ವಿಚ್ ನಾಕ್ಷತ್ರ ಸಮಯದಲ್ಲಿ ರೇಖಾಂಶ ಸಂಸ್ಕಾರವನ್ನು ಬೆರೆಸಬೇಕಾಗುವದು.

ರೇಖಾಂಶ ಸಂಸ್ಕಾರ = ರೇಖಾಂಶ * ೧೫ (ಪೂರ್ವಕ್ಕೆ ಧನ, ಪಶ್ಚಿಮಕ್ಕೆ ಋಣ)

ಸ್ಥಾನಾಸ = ಗ್ರೀನಾಸ + ರೇಖಾಂಶ ಸಂಸ್ಕಾರ

= 280°.46061837 + 360°.98564736*ದಿನಗಣ

+ ನ್ಯುಟೇಶನ್ + ರೇಖಾಂಶ ಸಂಸ್ಕಾರ

ಮೌಲ್ಯಗಳನ್ನು ಅಂಶಗಳಿಂದ ಗಂಟೆಗಳಿಗೆ ಪರಿವರ್ತಿಸಲು 15 ರಿಂದ ವಿಭಜಿಸಬೇಕು.

ವರ್ಷ 1700 ದಿಂದ 2400ರ ವರೆಗಿನ ಡೆಲ್ಟಾಟೀ ಮೂಲ್ಯಗಳು

ವರ್ಷ	+0	+1	+2	+3	+4	+5	+6	+7	+8	+9
1700	8	8	8	8	8	8	8	8	9	9
1710	9	9	9	9	9	9	9	9	9	9
1720	9	9	10	10	10	10	10	10	10	10
1730	10	10	10	10	10	11	11	11	11	11
1740	11	11	11	11	12	12	12	12	12	12
1750	12	13	13	13	13	13	13	13	14	14
1760	14	14	14	14	15	15	15	15	15	15
1770	15	16	16	16	16	16	16	16	16	16
1780	16	16	16	16	16	16	16	16	16	16
1790	16	15	15	15	15	15	14	14	14	13
1800	13	12	12	12	12	12	12	12	12	12
1810	12	12	12	12	12	12	12	12	11	11
1820	11	11	10	10	10	9	9	8	8	7
1830	7	6	6	6	5	5	5	5	5	5
1840	5	5	5	5	5	6	6	6	6	6
1850	7	7	7	7	7	7	7	7	7	7
1860	7	7	7	7	6	5	4	3	2	1
1870	0	0	-1	-2	-2	-3	-3	-4	-4	-4
1880	-5	-5	-5	-5	-5	-5	-5	-5	-6	-6
1890	-6	-6	-6	-6	-6	-6	-5	-5	-4	-3
1900	-2	0	0	1	3	4	5	7	8	9

ವರ್ಷ 1700 ದಿಂದ 2400ರ ವರೆಗಿನ ಡೆಲ್ಟಾಟೀ ಮೂಲ್ಯಗಳು

ವರ್ಷ	+0	+1	+2	+3	+4	+5	+6	+7	+8	+9
1910	11	12	13	15	16	17	18	19	20	21
1920	21	22	22	23	23	23	24	24	24	24
1930	24	24	23	23	23	23	23	23	24	24
1940	24	25	25	26	26	27	27	28	28	28
1950	29	29	30	30	30	31	31	32	32	32
1960	33	33	34	34	35	36	36	37	38	39
1970	40	41	42	43	44	45	47	48	49	50
1980	50	51	52	53	54	54	55	55	56	56
1990	57	57	58	59	60	61	61	62	63	63
2000	64	64	64	64	64	64	65	65	66	66
2010	66	67	67	68	68	69	69	70	70	71
2020	71	72	72	73	74	74	75	75	76	77
2030	77	78	79	79	80	81	82	82	83	84
2040	85	85	86	87	88	89	89	90	91	92
2050	93	95	97	100	102	104	106	108	110	112
2060	114	116	118	120	123	125	127	129	131	133
2070	135	138	140	142	144	146	148	151	153	155
2080	157	160	162	164	166	169	171	173	175	178
2090	180	182	185	187	189	191	194	196	198	201

ವರ್ಷ 1700 ದಿಂದ 2400ರ ವರೆಗಿನ ಡೆಲ್ಟಾ‌ಟೀ ಮೂಲ್ಯಗಳು

ವರ್ಷ	+0	+1	+2	+3	+4	+5	+6	+7	+8	+9
2100	203	206	208	210	213	215	217	220	222	225
2110	227	229	232	234	237	239	242	244	247	249
2120	252	254	256	259	261	264	267	269	272	274
2130	277	279	282	284	287	289	292	295	297	300
2140	302	305	308	310	313	316	318	321	323	326
2150	329	331	333	335	337	339	341	343	346	348
2160	350	352	354	357	359	361	363	365	368	370
2170	372	374	377	379	381	383	386	388	390	392
2180	395	397	399	402	404	406	409	411	413	416
2190	418	420	423	425	428	430	432	435	437	440
2200	442	444	447	449	452	454	457	459	462	464
2210	467	469	472	474	477	479	482	484	487	489
2220	492	494	497	500	502	505	507	510	513	515
2230	518	520	523	526	528	531	534	536	539	542
2240	544	547	550	552	555	558	560	563	566	569
2250	571	574	577	580	582	585	588	591	594	596
2260	599	602	605	608	611	613	616	619	622	625
2270	628	631	633	636	639	642	645	648	651	654
2280	657	660	663	666	669	671	674	677	680	683
2290	686	689	692	695	698	702	705	708	711	714

ವರ್ಷ 1700 ದಿಂದ 2400ರ ವರೆಗಿನ ಡೆಲ್ಟಾಟೀ ಮೂಲ್ಯಗಳು

ವರ್ಷ	+0	+1	+2	+3	+4	+5	+6	+7	+8	+9
2300	717	720	723	726	729	732	735	738	742	745
2310	748	751	754	757	760	763	767	770	773	776
2320	779	783	786	789	792	795	799	802	805	808
2330	812	815	818	821	825	828	831	835	838	841
2340	845	848	851	855	858	861	865	868	871	875
2350	878	881	885	888	892	895	898	902	905	909
2360	912	916	919	923	926	930	933	937	940	944
2370	947	951	954	958	961	965	968	972	975	979
2380	982	986	990	993	997	1000	1004	1008	1011	1015
2390	1019	1022	1026	1030	1033	1037	1041	1044	1048	1052
2400	1055									

ಅಧ್ಯಾಯ 5

ಅಯನ ಚಲನ ಮತ್ತು ಅಯನ ವಿಚಲನ

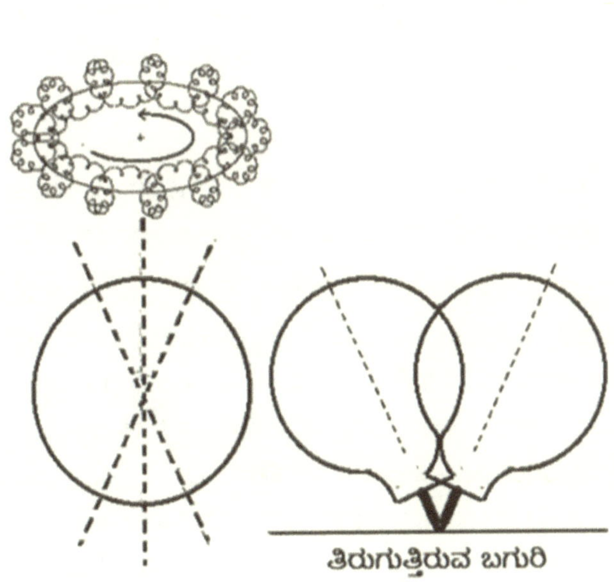

ಅಯನ ಚಲನ ಮತ್ತು ನ್ಯೂಟೇಶನ್ ನಿಜವಾಗಿಯೂ ಒಂದೇ ಘಟನೆಯ ಎರಡು ಕವಲುಗಳಾಗಿವೆ. ಭೂಮಿಯ ಅಕ್ಷವು ನಿರಂತರವಾಗಿ ತಿರುಗುವ ಬಗುರಿಯಂತೆ ತನ್ನ ದಿಕ್ಕು ಬದಲಾಯಿಸುತ್ತಿರುತ್ತದೆ. ಭೂಮಿಯ ಅಕ್ಷವನ್ನು ಆಕಾಶಗೋಳದ ಮೇಲೆ ಪ್ರಕ್ಷೇಪಿಸಿದರೆ ಅದು ಒಂದು ಸಂಕೀರ್ಣವಾದ ಮಾರ್ಗವನ್ನು ಅನುಸರಿಸುತ್ತದೆ. ಈ ಸಂಕೀರ್ಣ ಚಲನೆಯನ್ನು ಎರಡು ಘಟಕಗಳಾಗಿ ವಿಂಗಡಿಸಲಾಗಿದೆ.

1. ಅಯನಚಲನ (ಪ್ರಿಸೆಶನ್):

ಭೂಕೇಂದ್ರದಿಂದ ನಿಜವಾದ ಧ್ರುವಕ್ಕೆ ಜೋಡಿಸುವ ಅಕ್ಷಕ್ಕೆ ಸುಮಾರು 23.5° ತ್ರಿಜ್ಯದ ವೃತ್ತದಲ್ಲಿ ತಿರುಗುವ ಒಂದೇಸಮನಾದ ದೀರ್ಘಕಾಲೀನ ಸರಾಸರಿ ವಿಲೋಮ ಚಲನೆ. ಇದರ ಒಂದು ಆವರ್ತನೆ ಪೂರ್ಣವಾಗಲು ಸುಮಾರು 25771.5 ವರ್ಷಗಳು ಬೇಕಾಗುತ್ತವೆ. ಇದರ ಕಾರಣದಿಂದ ವಸಂತಸಂಪಾತ ಬಿಂದುವು ಪ್ರತಿವರ್ಷ 50".288 ವಿಕಲೆಗಳಷ್ಟು ಹಿಂದೆ ಸರಿಯುತ್ತದೆ. ಇದಕ್ಕೆ ಅಯನಚಲನವೆಂದು ಹೆಸರು. ಅಯನಚಲನದ ವೇಗವೂ ಬಹಳ ನಿಧಾನವಾಗಿ ಮತ್ತು ಕ್ರಮೇಣ

61

ಹೆಚ್ಚುತ್ತಿದೆಯೆಂದು ಕಂಡುಬಂದಿದೆ. ಜಿ೨೦೦೦ ರಿಂದ ಆಗಿರುವ ಒಟ್ಟು ಅಯನಚಲನವವನ್ನು ಕೆಳಗಿನ ಸೂತ್ರದಿಂದ ತೆಗೆಯಬಹುದು.

ಅಯನಚಲನ = 5028.79619500 * ಶತಕಗಣ - 1.1054348 * ಶತಕಗಣ²

62. ಅಯನ ವಿಚಲನ (ನ್ಯುಟೇಶನ್):

ನ್ಯುಟೇಶನ್ ಎಂದರೆ ಸರಾಸರಿ ಅಯನಚಲನದೊಂದಿಗೆ ಆಗುವ ಅತಿರಿಕ್ತ ಸೂಕ್ಷ್ಮ ಚಲನೆ. ಇದು ಬಹಳ ಜಟಿಲವಾಗಿದೆ. ನಿಖರತೆಯ ಅಗತ್ಯವಿರುವಲ್ಲಿ, ಗ್ರಹಗಳ ಭೋಗ, ಕ್ರಾಂತಿವೃತ್ತದ ತ್ರೈರ್ಯಕ್ಯ ಮತ್ತು ನಾಕ್ಷತ್ರಸಮಯಗಳ ಗಣಿತಗಳಲ್ಲಿ ನ್ಯುಟೇಶನ್ ಅನ್ನು ಪರಿಗಣಿಸಬೇಕಾಗುತ್ತದೆ.

ಅಯನಾಂಶ

ಅಯನಚಲನದ ಕಾರಣ ವಸಂತಸಂಪಾತವು ಪ್ರತಿ ವರ್ಷ ಸುಮಾರು 50.288 ವಿಕಲೆಗಳಷ್ಟು ಕ್ರಾಂತಿವೃತ್ತದ ಉದ್ದಕ್ಕೂ ಹಿಂದೆ ಸರಿಯುತ್ತದೆ. ಇದನ್ನು ಈ ಮೊದಲೇ ಉಲ್ಲೇಖಿಸಲಾಗಿದೆ.

ಭಾರತದಲ್ಲಿಯ ಜ್ಯೋತಿಷಿಗಳು ಹಿಂದೆ ಹಿಂದೆ ಸರಿಯುತ್ತಿರುವ ನಿಜವಾದ ಸಂಪಾತಬಿಂದುವನ್ನು ರಾಶಿಚಕ್ರದ ಪ್ರಾರಂಭವೆಂದು ತೆಗೆದುಕೊಳ್ಳದೆ ಕ್ರಾಂತಿವೃತ್ತದ ಮೇಲಿನ ಒಂದು ಸ್ಥಿರ ಬಿಂದುವನ್ನು ಮೇಷ ರಾಶಿಯ ಮೊದಲ ಬಿಂದು ಎಂದು ಗ್ರಹಿಸುತ್ತಾರೆ. ಮತ್ತು ಅದೇ ಸ್ಥಿರಬಿಂದುವಿನಿಂದ ಗ್ರಹಗಳ ಭೋಗಗಳನ್ನು ವ್ಯಕ್ತಪಡಿಸುತ್ತಾರೆ. ಈ ಬಿಂದು 290 ನೇ ಇಸವೀ ಅಥವಾ ಅದಕ್ಕಿಂತ ಪೂರ್ವದಲ್ಲಿ ನಿಜವಾದ ವಸಂತಸಂಪಾತದ ಸ್ಥಾನವಾಗಿರಬಹುದು.. ಆ ಸ್ಥಿರ ಬಿಂದು ಮತ್ತು ನಿಜವಾದ ವಸಂತಸಂಪಾತದ ಪ್ರಸ್ತುತ ಸ್ಥಾನದ ನಡುವಿನ ಕೋನ ವ್ಯತ್ಯಾಸವನ್ನು 'ಅಯನಾಂಶ' ಎಂದು ಕರೆಯಲಾಗುತ್ತದೆ. 'ಅಯನಾಂಶ' ಪ್ರತಿ ವರ್ಷ ಸುಮಾರು 50.288 ಆರ್ಕ್-ಸೆಕೆಂಡುಗಳಷ್ಟು ಹೆಚ್ಚುತ್ತಿದೆ.

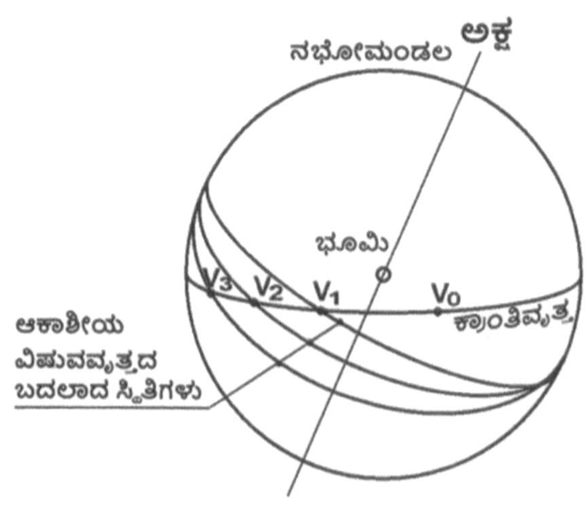

ಅಯನಚಲನದ ಪರಿಣಾಮ

ಮೇಲಿನ ಚಿತ್ರವು ಸತತ ಮೂರು ವರ್ಷಗಳಲ್ಲಿ ಸೂರ್ಯನ ಪಥಗಳನ್ನು ತೋರಿಸುತ್ತದೆ. V1, V2, V3 ಇವು ನಿಜವಾದ ವಸಂತಸಂಪಾತದ ಸ್ಥಾನಗಳಾಗಿವೆ. V_0 ಎಂಬುದು ರಾಶಿಚಕ್ರದ ಪ್ರಾರಂಭವೆಂದು ಗ್ರಹಿಸಿದ ಸ್ಥಿರ ಬಿಂದುವಿನ ಸ್ಥಾನವಾಗಿದೆ. V_0V1, V_0V2, V_0V3, ಇವು ಆಯಾ ವರ್ಷದ 'ಅಯನಾಂಶ'ಗಳು.

ನಿಜವಾದ ವಸಂತಸಂಪಾತದಿಂದ ಅಳೆಯಲ್ಪಡುವ ಭೋಗಗಳನ್ನು ಸಾಯನ (ಸಿಡೆರಿಯಲ್) ಭೋಗಗಳೆಂದೂ ಮತ್ತು ಗ್ರಹಿತ ಸ್ಥಿರಬಿಂದುವಿನಿಂದ ಅಳೆದ ಭೋಗಗಳನ್ನು ನಿರಯನ (ಟ್ರಾಪಿಕಲ್) ಭೋಗಗಳೆಂದೂ ಹೇಳುತ್ತಾರೆ.

ಸಾಯನ ಭೋಗಗಳಿಂದ ಅಯನಾಂಶವನ್ನು ಕಳೆಯಲಾಗಿ ನಿರಯನ ಭೋಗಗಳು ಸಿಗುತ್ತವೆ. ಭಾರತೀಯ ಜ್ಯೋತಿಷಿಗಳು ಹೆಚ್ಚಾಗಿ ನಿರಯನ ಪದ್ಧತಿಯನ್ನು ಅನುಸರಿಸುತ್ತಾರೆ.

ಅಯನವಿಚಲನ (ನ್ಯುಟೇಶನ್)

ಐಎಯು ಸರ್ಕ್ಯುಲರ್ 179 ನಲ್ಲಿ ನ್ಯುಟೇಶನ್ ಗಾಗಿ 1365 ಪದಗಳನ್ನು ಒಳಗೊಂಡ ಸುದೀರ್ಘ ತ್ರಿಕೋನಮಿತೀಯ ಸರಣಿಯನ್ನು ನೀಡಲಾಗಿದೆ. ಇದರಲ್ಲಿ ಮೊದಲ 678 ಚಂದ್ರಾರ್ಕ ಪದಗಳು ಮತ್ತು ಉಳಿದ 687 ಗ್ರಹಗಳ ಪದಗಳು. ಅವುಗಳಲ್ಲಿ ಕೇವಲ ಮೊದಲ ಏಳು ಈ ಕೆಳಗಿನ ಕೋಷ್ಟಕದಲ್ಲಿ ತೋರಿಸಲಾಗಿದೆ.

IAU 2000 Nutation Series

N	A1	A2	A3	B1	B2	B3	Ø
1	-17.2064161	-0.0174666	+0.0033386	+9.2052331	+0.0009086	+0.0015377	Ω
2	-1.3170906	-0.0001675	-0.0013696	+0.5730336	-0.0003015	-0.0004587	$2F-2D+2\Omega$
3	-0.2276413	-0.0000234	+0.0002796	-0.0978459	-0.0000485	+0.0001374	$2F+2\Omega$
4	+0.2074554	+0.0000207	-0.0000698	-0.0897492	+0.0000470	-0.0000291	2Ω
5	+0.1475877	-0.0003633	+0.0011817	+0.0073871	-0.0000184	-0.0001924	$Ms+2F-2D+2\Omega$
6	-0.0516821	+0.0001226	-0.0000524	+0.0224386	-0.0000677	-0.0000174	Ms
7	+0.0711159	+0.0000073	-0.0000872	-0.0006750	+0.0000000	+0.0000358	Mm

ಇದರಲ್ಲಿ A1, A2, A3, B1, B2, B3 ಇವು ಗುಣಾಂಕಗಳು. ಮತ್ತು ಕೆಳಗಿನವು ಚಂದ್ರಾರ್ಕ ಉಪಕರಣಗಳು. (ಹೆಚ್ಚಿನ ವಿವರಣೆ ಅಧ್ಯಾಯ 7 ರಲ್ಲಿ)

Ms = ಸೂರ್ಯನ ಮಂದಕೇಂದ್ರ

Mm = ಚಂದ್ರನ ಮಂದಕೇಂದ್ರ

F = ಮಧ್ಯಮ ಪಾತೋನಚಂದ್ರ

D = ಮಧ್ಯಮ ಅರ್ಕೋನ ಚಂದ್ರ

Ω = ಮಧ್ಯಮರಾಹು

LO = Ω + F ಮತ್ತು Ls = LO - D.

ನ್ಯುಟೇಶನ್ ಸರಣಿಯ ಪದಗಳಿಂದ ವಿವಿಧ ನ್ಯುಟೇಶನ್ ಗಳನ್ನು ಈ ಕೆಳಗಿನಂತೆ ಮೌಲ್ಯಮಾಪನ ಮಾಡಲಾಗುತ್ತದೆ:

ಭೋಗದಲ್ಲಿಯ ನ್ಯುಟೇಶನ್ = (A1 + A2*T) sin∅ + A3 cos∅

ತ್ರೈರ್ಯಕ್ಯದಲ್ಲಿಯ ನ್ಯುಟೇಶನ್ = (B1 + B2*T) sin∅ + B3 cos∅

ಈ ಪುಸ್ತಕದಲ್ಲಿ ಮೊದಲಿನ ನಾಲ್ಕು ಪದಗಳನ್ನಷ್ಟೇ ತೆಗೆದುಕೊಂಡು ನಿಮ್ಮ ಸೂತ್ರಗಳನ್ನು ಉಪಯೋಗಿಸಲಾಗಿದೆ..

ಭೋಗದಲ್ಲಿಯ ನ್ಯುಟೇಶನ್

= [-17".20 sinΩ -1".32 sin(2Ls)

   -0".23 sin(2L0) + 0".21 sin(2Ω)]/3600 ಅಂಶಗಳು

ಸ್ಪಷ್ಟ ಭೋಗ = ಮಧ್ಯಮ ಭೋಗ + ಭೋಗದಲ್ಲಿಯ ನ್ಯುಟೇಶನ್

ತ್ರೈರ್ಯಕ್ಯದ ನ್ಯುಟೇಶನ್ = [+ 9".20cosΩ+ 0".57 cos(2Ls)

                  + 0".10 cos(2L0) - 0".09 cos(2Ω)]/3600 ಅಂಶಗಳು

ತ್ರೈರ್ಯಕ್ಯ ಮತ್ತು ನ್ಯುಟೇಶನ್

ತ್ರೈರ್ಯಕ್ಯ ಎಂಬುದು ವಿಷುವೃತ್ತದೊಡನೆ ಕ್ರಾಂತಿವೃತ್ತವು ಮಾಡಿರುವ ಕೋನ. ಅಯನಚಲನದ ಮತ್ತು ನ್ಯುಟೇಶನಿನಿಂದಾಗಿ ಇದರಲ್ಲಿ ನಿರಂತರವಾಗಿ ಸೂಕ್ಷ್ಮ ಬದಲಾವಣೆಯಾಗುತ್ತಿರುತ್ತದೆ.

   ಶ = ಶತಕಗಣ = ದಿನಗಣ / 36525

   ಮಧ್ಯಮ ತ್ರೈರ್ಯಕ್ಯ = 84381.406 - 46.836769 ಶ

         - 0.0001831 $ಶ^2$ + 0.00200340 $ಶ^3$

         - 0.000000576 $ಶ^4$ - 0.00000000434 $ಶ^5$

   ತ್ರೈರ್ಯಕ್ಯದ ನ್ಯುಟೇಶನ್ = [+ 9".20cosΩ+ 0".57 cos(2Ls)

                  + 0".10 cos(2L0) - 0".09 cos(2Ω)]/3600 ಅಂಶಗಳು

ಈ ಸೂತ್ರದೊಳಗಿನ ಎರಡೇ ಪದಗಳನ್ನು ತೆಗೆದುಕೊಂಡು ದಿನಗಣದ ರೂಪದಲ್ಲಿ ಕೆಳಗಿನ ಸುಲಭವಾದ ಸೂತ್ರವನ್ನು ಬಳಸಬಹುದು.

   ಮಧ್ಯಮ ತ್ರೈರ್ಯಕ್ಯ   = $24.43927944 - 3.562*10^{-7}$ ದಿನಗಣ

   ಸ್ಪಷ್ಟ ತ್ರೈರ್ಯಕ್ಯ   = ಮಧ್ಯಮ ತ್ರೈರ್ಯಕ್ಯ

                  + ತ್ರೈರ್ಯಕ್ಯದಲ್ಲಿಯ ನ್ಯುಟೇಶನ್

ನಾಕ್ಷತ್ರಸಮಯ ಮತ್ತು ನ್ಯುಟೇಶನ್

ನಾಕ್ಷತ್ರಸಮಯವೂ ನ್ಯುಟೇಶನ್ ನಿಂದ ಪ್ರಭಾವಿತವಾಗುತ್ತದೆ. ಐಎಯು ಅನುಸಾರ

ನಾಕ್ಷತ್ರಸಮದ ನ್ಯುಟೇಶನ್ = ಭೋಗದ ನ್ಯುಟೇಶನ್ * cos(ತ್ರೈಯರ್ಕ್ಯ)

(ಇದರಲ್ಲಿಯ ಮುಂದಿನ ಪದಗಳನ್ನು ನಿರ್ಲಕ್ಷಿಸಲಾಗಿದೆ)

ನಿಖರತೆಯ ಅವಶ್ಯಕತೆಯಿದ್ದಲ್ಲಿ ಎಲ್ಲ ಆಕಾಶಕಾಯಗಳ ಭೋಗಗಳು ಮತ್ತು ತ್ರೈಯರ್ಕ್ಯವನ್ನು ಗಣನೆ ಮಾಡುವಾಗ ನ್ಯುಟೇಶನದ ಪರಿಣಾಮವನ್ನು ಪರಿಗಣಿಸಲೇ ಬೇಕು.

ಅಭ್ಯಾಸ ಉದಾಹರಣ 1.1

ದಿನಗಣ, ಡೆಲ್ಟಾಟೀ, ವಾರ, ತ್ರೈಯರ್ಕ್ಯ, ಅಯನಾಂಶ, ನ್ಯುಟೇಶನ್, ನಾಕ್ಷತ್ರ ಸಮಯ

ದಿನಾಂಕ 15-08-1947 ಸಮಯ : 00:00 UT = 5:30 IST

ದೆಹಲಿ(ಭಾರತ) ಅಕ್ಷಾಂಶ: 28°38' **ಉತ್ತರ** ;ರೇಖಾಂಶ: 77°14' **ಪೂರ್ವ**

1. ದಿನಗಣ (J2000 ಕ್ಷೇಪಕದಿಂದ ಕಳೆದ ದಿನಗಳ ಸಂಖ್ಯೆ)

    ದಿನಾರಂಭ ದಿನಗಣ [ದಿ$_0$] = ವರ್ಷ*365 + ಪೂರ್ಣಾಂಕ(ವರ್ಷ/4)

    $\qquad$ - ಪೂರ್ಣಾಂಕ (ವರ್ಷ/100) + ಪೂರ್ಣಾಂಕ (ವರ್ಷ/400)

    $\qquad$ + [N + ದಿನಾಂಕ] - 730485.5

    $\qquad$ = 710655 + 486 - 19 + 4 + [227] - 730485.5

    $\qquad$ = -19132.500000

    ದಿನಾಂಶ (ದಿನಾರಂಭದಿಂದ ಕಳೆದ ಕಾಲ) = 0.00 ಗಂಟೆ = 0.00000000 ದಿನ

    ಡೆಲ್ಟಾಟೀ = 28.07167994 ಸೆಕೆಂಡ = 0.00032490 ದಿನ

    ಸ್ಪಷ್ಟ ದಿನಗಣ [ದಿ] = ದಿ$_0$ + ದಿನಾಂಶ + ಡೆಲ್ಟಾಟೀ = -19132.49967510

2. ವಾರನಿರ್ಣಯ

    ದಿನಗಣ = -19132

    ವಾರಕ್ರಮಾಂಕ = ಪೂರ್ಣಾಂಕ (ದಿನಗಣ/ 7)ದ ಅವಶೇಷ = 5; ವಾರ = ಶುಕ್ರವಾರ

3. ಅಯನಾಂಶ

    ಅಯನಾಂಶ = 23.853 + 3.82447045e-5* ದಿ

    $\qquad$ = 23°.12128320; = 23°07'16"

4. ಚಂದ್ರಾರ್ಕ ಉಪಕರಣಗಳು

ಶತಕಗಣ T = ದಿನಗಣ / 36525 = -0.52381929

Om = ಚಕ್ರಶುದ್ಧ [(450160.398036 − 6962890.5431*T+7.4722*T²
   + 0.007702*T³ − 0.00005939*T⁴)/3600]

   = 58.18301344

   D = ಚಕ್ರಶುದ್ಧ [(1072260.70369 + 1602961601.2090*T − 6.3706* T²
   + 0.006593*T³ − 0.00003169*T⁴)/3600]

   = 338.34621643

   F = ಚಕ್ರಶುದ್ಧ [(335779.526232 + 1739527262.8478*T − 12.7512*T²
   − 0.001037*T³ + 0.00000417*T⁴)/3600]

   = 62.73198078

LO = ಚಕ್ರಶುದ್ಧ (Om + F) = 120.91499422

Ls = ಚಕ್ರಶುದ್ಧ (LO − D) = 142.56877779

5. ಭೋಗದಲ್ಲಿಯ ನ್ಯೂಟೇಶನ್

= {−17.2*sin(Om) − 1.32*sin(2*Ls)
  −0.23*sin(2*LO) + 0.21*sin(2*Om)}/3600.0

= −0°.00359732

6. ತೈರ್ಯಕ್ಯ (ಕ್ರಾಂತಿವೃತ್ತದ ಏರು ಕೋನ)

ಮಧ್ಯಮ ತೈರ್ಯಕ್ಯ = 23.43927944 − 3.562E-7* ದಿ

= 23°.44609444

ತೈರ್ಯಕ್ಯದ ನ್ಯೂಟೇಶನ್

= {9.20*cos(Om)+ 0.57*cos(2*Ls)
  + 0.10*cos(2*LO)− 0.09*cos(2*Om)}/3600

= 0°.00138664

ಸ್ಪಷ್ಟ ತೈರ್ಯಕ್ಯ = ಮಧ್ಯಮ ತೈರ್ಯಕ್ಯ + ನ್ಯೂಟೇಶನ್ = 23°.44748108

= 23°26'50"

7. ಗ್ರೀನಿಚ ನಾಕ್ಷತ್ರ ಸಮಯ(GST)

ನಾಕ್ಷತ್ರ ಸಮಯದಲ್ಲಿ ಡೆಲ್ಬಾಟೀ ತೆಗೆದುಕೊಳ್ಳಕೂಡದು

ದಿ೦ = −19132.50000000

ಮಧ್ಯಮ ಗ್ರೀನಾಸ (GMST)

GST0 = ಚಕ್ರಶುದ್ಧ (280.46061837 + 360.98564736∗ ದಿ೦)

      + 15.04106864∗UT = 322.56250317

ನಾಕ್ಷತ್ರ ಸಮಯದ ನ್ಯುಟೀಶನ್ (dST)

dST = ಭೋಗದ ನ್ಯುಟೀಶನ್ ∗cos(ತೈರ್ಯಕ್ಯ) = −0.00330028

ಸ್ಪಷ್ಟ ಗ್ರೀನಿಚ ನಾಕ್ಷತ್ರ ಸಮಯ (GST)

GST = GMST + dST = 322.55920289

8. ಸ್ಥಾನಿಕ ನಾಕ್ಷತ್ರ ಸಮಯ (ಸ್ಥಾನಾಸ) LST

ದೆಹಲಿ (ಭಾರತ) ಅಕ್ಷಾಂಶ: 28°38' ಉತ್ತರ ;ರೇಖಾಂಶ: 77°14' ಪೂರ್ವ

ಸ್ಥಾನಿಕ ನಾಕ್ಷತ್ರ ಸಮಯ LST = ಚಕ್ರಶುದ್ಧ (ಗ್ರೀನಾಸ + ಸ್ಥಾನಿಕ ರೇಖಾಂಶ) = 39.79253623

ಅಭ್ಯಾಸ ಉದಾಹರಣ 1.2

ದಿನಗಣ, ಡೆಲ್ಬಾಟೀ, ವಾರ, ತೈರ್ಯಕ್ಯ, ಅಯನಾಂಶ, ನ್ಯುಟೀಶನ್, ನಾಕ್ಷತ್ರ ಸಮಯ

ದಿನಾಂಕ 01-01-2025 ಸಮಯ : 00:00 UT = 5:30 IST

ಬೆಂಗಳೂರು (ಕರ್ನಾಟಕ) ಅಕ್ಷಾಂಶ:12°57' ಉತ್ತರ; ರೇಖಾಂಶ: 77°38' ಪೂರ್ವ

1. ದಿನಗಣ (J2000 ಕ್ಷೇಪಕದಿಂದ ಕಳೆದ ದಿನಗಳ ಸಂಖ್ಯೆ)

ದಿನಾರಂಭ ದಿನಗಣ [ದಿ$_0$] = ವರ್ಷ∗365 + ಪೂರ್ಣಾಂಕ (ವರ್ಷ/4)

  − ಪೂರ್ಣಾಂಕ (ವರ್ಷ/100) + ಪೂರ್ಣಾಂಕ (ವರ್ಷ/400)

  + [N + ದಿನಾಂಕ] − 730485.5

  = 739125 + 506 − 20 + 5 + [1] − 730485.5

  = 9131.500000

ದಿನಾಂಶ (ದಿನಾರಂಭದಿಂದ ಕಳೆದ ಕಾಲ) = 0.00000000 ಗಂಟೆ = 0.00000000 ದಿನ

ಡೆಲ್ಟಾಟೀ = 74.40565043 ಸೆಕೆಂಡ = 0.00086118 ದಿನ

ಸ್ಪಷ್ಟ ದಿನಗಣ [ದಿ] = ದಿ$_0$ + ದಿನಾಂಶ + ಡೆಲ್ಟಾಟೀ = 9131.50086118

2. **ವಾರ ನಿರ್ಣಯ**

ದಿನಗಣ = 9131

ವಾರಕ್ರಮಾಂಕ = ಪೂರ್ಣಾಂಕ (ದಿನಗಣ/ 7)ದ ಅವಶೇಷ = 3; ವಾರ = ಬುಧವಾರ

3. **ಅಯನಾಂಶ**

ಅಯನಾಂಶ = 23.853 + 3.82447045e-5* ದಿ

= 24°.20223155; = 24°12'08"

4. **ಚಂದ್ರಾರ್ಕ ಉಪಕರಣಗಳು**

ಶತಕಗಣ T = ದಿನಗಣ / 36525 = 0.25000687

Om = ಚಕ್ರಶುದ್ಧ [(450160.398036 − 6962890.5431*T+7.4722*T^2

+ 0.007702*T^3 − 0.00005939*T^4)/3600]

= 1.49733524

D = ಚಕ್ರಶುದ್ಧ [(1072260.70369 + 1602961601.2090*T − 6.3706* T^2

+ 0.006593*T^3 − 0.00003169*T^4)/3600]

= 17.68613229

F = ಚಕ್ರಶುದ್ಧ [(335779.526232 + 1739527262.8478*T − 12.7512*T^2

− 0.001037*T^3 + 0.00000417*T^4)/3600]

= 297.09496402

LO = ಚಕ್ರಶುದ್ಧ (Om + F) = 298.59229926

Ls = ಚಕ್ರಶುದ್ಧ (LO − D) = 280.90616697

5. **ಭೋಗದಲ್ಲಿಯ ನ್ಯುಟೇಶನ್**

= {−17.2*sin(Om) − 1.32*sin(2*Ls)

−0.23*sin(2*LO) + 0.21*sin(2*Om)}/3600.0

= 0°.00006814

6. **ತ್ಯರ್ಯಕ್ಯ (ಕ್ರಾಂತಿವೃತ್ತದ ಏರು ಕೋನ)**

ಮಧ್ಯಮ ತ್ಯರ್ಯಕ್ಯ = 23.43927944 − 3.562E-7* ದಿ

= 23°.43602680

ತ್ಯರ್ಯಕ್ಯದ ನ್ಯುಟೇಶನ್

= {9.20*cos(Om)+ 0.57*cos(2*Ls)

+ 0.10*cos(2*L0)− 0.09*cos(2*Om)}/3600

= 0°.00236767

ಸ್ಪಷ್ಟ ತ್ಯರ್ಯಕ್ಯ = ಮಧ್ಯಮ ತ್ಯರ್ಯಕ್ಯ + ನ್ಯುಟೇಶನ್ = 23°.43839447

= 23°26'18"

7. **ಗ್ರೀನಿಚ ನಾಕ್ಷತ್ರ ಸಮಯ (GST)**

ನಾಕ್ಷತ್ರ ಸಮಯದಲ್ಲಿ ಡೆಲ್ಟಾಟೀ ತೆಗೆದುಕೊಳ್ಳಕೂಡದು

ದಿಂ = 9131.50000000

ಮಧ್ಯಮ ಗ್ರೀನಾಸ (GMST)

GST0 = ಚಕ್ರಶುದ್ಧ (280.46061837 + 360.98564736* ದಿಂ)

+ 15.04106864*UT = 100.89948621

ನಾಕ್ಷತ್ರ ಸಮಯದ ನ್ಯುಟೇಶನ್ (dST)

dST = ಭೋಗದ ನ್ಯುಟೇಶನ್ *cos(ತ್ಯರ್ಯಕ್ಯ) = 0.00006249

ಸ್ಪಷ್ಟ ಗ್ರೀನಿಚ ನಾಕ್ಷತ್ರ ಸಮಯ (GST)

GST = GMST + dST = 100.89954870

8. **ಸ್ಥಾನಿಕ ನಾಕ್ಷತ್ರ ಸಮಯ (ಸ್ಥಾನಾಸ) LST**

ಬೆಂಗಳೂರು (ಕರ್ನಾಟಕ) ಅಕ್ಷಾಂಶ: 12°57' ಉತ್ತರ ;ರೇಖಾಂಶ: 77°38' ಪೂರ್ವ

ಸ್ಥಾನಿಕ ನಾಕ್ಷತ್ರ ಸಮಯ LST = ಚಕ್ರಶುದ್ಧ (ಗ್ರೀನಾಸ + ಸ್ಥಾನಿಕ ರೇಖಾಂಶ) =
178.53288203

ಅಭ್ಯಾಸ ಉದಾಹರಣ 1.3

ದಿನಗಣ, ಡೆಲ್ಟಾಟೇ, ವಾರ, ತೈರ್ಯಕ್ಯ, ಅಯನಾಂಶ, ನ್ಯುಟೇಶನ್, ನಾಕ್ಷತ್ರ ಸಮಯ

ದಿನಾಂಕ 22-12-1980 ಸಮಯ : 00:00 UT = 5:30 IST

ದ್ವಾರಕಾ(ಗುಜರಾತ) ಅಕ್ಷಾಂಶ: 22°4' ಉತ್ತರ ;ರೇಖಾಂಶ: 68°58' ಪೂರ್ವ

1. ದಿನಗಣ(J2000 ಕ್ಷೇಪಕದಿಂದ ಕಳೆದ ದಿನಗಳ ಸಂಖ್ಯೆ)

   ದಿನಾರಂಭ ದಿನಗಣ [$ದ_0$] = ವರ್ಷ*365 + ಪೂರ್ಣಾಂಕ(ವರ್ಷ/4)

   − ಪೂರ್ಣಾಂಕ (ವರ್ಷ/100) + ಪೂರ್ಣಾಂಕ (ವರ್ಷ/400)

   + [N + ದಿನಾಂಕ] − 730485.5

   = 722700 + 495 − 19 + 4 + [356] − 730485.5

   = −6949.500000

   ದಿನಾಂಶ (ದಿನಾರಂಭದಿಂದ ಕಳೆದ ಕಾಲ) = 0.00000000 ಗಂಟೆ = 0.00000000 ದಿನ

   ಡೆಲ್ಟಾಟೇ = 45.00646371 ಸೆಕೆಂಡ = 0.00052091 ದಿನ

   ಸ್ಪಷ್ಟ ದಿನಗಣ [ದಿ] = $ದಿ_0$ + ದಿನಾಂಶ + ಡೆಲ್ಟಾಟೇ = −6949.49947909

2. ವಾರ ನಿರ್ಣಯ

   ದಿನಗಣ = −6949

   ವಾರಕ್ರಮಾಂಕ = ಪೂರ್ಣಾಂಕ (ದಿನಗಣ/ 7)ದ ಅವಶೇಷ = 1; ವಾರ = ಸೋಮವಾರ

3. ಅಯನಾಂಶ

   ಅಯನಾಂಶ = 23.853 + 3.82447045e−5* ದಿ

   = 23°.58721845; = 23°35'13"

4. ಚಂದ್ರಾರ್ಕ ಉಪಕರಣಗಳು

   ಶತಕಗಣ T = ದಿನಗಣ / 36525 = −0.19026693

   Om = ಚಕ್ರಶುದ್ಧ [(450160.398036 − 6962890.5431*T+7.4722*T^2

   + 0.007702*T^3 − 0.00005939*T^4)/3600]

   = 133.04679153

D = ಚಕ್ರಶುದ್ಧ [(1072260.70369 + 1602961601.2090*T − 6.3706* T²

+ 0.006593*T³ − 0.00003169*T⁴)/3600]

= 178.24550286

F = ಚಕ್ರಶುದ್ಧ [(335779.526232 + 1739527262.8478*T − 12.7512*T²

− 0.001037*T³ + 0.00000417*T⁴)/3600]

= 315.90937188

LO = ಚಕ್ರಶುದ್ಧ (Om + F) = 88.95616341

Ls = ಚಕ್ರಶುದ್ಧ (LO − D) = 270.71066056

5. **ಭೋಗದಲ್ಲಿಯ ನ್ಯುಟೇಶನ್**

= {−17.2*sin(Om) − 1.32*sin(2*Ls)

−0.23*sin(2*LO) + 0.21*sin(2*Om)}/3600.0

= −0°.00354301

6. **ತ್ಯರ್ಯಕ್ಯ (ಕ್ರಾಂತಿವೃತ್ತದ ಏರು ಕೋನ)**

ಮಧ್ಯಮ ತ್ಯರ್ಯಕ್ಯ = 23.43927944 − 3.562E-7* ದಿ

= 23°.44175485

ತ್ಯರ್ಯಕ್ಯದ ನ್ಯುಟೇಶನ್

= {9.20*cos(Om)+ 0.57*cos(2*Ls)

+ 0.10*cos(2*LO)− 0.09*cos(2*Om)}/3600

= −0°.00192875

ಸ್ಪಷ್ಟ ತ್ಯರ್ಯಕ್ಯ = ಮಧ್ಯಮ ತ್ಯರ್ಯಕ್ಯ + ನ್ಯುಟೇಶನ್ = 23°.43982610

= 23°26'23"

7. **ಗ್ರೀನಿಚ ನಾಕ್ಷತ್ರ ಸಮಯ (GST)**

ನಾಕ್ಷತ್ರ ಸಮಯದಲ್ಲಿ ಡೆಲ್ಟಾಟೀ ತೆಗೆದುಕೊಳ್ಳಕೂಡದು

ದಿO= −6949.50000000

ಮಧ್ಯಮ ಗ್ರೀನಾಸ (GMST)

GST0 = ಚಕ್ರಶುದ್ಧ (280.46061837 + 360.98564736* ದಿ0)

+ 15.04106864*UT = 90.70429005

ನಾಕ್ಷತ್ರ ಸಮಯದ ನ್ಯುಟೇಶನ್ (dST)

dST = ಭೋಗದ ನ್ಯುಟೇಶನ್ *cos(ತ್ಯೆರ್ಯಕ್ಯ) = -0.00325066

ಸ್ಪಷ್ಟ ಗ್ರೀನಿಚ ನಾಕ್ಷತ್ರ ಸಮಯ (GST)

GST = GMST + dST = 90.70103939

8. **ಸ್ಥಾನಿಕ ನಾಕ್ಷತ್ರ ಸಮಯ(ಸ್ಥಾನಾಸ)** LST

ದ್ವಾರಕಾ(ಗುಜರಾತ) ಅಕ್ಷಾಂಶ: 22°4' ಉತ್ತರ ;ರೇಖಾಂಶ: 68°58' ಪೂರ್ವ

ಸ್ಥಾನಿಕ ನಾಕ್ಷತ್ರ ಸಮಯ LST = ಚಕ್ರಶುದ್ಧ (ಗ್ರೀನಾಸ + ಸ್ಥಾನಿಕ ರೇಖಾಂಶ) =
159.66770606

ಅಭ್ಯಾಸ ಉದಾಹರಣ 1.4

ದಿನಗಣ, ಡೆಲ್ಟಾಟೀ, ವಾರ, ತ್ಯೆರ್ಯಕ್ಯ, ಅಯನಾಂಶ, ನ್ಯುಟೇಶನ್, ನಾಕ್ಷತ್ರ ಸಮಯ

ದಿನಾಂಕ 22-06-2101 ಸಮಯ : 00:00 UT = 5:30 IST

ಭೀಷ್ಮಕನಗರ (ಅರುಣಾಚಲ)ಅಕ್ಷಾಂಶ: 28°1' ಉತ್ತರ ;ರೇಖಾಂಶ: 95°21' ಪೂರ್ವ

1. ದಿನಗಣ (J2000 ಕ್ಷೇಪಕದಿಂದ ಕಳೆದ ದಿನಗಳ ಸಂಖ್ಯೆ)

ದಿನಾರಂಭ ದಿನಗಣ [ದಿ$_0$] = ವರ್ಷ*365 + ಪೂರ್ಣಾಂಕ(ವರ್ಷ/4)

- ಪೂರ್ಣಾಂಕ (ವರ್ಷ/100) + ಪೂರ್ಣಾಂಕ (ವರ್ಷ/400)

+ [N + ದಿನಾಂಕ] - 730485.5

= 766865 + 525 - 21 + 5 + [173] - 730485.5

= 37061.500000

ದಿನಾಂಶ (ದಿನಾರಂಭದಿಂದ ಕಳೆದ ಕಾಲ) = 0.00000000 ಗಂಟೆ = 0.00000000
ದಿನ

ಡೆಲ್ಟಾಟೀ = 205.93964602 ಸೆಕೆಂಡ = 0.00238356 ದಿನ

ಸ್ಪಷ್ಟ ದಿನಗಣ [ದಿ] = ದಿ$_0$ + ದಿನಾಂಶ + ಡೆಲ್ಟಾಟೀ = 37061.50238356

2. **ವಾರ ನಿರ್ಣಯ**

ದಿನಗಣ = 37061

ವಾರಕ್ರಮಾಂಕ = ಪೂರ್ಣಾಂಕ (ದಿನಗಣ/ 7)ದ ಅವಶೇಷ = 3; ವಾರ = ಬುಧವಾರ

3. **ಅಯನಾಂಶ**

ಅಯನಾಂಶ = 23.853 + 3.82447045e-5∗ ದಿ

= 25°.27040621; = 25°16'13"

4. **ಚಂದ್ರಾರ್ಕ ಉಪಕರಣಗಳು**

ಶತಕಗಣ T = ದಿನಗಣ / 36525 = 1.01468863

Om = ಚಕ್ರಶುದ್ಧ [(450160.398036 − 6962890.5431∗T+7.4722∗T^2

+ 0.007702∗T^3 − 0.00005939∗T^4)/3600]

= 322.50061122

D = ಚಕ್ರಶುದ್ಧ [(1072260.70369 + 1602961601.2090∗T − 6.3706∗ T^2

+ 0.006593∗T^3 − 0.00003169∗T^4)/3600]

= 305.32578024

F = ಚಕ್ರಶುದ್ಧ [(335779.526232 + 1739527262.8478∗T − 12.7512∗T^2

− 0.001037∗T^3 + 0.00000417∗T^4)/3600]

= 72.86383709

LO = ಚಕ್ರಶುದ್ಧ (Om + F)= 35.36444831

Ls = ಚಕ್ರಶುದ್ಧ (LO − D)= 90.03866806

5. **ಭೋಗದಲ್ಲಿಯ ನ್ಯುಟೇಶನ್**

= {−17.2∗sin(Om) − 1.32∗sin(2∗Ls)

−0.23∗sin(2∗LO) + 0.21∗sin(2∗Om)}/3600.0

= 0°.00279233

6. **ತ್ರೈಯರ್ಕ್ಯ (ಕ್ರಾಂತಿವೃತ್ತದ ಏರು ಕೋನ)**

ಮಧ್ಯಮ ತ್ರೈಯರ್ಕ್ಯ = 23.43927944 − 3.562E-7∗ ದಿ

= 23°.42607813

ತ್ಯೆರ್ಯಕ್ಯದ ನ್ಯುಟೇಶನ್

= {9.20*cos(Om)+ 0.57*cos(2*Ls)

+ 0.10*cos(2*L0)- 0.09*cos(2*Om)}/3600

= 0°.00187184

ಸ್ಪಷ್ಟ ತ್ಯೆರ್ಯಕ್ಯ = ಮಧ್ಯಮ ತ್ಯೆರ್ಯಕ್ಯ + ನ್ಯುಟೇಶನ್ = 23°.42794997

= 23°25'40"

7. **ಗ್ರೀನಿಚ ನಾಕ್ಷತ್ರ ಸಮಯ (GST)**

ನಾಕ್ಷತ್ರ ಸಮಯದಲ್ಲಿ ಡೆಲ್ಬಾಟೀ ತೆಗೆದುಕೊಳ್ಳಕೂಡದು

ದಿ0 = 37061.50000000

ಮಧ್ಯಮ ಗ್ರೀನಾಸ (GMST)

GST0 = ಚಕ್ರಶುದ್ಧ (280.46061837 + 360.98564736* ದಿ0)

+ 15.04106864*UT = 270.03025101

ನಾಕ್ಷತ್ರ ಸಮಯದ ನ್ಯುಟೇಶನ್ (dST)

dST = ಭೋಗದ ನ್ಯುಟೇಶನ್ *cos(ತ್ಯೆರ್ಯಕ್ಯ) = 0.00256212

ಸ್ಪಷ್ಟ ಗ್ರೀನಿಚ ನಾಕ್ಷತ್ರ ಸಮಯ (GST)

GST = GMST + dST = 270.03281312

8. **ಸ್ಥಾನಿಕ ನಾಕ್ಷತ್ರ ಸಮಯ (ಸ್ಥಾನಾಸ)** LST

ಭೀಷ್ಮಕನಗರ (ಅರುಣಾಚಲ)ಅಕ್ಷಾಂಶ: 28°1' ಉತ್ತರ ;ರೇಖಾಂಶ: 95°21' ಪೂರ್ವ

ಸ್ಥಾನಿಕ ನಾಕ್ಷತ್ರ ಸಮಯ LST = ಚಕ್ರಶುದ್ಧ (ಗ್ರೀನಾಸ + ಸ್ಥಾನಿಕ ರೇಖಾಂಶ)

= 5.38281312

ಸೂರ್ಯಸಾಧನ, ಉದಯಾಸ್ತ

ಸೂರ್ಯನ ಸ್ಥಾನವನ್ನು ನಿರ್ಣಯಿಸುವ ಅನೇಕ ವಿಧಾನಗಳಿವೆ. ಆದರೆ ಈ ಕೆಳಗಿನ ವಿಧಾನವು ಅತ್ಯಂತ ಸರಳ ಮತ್ತು ನಮ್ಮ ಪ್ರಯೋಜನಕ್ಕೆ ಸಾಕಷ್ಟು ನಿಖರವಾಗಿದೆ ಎನ್ನಬಹುದು.

ಜಿ೨೦೦೦ ಕ್ಷೇಪಕದಿಂದ ನಿರ್ದಿಷ್ಟ ಕ್ಷಣದ ವರೆಗಿನ ಜೂಲಿಯನ್ ದಿನಗಣ ಸಂಖ್ಯೆ (ದಿ)ಯನ್ನು ಪಡೆದ ನಂತರ ಈ ಕೆಳಗಿನಂತೆ ಮುಂದುವರೆಯಬೇಕು.

ಕ್ರಾಂತಿವೃತ್ತೀಯ ನಿರ್ದೇಶಾಂಕಗಳು (Ecliptic Coordinates)

ಮಧ್ಯಮ ಭೋಗ (Mean Longitude)

Ls = ಚಕ್ರಶುದ್ಧ (280.461 + 0.9856474*ದಿ)

ಸೂರ್ಯನ ಮಂದಕೇಂದ್ರ(Mean Anomaly)

Ms = ಚಕ್ರಶುದ್ಧ (357.528 + 0.9856003*ದಿ)

ಮಂದಫಲ (Equation of centre)

dL = (1.915*sin(Ms)+ 0.020*sin(2*Ms))

ಸ್ಪಷ್ಟ ಸಾಯನ ಭೋಗ

LO = ಚಕ್ರಶುದ್ಧ (Ls + dL)

ಸ್ಪಷ್ಟ ನಿರಯನ ಭೋಗ = ಸಾಯನ ಭೋಗ – ಅಯನಾಂಶ

ಸೂರ್ಯನ ಶರ (ಶೂನ್ಯವೆಂದು ಗಣಿಸಲಾಗಿದೆ) = ೦

(ಏಕೆಂದರೆ ಅದು ಎಂದಿಗೂ 1.2 ವಿಕಲೆಯನ್ನು ಮೀರುವುದಿಲ್ಲ.)

ವಿಷುವವೃತ್ತೀಯ ನಿರ್ದೇಶಾಂಕಗಳು (Equatorial Coordinates)

ಸೂರ್ಯನ ವಿಷುವಾಂಶ RA = [atan2{sin(ಭೋಗ)*cos(ತ್ರೈಯರ್ಕ್ಯ),

cos(ಭೋಗ)}]

ಸೂರ್ಯನ ಕ್ರಾಂತಿ = asin[sin(ತ್ರೈಯರ್ಕ್ಯ)*sin(ಭೋಗ)]

ಸೂರ್ಯನ ಭೂಕೇಂದ್ರಿಯ ದೂರ

r = 1.00014 – 0.01671*cos Ms) – 0.00014*cos(2*Ms)

ಸೂರ್ಯನ ಭೂಕೇಂದ್ರಿಯ ಆಯತಾಕಾರ ನಿರ್ದೇಶಾಂಕ

xsun = r * cos(ಸಾಯನ ಭೋಗ)

ysun = r * sin(ಸಾಯನ ಭೋಗ)

zsun = 0.0 (ಯಾವಾಗಲೂ ಶೂನ್ಯ)

ಸೂರ್ಯನ ಲಂಬನ (ಪರಲ್ಲಾಕ್ಸ್ - ಅಂಶಗಳಲ್ಲಿ)

ಲಂಬನ p = asin (ಭೂಮಿಯ ತ್ರಿಜ್ಯ/ಸೂರ್ಯನ ಭೂಮ್ಯಂತರ)

ಲಂಬನ p = asin (6378.4/ (r * 1.49597870691e8))

    = asin[1 / (23454.78 * r)]

ಸೂರ್ಯನ ಭೂಕೇಂದ್ರಿಯ ಆಯತಾಕಾರ ನಿರ್ದೇಶಾಂಕಗಳು ಎಲ್ಲ ಗ್ರಹಗಳ ಗಣನೆಗೆ ಅಗತ್ಯವಾಗುತ್ತವೆ ಆದ್ದರಿಂದ ಅವುಗಳ ಮೂಲ್ಯಗಳನ್ನು ಬರೆದಿಡಬೇಕು.

ಪಂಚಾಂಗಗಳು ಸೂರ್ಯ ಮತ್ತು ಇತರ ಗ್ರಹಗಳ ದೈನಂದಿನ ಸ್ಥಾನಗಳನ್ನು ಅವುಗಳ ಕ್ರಾಂತಿವೃತ್ತೀಯ ಭೋಗಗಳ ರೂಪದಲ್ಲಿ ಪ್ರಕಟಿಸುತ್ತವೆ.

ದಿನದ ಅವಧಿ, ಸೂರ್ಯೋದಯ ಮತ್ತು ಸೂರ್ಯಾಸ್ತ

ಭೂಮಿಯ ಪರಿಭ್ರಮಣದಿಂದಾಗಿ ದಿವಸ ಮತ್ತು ರಾತ್ರಿಗಳು ಸಂಭವಿಸುತ್ತವೆ. ಸೂರ್ಯನು ಎಲ್ಲಿಯವರೆಗೆ ಕ್ಷಿತಿಜದ ಮೇಲೆ ಇರುವನೋ ಅಲ್ಲಿಯವರೆಗೆ ದಿವಸವೆನಿಸುತ್ತದೆ. ಮತ್ತು ಸೂರ್ಯನು ಕ್ಷಿತಿಜದ ಕೆಳಗೆ ಕಣ್ಮರೆಯಾದಾಗ ರಾತ್ರಿಯಾಗುತ್ತದೆ. ದಿವಸ ಮತ್ತು ರಾತ್ರಿಗಳ ಕಾಲಾವಧಿಗಳು ಆಯಾ ಸ್ಥಳದ ಭೌಗೋಳಿಕ ಅಕ್ಷಾಂಶ (ಲಾಟಿಟ್ಯೂಡ್) ಮತ್ತು ಸೂರ್ಯನ ಕ್ರಾಂತಿ (ಡಿಕ್ಲಿನೇಶನ್) ಮೇಲೆ ಅವಲಂಬಿಸಿರುತ್ತವೆ.

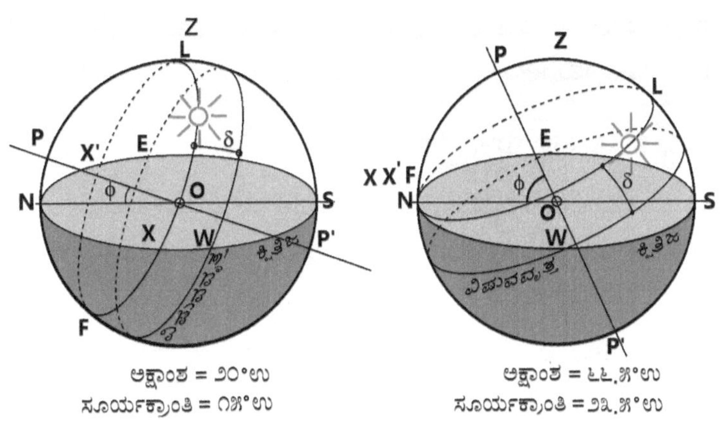

ಎಡಗಡೆಯ ಆಕೃತಿಯು ಸೂರ್ಯನು 15° ಉತ್ತರ ಕ್ರಾಂತಿಯಲ್ಲಿ ಇದ್ದಾಗ, 20° ಉತ್ತರ ಅಕ್ಷಾಂಶದಲ್ಲಿ ಕಂಡುಬರುವಂತೆ ಸೂರ್ಯನ ವಾಸ್ತವಿಕ ಮಾರ್ಗವನ್ನು ತೋರಿಸುತ್ತದೆ. X' ಉದಯಿಸುವ ಬಿಂದುವಾಗಿದೆ, L ಮಧ್ಯಾಹ್ನದ ಮಧ್ಯಭಾಗದ ಸ್ಥಾನ ವಾಗಿದೆ ಮತ್ತು X ಸೂರ್ಯಾಸ್ತ ಸ್ಥಾನವಾಗಿದೆ. LX ದಿನದ ಅರ್ಧದಷ್ಟು ಉದ್ದವನ್ನು ಸೂಚಿಸುತ್ತದೆ. X ನಿಂದ F ಮತ್ತು F ನಿಂದ X' ವರೆಗೆ ಸೂರ್ಯನು ದಿಗಂತದ ಕೆಳಗೆ ಇರುವನು ಮತ್ತು ಅದು ಆ ನಿರ್ದಿಷ್ಟ ಸ್ಥಳಕ್ಕೆ ರಾತ್ರಿಯಾಗುತ್ತದೆ.

ಅಕ್ಷಾಂಶವು ಸೂರ್ಯಕ್ರಾಂತಿಯ ಪೂರಕ ಕೋನ (೯೦°- ಕ್ರಾಂತಿ) ಕ್ಕಿಂತ ಹೆಚ್ಚಿರುವ ಸ್ಥಳಗಳಲ್ಲಿ, ಸೂರ್ಯನು ದಿಗಂತದ ಕೆಳಗೆ ಹೋಗುವುದಿಲ್ಲ. ಬಲಗಡೆಯ ಚಿತ್ರ ಸೂರ್ಯನ ಕ್ರಾಂತಿ 23.5°ಉತ್ತರ ಇರುವಾಗ 66.5°ಉತ್ತರ ಅಕ್ಷಾಂಶದಲ್ಲಿಯ ಪರಿಸ್ಥಿತಿಯನ್ನು ತೋರಿಸುತ್ತದೆ. ಈ ಸಂದರ್ಭದಲ್ಲಿ ಸೂರ್ಯನು ಕೇವಲ ದಿಗಂತವನ್ನು ಸ್ಪರ್ಶಿಸುತ್ತಾನೆ, ಆದರೆ ದಿಗಂತದ ಮೇಲೆ 24 ಗಂಟೆಗಳ ಕಾಲ ಉಳಿಯುತ್ತಾನೆ. ಈ ಪರಿಸ್ಥಿತಿ ಹೆಚ್ಚು ಕಾಲ ಉಳಿಯುವುದಿಲ್ಲ. ಸೂರ್ಯನ ಕ್ರಾಂತಿ ಕಡಿಮೆಯಾಗುತ್ತಿದ್ದಂತೆ, ಸೂರ್ಯನು ಕ್ಷಿತಿಜದ ಮೇಲಿರುವ ಅವಧಿಯ ಕಡಿಮೆಯಾಗಿ ಕ್ಷಿತಿಜದ ಕೆಳಗಿರುವ ಅವಧಿಯು ಹೆಚ್ಚಾಗುತ್ತ ಹೋಗುತ್ತದೆ. ಸೂರ್ಯನು ಸಮಭಾಜಕ ವೃತ್ತದ ಮೇಲೆ ಇದ್ದಾಗ (ಶೂನ್ಯ ಕ್ರಾಂತಿ), ದಿನಗಳು ಮತ್ತು ರಾತ್ರಿಗಳು ಸಮಾನವಾಗುತ್ತವೆ. ಸೂರ್ಯನು ಮತ್ತಷ್ಟು ದಕ್ಷಿಣಕ್ಕೆ ಚಲಿಸುತ್ತಿದ್ದಂತೆ, ದಿನಗಳು ಕಡಿಮೆಯಾಗುತ್ತವೆ ಮತ್ತು ರಾತ್ರಿಗಳು ದೊಡ್ಡದಾಗುತ್ತವೆ. ಸೂರ್ಯನು ಗರಿಷ್ಠ 23.5° ದಕ್ಷಿಣಕ್ರಾಂತಿಯನ್ನು ತಲುಪಿದಾಗ 24 ಗಂಟೆಗಳ ಕಾಲ ಕ್ಷಿತಿಜದ ಕೆಳಗಯೇ ಉಳಿಯುತ್ತಾನೆ. ತದನಂತರ ಹಿಮ್ಮುಖಿ ಚಕ್ರವು ಪ್ರಾರಂಭವಾಗುತ್ತದೆ.

ಧ್ರುವಗಳ ಪರಿಸ್ಥಿತಿ ಹೆಚ್ಚು ವಿಚಿತ್ರವಾಗಿದೆ. ಅಲ್ಲಿ, ಸಮಭಾಜಕ ವೃತ್ತವೇ ದಿಗಂತವಾಗುತ್ತದೆ. ಸೂರ್ಯನು ಆರು ತಿಂಗಳ ಕಾಲ ದಿಗಂತದ ಮೇಲೆ ಮತ್ತು ಉಳಿದ ಆರು ತಿಂಗಳುಗಳ ವರೆಗೆ ದಿಗಂತದ ಕೆಳಗೆ ಉಳಿಯುತ್ತಾನೆ.

ಭಾರತದ ಯಾವುದೇ ಸ್ಥಳದ ಅಕ್ಷಾಂಶವು 8°ಉ ನಿಂದ 34°ಉ ನಡುವೆ ಇರುತ್ತದೆ, ಆದ್ದರಿಂದ ದಿನದ ಅವಧಿಯು ಸುಮಾರು 10ಗಂ:55ಮಿ ನಿಂದ 13ಗಂ:25ಮಿ ವರೆಗೆ ಬದಲಾಗುತ್ತದೆ.

ಸೂರ್ಯೋದಯ ಮತ್ತು ಸೂರ್ಯಾಸ್ತದ ಗಣಿತ

ಯಾವದೊಂದು ದಿನಾಂಕದಂದು ಒಂದು ನಿರ್ದಿಷ್ಟ ಸ್ಥಳದಲ್ಲಿ ದಿನದ ಕಾಲಾವಧಿಯನ್ನು ಹಾಗೂ ಸೂರ್ಯೋದಯ ಸೂರ್ಯಾಸ್ತ ಸಮಯಗಳನ್ನು ಆ ಸ್ಥಳದ ರೇಖಾಂಶ ಮತ್ತು ಅಕ್ಷಾಂಶಗಳ ಆಧಾರದಿಂದ ಕಂಡುಹಿಡಿಯಬಹುದು. ಗಣನೆಯ ವಿಧಾನವು ಕೆಳಗಿನಂತೆ.

ಉದಯಿಸುವ ಅಥವಾ ಮುಳುಗುತ್ತಿರುವ ಸಮಯದಲ್ಲಿ ಸೂರ್ಯನು ಕ್ಷಿತಿಜಕ್ಕಿಂತ ಸ್ವಲ್ಪ ಕೆಳಗೆ ಇರುವನು ಎಂದು ಗ್ರಹಿಸಲಾಗುತ್ತದೆ. ಏಕೆಂದರೆ ಇದರಲ್ಲಿ ವಾತಾವರಣದ ವಕ್ರೀಭವನದ ಪರಿಣಾಮವನ್ನು ಪರಿಗಣಿಸಲಾಗಿದೆ.

ಸೂರ್ಯನ ಉನ್ನತಾಂಶ (ಉ) ಇದು ಕ್ಷಿತಿಜ ದಿಂದ ಸೂರ್ಯನ ಎತ್ತರವನ್ನು ತೋರಿಸುತ್ತದೆ. ಉನ್ನತಾಂಶದ ಋಣಾತ್ಮಕ(-)ವಾಗಿದ್ದಲ್ಲಿ ಮೌಲ್ಯವು ಸೂರ್ಯನು ಕ್ಷಿತಿಜದಿಂದ ಎಷ್ಟು ಕೆಳಗೆ ಇರುವನೆಂಬುದನ್ನು ತಿಳಿಸುತ್ತದೆ.

ಸೂರ್ಯನ ಉದಯಾಸ್ತ ಸಮಯಕ್ಕೆ ಸೂರ್ಯನ ಉನ್ನತಾಂಶಗಳ ಕೆಳಗೆ ಕಾಣಿಸಿದ ಮೌಲ್ಯಗಳಲ್ಲಿ ಒಂದನ್ನು ಗ್ರಹಿಸಲಾಗುತ್ತದೆ.

ಉ = –0.5833° (ದಿಗಂತರೇಷೆಯ ಮೇಲೆ ಸೂರ್ಯಬಿಂಬದ ಕೇಂದ್ರ).

ಉ = –0.8333° (ದಿಗಂತರೇಷೆಯ ಮೇಲೆ ಸೂರ್ಯಬಿಂಬದ ಮೇಲ್ದಂಡೆ).

ಸೂರ್ಯೋದಯ ಮತ್ತು ಸೂರ್ಯಾಸ್ತದ ಗಣಿತ

ಮೊದಲು ಇಚ್ಛಿತ ದಿನದ ಸ್ಪಷ್ಟ ದಿನಾರಂಭ ದಿನಗಣ ತೆಗೆಯಬೇಕು.

ನಂತರ ಇಚ್ಛಿತ ದಿನ ಮಧ್ಯಾಹ್ನದ ದಿನಗಣ ತೆಗೆಯಬೇಕು. ಭಾರತದಲ್ಲಿ ದಿನಾರಂಭ ವೇಳೆ ೪:೩೦ ಯುಟಿ ಮತ್ತು ಮಧ್ಯಾಹ್ನವೇಳ ಅಂದಾಜು ೧೧:೦೦ ಯುಟಿ ಇರುವದರಿಂದ ಆರುವರೆ ಗಂಟೆಯ ವ್ಯತ್ಯಾಸವಿರುತ್ತದೆ.

ಮಧ್ಯಾಹ್ನದ ದಿನಗಣ = ದಿನಾರಂಭ ದಿನಗಣ +(6.5/24)

ಇದನ್ನು ದಿ(ಮ) ಎಂದು ಕರೆಯೋಣ.

ಇನ್ನು ಮಧ್ಯಾಹ್ನದ ಎಲ್ಲ ಮೌಲ್ಯಗಳನ್ನು ದಿ(ಮ) ವೇಳೆಗೆ ತೆಗೆಯಬೇಕು.

ಸೂರ್ಯನ ಮಧ್ಯಮ ಭೋಗ(Mean Longitude)

ಮಧ್ಯಮ ಸೂರ್ಯ = ಚಕ್ರಶುದ್ಧ (280.461 + 0.9856474*ದಿ(ಮ))

ಸೂರ್ಯನ ಮಂದಕೇಂದ್ರ (Mean Anomaly)

ಮಂದಕೇಂದ್ರ = ಚಕ್ರಶುದ್ಧ (357.528 + 0.9856003 * ದಿ(ಮ))

ಮಂದಫಲ Equation of centre

ಮಂದಫಲ = (1.915*sin(ಮಧ್ಯಮಸೂರ್ಯ)
     + 0.020*sin(2*ಮಧ್ಯಮಸೂರ್ಯ))

ಸ್ಪಷ್ಟ ಸಾಯನ ಭೋಗ

ನ್ಯುಟೇಶನ್, ತೈರ್ಯಕ್ಯ ಆದಿಗಳನ್ನುಮೊದಲಿನ ಅಧ್ಯಾಯಗಳಲ್ಲಿ ವಿವರಿಸಿದಂತೆ ಗಣಿಸಬೇಕು.

ಸೂರ್ಯನ ಸ್ಪಷ್ಟ ಸಾಯನ ಭೋಗ

= ಚಕ್ರಶುದ್ಧ (ಮಂದಕೇಂದ್ರ + ಮಂದಫಲ +ನ್ಯುಟೇಶನ್)

ಸೂರ್ಯನ ಶರ = 0

ಸೂರ್ಯನ ವಿಷುವಾಂಶ

= ಚಕ್ರಶುದ್ಧ [atan2{sin(ಭೋಗ)+ cos(ತೈರ್ಯಕ್ಯ), cos(ಭೋಗ) }]

ಸೂರ್ಯ ನ ಕ್ರಾಂತಿ = asin[sin(ತೈರ್ಯಕ್ಯ)*sin(ಭೋಗ)]

ಸ್ಥಾನಿಕ (0:00ಯುಟಿ) ನಾಕ್ಷತ್ರ ಸಮಯ (ಸ್ಥಾನಾಸ(0))

ನಾಕ್ಷತ್ರ ಸಮಯದ ನ್ಯುಟೇಶನ್ ಸಂಸ್ಕಾರವನ್ನು ಮೊದಲೇ ತೆಗೆದಿರಬೇಕು.

ಸ್ಥಾನಾಸ(0) = ಚಕ್ರಶುದ್ಧ { (280.46061837 + 360.98564736*ದಿ(0) }
     + ನಾಕ್ಷತ್ರ ಸಮಯದ ನ್ಯುಟೇಶನ್ ಸಂಸ್ಕಾರ

ಸೂರ್ಯನ ಸ್ಥಾನಿಕ ಹೋರಾಂಶ (LHA)

= ಚಕ್ರಶುದ್ಧ [acos{(sin(ಉನ್ನತಾಂಶ) – sin(ಅಕ್ಷಾಂಶ)*sin(ಕ್ರಾಂತಿ))
   /(cos(ಅಕ್ಷಾಂಶ) * cos(ಕ್ರಾಂತಿ))}]

ಮಧ್ಯಾಹ್ನ ಸಮಯ = ಚಕ್ರಶುದ್ಧ (ಹೋರಾಂಶ – ಸ್ಥಾನಾಸ(0))/15.0

ದಿನದ ಅರ್ಧ ಅವಧಿ ಅಥವಾ ದಿನಾರ್ಧ = (ಹೋರಾಂಶ /15) ಗಂಟೆಗಳು

ದಿನದ ಅವಧಿ = ದಿನಾರ್ಧ * 2

ಸೂರ್ಯೋದಯ ಸಮಯ (ಯುಟಿ) = ಮಧ್ಯಾಹ್ನ ಸಮಯ– ದಿನಾರ್ಧ

ಸೂರ್ಯಾಸ್ತ ಸಮಯ (ಯುಟಿ) = ಮಧ್ಯಾಹ್ನ ಸಮಯ + ದಿನಾರ್ಧ

ಭಾರತೀಯ ವೇಳೆಗಾಗಿ ಸ್ಥಾನಿಕ ಸಮಯ ವ್ಯತ್ಯಾಸ 5.5 ಗಂಟೆ ಸೇರಿಸಬೇಕು..

ಭಾರತೀಯ ಜ್ಯೋತಿಷ್ಯದ ಪ್ರಕಾರ, ದಿನದ ಅವಧಿಯು ಸೂರ್ಯೋದಯದಿಂದ ಸೂರ್ಯೋದಯದವರೆಗೆ ಇರುತ್ತದೆ. ಆದ್ದರಿಂದ ಪಂಚಾಂಗದ ಎಲ್ಲ ಮಾನದಂಡಗಳನ್ನು ಸೂರ್ಯೋದಯದ ಕ್ಷಣದಲ್ಲಿ ಲೆಕ್ಕ ಹಾಕಬೇಕಾಗುತ್ತದೆ. ಆದ್ದರಿಂದ ಪಂಚಾಂಗ-ಗಣಿತದಲ್ಲಿ ಸೂರ್ಯೋದಯದ ಸಮಯಕ್ಕೆ ಬಹಳೇ ಮಹತ್ವವಿರುವದು.

ಅಭ್ಯಾಸ ಉದಾಹರಣ 2.1

ಸ್ಪಷ್ಟ ಸೂರ್ಯ ಸಾಧನ, ಸೂರ್ಯೋದಯ, ಸೂರ್ಯಾಸ್ತ ದಿನಾಂಕ: 15-08-1947

ದೆಹಲಿ(ಭಾರತ) ಅಕ್ಷಾಂಶ: 28°38' **ಉತ್ತರ ;ರೇಖಾಂಶ:** 77°14' **ಪೂರ್ವ**

ದಿನಗಣ, ಡೆಲ್ಬಾಟೀ, ವಾರ, ತ್ರೈಯರ್ಕ್ಯ, ಅಯನಾಂಶ ಇತ್ಯಾದಿ ಉದಾಹರಣ ೧ರಿಂದ

ದಿನಗಣ = -19132.49967510; ಭೋಗನ್ಯುಟೇಶನ್ = -0.00359732;

ತ್ರೈಯರ್ಕ್ಯ = 23.44748108; ಅಯನಾಂಶ = 23.12128320;

ಕ್ರಾಂತಿವೃತ್ತೀಯ ನಿರ್ದೇಶಾಂಕಗಳು (Ecliptic Coordinates)

ಮಧ್ಯಮ ಭೋಗ (Mean Longitude)

L_s = ಚಕ್ರಶುದ್ಧ (280.461 + 0.9856474* ದಿ) = 142°.56243974

ಸೂರ್ಯನ ಮಂದಕೇಂದ್ರ(Mean Anomaly)

M_s = ಚಕ್ರಶುದ್ಧ (357.528 + 0.9856003* ದಿ) = 220°.53058048

ಮಂದಫಲ (Equation of centre)

dL = (1.915*sin(Ms)+ 0.020*sin(2*Ms))

= -1°.22471295

ಸ್ಪಷ್ಟ ಸಾಯನ ಭೋಗ

LO = ಚಕ್ರಶುದ್ಧ (Ls + dL) = 141°.33412947

ಸ್ಪಷ್ಟ ನಿರಯನ ಭೋಗ = ಸಾಯನ ಭೋಗ - ಅಯನಾಂಶ

= 118°.21284627 = ಕರ್ಕ 28°12'46"

ಸೂರ್ಯನ ಶರ (ಶೂನ್ಯವೆಂದು ಗಣಿಸಲಾಗಿದೆ) = 0

ವಿಷುವವೃತ್ತೀಯ ನಿರ್ದೇಶಾಂಕಗಳು (Equatorial Coordinates)

ಸೂರ್ಯನ ವಿಷುವಾಂಶ RA = [atan2{sin(ಭೋಗ)*cos(ತ್ರೈರ್ಯಕ್ಯ) ,cos(ಭೋಗ)}]

$$= 143.71763134$$

ಸೂರ್ಯನ ಕ್ರಾಂತಿ   = asin[sin(ತ್ರೈರ್ಯಕ್ಯ)*sin(ಭೋಗ)]

$$= 14.39493235$$

ಸೂರ್ಯನ ಭೂಕೇಂದ್ರೀಯ ದೂರ

r = 1.00014 − 0.01671*cos (Ms) − 0.00014*cos(2*Ms)

$$= 1.01281884 \text{ AU}$$

ಸೂರ್ಯನ ಭೂಕೇಂದ್ರೀಯ ಆಯತಾಕಾರ ನಿರ್ದೇಶಾಂಕ (ಸಾಯನ ಭೋಗದಿಂದ)

xಸೂರ್ಯ = r * cos (ಭೋಗ) = −0.79085142 AU

yಸೂರ್ಯ = r * sin (ಭೋಗ) = 0.63273694 AU

zಸೂರ್ಯ = 0.0

ಸೂರ್ಯೋದಯ ಮತ್ತು ಸೂರ್ಯಾಸ್ತದ ಗಣಿತ

ದಿನಾಂಕ: 15:08:1947:

ದೆಹಲಿ(ಭಾರತ) ಅಕ್ಷಾಂಶ: 28°38' ಉತ್ತರ ;ರೇಖಾಂಶ: 77°14' ಪೂರ್ವ

ಸ್ಥಾನಿಕ ಸಮಯಾಂತರ tdif = 5.50

ದಿನಾರಂಭ ದಿನಗಣ = −19132.499675

ಇಚ್ಛಿತ ದಿನ ಮಧ್ಯಾಹ್ನದಲ್ಲಿ ...

ಮಧ್ಯಾಹ್ನದ ದಿನಗಣ = ದಿನಾರಂಭ ದಿನಗಣ + (12 − tdif)/24 = −19132.22884176

ಸೂರ್ಯನ ಮಧ್ಯಮ ಭೋಗ(Mean Longitude)

ಮಧ್ಯಮ ಸೂರ್ಯ = ಚಕ್ರಶುದ್ಧ (280.461 + 0.9856474*dn) = 142°.82938591

ಸೂರ್ಯನ ಮಂದಕೇಂದ್ರ (Mean Anomaly)

ಮಂದಕೇಂದ್ರ = ಚಕ್ರಶುದ್ಧ (357.528 + 0.9856003*dn) = 220°.79751389

ಮಂದಫಲ Equation of centre

ಮಂದಫಲ = (1.915*sin(ಮಧ್ಯಮಸೂರ್ಯ)+ 0.020*sin(2*ಮಧ್ಯಮಸೂರ್ಯ))

$$= 358°.76854764$$

ಸ್ಪಷ್ಟ ಸಾಯನ ಭೋಗ

ನ್ಯುಟೇಶನ್ = -0.00359427; ತ್ರೈಯರ್ಕ್ಯ = 23.44748608

ಸೂರ್ಯನ ಸಾಯನ ಭೋಗ   = ಚಕ್ರಶುದ್ಧ (ಮಂದಕೇಂದ್ರ + ಮಂದಫಲ +ನ್ಯುಟೇಶನ್)

$$= 141°.59433928$$

ಸೂರ್ಯನ ಶರ = 0

ಸೂರ್ಯನ ವಿಷುವಾಂಶ = ಚಕ್ರಶುದ್ಧ [atan2{sin(ಭೋಗ) + cos(ತ್ರೈಯರ್ಕ್ಯ),

$$cos(ಭೋಗ) \}] = 143.97198636$$

ಸೂರ್ಯ ಕ್ರಾಂತಿ = asin[sin(ತ್ರೈಯರ್ಕ್ಯ)*sin(ಭೋಗ)] = 14.31133516

ಸ್ಥಾನಿಕ (ಶೂನ್ಯಯುಟಿ) ನಾಕ್ಷತ್ರ ಸಮಯ (ಸ್ಥಾನಾಸ(0)

ನಾಕ್ಷತ್ರ ಸಮಯದ ನ್ಯುಟೇಶನ್ ಸಂಸ್ಕಾರ = -0.00330028

ಸ್ಥಾನಾಸ(0)(LST0) = ಚಕ್ರಶುದ್ಧ { (280.46061837 + 360.98564736* ದಿ(ಮ) }

$$+ dST = 399.79253623$$

ಸೂರ್ಯನ ಸ್ಥಾನಿಕ ಹೋರಾಂಶ (ಅಂಶಾತ್ಮಕ)

= ಚಕ್ರಶುದ್ಧ [acos{(sin(ಉನ್ನತಾಂಶ) - sin(ಅಕ್ಷಾಂಶ)*sin(ಕ್ರಾಂತಿ))

/(cos(ಅಕ್ಷಾಂಶ) * cos(ಕ್ರಾಂತಿ))}] = 98.99696358 ಅಂಶ

ಮಧ್ಯಾಹ್ನ ಸಮಯ = ಚಕ್ರಶುದ್ಧ (ವಿಷುವಾಂಶ - ಸ್ಥಾನಾಸ(0))/15.0

$$= 6.92633300 = 12ಕ:26ಮಿ$$

ದಿನದ ಅರ್ಧ ಅವಧಿ ಅಥವಾ ದಿನಾರ್ಧ = (ಸೂರ್ಯನ ಸ್ಥಾನಿಕ ಹೋರಾಂಶ /15)

$$= 6.58177726 ಗಂಟೆ$$

ದಿನದ ಅವಧಿ = ದಿನಾರ್ಧ * 2 = 13.16355453 ಗಂಟೆ

ಸೂರ್ಯೋದಯ ಸಮಯ = ಮಧ್ಯಾಹ್ನ ಸಮಯ- ದಿನಾರ್ಧ + 5.5

$$= 5.84455574 ಗಂಟೆ = 05ಕ:51ಮಿ IST$$

ಸೂರ್ಯಾಸ್ತ ಸಮಯ = ಮಧ್ಯಾಹ್ನ ಸಮಯ + ದಿನಾರ್ಧ + 5.5

$$= 19.00811027 ಗಂಟೆ = 19ಕ:00ಮಿ IST$$

ಅಭ್ಯಾಸ ಉದಾಹರಣ 2.2

ಸ್ಪಷ್ಟ ಸೂರ್ಯ ಸಾಧನ, ಸೂರ್ಯೋದಯ, ಸೂರ್ಯಾಸ್ತ ದಿನಾಂಕ: 01-01-2025

ಬೆಂಗಳೂರು (ಕರ್ನಾಟಕ) ಅಕ್ಷಾಂಶ:12°57' **ಉತ್ತರ; ರೇಖಾಂಶ:** 77°38' **ಪೂರ್ವ**

ದಿನಗಣ, ಡೆಲ್ಬಾಟೀ, ವಾರ, ತ್ರೈರ್ಯಕ್ಯ, ಅಯನಾಂಶ ಇತ್ಯಾದಿ ಉದಾಹರಣ ೧ರಿಂದ

ದಿನಗಣ = 9131.50086118; ಭೋಗನ್ಯುಟೇಶನ್ = 0.00006814;

ತ್ರೈರ್ಯಕ್ಯ = 23.43839447; ಅಯನಾಂಶ = 24.20223155;

ಕ್ರಾಂತಿವೃತ್ತೀಯ ನಿರ್ದೇಶಾಂಕಗಳು (Ecliptic Coordinates)

ಮಧ್ಯಮ ಭೋಗ (Mean Longitude)

Ls = ಚಕ್ರಶುದ್ಧ (280.461 + 0.9856474* ದಿ) = 280°.90108192

ಸೂರ್ಯನ ಮಂದಕೇಂದ್ರ(Mean Anomaly)

Ms = ಚಕ್ರಶುದ್ಧ (357.528 + 0.9856003* ದಿ) = 357°.53798823

ಮಂದಫಲ (Equation of centre)

dL = (1.915*sin(Ms)+ 0.020*sin(2*Ms))

   = −0°.08397933

ಸ್ಪಷ್ಟ ಸಾಯನ ಭೋಗ L0 = ಚಕ್ರಶುದ್ಧ (Ls + dL) = 280°.81717073

ಸ್ಪಷ್ಟ ನಿರಯನ ಭೋಗ = ಸಾಯನ ಭೋಗ – ಅಯನಾಂಶ

= 256°.61493917 = ಧನು 16°36'53"

ಸೂರ್ಯನ ಶರ (ಶೂನ್ಯವೆಂದು ಗಣಿಸಲಾಗಿದೆ) = 0

ವಿಷುವವೃತ್ತೀಯ ನಿರ್ದೇಶಾಂಕಗಳು(Equatorial Coordinates)

ಸೂರ್ಯನ ವಿಷುವಾಂಶ RA = [atan2{sin(ಭೋಗ)*cos(ತ್ರೈರ್ಯಕ್ಯ) ,cos(ಭೋಗ)}]

            = 281.76394477

ಸೂರ್ಯನ ಕ್ರಾಂತಿ = asin[sin(ತ್ರೈರ್ಯಕ್ಯ)*sin(ಭೋಗ)]

            = −22.99774944

ಸೂರ್ಯನ ಭೂಕೇಂದ್ರೀಯ ದೂರ

r = 1.00014 − 0.01671*cos (Ms) − 0.00014*cos(2*Ms)

= 0.98330594 AU

ಸೂರ್ಯನ ಭೂಕೇಂದ್ರೀಯ ಆಯತಾಕಾರ ನಿರ್ದೇಶಾಂಕ (ಸಾಯನ ಭೋಗದಿಂದ)

xಸೂರ್ಯ = r * cos (ಭೋಗ) = 0.18454147 AU

yಸೂರ್ಯ = r * sin (ಭೋಗ) = –0.96583385 AU

zಸೂರ್ಯ = 0.0

ಸೂರ್ಯೋದಯ ಮತ್ತು ಸೂರ್ಯಾಸ್ತದ ಗಣಿತ

ದಿನಾಂಕ: 01:01:2025:

ಬೆಂಗಳೂರು (ಕರ್ನಾಟಕ) ಅಕ್ಷಾಂಶ: 12°57' ಉತ್ತರ ;ರೇಖಾಂಶ: 77°38' ಪೂರ್ವ

ಸ್ಥಾನಿಕ ಸಮಯಾಂತರ tdif = 5.50

ದಿನಾರಂಭ ದಿನಗಣ = 9131.500861

ಇಚ್ಛಿತ ದಿನ ಮಧ್ಯಾಹ್ನದಲ್ಲಿ ...

ಮಧ್ಯಾಹ್ನದ ದಿನಗಣ = ದಿನಾರಂಭ ದಿನಗಣ +(12 – tdif)/24 = 9131.77169451

ಸೂರ್ಯನ ಮಧ್ಯಮ ಭೋಗ(Mean Longitude)

ಮಧ್ಯಮ ಸೂರ್ಯ = ಚಕ್ರಶುದ್ಧ (280.461 + 0.9856474*dn) = 281°.16802809

ಸೂರ್ಯನ ಮಂದಕೇಂದ್ರ (Mean Anomaly)

ಮಂದಕೇಂದ್ರ = ಚಕ್ರಶುದ್ಧ (357.528 + 0.9856003*dn) = 357°.80492164

ಮಂದಫಲ Equation of centre

ಮಂದಫಲ = (1.915*sin(ಮಧ್ಯಮಸೂರ್ಯ)+ 0.020*sin(2*ಮಧ್ಯಮಸೂರ್ಯ))

          = 359°.92512077

ಸ್ಪಷ್ಟ ಸಾಯನ ಭೋಗ

ನ್ಯುಟೇಶನ್ = 0.00007636; ತೈರ್ಯಕ್ಯ = 23.43839796

ಸೂರ್ಯನ ಸಾಯನ ಭೋಗ   = ಚಕ್ರಶುದ್ಧ (ಮಂದಕೇಂದ್ರ + ಮಂದಫಲ +ನ್ಯುಟೇಶನ್)

          = 281°.09322521

ಸೂರ್ಯನ ಶರ = 0

ಸೂರ್ಯನ ವಿಷುವಾಂಶ = ಚಕ್ರಶುದ್ಧ [atan2{sin(ಭೋಗ)+ cos(ತೈಯರ್ಕ್ಯ),

$\qquad$ cos(ಭೋಗ) }]= 282.06279703

ಸೂರ್ಯ ಕ್ರಾಂತಿ = asin[sin(ತೈಯರ್ಕ್ಯ)*sin(ಭೋಗ)] = -22.97508570

ಸ್ಥಾನಿಕ (ಶೂನ್ಯಯುಟಿ) ನಾಕ್ಷತ್ರ ಸಮಯ (ಸ್ಥಾನಾಸ(೦)

ನಾಕ್ಷತ್ರ ಸಮಯದ ನ್ಯುಟೀಶನ್ ಸಂಸ್ಕಾರ = 0.00006249

ಸ್ಥಾನಾಸ(೦)(LST೦) = ಚಕ್ರಶುದ್ಧ { (280.46061837 + 360.98564736* ದಿ(ಮ) }

$\qquad$ + dST = 178.53288203

ಸೂರ್ಯನ ಸ್ಥಾನಿಕ ಹೋರಾಂಶ (ಅಂಶಾತ್ಮಕ)

$\qquad$ = ಚಕ್ರಶುದ್ಧ [acos{(sin(ಉನ್ನತಾಂಶ) - sin(ಅಕ್ಷಾಂಶ)*sin(ಕ್ರಾಂತಿ))

$\qquad$ /(cos(ಅಕ್ಷಾಂಶ) * cos(ಕ್ರಾಂತಿ))}] = 85.33779620 ಅಂಶ

ಮಧ್ಯಾಹ್ನ ಸಮಯ = ಚಕ್ರಶುದ್ಧ (ವಿಷುವಾಂಶ - ಸ್ಥಾನಾಸ(೦))/15.0

$\qquad$ = 6.88314890 = 12ಕ:23ಮಿ

ದಿನದ ಅರ್ಧ ಅವಧಿ ಅಥವಾ ದಿನಾರ್ಧ = (ಸೂರ್ಯನ ಸ್ಥಾನಿಕ ಹೋರಾಂಶ /15)

$\qquad$ = 5.67365247 ಗಂಟೆ

ದಿನದ ಅವಧಿ = ದಿನಾರ್ಧ * 2 = 11.34730493 ಗಂಟೆ

ಸೂರ್ಯೋದಯ ಸಮಯ = ಮಧ್ಯಾಹ್ನ ಸಮಯ- ದಿನಾರ್ಧ + 5.5

$\qquad$ = 6.70949643 ಗಂಟೆ = 06ಕ:43ಮಿ IST

ಸೂರ್ಯಾಸ್ತ ಸಮಯ = ಮಧ್ಯಾಹ್ನ ಸಮಯ + ದಿನಾರ್ಧ + 5.5

$\qquad$ = 18.05680136 ಗಂಟೆ = 18ಕ:03ಮಿ IST

ಅಭ್ಯಾಸ ಉದಾಹರಣ 2.3

ಸ್ಪಷ್ಟ ಸೂರ್ಯ ಸಾಧನ, ಸೂರ್ಯೋದಯ, ಸೂರ್ಯಾಸ್ತ ದಿನಾಂಕ: 22-12-1980

ದ್ವಾರಕಾ(ಗುಜರಾತ) ಅಕ್ಷಾಂಶ: 22°4' ಉತ್ತರ ;**ರೇಖಾಂಶ:** 68°58' ಪೂರ್ವ

ದಿನಗಣ, ಡೆಲ್ಟಾಟೀ, ವಾರ, ತೈಯರ್ಕ್ಯ, ಅಯನಾಂಶ ಇತ್ಯಾದಿ ಉದಾಹರಣ ೧ರಿಂದ

ದಿನಗಣ = -6949.49947909; ಭೋಗನ್ಯುಟೀಶನ್ = -0.00354301;

ತೈಯರ್ಕ್ಯ = 23.43982610; ಅಯನಾಂಶ = 23.58721845;

ಕ್ರಾಂತಿವೃತ್ತೀಯ ನಿರ್ದೇಶಾಂಕಗಳು (Ecliptic Coordinates)

ಮಧ್ಯಮ ಭೋಗ (Mean Longitude)

Ls = ಚಕ್ರಶುದ್ಧ (280.461 + 0.9856474* ದಿ) = 270°.70490713

ಸೂರ್ಯನ ಮಂದಕೇಂದ್ರ(Mean Anomaly)

Ms = ಚಕ್ರಶುದ್ಧ (357.528 + 0.9856003* ದಿ) = 348°.09922856

ಮಂದಫಲ (Equation of centre)

dL = (1.915*sin(Ms)+ 0.020*sin(2*Ms))

   = −0°.40297764

ಸ್ಪಷ್ಟ ಸಾಯನ ಭೋಗ Lo = ಚಕ್ರಶುದ್ಧ (Ls + dL) = 270°.29838647

ಸ್ಪಷ್ಟ ನಿರಯನ ಭೋಗ = ಸಾಯನ ಭೋಗ − ಅಯನಾಂಶ

= 246°.71116803 = ಧನು 06°42'40"

ಸೂರ್ಯನ ಶರ (ಶೂನ್ಯವೆಂದು ಗಣಿಸಲಾಗಿದೆ) = 0

ವಿಷುವವೃತ್ತೀಯ ನಿರ್ದೇಶಾಂಕಗಳು(Equatorial Coordinates)

ಸೂರ್ಯನ ವಿಷುವಾಂಶ RA = [atan2{sin(ಭೋಗ)*cos(ತ್ರೈಯರ್ಕ್ಯ) ,
                 cos(ಭೋಗ)}] = 270.32522399

ಸೂರ್ಯನ ಕ್ರಾಂತಿ = asin[sin(ತ್ರೈಯರ್ಕ್ಯ)*sin(ಭೋಗ)]

              = −23.43948923

ಸೂರ್ಯನ ಭೂಕೇಂದ್ರೀಯ ದೂರ

r = 1.00014 − 0.01671*cos (Ms) − 0.00014*cos(2*Ms)

  = 0.98366107 AU

ಸೂರ್ಯನ ಭೂಕೇಂದ್ರೀಯ ಆಯತಾಕಾರ ನಿರ್ದೇಶಾಂಕ (ಸಾಯನ ಭೋಗದಿಂದ)

xಸೂರ್ಯ = r * cos(ಭೋಗ) = 0.00518354 AU

yಸೂರ್ಯ = r * sin(ಭೋಗ) = −0.98364741 AU

zಸೂರ್ಯ = 0.0

ಸೂರ್ಯೋದಯ ಮತ್ತು ಸೂರ್ಯಾಸ್ತದ ಗಣಿತ

ದಿನಾಂಕ: 22:12:1980:

ದ್ವಾರಕಾ(ಗುಜರಾತ) ಅಕ್ಷಾಂಶ: 22°4' ಉತ್ತರ ;ರೇಖಾಂಶ: 68°58' ಪೂರ್ವ

ಸ್ಥಾನಿಕ ಸಮಯಾಂತರ tdif = 5.50

ದಿನಾರಂಭ ದಿನಗಣ = -6949.499479

ಇಚ್ಛಿತ ದಿನ ಮಧ್ಯಾಹ್ನದಲ್ಲಿ ...

ಮಧ್ಯಾಹ್ನದ ದಿನಗಣ = ದಿನಾರಂಭ ದಿನಗಣ +(12 – tdif)/24 = -6949.22864576

ಸೂರ್ಯನ ಮಧ್ಯಮ ಭೋಗ(Mean Longitude)

ಮಧ್ಯಮ ಸೂರ್ಯ = ಚಕ್ರಶುದ್ಧ (280.461 + 0.9856474*dn) = 270°.97185330

ಸೂರ್ಯನ ಮಂದಕೇಂದ್ರ (Mean Anomaly)

ಮಂದಕೇಂದ್ರ = ಚಕ್ರಶುದ್ಧ (357.528 + 0.9856003*dn) = 348°.36616197

ಮಂದಫಲ Equation of centre

ಮಂದಫಲ = (1.915*sin(ಮಧ್ಯಮಸೂರ್ಯ) + 0.020*sin(2*ಮಧ್ಯಮಸೂರ್ಯ))

  = 359°.60592743

ಸ್ಪಷ್ಟ ಸಾಯನ ಭೋಗ

ನ್ಯುಟೇಶನ್ = -0.00353246; ತೈರ್ಯಕ್ಯ = 23.43982662

ಸೂರ್ಯನ ಸಾಯನ ಭೋಗ   = ಚಕ್ರಶುದ್ಧ (ಮಂದಕೇಂದ್ರ + ಮಂದಫಲ +ನ್ಯುಟೇಶನ್)

  = 270°.57424827

ಸೂರ್ಯನ ಶರ = 0

ಸೂರ್ಯನ ವಿಷುವಾಂಶ = ಚಕ್ರಶುದ್ಧ [atan2{sin(ಭೋಗ)+ cos(ತೈರ್ಯಕ್ಯ),
    cos(ಭೋಗ) }] = 270.62589451

ಸೂರ್ಯ ಕ್ರಾಂತಿ = asin[sin(ತೈರ್ಯಕ್ಯ)*sin(ಭೋಗ)] = -23.43857896

ಸ್ಥಾನಿಕ (ಶೂನ್ಯಯುಟಿ) ನಾಕ್ಷತ್ರ ಸಮಯ (ಸ್ಥನಾಸ(೦)

ನಾಕ್ಷತ್ರ ಸಮಯದ ನ್ಯುಟೇಶನ್ ಸಂಸ್ಕಾರ = -0.00325066

ಸ್ಥಾನಾಸ(೦)(LST0) = ಚಕ್ರಶುದ್ಧ { (280.46061837 + 360.98564736 * ದಿ(ಮ) }

$$+ \, dST = 159.66770606$$

ಸೂರ್ಯನ ಸ್ಥಾನಿಕ ಹೋರಾಂಶ (ಅಂಶಾತ್ಮಕ)

= ಚಕ್ರಶುದ್ಧ [acos{(sin(ಉನ್ನತಾಂಶ) - sin(ಅಕ್ಷಾಂಶ)*sin(ಕ್ರಾಂತಿ))

/(cos(ಅಕ್ಷಾಂಶ) * cos(ಕ್ರಾಂತಿ))}] = 80.87181778 ಅಂಶ

ಮಧ್ಯಾಹ್ನ ಸಮಯ = ಚಕ್ರಶುದ್ಧ (ವಿಷುವಾಂಶ - ಸ್ಥಾನಾಸ(೦))/15.0

= 7.37701497 = 12ಕ:53ಮಿ

ದಿನದ ಅರ್ಧ ಅವಧಿ ಅಥವಾ ದಿನಾರ್ಧ   = (ಸೂರ್ಯನ ಸ್ಥಾನಿಕ ಹೋರಾಂಶ /15)

= 5.37673351 ಗಂಟೆ

ದಿನದ ಅವಧಿ = ದಿನಾರ್ಧ * 2 = 10.75346702 ಗಂಟೆ

ಸೂರ್ಯೋದಯ ಸಮಯ = ಮಧ್ಯಾಹ್ನ ಸಮಯ- ದಿನಾರ್ಧ + 5.5

= 7.50028146 ಗಂಟೆ = 07ಕ:30ಮಿ IST

ಸೂರ್ಯಾಸ್ತ ಸಮಯ   = ಮಧ್ಯಾಹ್ನ ಸಮಯ + ದಿನಾರ್ಧ + 5.5

= 18.25374847 ಗಂಟೆ = 18ಕ:15ಮಿ IST

ಅಭ್ಯಾಸ ಉದಾಹರಣ 2.4

ಸೂರ್ಯ ಸಾಧನ, ಸೂರ್ಯೋದಯ, ಸೂರ್ಯಾಸ್ತ ದಿನಾಂಕ: 22-06-2101

ಭೀಷ್ಮಕನಗರ (ಅರುಣಾಚಲ)ಅಕ್ಷಾಂಶ: 28°1' ಉತ್ತರ ;ರೇಖಾಂಶ: 95°21' **ಪೂರ್ವ**

ದಿನಗಣ, ಡೆಲ್ಟಾಟೀ, ವಾರ, ತ್ರೈಯರ್ಕ್ಯ, ಅಯನಾಂಶ ಇತ್ಯಾದಿ ಉದಾಹರಣ ೧ರಿಂದ

ದಿನಗಣ = 37061.50238356; ಭೋಗನ್ಯುಟೇಶನ್ = 0.00279233;

ತ್ರೈಯರ್ಕ್ಯ = 23.42794997; ಅಯನಾಂಶ = 25.27040621;

ಕ್ರಾಂತಿವೃತ್ತೀಯ ನಿರ್ದೇಶಾಂಕಗಳು (Ecliptic Coordinates)

ಮಧ್ಯಮ ಭೋಗ (Mean Longitude)

Ls = ಚಕ್ರಶುದ್ಧ (280.461 + 0.9856474* ದಿ) = 90°.03446445

ಸೂರ್ಯನ ಮಂದಕೇಂದ್ರ(Mean Anomaly)

Ms = ಚಕ್ರಶುದ್ಧ (357.528 + 0.9856003* ದಿ) = 165°.35586769

ಮಂದಫಲ (Equation of centre)

dL = (1.915*sin(Ms)+ 0.020*sin(2*Ms))

= 0°.47435601

ಸ್ಪಷ್ಟ ಸಾಯನ ಭೋಗ L0 = ಚಕ್ರಶುದ್ಧ (Ls + dL) = 90°.51161279

ಸ್ಪಷ್ಟ ನಿರಯನ ಭೋಗ = ಸಾಯನ ಭೋಗ - ಅಯನಾಂಶ

= 65°.24120658 = ಮಿಥುನ05°14'28"

ಸೂರ್ಯನ ಶರ (ಶೂನ್ಯವೆಂದು ಗಣಿಸಲಾಗಿದೆ) = 0

ವಿಷುವವೃತ್ತೀಯ ನಿರ್ದೇಶಾಂಕಗಳು (Equatorial Coordinates)

ಸೂರ್ಯನ ವಿಷುವಾಂಶ RA = [atan2{sin(ಭೋಗ)*cos(ತೈರ್ಯಕ್ಯ) ,cos(ಭೋಗ)}]

= 90.55757640

ಸೂರ್ಯನ ಕ್ರಾಂತಿ = asin[sin(ತೈರ್ಯಕ್ಯ)*sin(ಭೋಗ)]

= 23.42696021

ಸೂರ್ಯನ ಭೂಕೇಂದ್ರೀಯ ದೂರ

r = 1.00014 - 0.01671*cos (Ms) - 0.00014*cos(2*Ms)

= 1.01618507 AU

ಸೂರ್ಯನ ಭೂಕೇಂದ್ರೀಯ ಆಯತಾಕಾರ ನಿರ್ದೇಶಾಂಕ (ಸಾಯನ ಭೋಗದಿಂದ)

xಸೂರ್ಯ = r * cos(ಭೋಗ) = −0.00902421 AU

yಸೂರ್ಯ = r * sin(ಭೋಗ) = 1.01614500 AU

zಸೂರ್ಯ = 0.0

ಸೂರ್ಯೋದಯ ಮತ್ತು ಸೂರ್ಯಾಸ್ತದ ಗಣಿತ

ದಿನಾಂಕ: 22:06:2101:

ಭೀಷ್ಮಕನಗರ (ಅರುಣಾಚಲ)ಅಕ್ಷಾಂಶ: 28°1' ಉತ್ತರ ;ರೇಖಾಂಶ: 95°21' ಪೂರ್ವ

ಸ್ಥಾನಿಕ ಸಮಯಾಂತರ tdif = 5.50

ದಿನಾರಂಭ ದಿನಗಣ = 37061.502384

ಇಚ್ಛಿತ ದಿನ ಮಧ್ಯಾಹ್ನದಲ್ಲಿ ...

ಮಧ್ಯಾಹ್ನದ ದಿನಗಣ = ದಿನಾರಂಭ ದಿನಗಣ +(12 – tdif)/24 = 37061.77321689

ಸೂರ್ಯನ ಮಧ್ಯಮ ಭೋಗ(Mean Longitude)

ಮಧ್ಯಮ ಸೂರ್ಯ = ಚಕ್ರಶುದ್ಧ (280.461 + 0.9856474*dn) = 90°.30141062

ಸೂರ್ಯನ ಮಂದಕೇಂದ್ರ (Mean Anomaly)

ಮಂದಕೇಂದ್ರ = ಚಕ್ರಶುದ್ಧ (357.528 + 0.9856003*dn) = 165°.62280110

ಮಂದಫಲ Equation of centre

ಮಂದಫಲ   = (1.915*sin(ಮಧ್ಯಮಸೂರ್ಯ)+ 0.020*sin(2*ಮಧ್ಯಮಸೂರ್ಯ))

            = 0°.46588183

ನ್ಯುಟೇಶನ್   = 0.00279453; ತ್ರೈಯರ್ಕ್ಯ = 23.42794618

ಸೂರ್ಯನ ಸಾಯನ ಭೋಗ = ಚಕ್ರಶುದ್ಧ (ಮಂದಕೇಂದ್ರ + ಮಂದಫಲ + ನ್ಯುಟೇಶನ್)

            = 90°.77008699

ಸೂರ್ಯನ ಶರ = 0

ಸೂರ್ಯನ ವಿಷುವಾಂಶ = ಚಕ್ರಶುದ್ಧ [atan2{sin(ಭೋಗ)+ cos(ತ್ರೈಯರ್ಕ್ಯ), cos(ಭೋಗ)
            }]= 90.83926676

ಸೂರ್ಯ ಕ್ರಾಂತಿ = asin[sin(ತ್ರೈಯರ್ಕ್ಯ)*sin(ಭೋಗ)] = 23.42570372

ಸ್ಥಾನಿಕ (ಶೂನ್ಯಯುಟಿ) ನಾಕ್ಷತ್ರ ಸಮಯ (ಸ್ಥಾನಾಸ(0)

ನಾಕ್ಷತ್ರ ಸಮಯದ ನ್ಯುಟೇಶನ್ ಸಂಸ್ಕಾರ = 0.00256212

ಸ್ಥಾನಾಸ(0)(LST0) = ಚಕ್ರಶುದ್ಧ { (280.46061837 + 360.98564736* ದಿ(ಮ) }
            + dST = 365.38281312

ಸೂರ್ಯನ ಸ್ಥಾನಿಕ ಹೋರಾಂಶ (ಅಂಶಾತ್ಮಕ)

     = ಚಕ್ರಶುದ್ಧ [acos{(sin(ಉನ್ನತಾಂಶ) – sin(ಅಕ್ಷಾಂಶ)*sin(ಕ್ರಾಂತಿ))
     /(cos(ಅಕ್ಷಾಂಶ) * cos(ಕ್ರಾಂತಿ))}] = 104.38816691 ಅಂಶ

ಮಧ್ಯಾಹ್ನ ಸಮಯ = ಚಕ್ರಶುದ್ಧ (ವಿಷುವಾಂಶ – ಸ್ಥಾನಾಸ(0))/15.0

            = 5.68154136 = 11ಕ:11ಮಿ

ದಿನದ ಅರ್ಧ ಅವಧಿ ಅಥವಾ ದಿನಾರ್ಧ = (ಸೂರ್ಯನ ಸ್ಥಾನಿಕ ಹೋರಾಂಶ /15)

= 6.94020946 ಗಂಟೆ

ದಿನದ ಅವಧಿ = ದಿನಾರ್ಧ * 2 = 13.88041893 ಗಂಟೆ

ಸೂರ್ಯೋದಯ ಸಮಯ = ಮಧ್ಯಾಹ್ನ ಸಮಯ- ದಿನಾರ್ಧ + 5.5

= 4.24133190 ಗಂಟೆ = 04ಕ:14ಮಿ IST

ಸೂರ್ಯಾಸ್ತ ಸಮಯ = ಮಧ್ಯಾಹ್ನ ಸಮಯ + ದಿನಾರ್ಧ + 5.5

= 18.12175083 ಗಂಟೆ = 18ಕ:07ಮಿ IST

ಅಧ್ಯಾಯ 7

ಗ್ರಹಸಾಧನೆ

ಗ್ರಹಗಣಿತದ ಮೂಲತತ್ತ್ವಗಳು

ಗ್ರಹಗಳ ಸ್ಥಾನಗಳನ್ನು ನಿರ್ಣಯಿಸುವ ವಿಧಾನಗಳನ್ನು ಸ್ಥೂಲವಾಗಿ ಎರಡು ವಿಧಗಳಾಗಿ ವರ್ಗೀಕರಿಸಬಹುದು.

1) ಶಾಸ್ತ್ರೀಯ ಅಥವಾ ಕೆಪ್ಲರ್ ವಿಧಾನ.

   ಶಾಸ್ತ್ರೀಯ ವಿಧಾನವು ಗ್ರಹಗಳ ಕಕ್ಷಾತತ್ತ್ವಗಳಿಂದ ಆರಂಭಿಸಿ ಕೆಪ್ಲರ್ ನ ನಿಯಮಗಳು ಮತ್ತು ಗೋಳೀಯ ತ್ರಿಕೋನಮಿತಿಯ ಮುಖಾಂತರ ಅವುಗಳ ನಿಜವಾದ ಸ್ಥಾನಗಳನ್ನು ನಿಶ್ಚಿತಗೊಳಿಸುವದು.

2) ಸಂಖ್ಯಾತ್ಮಕ ವಿಶ್ಲೇಷಣೆಯಿಂದ ನಿರ್ಧರಿಸಲಾದ ಬಹುಪದೀಯ ಸರಣಿಗಳ ಉಪಯೋಗದಿಂದ.

   ಪ್ರಸ್ತುತ ಗ್ರಂಥದಲ್ಲಿ ಗ್ರಹಗಣಿತಕ್ಕಾಗಿ ಮುಖ್ಯವಾಗಿ ಕೆಪ್ಲರ ವಿಧಾನವನ್ನೇ ಬಳಸಲಾಗುವದು. ಚಂದ್ರ ಮತ್ತು ಪ್ಲೂಟೋಗಳ ಸಲುವಾಗಿ ಬಹುಪದೀಯ ಸರಣಿಗಳನ್ನು ಉಪಯೋಗ ಮಾಡಲಾಗುವದು.

ಕೆಪ್ಲರ್ ನ ನಿಯಮಗಳು

1. ಪ್ರತಿಯೊಂದು ಗ್ರಹವು ಎರಡರೊಳಗೆ ಒಂದು ನಾಭಿಯಲ್ಲಿ ಸೂರ್ಯನನ್ನು ಇರಿಸಿ ಸೂರ್ಯನ ಸುತ್ತ ದೀರ್ಘವೃತ್ತಾಕಾರದ ಕಕ್ಷೆಯಲ್ಲಿ ಸುತ್ತುತ್ತದೆ.

2. ಸೂರ್ಯನಿಂದ ಗ್ರಹಕ್ಕೆ ಜೋಡಿಸುವ ರೇಖೆಯು (ಕರ್ಣ) ಸಮಾನ ಕಾಲಾಂತರಗಳಲ್ಲಿ ಸಮಾನ ಕ್ಷೇತ್ರಗಳನ್ನು ಆವರಿಸುತ್ತದೆ.

3. ಗ್ರಹಗಳ ಭ್ರಮಣಕಾಲದ ವರ್ಗಗಳು ಆಯಾ ಗ್ರಹದ ಕಕ್ಷೆಯ ದೀರ್ಘ ವ್ಯಾಸಾರ್ಧದ ಘನದ ಪ್ರಮಾಣದಲ್ಲಿ ಇರುತ್ತವೆ.

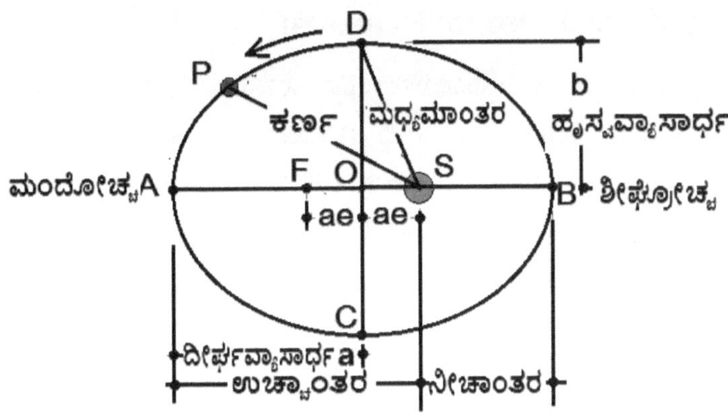

ಆಕೃತಿಯು ಒಂದು ಗ್ರಹದ ದೀರ್ಘವೃತ್ತಾಕಾರದ ಕಕ್ಷೆಯನ್ನು ತೋರಿಸುತ್ತದೆ. AB ಮತ್ತು CD ಇವು ದೀರ್ಘ ಮತ್ತು ಹ್ರಸ್ವ ವ್ಯಾಸಗಳಿದ್ದು F ಮತ್ತು S ಇವು ಎರಡು ನಾಭಿಗಳು. ಸೂರ್ಯ S ನಾಭಿಯಲ್ಲಿ ಇರುವನು. O ಬಿಂದುವು ಕಕ್ಷೆಯ ಕೇಂದ್ರವಾಗಿದೆ. B ಯಲ್ಲಿ ಗ್ರಹವು ಸೂರ್ಯನಿಗೆ ಅತ್ಯಂತ ಹತ್ತಿರವಾಗಿರುತ್ತದೆ. ಈ ಬಿಂದುವನ್ನು ನೀಚೋಚ್ಚ (ಪೆರಿಹೆಲಿಯನ್) ಅಥವಾ ಶೀಘ್ರೋಚ್ಚ ಎಂದು ಕರೆಯಲಾಗುತ್ತದೆ ಮತ್ತು ಗ್ರಹವು ಸೂರ್ಯನಿಂದ ಅತ್ಯಂತ ದೂರದಲ್ಲಿರುವ A ಬಿಂದುವನ್ನು ಮಂದೋಚ್ಚ (ಅಫೆಲಿಯನ್) ಅಥವಾ ಉಚ್ಚೋಚ್ಚ ಎಂದು ಕರೆಯಲಾಗುತ್ತದೆ. ಕಕ್ಷೆಯ ಅರ್ಧದೀರ್ಘಾಕ್ಷ OB ಅಥವಾ OA ಇವುಗಳಿಗೆ ಸಮನಾದ ಕರ್ಣ SP ಸೂರ್ಯನಿಂದ ಗ್ರಹದ ಸರಾಸರಿ ದೂರವನ್ನು ಸೂಚಿಸುತ್ತದೆ. (ಕೇಂದ್ರದಿಂದ ನಾಭಿಯ ಅಂತರ/ ಅರ್ಧದೀರ್ಘಾಕ್ಷ) ಅನುಪಾತಕ್ಕೆ ಕಕ್ಷೆಯ ಕೇಂದ್ರಚ್ಯುತಿ ಅಥವಾ ವಿಕೇಂದ್ರತೆ (e) ಎಂದು ಕರೆಯುತ್ತಾರೆ. ಚಿತ್ರದಲ್ಲಿ, e = OS/OB.

a = ದೀರ್ಘವ್ಯಾಸಾರ್ಧ

b = ಹ್ರಸ್ವವ್ಯಾಸಾರ್ಧ ಆಗಿದ್ದರೆ

$e = \sqrt{1 - (b/a)^2}$ ಆಗಿರುತ್ತದೆ

P ಗ್ರಹದ ನಿಜವಾದ ಸ್ಥಾನವನ್ನು ತೋರಿಸುತ್ತದೆ ಮತ್ತು ನೀಚೋಚ್ಚದಿಂದ ಗ್ರಹದ ನಿಜವಾದ ಸ್ಥಾನದ ಕೋನೀಯ ದೂರ (ಚಿತ್ರದಲ್ಲಿ ಕೋನ BSP) ವನ್ನು 'ಶೀಘ್ರಕೇಂದ್ರ' ಎನ್ನುತ್ತಾರೆ.

ಗ್ರಹದ ಕಾಲ್ಪನಿಕ ಸರಾಸರಿ ಸ್ಥಾನವನ್ನು ತೋರಿಸುವ ಕೋನಕ್ಕೆ ಮಂದಕೇಂದ್ರ ಎನ್ನುತ್ತಾರೆ. ಮಂದಕೇಂದ್ರ ಹಾಗೂ ಶೀಘ್ರಕೇಂದ್ರ ಇವುಗಳ ವ್ಯತ್ಯಾಸಕ್ಕೆ ಮಂದಫಲ (ಇಕ್ವೇಶನ್ ಆಫ್ ಸೆಂಟರ) ಎನ್ನುತ್ತಾರೆ. ಇದು ಧನ(+) ಅಥವಾ ಋಣ(-) ವಾಗಿರಬಹುದು..

ಗ್ರಹಗಳ ಕಕ್ಷಾತತ್ತ್ವಗಳು (Orbital Elements)

ಯಾವುದೇ ಕ್ಷಣದಲ್ಲಿ ಗ್ರಹಕಕ್ಷೆಯ ಸೂರ್ಯಕೇಂದ್ರಿತ ಸ್ಥಾನವನ್ನು ಗ್ರಹಗಳ ಕಕ್ಷಾತತ್ತ್ವಗಳೆಂದು ಕರೆಯಲ್ಪಡುವ ಆರು ನಿರ್ದೇಶಾಂಕಗಳಿಂದ ಗುರುತಿಸಲಾಗುತ್ತದೆ. ಅವುಗಳನ್ನು ಅವುಗಳ ಇಂಗ್ಲಿಷ ಅಂಕಿತಾಕ್ಷರಗಳ ಸಹಿತ ಕೆಳಗೆ ಕೊಡಲಾಗಿದೆ. ಉದಾಹೃತ ಗಣಿತಗಳಲ್ಲಿ ಇಂಗ್ಲಿಷ ಅಂಕಿತಾಕ್ಷರಗಳನ್ನೇ ಉಪಯೋಗಿಸಲಾಗುವದು.

1) ಪಾತ N

2) ವಿಕ್ಷೇಪ i

3) ನೀಚ w

4) ಮಧ್ಯಮಾಂತರ a

5) ಕೇಂದ್ರಚ್ಯುತಿ e

6) ಮಂದಕೇಂದ್ರ M

1) **ಪಾತ:** ಇದು ವಸಂತಸಂಪಾತದಿಂದ ಕ್ರಾಂತಿವೃತ್ತದ ಗುಂಟ ಪೂರ್ವಾಭಿಮುಖಿವಾಗಿ ಅಳೆಯಲಾದ ಗ್ರಹದ ಆರೋಹೀ ಪಾತದ ಕೋನೀಯ ಅಂತರವಾಗಿದೆ.

2) **ವಿಕ್ಷೇಪವು** ಕ್ರಾಂತಿವೃತ್ತಕ್ಕೆ ಗ್ರಹಕಕ್ಷೆಯು ಮಾಡಿದ ಏರುಕೋನವಾಗಿದೆ.

3) **ನೀಚ** ಎಂದರೆ ಗ್ರಹಕಕ್ಷೆಯ ಪಾತಳಿಯಲ್ಲಿ ಪೂರ್ವಾಭಿಮುಖಿವಾಗಿ ಅಳೆಯಲಾದ ಗ್ರಹದ ಆರೋಹೀ ಪಾತದಿಂದ ನೀಚೋಚ್ಚದ ಕೋನೀಯ ದೂರ.

4) **ಮಧ್ಯಮಾಂತರವು** ಸೂರ್ಯನಿಂದ ಗ್ರಹದ ಸರಾಸರಿ ಅಂತರವು. ಇದು ಕಕ್ಷೆಯ ದೀರ್ಘ ಅಕ್ಷದ ಅರ್ಧಕ್ಕೆ ಸಮನಾಗಿರುತ್ತದೆ . ಇದನ್ನು ಖಗೋಲೀಯ ಮಾನ (ಖಮಾ) ಗಳಲ್ಲಿ ವ್ಯಕ್ತಪದಿಸಲಾಗುತ್ತದೆ.

5) **ಕೇಂದ್ರಚ್ಯುತಿ** (ವಿಕೇಂದ್ರತೆ)ಯು ಕಕ್ಷೆಯ ಕೇಂದ್ರದಿಂದ ನಾಭಿಯ ಅಂತರ ಹಾಗೂ ಕಕ್ಷೆಯ ದೀರ್ಘವ್ಯಾಸಾರ್ಧ ಇವುಗಳ ಅನುಪಾತವಾಗಿದೆ.

6) **ಮಂದಕೇಂದ್ರವು** ಕಕ್ಷೆಯ ಪಾತಳಿಯಲ್ಲಿ ನೀಚೋಚ್ಚದಿಂದ ಪೂರ್ವಾಭಿಮುಖಿವಾಗಿ ಅಳೆಯಲ್ಪಟ್ಟ ಗ್ರಹದ ಸರಾಸರಿ ಕೋನೀಯ ಅಂತರವಾಗಿದೆ. ಇದು ಗ್ರಹದ ಸರಾಸರಿ ವೇಗದ ಮೇಲೆ ಆಧಾರಿಸಿರುತ್ತದೆ.

ಮಂದಕೇಂದ್ರವನ್ನು ಕಕ್ಷೆಯ ಪಾತಳಿಯಲ್ಲಿಯೂ ಹಾಗೂ ಪಾತವನ್ನು ಕ್ರಾಂತಿವೃತ್ತದ ಪಾತಳಿಯಲ್ಲಿಯೂ ಎರಡು ಬೇರೆ ಬೇರೆ ಪಾತಳಿಗಳಲ್ಲಿ ಅಳೆಯಲಾಗುತ್ತದೆ ಎಂಬುದನ್ನು ಗಮನಿಸಬೇಕು.

ಗ್ರಹಗಳ ಕಕ್ಷಾತತ್ತ್ವಗಳು ಸಮಯದ ಮೇಲೆ ಅವಲಂಬಿಸಿರುವುದರಿಂದ ಅವುಗಳನ್ನು ಜೆ2000 (ಅಂದರೆ 2000 ಜನವರಿ 1, 12:00) ದಿಂದ ಕಳೆದ ಜೂಲಿಯನ್ ದಿನಗಳ ಸಂಖ್ಯೆ ದಿನಗಣ (ದಿ) ದ ಆಧಾರದಿಂದ ಗಣನೆ ಮಾಡಬೇಕಾಗುವುದು.

ದಿನಗಣ (ದಿ) ದ ಯೋಗ್ಯ ಮೌಲ್ಯವನ್ನು ಉಪಯೋಗಿಸಿ ಕೆಳಗೆ ನಮೂದಿಸಿದ ಸೂತ್ರಗಳಿಂದ ಇಚ್ಛಿತ ಕ್ಷಣದ ವಿವಿಧ ಗ್ರಹಗಳ ಕಕ್ಷಾತತ್ತ್ವಗಳನ್ನು ಪಡೆಯಬಹುದು.

ಬುಧ - ಕಕ್ಷೀಯ ತತ್ತ್ವ

N = ಚಕ್ರಶುದ್ಧ (48.33134869 + 3.245870E-05* ದಿ)

i = 7.00470007 + (5.000000E-08)* ದಿ

w = ಚಕ್ರಶುದ್ಧ (29.12411522 + (1.014400E-05)* ದಿ)

a = 0.38709800

e = ಚಕ್ರಶುದ್ಧ (0.20563500 + (5.930000E-10)* ದಿ)

M = ಚಕ್ರಶುದ್ಧ (174.79470166 + 4.09233444* ದಿ)

ಶುಕ್ರ - ಕಕ್ಷೀಯ ತತ್ತ್ವ

N = ಚಕ್ರಶುದ್ಧ (76.67993699 + 2.465900E-05* ದಿ)

i = 3.39460004 + (2.750000E-08)* ದಿ

w = ಚಕ್ರಶುದ್ಧ (54.89102076 + (1.383740E-05)* ದಿ)

a = 0.72333000

e = ಚಕ್ರಶುದ್ಧ (0.00677300 + (-1.302000E-09)* ದಿ)

M = ಚಕ್ರಶುದ್ಧ (50.40839534 + 1.60213022* ದಿ)

ಕುಜ - ಕಕ್ಷೀಯ ತತ್ತ್ವ

N = ಚಕ್ರಶುದ್ಧ (49.55743166 + 2.110810E-05* ದಿ)

i = 1.84969997 + (-1.780000E-08)* ದಿ

w = ಚಕ್ರಶುದ್ಧ (286.50164394 + (2.929610E-05)* ದಿ)

a = 1.52368800

e = ಚಕ್ರಶುದ್ಧ (0.09340500 + (2.516000E-09)* ದಿ)

M = ಚಕ್ರಶುದ್ಧ (19.38813116 + 0.52402078* ದಿ)

ಗುರು - ಕಕ್ಷೀಯ ತತ್ವ

N = ಚಕ್ರಶುದ್ಧ (100.45424153 + 2.768540E-05* ದಿ)

i = 1.30299977 + (-2.557000E-07)* ದಿ

w = ಚಕ್ರಶುದ್ಧ (273.87772468 + (1.645050E-05)* ದಿ)

a = 5.20256000

e = ಚಕ್ರಶುದ್ಧ (0.04849801 + (4.469000E-09)* ದಿ)

M = ಚಕ್ರಶುದ್ಧ (20.01962795 + 0.08308530* ದಿ)

ಶನಿ - ಕಕ್ಷೀಯ ತತ್ವ

N = ಚಕ್ರಶುದ್ಧ (113.66343585 + 2.389800E-05* ದಿ)

i = 2.48859984 + (-1.081000E-07)* ದಿ

w = ಚಕ್ರಶುದ್ಧ (339.39394465 + (2.976610E-05)* ದಿ)

a = 9.55475000 + (0.000000E+00)* ದಿ

e = ಚಕ್ರಶುದ್ಧ (0.05554599 + (-9.499000E-09)* ದಿ)

M = ಚಕ್ರಶುದ್ಧ (317.01716634 + 0.03344423* ದಿ)

ಯುರೆನಸ್ - ಕಕ್ಷೀಯ ತತ್ವ

N = ಚಕ್ರಶುದ್ಧ (74.00052097 + 1.397800E-05* ದಿ)

i = 0.77330003 + (1.900000E-08)* ದಿ

w = ಚಕ್ರಶುದ್ಧ (96.66124585 + (3.056500E-05)* ದಿ)

a = 19.18170998 + (-1.550000E-08)* ದಿ

e = ಚಕ್ರಶುದ್ಧ (0.04731801 + (7.450000E-09)* ದಿ)

M = ಚಕ್ರಶುದ್ಧ (142.60808871 + 0.01172581* ದಿ)

ನೆಪ್ಚೂನ್ - ಕಕ್ಷೀಯ ತತ್ವ

N = ಚಕ್ರಶುದ್ಧ (131.78064526 + 3.017300E-05* ದಿ)

i = 1.76999962 + (-2.550000E-07)* ದಿ

w = ಚಕ್ರಶುದ್ಧ (272.84609096 + (-6.027000E-06)* ದಿ)

a = 30.05826005 + (3.313000E-08)* ದಿ

e = ಚಕ್ರಶುದ್ಧ (0.00860600 + (2.150000E-09)* ದಿ)

M = ಚಕ್ರಶುದ್ಧ (260.25609272 + 0.00599515* ದಿ)

ಕೆಪ್ಲರ್ ವಿಧಾನದಿಂದ ಗ್ರಹಸಾಧನೆ

ಯಾವುದೇ ಗ್ರಹದ ಸ್ಥಾನವನ್ನು ಲೆಕ್ಕಹಾಕಲು ಪ್ರಾರಂಭಿಸುವ ಮೊದಲು, ಕ್ಷೇಪಕ ಜೆ2000ದಿಂದ ಕಳೆದ ದಿನಗಣ(ದಿ), ತೃರ್ಯ್ಯಕ್ಯ, ಅಯನಚಲನ ಹಾಗೂ ನ್ಯುಟೇಶನ ಇತ್ಯಾದಿಗಳ ಮೌಲ್ಯಗಳನ್ನು ಗಣನೆ ಮಾಡಿ ನಂತರ ಮುಂದೆ ವಿವರಿಸಿದ ರೀತಿಯಲ್ಲಿ ಹಂತ ಹಂತವಾಗಿ ಮುಂದುವರೆಯಬೇಕು..

ಹಂತ 1: ಇಚ್ಛಿತ ಕ್ಷಣದಲ್ಲಿಯ ಕಕ್ಷಾತತ್ವಗಳನ್ನು ತೆಗೆಯಬೇಕು. ಇವುಗಳು 360 ಅಂಶಕ್ಕಿಂತ ಹೆಚ್ಚು ಅಥವಾ ಋಣಾತ್ಮಕ(-) ಆಗಿದ್ದರೆ ಅವುಗಳ ಚಕ್ರಶುದ್ಧ ಮೌಲ್ಯಗಳನ್ನು ಸಂಪಾದಿಸಬೇಕು.

ಹಂತ 2: ಸಹಾಯಕ ಕೋನ E ವನ್ನು ತೆಗೆಯಬೇಕು. ಈ ಕಾರ್ಯವು ಸ್ವಲ್ಪ ಕಠಿಣವಾದ ಕಾರಣ ಇದರ ಬಗ್ಗೆ ಹೆಚ್ಚಿನ ವಿವರಣೆಯನ್ನು ಕೊಡಲಾಗಿದೆ. ಚಿತ್ರವನ್ನು ನಿರೀಕ್ಷಿಸಿರಿ.

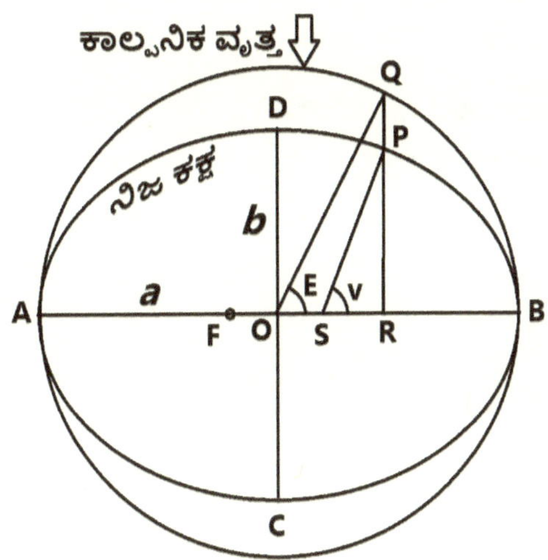

AB ಮತ್ತು CD ದೀರ್ಘವೃತ್ತಾಕಾರದ ಕಕ್ಷೆಯ ಅಕ್ಷಗಳಾಗಿವೆ. S ನಾಭಿಯಲ್ಲಿ ಸೂರ್ಯನಿದ್ದಾನೆ. P ಬಿಂದುವು ಗ್ರಹದ ನಿಜವಾದ ಸ್ಥಾನವಿದ್ದು ಕೋನ BSP ಶೀಘ್ರಕೇಂದ್ರವಾಗಿದೆ. AB ವ್ಯಾಸದ ಮೇಲೆ ಒಂದು ಕಾಲ್ಪನಿಕ ವೃತ್ತವನ್ನು ಎಳೆಯಲಾಗಿದೆ. P ಮೂಲಕ ಎಳೆದ ABಗೆ ಲಂಬವಾದ ರೇಖೆಯು AB ಯನ್ನು R ದಲ್ಲಿ ಮತ್ತು ಕಾಲ್ಪನಿಕ ವೃತ್ತವನ್ನು Qದಲ್ಲಿ ಕೂಡುವದು. ಕೋನ QOB = E ಇದೊಂದು ಸಹಾಯಕ ಕೋನವಾಗಿದೆ. ಇದಕ್ಕೆ ಎಕ್ಸೆಂಟ್ರಿಕ್ ಅನಾಮಲಿ ಎನ್ನುತ್ತಾರೆ.

ಸಹಾಯಕ ಕೋನ E, ಮಂದಕೇಂದ್ರ M ಮತ್ತು ಕೇಂದ್ರಚ್ಯುತಿ e ನಡುವಿನ ಸಂಬಂಧವು ಹೀಗೆ ಇದೆ.

$$E = M + e \sin E$$

ಇದಕ್ಕೆ ಕೆಪ್ಲರ ಸಮೀಕರಣ ಎನ್ನುತ್ತಾರೆ.

ಈ ಸಮೀಕರಣವು ನೋಡಲು ಸರಳವಾಗಿ ಕಂಡರೂ ಅದನ್ನು ಬಿಡಿಸುವದು ಸುಲಭಸಾಧ್ಯವಲ್ಲ. ಅದಕ್ಕಾಗಿ ಆವರ್ತೀಗಣಿತ (ಇಟರೇಶನ್) ವಿಧಾನವನ್ನು ಅವಲಂಬಿಸಬೇಕಾಗುತ್ತದೆ. ಇದರ ಬಗ್ಗೆ ವಿಸ್ತೃತ ವಿವರಣೆಯನ್ನು ಅಧ್ಯಾಯ 3 ರಲ್ಲಿ ಕೊಡಲಾಗಿದೆ. ಈ ಪ್ರಕಾರ ಸಹಾಯಕ ಕೋನ E ದ ಮೌಲ್ಯವನ್ನು ಸಂಪಾದಿಸಬೇಕು.

ಹಂತ 3. ರವಿಕೇಂದ್ರಿತ ಕಕ್ಷೀಯ ನಿರ್ದೇಶಾಂಕಗಳು

ಮೇಲಿನ ಚಿತ್ರದಲ್ಲಿ ಸೂರ್ಯನನ್ನು ಕೇಂದ್ರದಲ್ಲಿ ಇರಿಸಿದರೆ

X ನಿರ್ದೇಶಾಂಕ = SR

Y ನಿರ್ದೇಶಾಂಕ = RP

ಕರ್ಣ = SP = $\sqrt{(SR^2 + RP^2)}$

ಈಮೊದಲು ಸಂಪಾದಿಸಿದ ಕೇಂದ್ರಚ್ಯುತಿ e ಮತ್ತು ಸಹಾಯಕ ಕೋನ E ಗಳನ್ನು ಉಪಯೋಗಿಸಿ ರವಿಕೇಂದ್ರಿತ ಕಕ್ಷೀಯ ಆಯತಾಕಾರ ನಿರ್ದೇಶಾಂಕಗಳು x, y, ಕರ್ಣ (radius vector) r ಮತ್ತು ಶೀಘ್ರಕೇಂದ್ರ (True Anomaly) v ಇವುಗಳನ್ನು ಕೆಳಗಿನ ಸೂತ್ರಗಳಿಂದ ಪಡೆಯಬೇಕು.

x = a*(cos(E)- e)

y = a*sin(E)*$\sqrt{(1 - e^2)}$

ಶೀಘ್ರಕೇಂದ್ರ v = atan2(y, x)

ರವಿಕೇಂದ್ರಿಯ ದೂರ (ಖಗೋಲೀಯ ಮಾನಗಳಲ್ಲಿ)

ಕರ್ಣ r = $\sqrt{(x^2 + y^2)}$

ಶೀಘ್ರಕೇಂದ್ರವು ಕಕ್ಷಾಪಾತಳಿಯಲ್ಲಿಯ ಶೀಘ್ರೋಚ್ಚದಿಂದ ಗ್ರಹದ ನಿಜವಾದ ಅಂತರವು.

ಹಂತ 3: ರವಿಕೇಂದ್ರಿತ ಕ್ರಾಂತಿವೃತ್ತೀಯ ಆಯತಾಕಾರ ನಿರ್ದೇಶಾಂಕಗಳು

ಮೇಲೆ ಸಂಪಾದಿಸಿದ N, v, ಮತ್ತು w ಗಳನ್ನು ಉಪಯೋಗಿಸಬೇಕು.

xh = r * [cos (N)* cos (v+w) − sin (N)* sin (v+w) *cos(i)]

yh = r * [sin (N)* cos (v+w) + cos (N)* sin (v+w) *cos(i)]

zh = r * sin (v+w) * sin (i)

ರವಿಕೇಂದ್ರಿತ ಕ್ರಾಂತಿವೃತ್ತೀಯ ಧ್ರುವೀಯ ನಿರ್ದೇಶಾಂಕಗಳು

ಕರ್ಣ r = ವರ್ಗಮೂಲ (xh² + yh² + zh²)

ಭೋಗೆ Lh = {atan2 (yh, xh)}

ಶರ Bh = atan2 {zh, sqrt (xh² + yh²)}

(v + w) ಇದು ಗ್ರಹದ ನಿಜವಾದ ಭೋಗವು. v ಯನ್ನು ಕಕ್ಷಾಪಾತಳಿಯಲ್ಲಿ ಮತ್ತು w ವನ್ನು ಕ್ರಾಂತಿವೃತ್ತದ ಪಾತಳಿಯಲ್ಲಿ ಅಳೆಯಲಾಗುತ್ತದೆ.

ಇಲ್ಲಿ ಕರ್ಣ r ಹಂತ 3 ರರಲ್ಲಿರುವದೇ ಆಗಿರುತ್ತದೆ. ಬೇಕೆಂದರೆ ಇದನ್ನು ಮೊದಲು ಲೆಕ್ಕ ಮಾಡಿದ ಮೂಲ್ಯ ಚೆಕ್ ಮಾಡಲು ಉಪಯೋಗಿಅಬಹುದು.

ರವಿಕೇಂದ್ರಿತ ನಿರ್ದೇಶಾಂಕಗಳಿಗೆ ವ್ಯವಹಾರಿಕ ಮಹತ್ವವಿಲ್ಲ.

ಗ್ರಹಗಳ ಕ್ಷೋಭಗಳು

ಗ್ರಹಗಳ ಚಲನೆಗಳು ಕೆಪ್ಲರನ ನಿಯಮವನ್ನು ಕಟ್ಟುನಿಟ್ಟಾದ ಅರ್ಥದಲ್ಲಿ ಅನುಸರಿಸುವದಿಲ್ಲ. ಸೈದ್ಧಾಂತಿಕವಾಗಿ ಗ್ರಹಗಳು ಸೂರ್ಯನ ಗುರುತ್ವಾಕರ್ಷಣ ಶಕ್ತಿಗೆ ಮಾತ್ರ ಒಳಗಾಗಿದ್ದರೆ ಕೆಪ್ಲರನ ನಿಯಮವನ್ನು ಅನುಸರಿಸುತ್ತಿದ್ದವು. ಆದರೆ ಅದು ಹಾಗೆ ಇಲ್ಲ. ಗುರು, ಶನಿ ಮತ್ತು ಯುರೇನಸ್ ನಂತಹ ವಿಶಾಲ ಗ್ರಹಗಳ ಗುರುತ್ವಾಕರ್ಷಣ ಬಲಗಳು ಪರಸ್ಪರ ಚಲನೆಯ ಮೇಲೆ ಮತ್ತು ಇತರ ಸಣ್ಣ ಗ್ರಹಗಳ ಚಲನೆಯ ಮೇಲೂ ಪರಿಣಾಮ ಬೀರುತ್ತವೆ. ಇತರ ಗ್ರಹಗಳ ಗುರುತ್ವಾಕರ್ಷಣ ಶಕ್ತಿಯಿಂದಾಗಿ ಗ್ರಹಗಳ ಚಲನೆಯಲ್ಲಿಆಗುವ ಅನಿಯಮಿತತೆಯನ್ನು 'ಕ್ಷೋಭ' ಎಂದು ಕರೆಯಲಾಗುತ್ತದೆ. ಬುಧ, ಶುಕ್ರ, ಮಂಗಳನ ವಿಷಯದಲ್ಲಿ ಕ್ಷೋಭದ ಪರಿಣಾಮವನ್ನು ನಿರ್ಲಕ್ಷಿಸಬಹುದು ಆದರೆ, ಗುರು, ಶನಿ ಮತ್ತು ಯುರೇನಸ್ ಗ್ರಹಗಳ ಸ್ಥಾನಕ್ಕಾಗಿ ಇದರ ಪರಿಣಾಮಗಳನ್ನು ಪರಿಗಣಿಸದಿದ್ದರೆ ಅಗತ್ಯವಿರುವ ನಿಖರತೆಯನ್ನು ಪಡೆಯಲು ಸಾಧ್ಯವಿಲ್ಲ. ಆದುದರಿಂದ ಮುಂದಿನ ಲೆಕ್ಕಾಚಾರಗಳನ್ನು ಮಾಡುವ ಮೊದಲು ಗ್ರಹಗಳ ರವಿಕೇಂದ್ರಿತ ನಿರ್ದೇಶಾಂಕಗಳಿಗೆ ಈ ಕೆಳಗಿನ ಕ್ಷೋಭಸಂಸ್ಕಾರದ ತಿದ್ದುಪಡೆಗಳನ್ನು ಮಾಡಬೇಕು.

ಗುರು, ಶನಿ ನೆಪ್ಚೂನ್ ಗಳ ಕ್ಷೋಭ ಸಂಸ್ಕಾರಗಳು.

ಮೊದಲಿಗೆ ಮೂರು ಗ್ರಹಗಳ ಮಂದಕೇಂದ್ರಗಳನ್ನು ತೆಗೆಯಬೇಕು

ಗುರುವಿನ ಮಂದಕೇಂದ್ರ

Mj = ಚಕ್ರಶುದ್ಧ (20.01962795 + 0.0830853001 * ದಿ)

ಶನಿಯ ಮಂದಕೇಂದ್ರ

Ms = ಚಕ್ರಶುದ್ಧ (317.01716634 +0.0334442282* ದಿ)

ಯುರೇನಸ್ ಮಂದಕೇಂದ್ರ

Mu = ಚಕ್ರಶುದ್ಧ (142.60808871 + 0.011725806 * ದಿ)

ಈ ಉಪಕರಣಗಳನ್ನು ಬಳಸಿ ಕ್ಷೋಭ-ಸಂಸ್ಕಾರದ ಸರಣಿಗಳನ್ನು ತಯಾರಿಸಲಾಗಿದೆ.

ಗುರುವಿನ ಸೂರ್ಯಕೇಂದ್ರೀಯ ಭೋಗದ ಸಂಸ್ಕಾರ

j1 = -0.332 * sin(2*Mj – 5*Ms – 67.6)

j2 = -0.056 * sin(2*Mj – 2*Ms + 21.0)

j3 = 0.042 * sin(3*Mj – 5*Ms + 21.0)

j4 = -0.036 * sin(Mj – 2*Ms)

j5 = 0.022 * cos(Mj – Ms)

j6 = 0.023 * sin(2*Mj – 3*Ms + 52.0)

j7 = -0.016 * sin(Mj – 5*Ms – 69.0)

ಗುರುವಿನ ಭೋಗ ಸಂಸ್ಕಾರ = j1+j2+j3+j4+j5+j6+j7

ಶನಿಯ ಸೂರ್ಯಕೇಂದ್ರೀಯ ಭೋಗದ ಸಂಸ್ಕಾರ

s1 = 0.812 * sin(2*Mj – 5*Ms – 67.6)

s2 = -0.229 * cos(2*Mj – 4*Ms – 2.0)

s3 = 0.119 * sin(Mj – 2*Ms – 3.0)

s4 = 0.046 * sin(2*Mj – 6*Ms – 69.0)

s5 = 0.014 * sin(Mj – 3*Ms + 32.0)

ಶನಿಯ ಭೋಗ ಸಂಸ್ಕಾರ = s1+s2+s3+s4+s5

ಶನಿಯ ಸೂರ್ಯಕೇಂದ್ರೀಯ ಶರಕ್ಕಾಗಿ ಸಂಸ್ಕಾರ

s6 = 0.018 * sin(2*Mj – 6*Ms – 49.0)

s7 = -0.020 * cos(2*Mj - 4*Ms - 2.0)

ಶನಿಯ ಒಟ್ಟು ಶರ -ಸಂಸ್ಕಾರ = s6+s7

ಯುರೆನಸ್ ದ ಸೂರ್ಯಕೇಂದ್ರೀಯ ಭೋಗದ ಸಂಸ್ಕಾರ

u1 = 0.040 * sin(Ms - 2*Mu + 6.0)

u2 = 0.035 * sin(Ms - 3*Mu + 33.0)

u3 = -0.015 * sin(Mj - Mu + 20.0)

ಯುರೆನಸ್ ದ ಭೋಗ ಸಂಸ್ಕಾರ = u1+u2+u3

ಹೀಗೆ ಸಂಪಾದಿಸಿದ ತಿದ್ದುಪಡೆಗಳನ್ನು ಮೊದಲೇ ತೆಗೆದ ಆಯಾ ಗ್ರಹಗಳ ರವಿಕೇಂದ್ರಿತ ನಿರ್ದೇಶಾಂಕ xh, yh, zh ಗಳಿಗೆ ಅನ್ವಯಿಸಿ ಹೊಸ xh, yh, zh ಗಳನ್ನು ತೆಗೆದುಕೊಂಡು ಗಣಿತವನ್ನು ಮುಂದುವರಿಸಬೇಕು.

ಹಂತ 4: ಭೂಕೇಂದ್ರಿತ ಕ್ರಾಂತಿವೃತ್ತೀಯ ನಿರ್ದೇಶಾಂಕಗಳು

3ನೇ ಹಂತದಲ್ಲಿ ಪಡೆದ ಗ್ರಹಗಳ ರವಿಕೇಂದ್ರಿತ ಕ್ರಾಂತಿವೃತ್ತೀಯ ನಿರ್ದೇಶಾಂಕಗಳನ್ನು ಸೂರ್ಯನ ಭೂಕೇಂದ್ರಿತ ಕ್ರಾಂತಿವೃತ್ತೀಯ ನಿರ್ದೇಶಾಂಕಗಳಲ್ಲಿ ಕೂಡಿಸಲಾಗಿ ಗ್ರಹದ ಭೂಕೇಂದ್ರಿತ ಆಯತಾಕಾರದ ನಿರ್ದೇಶಾಂಕಗಳನ್ನು ಪಡೆಯಲಾಗುತ್ತದೆ. ಸೂರ್ಯನ ಆಯತಾಕಾರ-ನಿರ್ದೇಶಾಂಕ x_{sun} y_{sun} Z_{sun} ಗಳನ್ನು ಮೊದಲೇ ಲೆಕ್ಕಹಾಕಿ ಇಟ್ಟಿರಬೇಕು.

ಗ್ರಹಗಳ ಭೂಕೇಂದ್ರಿತ ಆಯತಾಕಾರದ ನಿರ್ದೇಶಾಂಕಗಳು:

xe = x_{sun} + xh

ye = y_{sun} + yh

ze = Z_{sun} + zh

ಹಂತ 5: ಭೂಕೇಂದ್ರಿತ ಕ್ರಾಂತಿವೃತ್ತೀಯ ಗೋಲೀಯ ನಿರ್ದೇಶಾಂಕಗಳು:

ಕರ್ಣ r = ವರ್ಗಮೂಲ (xe² + ye² + ze²)

ಮಧ್ಯಮ ಭೋಗ = atan2 (ye, xe)

ಸ್ಪಷ್ಟ ಭೋಗಕ್ಕಾಗಿ ನ್ಯುಟೇಶನ ಸೇರಿಸಬೇಕಾಗುವದು.

ಸ್ಪಷ್ಟ ಭೋಗ = ಮಧ್ಯಮ ಭೋಗ + ಭೋಗದ ನ್ಯುಟೇಶನ

ಶರ = atan2 {ze, sqrt (xe² + ye²)} (ನ್ಯುಟೇಶನ ಪ್ರಭಾವವಿಲ್ಲ)

ಮೇಲೆ ಕಾಣಿಸಿದ ಭೋಗ ಮತ್ತು ಶರ ಇವು ಹೆಚ್ಚು ಪ್ರಾಯೋಗಿಕ ಮಹತ್ವವನ್ನು ಹೊಂದಿವೆ. ಇವುಗಳನ್ನು ಪಂಚಾಂಗಗಳಲ್ಲಿ ಕೊಡಲಾಗಿರುತ್ತದೆ.

ಹಂತ 6: ಭೂಕೇಂದ್ರಿತ ವಿಷುವವೃತ್ತೀಯ ನಿರ್ದೇಶಾಂಕಗಳು

ಭೂಕೇಂದ್ರಿತ ವಿಷುವವೃತ್ತೀಯ ನಿರ್ದೇಶಾಂಕಗಳು ಗ್ರಹಗಳ ಉದಯಾಸ್ತ, ಸೂರ್ಯೋದಯ, ಸೂರ್ಯಾಸ್ತ, ಗ್ರಹಣಗಳು ಮುಂತಾದ ಅನೇಕ ಖಗೋಲೀಯ ಗಣಿತಗಳಿಗೆ ಅನುಕೂಲಕರವಾಗಿವೆ.

5ಯ ಹಂತದಲ್ಲಿ ಪಡೆದ ಕ್ರಾಂತಿವೃತ್ತೀಯ ನಿರ್ದೇಶಾಂಕಗಳನ್ನು ಈ ಕೆಳಗಿನ ಸೂತ್ರಗಳನ್ನು ಬಳಸಿಕೊಂಡು ವಿಷುವವೃತ್ತೀಯಗಳಲ್ಲಿ ಪರಿವರ್ತಿಸಬಹುದು.

ವಿಷುವಾಂಶ(RA)　 = ಚಕ್ರಶುದ್ಧ [atan2{sin(ಭೋಗ)*cos(ತೈರ್ಯಕ್ಯ)

　　　　　　　　　 - tan(ಶರ)*sin(ತೈರ್ಯಕ್ಯ),cos(ಭೋಗ)}]

ಕ್ರಾಂತಿ(Decl)　　 = asin{sin(ಶರ)*cos(ತೈರ್ಯಕ್ಯ)

　　　　　　　　　 + cos(ಶರ)*sin(ತೈರ್ಯಕ್ಯ)*sin(ಭೋಗ)}

ಹಂತ 7. ಸ್ಥಳೀಯ ನಿರ್ದೇಶಾಂಕಗಳು, ದಿಗಂಶ ಮತ್ತು ಉನ್ನತಾಂಶ

ಸ್ಥಳೀಯ ನಿರ್ದೇಶಾಂಕ ದಿಗಂಶ ಮತ್ತು ಉನ್ನತಾಂಶಗಳು ವಿಷುವಾಂಶ, ಕ್ರಾಂತಿ ಮತ್ತು ಸ್ಥಾನಿಕ ನಾಕ್ಷತ್ರ ಸಮಯಳನ್ನು ಬಳಸಿ ನಿಮ್ಮ ಸೂತ್ರಗಳಿಂದ ಪಡೆಯಬಹುದು.

ಹೋರಾಂಶ = ಸ್ಥಾನಿಕ ನಾಕ್ಷತ್ರ ಸಮಯ - ವಿಷುವಾಂಶ

ದಿಗಂಶ (ಅಝಿಮಥ್)= ಚಕ್ರಶುದ್ಧ [180+atan2{sin(ಹೋರಾಂಶ),

(cos(ಹೋರಾಂಶ)*sin(ಅಕ್ಷಾಂಶ) - tan(ಕ್ರಾಂತಿ)*cos(ಅಕ್ಷಾಂಶ)) }]

ಉನ್ನತಾಂಶ (ಆಲ್ಟಿಟ್ಯೂಡ) = asn[sin(ಅಕ್ಷಾಂಶ)*sin(ಕ್ರಾಂತಿ)

+ cos(ಅಕ್ಷಾಂಶ)*cos(ಕ್ರಾಂತಿ)*cs(ಹೋರಾಂಶ)]

ಉನ್ನತಾಂಶವು (-) ಋಣಾತ್ಮಕವಾಗಿದ್ದಲ್ಲಿ ವಸ್ತುವು ಕ್ಷಿತಿಜದ ಕೆಳಗೆ ಅದೃಶ್ಯವಿರುವದು.

8. ಗ್ರಹಗಳ ಕಲೆಗಳು.

ಚಂದ್ರನ ಕಲೆಗಳಂತೆಯೇ ಅಂತರ್ಗ್ರಹಗಳಾದ ಶುಕ್ರ ಮತ್ತು ಬುಧ ಕಲೆಗಳನ್ನು ಪ್ರದರ್ಶಿಸುತ್ತವೆ. ಆದರೆ ಅವುಗಳನ್ನು ಬರಿಗಣ್ಣಿನಿಂದ ನೋಡುವದು ಸಾಧ್ಯವಿಲ್ಲ. ಅದಕ್ಕಾಗಿ ದೂರದರ್ಶಕವನ್ನೇ ಉಪಯೋಗಿಸಬೇಕಾಗುವದು. ಗ್ರಹಗಳ ಸೂರ್ಯಾಭಿಮುಖ ಅರ್ಧ ಭಾಗವು ಯಾವಾಗಲೂ ಪ್ರಕಾಶಿತವಾಗಿದ್ದರೂ ಭೂಮಿಯ ಮೇಲೆ ಬೇರೆ ಬೇರೆ ಸಮಯಗಳಲ್ಲಿ ಸೂರ್ಯ ಮತ್ತು ಅವುಗಳ

ಸ್ಥಾನಗಳಿಗೆ ಅನುಗುಣವಾಗಿ ಗ್ರಹಗಳ ಕಲೆಗಳು ತೋರಿ ಬರುತ್ತವೆ. ಕಲೆಯ ಪ್ರಮಾಣವನ್ನು ದೃಶ್ಯ ಪ್ರಕಾಶಿತ ಭಾಗದ ಅನುಪಾತ ಅಥವಾ ಪ್ರತಿಶತದಲ್ಲಿ ಹೇಳಲಾಗುತ್ತದೆ.

ಕಲೆಯ ಪ್ರಮಾಣವನ್ನು ಸೂರ್ಯ, ಪೃಥ್ವಿ ಮತ್ತು ಗ್ರಹಗಳ ಪರಸ್ಪರ ಅಂತರಗಳ ಮುಖಾಂತರ ಗಣನೆ ಮಾಡಲಾಗುತ್ತದೆ. ಸಂಬಂಧಿತ ಚಿತ್ರವನ್ನು ನಿರೀಕ್ಷಿಸಿ.

ಬಹಿರ್ಗ್ರಹಗಳ ಕಲೆಗಳು

ಬಹಿರ್ಗ್ರಹಗಳು ದೂರದಲ್ಲಿರುವ ಕಾರಣ ಅವುಗಳ ಕಲೆಗಳು ಯಾವಾಗಲೂ 83% ಕಿಂತ ಹೆಚ್ಚು ಇರುತ್ತವೆ. ಮಂಗಳದ ಕಲೆ 83%, ಗುರುವಿನ ಕಲೆ ೯8% ಮತ್ತು ಶನಿಗ್ರಹದ ಕಲೆ ೯೯% ಗಿಂತ ಕಡಿಮೆ ಇರುವದಿಲ್ಲ.

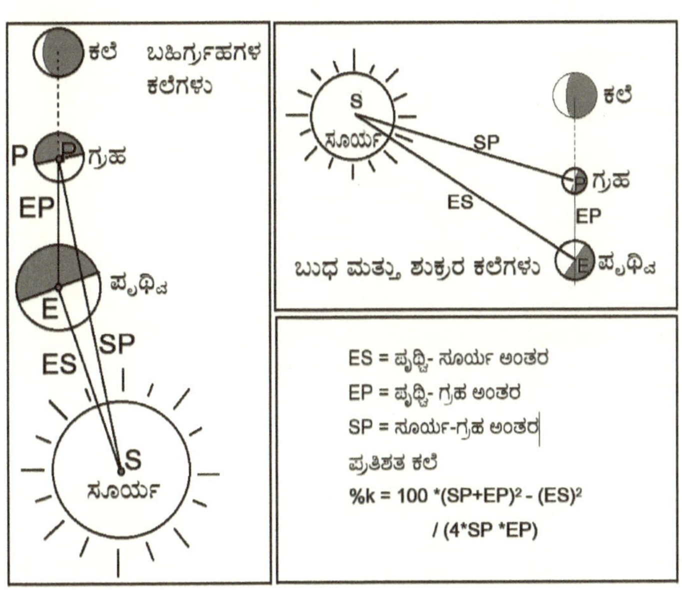

ಪ್ಲೂಟೊದ ಸ್ಥಾನನಿರ್ಣಯ

ಪ್ಲೂಟೊವನ್ನು ಇತ್ತೀಚೆಗೆ ಗ್ರಹಗಳ ಯಾದಿಯಿಂದ ತೆಗೆದು ಹಾಕಲಾಗಿದೆ. ಆದರೂ ಅನೇಕ ಪಂಚಾಂಗಗಳು ಪ್ಲೂಟೊವನ್ನು ಒಳಗೊಂಡಿರುತ್ತವೆ. ಪ್ಲೂಟೊದ ಸ್ಥಾನವನ್ನು ಲೆಕ್ಕಹಾಕುವ ವಿಧಾನವನ್ನು ಕೆಳಗೆ ವಿವರಿಸಲಾಗಿದೆ.

ಹಂತ 1. ಮೊದಲು ಸಹಾಯಕ ಕೋನ s ಮತ್ತು p ತೆಗೆಯಬೇಕು.

s = ಚಕ್ರಶುದ್ಧ (50.08018875 + 0.033459652* ದಿ

p = ಚಕ್ರಶುದ್ಧ (238.95594788 + 0.003968789* ದಿ)

ಹಂತ 2. ಮೇಲಿನ ಮೌಲ್ಯಗಳಾದ s ಮತ್ತು p ಗಳನ್ನು ಬಳಸಿಕೊಂಡು ರವಿಕೇಂದ್ರೀಯ ಭೋಗ, ಶರ ಮತ್ತು ಕರ್ಣಗಳನ್ನು ಕೆಳಗೆ ಕಾಣಿಸಿದ ಸರಣಿಗಳಿಂದ ಪಡೆಯಬೇಕು.

ಪ್ಲೂಟೊದ ಭೋಗ ಸರಣಿ

a1 = 238.95081054 + 0.00400703* ದಿ

a2 = - 19.799 * sin(p)

a3 = 19.848 * cos(p)

a4 = 0.897 * sin(2*p)

a5 = - 4.956 * cos(2*p)

a6 = 0.610 * sin(3*p)

a7 = 1.211 * cos(3*p)

a8 = - 0.341 * sin(4*p)

a9 = - 0.190 * cos(4*p)

a10 = 0.128 * sin(5*p)

a11 = - 0.034 * cos(5*p)

a12 = - 0.038 * sin(6*p)

a13 = 0.031 * cos(6*p)

a14 = 0.020 * sin(s-p)

a15 = - 0.010 * cos(s-p)

ಪ್ಲೂಟೋ ರವಿಕೇಂದ್ರೀಯ ಕಕ್ಷೆಯ ಭೋಗ lon = a1+a2....+a15

ಪ್ಲೂಟೋ ರವಿಕೇಂದ್ರೀಯ ಕಕ್ಷೆಯ ಶರದ ಸರಣಿ

b1 = - 3.9082

b2 = - 5.453 * sin(p)

b3 = - 14.975 * cos(p)

b4 = 3.527 * sin(2*p)

b5 = 1.673 * cos(2*p

b6 = - 1.051 * sin(3*p)

b7 = 0.328 * cos(3*p)

b8 = 0.179 * sin(4*p)

b9 = - 0.292 * cos(4*p)

b10 = 0.019 * sin(5*p)

b11 = 0.100 * cos(5*p)

b12 = - 0.031 * sin(6*p)

b13 = - 0.026 * cos(6*p)

b14 = 0.011 * cos(s-p)

ಪ್ಲೂಟೋ ರವಿಕೇಂದ್ರೀಯ ಕಕ್ಷೆಯ ಶರ

lat = b1+b2+....+b13+b14

ಪ್ಲೂಟೋ ರವಿಕೇಂದ್ರೀಯ ಕಕ್ಷೆಯ ಕರ್ಣ ದ ಸರಣಿ

c1 = 40.72

c2 = 6.68*sin(p)

c3 = 6.90*cos(p)

c4 = - 1.18*sin(2*p)

c5 = - 0.03*cos(2*p)

c6 = 0.15*sin(3*p)

c7 = - 0.14*cos(3*p)

ಪ್ಲೂಟೋ ರವಿಕೇಂದ್ರೀಯ ಕಕ್ಷೆಯ ಕರ್ಣ r = c1+c2+..+c6+c7

ಹಂತ 3. ಪ್ಲೂಟೋ ರವಿಕೇಂದ್ರೀಯ ನಿರ್ದೇಶಾಂಕಗಳು

xe = r * cos(lat) * cos(lon)

ye = r * sin(lon) * cos(lat)

ze = r * sin(lat)

ಹಂತ 4. ಪ್ಲೂಟೋ ಭೂಕೇಂದ್ರಿತ ಆಯತಾಕಾರ- ನಿರ್ದೇಶಾಂಕಗಳು

xg = xsun + xe

yg = ysun + ye

zg = zsun + ze

ಕರ್ಣ rg = sqrt(xg² + yg² + zg²)

ಹಂತ 5. ಪ್ಲೂಟೋ ಕ್ರಾಂತಿವೃತ್ತೀಯ ನಿರ್ದೇಶಾಂಕಗಳು

ಕರ್ಣ (ದೂರ) r = ವರ್ಗಮೂಲ (xe² + ye² + ze²)

ಮಧ್ಯಮ ಭೋಗ = atan2 (ye, xe)

ಸ್ಪಷ್ಟ ಭೋಗಕ್ಕಾಗಿ ನ್ಯುಟೇಶನ ಸೇರಿಸಬೇಕಾಗುವದು.

ಸ್ಪಷ್ಟ ಭೋಗ = ಮಧ್ಯಮ ಭೋಗ + ಭೋಗದ ನ್ಯುಟೇಶನ

ಶರ = atan2 {ze, sqrt (xe² + ye²)} (ನ್ಯುಟೇಶನ ಪ್ರಭಾವವಿಲ್ಲ)

ಹಂತ 6. ಪ್ಲೂಟೋ- ಭೂಕೇಂದ್ರೀಯ ವಿಷುವವೃತ್ತೀಯ ನಿರ್ದೇಶಾಂಕಗಳು

ವಿಷುವಾಂಶ(RA) = ಚಕ್ರಶುದ್ಧ [atan2{sin(ಭೋಗ)∗cos(ತ್ರೈಯರ್ಕ್ಯ)

   − tan(ಶರ)∗sin(ತ್ರೈಯರ್ಕ್ಯ),cos(ಭೋಗ)}]

ಕ್ರಾಂತಿ(Decl) = asin{sin(ಶರ)∗cos(ತ್ರೈಯರ್ಕ್ಯ) + cos(ಶರ)∗sin(ತ್ರೈಯರ್ಕ್ಯ)∗sin(ಭೋಗ)}

ಅಭ್ಯಾಸ ಉದಾಹರಣ 3.1

ಸ್ಪಷ್ಟಗ್ರಹ ಸಾಧನ, ದಿನಾಂಕ: 10-06-2025 ; **ಸಮಯ :** 00:00 UT

1.   ದಿನಗಣ (J2000 ಕ್ಷೇಪಕದಿಂದ ಕಳೆದ ದಿನಗಳ ಸಂಖ್ಯೆ)

   ದಿನಾರಂಭ ದಿನಗಣ [ದಿ₀] = ವರ್ಷ∗365 + ಪೂರ್ಣಾಂಕ(ವರ್ಷ/4)

   − ಪೂರ್ಣಾಂಕ (ವರ್ಷ/100) + ಪೂರ್ಣಾಂಕ (ವರ್ಷ/400)

   + [N + ದಿನಾಂಕ] − 730485.5

   = 739125 + 506 − 20 + 5 + [161] − 730485.5

   = 9291.500000

   ದಿನಾಂಶ (ದಿನಾರಂಭದಿಂದ ಕಳೆದ ಕಾಲ) = 0.00000000 ಗಂಟೆ = 0.00000000 ದಿನ

   ಡೆಲ್ಟಾಟೇ = 74.66948405 ಸೆಕೆಂಡ = 0.00086423 ದಿನ

   ಸ್ಪಷ್ಟ ದಿನಗಣ [ದಿ] = ದಿ₀ + ದಿನಾಂಶ + ಡೆಲ್ಟಾಟೇ = 9291.50086423

2.   ವಾರ ನಿರ್ಣಯ

ದಿನಗಣ = 9291

ವಾರಕ್ರಮಾಂಕ = ಪೂರ್ಣಾಂಕ (ದಿನಗಣ/ 7)ದ ಅವಶೇಷ = 2; ವಾರ = ಮಂಗಳವಾರ

3. ಅಯನಾಂಶ

ಅಯನಾಂಶ = 23.853 + 3.82447045e-5* ದಿ

= 24°.20835070; = 24°12'30"

4. ಚಂದ್ರಾರ್ಕ ಉಪಕರಣ

ಶತಕಗಣ T = ದಿನಗಣ / 36525 = 0.25438743

Om = ಚಕ್ರಶುದ್ಧ [(450160.398036 − 6962890.5431*T+7.4722*T² + 0.007702*T³ − 0.00005939*T⁴)/3600]

 = 353.02473729

D = ಚಕ್ರಶುದ್ಧ [(1072260.70369 + 1602961601.2090*T − 6.3706* T² + 0.006593*T³ − 0.00003169*T⁴)/3600]

 = 168.20602411

F = ಚಕ್ರಶುದ್ಧ [(335779.526232 + 1739527262.8478*T − 12.7512*T² − 0.001037*T³ + 0.00000417*T⁴)/3600]

 = 253.79103474

LO = ಚಕ್ರಶುದ್ಧ (Om + F) = 246.81577203

Ls = ಚಕ್ರಶುದ್ಧ (LO − D) = 78.60974792

5. ಭೋಗದಲ್ಲಿಯ ನ್ಯುಟೇಶನ್

= {−17.2*sin(Om) − 1.32*sin(2*Ls) −0.23*sin(2*LO) + 0.21*sin(2*Om)}/3600.0

= 0°.00037794

6. ತ್ರೈಯಕ್ಯ (ಕ್ರಾಂತಿವೃತ್ತದ ಏರು ಕೋನ)

ಮಧ್ಯಮ ತ್ರೈಯಕ್ಯ = 23.43927944 − 3.562E-7* ದಿ

= 23°.43596981

ತ್ರೈಯಕ್ಯದ ನ್ಯುಟೇಶನ್

$= \{9.20*\cos(Om)+ 0.57*\cos(2*Ls)$

$+ 0.10*\cos(2*L0)- 0.09*\cos(2*Om)\}/3600$

$= 0°.00234723$

ಸ್ಪಷ್ಟ ತೈರ್ಯಕ್ಯ = ಮಧ್ಯಮ ತೈರ್ಯಕ್ಯ + ನ್ಯುಟೇಶನ್ $= 23°.43831704$

$= 23°26'17"$

6. ಸೂರ್ಯ ಸಾಧನ

ದಿನಗಣ = 9291.50086423; ಭೋಗನ್ಯುಟೇಶನ್ = 0.00037794;

ತೈರ್ಯಕ್ಯ = 23.43831704; ಅಯನಾಂಶ = 24.20835070;

ಕ್ರಾಂತಿವೃತ್ತೀಯ ನಿರ್ದೇಶಾಂಕಗಳು (Ecliptic Coordinates)

ಮಧ್ಯಮ ಭೋಗ (Mean Longitude)

Ls = ಚಕ್ರಶುದ್ಧ (280.461 + 0.9856474* ದಿ) $= 78°.60466893$

ಸೂರ್ಯನ ಮಂದಕೇಂದ್ರ(Mean Anomaly)

Ms = ಚಕ್ರಶುದ್ಧ (357.528 + 0.9856003* ದಿ) $= 155°.23403924$

ಮಂದಫಲ (Equation of centre)

dL =(1.915*sin(Ms)+ 0.020*sin(2*Ms))

$= 0°.78700247$

ಸ್ಪಷ್ಟ ಸಾಯನ ಭೋಗ

L0 = ಚಕ್ರಶುದ್ಧ (Ls + dL) $= 79°.39204933$

ಸ್ಪಷ್ಟ ನಿರಯನ ಭೋಗ = ಸಾಯನ ಭೋಗ – ಅಯನಾಂಶ

$= 55°.18369863 = $ ವೃಷಭ$25°11' 1"$

ಸೂರ್ಯನ ಶರ (ಶೂನ್ಯವೆಂದು ಗಣಿಸಲಾಗಿದೆ) = 0

ವಿಷುವವೃತ್ತೀಯ ನಿರ್ದೇಶಾಂಕಗಳು(Equatorial Coordinates)

ಸೂರ್ಯನ ವಿಷುವಾಂಶ RA = [atan2{sin(ಭೋಗ)*cos(ತೈರ್ಯಕ್ಯ) ,cos(ಭೋಗ)}]

$= 78.46262610$

ಸೂರ್ಯನ ಕ್ರಾಂತಿ = asin[sin(ತೈರ್ಯಕ್ಯ)*sin(ಭೋಗ)]

= 23.01447934

ಸೂರ್ಯನ ಭೂಕೇಂದ್ರೀಯ ದೂರ

r = 1.00014 − 0.01671*cos (Ms) − 0.00014*cos(2*Ms)

 = 1.01522226 AU

ಸೂರ್ಯನ ಭೂಕೇಂದ್ರೀಯ ಆಯತಾಕಾರ ನಿರ್ದೇಶಾಂಕ (ಸಾಯನ ಭೋಗದಿಂದ)

x ಸೂರ್ಯ = r * cos(ಭೋಗ) = 0.18689656 AU

y ಸೂರ್ಯ = r * sin(ಭೋಗ) = 0.99787069 AU

z ಸೂರ್ಯ = 0.0

7. **ಗ್ರಹಗಳ ಕ್ಷೋಭ ಸಂಸ್ಕಾರ**

ಗುರು, ಶನಿ ಮತ್ತುಯುರೆನಸ್ ಗಳ ಮಂದಕೇಂದ್ರಗಳು:

Mj = ಚಕ್ರಶುದ್ಧ (20.01962795 + 0.0830853001* ದಿ) = 72°.00676563

Ms = ಚಕ್ರಶುದ್ಧ (317.01716634 + 0.0334442282* ದಿ) = 267°.76424156

Mu = ಚಕ್ರಶುದ್ಧ (142.60808871 + 0.0117258060* ದಿ) = 251°.55842529

ಗುರುವಿನ ಸೂರ್ಯಕೇಂದ್ರೀಯ ಭೋಗದ ಸಂಸ್ಕಾರ

j1 = −0.332 * sin(2*Mj − 5*Ms − 67.6) = −0°.01394716

j2 = −0.056 * sin(2*Mj − 2*Ms + 21.0) = 0°.01021956

j3 = 0.042 * sin(3*Mj − 5*Ms + 21.0) = −0°.01559807

j4 = −0.036 * sin(Mj − 2*Ms) = 0°.03500213

j5 = 0.022 * cos(Mj − Ms) = −0°.02117324

j6 = 0.023 * sin(2*Mj − 3*Ms + 52.0) = 0°.02121515

j7 = −0.016 * sin(Mj − 5*Ms − 69.0) = −0°.01551211

ಗುರುವಿನ ಭೋಗ ಸಂಸ್ಕಾರ = j1+j2+j3+j4+j5+j6+j7 = 0°.00020626

ಶನಿಯ ಸೂರ್ಯಕೇಂದ್ರೀಯ ಭೋಗದ ಸಂಸ್ಕಾರ

s1 = 0.812 * sin(2*Mj − 5*Ms − 67.6) = 0°.03411173

s2 = −0.229 * cos(2*Mj − 4*Ms − 2.0) = 0°.20020369

$s3 = 0.119 * \sin(Mj - 2*Ms - 3.0) = -0°.11408673$

$s4 = 0.046 * \sin(2*Mj - 6*Ms - 69.0) = -0°.04598269$

$s5 = 0.014 * \sin(Mj - 3*Ms + 32.0) = 0°.00495186$

ಶನಿಯ ಭೋಗ ಸಂಸ್ಕಾರ $= s1+s2+s3+s4+s5 = 0°.07919786$

ಶನಿಯ ಸೂರ್ಯಕೇಂದ್ರೀಯ ಶರಕ್ಕಾಗಿ ಸಂಸ್ಕಾರ

$s6 = 0.018 * \sin(2*Mj - 6*Ms - 49.0) = -0°.01707698$

$s7 = -0.020 * \cos(2*Mj - 4*Ms - 2.0) = 0°.01748504$

ಶನಿಯ ಒಟ್ಟು ಶರ –ಸಂಸ್ಕಾರ $= s6+s7 = 0°.00040806$

ಯುರೆನಸ್ ದ ಸೂರ್ಯಕೇಂದ್ರೀಯ ಭೋಗದ ಸಂಸ್ಕಾರ

$u1 = 0.040 * \sin(Ms - 2*Mu + 6.0) = 0°.03034931$

$u2 = 0.035 * \sin(Ms - 3*Mu + 33.0) = -0°.03491849$

$u3 = -0.015 * \sin(Mj - Mu + 20.0) = 0°.00524044$

ಯುರೆನಸ್ ದ ಭೋಗ ಸಂಸ್ಕಾರ $= u1+u2+u3 = 0°.00067126$

8. ಸ್ಪಷ್ಟಗ್ರಹಸಾಧನ

8.1 ಸ್ಪಷ್ಟ ಬುಧ ಸಾಧನ

ಬುಧ - ಕಕ್ಷೀಯ ತತ್ವ

$N = $ ಚಕ್ರಶುದ್ಧ $(48.33134869 + 3.245870E{-}05* $ ದಿ $) = 48°.63293873$

$i = 7.00470007 + (5.000000E{-}08)* $ ದಿ $= 7°.00516465$

$w = $ ಚಕ್ರಶುದ್ಧ $(29.12411522 + 1.014400E{-}05)* $ ದಿ $) = 29°.21836820$

$a = 0.38709800 = 0.38709800$ AU

$e = $ ಚಕ್ರಶುದ್ಧ $(0.20563500 + (5.930000E{-}10)* $ ದಿ $) = 0°.20564051$

$M = $ ಚಕ್ರಶುದ್ಧ $(174.79470166 + 4.09233444* $ ದಿ $) = 38°.72365791$

ಬುಧ- ಆನುಷಂಗಿಕ ಕೋನ(Eccentric Anomaly) E

ಪ್ರಾರಂಭಿಕ ಅನುಮಾನ $E0 = M + (e *180/pi)*\sin(M) = 46°.09427147$

ಆವರ್ತೀ ಗಣಿತ –

$E1 = E0-(E0 - (e *180/pi)*sin(E0) - M)/(1 - e*cos(E0)) = 47°.39862319$

$E2 = E1-(E1 - (e *180/pi)*sin(E1) - M)/(1 - e*cos(E1)) = 47°.39604920$

$E3 = E2-(E2 - (e *180/pi)*sin(E2) - M)/(1 - e*cos(E2)) = 47°.39604919$

$E4 = E3-(E3 - (e *180/pi)*sin(E3) - M)/(1 - e*cos(E3)) = 47°.39604919$

ಅಂತಿಮ ಮೌಲ್ಯ $E = 47°.39604919$

ಬುಧ- ರವಿಕೇಂದ್ರೀಯ ಕಕ್ಷೆಯ ಆಯತಾಕಾರ ನಿರ್ದೇಶಾಂಕ

$x = a*(cos(E0)- e) = 0.18243395$ AU

$y = a*sin(E0)*\sqrt{(1 - e^2)} = 0.27883414$ AU

ಬುಧ- ಶೀಘ್ರಕೇಂದ್ರ v

$v = $ ಚಕ್ರಶುದ್ಧ $[atan2(y, x)] = 56°.80431603$

ಬುಧ- ರವಿಕೇಂದ್ರೀಯ ದೂರ

$r = \sqrt{(x^2 + y^2)} = 0.33321258$ AU

ಬುಧ- ರವಿಕೇಂದ್ರೀಯ ಕ್ರಾಂತಿವೃತ್ತೀಯ ಆಯತಾಕಾರ ನಿರ್ದೇಶಾಂಕ

$xh = r*[cos(N)*cos(v + w)- sin(N)*sin(v + w)*cos(i)] = -0.23233419$ AU

$yh = r*[sin(N)*cos(v + w)+ cos(N)*sin(v + w)*cos(i)] = 0.23538889$ AU

$zh = r*[sin(v + w)*sin(i)] = 0.04054034$ AU

ಬುಧ- ರವಿಕೇಂದ್ರೀಯ ಕಕ್ಷೀಯ ಭೋಗ ಮತ್ತು ಶರ

$Lh = atan2(yh,xh) = 134°.62580674$

$Bh = atan2[zh,\sqrt{(xh^2 + yh^2)}] = 6°.98820907$

ಬುಧ- ಭೂಕೇಂದ್ರೀಯ ಆಯತಾಕಾರ ನಿರ್ದೇಶಾಂಕ

$xe = xsun + xh = -0.04543763$ AU

$ye = ysun + yh = 1.23325958$ AU

$ze = zsun + zh = 0.04054034$ AU

ಬುಧ- ಭೂಕೇಂದ್ರೀಯ ದೂರ

re = √(xe²+ye²+ze²)= 1.23476204 AU

ಬುಧ- ಭೂಕೇಂದ್ರೀಯ ಕ್ರಾಂತಿವೃತ್ತೀಯ ನಿರ್ದೇಶಾಂಕಗಳು

ಮಧ್ಯಮ ಭೋಗ = ಚಕ್ರಶುದ್ಧ [atan2(ye, xe)] = 92°.11002414

ಭೋಗದ ನ್ಯುಟೇಶನ್ = 0°.00037794

ಸ್ಪಷ್ಟ ಸಾಯನ ಭೋಗ = ಮಧ್ಯಮ ಭೋಗ +ನ್ಯುಟೇಶನ್ = 92°.11040207

ಶರ = atan[ze /√(xe² + ye²)] = 1°.88150239

ಸ್ಪಷ್ಟ ನಿರಯನ ಭೋಗ = ಸಾಯನ ಭೋಗ - ಅಯನಾಂಶ

= 67°.90205137 = ಮಿಥುನ07°54' 7"

ಬುಧ- ಭೂಕೇಂದ್ರೀಯ ವಿಷುವವೃತ್ತೀಯ ನಿರ್ದೇಶಾಂಕಗಳು

ವಿಷುವಾಂಶ(RA) = ಚಕ್ರಶುದ್ಧ [atan2{sin(ಭೋಗ)*cos(ತ್ರೈಯರ್ಕ್ಯ)

- tan(ಶರ)*sin(ತ್ರೈಯರ್ಕ್ಯ),cos(ಭೋಗ)}] = 92°.11040207

ಕ್ರಾಂತಿ(Decl) = asin{sin(ಶರ)*cos(ತ್ರೈಯರ್ಕ್ಯ)

+ cos(ಶರ)*sin(ತ್ರೈಯರ್ಕ್ಯ)*sin(ಭೋಗ)} = 1°.88150239

8.2 ಸ್ಪಷ್ಟ ಶುಕ್ರ ಸಾಧನ

ಶುಕ್ರ - ಕಕ್ಷೀಯ ತತ್ವ

N = ಚಕ್ರಶುದ್ಧ (76.67993699 + 2.465900E-05* ದಿ) = 76°.90905611

i = 3.39460004 +(2.750000E-08)* ದಿ = 3°.39485556

w = ಚಕ್ರಶುದ್ಧ (54.89102076 + 1.383740E-05)* ದಿ) = 55°.01959097

a = 0.72333000 = 0.72333000 AU

e = ಚಕ್ರಶುದ್ಧ (0.00677300 + (-1.302000E-09)* ದಿ) = 0°.00676090

M = ಚಕ್ರಶುದ್ಧ (50.40839534 + 1.60213022* ದಿ) = 176°.60275996

ಶುಕ್ರ- ಆನುಷಂಗಿಕ ಕೋನ(Eccentric Anomaly) E

ಪ್ರಾರಂಭಿಕ ಅನುಮಾನ E0 = M + (e *180/pi)*sin(M) = 176°.62571491

ಆವರ್ತೀ ಗಣಿತ –

E1 = E0-(E0 - (e *180/pi)*sin(E0) - M)/(1 - e*cos(E0)) = 176°.62556103

$E_2 = E_1 - (E_1 - (e*180/pi)*sin(E_1) - M)/(1 - e*cos(E_1)) = 176°.62556103$

ಅಂತಿಮ ಮೌಲ್ಯ $E = 176°.62556103$

ಶುಕ್ರ- ರವಿಕೇಂದ್ರೀಯ ಕಕ್ಷೀಯ ಆಯತಾಕಾರ ನಿರ್ದೇಶಾಂಕ

$x = a*(cos(E_0) - e) = -0.72696624$ AU

$y = a*sin(E_0)*\sqrt{(1 - e^2)} = 0.04257497$ AU

ಶುಕ್ರ- ಶೀಘ್ರಕೇಂದ್ರ v

$v = $ ಚಕ್ರಶುದ್ಧ $[atan2(y, x)] = 176°.64828567$

ಶುಕ್ರ- ರವಿಕೇಂದ್ರೀಯ ದೂರ

$r = \sqrt{(x^2 + y^2)} = 0.72821188$ AU

ಶುಕ್ರ- ರವಿಕೇಂದ್ರೀಯ ಕ್ರಾಂತಿವೃತ್ತೀಯ ಆಯತಾಕಾರ ನಿರ್ದೇಶಾಂಕ

$xh = r*[cos(N)*cos(v + w) - sin(N)*sin(v + w)*cos(i)] = 0.45311100$ AU

$yh = r*[sin(N)*cos(v + w) + cos(N)*sin(v + w)*cos(i)] = -0.56906831$ AU

$zh = r*[sin(v + w)*sin(i)] = -0.03382640$ AU

ಶುಕ್ರ- ರವಿಕೇಂದ್ರೀಯ ಕಕ್ಷೀಯ ಭೋಗ ಮತ್ತು ಶರ

$Lh = atan2(yh, xh) = -51°.47203730$

$Bh = atan2[zh, \sqrt{(xh^2 + yh^2)}] = -2°.66242247$

ಶುಕ್ರ- ಭೂಕೇಂದ್ರೀಯ ಆಯತಾಕಾರ ನಿರ್ದೇಶಾಂಕ

$xe = xsun + xh = 0.64000756$ AU

$ye = ysun + yh = 0.42880238$ AU

$ze = zsun + zh = -0.03382640$ AU

ಶುಕ್ರ- ಭೂಕೇಂದ್ರೀಯ ದೂರ

$re = \sqrt{(xe^2 + ye^2 + ze^2)} = 0.77111957$ AU

ಶುಕ್ರ- ಭೂಕೇಂದ್ರೀಯ ಕ್ರಾಂತಿವೃತ್ತೀಯ ನಿರ್ದೇಶಾಂಕಗಳು

ಮಧ್ಯಮ ಭೋಗ $= $ ಚಕ್ರಶುದ್ಧ $[atan2(ye, xe)] = 33°.82191908$

ಭೋಗದ ನ್ಯುಟೇಶನ್ $= 0°.00037794$

ಸ್ಪಷ್ಟ ಸಾಯನ ಭೋಗ $= $ ಮಧ್ಯಮ ಭೋಗ $+$ ನ್ಯುಟೇಶನ್ $= 33°.82229702$

ಶರ $= atan[ze /\sqrt{(xe^2 + ye^2)}] = -2°.51417838$

ಸ್ಪಷ್ಟ ನಿರಯನ ಭೋಗ = ಸಾಯನ ಭೋಗ - ಅಯನಾಂಶ

$$= 9°.61394632 = ಮೇಷ\ 09°36'50''$$

ಶುಕ್ರ- ಭೂಕೇಂದ್ರೀಯ ವಿಷುವವೃತ್ತೀಯ ನಿರ್ದೇಶಾಂಕಗಳು

ವಿಷುವಾಂಶ(RA) = ಚಕ್ರಶುದ್ಧ [atan2{sin(ಭೋಗ)*cos(ತ್ರೈಯರ್ಕ್ಯ)

- tan(ಶರ)*sin(ತ್ರೈಯರ್ಕ್ಯ),cos(ಭೋಗ)}] = 33°.82229702

ಕ್ರಾಂತಿ(Decl) = asin{sin(ಶರ)*cos(ತ್ರೈಯರ್ಕ್ಯ)

+ cos(ಶರ)*sin(ತ್ರೈಯರ್ಕ್ಯ)*sin(ಭೋಗ)} = -2°.51417838

8.3 ಸ್ಪಷ್ಟ ಕುಜ ಸಾಧನ

ಕುಜ - ಕಕ್ಷೀಯ ತತ್ವ

N = ಚಕ್ರಶುದ್ಧ (49.55743166 + 2.110810E-05* ದಿ) = 49°.75355759

i = 1.84969997 +(-1.780000E-08)* ದಿ = 1°.84953458

w = ಚಕ್ರಶುದ್ಧ (286.50164394 + 2.929610E-05)* ದಿ) = 286°.77384868

a = 1.52368800 = 1.52368800 AU

e = ಚಕ್ರಶುದ್ಧ (0.09340500 + (2.516000E-09)* ದಿ) = 0°.09342838

M = ಚಕ್ರಶುದ್ಧ (19.38813116 + 0.52402078* ದಿ) = 208°.32762981

ಕುಜ- ಆನುಷಂಗಿಕ ಕೋನ(Eccentric Anomaly) E

ಪ್ರಾರಂಭಿಕ ಅನುಮಾನ E0 = M + (e *180/pi)*sin(M) = 205°.78753854

ಆವರ್ತೀ ಗಣಿತ -

E1 = E0-(E0 - (e *180/pi)*sin(E0) - M)/(1 - e*cos(E0)) = 205°.98246543

E2 = E1-(E1 - (e *180/pi)*sin(E1) - M)/(1 - e*cos(E1)) = 205°.98247789

E3 = E2-(E2 - (e *180/pi)*sin(E2) - M)/(1 - e*cos(E2)) = 205°.98247789

ಅಂತಿಮ ಮೌಲ್ಯ E = 205°.98247789

ಕುಜ- ರವಿಕೇಂದ್ರೀಯ ಕಕ್ಷೀಯ ಆಯತಾಕಾರ ನಿರ್ದೇಶಾಂಕ

x = a*(cos(E0)- e) = -1.51204161 AU

y = a*sin(E0)*√(1 - e²) = -0.66460227 AU

ಕುಜ- ಶೀಘ್ರುಕೇಂದ್ರ v

v = ಚಕ್ರಶುದ್ಧ [atan2(y, x)] = 203°.72739390

ಕುಜ- ರವಿಕೇಂದ್ರೀಯ ದೂರ

$r = \sqrt{(x^2 + y^2)} = 1.65165553$ AU

ಕುಜ- ರವಿಕೇಂದ್ರೀಯ ಕ್ರಾಂತಿವೃತ್ತೀಯ ಆಯತಾಕಾರ ನಿರ್ದೇಶಾಂಕ

$xh = r*[\cos(N)*\cos(v + w)- \sin(N)*\sin(v + w)*\cos(i)] = -1.65113980$ AU

$yh = r*[\sin(N)*\cos(v + w)+ \cos(N)*\sin(v + w)*\cos(i)] = -0.00776778$ AU

$zh = r*[\sin(v + w)*\sin(i)] = 0.04053418$ AU

ಕುಜ- ರವಿಕೇಂದ್ರೀಯ ಕಕ್ಷೆಯ ಭೋಗ ಮತ್ತು ಶರ

$Lh = atan2(yh,xh) = -179°.73045437$

$Bh = atan2[zh,\sqrt{(xh^2 + yh^2)}] = 1°.40626803$

ಕುಜ- ಭೂಕೇಂದ್ರೀಯ ಆಯತಾಕಾರ ನಿರ್ದೇಶಾಂಕ

$xe = xsun + xh = -1.46424324$ AU

$ye = ysun + yh = 0.99010291$ AU

$ze = zsun + zh = 0.04053418$ AU

ಕುಜ- ಭೂಕೇಂದ್ರೀಯ ದೂರ

$re = \sqrt{(xe^2+ye^2+ze^2)}= 1.76803706$ AU

ಕುಜ- ಭೂಕೇಂದ್ರೀಯ ಕ್ರಾಂತಿವೃತ್ತೀಯ ನಿರ್ದೇಶಾಂಕಗಳು

ಮಧ್ಯಮ ಭೋಗ = ಚಕ್ರಶುದ್ಧ $[atan2(ye, xe)] = 145°.93393549$

ಭೋಗದ ನ್ಯೂಟೇಶನ್ = $0°.00037794$

ಸ್ಪಷ್ಟ ಸಾಯನ ಭೋಗ = ಮಧ್ಯಮ ಭೋಗ + ನ್ಯೂಟೇಶನ್ = $145°.93431343$

ಶರ = $atan[ze /\sqrt{(xe^2 + ye^2)}] = 1°.31368325$

ಸ್ಪಷ್ಟ ನಿರಯನ ಭೋಗ = ಸಾಯನ ಭೋಗ - ಅಯನಾಂಶ

$= 121°.72596272 =$ ಸಿಂಹ $01°43'33''$

ಕುಜ- ಭೂಕೇಂದ್ರೀಯ ವಿಷುವವೃತ್ತೀಯ ನಿರ್ದೇಶಾಂಕಗಳು

ವಿಷುವಾಂಶ(RA) = ಚಕ್ರಶುದ್ಧ $[atan2\{\sin($ ಭೋಗ $)*\cos($ ತ್ರೈರ್ಯಕ್ಯ $)$

$- \tan($ ಶರ $)*\sin($ ತ್ರೈರ್ಯಕ್ಯ $),\cos($ ಭೋಗ $)\}] = 145°.93431343$

ಕ್ರಾಂತಿ(Decl) = asin{sin(ಶರ)*cos(ತ್ರೈಯರ್ಕ್ಯ)

+ cos(ಶರ)*sin(ತ್ರೈಯರ್ಕ್ಯ)*sin(ಭೋಗ)} = 1°.31368325

8.4 ಸ್ಪಷ್ಟ ಗುರು ಸಾಧನ

ಗುರು - ಕಕ್ಷೀಯ ತತ್ವ

N = ಚಕ್ರಶುದ್ಧ (100.45424153 + 2.768540E−05* ದಿ) = 100°.71148045

i = 1.30299977 +(−2.557000E−07)* ದಿ = 1°.30062393

w = ಚಕ್ರಶುದ್ಧ (273.87772468 + 1.645050E−05)* ದಿ) = 274°.03057451

a = 5.20256000 = 5.20256000 AU

e = ಚಕ್ರಶುದ್ಧ (0.04849801 + (4.469000E−09)* ದಿ) = 0°.04853953

M = ಚಕ್ರಶುದ್ಧ (20.01962795 + 0.08308530* ದಿ) = 72°.00676563

ಗುರು- ಆನುಷಂಗಿಕ ಕೋನ(Eccentric Anomaly) E

ಪ್ರಾರಂಭಿಕ ಅನುಮಾನ E0 = M + (e *180/pi)*sin(M) = 74°.65186029

ಆವರ್ತೀ ಗಣಿತ −

E1 = E0−(E0 − (e *180/pi)*sin(E0) − M)/(1 − e*cos(E0)) = 74°.68916811

E2 = E1−(E1 − (e *180/pi)*sin(E1) − M)/(1 − e*cos(E1)) = 74°.68916753

E3 = E2−(E2 − (e *180/pi)*sin(E2) − M)/(1 − e*cos(E2)) = 74°.68916753

ಅಂತಿಮ ಮೌಲ್ಯ E = 74°.68916753

ಗುರು- ರವಿಕೇಂದ್ರೀಯ ಕಕ್ಷೀಯ ಆಯತಾಕಾರ ನಿರ್ದೇಶಾಂಕ

x = a*(cos(E0)− e) = 1.12123426 AU

y = a*sin(E0)*√(1 − e²) = 5.01199341 AU

ಗುರು- ಶೀಘ್ರಕೇಂದ್ರ v

v = ಚಕ್ರಶುದ್ಧ [atan2(y, x)] = 77°.38997277

ಗುರು- ರವಿಕೇಂದ್ರೀಯ ದೂರ

r = √(x² + y²) = 5.13587813 AU

ಗುರು- ರವಿಕೇಂದ್ರೀಯ ಕ್ರಾಂತಿವೃತ್ತೀಯ ಆಯತಾಕಾರ ನಿರ್ದೇಶಾಂಕ

xh = r*[cos(N)*cos(v + w)− sin(N)*sin(v + w)*cos(i)] = −0.19126052 AU

yh = r*[sin(N)*cos(v + w)+ cos(N)*sin(v + w)*cos(i)] = 5.13228615 AU

zh = r*[sin(v + w)*sin(i)] = -0.01739079 AU

ಗುರು- ರವಿಕೇಂದ್ರೀಯ ಕಕ್ಷೆಯ ಭೋಗ ಮತ್ತು ಶರ

Lh = atan2(yh,xh) = 92°.13420524

Bh = atan2[zh,√(xh² + yh²)] = -0°.19401176

ಗುರು- ಸಂಸ್ಕಾರದ ನಂತರ ಕಕ್ಷೀಯ ಭೋಗ ಮತ್ತು ಶರ

lon1 = Lh + pclon = 92°.13441150

lat1 = Bh + pclat = -0°.19401176

ಗುರು- ರವಿಕೇಂದ್ರೀಯ ಕ್ರಾಂತಿವೃತ್ತೀಯ ಆಯತಾಕಾರ ನಿರ್ದೇಶಾಂಕ (ಸಂಸ್ಕಾರದ ನಂತರ)

xh = r * cos(lon1 * cos(lat1) = -0.19127900 AU

yh = r * sin(lon1)* cos(lat1) = 5.13228546 AU

zh = r * sin(lat1) = -0.01739079 AU

ಗುರು- ಭೂಕೇಂದ್ರೀಯ ಆಯತಾಕಾರ ನಿರ್ದೇಶಾಂಕ

xe = xsun + xh = -0.00438244 AU

ye = ysun + yh = 6.13015615 AU

ze = zsun + zh = -0.01739079 AU

ಗುರು- ಭೂಕೇಂದ್ರೀಯ ದೂರ

re = √(xe²+ye²+ze²)= 6.13018239 AU

ಗುರು- ಭೂಕೇಂದ್ರೀಯ ಕ್ರಾಂತಿವೃತ್ತೀಯ ನಿರ್ದೇಶಾಂಕಗಳು

ಮಧ್ಯಮ ಭೋಗ = ಚಕ್ರಶುದ್ಧ [atan2(ye, xe)] = 90°.04096064

ಭೋಗದ ನ್ಯುಟೇಶನ್ = 0°.00037794

ಸ್ಪಷ್ಟ ಸಾಯನ ಭೋಗ = ಮಧ್ಯಮ ಭೋಗ +ನ್ಯುಟೇಶನ್ = 90°.04133858

ಶರ = atan[ze /√(xe² + ye²)] = -0°.16254332

ಸ್ಪಷ್ಟ ನಿರಯನ ಭೋಗ = ಸಾಯನ ಭೋಗ - ಅಯನಾಂಶ

= 65°.83298788 = ಮಿಥುನ05°49'58"

ಗುರು- ಭೂಕೇಂದ್ರೀಯ ವಿಷುವವೃತ್ತೀಯ ನಿರ್ದೇಶಾಂಕಗಳು

ವಿಷುವಾಂಶ(RA) = ಚಕ್ರಶುದ್ಧ [atan2{sin(ಭೋಗ)*cos(ತ್ರೈರ್ಯಕ್ಯ)

- tan(ಶರ)*sin(ತ್ರೈರ್ಯಕ್ಯ),cos(ಭೋಗ)}] = 90°.04133858

ಕ್ರಾಂತಿ(Decl) = asin{sin(ಶರ)*cos(ತ್ಯೆರ್ಯಕ್ಯ)

+ cos(ಶರ)*sin(ತ್ಯೆರ್ಯಕ್ಯ)*sin(ಭೋಗ)} = −0°.16254332

8.5 ಸ್ಪಷ್ಟ ಶನಿ ಸಾಧನ

ಶನಿ - ಕಕ್ಷೀಯ ತತ್ವ

N = ಚಕ್ರಶುದ್ಧ (113.66343585 + 2.389800E-05* ದಿ) = 113°.88548414

i = 2.48859984 +(−1.081000E-07)* ದಿ = 2°.48759543

w = ಚಕ್ರಶುದ್ಧ (339.39394465 + 2.976610E-05)* ದಿ) = 339°.67051639

a = 9.55475000 = 9.55475000 AU

e = ಚಕ್ರಶುದ್ಧ (0.05554599 + (−9.499000E-09)* ದಿ) = 0°.05545773

M = ಚಕ್ರಶುದ್ಧ (317.01716634 + 0.03344423* ದಿ) = 267°.76424156

ಶನಿ- ಆನುಷಂಗಿಕ ಕೋನ(Eccentric Anomaly) E

ಪ್ರಾರಂಭಿಕ ಅನುಮಾನ E0 = M + (e *180/pi)*sin(M) = 264°.58916651

ಆವರ್ತೀ ಗಣಿತ –

E1 = E0−(E0 − (e *180/pi)*sin(E0) − M)/(1 − e*cos(E0)) = 264°.60084505

E2 = E1−(E1 − (e *180/pi)*sin(E1) − M)/(1 − e*cos(E1)) = 264°.60084511

E3 = E2−(E2 − (e *180/pi)*sin(E2) − M)/(1 − e*cos(E2)) = 264°.60084511

ಅಂತಿಮ ಮೌಲ್ಯ E = 264°.60084511

ಶನಿ- ರವಿಕೇಂದ್ರೀಯ ಕಕ್ಷೀಯ ಆಯತಾಕಾರ ನಿರ್ದೇಶಾಂಕ

x = a*(cos(E0)− e) = −1.42892585 AU

y = a*sin(E0)*√(1 − e²) = −9.49771976 AU

ಶನಿ- ಶೀಘ್ರಕೇಂದ್ರ v

v = ಚಕ್ರಶುದ್ಧ [atan2(y, x)] = 261°.44405625

ಶನಿ- ರವಿಕೇಂದ್ರೀಯ ದೂರ

r = √(x² + y²) = 9.60460878 AU

ಶನಿ- ರವಿಕೇಂದ್ರೀಯ ಕ್ರಾಂತಿವೃತ್ತೀಯ ಆಯತಾಕಾರ ನಿರ್ದೇಶಾಂಕ

xh = r*[cos(N)*cos(v + w)− sin(N)*sin(v + w)*cos(i)] = 9.56081496 AU

yh = r*[sin(N)*cos(v + w)+ cos(N)*sin(v + w)*cos(i)] = −0.84029621 AU

zh = r*[sin(v + w)*sin(i)] = −0.36500588 AU

ಶನಿ- ರವಿಕೇಂದ್ರೀಯ ಕಕ್ಷೆಯ ಭೋಗ ಮತ್ತು ಶರ

Lh = atan2(yh,xh) = −5°.02279672

Bh = atan2$[$zh,$\sqrt{(xh^2 + yh^2)}]$ = −2°.17794749

ಶನಿ- ಸಂಸ್ಕಾರದ ನಂತರ ಕಕ್ಷೆಯ ಭೋಗ ಮತ್ತು ಶರ

lon1 = Lh + pclon = −4°.94359886

lat1 = Bh + pclat = −2°.17753943

ಶನಿ- ರವಿಕೇಂದ್ರೀಯ ಕ್ರಾಂತಿವೃತ್ತೀಯ ಆಯತಾಕಾರ ನಿರ್ದೇಶಾಂಕ (ಸಂಸ್ಕಾರದ ನಂತರ)

xh = r ∗ cos(lon1 ∗ cos(lat1) = 9.56196993 AU

yh = r ∗ sin(lon1)∗ cos(lat1) = −0.82708007 AU

zh = r ∗ sin(lat1) = −0.36493752 AU

ಶನಿ- ಭೂಕೇಂದ್ರೀಯ ಆಯತಾಕಾರ ನಿರ್ದೇಶಾಂಕ

xe = xsun + xh = 9.74886649 AU

ye = ysun + yh = 0.17079062 AU

ze = zsun + zh = −0.36493752 AU

ಶನಿ- ಭೂಕೇಂದ್ರೀಯ ದೂರ

re = $\sqrt{(xe^2+ye^2+ze^2)}$= 9.75718949 AU

ಶನಿ- ಭೂಕೇಂದ್ರೀಯ ಕ್ರಾಂತಿವೃತ್ತೀಯ ನಿರ್ದೇಶಾಂಕಗಳು

ಮಧ್ಯಮ ಭೋಗ = ಚಕ್ರಶುದ್ಧ $[$atan2(ye, xe)$]$ = 1°.00366341

ಭೋಗದ ನ್ಯುಟೇಶನ್ = 0°.00037794

ಸ್ಪಷ್ಟ ಸಾಯನ ಭೋಗ = ಮಧ್ಯಮ ಭೋಗ +ನ್ಯುಟೇಶನ್ = 1°.00404135

ಶರ = atan$[$ze /$\sqrt{(xe^2 + ye^2)}]$ = −2°.14347155

ಸ್ಪಷ್ಟ ನಿರಯನ ಭೋಗ = ಸಾಯನ ಭೋಗ − ಅಯನಾಂಶ

= 336°.79569065 = ಮೀನ 06°47'44"

ಶನಿ- ಭೂಕೇಂದ್ರೀಯ ವಿಷುವವೃತ್ತೀಯ ನಿರ್ದೇಶಾಂಕಗಳು

ವಿಷುವಾಂಶ(RA) = ಚಕ್ರಶುದ್ಧ $[$atan2{sin(ಭೋಗ)∗cos(ತೈರ್ಯಕ್ಯ)

- tan(ಶರ)*sin(ತ್ರೈರ್ಯಕ್ಯ),cos(ಭೋಗ)}] = 1°.00404135

ಕ್ರಾಂತಿ(Decl) = asin{sin(ಶರ)*cos(ತ್ರೈರ್ಯಕ್ಯ)

+ cos(ಶರ)*sin(ತ್ರೈರ್ಯಕ್ಯ)*sin(ಭೋಗ)} = -2°.14347155

8.6 ಸ್ಪಷ್ಟ ಯುರೆನಸ್ ಸಾಧನ

ಯುರೆನಸ್ - ಕಕ್ಷೀಯ ತತ್ವ

N = ಚಕ್ರಶುದ್ಧ (74.00052097 + 1.397800E-05* ದಿ) = 74°.13039757

i = 0.77330003 +(1.900000E-08)* ದಿ = 0°.77347657

w = ಚಕ್ರಶುದ್ಧ (96.66124585 + 3.056500E-05)* ದಿ) = 96°.94524057

a = 19.18170998+-1.550000E-08)* ದಿ = 19.18156596 AU

e = ಚಕ್ರಶುದ್ಧ (0.04731801 + (7.450000E-09)* ದಿ) = 0°.04738723

M = ಚಕ್ರಶುದ್ಧ (142.60808871 + 0.01172581* ದಿ) = 251°.55842529

ಯುರೆನಸ್- ಆನುಷಂಗಿಕ ಕೋನ(Eccentric Anomaly) E

ಪ್ರಾರಂಭಿಕ ಅನುಮಾನ E0 = M + (e *180/pi)*sin(M) = 248°.98276560

ಆವರ್ತೀ ಗಣಿತ -

E1 = E0-(E0 - (e *180/pi)*sin(E0) - M)/(1 - e*cos(E0)) = 249°.02327622

E2 = E1-(E1 - (e *180/pi)*sin(E1) - M)/(1 - e*cos(E1)) = 249°.02327685

E3 = E2-(E2 - (e *180/pi)*sin(E2) - M)/(1 - e*cos(E2)) = 249°.02327685

ಅಂತಿಮ ಮೌಲ್ಯ E = 249°.02327685

ಯುರೆನಸ್- ರವಿಕೇಂದ್ರೀಯ ಕಕ್ಷೀಯ ಆಯತಾಕಾರ ನಿರ್ದೇಶಾಂಕ

x = a*(cos(E0)- e) = -7.77574413 AU

y = a*sin(E0)*√(1 - e²) = -17.89020513 AU

ಯುರೆನಸ್- ಶೀಘ್ರಕೇಂದ್ರ v

v = ಚಕ್ರಶುದ್ಧ [atan2(y, x)] = 246°.50845367

ಯುರೆನಸ್- ರವಿಕೇಂದ್ರೀಯ ದೂರ

r = √(x² + y²) = 19.50696379 AU

ಯುರೆನಸ್- ರವಿಕೇಂದ್ರೀಯ ಕ್ರಾಂತಿವೃತ್ತೀಯ ಆಯತಾಕಾರ ನಿರ್ದೇಶಾಂಕ

xh = r*[cos(N)*cos(v + w)- sin(N)*sin(v + w)*cos(i)] = 10.45643955 AU

yh = r*[sin(N)*cos(v + w)+ cos(N)*sin(v + w)*cos(i)] = 16.46750996 AU

zh = r*[sin(v + w)*sin(i)] = -0.07499391 AU

ಯುರೆನಸ್- ರವಿಕೇಂದ್ರೀಯ ಕಕ್ಷೀಯ ಭೋಗ ಮತ್ತು ಶರ

Lh = atan2(yh,xh) = 57°.58551708

Bh = atan2[zh,√(xh² + yh²)] = -0°.22027237

ಯುರೆನಸ್- ಸಂಸ್ಕಾರದ ನಂತರ ಕಕ್ಷೀಯ ಭೋಗ ಮತ್ತು ಶರ

lon1 = Lh + pclon = 57°.58618834

lat1 = Bh + pclat = -0°.22027237

ಯುರೆನಸ್- ರವಿಕೇಂದ್ರೀಯ ಕ್ರಾಂತಿವೃತ್ತೀಯ ಆಯತಾಕಾರ ನಿರ್ದೇಶಾಂಕ (ಸಂಸ್ಕಾರದ ನಂತರ)

xh = r * cos(lon1 * cos(lat1) = 10.45624662 AU

yh = r * sin(lon1)* cos(lat1) = 16.46763246 AU

zh = r * sin(lat1)= -0.07499391 AU

ಯುರೆನಸ್- ಭೂಕೇಂದ್ರೀಯ ಆಯತಾಕಾರ ನಿರ್ದೇಶಾಂಕ

xe = xsun + xh = 10.64314318 AU

ye = ysun + yh = 17.46550315 AU

ze = zsun + zh = -0.07499391 AU

ಯುರೆನಸ್- ಭೂಕೇಂದ್ರೀಯ ದೂರ

re = √(xe²+ye²+ze²) = 20.45301741 AU

ಯುರೆನಸ್- ಭೂಕೇಂದ್ರೀಯ ಕ್ರಾಂತಿವೃತ್ತೀಯ ನಿರ್ದೇಶಾಂಕಗಳು

ಮಧ್ಯಮ ಭೋಗ = ಚಕ್ರಶುದ್ಧ [atan2(ye, xe)] = 58°.64267031

ಭೋಗದ ನ್ಯುಟೇಶನ್ = 0°.00037794

ಸ್ಪಷ್ಟ ಸಾಯನ ಭೋಗ = ಮಧ್ಯಮ ಭೋಗ +ನ್ಯುಟೇಶನ್ = 58°.64304824

ಶರ = atan[ze /√(xe² + ye²)] = -0°.21008363

ಸ್ಪಷ್ಟ ನಿರಯನ ಭೋಗ = ಸಾಯನ ಭೋಗ - ಅಯನಾಂಶ

= 34°.43469754 = ವೃಷಭ04°26' 4"

ಯುರೆನಸ್- ಭೂಕೇಂದ್ರೀಯ ವಿಷುವವೃತ್ತೀಯ ನಿರ್ದೇಶಾಂಕಗಳು

ವಿಷುವಾಂಶ(RA) = ಚಕ್ರಶುದ್ಧ [atan2{sin(ಭೋಗ)*cos(ತೈರ್ಯಕ್ಯ)

- tan(ಶರ)*sin(ತೈರ್ಯಕ್ಯ),cos(ಭೋಗ)}] = 58°.64304824

ಕ್ರಾಂತಿ(Decl) = asin{sin(ಶರ)*cos(ತ್ರೈಯರ್ಕ್ಯ)

+ cos(ಶರ)*sin(ತ್ರೈಯರ್ಕ್ಯ)*sin(ಭೋಗ)} = −0°.21008363

8.7 ಸ್ಪಷ್ಟ ನೆಪ್ಚೂನ್ ಸಾಧನ

ನೆಪ್ಚೂನ್ - ಕಕ್ಷೇಯ ತತ್ವ

N = ಚಕ್ರಶುದ್ಧ (131.78064526 + 3.017300E-05* ದಿ) = 132°.06099772

i = 1.76999962 +(−2.550000E-07)* ದಿ = 1°.76763029

w = ಚಕ್ರಶುದ್ಧ (272.84609096 + −6.027000E-06)* ದಿ) = 272°.79009108

a = 30.05826005+3.313000E-08)* ದಿ = 30.05856788 AU

e = ಚಕ್ರಶುದ್ಧ (0.00860600 + (2.150000E-09)* ದಿ) = 0°.00862598

M = ಚಕ್ರಶುದ್ಧ (260.25609272 + 0.00599515* ದಿ) = 315°.96000625

ನೆಪ್ಚೂನ್- ಆನುಷಂಗಿಕ ಕೋನ (Eccentric Anomaly) E

ಪ್ರಾರಂಭಿಕ ಅನುಮಾನ E0 = M + (e *180/pi)*sin(M) = 315°.61643574

ಆವರ್ತೀ ಗಣಿತ −

E1 = E0−(E0 − (e *180/pi)*sin(E0) − M)/(1 − e*cos(E0)) = 315°.61429833

E2 = E1−(E1 − (e *180/pi)*sin(E1) − M)/(1 − e*cos(E1)) = 315°.61429833

ಅಂತಿಮ ಮೌಲ್ಯ E = 315°.61429833

ನೆಪ್ಚೂನ್- ರವಿಕೇಂದ್ರೀಯ ಕಕ್ಷೇಯ ಆಯತಾಕಾರ ನಿರ್ದೇಶಾಂಕ

x = a*(cos(E0)− e) = 21.22198868 AU

y = a*sin(E0)*√(1 − e²) = −21.02473571 AU

ನೆಪ್ಚೂನ್- ಶೀಘ್ರಕೇಂದ್ರ v

v = ಚಕ್ರಶುದ್ಧ [atan2(y, x)] = 315°.26751614

ನೆಪ್ಚೂನ್- ರವಿಕೇಂದ್ರೀಯ ದೂರ

r = √(x² + y²) = 29.87327091 AU

ನೆಪ್ಚೂನ್- ರವಿಕೇಂದ್ರೀಯ ಕ್ರಾಂತಿವೃತ್ತೀಯ ಆಯತಾಕಾರ ನಿರ್ದೇಶಾಂಕ

xh = r*[cos(N)*cos(v + w)− sin(N)*sin(v + w)*cos(i)] = 29.86535674 AU

yh = r*[sin(N)*cos(v + w)+ cos(N)*sin(v + w)*cos(i)] = 0.05475555 AU

zh = r*[sin(v + w)*sin(i)] = −0.68540759 AU

ನೆಪ್ಚೂನ್- ರವಿಕೇಂದ್ರೀಯ ಕಕ್ಷೇಯ ಭೋಗ ಮತ್ತು ಶರ

Lh = atan2(yh,xh) = 0°.10504674

Bh = atan2[zh,$\sqrt{(xh^2 + yh^2)}$] = −1°.31470065

ನೆಪ್ಟೂನ್- ಭೂಕೇಂದ್ರೀಯ ಆಯತಾಕಾರ ನಿರ್ದೇಶಾಂಕ

xe = xsun + xh = 30.05225330 AU

ye = ysun + yh = 1.05262624 AU

ze = zsun + zh = −0.68540759 AU

ನೆಪ್ಟೂನ್- ಭೂಕೇಂದ್ರೀಯ ದೂರ

re = $\sqrt{(xe^2+ye^2+ze^2)}$= 30.07849288 AU

ನೆಪ್ಟೂನ್- ಭೂಕೇಂದ್ರೀಯ ಕ್ರಾಂತಿವೃತ್ತೀಯ ನಿರ್ದೇಶಾಂಕಗಳು

ಮಧ್ಯಮ ಭೋಗ = ಚಕ್ರಶುದ್ಧ [atan2(ye, xe)] = 2°.00605240

ಭೋಗದ ನ್ಯುಟೇಶನ್ = 0°.00037794

ಸ್ಪಷ್ಟ ಸಾಯನ ಭೋಗ = ಮಧ್ಯಮ ಭೋಗ +ನ್ಯುಟೇಶನ್ = 2°.00643033

ಶರ = atan[ze /$\sqrt{(xe^2 + ye^2)}$] = −1°.30572905

ಸ್ಪಷ್ಟ ನಿರಯನ ಭೋಗ = ಸಾಯನ ಭೋಗ − ಅಯನಾಂಶ

= 337°.79807963 = ಮೀನ 07°47'53"

ನೆಪ್ಟೂನ್- ಭೂಕೇಂದ್ರೀಯ ವಿಷುವವೃತ್ತೀಯ ನಿರ್ದೇಶಾಂಕಗಳು

ವಿಷುವಾಂಶ(RA) = ಚಕ್ರಶುದ್ಧ [atan2{sin(ಭೋಗ)∗cos(ತೈರ್ಯಕ್ಯ)

− tan(ಶರ)∗sin(ತೈರ್ಯಕ್ಯ),cos(ಭೋಗ)}] = 2°.00643033

ಕ್ರಾಂತಿ(Decl) = asin{sin(ಶರ)∗cos(ತೈರ್ಯಕ್ಯ)

+ cos(ಶರ)∗sin(ತೈರ್ಯಕ್ಯ)∗sin(ಭೋಗ)} = −1°.30572905

8.8 ಪ್ಲೂಟೋದ ಸ್ಥಾನ ನಿರ್ಣಯ

ಆನುಷಂಗಿಕ ಮೌಲ್ಯಗಳು

ಪ್ಲೂಟೊ ರವಿಕೇಂದ್ರೀಯ ಕಕ್ಷೆಯ ಭೋಗ

s = ಚಕ್ರಶುದ್ಧ (50.08018875 + 0.033459652 ∗ ದಿ) = 0°.97057422

p = ಚಕ್ರಶುದ್ಧ (238.95594788 + 0.003968789 ∗ ದಿ) = 275°.83195430

ಪ್ಲೂಟೊ ರವಿಕೇಂದ್ರೀಯ ಕಕ್ಷೆಯ ಭೋಗ

a1 = 238.95081054 + 0.00400703 * ದಿ = 276°.18213325

a2 = - 19.799 * sin(p) = 19°.69652422

a3 = 19.848 * cos(p) = 2°.01677779

a4 = 0.897 * sin(2*p) = -0°.18134688

a5 = - 4.956 * cos(2*p) = 4°.85366036

a6 = 0.610 * sin(3*p) = 0°.58178058

a7 = 1.211 * cos(3*p) = -0°.36407133

a8 = - 0.341 * sin(4*p) = -0°.13503305

a9 = - 0.190 * cos(4*p) = -0°.17446830

a10 = 0.128 * sin(5*p) = -0°.11177784

a11 = - 0.034 * cos(5*p) = -0°.01656639

a12 = - 0.038 * sin(6*p) = 0°.02179141

a13 = 0.031 * cos(6*p) = -0°.02539628

a14 = 0.020 * sin(s-p) = 0°.01992805

a15 = - 0.010 * cos(s-p) = -0°.00084745

lon = a1+a2....+a14+a15 = 302°.36308814

[ಪ್ಲೂಟೊ ರವಿಕೇಂದ್ರೀಯ ಕಕ್ಷೀಯ ಭೋಗ]

ಪ್ಲೂಟೊ ರವಿಕೇಂದ್ರೀಯ ಕಕ್ಷೀಯ ಶರ

b1 = - 3.9082

b2 = - 5.453 * sin(p) = 5°.42477633

b3 = - 14.975 * cos(p) = -1°.52162673

b4 = 3.527 * sin(2*p) = -0°.71305510

b5 = 1.673 * cos(2*p) = -1°.63845314

b6 = - 1.051 * sin(3*p) = -1°.00237933

b7 = 0.328 * cos(3*p) = -0°.09860891

b8 = 0.179 * sin(4*p) = 0°.07088245

b9 = - 0.292 * cos(4*p) = -0°.26813024

b10 = 0.019 * sin(5*p) = -0°.01659202

b11 = 0.100 * cos(5*p) = 0°.04872466

b12 = - 0.031 * sin(6*p) = 0°.01777720

b13 = - 0.026 * cos(6*p) = 0°.02130011

b14 = 0.011 * cos(s-p) = 0°.00093220

lat = b1+b2+....+b13+b14 = −3°.58265253

[ಪ್ಲೂಟೋ ರವಿಕೇಂದ್ರೀಯ ಕಕ್ಷೆಯ ಶರ]

ಪ್ಲೂಟೋ ರವಿಕೇಂದ್ರೀಯ ದೂರ [AUನಲ್ಲಿ]

c1 = 40.72

c2 = 6.68*sin(p) = −6.64542562 AU

c3 = 6.90*cos(p) = 0.70111683 AU

c4 = − 1.18*sin(2*p) = 0.23856111 AU

c5 = − 0.03*cos(2*p) = 0.02938051 AU

c6 = 0.15*sin(3*p) = 0.14306080 AU

c7 = − 0.14*cos(3*p) = 0.04208917 AU

r = c1+c2+..+c6+c7 = 35.22878280 AU

ಪ್ಲೂಟೋ ರವಿಕೇಂದ್ರೀಯ ಕಕ್ಷೆಯ ಆಯತಾಕಾರ ನಿರ್ದೇಶಾಂಕ

xe = r * cs(lat) * cs(lon) = 18.82050631 AU

ye = r * sn(lon) * cs(lat) = −29.69864591 AU

ze = r * sn(lat) = −2.20138829 AU

ಪ್ಲೂಟೋ ಭೂಕೇಂದ್ರೀಯ ಆಯತಾಕಾರ ನಿರ್ದೇಶಾಂಕ

xg = xsun + xe = 19.00740287 AU

yg = ysun + ye = −28.70077523 AU

zg = zsun + ze = −2.20138829 AU

ಪ್ಲೂಟೋ ಭೂಕೇಂದ್ರೀಯ ದೂರ

rg = sqrt(xg² + yg² + zg²) = 34.49437596 AU

ಪ್ಲೂಟೋ ಕ್ರಾಂತಿವೃತ್ತೀಯ ಧ್ರುವೀಯ ನಿರ್ದೇಶಾಂಕ

ಮಧ್ಯಮ ಭೋಗ = ಚಕ್ರಶುದ್ಧ (atan2(yg,xg))= 303°.51495375

ಸ್ಪಷ್ಟ ಸಾಯನ ಭೋಗ = ಮಧ್ಯಮ ಭೋಗ +ನ್ಯೂಟೇಶನ್ = 303°.51533169

ಶರ = asin(zg/rg) = −3°.65903222

ಸ್ಪಷ್ಟ ನಿರಯನ ಭೋಗ = ಸಾಯನ ಭೋಗ − ಅಯನಾಂಶ

= 279°.30698099 = ಮಕರ09°18'25"

ಪ್ಲೂಟೋ- ಭೂಕೇಂದ್ರೀಯ ವಿಷುವವೃತ್ತೀಯ ನಿರ್ದೇಶಾಂಕಗಳು

ವಿಷುವಾಂಶ(RA) = ಚಕ್ರಶುದ್ಧ [atan2{sin(ಭೋಗ)*cos(ತೈರ್ಯಕ್ಯ)

$- \tan($ ಶರ $)*\sin($ ತೈರ್ಯಕ್ಯ $),\cos($ ಭೋಗ $)\}] = 306°.74714599$

ಕ್ರಾಂತಿ(Decl) $= a\sin\{\sin($ ಶರ $)*\cos($ ತೈರ್ಯಕ್ಯ $)$

$+ \cos($ ಶರ $)*\sin($ ತೈರ್ಯಕ್ಯ $)*\sin($ ಭೋಗ $)\} = -22°.92376107$

9. ರಾಹುಮತ್ತು ಕೇತು ಸಾಧನ

ಚಂದ್ರಾರ್ಕ ಉಪಕರಣಗಳು

Om = 353°.02473729

Ms = 155°.23496896

Mm = 208°.35727759

D = 168°.20602411

F = 253°.79103474

ಮಧ್ಯಮ ರಾಹು= 353°.02473729

ರಾಹುವಿನ ಸಂಸ್ಕಾರ = - 1.4979 * sin(2*D - 2*F)

 - 0.1500 * sin(Ms)

 - 0.1226 * sin(2*D)

 + 0.1177 * sin(2*F)

 - 0.0801 * sin(2*Mm - 2*F)

= 0°.35934517

ಸ್ಪಷ್ಟ ರಾಹು = ಮಧ್ಯಮ ರಾಹು + ಸಂಸ್ಕಾರ 353°.38408246

ಸ್ಪಷ್ಟ ಕೇತು = ಯಾವಾಗಲೂ ರಾಹುವಿನ ವಿರುದ್ಧ ಬದಿಗೆ.

ಸಾರಾಂಶ

ಸ್ಪಷ್ಟ ಗ್ರಹ ಸಾಧನ ದಿನಾಂಕ 10-06-2025 ಸಮಯ 00:00 UT

ಡೆಲ್ಬಾಟೀ = 74.67 sec; ಸ್ಪಷ್ಟ ದಿನಗಣ = 9291.50086423; ಅಯನಾಂಶ = 24.20835070

ಗ್ರಹ	ಸಾಯನ ಭೋಗ(Long)	ಶರ(Lat)	ವಿಷುವಾಂಶ(R.A.)	ಕ್ರಾಂತಿ(Decl)	ನಿರಯನ ಭೋಗ
ರವಿ	79°.39204933	0°.00000000	78°.46262610	23°.01447934	ವೃಷಭ25°11' 1"
ಚಂದ್ರ	244°.55629614	-4°.73442696	241°.62965698	-25°.70154327	ವೃಶ್ಚಿಕ10°20'52"
ಬುಧ	92°.11040207	1°.88150239	92°.33321374	25°.30272913	ಮಿಥುನ07°54' 7"
ಶುಕ್ರ	33°.82229702	-2°.51417838	32°.44597538	10°.42459714	ಮೇಷ 09°36'50"

ಗ್ರಹ	ಸಾಯನ ಭೋಗ(Long)	ಶರ(Lat)	ವಿಷುವಾಂಶ(R.A.)	ಕ್ರಾಂತಿ(Decl)	ನಿರಯನ ಭೋಗ
ಕುಜ	145°.93431343	1°.31368325	148°.64293317	14°.10970063	ಸಿಂಹ 01°43'33"
ಗುರು	90°.04133858	-0°.16254332	90°.04500088	23°.27576726	ಮಿಥುನ05°49'58"
ಶನಿ	1°.00404135	-2°.14347155	1°.77384361	-1°.56727875	ಮೀನ 06°47'44"
ಯುರೆನಸ್	58°.64304824	-0°.21008363	56°.45803074	19°.65154376	ವೃಷಭ04°26' 4"
ನೆಪ್ಟೂನ್	2°.00643033	-1°.30572905	2°.36007201	-0°.40018081	ಮೀನ 07°47'53"
ಪ್ಲೂಟೋ	303°.51533169	-3°.65903222	306°.74714599	-22°.92376107	ಮಕರ09°18'25"

ಸೂಚನೆ:- ಚಂದ್ರಸಾಧನ ಗಣಿತಕ್ಕಾಗಿ ಅಧ್ಯಾಯ 8 ನೋಡಬೇಕು.

ಗ್ರಹಗಳ ದೂರಗಳು (AU) ಮತ್ತು % ಕಲೆ

ಸೂರ್ಯ-ಭೂಮ್ಯಂತರ = 1.01522226 AU

ಗ್ರಹ	ಭೂಮಿಯಿಂದ ಅಂತರ	ಸೂರ್ಯನಿಂದ ಅಂತರ	%ಕಲೆ
ಬುಧ	1.23476204	0.33321258	86.76078244
ಶುಕ್ರ	0.77111957	0.72821188	54.19569223
ಕುಜ	1.76803706	1.65165553	91.29224295
ಗುರು	6.13018239	5.13587813	99.96662157
ಶನಿ	9.75718949	9.60460878	99.73125800
ಯುರೆನಸ್	20.45301741	19.50696379	99.99149957
ನೆಪ್ಟೂನ್	30.07849288	29.87327091	99.97249547
ಪ್ಲೂ ಟೋ	34.49437596	35.22878280	99.98989210

ಅಭ್ಯಾಸ ಉದಾಹರಣ 3.2

ಸ್ಪಷ್ಟಗ್ರಹ ಸಾಧನ, ದಿನಾಂಕ: 28-11-1980 ; ಸಮಯ : 00:00 UT

1. ದಿನಗಣ (J2000 ಕ್ಷೇಪಕದಿಂದ ಕಳೆದ ದಿನಗಳ ಸಂಖ್ಯೆ)

   ದಿನಾರಂಭ ದಿನಗಣ [ದಿ$_0$] = ವರ್ಷ*365 + ಪೂರ್ಣಾಂಕ(ವರ್ಷ/4)

   - ಪೂರ್ಣಾಂಕ (ವರ್ಷ/100) + ಪೂರ್ಣಾಂಕ (ವರ್ಷ/400)

   + [N + ದಿನಾಂಕ] - 730485.5

   = 722700 + 495 - 19 + 4 + [332] - 730485.5

= -6973.500000

ದಿನಾಂಶ (ದಿನಾರಂಭದಿಂದ ಕಳೆದ ಕಾಲ) = 0.00000000 ಗಂಟೆ = 0.00000000 ದಿನ

ಡೆಲ್ಟಾಟೀ = 45.01936129 ಸೆಕೆಂಡ = 0.00052106 ದಿನ

ಸ್ಪಷ್ಟ ದಿನಗಣ [ದಿ] = ದಿ$_0$ + ದಿನಾಂಶ + ಡೆಲ್ಟಾಟೀ = -6973.49947894

2. **ವಾರ ನಿರ್ಣಯ**

ದಿನಗಣ = -6973

ವಾರಕ್ರಮಾಂಕ = ಪೂರ್ಣಾಂಕ (ದಿನಗಣ/ 7)ದ ಅವಶೇಷ = 5; ವಾರ = ಶುಕ್ರವಾರ

3. **ಅಯನಾಂಶ**

ಅಯನಾಂಶ = 23.853 + 3.82447045e-5* ದಿ

= 23°.58630057; = 23°35'10"

4. **ಚಂದ್ರಾರ್ಕ ಉಪಕರಣ**

ಶತಕಗಣ T = ದಿನಗಣ / 36525 = -0.19092401

Om = ಚಕ್ರಶುದ್ಧ [(450160.398036 - 6962890.5431*T+7.4722*T^2

+ 0.007702*T^3 - 0.00005939*T^4)/3600]

= 134.31768240

D = ಚಕ್ರಶುದ್ಧ [(1072260.70369 + 1602961601.2090*T - 6.3706* T^2

+ 0.006593*T^3 - 0.00003169*T^4)/3600]

= 245.66752546

F = ಚಕ್ರಶುದ್ಧ [(335779.526232 + 1739527262.8478*T - 12.7512*T^2

- 0.001037*T^3 + 0.00000417*T^4)/3600]

= 358.40496725

LO = ಚಕ್ರಶುದ್ಧ (Om + F)= 132.72264965

Ls = ಚಕ್ರಶುದ್ಧ (LO - D)= 247.05512419

5. **ಭೋಗದಲ್ಲಿಯ ನ್ಯುಟೇಶನ್**

$$= \{-17.2*\sin(Om) - 1.32*\sin(2*Ls)$$

$$-0.23*\sin(2*L0) + 0.21*\sin(2*Om)\}/3600.0$$

$$= -0°.00367629$$

6. ತೈರ್ಯಕ್ಯ (ಕ್ರಾಂತಿವೃತ್ತದ ಏರು ಕೋನ)

ಮಧ್ಯಮ ತೈರ್ಯಕ್ಯ = $23.43927944 - 3.562E{-7}*$ ದಿ

$$= 23°.44176340$$

ತೈರ್ಯಕ್ಯದ ನ್ಯುಟೀಶನ್

$$= \{9.20*\cos(Om)+ 0.57*\cos(2*Ls)$$

$$+ 0.10*\cos(2*L0)- 0.09*\cos(2*Om)\}/3600$$

$$= -0°.00189722$$

ಸ್ಪಷ್ಟ ತೈರ್ಯಕ್ಯ = ಮಧ್ಯಮ ತೈರ್ಯಕ್ಯ + ನ್ಯುಟೀಶನ್ = $23°.43986618$

$$= 23°26'23''$$

6. ಸೂರ್ಯ ಸಾಧನ

ದಿನಗಣ = -6973.49947894; ಭೋಗನ್ಯುಟೀಶನ್ = -0.00367629;

ತೈರ್ಯಕ್ಯ = 23.43986618; ಅಯನಾಂಶ = 23.58630057;

ಕ್ರಾಂತಿವೃತ್ತೀಯ ನಿರ್ದೇಶಾಂಕಗಳು (Ecliptic Coordinates)

ಮಧ್ಯಮ ಭೋಗ (Mean Longitude)

Ls = ಚಕ್ರಶುದ್ಧ $(280.461 + 0.9856474*$ ದಿ $) = 247°.04936968$

ಸೂರ್ಯನ ಮಂದಕೇಂದ್ರ(Mean Anomaly)

Ms = ಚಕ್ರಶುದ್ಧ $(357.528 + 0.9856003*$ ದಿ $) = 324°.44482150$

ಮಂದಫಲ (Equation of centre)

dL = $(1.915*\sin(Ms)+ 0.020*\sin(2*Ms))$

$$= -1°.13246994$$

ಸ್ಪಷ್ಟ ಸಾಯನ ಭೋಗ

LO = ಚಕ್ರಶುದ್ಧ (Ls + dL) = 245°.91322345

ಸ್ಪಷ್ಟ ನಿರಯನ ಭೋಗ = ಸಾಯನ ಭೋಗ - ಅಯನಾಂಶ

= 222°.32692288 = ವೃಶ್ಚಿಕ12°19'36"

ಸೂರ್ಯನ ಶರ (ಶೂನ್ಯವೆಂದು ಗಣಿಸಲಾಗಿದೆ) = 0

ವಿಷುವವೃತ್ತೀಯ ನಿರ್ದೇಶಾಂಕಗಳು(Equatorial Coordinates)

ಸೂರ್ಯನ ವಿಷುವಾಂಶ RA = [atan2{sin(ಭೋಗ)*cos(ತ್ಯೈರ್ಯಕ್ಯ) ,cos(ಭೋಗ)}]

= 244.02216523

ಸೂರ್ಯನ ಕ್ರಾಂತಿ = asin[sin(ತ್ಯೈರ್ಯಕ್ಯ)*sin(ಭೋಗ)]

= -21.29380349

ಸೂರ್ಯನ ಭೂಕೇಂದ್ರೀಯ ದೂರ

r = 1.00014 - 0.01671*cos (Ms) - 0.00014*cos(2*Ms)

= 0.98650016 AU

ಸೂರ್ಯನ ಭೂಕೇಂದ್ರೀಯ ಆಯತಾಕಾರ ನಿರ್ದೇಶಾಂಕ (ಸಾಯನ ಭೋಗದಿಂದ)

x$_{ಸೂರ್ಯ}$ = r * cos(ಭೋಗ) = -0.40255243 AU

y$_{ಸೂರ್ಯ}$ = r * sin(ಭೋಗ) = -0.90062983 AU

z$_{ಸೂರ್ಯ}$ = 0.0

7. **ಗ್ರಹಗಳ ಕ್ಷೋಭ ಸಂಸ್ಕಾರ**

ಗುರು, ಶನಿ ಮತ್ತುಯುರೆನಸ್ ಗಳ ಮಂದಕೇಂದ್ರಗಳು:

Mj = ಚಕ್ರಶುದ್ಧ (20.01962795 + 0.0830853001* ದಿ) = 160°.62433099

Ms = ಚಕ್ರಶುದ್ಧ (317.01716634 + 0.0334442282* ದಿ) = 83°.79385841

Mu = ಚಕ್ರಶುದ್ಧ (142.60808871 + 0.0117258060* ದಿ) = 60°.83818668

ಗುರುವಿನ ಸೂರ್ಯಕೇಂದ್ರೀಯ ಭೋಗದ ಸಂಸ್ಕಾರ

j1 = -0.332 * sin(2*Mj - 5*Ms - 67.6) = 0°.08413200

j2 = -0.056 * sin(2*Mj - 2*Ms + 21.0) = -0°.00521076

j3 = 0.042 * sin(3*Mj - 5*Ms + 21.0) = 0°.04176248

$j4 = -0.036 * \sin(Mj - 2*Ms) = 0°.00436446$

$j5 = 0.022 * \cos(Mj - Ms) = 0°.00501233$

$j6 = 0.023 * \sin(2*Mj - 3*Ms + 52.0) = 0°.01953333$

$j7 = -0.016 * \sin(Mj - 5*Ms - 69.0) = -0°.00863328$

ಗುರುವಿನ ಭೋಗ ಸಂಸ್ಕಾರ = j1+j2+j3+j4+j5+j6+j7 = 0°.14096056

ಶನಿಯ ಸೂರ್ಯಕೇಂದ್ರೀಯ ಭೋಗದ ಸಂಸ್ಕಾರ

$s1 = 0.812 * \sin(2*Mj - 5*Ms - 67.6) = -0°.20576864$

$s2 = -0.229 * \cos(2*Mj - 4*Ms - 2.0) = -0°.22020942$

$s3 = 0.119 * \sin(Mj - 2*Ms - 3.0) = -0°.02058924$

$s4 = 0.046 * \sin(2*Mj - 6*Ms - 69.0) = 0°.04336539$

$s5 = 0.014 * \sin(Mj - 3*Ms + 32.0) = -0°.01196968$

ಶನಿಯ ಭೋಗ ಸಂಸ್ಕಾರ = s1+s2+s3+s4+s5 = -0°.41517159

ಶನಿಯ ಸೂರ್ಯಕೇಂದ್ರೀಯ ಶರಕ್ಕಾಗಿ ಸಂಸ್ಕಾರ

$s6 = 0.018 * \sin(2*Mj - 6*Ms - 49.0) = 0°.01389214$

$s7 = -0.020 * \cos(2*Mj - 4*Ms - 2.0) = -0°.01923226$

ಶನಿಯ ಒಟ್ಟು ಶರ -ಸಂಸ್ಕಾರ = s6+s7 = -0°.00534013

ಯುರೆನಸ್ ದ ಸೂರ್ಯಕೇಂದ್ರೀಯ ಭೋಗದ ಸಂಸ್ಕಾರ

$u1 = 0.040 * \sin(Ms - 2*Mu + 6.0) = -0°.02112717$

$u2 = 0.035 * \sin(Ms - 3*Mu + 33.0) = -0°.03190432$

$u3 = -0.015 * \sin(Mj - Mu + 20.0) = -0°.01301828$

ಯುರೆನಸ್ ದ ಭೋಗ ಸಂಸ್ಕಾರ = u1+u2+u3 = -0°.06604977

8. ಸ್ಪಷ್ಟಗ್ರಹಸಾಧನ

8.1 ಸ್ಪಷ್ಟ ಬುಧ ಸಾಧನ

ಬುಧ - ಕಕ್ಷೀಯ ತತ್ತ್ವ

N = ಚಕ್ರಶುದ್ಧ (48.33134869 + 3.245870E-05* ದಿ) = 48°.10499796

i = 7.00470007 +(5.000000E-08)* ದಿ = 7°.00435140

w = ಚಕ್ರಶುದ್ಧ (29.12411522 + 1.014400E-05)* ದಿ) = 29°.05337604

a = 0.38709800 = 0.38709800 AU

e = ಚಕ್ರಶುದ್ಧ (0.20563500 + (5.930000E-10)* ದಿ) = 0°.20563086

M = ಚಕ್ರಶುದ್ಧ (174.79470166 + 4.09233444* ದಿ) = 76°.90263898

ಬುಧ- ಆನುಷಂಗಿಕ ಕೋನ(Eccentric Anomaly) E

ಪ್ರಾರಂಭಿಕ ಅನುಮಾನ E0 = M + (e *180/pi)*sin(M) = 88°.37793320

ಆವರ್ತೀ ಗಣಿತ -

E1 = E0-(E0 - (e *180/pi)*sin(E0) - M)/(1 - e*cos(E0)) = 88°.68146533

E2 = E1-(E1 - (e *180/pi)*sin(E1) - M)/(1 - e*cos(E1)) = 88°.68129927

E3 = E2-(E2 - (e *180/pi)*sin(E2) - M)/(1 - e*cos(E2)) = 88°.68129927

ಅಂತಿಮ ಮೌಲ್ಯ E = 88°.68129927

ಬುಧ- ರವಿಕೇಂದ್ರೀಯ ಕಕ್ಷೆಯ ಆಯತಾಕಾರ ನಿರ್ದೇಶಾಂಕ

x = a*(cos(E0)- e) = -0.07069076 AU

y = a*sin(E0)*√(1 - e²) = 0.37872524 AU

ಬುಧ- ಶೀಘ್ರಕೇಂದ್ರ v

v = ಚಕ್ರಶುದ್ಧ [atan2(y, x)] = 100°.57284878

ಬುಧ- ರವಿಕೇಂದ್ರೀಯ ದೂರ

r = √(x² + y²) = 0.38526613 AU

ಬುಧ- ರವಿಕೇಂದ್ರೀಯ ಕ್ರಾಂತಿವೃತ್ತೀಯ ಆಯತಾಕಾರ ನಿರ್ದೇಶಾಂಕ

xh = r*[cos(N)*cos(v + w)- sin(N)*sin(v + w)*cos(i)] = -0.38331564 AU

yh = r*[sin(N)*cos(v + w)+ cos(N)*sin(v + w)*cos(i)] = 0.01377280 AU

zh = r*[sin(v + w)*sin(i)] = 0.03618590 AU

ಬುಧ- ರವಿಕೇಂದ್ರೀಯ ಕಕ್ಷೀಯ ಭೋಗ ಮತ್ತು ಶರ

Lh = atan2(yh,xh) = 177°.94220777

Bh = atan2[zh,√(xh² + yh²)] = 5°.38941775

ಬುಧ- ಭೂಕೇಂದ್ರೀಯ ಆಯತಾಕಾರ ನಿರ್ದೇಶಾಂಕ

xe = xsun + xh = −0.78586808 AU

ye = ysun + yh = −0.88685703 AU

ze = zsun + zh = 0.03618590 AU

ಬುಧ- ಭೂಕೇಂದ್ರೀಯ ದೂರ

re = √(xe²+ye²+ze²)= 1.18550135 AU

ಬುಧ- ಭೂಕೇಂದ್ರೀಯ ಕ್ರಾಂತಿವೃತ್ತೀಯ ನಿರ್ದೇಶಾಂಕಗಳು

ಮಧ್ಯಮ ಭೋಗ = ಚಕ್ರಶುದ್ಧ [atan2(ye, xe)] = 228°.45497656

ಭೋಗದ ನ್ಯುಟೇಶನ್ = −0°.00367629

ಸ್ಪಷ್ಟ ಸಾಯನ ಭೋಗ = ಮಧ್ಯಮ ಭೋಗ +ನ್ಯುಟೇಶನ್ = 228°.45130027

ಶರ = atan[ze /√(xe² + ye²)] = 1°.74915167

ಸ್ಪಷ್ಟ ನಿರಯನ ಭೋಗ = ಸಾಯನ ಭೋಗ − ಅಯನಾಂಶ

= 204°.86499970 = ತುಲಾ 24°51'53"

ಬುಧ- ಭೂಕೇಂದ್ರೀಯ ವಿಷುವವೃತ್ತೀಯ ನಿರ್ದೇಶಾಂಕಗಳು

ವಿಷುವಾಂಶ(RA) = ಚಕ್ರಶುದ್ಧ [atan2{sin(ಭೋಗ)*cos(ತ್ರೈಯರ್ಕ್ಯ)

− tan(ಶರ)*sin(ತ್ರೈಯರ್ಕ್ಯ),cos(ಭೋಗ)}] = 228°.45130027

ಕ್ರಾಂತಿ(Decl) = asin{sin(ಶರ)*cos(ತ್ರೈಯರ್ಕ್ಯ)

+ cos(ಶರ)*sin(ತ್ರೈಯರ್ಕ್ಯ)*sin(ಭೋಗ)} = 1°.74915167

8.2 ಸ್ಪಷ್ಟ ಶುಕ್ರ ಸಾಧನ

ಶುಕ್ರ - ಕಕ್ಷೀಯ ತತ್ವ

N = ಚಕ್ರಶುದ್ಧ (76.67993699 + 2.465900E-05* ದಿ) = 76°.50797747

i = 3.39460004 +(2.750000E-08)* ದಿ = 3°.39440827

w = ಚಕ್ರಶುದ್ಧ (54.89102076 + 1.383740E-05)* ದಿ) = 54°.79452566

a = 0.72333000 = 0.72333000 AU

e = ಚಕ್ರಶುದ್ಧ (0.00677300 + (-1.302000E-09)* ದಿ) = 0°.00678208

M = ಚಕ್ರಶುದ್ಧ (50.40839534 + 1.60213022* ದಿ) = 37°.95411029

ಶುಕ್ರ- ಆನುಷಂಗಿಕ ಕೋನ(Eccentric Anomaly) E

ಪ್ರಾರಂಭಿಕ ಅನುಮಾನ E0 = M + (e *180/pi)*sin(M) = 38°.19310149

ಆವರ್ತೀ ಗಣಿತ –

E1 = E0-(E0 – (e *180/pi)*sin(E0) – M)/(1 – e*cos(E0)) = 38°.19438429

E2 = E1-(E1 – (e *180/pi)*sin(E1) – M)/(1 – e*cos(E1)) = 38°.19438429

ಅಂತಿಮ ಮೌಲ್ಯ E = 38°.19438429

ಶುಕ್ರ- ರವಿಕೇಂದ್ರೀಯ ಕಕ್ಷೀಯ ಆಯತಾಕಾರ ನಿರ್ದೇಶಾಂಕ

x = a*(cos(E0)- e) = 0.56357202 AU

y = a*sin(E0)*$\sqrt{(1 - e^2)}$ = 0.44724734 AU

ಶುಕ್ರ- ಶೀಘ್ರಕೇಂದ್ರ v

v = ಚಕ್ರಶುದ್ಧ [atan2(y, x)] = 38°.43530278

ಶುಕ್ರ- ರವಿಕೇಂದ್ರೀಯ ದೂರ

r = $\sqrt{(x^2 + y^2)}$ = 0.71947454 AU

ಶುಕ್ರ- ರವಿಕೇಂದ್ರೀಯ ಕ್ರಾಂತಿವೃತ್ತೀಯ ಆಯತಾಕಾರ ನಿರ್ದೇಶಾಂಕ

xh = r*[cos(N)*cos(v + w)- sin(N)*sin(v + w)*cos(i)] = –0.70673951 AU

yh = r*[sin(N)*cos(v + w)+ cos(N)*sin(v + w)*cos(i)] = 0.12788250 AU

zh = r*[sin(v + w)*sin(i)] = 0.04253167 AU

ಶುಕ್ರ- ರವಿಕೇಂದ್ರೀಯ ಕಕ್ಷೀಯ ಭೋಗ ಮತ್ತು ಶರ

Lh = atan2(yh,xh) = 169°.74347019

Bh = atan2[zh,$\sqrt{(xh^2 + yh^2)}$] = 3°.38901018

ಶುಕ್ರ- ಭೂಕೇಂದ್ರೀಯ ಆಯತಾಕಾರ ನಿರ್ದೇಶಾಂಕ

xe = xsun + xh = −1.10929194 AU

ye = ysun + yh = −0.77274733 AU

ze = zsun + zh = 0.04253167 AU

ಶುಕ್ರ- ಭೂಕೇಂದ್ರೀಯ ದೂರ

re = $\sqrt{(xe^2+ye^2+ze^2)}$= 1.35258124 AU

ಶುಕ್ರ- ಭೂಕೇಂದ್ರೀಯ ಕ್ರಾಂತಿವೃತ್ತೀಯ ನಿರ್ದೇಶಾಂಕಗಳು

ಮಧ್ಯಮ ಭೋಗ = ಚಕ್ರಶುದ್ಧ [atan2(ye, xe)] = 214°.86157562

ಭೋಗದ ನ್ಯುಟೇಶನ್ = −0°.00367629

ಸ್ಪಷ್ಟ ಸಾಯನ ಭೋಗ = ಮಧ್ಯಮ ಭೋಗ +ನ್ಯುಟೇಶನ್ = 214°.85789933

ಶರ = atan[ze /$\sqrt{(xe^2 + ye^2)}$] = 1°.80195222

ಸ್ಪಷ್ಟ ನಿರಯನ ಭೋಗ = ಸಾಯನ ಭೋಗ - ಅಯನಾಂಶ

= 191°.27159876 = ತುಲಾ 11°16'17"

ಶುಕ್ರ- ಭೂಕೇಂದ್ರೀಯ ವಿಷುವವೃತ್ತೀಯ ನಿರ್ದೇಶಾಂಕಗಳು

ವಿಷುವಾಂಶ(RA) = ಚಕ್ರಶುದ್ಧ [atan2{sin(ಭೋಗ)∗cos(ತ್ರೈಯರ್ಕ್ಯ)

− tan(ಶರ)∗sin(ತ್ರೈಯರ್ಕ್ಯ),cos(ಭೋಗ)}] = 214°.85789933

ಕ್ರಾಂತಿ(Decl) = asin{sin(ಶರ)∗cos(ತ್ರೈಯರ್ಕ್ಯ)

+ cos(ಶರ)∗sin(ತ್ರೈಯರ್ಕ್ಯ)∗sin(ಭೋಗ)} = 1°.80195222

8.3 ಸ್ಪಷ್ಟ ಕುಜ ಸಾಧನ

ಕುಜ - ಕಕ್ಷೀಯ ತತ್ವ

N = ಚಕ್ರಶುದ್ಧ (49.55743166 + 2.110810E−05∗ ದಿ) = 49°.41023434

i = 1.84969997 +(−1.780000E−08)∗ ದಿ = 1°.84982410

w = ಚಕ್ರಶುದ್ಧ (286.50164394 + 2.929610E−05)∗ ದಿ) = 286°.29734760

a = 1.52368800 = 1.52368800 AU

e = ಚಕ್ರಶುದ್ಧ (0.09340500 + (2.516000E−09)∗ ದಿ) = 0°.09338745

M = ಚಕ್ರಶುದ್ಧ (19.38813116 + 0.52402078* ದಿ) = 325°.12951858

ಕುಜ- ಆನುಷಂಗಿಕ ಕೋನ(Eccentric Anomaly) E

ಪ್ರಾರಂಭಿಕ ಅನುಮಾನ E0 = M + (e *180/pi)*sin(M) = 322°.07039494

ಆವರ್ತೀ ಗಣಿತ -

E1 = E0-(E0 - (e *180/pi)*sin(E0) - M)/(1 - e*cos(E0)) = 321°.82219462

E2 = E1-(E1 - (e *180/pi)*sin(E1) - M)/(1 - e*cos(E1)) = 321°.82222799

E3 = E2-(E2 - (e *180/pi)*sin(E2) - M)/(1 - e*cos(E2)) = 321°.82222799

ಅಂತಿಮ ಮೌಲ್ಯ E = 321°.82222799

ಕುಜ- ರವಿಕೇಂದ್ರೀಯ ಕಕ್ಷೆಯ ಆಯತಾಕಾರ ನಿರ್ದೇಶಾಂಕ

x = a*(cos(E0)- e) = 1.05547284 AU

y = a*sin(E0)*$\sqrt{(1 - e^2)}$ = -0.93768105 AU

ಕುಜ- ಶೀಘ್ರಕೇಂದ್ರ v

v = ಚಕ್ರಶುದ್ಧ [atan2(y, x)] = 318°.38214311

ಕುಜ- ರವಿಕೇಂದ್ರೀಯ ದೂರ

r = $\sqrt{(x^2 + y^2)}$ = 1.41183167 AU

ಕುಜ- ರವಿಕೇಂದ್ರೀಯ ಕ್ರಾಂತಿವೃತ್ತೀಯ ಆಯತಾಕಾರ ನಿರ್ದೇಶಾಂಕ

xh = r*[cos(N)*cos(v + w)- sin(N)*sin(v + w)*cos(i)] = 0.57575770 AU

yh = r*[sin(N)*cos(v + w)+ cos(N)*sin(v + w)*cos(i)] = -1.28843884 AU

zh = r*[sin(v + w)*sin(i)] = -0.04119551 AU

ಕುಜ- ರವಿಕೇಂದ್ರೀಯ ಕಕ್ಷೆಯ ಭೋಗ ಮತ್ತು ಶರ

Lh = atan2(yh,xh) = -65°.92182305

Bh = atan2[zh,$\sqrt{(xh^2 + yh^2)}$] = -1°.67205745

ಕುಜ- ಭೂಕೇಂದ್ರೀಯ ಆಯತಾಕಾರ ನಿರ್ದೇಶಾಂಕ

xe = xsun + xh = 0.17320527 AU

ye = ysun + yh = -2.18906867 AU

ze = zsun + zh = -0.04119551 AU

ಕುಜ- ಭೂಕೇಂದ್ರೀಯ ದೂರ

re = $\sqrt{(xe^2+ye^2+ze^2)}$ = 2.19629661 AU

ಕುಜ- ಭೂಕೇಂದ್ರೀಯ ಕ್ರಾಂತಿವೃತ್ತೀಯ ನಿರ್ದೇಶಾಂಕಗಳು

ಮಧ್ಯಮ ಭೋಗ = ಚಕ್ರಶುದ್ಧ [atan2(ye, xe)] = 274°.52397825

ಭೋಗದ ನ್ಯುಟೇಶನ್ = -0°.00367629

ಸ್ಪಷ್ಟ ಸಾಯನ ಭೋಗ = ಮಧ್ಯಮ ಭೋಗ +ನ್ಯುಟೇಶನ್ = 274°.52030196

ಶರ = atan[ze /$\sqrt{(xe^2 + ye^2)}$] = –1°.07474874

ಸ್ಪಷ್ಟ ನಿರಯನ ಭೋಗ = ಸಾಯನ ಭೋಗ - ಅಯನಾಂಶ

= 250°.93400138 = ಧನು 10°56' 2"

ಕುಜ- ಭೂಕೇಂದ್ರೀಯ ವಿಷುವವೃತ್ತೀಯ ನಿರ್ದೇಶಾಂಕಗಳು

ವಿಷುವಾಂಶ(RA) = ಚಕ್ರಶುದ್ಧ [atan2{sin(ಭೋಗ)*cos(ತ್ರೈಯರ್ಕ್ಯ)

– tan(ಶರ)*sin(ತ್ರೈಯರ್ಕ್ಯ),cos(ಭೋಗ)}] = 274°.52030196

ಕ್ರಾಂತಿ(Decl) = asin{sin(ಶರ)*cos(ತ್ರೈಯರ್ಕ್ಯ)

+ cos(ಶರ)*sin(ತ್ರೈಯರ್ಕ್ಯ)*sin(ಭೋಗ)} = –1°.07474874

8.4 ಸ್ಪಷ್ಟ ಗುರು ಸಾಧನ

ಗುರು - ಕಕ್ಷೀಯ ತತ್ವ

N = ಚಕ್ರಶುದ್ಧ (100.45424153 + 2.768540E-05* ದಿ) = 100°.26117741

i = 1.30299977 +(-2.557000E-07)* ದಿ = 1°.30478289

w = ಚಕ್ರಶುದ್ಧ (273.87772468 + 1.645050E-05)* ದಿ) = 273°.76300713

a = 5.20256000 = 5.20256000 AU

e = ಚಕ್ರಶುದ್ಧ (0.04849801 + (4.469000E-09)* ದಿ) = 0°.04846685

M = ಚಕ್ರಶುದ್ಧ (20.01962795 + 0.08308530* ದಿ) = 160°.62433099

ಗುರು- ಆನುಷಂಗಿಕ ಕೋನ(Eccentric Anomaly) E

ಪ್ರಾರಂಭಿಕ ಅನುಮಾನ E0 = M + (e *180/pi)*sin(M) = 161°.54561204

ಆವರ್ತೀ ಗಣಿತ –

E1 = E0–(E0 – (e *180/pi)*sin(E0) – M)/(1 – e*cos(E0)) = 161°.50522869

E2 = E1–(E1 – (e *180/pi)*sin(E1) – M)/(1 – e*cos(E1)) = 161°.50522848

E3 = E2–(E2 – (e *180/pi)*sin(E2) – M)/(1 – e*cos(E2)) = 161°.50522848

ಅಂತಿಮ ಮೌಲ್ಯ E = 161°.50522848

ಗುರು- ರವಿಕೇಂದ್ರೀಯ ಕಕ್ಷೀಯ ಆಯತಾಕಾರ ನಿರ್ದೇಶಾಂಕ

x = a*(cos(E0)– e) = –5.18601301 AU

y = a*sin(E0)*√(1 – e²) = 1.64840678 AU

ಗುರು- ಶೀಫ್ರಕೇಂದ್ರ v

v = ಚಕ್ರಶುದ್ಧ [atan2(y, x)] = 162°.36681480

ಗುರು- ರವಿಕೇಂದ್ರೀಯ ದೂರ

r = √(x² + y²) = 5.44168869 AU

ಗುರು- ರವಿಕೇಂದ್ರೀಯ ಕ್ರಾಂತಿವೃತ್ತೀಯ ಆಯತಾಕಾರ ನಿರ್ದೇಶಾಂಕ

xh = r*[cos(N)*cos(v + w)– sin(N)*sin(v + w)*cos(i)] = –5.42954911 AU

yh = r*[sin(N)*cos(v + w)+ cos(N)*sin(v + w)*cos(i)] = 0.34278363 AU

zh = r*[sin(v + w)*sin(i)] = 0.12029846 AU

ಗುರು- ರವಿಕೇಂದ್ರೀಯ ಕಕ್ಷೀಯ ಭೋಗ ಮತ್ತು ಶರ

Lh = atan2(yh,xh) = 176°.38754099

Bh = atan2[zh,√(xh² + yh²)] = 1°.26673094

ಗುರು- ಸಂಸ್ಕಾರದ ನಂತರ ಕಕ್ಷೀಯ ಭೋಗ ಮತ್ತು ಶರ

lon1 = Lh + pclon = 176°.52850155

lat1 = Bh + pclat = 1°.26673094

ಗುರು- ರವಿಕೇಂದ್ರೀಯ ಕ್ರಾಂತಿವೃತ್ತೀಯ ಆಯತಾಕಾರ ನಿರ್ದೇಶಾಂಕ (ಸಂಸ್ಕಾರದ ನಂತರ)

xh = r * cos(lon1 * cos(lat1) = –5.43037600 AU

yh = r * sin(lon1)* cos(lat1) = 0.32942468 AU

zh = r * sin(lat1)= 0.12029846 AU

ಗುರು- ಭೂಕೇಂದ್ರೀಯ ಆಯತಾಕಾರ ನಿರ್ದೇಶಾಂಕ

xe = xsun + xh = −5.83292844 AU

ye = ysun + yh = −0.57120515 AU

ze = zsun + zh = 0.12029846 AU

ಗುರು- ಭೂಕೇಂದ್ರೀಯ ದೂರ

re = $\sqrt{(xe^2+ye^2+ze^2)}$ = 5.86206458 AU

ಗುರು- ಭೂಕೇಂದ್ರೀಯ ಕ್ರಾಂತಿವೃತ್ತೀಯ ನಿರ್ದೇಶಾಂಕಗಳು

ಮಧ್ಯಮ ಭೋಗ = ಚಕ್ರಶುದ್ಧ [atan2(ye, xe)] = 185°.59300959

ಭೋಗದ ನ್ಯುಟೇಶನ್ = −0°.00367629

ಸ್ಪಷ್ಟ ಸಾಯನ ಭೋಗ = ಮಧ್ಯಮ ಭೋಗ +ನ್ಯುಟೇಶನ್ = 185°.58933330

ಶರ = atan[ze /$\sqrt{(xe^2 + ye^2)}$] = 1°.17587885

ಸ್ಪಷ್ಟ ನಿರಯನ ಭೋಗ = ಸಾಯನ ಭೋಗ - ಅಯನಾಂಶ

= 162°.00303273 = ಕನ್ಯಾ 12°00'10"

ಗುರು- ಭೂಕೇಂದ್ರೀಯ ವಿಷುವವೃತ್ತೀಯ ನಿರ್ದೇಶಾಂಕಗಳು

ವಿಷುವಾಂಶ(RA) = ಚಕ್ರಶುದ್ಧ [atan2{sin(ಭೋಗ)*cos(ತ್ಯೈರ್ಯ್ಕ)

− tan(ಶರ)*sin(ತ್ಯೈರ್ಯ್ಕ),cos(ಭೋಗ)}] = 185°.58933330

ಕ್ರಾಂತಿ(Decl) = asin{sin(ಶರ)*cos(ತ್ಯೈರ್ಯ್ಕ)

+ cos(ಶರ)*sin(ತ್ಯೈರ್ಯ್ಕ)*sin(ಭೋಗ)} = 1°.17587885

8.5 ಸ್ಪಷ್ಟ ಶನಿ ಸಾಧನ

ಶನಿ - ಕಕ್ಷೀಯ ತತ್ತ್ವ

N = ಚಕ್ರಶುದ್ಧ (113.66343585 + 2.389800E−05* ದಿ) = 113°.49678316

i = 2.48859984 +(−1.081000E−07)* ದಿ = 2°.48935368

w = ಚಕ್ರಶುದ್ಧ (339.39394465 + 2.976610E−05)* ದಿ) = 339°.18637077

a = 9.55475000 = 9.55475000 AU

e = ಚಕ್ರಶುದ್ಧ (0.05554599 + (−9.499000E−09)* ದಿ) = 0°.05561223

M = ಚಕ್ರಶುದ್ಧ (317.01716634 + 0.03344423* ದಿ) = 83°.79385841

ಶನಿ- ಆನುಷಂಗಿಕ ಕೋನ(Eccentric Anomaly) E

ಪ್ರಾರಂಭಿಕ ಅನುಮಾನ E0 = M + (e *180/pi)*sin(M) = 86°.96153060

ಆವರ್ತೀ ಗಣಿತ -

E1 = E0−(E0 − (e *180/pi)*sin(E0) − M)/(1 − e*cos(E0)) = 86°.97576706

E2 = E1−(E1 − (e *180/pi)*sin(E1) − M)/(1 − e*cos(E1)) = 86°.97576696

E3 = E2−(E2 − (e *180/pi)*sin(E2) − M)/(1 − e*cos(E2)) = 86°.97576696

ಅಂತಿಮ ಮೌಲ್ಯ E = 86°.97576696

ಶನಿ- ರವಿಕೇಂದ್ರೀಯ ಕಕ್ಷೀಯ ಆಯತಾಕಾರ ನಿರ್ದೇಶಾಂಕ

x = a*(cos(E0)− e)   = −0.02726843 AU

y = a*sin(E0)*$\sqrt{(1 - e^2)}$ = 9.52667726 AU

ಶನಿ- ಶೀಘ್ರಕೇಂದ್ರ v

v = ಚಕ್ರಶುದ್ಧ [atan2(y, x)] = 90°.16399857

ಶನಿ- ರವಿಕೇಂದ್ರೀಯ ದೂರ

r = $\sqrt{(x^2 + y^2)}$ = 9.52671629 AU

ಶನಿ- ರವಿಕೇಂದ್ರೀಯ ಕ್ರಾಂತಿವೃತ್ತೀಯ ಆಯತಾಕಾರ ನಿರ್ದೇಶಾಂಕ

xh = r*[cos(N)*cos(v + w)− sin(N)*sin(v + w)*cos(i)] = −9.50724136 AU

yh = r*[sin(N)*cos(v + w)+ cos(N)*sin(v + w)*cos(i)] = −0.46985443 AU

zh = r*[sin(v + w)*sin(i)] = 0.38719741 AU

ಶನಿ- ರವಿಕೇಂದ್ರೀಯ ಕಕ್ಷೀಯ ಭೋಗ ಮತ್ತು ಶರ

Lh = atan2(yh,xh) = −177°.17070497

Bh = atan2[zh,$\sqrt{(xh^2 + yh^2)}$] = 2°.32933249

ಶನಿ- ಸಂಸ್ಕಾರದ ನಂತರ ಕಕ್ಷೀಯ ಭೋಗ ಮತ್ತು ಶರ

lon1 = Lh + pclon = −177°.58587656

lat1 = Bh + pclat = 2°.32399236

ಶನಿ- ರವಿಕೇಂದ್ರೀಯ ಕ್ರಾಂತಿವೃತ್ತೀಯ ಆಯತಾಕಾರ ನಿರ್ದೇಶಾಂಕ (ಸಂಸ್ಕಾರದ ನಂತರ)

$xh = r * cos(lon1 * cos(lat1) = -9.51043237$ AU

$yh = r * sin(lon1)* cos(lat1) = -0.40095369$ AU

$zh = r * sin(lat1)= 0.38631023$ AU

ಶನಿ- ಭೂಕೇಂದ್ರೀಯ ಆಯತಾಕಾರ ನಿರ್ದೇಶಾಂಕ

$xe = xsun + xh = -9.91298480$ AU

$ye = ysun + yh = -1.30158352$ AU

$ze = zsun + zh = 0.38631023$ AU

ಶನಿ- ಭೂಕೇಂದ್ರೀಯ ದೂರ

$re = \sqrt{(xe^2+ye^2+ze^2)} = 10.00552962$ AU

ಶನಿ- ಭೂಕೇಂದ್ರೀಯ ಕ್ರಾಂತಿವೃತ್ತೀಯ ನಿರ್ದೇಶಾಂಕಗಳು

ಮಧ್ಯಮ ಭೋಗ = ಚಕ್ರಶುದ್ಧ $[atan2(ye, xe)] = 187°.48019551$

ಭೋಗದ ನ್ಯುಟೇಶನ್ $= -0°.00367629$

ಸ್ಪಷ್ಟ ಸಾಯನ ಭೋಗ = ಮಧ್ಯಮ ಭೋಗ +ನ್ಯುಟೇಶನ್ $= 187°.47651922$

ಶರ $= atan[ze /\sqrt{(xe^2 + ye^2)}] = 2°.21272129$

ಸ್ಪಷ್ಟ ನಿರಯನ ಭೋಗ = ಸಾಯನ ಭೋಗ - ಅಯನಾಂಶ

$= 163°.89021865 =$ ಕನ್ಯಾ $13°53'24''$

ಶನಿ- ಭೂಕೇಂದ್ರೀಯ ವಿಷುವವೃತ್ತೀಯ ನಿರ್ದೇಶಾಂಕಗಳು

ವಿಷುವಾಂಶ(RA) = ಚಕ್ರಶುದ್ಧ $[atan2\{sin($ ಭೋಗ $)*cos($ ತೈರ್ಯಕ್ಯ $)$

$- tan($ ಶರ $)*sin($ ತೈರ್ಯಕ್ಯ $),cos($ ಭೋಗ $)\}] = 187°.47651922$

ಕ್ರಾಂತಿ(Decl) $= asin\{sin($ ಶರ $)*cos($ ತೈರ್ಯಕ್ಯ $)$

$+ cos($ ಶರ $)*sin($ ತೈರ್ಯಕ್ಯ $)*sin($ ಭೋಗ $)\} = 2°.21272129$

8.6 ಸ್ಪಷ್ಟ ಯುರೆನಸ್ ಸಾಧನ

ಯುರೆನಸ್ - ಕಕ್ಷೀಯ ತತ್ವ

$N =$ ಚಕ್ರಶುದ್ಧ $(74.00052097 + 1.397800E-05*$ ದಿ $) = 73°.90304539$

$i = 0.77330003 +(1.900000E-08)*$ ದಿ $= 0°.77316753$

w = ಚಕ್ರಶುದ್ಧ (96.66124585 + 3.056500E-05)* ದಿ) = 96°.44810084

a = 19.18170998+-1.550000E-08)* ದಿ = 19.18181807 AU

e = ಚಕ್ರಶುದ್ಧ (0.04731801 + (7.450000E-09)* ದಿ) = 0°.04726606

M = ಚಕ್ರಶುದ್ಧ (142.60808871 + 0.01172581* ದಿ) = 60°.83818668

ಯುರೆನಸ್- ಆನುಷಂಗಿಕ ಕೋನ(Eccentric Anomaly) E

ಪ್ರಾರಂಭಿಕ ಅನುಮಾನ E0 = M + (e *180/pi)*sin(M) = 63°.20306680

ಆವರ್ತೀ ಗಣಿತ -

E1 = E0-(E0 - (e *180/pi)*sin(E0) - M)/(1 - e*cos(E0)) = 63°.25664611

E2 = E1-(E1 - (e *180/pi)*sin(E1) - M)/(1 - e*cos(E1)) = 63°.25664503

E3 = E2-(E2 - (e *180/pi)*sin(E2) - M)/(1 - e*cos(E2)) = 63°.25664503

ಅಂತಿಮ ಮೌಲ್ಯ E = 63°.25664503

ಯುರೆನಸ್- ರವಿಕೇಂದ್ರೀಯ ಕಕ್ಷೀಯ ಆಯತಾಕಾರ ನಿರ್ದೇಶಾಂಕ

x = a*(cos(E0)- e) = 7.72507086 AU

y = a*sin(E0)*√(1 - e²) = 17.11081528 AU

ಯುರೆನಸ್- ಶೀಘ್ರಕೇಂದ್ರ v

v = ಚಕ್ರಶುದ್ಧ [atan2(y, x)] = 65°.70210972

ಯುರೆನಸ್- ರವಿಕೇಂದ್ರೀಯ ದೂರ

r = √(x² + y²) = 18.77383071 AU

ಯುರೆನಸ್- ರವಿಕೇಂದ್ರೀಯ ಕ್ರಾಂತಿವೃತ್ತೀಯ ಆಯತಾಕಾರ ನಿರ್ದೇಶಾಂಕ

xh = r*[cos(N)*cos(v + w)- sin(N)*sin(v + w)*cos(i)] = -10.48321817 AU

yh = r*[sin(N)*cos(v + w)+ cos(N)*sin(v + w)*cos(i)] = -15.57410756 AU

zh = r*[sin(v + w)*sin(i)] = 0.07765209 AU

ಯುರೆನಸ್- ರವಿಕೇಂದ್ರೀಯ ಕಕ್ಷೀಯ ಭೋಗ ಮತ್ತು ಶರ

Lh = atan2(yh,xh) = -123°.94522200

Bh = atan2[zh,√(xh² + yh²)] = 0°.23698679

ಯುರೆನಸ್- ಸಂಸ್ಕಾರದ ನಂತರ ಕಕ್ಷೆಯ ಭೋಗ ಮತ್ತು ಶರ

lon1 = Lh + pclon = −124°.01127177

lat1 = Bh + pclat = 0°.23698679

ಯುರೆನಸ್- ರವಿಕೇಂದ್ರೀಯ ಕ್ರಾಂತಿವೃತ್ತೀಯ ಆಯತಾಕಾರ ನಿರ್ದೇಶಾಂಕ (ಸಂಸ್ಕಾರದ ನಂತರ)

xh = r * cos(lon1 * cos(lat1) = −10.50116481 AU

yh = r * sin(lon1)* cos(lat1) = −15.56201231 AU

zh = r * sin(lat1)= 0.07765209 AU

ಯುರೆನಸ್- ಭೂಕೇಂದ್ರೀಯ ಆಯತಾಕಾರ ನಿರ್ದೇಶಾಂಕ

xe = xsun + xh = −10.90371724 AU

ye = ysun + yh = −16.46264215 AU

ze = zsun + zh = 0.07765209 AU

ಯುರೆನಸ್- ಭೂಕೇಂದ್ರೀಯ ದೂರ

re = √(xe²+ye²+ze²)= 19.74628233 AU

ಯುರೆನಸ್- ಭೂಕೇಂದ್ರೀಯ ಕ್ರಾಂತಿವೃತ್ತೀಯ ನಿರ್ದೇಶಾಂಕಗಳು

ಮಧ್ಯಮ ಭೋಗ = ಚಕ್ರಶುದ್ಧ [atan2(ye, xe)] = 236°.48225908

ಭೋಗದ ನ್ಯುಟೇಶನ್ = −0°.00367629

ಸ್ಪಷ್ಟ ಸಾಯನ ಭೋಗ = ಮಧ್ಯಮ ಭೋಗ +ನ್ಯುಟೇಶನ್ = 236°.47858279

ಶರ = atan[ze /√(xe² + ye²)] = 0°.22531576

ಸ್ಪಷ್ಟ ನಿರಯನ ಭೋಗ = ಸಾಯನ ಭೋಗ − ಅಯನಾಂಶ

= 212°.89228222 = ವೃಶ್ಚಿಕ02°53'32"

ಯುರೆನಸ್- ಭೂಕೇಂದ್ರೀಯ ವಿಷುವವೃತ್ತೀಯ ನಿರ್ದೇಶಾಂಕಗಳು

ವಿಷುವಾಂಶ(RA) = ಚಕ್ರಶುದ್ಧ [atan2{sin(ಭೋಗ)*cos(ತೈರ್ಯಕ್ಯ)

− tan(ಶರ)*sin(ತೈರ್ಯಕ್ಯ),cos(ಭೋಗ)}] = 236°.47858279

ಕ್ರಾಂತಿ(Decl) = asin{sin(ಶರ)*cos(ತೈರ್ಯಕ್ಯ)

+ cos(ಶರ)*sin(ತೈರ್ಯಕ್ಯ)*sin(ಭೋಗ)} = 0°.22531576

8.7 ಸ್ಪಷ್ಟ ನೆಪ್ಚೂನ್ ಸಾಧನ

ನೆಪ್ಚೂನ್ - ಕಕ್ಷೀಯ ತತ್ವ

N = ಚಕ್ರಶುದ್ಧ (131.78064526 + 3.017300E-05* ದಿ) = 131°.57023386

i = 1.76999962 +(-2.550000E-07)* ದಿ = 1°.77177786

w = ಚಕ್ರಶುದ್ಧ (272.84609096 + -6.027000E-06)* ದಿ) = 272°.88812024

a = 30.05826005+3.313000E-08)* ದಿ = 30.05802902 AU

e = ಚಕ್ರಶುದ್ಧ (0.00860600 + (2.150000E-09)* ದಿ) = 0°.00859101

M = ಚಕ್ರಶುದ್ಧ (260.25609272 + 0.00599515* ದಿ) = 218°.44893824

ನೆಪ್ಚೂನ್- ಆನುಷಂಗಿಕ ಕೋನ(Eccentric Anomaly) E

ಪ್ರಾರಂಭಿಕ ಅನುಮಾನ E0 = M + (e *180/pi)*sin(M) = 218°.14286226

ಆವರ್ತೀ ಗಣಿತ -

E1 = E0-(E0 - (e *180/pi)*sin(E0) - M)/(1 - e*cos(E0)) = 218°.14491209

E2 = E1-(E1 - (e *180/pi)*sin(E1) - M)/(1 - e*cos(E1)) = 218°.14491209

ಅಂತಿಮ ಮೌಲ್ಯ E = 218°.14491209

ನೆಪ್ಚೂನ್- ರವಿಕೇಂದ್ರೀಯ ಕಕ್ಷೀಯ ಆಯತಾಕಾರ ನಿರ್ದೇಶಾಂಕ

x = a*(cos(E0)- e) = -23.89739897 AU

y = a*sin(E0)*√(1 - e²) = -18.56473271 AU

ನೆಪ್ಚೂನ್- ಶೀಘ್ರಕೇಂದ್ರ v

v = ಚಕ್ರಶುದ್ಧ [atan2(y, x)] = 217°.84190469

ನೆಪ್ಚೂನ್- ರವಿಕೇಂದ್ರೀಯ ದೂರ

r = √(x² + y²) = 30.26111329 AU

ನೆಪ್ಚೂನ್- ರವಿಕೇಂದ್ರೀಯ ಕ್ರಾಂತಿವೃತ್ತೀಯ ಆಯತಾಕಾರ ನಿರ್ದೇಶಾಂಕ

xh = r*[cos(N)*cos(v + w)- sin(N)*sin(v + w)*cos(i)] = -4.04623352 AU

yh = r*[sin(N)*cos(v + w)+ cos(N)*sin(v + w)*cos(i)] = -29.98099859 AU

zh = r*[sin(v + w)*sin(i)] = 0.70901044 AU

ನೆಪ್ಚೂನ್- ರವಿಕೇಂದ್ರೀಯ ಕಕ್ಷೀಯ ಭೋಗ ಮತ್ತು ಶರ

$Lh = atan2(yh, xh) = -97°.68619311$

$Bh = atan2[zh, \sqrt{(xh^2 + yh^2)}] = 1°.34254887$

ನೆಪ್ಚೂನ್- ಭೂಕೇಂದ್ರೀಯ ಆಯತಾಕಾರ ನಿರ್ದೇಶಾಂಕ

$xe = xsun + xh = -4.44878596$ AU

$ye = ysun + yh = -30.88162842$ AU

$ze = zsun + zh = 0.70901044$ AU

ನೆಪ್ಚೂನ್- ಭೂಕೇಂದ್ರೀಯ ದೂರ

$re = \sqrt{(xe^2 + ye^2 + ze^2)} = 31.20848228$ AU

ನೆಪ್ಚೂನ್- ಭೂಕೇಂದ್ರೀಯ ಕ್ರಾಂತಿವೃತ್ತೀಯ ನಿರ್ದೇಶಾಂಕಗಳು

ಮಧ್ಯಮ ಭೋಗ = ಚಕ್ರಶುದ್ಧ $[atan2(ye, xe)] = 261°.80240774$

ಭೋಗದ ನ್ಯುಟೇಶನ್ $= -0°.00367629$

ಸ್ಪಷ್ಟ ಸಾಯನ ಭೋಗ = ಮಧ್ಯಮ ಭೋಗ + ನ್ಯುಟೇಶನ್ $= 261°.79873145$

ಶರ $= atan[ze / \sqrt{(xe^2 + ye^2)}] = 1°.30178715$

ಸ್ಪಷ್ಟ ನಿರಯನ ಭೋಗ = ಸಾಯನ ಭೋಗ - ಅಯನಾಂಶ
$$= 238°.21243088 = ವೃಶ್ಚಿಕ 28°12'44''$$

ನೆಪ್ಚೂನ್- ಭೂಕೇಂದ್ರೀಯ ವಿಷುವವೃತ್ತೀಯ ನಿರ್ದೇಶಾಂಕಗಳು

ವಿಷುವಾಂಶ(RA) = ಚಕ್ರಶುದ್ಧ $[atan2\{sin($ ಭೋಗ $)*cos($ ತ್ರೈರ್ಯಕ್ಯ $)$

$- tan($ ಶರ $)*sin($ ತ್ರೈರ್ಯಕ್ಯ $), cos($ ಭೋಗ $)\}] = 261°.79873145$

ಕ್ರಾಂತಿ(Decl) $= asin\{sin($ ಶರ $)*cos($ ತ್ರೈರ್ಯಕ್ಯ $)$

$+ cos($ ಶರ $)*sin($ ತ್ರೈರ್ಯಕ್ಯ $)*sin($ ಭೋಗ $)\} = 1°.30178715$

8.8 ಪ್ಲೂಟೋದ ಸ್ಥಾನ ನಿರ್ಣಯ

ಆನುಷಂಗಿಕ ಮೌಲ್ಯಗಳು

ಪ್ಲೂಟೋ ರವಿಕೇಂದ್ರೀಯ ಕಕ್ಷೀಯ ಭೋಗ

$s = $ ಚಕ್ರಶುದ್ಧ $(50.08018875 + 0.033459652 *$ ದಿ $) = 176°.74932296$

$p = $ ಚಕ್ರಶುದ್ಧ $(238.95594788 + 0.003968789 *$ ದಿ $) = 211°.27959986$

ಪ್ಲೂಟೊ ರವಿಕೇಂದ್ರೀಯ ಕಕ್ಷೆಯ ಭೋಗ

a1 = 238.95081054 + 0.00400703* ದಿ = 211°.00778892

a2 = - 19.799 * sin(p)   = 10°.27993480

a3 = 19.848 * cos(p)   = -16°.96296916

a4 = 0.897 * sin(2*p)   = 0°.79607624

a5 = - 4.956 * cos(2*p)   = -2°.28388280

a6 = 0.610 * sin(3*p)   = -0°.60863138

a7 = 1.211 * cos(3*p)   = 0°.08107594

a8 = - 0.341 * sin(4*p)   = -0°.27892607

a9 = - 0.190 * cos(4*p)   = 0°.10930091

a10 = 0.128 * sin(5*p)   = -0°.05124877

a11 = - 0.034 * cos(5*p)   = -0°.03115586

a12 = - 0.038 * sin(6*p)   = 0°.00507675

a13 = 0.031 * cos(6*p)   = -0°.03072210

a14 = 0.020 * sin(s-p)   = -0°.01133683

a15 = - 0.010 * cos(s-p)   = -0°.00823827

lon = a1+a2....+a14+a15   = 202°.01214232

[ಪ್ಲೂಟೊ ರವಿಕೇಂದ್ರೀಯ ಕಕ್ಷೆಯ ಭೋಗ]

ಪ್ಲೂಟೊ ರವಿಕೇಂದ್ರೀಯ ಕಕ್ಷೆಯ ಶರ

b1 = - 3.9082

b2 = - 5.453 * sin(p)   = 2°.83127857

b3 = - 14.975 * cos(p)   = 12°.79829016

b4 = 3.527 * sin(2*p)   = 3°.13016824

b5 = 1.673 * cos(2*p   = 0°.77097174

b6 = - 1.051 * sin(3*p)   = 1°.04864193

b7 = 0.328 * cos(3*p)   = 0°.02195946

b8 = 0.179 * sin(4*p)   = 0°.14641574

b9 = - 0.292 * cos(4*p)   = 0°.16797824

b10 = 0.019 * sin(5*p)   = -0°.00760724

b11 = 0.100 * cos(5*p)   = 0°.09163487

b12 = - 0.031 * sin(6*p) = 0°.00414156

b13 = - 0.026 * cos(6*p) = 0°.02576692

b14 = 0.011 * cos(s-p)   = 0°.00906209

lat = b1+b2+....+b13+b14 = 17°.13050231

[ಪ್ಲೂಟೊ ರವಿಕೇಂದ್ರೀಯ ಕಕ್ಷೆಯ ಶರ]

ಪ್ಲೂಟೊ ರವಿಕೇಂದ್ರೀಯ ದೂರ [AUನಲ್ಲಿ]

c1   = 40.72

c2 = 6.68*sin(p)   = -3.46835519 AU

c3 = 6.90*cos(p)   = -5.89704188 AU

c4 = - 1.18*sin(2*p)   = -1.04723519 AU

c5 = - 0.03*cos(2*p)   = -0.01382496 AU

c6 = 0.15*sin(3*p)   = -0.14966345 AU

c7 = - 0.14*cos(3*p)   = -0.00937294 AU

r = c1+c2+..+c6+c7   = 30.13450638 AU

ಪ್ಲೂಟೊ ರವಿಕೇಂದ್ರೀಯ ಕಕ್ಷೆಯ ಆಯತಾಕಾರ ನಿರ್ದೇಶಾಂಕ

xe = r * cs(lat) * cs(lon) = -26.69841030 AU

ye = r * sn(lon) * cs(lat) = -10.79344013 AU

ze = r * sn(lat) = 8.87609219 AU

ಪ್ಲೂಟೊ ಭೂಕೇಂದ್ರೀಯ ಆಯತಾಕಾರ ನಿರ್ದೇಶಾಂಕ

xg = xsun + xe = -27.10096274 AU

yg = ysun + ye = -11.69406997 AU

zg = zsun + ze = 8.87609219 AU

ಪ್ಲೂಟೊ ಭೂಕೇಂದ್ರೀಯ ದೂರ

rg = sqrt(xg² + yg² + zg²) = 30.82204513 AU

ಪ್ಲೂಟೊ ಕ್ರಾಂತಿವೃತ್ತೀಯ ಧ್ರುವೀಯ ನಿರ್ದೇಶಾಂಕ

ಮಧ್ಯಮ ಭೋಗ = ಚಕ್ರಶುದ್ಧ (atan2(yg,xg))= 203°.34020583

ಸ್ಪಷ್ಟ ಸಾಯನ ಭೋಗ = ಮಧ್ಯಮ ಭೋಗ +ನ್ಯುಟೇಶನ್ = 203°.33652955

ಶರ = asin(zg/rg) = 16°.73698178

ಸ್ಪಷ್ಟ ನಿರಯನ ಭೋಗ = ಸಾಯನ ಭೋಗ - ಅಯನಾಂಶ

$$= 179°.75022897 = ಕನ್ಯಾ\ 29°45'\ 0''$$

ಪ್ಲ್ಯೂಟೋ- ಭೂಕೇಂದ್ರೀಯ ವಿಷುವವೃತ್ತೀಯ ನಿರ್ದೇಶಾಂಕಗಳು

ವಿಷುವಾಂಶ(RA) = ಚಕ್ರಶುದ್ಧ [atan2{sin(ಭೋಗ)*cos(ತ್ರೈರ್ಯಕ್ಯ)

- tan(ಶರ)*sin(ತ್ರೈರ್ಯಕ್ಯ),cos(ಭೋಗ)}] = 207°.74891508

ಕ್ರಾಂತಿ(Decl) = asin{sin(ಶರ)*cos(ತ್ರೈರ್ಯಕ್ಯ)

+ cos(ಶರ)*sin(ತ್ರೈರ್ಯಕ್ಯ)*sin(ಭೋಗ)} = 6°.50639026

9. ರಾಹುಮತ್ತು ಕೇತು ಸಾಧನ

ಚಂದ್ರಾರ್ಕ ಉಪಕರಣಗಳು

Om = 134°.31768240

Ms = 324°.44605231

Mm = 106°.24218420

D = 245°.66752546

F = 358°.40496725

ಮಧ್ಯಮ ರಾಹು= 134°.31768240

ರಾಹುವಿನ ಸಂಸ್ಕಾರ = - 1.4979 * sin(2*D - 2*F)

$$- 0.1500 * sin(Ms)$$

$$- 0.1226 * sin(2*D)$$

$$+ 0.1177 * sin(2*F)$$

$$- 0.0801 * sin(2*Mm - 2*F)$$

$$= -1°.03258978$$

ಸ್ಪಷ್ಟ ರಾಹು = ಮಧ್ಯಮ ರಾಹು + ಸಂಸ್ಕಾರ 133°.28509262

ಸ್ಪಷ್ಟ ಕೇತು = ಯಾವಾಗಲೂ ರಾಹುವಿನ ವಿರುದ್ಧ ಬದಿಗೆ.

ಸಾರಾಂಶ

ಸ್ಪಷ್ಟ ಗ್ರಹ ಸಾಧನ ದಿನಾಂಕ 28-11-1980 ಸಮಯ 00:00 UT

ಡೆಲ್ಟಾಟೀ = 45.02 sec; ಸ್ಪಷ್ಟ ದಿನಗಣ = −6973.49947894; ಅಯನಾಂಶ = 23.58630057

ಗ್ರಹ	ಸಾಯನ ಭೋಗ (Long)	ಶರ(Lat)	ವಿಷುವಾಂಶ(R.A.)	ಕ್ರಾಂತಿ(Decl)	ನಿರಯನ ಭೋಗ
ರವಿ	245°.91322345	0°.00000000	244°.02216523	−21°.29380349	ವೃಶ್ಚಿಕ12°19'36"
ಚಂದ್ರ	139°.77523109	0°.56229212	142°.37151071	15°.41907457	ಕರ್ಕ 26°11'20"
ಬುಧ	228°.45130027	1°.74915167	226°.49404928	−15°.63788819	ತುಲಾ 24°51'53"
ಶುಕ್ರ	214°.85789933	1°.80195222	213°.19635428	−11°.44280803	ತುಲಾ 11°16'17"
ಕುಜ	274°.52030196	−1°.07474874	274°.96527169	−24°.43673534	ಧನು 10°56' 2"
ಗುರು	185°.58933330	1°.17587885	185°.59660139	−1°.14067639	ಕನ್ಯಾ 12°00'10"
ಶನಿ	187°.47651922	2°.21272129	187°.73950335	−0°.93383583	ಕನ್ಯಾ 13°53'24"
ಯುರೇನಸ್	236°.47858279	0°.22531576	234°.22608622	−19°.14838547	ವೃಶ್ಚಿಕ02°53'32"
ನೆಪ್ಟೂನ್	261°.79873145	1°.30178715	261°.15907141	−21°.88672950	ವೃಶ್ಚಿಕ28°12'44"
ಪ್ಲೂಟೋ	203°.33652955	16°.73698178	207°.74891508	6°.50639026	ಕನ್ಯಾ 29°45' 0"

ಸೂಚನೆ:- ಚಂದ್ರಸಾಧನ ಗಣಿತಕ್ಕಾಗಿ ಅಧ್ಯಾಯ 8 ನೋಡಬೇಕು.

ಗ್ರಹಗಳ ದೂರಗಳು (AU) ಮತ್ತು % ಕಲೆ

ಸೂರ್ಯ-ಭೂಮ್ಯಂತರ = 0.98650016 AU

ಗ್ರಹ	ಭೂಮಿಯಿಂದ ಅಂತರ	ಸೂರ್ಯನಿಂದ ಅಂತರ	% ಕಲೆ
ಬುಧ	1.18550135	0.38526613	81.78335187
ಶುಕ್ರ	1.35258124	0.71947454	85.29620852
ಕುಜ	2.19629661	1.41183167	97.11528329
ಗುರು	5.86206458	5.44168869	99.37580063
ಶನಿ	10.00552962	9.52671629	99.80488838
ಯುರೆನಸ್	19.74628233	8.77383071	99.99814409
ನೆಪ್ಟೂನ್	31.20848228	30.26111329	99.99799676
ಪ್ಲೂಟೋ	30.82204513	30.13450638	99.98652915

ಅಭ್ಯಾಸ ಉದಾಹರಣ 3.3

ಸ್ಪಷ್ಟಗ್ರಹ ಸಾಧನ, ದಿನಾಂಕ: 01-01-2200 ; ಸಮಯ : 00:00 UT

1. ದಿನಗಣ (J2000 ಕ್ಷೇಪಕದಿಂದ ಕಳೆದ ದಿನಗಳ ಸಂಖ್ಯೆ)

   ದಿನಾರಂಭ ದಿನಗಣ [ದಿ$_0$] = ವರ್ಷ*365 + ಪೂರ್ಣಾಂಕ(ವರ್ಷ/4)

   − ಪೂರ್ಣಾಂಕ (ವರ್ಷ/100) + ಪೂರ್ಣಾಂಕ (ವರ್ಷ/400)

   + [N + ದಿನಾಂಕ] − 730485.5

   = 803000 + 550 − 22 + 5 + [1] − 730485.5

   = 73048.500000

   ದಿನಾಂಶ (ದಿನಾರಂಭದಿಂದ ಕಳೆದ ಕಾಲ) = 0.00000000 ಗಂಟೆ = 0.00000000 ದಿನ

   ಡೆಲ್ಟಾಟೀ = 441.31039783 ಸೆಕೆಂಡ = 0.00510776 ದಿನ

   ಸ್ಪಷ್ಟ ದಿನಗಣ [ದಿ] = ದಿ$_0$ + ದಿನಾಂಶ + ಡೆಲ್ಟಾಟೀ = 73048.50510776

2. ವಾರ ನಿರ್ಣಯ

   ದಿನಗಣ = 73048

   ವಾರಕ್ರಮಾಂಕ = ಪೂರ್ಣಾಂಕ (ದಿನಗಣ/ 7)ದ ಅವಶೇಷ = 3; ವಾರ = ಬುಧವಾರ

3. ಅಯನಾಂಶ

   ಅಯನಾಂಶ = 23.853 + 3.82447045e−5* ದಿ

   = 26°.64671849; = 26°38'48"

4. ಚಂದ್ರಾರ್ಕ ಉಪಕರಣ

   ಶತಕಗಣ T = ದಿನಗಣ / 36525 = 1.99995907

   Om = ಚಕ್ರಶುದ್ಧ [(450160.398036 − 6962890.5431*T+7.4722*T^2

   + 0.007702*T^3 − 0.00005939*T^4)/3600]

   = 216.85951019

   D = ಚಕ್ರಶುದ್ಧ [(1072260.70369 + 1602961601.2090*T − 6.3706* T^2

   + 0.006593*T^3 − 0.00003169*T^4)/3600]

= 173.84216945

F = ಚಕ್ರಶುದ್ಧ [(335779.526232 + 1739527262.8478*T – 12.7512*T²

– 0.001037*T³ + 0.00000417*T⁴)/3600]

= 237.51638334

LO = ಚಕ್ರಶುದ್ಧ (Om + F)= 94.37589353

Ls = ಚಕ್ರಶುದ್ಧ (LO – D)= 280.53372408

5. ಭೋಗದಲ್ಲಿಯ ನ್ಯುಟೇಶನ್

= {–17.2*sin(Om) – 1.32*sin(2*Ls)

–0.23*sin(2*LO) + 0.21*sin(2*Om)}/3600.0

= 0°.00306349

6. ತ್ಯೆಯರ್ಕ್ಯ (ಕ್ರಾಂತಿವೃತ್ತದ ಏರು ಕೋನ)

ಮಧ್ಯಮ ತ್ಯೆಯರ್ಕ್ಯ = 23.43927944 – 3.562E-7* ದಿ

= 23°.41325956

ತ್ಯೆಯರ್ಕ್ಯದ ನ್ಯುಟೇಶನ್

= {9.20*cos(Om)+ 0.57*cos(2*Ls)

+ 0.10*cos(2*LO)– 0.09*cos(2*Om)}/3600

= –0°.00222694

ಸ್ಪಷ್ಟ ತ್ಯೆಯರ್ಕ್ಯ = ಮಧ್ಯಮ ತ್ಯೆಯರ್ಕ್ಯ + ನ್ಯುಟೇಶನ್ = 23°.41103263

= 23°24'39"

6. ಸೂರ್ಯ ಸಾಧನ

ದಿನಗಣ = 73048.50510776; ಭೋಗನ್ಯುಟೇಶನ್ = 0.00306349;

ತ್ಯೆಯರ್ಕ್ಯ = 23.41103263; ಅಯನಾಂಶ = 26.64671849;

ಕ್ರಾಂತಿವೃತ್ತೀಯ ನಿರ್ದೇಶಾಂಕಗಳು (Ecliptic Coordinates)

ಮಧ್ಯಮ ಭೋಗ (Mean Longitude)

Ls = ಚಕ್ರಶುದ್ಧ (280.461 + 0.9856474* ದಿ) = 280°.53013335

ಸೂರ್ಯನ ಮಂದಕೇಂದ್ರ(Mean Anomaly)

Ms = ಚಕ್ರಶುದ್ಧ (357.528 + 0.9856003* ದಿ) = 354°.15654876

ಮಂದಫಲ (Equation of centre)

dL = (1.915*sin(Ms) + 0.020*sin(2*Ms))

 = −0°.19901886

ಸ್ಪಷ್ಟ ಸಾಯನ ಭೋಗ

LO = ಚಕ್ರಶುದ್ಧ (Ls + dL) = 280°.33417798

ಸ್ಪಷ್ಟ ನಿರಯನ ಭೋಗ = ಸಾಯನ ಭೋಗ − ಅಯನಾಂಶ = 253°.68745949 = ಧನು 13°41'14"

ಸೂರ್ಯನ ಶರ (ಶೂನ್ಯವೆಂದು ಗಣಿಸಲಾಗಿದೆ) = ೦

ವಿಷುವವೃತ್ತೀಯ ನಿರ್ದೇಶಾಂಕಗಳು (Equatorial Coordinates)

ಸೂರ್ಯನ ವಿಷುವಾಂಶ RA = [atan2{sin(ಭೋಗ)*cos(ತ್ಯೆರ್ಯ್ಕ್ಯ) ,cos(ಭೋಗ)}]

 = 281.23856159

ಸೂರ್ಯನ ಕ್ರಾಂತಿ = asin[sin(ತ್ಯೆರ್ಯ್ಕ್ಯ)*sin(ಭೋಗ)]

 = −23.00922206

ಸೂರ್ಯನ ಭೂಕೇಂದ್ರೀಯ ದೂರ

r = 1.00014 − 0.01671*cos (Ms) − 0.00014*cos(2*Ms)

 = 0.98337973 AU

ಸೂರ್ಯನ ಭೂಕೇಂದ್ರೀಯ ಆಯತಾಕಾರ ನಿರ್ದೇಶಾಂಕ (ಸಾಯನ ಭೋಗದಿಂದ)

xಸೂರ್ಯ = r * cos(ಭೋಗ) = 0.17635587 AU

yಸೂರ್ಯ = r * sin(ಭೋಗ) = −0.96743698 AU

zಸೂರ್ಯ = 0.0

7. ಗ್ರಹಗಳ ಕ್ಷೋಭ ಸಂಸ್ಕಾರ

ಗುರು, ಶನಿ ಮತ್ತುಯುರೆನಸ್ ಗಳ ಮಂದಕೇಂದ್ರಗಳು:

Mj = ಚಕ್ರಶುದ್ಧ (20.01962795 + 0.0830853001* ದಿ) = 329°.27659668

Ms = ಚಕ್ರಶುದ್ಧ (317.01716634 + 0.0334442282∗ ದಿ) = 240°.06804083

Mu = ಚಕ್ರಶುದ್ಧ (142.60808871 + 0.0117258060∗ ದಿ) = 279°.16068819

ಗುರುವಿನ ಸೂರ್ಯಕೇಂದ್ರೀಯ ಭೋಗದ ಸಂಸ್ಕಾರ

j1 = −0.332 ∗ sin(2∗Mj − 5∗Ms − 67.6) = −0°.31074528

j2 = −0.056 ∗ sin(2∗Mj − 2∗Ms + 21.0) = 0°.01861680

j3 = 0.042 ∗ sin(3∗Mj − 5∗Ms + 21.0) = 0°.00838093

j4 = −0.036 ∗ sin(Mj − 2∗Ms) = 0°.01753031

j5 = 0.022 ∗ cos(Mj − Ms) = 0°.00030388

j6 = 0.023 ∗ sin(2∗Mj − 3∗Ms + 52.0) = −0°.00385584

j7 = −0.016 ∗ sin(Mj − 5∗Ms − 69.0) = −0°.01029820

ಗುರುವಿನ ಭೋಗ ಸಂಸ್ಕಾರ = j1+j2+j3+j4+j5+j6+j7 = −0°.28006739

ಶನಿಯ ಸೂರ್ಯಕೇಂದ್ರೀಯ ಭೋಗದ ಸಂಸ್ಕಾರ

s1 = 0.812 ∗ sin(2∗Mj − 5∗Ms − 67.6) = 0°.76001556

s2 = −0.229 ∗ cos(2∗Mj − 4∗Ms − 2.0) = −0°.12712245

s3 = 0.119 ∗ sin(Mj − 2∗Ms − 3.0) = −0°.05242831

s4 = 0.046 ∗ sin(2∗Mj − 6∗Ms − 69.0) = −0°.03479288

s5 = 0.014 ∗ sin(Mj − 3∗Ms + 32.0) = 0°.00026204

ಶನಿಯ ಭೋಗ ಸಂಸ್ಕಾರ = s1+s2+s3+s4+s5 = 0°.54593396

ಶನಿಯ ಸೂರ್ಯಕೇಂದ್ರೀಯ ಶರಕ್ಕಾಗಿ ಸಂಸ್ಕಾರ

s6 = 0.018 ∗ sin(2∗Mj − 6∗Ms − 49.0) = −0°.01682071

s7 = −0.020 ∗ cos(2∗Mj − 4∗Ms − 2.0) = −0°.01110240

ಶನಿಯ ಒಟ್ಟು ಶರ −ಸಂಸ್ಕಾರ = s6+s7 = −0°.02792311

ಯುರೆನಸ್ ದ ಸೂರ್ಯಕೇಂದ್ರೀಯ ಭೋಗದ ಸಂಸ್ಕಾರ

u1 = 0.040 ∗ sin(Ms − 2∗Mu + 6.0) = 0°.02960716

u2 = 0.035 ∗ sin(Ms − 3∗Mu + 33.0) = 0°.01446646

u3 = -0.015 * sin(Mj – Mu + 20.0) = -0°.01410574

ಯುರೆನಸ್ ದ ಭೋಗ ಸಂಸ್ಕಾರ = u1+u2+u3 = 0°.02996788

8. ಸ್ಪಷ್ಟಗ್ರಹಸಾಧನ

8.1 ಸ್ಪಷ್ಟ ಬುಧ ಸಾಧನ

ಬುಧ - ಕಕ್ಷೀಯ ತತ್ವ

N = ಚಕ್ರಶುದ್ಧ (48.33134869 + 3.245870E-05* ದಿ) = 50°.70240820

i = 7.00470007 +(5.000000E-08)* ದಿ = 7°.00835250

w = ಚಕ್ರಶುದ್ಧ (29.12411522 + 1.014400E-05)* ದಿ) = 29°.86511926

a = 0.38709800 = 0.38709800 AU

e = ಚಕ್ರಶುದ್ಧ (0.20563500 + (5.930000E-10)* ದಿ) = 0°.20567832

M = ಚಕ್ರಶುದ್ಧ (174.79470166 + 4.09233444* ದಿ) = 313°.70771090

ಬುಧ- ಆನುಷಂಗಿಕ ಕೋನ(Eccentric Anomaly) E

ಪ್ರಾರಂಭಿಕ ಅನುಮಾನ E0 = M + (e *180/pi)*sin(M) = 305°.18900069

ಆವರ್ತೀ ಗಣಿತ -

E1 = E0-(E0 - (e *180/pi)*sin(E0) - M)/(1 - e*cos(E0)) = 303°.92720615

E2 = E1-(E1 - (e *180/pi)*sin(E1) - M)/(1 - e*cos(E1)) = 303°.92985802

E3 = E2-(E2 - (e *180/pi)*sin(E2) - M)/(1 - e*cos(E2)) = 303°.92985803

E4 = E3-(E3 - (e *180/pi)*sin(E3) - M)/(1 - e*cos(E3)) = 303°.92985803

ಅಂತಿಮ ಮೌಲ್ಯ E = 303°.92985803

ಬುಧ- ರವಿಕೇಂದ್ರೀಯ ಕಕ್ಷೀಯ ಆಯತಾಕಾರ ನಿರ್ದೇಶಾಂಕ

x = a*(cos(E0)- e) = 0.13645176 AU

y = a*sin(E0)*√(1 - e²) = -0.31431653 AU

ಬುಧ- ಶೀಘ್ರಕೇಂದ್ರ v

v = ಚಕ್ರಶುದ್ಧ [atan2(y, x)] = 293°.46673102

ಬುಧ- ರವಿಕೇಂದ್ರೀಯ ದೂರ

r = √(x² + y²) = 0.34265720 AU

ಬುಧ- ರವಿಕೇಂದ್ರೀಯ ಕ್ರಾಂತಿವೃತ್ತೀಯ ಆಯತಾಕಾರ ನಿರ್ದೇಶಾಂಕ

$xh = r*[\cos(N)*\cos(v + w) - \sin(N)*\sin(v + w)*\cos(i)] = 0.33124603$ AU

$yh = r*[\sin(N)*\cos(v + w) + \cos(N)*\sin(v + w)*\cos(i)] = 0.08406339$ AU

$zh = r*[\sin(v + w)*\sin(i)] = -0.02496746$ AU

ಬುಧ- ರವಿಕೇಂದ್ರೀಯ ಕಕ್ಷೀಯ ಭೋಗ ಮತ್ತು ಶರ

$Lh = \mathrm{atan2}(yh, xh) = 14°.23986272$

$Bh = \mathrm{atan2}[zh, \sqrt{(xh^2 + yh^2)}] = -4°.17851770$

ಬುಧ- ಭೂಕೇಂದ್ರೀಯ ಆಯತಾಕಾರ ನಿರ್ದೇಶಾಂಕ

$xe = xsun + xh = 0.50760190$ AU

$ye = ysun + yh = -0.88337359$ AU

$ze = zsun + zh = -0.02496746$ AU

ಬುಧ- ಭೂಕೇಂದ್ರೀಯ ದೂರ

$re = \sqrt{(xe^2 + ye^2 + ze^2)} = 1.01913294$ AU

ಬುಧ- ಭೂಕೇಂದ್ರೀಯ ಕ್ರಾಂತಿವೃತ್ತೀಯ ನಿರ್ದೇಶಾಂಕಗಳು

ಮಧ್ಯಮ ಭೋಗ = ಚಕ್ರಶುದ್ಧ $[\mathrm{atan2}(ye, xe)] = 299°.88242772$

ಭೋಗದ ನ್ಯುಟೇಶನ್ = $0°.00306349$

ಸ್ಪಷ್ಟ ಸಾಯನ ಭೋಗ = ಮಧ್ಯಮ ಭೋಗ + ನ್ಯುಟೇಶನ್ = $299°.88549122$

ಶರ = $\mathrm{atan}[ze / \sqrt{(xe^2 + ye^2)}] = -1°.40381437$

ಸ್ಪಷ್ಟ ನಿರಯನ ಭೋಗ = ಸಾಯನ ಭೋಗ - ಅಯನಾಂಶ

= $273°.23877273$ = ಮಕರ$03°14'19"$

ಬುಧ- ಭೂಕೇಂದ್ರೀಯ ವಿಷುವವೃತ್ತೀಯ ನಿರ್ದೇಶಾಂಕಗಳು

ವಿಷುವಾಂಶ(RA) = ಚಕ್ರಶುದ್ಧ $[\mathrm{atan2}\{\sin($ ಭೋಗ $)*\cos($ ತ್ರೈಯರ್ಕ್ಯ $)$

$- \tan($ ಶರ $)*\sin($ ತ್ರೈಯರ್ಕ್ಯ $), \cos($ ಭೋಗ $)\}] = 299°.88549122$

ಕ್ರಾಂತಿ(Decl) = $\mathrm{asin}\{\sin($ ಶರ $)*\cos($ ತ್ರೈಯರ್ಕ್ಯ $)$

$+ \cos($ ಶರ $)*\sin($ ತ್ರೈಯರ್ಕ್ಯ $)*\sin($ ಭೋಗ $)\} = -1°.40381437$

8.2 ಸ್ಪಷ್ಟ ಶುಕ್ರ ಸಾಧನ

ಶುಕ್ರ - ಕಕ್ಷೀಯ ತತ್ತ

N = ಚಕ್ರಶುದ್ಧ (76.67993699 + 2.465900E-05* ದಿ) = 78°.48124008

i = 3.39460004 +(2.750000E-08)* ದಿ = 3°.39660887

w = ಚಕ್ರಶುದ್ಧ (54.89102076 + 1.383740E-05)* ದಿ) = 55°.90182214

a = 0.72333000 = 0.72333000 AU

e = ಚಕ್ರಶುದ್ಧ (0.00677300 + (-1.302000E-09)* ದಿ) = 0°.00667789

M = ಚಕ್ರಶುದ್ಧ (50.40839534 + 1.60213022* ದಿ) = 83°.62627572

ಶುಕ್ರ- ಆನುಷಂಗಿಕ ಕೋನ(Eccentric Anomaly) E

ಪ್ರಾರಂಭಿಕ ಅನುಮಾನ E0 = M + (e *180/pi)*sin(M) = 84°.00652571

ಆವರ್ತೀ ಗಣಿತ -

E1 = E0-(E0 - (e *180/pi)*sin(E0) - M)/(1 - e*cos(E0)) = 84°.00679942

E2 = E1-(E1 - (e *180/pi)*sin(E1) - M)/(1 - e*cos(E1)) = 84°.00679942

ಅಂತಿಮ ಮೌಲ್ಯ E = 84°.00679942

ಶುಕ್ರ- ರವಿಕೇಂದ್ರೀಯ ಕಕ್ಷೀಯ ಆಯತಾಕಾರ ನಿರ್ದೇಶಾಂಕ

x = a*(cos(E0)- e) = 0.07069289 AU

y = a*sin(E0)*√(1 - e²) = 0.71936045 AU

ಶುಕ್ರ- ಶೀಘ್ರುಕೇಂದ್ರ v

v = ಚಕ್ರಶುದ್ಧ [atan2(y, x)] = 84°.38745867

ಶುಕ್ರ- ರವಿಕೇಂದ್ರೀಯ ದೂರ

r = √(x² + y²) = 0.72282566 AU

ಶುಕ್ರ- ರವಿಕೇಂದ್ರೀಯ ಕ್ರಾಂತಿವೃತ್ತೀಯ ಆಯತಾಕಾರ ನಿರ್ದೇಶಾಂಕ

xh = r*[cos(N)*cos(v + w)- sin(N)*sin(v + w)*cos(i)] = -0.56276351 AU

yh = r*[sin(N)*cos(v + w)+ cos(N)*sin(v + w)*cos(i)] = -0.45279742 AU

zh = r*[sin(v + w)*sin(i)] = 0.02736169 AU

ಶುಕ್ರ- ರವಿಕೇಂದ್ರೀಯ ಕಕ್ಷೀಯ ಭೋಗ ಮತ್ತು ಶರ

$Lh = atan2(yh, xh) = -141°.17997423$

$Bh = atan2[zh, \sqrt{(xh^2 + yh^2)}] = 2°.16938074$

ಶುಕ್ರ- ಭೂಕೇಂದ್ರೀಯ ಆಯತಾಕಾರ ನಿರ್ದೇಶಾಂಕ

$xe = xsun + xh = -0.38640765$ AU

$ye = ysun + yh = -1.42023440$ AU

$ze = zsun + zh = 0.02736169$ AU

ಶುಕ್ರ- ಭೂಕೇಂದ್ರೀಯ ದೂರ

$re = \sqrt{(xe^2 + ye^2 + ze^2)} = 1.47211592$ AU

ಶುಕ್ರ- ಭೂಕೇಂದ್ರೀಯ ಕ್ರಾಂತಿವೃತ್ತೀಯ ನಿರ್ದೇಶಾಂಕಗಳು

ಮಧ್ಯಮ ಭೋಗ = ಚಕ್ರಶುದ್ಧ $[atan2(ye, xe)] = 254°.77977084$

ಭೋಗದ ನ್ಯುಟೀಶನ್ $= 0°.00306349$

ಸ್ಪಷ್ಟ ಸಾಯನ ಭೋಗ = ಮಧ್ಯಮ ಭೋಗ + ನ್ಯುಟೀಶನ್ $= 254°.78283434$

ಶರ $= atan[ze / \sqrt{(xe^2 + ye^2)}] = 1°.06499746$

ಸ್ಪಷ್ಟ ನಿರಯನ ಭೋಗ = ಸಾಯನ ಭೋಗ - ಅಯನಾಂಶ

$= 228°.13611585 = $ ವೃಶ್ಚಿಕ$18°08'10"$

ಶುಕ್ರ- ಭೂಕೇಂದ್ರೀಯ ವಿಷುವವೃತ್ತೀಯ ನಿರ್ದೇಶಾಂಕಗಳು

ವಿಷುವಾಂಶ(RA) = ಚಕ್ರಶುದ್ಧ $[atan2\{sin($ ಭೋಗ $)*cos($ ತ್ಯೆರ್ಯಕ್ಯ $)$

$- tan($ ಶರ $)*sin($ ತ್ಯೆರ್ಯಕ್ಯ $), cos($ ಭೋಗ $)\}] = 254°.78283434$

ಕ್ರಾಂತಿ(Decl) = $asin\{sin($ ಶರ $)*cos($ ತ್ಯೆರ್ಯಕ್ಯ $)$

$+ cos($ ಶರ $)*sin($ ತ್ಯೆರ್ಯಕ್ಯ $)*sin($ ಭೋಗ $)\} = 1°.06499746$

8.3 ಸ್ಪಷ್ಟ ಕುಜ ಸಾಧನ

ಕುಜ - ಕಕ್ಷೀಯ ತತ್ತ್ವ

$N = $ ಚಕ್ರಶುದ್ಧ $(49.55743166 + 2.110810E-05 * $ ದಿ $) = 51°.09934681$

i = 1.84969997 +(−1.780000E−08)∗ ದಿ = 1°.84839971

w = ಚಕ್ರಶುದ್ಧ (286.50164394 + 2.929610E−05)∗ ದಿ) = 288°.64168025

a = 1.52368800 = 1.52368800 AU

e = ಚಕ್ರಶುದ್ಧ (0.09340500 + (2.516000E−09)∗ ದಿ) = 0°.09358879

M = ಚಕ್ರಶುದ್ಧ (19.38813116 + 0.52402078∗ ದಿ) = 138°.32250720

ಕುಜ- ಆನುಷಂಗಿಕ ಕೋನ(Eccentric Anomaly) E

ಪ್ರಾರಂಭಿಕ ಅನುಮಾನ E0 = M + (e ∗180/pi)∗sin(M) = 141°.88806079

ಆವರ್ತೀ ಗಣಿತ −

E1 = E0−(E0 − (e ∗180/pi)∗sin(E0) − M)/(1 − e∗cos(E0)) = 141°.64963902

E2 = E1−(E1 − (e ∗180/pi)∗sin(E1) − M)/(1 − e∗cos(E1)) = 141°.64961228

E3 = E2−(E2 − (e ∗180/pi)∗sin(E2) − M)/(1 − e∗cos(E2)) = 141°.64961228

ಅಂತಿಮ ಮೌಲ್ಯ E = 141°.64961228

ಕುಜ- ರವಿಕೇಂದ್ರೀಯ ಕಕ್ಷೀಯ ಆಯತಾಕಾರ ನಿರ್ದೇಶಾಂಕ

x = a∗(cos(E0)− e) = −1.33752350 AU

y = a∗sin(E0)∗√(1 − e²) = 0.94125167 AU

ಕುಜ- ಶೀಘ್ರಕೇಂದ್ರ v

v = ಚಕ್ರಶುದ್ಧ [atan2(y, x)] = 144°.86490661

ಕುಜ- ರವಿಕೇಂದ್ರೀಯ ದೂರ

r = √(x² + y²) = 1.63551943 AU

ಕುಜ- ರವಿಕೇಂದ್ರೀಯ ಕ್ರಾಂತಿವೃತ್ತೀಯ ಆಯತಾಕಾರ ನಿರ್ದೇಶಾಂಕ

xh = r∗[cos(N)∗cos(v + w)− sin(N)∗sin(v + w)∗cos(i)] = −0.92822386 AU

yh = r∗[sin(N)∗cos(v + w)+ cos(N)∗sin(v + w)∗cos(i)] = 1.34564692 AU

zh = r∗[sin(v + w)∗sin(i)] = 0.05058309 AU

ಕುಜ- ರವಿಕೇಂದ್ರೀಯ ಕಕ್ಷೀಯ ಭೋಗ ಮತ್ತು ಶರ

Lh = atan2(yh,xh) = 124°.59781407

Bh = atan2[zh,$\sqrt{(xh^2 + yh^2)}$] = 1°.77231767

ಕುಜ- ಭೂಕೇಂದ್ರೀಯ ಆಯತಾಕಾರ ನಿರ್ದೇಶಾಂಕ

xe = xsun + xh = -0.75186799 AU

ye = ysun + yh = 0.37820994 AU

ze = zsun + zh = 0.05058309 AU

ಕುಜ- ಭೂಕೇಂದ್ರೀಯ ದೂರ

re = $\sqrt{(xe^2+ye^2+ze^2)}$= 0.84315295 AU

ಕುಜ- ಭೂಕೇಂದ್ರೀಯ ಕ್ರಾಂತಿವೃತ್ತೀಯ ನಿರ್ದೇಶಾಂಕಗಳು

ಮಧ್ಯಮ ಭೋಗ = ಚಕ್ರಶುದ್ಧ [atan2(ye, xe)] = 153°.29636691

ಭೋಗದ ನ್ಯುಟೇಶನ್ = 0°.00306349

ಸ್ಪಷ್ಟ ಸಾಯನ ಭೋಗ = ಮಧ್ಯಮ ಭೋಗ +ನ್ಯುಟೇಶನ್ = 153°.29943040

ಶರ = atan[ze /$\sqrt{(xe^2 + ye^2)}$] = 3°.43939862

ಸ್ಪಷ್ಟ ನಿರಯನ ಭೋಗ = ಸಾಯನ ಭೋಗ – ಅಯನಾಂಶ

= 126°.65271191 = ಸಿಂಹ 06°39' 9"

ಕುಜ- ಭೂಕೇಂದ್ರೀಯ ವಿಷುವವೃತ್ತೀಯ ನಿರ್ದೇಶಾಂಕಗಳು

ವಿಷುವಾಂಶ(RA) = ಚಕ್ರಶುದ್ಧ [atan2{sin(ಭೋಗ)*cos(ತ್ರೈಯರ್ಕ್ಯ)

- tan(ಶರ)*sin(ತ್ರೈಯರ್ಕ್ಯ),cos(ಭೋಗ)}] = 153°.29943040

ಕ್ರಾಂತಿ(Decl) = asin{sin(ಶರ)*cos(ತ್ರೈಯರ್ಕ್ಯ)

+ cos(ಶರ)*sin(ತ್ರೈಯರ್ಕ್ಯ)*sin(ಭೋಗ)} = 3°.43939862

8.4 ಸ್ಪಷ್ಟ ಗುರು ಸಾಧನ

ಗುರು - ಕಕ್ಷೀಯ ತತ್ತ್ವ

N = ಚಕ್ರಶುದ್ಧ (100.45424153 + 2.768540E-05* ದಿ) = 102°.47661861

i = 1.30299977 +(-2.557000E-07)* ದಿ = 1°.28432127

w = ಚಕ್ರಶುದ್ಧ (273.87772468 + 1.645050E-05)* ದಿ) = 275°.07940911

a = 5.20256000 = 5.20256000 AU

e = ಚಕ್ರಶುದ್ಧ (0.04849801 + (4.469000E-09)* ದಿ) = 0°.04882446

M = ಚಕ್ರಶುದ್ಧ (20.01962795 + 0.08308530* ದಿ) = 329°.27659668

ಗುರು- ಆನುಷಂಗಿಕ ಕೋನ(Eccentric Anomaly) E

ಪ್ರಾರಂಭಿಕ ಅನುಮಾನ E0 = M + (e *180/pi)*sin(M) = 327°.84740330

ಆವರ್ತೀ ಗಣಿತ -

E1 = E0-(E0 - (e *180/pi)*sin(E0) - M)/(1 - e*cos(E0)) = 327°.78530147

E2 = E1-(E1 - (e *180/pi)*sin(E1) - M)/(1 - e*cos(E1)) = 327°.78530238

E3 = E2-(E2 - (e *180/pi)*sin(E2) - M)/(1 - e*cos(E2)) = 327°.78530238

ಅಂತಿಮ ಮೌಲ್ಯ E = 327°.78530238

ಗುರು- ರವಿಕೇಂದ್ರೀಯ ಕಕ್ಷೆಯ ಆಯತಾಕಾರ ನಿರ್ದೇಶಾಂಕ

x = a*(cos(E0)- e) = 4.14764721 AU

y = a*sin(E0)*√(1 - e²) = -2.77014233 AU

ಗುರು- ಶೀಘ್ರಕೇಂದ್ರ v

v = ಚಕ್ರಶುದ್ಧ [atan2(y, x)] = 326°.26171914

ಗುರು- ರವಿಕೇಂದ್ರೀಯ ದೂರ

r = √(x² + y²) = 4.98765134 AU

ಗುರು- ರವಿಕೇಂದ್ರೀಯ ಕ್ರಾಂತಿವೃತ್ತೀಯ ಆಯತಾಕಾರ ನಿರ್ದೇಶಾಂಕ

xh = r*[cos(N)*cos(v + w)- sin(N)*sin(v + w)*cos(i)] = 4.78896734 AU

yh = r*[sin(N)*cos(v + w)+ cos(N)*sin(v + w)*cos(i)] = -1.39026429 AU

zh = r*[sin(v + w)*sin(i)] = -0.09809644 AU

ಗುರು- ರವಿಕೇಂದ್ರೀಯ ಕಕ್ಷೆಯ ಭೋಗ ಮತ್ತು ಶರ

Lh = atan2(yh,xh) = -16°.18831180

Bh = atan2[zh,√(xh² + yh²)] = -1°.12695820

ಗುರು- ಸಂಸ್ಕಾರದ ನಂತರ ಕಕ್ಷೆಯ ಭೋಗ ಮತ್ತು ಶರ

lon1 = Lh + pclon = -16°.46837919

lat1 = Bh + pclat = −1°.12695820

ಗುರು- ರವಿಕೇಂದ್ರೀಯ ಕ್ರಾಂತಿವೃತ್ತೀಯ ಆಯತಾಕಾರ ನಿರ್ದೇಶಾಂಕ (ಸಂಸ್ಕಾರದ ನಂತರ)

xh = r ∗ cos(lon1 ∗ cos(lat1) = 4.78211440 AU

yh = r ∗ sin(lon1)∗ cos(lat1) = −1.41365653 AU

zh = r ∗ sin(lat1)= −0.09809644 AU

ಗುರು- ಭೂಕೇಂದ್ರೀಯ ಆಯತಾಕಾರ ನಿರ್ದೇಶಾಂಕ

xe = xsun + xh = 4.95847027 AU

ye = ysun + yh = −2.38109351 AU

ze = zsun + zh = −0.09809644 AU

ಗುರು- ಭೂಕೇಂದ್ರೀಯ ದೂರ

re = √(xe²+ye²+ze²)= 5.50142315 AU

ಗುರು- ಭೂಕೇಂದ್ರೀಯ ಕ್ರಾಂತಿವೃತ್ತೀಯ ನಿರ್ದೇಶಾಂಕಗಳು

ಮಧ್ಯಮ ಭೋಗ = ಚಕ್ರಶುದ್ಧ [atan2(ye, xe)] = 334°.34934271

ಭೋಗದ ನ್ಯುಟೇಶನ್ = 0°.00306349

ಸ್ಪಷ್ಟ ಸಾಯನ ಭೋಗ = ಮಧ್ಯಮ ಭೋಗ +ನ್ಯುಟೇಶನ್ = 334°.35240620

ಶರ = atan[ze /√(xe² + ye²)] = −1°.02170109

ಸ್ಪಷ್ಟ ನಿರಯನ ಭೋಗ = ಸಾಯನ ಭೋಗ - ಅಯನಾಂಶ

= 307°.70568771 = ಕುಂಭ 07°42'20"

ಗುರು- ಭೂಕೇಂದ್ರೀಯ ವಿಷುವವೃತ್ತೀಯ ನಿರ್ದೇಶಾಂಕಗಳು

ವಿಷುವಾಂಶ(RA) = ಚಕ್ರಶುದ್ಧ [atan2{sin(ಭೋಗ)∗cos(ತೈ್ರಯರ್ಕ್ಯ)

− tan(ಶರ)∗sin(ತೈ್ರಯರ್ಕ್ಯ),cos(ಭೋಗ)}] = 334°.35240620

ಕ್ರಾಂತಿ(Decl) = asin{sin(ಶರ)∗cos(ತೈ್ರಯರ್ಕ್ಯ)

+ cos(ಶರ)∗sin(ತೈ್ರಯರ್ಕ್ಯ)∗sin(ಭೋಗ)} = −1°.02170109

8.5 ಸ್ಪಷ್ಟ ಶನಿ ಸಾಧನ

ಶನಿ - ಕಕ್ಷೀಯ ತತ್ತ್ವ

N = ಚಕ್ರಶುದ್ಧ (113.66343585 + 2.389800E−05∗ ದಿ) = 115°.40914903

i = 2.48859984 +(−1.081000E−07)∗ ದಿ = 2°.48070330

w = ಚಕ್ರಶುದ್ಧ (339.39394465 + 2.976610E−05)∗ ದಿ) = 341°.56831376

a = 9.55475000 = 9.55475000 AU

e = ಚಕ್ರಶುದ್ಧ (0.05554599 + (−9.499000E−09)∗ ದಿ) = 0°.05485210

M = ಚಕ್ರಶುದ್ಧ (317.01716634 + 0.03344423∗ ದಿ) = 240°.06804083

ಶನಿ- ಆನುಷಂಗಿಕ ಕೋನ(Eccentric Anomaly) E

ಪ್ರಾರಂಭಿಕ ಅನುಮಾನ E0 = M + (e ∗180/pi)∗sin(M) = 237°.34443726

ಆವರ್ತೀ ಗಣಿತ -

E1 = E0−(E0 − (e ∗180/pi)∗sin(E0) − M)/(1 − e∗cos(E0)) = 237°.41979928

E2 = E1−(E1 − (e ∗180/pi)∗sin(E1) − M)/(1 − e∗cos(E1)) = 237°.41980150

E3 = E2−(E2 − (e ∗180/pi)∗sin(E2) − M)/(1 − e∗cos(E2)) = 237°.41980150

ಅಂತಿಮ ಮೌಲ್ಯ E = 237°.41980150

ಶನಿ- ರವಿಕೇಂದ್ರೀಯ ಕಕ್ಷೀಯ ಆಯತಾಕಾರ ನಿರ್ದೇಶಾಂಕ

x = a∗(cos(E0)− e) = −5.66913608 AU

y = a∗sin(E0)∗√(1 − e²) = −8.03907949 AU

ಶನಿ- ಶೀಘ್ರಕೇಂದ್ರ v

v = ಚಕ್ರಶುದ್ಧ [atan2(y, x)] = 234°.80861789

ಶನಿ- ರವಿಕೇಂದ್ರೀಯ ದೂರ

r = √(x² + y²) = 9.83696615 AU

ಶನಿ- ರವಿಕೇಂದ್ರೀಯ ಕ್ರಾಂತಿವೃತ್ತೀಯ ಆಯತಾಕಾರ ನಿರ್ದೇಶಾಂಕ

xh = r∗[cos(N)∗cos(v + w)− sin(N)∗sin(v + w)∗cos(i)] = 8.66328403 AU

yh = r∗[sin(N)∗cos(v + w)+ cos(N)∗sin(v + w)∗cos(i)] = −4.65291786 AU

$zh = r*[\sin(v + w)*\sin(i)] = -0.25252348$ AU

ಶನಿ- ರವಿಕೇಂದ್ರೀಯ ಕಕ್ಷೀಯ ಭೋಗ ಮತ್ತು ಶರ

$Lh = \text{atan2}(yh,xh) = -28°.23956794$

$Bh = \text{atan2}[zh,\sqrt{(xh^2 + yh^2)}] = -1°.47099412$

ಶನಿ- ಸಂಸ್ಕಾರದ ನಂತರ ಕಕ್ಷೀಯ ಭೋಗ ಮತ್ತು ಶರ

$lon1 = Lh + pclon = -27°.69363398$

$lat1 = Bh + pclat = -1°.49891723$

ಶನಿ- ರವಿಕೇಂದ್ರೀಯ ಕ್ರಾಂತಿವೃತ್ತೀಯ ಆಯತಾಕಾರ ನಿರ್ದೇಶಾಂಕ (ಸಂಸ್ಕಾರದ ನಂತರ)

$xh = r * \cos(lon1 * \cos(lat1) = 8.70711470$ AU

$yh = r * \sin(lon1)* \cos(lat1) = -4.57010340$ AU

$zh = r * \sin(lat1) = -0.25731592$ AU

ಶನಿ- ಭೂಕೇಂದ್ರೀಯ ಆಯತಾಕಾರ ನಿರ್ದೇಶಾಂಕ

$xe = xsun + xh = 8.88347057$ AU

$ye = ysun + yh = -5.53754038$ AU

$ze = zsun + zh = -0.25731592$ AU

ಶನಿ- ಭೂಕೇಂದ್ರೀಯ ದೂರ

$re = \sqrt{(xe^2+ye^2+ze^2)} = 10.47122792$ AU

ಶನಿ- ಭೂಕೇಂದ್ರೀಯ ಕ್ರಾಂತಿವೃತ್ತೀಯ ನಿರ್ದೇಶಾಂಕಗಳು

ಮಧ್ಯಮ ಭೋಗ = ಚಕ್ರಶುದ್ಧ $[\text{atan2}(ye, xe)] = 328°.06251493$

ಭೋಗದ ನ್ಯುಟೇಶನ್ $= 0°.00306349$

ಸ್ಪಷ್ಟ ಸಾಯನ ಭೋಗ = ಮಧ್ಯಮ ಭೋಗ + ನ್ಯುಟೇಶನ್ $= 328°.06557842$

ಶರ $= \text{atan}[ze /\sqrt{(xe^2 + ye^2)}] = -1°.40810615$

ಸ್ಪಷ್ಟ ನಿರಯನ ಭೋಗ = ಸಾಯನ ಭೋಗ - ಅಯನಾಂಶ

$= 301°.41885993 = $ ಕುಂಭ $01°25' 7"$

ಶನಿ- ಭೂಕೇಂದ್ರೀಯ ವಿಷುವವೃತ್ತೀಯ ನಿರ್ದೇಶಾಂಕಗಳು

ವಿಷುವಾಂಶ(RA) = ಚಕ್ರಶುದ್ಧ [atan2{sin(ಭೋಗ)*cos(ತ್ಯೆರ್ಯಕ್ಯ)

− tan(ಶರ)*sin(ತ್ಯೆರ್ಯಕ್ಯ),cos(ಭೋಗ)}] = 328°.06557842

ಕ್ರಾಂತಿ(Decl) = asin{sin(ಶರ)*cos(ತ್ಯೆರ್ಯಕ್ಯ)

+ cos(ಶರ)*sin(ತ್ಯೆರ್ಯಕ್ಯ)*sin(ಭೋಗ)} = −1°.40810615

8.6 ಸ್ಪಷ್ಟ ಯುರೆನಸ್ ಸಾಧನ

ಯುರೆನಸ್ - ಕಕ್ಷೀಯ ತತ್ತ

N = ಚಕ್ರಶುದ್ಧ (74.00052097 + 1.397800E−05* ದಿ) = 75°.02159297

i = 0.77330003 +(1.900000E−08)* ದಿ = 0°.77468795

w = ಚಕ್ರಶುದ್ಧ (96.66124585 + 3.056500E−05)* ದಿ) = 98°.89397341

a = 19.18170998+−1.550000E−08)* ದಿ = 19.18057773 AU

e = ಚಕ್ರಶುದ್ಧ (0.04731801 + (7.450000E−09)* ದಿ) = 0°.04786222

M = ಚಕ್ರಶುದ್ಧ (142.60808871 + 0.01172581* ದಿ) = 279°.16068819

ಯುರೆನಸ್- ಆನುಷಂಗಿಕ ಕೋನ(Eccentric Anomaly) E

ಪ್ರಾರಂಭಿಕ ಅನುಮಾನ E0 = M + (e *180/pi)*sin(M) = 276°.45336099

ಆವರ್ತೀ ಗಣಿತ –

E1 = E0-(E0 − (e *180/pi)*sin(E0) − M)/(1 − e*cos(E0)) = 276°.43566585

E2 = E1-(E1 − (e *180/pi)*sin(E1) − M)/(1 − e*cos(E1)) = 276°.43566598

E3 = E2-(E2 − (e *180/pi)*sin(E2) − M)/(1 − e*cos(E2)) = 276°.43566598

ಅಂತಿಮ ಮೌಲ್ಯ E = 276°.43566598

ಯುರೆನಸ್- ರವಿಕೇಂದ್ರೀಯ ಕಕ್ಷೀಯ ಆಯತಾಕಾರ ನಿರ್ದೇಶಾಂಕ

x = a*(cos(E0)− e) = 1.23187833 AU

y = a*sin(E0)*√(1 − e²) = −19.03786479 AU

ಯುರೆನಸ್- ಶೀಘ್ರಕೇಂದ್ರ v

v = ಚಕ್ರಶುದ್ಧ [atan2(y, x)] = 273°.70226228

ಯುರೆನಸ್- ರವಿಕೇಂದ್ರೀಯ ದೂರ

$r = \sqrt{(x^2 + y^2)} = 19.07767858$ AU

ಯುರೆನಸ್- ರವಿಕೇಂದ್ರೀಯ ಕ್ರಾಂತಿವೃತ್ತೀಯ ಆಯತಾಕಾರ ನಿರ್ದೇಶಾಂಕ

$xh = r*[\cos(N)*\cos(v + w) - \sin(N)*\sin(v + w)*\cos(i)] = 0.79332642$ AU

$yh = r*[\sin(N)*\cos(v + w) + \cos(N)*\sin(v + w)*\cos(i)] = 19.06109359$ AU

$zh = r*[\sin(v + w)*\sin(i)] = 0.05625104$ AU

ಯುರೆನಸ್- ರವಿಕೇಂದ್ರೀಯ ಕಕ್ಷೀಯ ಭೋಗ ಮತ್ತು ಶರ

$Lh = \text{atan2}(yh,xh) = 87°.61671404$

$Bh = \text{atan2}[zh,\sqrt{(xh^2 + yh^2)}] = 0°.16893837$

ಯುರೆನಸ್- ಸಂಸ್ಕಾರದ ನಂತರ ಕಕ್ಷೀಯ ಭೋಗ ಮತ್ತು ಶರ

$lon1 = Lh + pclon = 87°.64668191$

$lat1 = Bh + pclat = 0°.16893837$

ಯುರೆನಸ್- ರವಿಕೇಂದ್ರೀಯ ಕ್ರಾಂತಿವೃತ್ತೀಯ ಆಯತಾಕಾರ ನಿರ್ದೇಶಾಂಕ (ಸಂಸ್ಕಾರದ ನಂತರ)

$xh = r * \cos(lon1 * \cos(lat1) = 0.78335663$ AU

$yh = r * \sin(lon1) * \cos(lat1) = 19.06150592$ AU

$zh = r * \sin(lat1) = 0.05625104$ AU

ಯುರೆನಸ್- ಭೂಕೇಂದ್ರೀಯ ಆಯತಾಕಾರ ನಿರ್ದೇಶಾಂಕ

$xe = xsun + xh = 0.95971250$ AU

$ye = ysun + yh = 18.09406895$ AU

$ze = zsun + zh = 0.05625104$ AU

ಯುರೆನಸ್- ಭೂಕೇಂದ್ರೀಯ ದೂರ

$re = \sqrt{(xe^2 + ye^2 + ze^2)} = 18.11959004$ AU

ಯುರೆನಸ್- ಭೂಕೇಂದ್ರೀಯ ಕ್ರಾಂತಿವೃತ್ತೀಯ ನಿರ್ದೇಶಾಂಕಗಳು

ಮಧ್ಯಮ ಭೋಗ = ಚಕ್ರಶುದ್ಧ [atan2(ye, xe)] = 86°.96386711

ಭೋಗದ ನ್ಯುಟೇಶನ್ = 0°.00306349

ಸ್ಪಷ್ಟ ಸಾಯನ ಭೋಗ = ಮಧ್ಯಮ ಭೋಗ +ನ್ಯುಟೇಶನ್ = 86°.96693060

ಶರ = atan[ze /√(xe² + ye²)] = 0°.17787115

ಸ್ಪಷ್ಟ ನಿರಯನ ಭೋಗ = ಸಾಯನ ಭೋಗ - ಅಯನಾಂಶ

= 60°.32021211 = ಮಿಥುನ00°19'12"

ಯುರೆನಸ್- ಭೂಕೇಂದ್ರೀಯ ವಿಷುವವೃತ್ತೀಯ ನಿರ್ದೇಶಾಂಕಗಳು

ವಿಷುವಾಂಶ(RA) = ಚಕ್ರಶುದ್ಧ [atan2{sin(ಭೋಗ)*cos(ತ್ಯೆಯ್ರ್ಕ್ಯ)

- tan(ಶರ)*sin(ತ್ಯೆಯ್ರ್ಕ್ಯ),cos(ಭೋಗ)}] = 86°.96693060

ಕ್ರಾಂತಿ(Decl) = asin{sin(ಶರ)*cos(ತ್ಯೆಯ್ರ್ಕ್ಯ)

+ cos(ಶರ)*sin(ತ್ಯೆಯ್ರ್ಕ್ಯ)*sin(ಭೋಗ)} = 0°.17787115

8.7 ಸ್ಪಷ್ಟ ನೆಪ್ಚೂನ್ ಸಾಧನ

ನೆಪ್ಚೂನ್ - ಕಕ್ಷೀಯ ತತ್ವ

N = ಚಕ್ರಶುದ್ಧ (131.78064526 + 3.017300E-05* ದಿ) = 133°.98473780

i = 1.76999962 +(-2.550000E-07)* ದಿ = 1°.75137225

w = ಚಕ್ರಶುದ್ಧ (272.84609096 + -6.027000E-06)* ದಿ) = 272°.40582762

a = 30.05826005+3.313000E-08)* ದಿ = 30.06068015 AU

e = ಚಕ್ರಶುದ್ಧ (0.00860600 + (2.150000E-09)* ದಿ) = 0°.00876305

M = ಚಕ್ರಶುದ್ಧ (260.25609272 + 0.00599515* ದಿ) = 338°.19261897

ನೆಪ್ಚೂನ್- ಆನುಷಂಗಿಕ ಕೋನ(Eccentric Anomaly) E

ಪ್ರಾರಂಭಿಕ ಅನುಮಾನ E0 = M + (e *180/pi)*sin(M) = 338°.00610032

ಆವರ್ತೀಯ ಗಣಿತ -

E1 = E0-(E0 - (e *180/pi)*sin(E0) - M)/(1 - e*cos(E0)) = 338°.00457138

E2 = E1-(E1 - (e *180/pi)*sin(E1) - M)/(1 - e*cos(E1)) = 338°.00457138

ಅಂತಿಮ ಮೌಲ್ಯ E = 338°.00457138

ನೆಪ್ಚೂನ್- ರವಿಕೇಂದ್ರೀಯ ಕಕ್ಷೀಯ ಆಯತಾಕಾರ ನಿರ್ದೇಶಾಂಕ

$x = a*(\cos(E0)- e) = 27.60925229$ AU

$y = a*\sin(E0)*\sqrt{(1 - e^2)} = -11.25827289$ AU

ನೆಪ್ಚೂನ್- ಶೀಘ್ರಕೇಂದ್ರ v

$v = $ ಚಕ್ರಶುದ್ಧ $[\text{atan2}(y, x)] = 337°.81575324$

ನೆಪ್ಚೂನ್- ರವಿಕೇಂದ್ರೀಯ ದೂರ

$r = \sqrt{(x^2 + y^2)} = 29.81643038$ AU

ನೆಪ್ಚೂನ್- ರವಿಕೇಂದ್ರೀಯ ಕ್ರಾಂತಿವೃತ್ತೀಯ ಆಯತಾಕಾರ ನಿರ್ದೇಶಾಂಕ

$xh = r*[\cos(N)*\cos(v + w)- \sin(N)*\sin(v + w)*\cos(i)] = 27.18538719$ AU

$yh = r*[\sin(N)*\cos(v + w)+ \cos(N)*\sin(v + w)*\cos(i)] = 12.21633851$ AU

$zh = r*[\sin(v + w)*\sin(i)] = -0.85750626$ AU

ನೆಪ್ಚೂನ್- ರವಿಕೇಂದ್ರೀಯ ಕಕ್ಷೀಯ ಭೋಗ ಮತ್ತು ಶರ

$Lh = \text{atan2}(yh,xh) = 24°.19779251$

$Bh = \text{atan2}[zh,\sqrt{(xh^2 + yh^2)}] = -1°.64802641$

ನೆಪ್ಚೂನ್- ಭೂಕೇಂದ್ರೀಯ ಆಯತಾಕಾರ ನಿರ್ದೇಶಾಂಕ

$xe = xsun + xh = 27.36174306$ AU

$ye = ysun + yh = 11.24890154$ AU

$ze = zsun + zh = -0.85750626$ AU

ನೆಪ್ಚೂನ್- ಭೂಕೇಂದ್ರೀಯ ದೂರ

$re = \sqrt{(xe^2+ye^2+ze^2)} = 29.59625122$ AU

ನೆಪ್ಚೂನ್- ಭೂಕೇಂದ್ರೀಯ ಕ್ರಾಂತಿವೃತ್ತೀಯ ನಿರ್ದೇಶಾಂಕಗಳು

ಮಧ್ಯಮ ಭೋಗ = ಚಕ್ರಶುದ್ಧ $[\text{atan2}(ye, xe)] = 22°.34843963$

ಭೋಗದ ನ್ಯುಟೇಶನ್ = 0°.00306349

ಸ್ಪಷ್ಟ ಸಾಯನ ಭೋಗ = ಮಧ್ಯಮ ಭೋಗ +ನ್ಯುಟೇಶನ್ = 22°.35150313

ಶರ = atan[ze /√(xe² + ye²)] = –1°.66029020

ಸ್ಪಷ್ಟ ನಿರಯನ ಭೋಗ = ಸಾಯನ ಭೋಗ – ಅಯನಾಂಶ

= 355°.70478464 = ಮೀನ 25°42'17"

ನೆಪ್ಟೂನ್- ಭೂಕೇಂದ್ರೀಯ ವಿಷುವವೃತ್ತೀಯ ನಿರ್ದೇಶಾಂಕಗಳು

ವಿಷುವಾಂಶ(RA) = ಚಕ್ರಶುದ್ಧ [atan2{sin(ಭೋಗ)∗cos(ತ್ರೈಯರ್ಕ್ಯ)

– tan(ಶರ)∗sin(ತ್ರೈಯರ್ಕ್ಯ),cos(ಭೋಗ)}] = 22°.35150313

ಕ್ರಾಂತಿ(Decl) = asin{sin(ಶರ)∗cos(ತ್ರೈಯರ್ಕ್ಯ)

+ cos(ಶರ)∗sin(ತ್ರೈಯರ್ಕ್ಯ)∗sin(ಭೋಗ)} = –1°.66029020

8.8 ಪ್ಲೂಟೋದ ಸ್ಥಾನ ನಿರ್ಣಯ

ಆನುಷಂಗಿಕ ಮೌಲ್ಯಗಳು

s = ಚಕ್ರಶುದ್ಧ (50.08018875 + 0.033459652∗ ದಿ) = 334°.25774878

p = ಚಕ್ರಶುದ್ಧ (238.95594788 + 0.003968789∗ ದಿ) = 168°.87005142

ಪ್ಲೂಟೊ ರವಿಕೇಂದ್ರೀಯ ಕಕ್ಷೀಯ ಭೋಗ

a1 = 238.95081054 + 0.00400703∗ ದಿ = 531°.65836196

a2 = – 19.799 ∗ sin(p) = –3°.82189726

a3 = 19.848 ∗ cos(p) = –19°.47469680

a4 = 0.897 ∗ sin(2∗p) = –0°.33979121

a5 = – 4.956 ∗ cos(2∗p) = –4°.58665451

a6 = 0.610 ∗ sin(3∗p) = 0°.33570299

a7 = 1.211 ∗ cos(3∗p) = –1°.01111889

a8 = – 0.341 ∗ sin(4∗p) = 0°.23909407

a9 = – 0.190 ∗ cos(4∗p) = –0°.13547157

a10 = 0.128 ∗ sin(5∗p) = 0°.10567727

a11 = – 0.034 ∗ cos(5∗p) = 0°.01918452

a12 = - 0.038 * sin(6*p) = 0°.03492183

a13 = 0.031 * cos(6*p) = 0°.01222230

a14 = 0.020 * sin(s-p) = 0°.00504554

a15 = - 0.010 * cos(s-p) = 0°.00967655

lon = a1+a2....+a14+a15 = 503°.05025679

[ಪ್ಲೂಟೊ ರವಿಕೇಂದ್ರೀಯ ಕಕ್ಷೆಯ ಭೋಗ]

ಪ್ಲೂಟೊ ರವಿಕೇಂದ್ರೀಯ ಕಕ್ಷೆಯ ಶರ

b1 = - 3.9082

b2 = - 5.453 * sin(p) = -1°.05261911

b3 = - 14.975 * cos(p) = 14°.69334868

b4 = 3.527 * sin(2*p) = -1°.33605754

b5 = 1.673 * cos(2*p = 1°.54831981

b6 = - 1.051 * sin(3*p) = -0°.57839975

b7 = 0.328 * cos(3*p) = -0°.27386209

b8 = 0.179 * sin(4*p) = -0°.12550686

b9 = - 0.292 * cos(4*p) = -0°.20819841

b10 = 0.019 * sin(5*p) = 0°.01568647

b11 = 0.100 * cos(5*p) = -0°.05642504

b12 = - 0.031 * sin(6*p) = 0°.02848887

b13 = - 0.026 * cos(6*p) = -0°.01025096

b14 = 0.011 * cos(s-p) = -0°.01064421

lat = b1+b2+....+b13+b14 = 8°.72567986

[ಪ್ಲೂಟೊ ರವಿಕೇಂದ್ರೀಯ ಕಕ್ಷೆಯ ಶರ]

ಪ್ಲೂಟೊ ರವಿಕೇಂದ್ರೀಯ ದೂರ [AUನಲ್ಲಿ]

c1 = 40.72

c2 = 6.68*sin(p) = 1.28947289 AU

c3 = 6.90*cos(p) = -6.77022410 AU

c4 = - 1.18*sin(2*p) = 0.44699402 AU

c5 = - 0.03*cos(2*p) = -0.02776425 AU

c6 = 0.15*sin(3*p) = 0.08254992 AU

c7 = - 0.14*cos(3*p) = 0.11689236 AU

r = c1+c2+..+c6+c7 = 35.85792082 AU

ಪ್ಲೂಟೊ ರವಿಕೇಂದ್ರೀಯ ಕಕ್ಷೆಯ ಆಯತಾಕಾರ ನಿರ್ದೇಶಾಂಕ

xe = r * cs(lat) * cs(lon) = -28.32465801 AU

ye = r * sn(lon) * cs(lat) = 21.30523360 AU

ze = r * sn(lat) = 5.43978450 AU

ಪ್ಲೂಟೊ ಭೂಕೇಂದ್ರೀಯ ಆಯತಾಕಾರ ನಿರ್ದೇಶಾಂಕ

xg = xsun + xe = -28.14830215 AU

yg = ysun + ye = 20.33779662 AU

zg = zsun + ze = 5.43978450 AU

ಪ್ಲೂಟೊ ಭೂಕೇಂದ್ರೀಯ ದೂರ

rg = sqrt(xg² + yg² + zg²) = 35.15030783 AU

ಪ್ಲೂಟೊ ಕ್ರಾಂತಿವೃತ್ತೀಯ ಧ್ರುವೀಯ ನಿರ್ದೇಶಾಂಕ

ಮಧ್ಯಮ ಭೋಗ = ಚಕ್ರಶುದ್ಧ (atan2(yg,xg))= 144°.15102170

ಸ್ಪಷ್ಟ ಸಾಯನ ಭೋಗ = ಮಧ್ಯಮ ಭೋಗ +ನ್ಯುಟೇಶನ್ = 144°.15408520

ಶರ = asin(zg/rg) = 8°.90275004

ಸ್ಪಷ್ಟ ನಿರಯನ ಭೋಗ = ಸಾಯನ ಭೋಗ - ಅಯನಾಂಶ

= 117°.50736671 = ಕರ್ಕ 27°30'26"

ಪ್ಲೂಟೋ- ಭೂಕೇಂದ್ರೀಯ ವಿಷುವವೃತ್ತೀಯ ನಿರ್ದೇಶಾಂಕಗಳು

ವಿಷುವಾಂಶ(RA) = ಚಕ್ರಶುದ್ಧ [atan2{sin(ಭೋಗ)*cos(ತ್ರೈರ್ಯ್ಯಕ್ಯ)

- tan(ಶರ)*sin(ತ್ರೈರ್ಯ್ಯಕ್ಯ),cos(ಭೋಗ)}] = 149°.62171681

ಕ್ರಾಂತಿ(Decl) = asin{sin(ಶರ)*cos(ತ್ರೈರ್ಯ್ಯಕ್ಯ)

+ cos(ಶರ)*sin(ತ್ರೈರ್ಯ್ಯಕ್ಯ)*sin(ಭೋಗ)} = 21°.83228246

9. ರಾಹುಮತ್ತು ಕೇತು ಸಾಧನ

ಚಂದ್ರಾರ್ಕ ಉಪಕರಣಗಳು

Om = 216°.85951019

Ms = 354°.15571085

Mm = 153°.20330045

D = 173°.84216945

F = 237°.51638334

ಮಧ್ಯಮ ರಾಹು= 216°.85951019

ರಾಹುವಿನ ಸಂಸ್ಕಾರ = − 1.4979 * sin(2*D − 2*F)

- 0.1500 * sin(Ms)

- 0.1226 * sin(2*D)

+ 0.1177 * sin(2*F)

- 0.0801 * sin(2*Mm − 2*F)

= 1°.35463660

ಸ್ಪಷ್ಟ ರಾಹು = ಮಧ್ಯಮ ರಾಹು + ಸಂಸ್ಕಾರ 218°.21414679

ಸ್ಪಷ್ಟ ಕೇತು = ಯಾವಾಗಲೂ ರಾಹುವಿನ ವಿರುದ್ಧ ಬದಿಗೆ.

ಸಾರಾಂಶ

ಸ್ಪಷ್ಟ ಗ್ರಹ ಸಾಧನ ದಿನಾಂಕ 01-01-2200 ಸಮಯ 00:00 UT

ಡೆಲ್ಟಾಟೀ = 441.31 sec; ದಿನಗಣ = 73048.50510776; ಅಯನಾಂಶ = 26.64671849

ಗ್ರಹ	ಸಾಯನ ಭೋಗ(Long)	ಶರ(Lat)	ವಿಷುವಾಂಶ(R.A.)	ಕ್ರಾಂತಿ(Decl)	ನಿರಯನ ಭೋಗ
ರವಿ	280°.33417798	0°.00000000	281°.23856159	-23°.00922206	ಧನು 13°41'14"
ಚಂದ್ರ	96°.55814110	-4°.29641733	96°.91646582	18°.95747694	ಮಿಥುನ09°54'41"
ಬುಧ	299°.88549122	-1°.40381437	302°.37472563	-21°.52259436	ಮಕರ03°14'19"
ಶುಕ್ರ	254°.78283434	1°.06499746	253°.61849313	-21°.48580977	ವೃಶ್ಚಿಕ18°08'10"
ಕುಜ	153°.29943040	3°.43939862	156°.49936585	13°.48916766	ಸಿಂಹ 06°39' 9"
ಗುರು	334°.35240620	-1°.02170109	336°.59920933	-10°.85427656	ಕುಂಭ 07°42'20"
ಶನಿ	328°.06557842	-1°.40810615	330°.73106430	-13°.45321925	ಕುಂಭ 01°25' 7"
ಯುರೆನಸ್	86°.96693060	0°.17787115	86°.69097816	23°.55411075	ಮಿಥುನ00°19'12"
ನೆಪ್ಚೂನ್	22°.35150313	-1°.66029020	21°.29501653	7°.14875783	ಮೀನ 25°42'17"
ಪ್ಲೂಟೋ	144°.15408520	8°.90275004	149°.62171681	21°.83228246	ಕರ್ಕ 27°30'26"

ಸೂಚನೆ:- ಚಂದ್ರಸಾಧನ ಗಣಿತಕ್ಕಾಗಿ ಅಧ್ಯಾಯ 8 ನೋಡಬೇಕು.

ಗ್ರಹಗಳ ದೂರಗಳು (AU) ಮತ್ತು % ಕಲೆ

ಸೂರ್ಯ-ಭೂಮ್ಯಂತರ = 0.98337973 AU

ಗ್ರಹ	ಭೂಮಿಯಿಂದ ಅಂತರ	ಸೂರ್ಯನಿಂದ ಅಂತರ	%ಕಲೆ
ಬುಧ	1.01913294	0.34265720	63.53114610
ಶುಕ್ರ	1.47211592	0.72282566	90.47067413
ಕುಜ	0.84315295	1.63551943	93.85074765
ಗುರು	5.50142315	4.98765134	99.35942491
ಶನಿ	10.47122792	9.83696615	99.86293212
ಯುರೆನಸ್	18.11959004	19.07767858	99.99644888
ನೆಪ್ಚೂನ್	29.59625122	29.81643038	99.97397722
ಪ್ಲೂಟೋ	35.15030783	35.85792082	99.99075069

ಅಧ್ಯಾಯ 8

ಚಂದ್ರಸಾಧನೆ

ಚಂದ್ರ, ಭೂಮಿಯ ಉಪಗ್ರಹ. ಅಸಂಖ್ಯಾತ ಕ್ಷೋಭಗಳಿಂದಾಗಿ ಚಂದ್ರನ ಚಲನೆಯು ತುಂಬಾ ಜಟಿಲವಾಗಿದೆ. ಹಿಪಾರ್ಕಸ್ ಮತ್ತು ಟೊಲಾಮಿಯ ಐತಿಹಾಸಿಕ ಕಾಲದಿಂದಲೂ ಟೈಕೊ ಬ್ರಾಹೆ, ಕೆಪ್ಲರ್, ನ್ಯೂಟನ್, ಯುಲರ್, ದಿ'ಅಲೆಂಬರ್ಟ್, ಡೆಲೌನಿ, ಬ್ರೌನ್, ಎಕರ್ಟ್ ಮತ್ತು ಚಾಪ್ರಾಂಟ್ ಆದಿ ಸಂಶೋಧಕರು ಮತ್ತು ನಾಸಾ, ಐಎಯು, ಜೆಪಿಎಲ್ ನಂತಹ ಸಂಸ್ಥೆಗಳು ಚಂದ್ರನ ಚಲನೆಯ ರಹಸ್ಯವನ್ನು ಪರಿಹರಿಸಲು ಶ್ರಮಿಸಿವೆ.

ನಾಸಾದ ಅಪೋಲೊ-11 ಮಿಷನ್ ಚಂದ್ರನ ಮೇಲೆ ಲೇಸರ್-ರಿಫ್ಲೆಕ್ಟರ್ ಗಳನ್ನು ಇಡುವಲ್ಲಿ ಯಶಸ್ವಿಯಾದ ನಂತರ, ಮತ್ತು ಡಿಜಿಟಲ್ ಕಂಪ್ಯೂಟರ್ ಗಳ ಆವಿಷ್ಕಾರ ಮತ್ತು ಬಾಹ್ಯಾಕಾಶ ತಂತ್ರಜ್ಞಾನದಲ್ಲಿನ ಪ್ರಗತಿಯ ನಂತರ, ಚಾಂದ್ರ ಸಿದ್ಧಾಂತದಲ್ಲಿ ಅನೇಕ ಬೆಳವಣಿಗೆಗಳು ನಡೆದವು. ಚಂದ್ರನ ದೂರಗಳನ್ನು ಎಲ್ ಎಲ್ ಆರ್ (ಲೂನಾರ್ ಲೇಸರ್ ರೇಂಜಿಂಗ್) ಮತ್ತು ಇತರ ಅತ್ಯಾಧುನಿಕ ವಿಧಾನಗಳಿಂದ ನಿಖರವಾಗಿ ಅಳೆಯಲಾಯಿತು ಮತ್ತು ಕಂಪ್ಯೂಟರ್ ಗಳ ಸಹಾಯದಿಂದ ಹೆಚ್ಚು ವಿವರವಾದ ವಿಶ್ಲೇಷಣೆಯನ್ನು ಮಾಡಲಾಯಿತು. ಈಗ, ಸುದೀರ್ಘ ಸಂಶೋಧನೆಯ ನಂತರ ಚಂದ್ರನ ಸ್ಥಾನವನ್ನು ಮಿಲಿ-ಆರ್ಕ್-ಸೆಕೆಂಡ ಹಂತಕ್ಕೆ ನಿಖರವಾಗಿ ಲೆಕ್ಕಹಾಕುವುದು ಸಾಧ್ಯವಾಗಿದೆ.

ಅತ್ಯಾಧುನಿಕ ಸಿದ್ಧಾಂತ ELP-2000ದ ಬಹುಪದೀಯ ಸರಣಿಗಳಲ್ಲಿ, ಚಂದ್ರನ ಭೋಗಕ್ಕಾಗಿ 20560, ಶರಕ್ಕಾಗಿ 7684 ಮತ್ತು ಭೂಮ್ಯಂತರಕ್ಕೆ 9618 ಹೀಗೆ ಒಟ್ಟು 37862 ಪದಗಳಿವೆ. ಆದರೆ ಇಲ್ಲಿ ಪ್ರತಿಯೊಂದು ಘಟಕಕ್ಕೆ ಕೇವಲ 60 ಅಥವಾ ಅದಕ್ಕಿಂತ ಕಡಿಮೆ ಪ್ರಮುಖ ಪದಗಳನ್ನು ತೆಗೆದುಕೊಳ್ಳಲಾಗಿದೆ. ಇಷ್ಟೇ ನಮ್ಮ ಉದ್ದೇಶಕ್ಕೆ ಸಾಕಾಗಬಹುದು. ಚಂದ್ರನ ಭೋಗ, ಶರ ಮತ್ತು ದೂರ ಮುಂತಾದವುಗಳನ್ನು ಆಯಾ ಸರಣಿಯ ಪದಗಳನ್ನು ಮೌಲ್ಯಮಾಪನ ಮಾಡಿ ಅವುಗಳ ಬೇರೀಜು ಮಾಡಿ ಪಡೆಯಬಹುದು.

ಚಂದ್ರಸಾಧನೆಯ ಬಹುಪದೀಯ ಸರಣಿಗಳಲ್ಲಿ ಚಂದ್ರ-ಸೂರ್ಯರ ಸ್ಥಿತಿಗೆ ಸಂಬಂಧಿಸಿದ ಕೆಲವು ತ್ರಿಕೋನಮಿತಿಯ ಮೊತ್ತಗಳು ಗಣಿತೀಯ ಉಪಕರಣಗಳಾಗುತ್ತವೆ. ಇವುಗಳಿಗೆ ಚಂದ್ರಾರ್ಕ ಉಪಕರಣಗಳು ಎನ್ನುತ್ತಾರೆ. ಇವುಗಳೊಡನೆ ಇನ್ನು ಕೆಲವು ಬೇರೆ ಉಪಕರಣಗಳೂ ಸೇರಿಕೊಳ್ಳುವವು. ಈ ಎಲ್ಲ ಉಪಕರಣಗಳೂ ಸಮಯಾವಲಂಬಿತವಾಗಿವೆ. ಆದ್ದರಿಂದ ಇಚ್ಛಿತ ಕ್ಷಣದಲ್ಲಿ ಜೆ೨೦೦೦ ಕ್ಷೇಪಕದಿಂದ ಕಳೆದ ಶತಕಗಣ ಮೊದಲು ತೆಗೆಯಬೇಕು.

ಚಂದ್ರಾರ್ಕ ಉಪಕರಣಗಳನ್ನು ಪಡೆಯಲು ಕೆಳಗೆ ಕೊಡಲಾದ ಸೂತ್ರಗಳನ್ನು ಐಎಯು ಸರ್ಕ್ಯುಲರ-೧೯೯ ನಿಂದ ತೆಗೆದುಕೊಳ್ಳಲಾಗಿದೆ.

1. **ದಿನಗಣ ಮತ್ತು ಶತಕಗಣ**

   ದಿನಗಣವನ್ನು ಮೊದಲೇ ಹೇಳಿದಂತೆ ತೆಗೆದು ಶತಕಗಣ ತೆಗೆಯಬೇಕು.

   ಶತಕಗಣ T = ದಿನಗಣ / 36525

2. **ಚಂದ್ರಾರ್ಕ ಉಪಕರಣಗಳು**

2.1 **ಮಧ್ಯಮರಾಹು (Mean Longitude of Moon's ascending Node)**

   (Om ಸಂಕೇತವು Omega(Ω)ದಿಂದ ತೆಗೆದುಕೊಳ್ಳಲಾಗಿದೆ.)

   Om =ಚಕ್ರಶುದ್ಧ[(450160.398036 − 6962890.5431*T

   + 7.4722*T² + 0.007702*T³

   − 0.00005939*T⁴)/3600]

2.2 **ಸೂರ್ಯನ ಮಂದಕೇಂದ್ರ (Mean Anomaly of Sun)**

   Ms =ಚಕ್ರಶುದ್ಧ [(1287104.79305 +129596581.0481*T

   −0.5532*T² + 0.000136*T³

   − 0.00001149*T⁴)/3600]

2.3 **ಚಂದ್ರನ ಮಂದಕೇಂದ್ರ (Mean Anomaly of Moon)**

   Mm =ಚಕ್ರಶುದ್ಧ [(485868.249036 +1717915923.2178*T

   + 31.8792 *T² + 0.051635*T³

   − 0.00024470*T⁴)/3600]

2.4 **ಅರ್ಕೋನಚಂದ್ರ (Mean Elongation of Moon)**

   D =ಚಕ್ರಶುದ್ಧ [(1072260.70369 + 1602961601.2090*T

   − 6.3706* T² + 0.006593*T³

   − 0.00003169*T⁴)/3600]

2.5 **ರಾಹೂನಚಂದ್ರ (Argument of Latitude of Moon)**

   F =ಚಕ್ರಶುದ್ಧ [(335779.526232 + 1739527262.8478*T

$- 12.7512*T^2 - 0.001037*T^3$

$+ 0.00000417*T^4)/3600]$

ಹೆಚ್ಚಿನ ಉಪಕರಣಗಳು

2.6 **ಮಧ್ಯಮ ಚಂದ್ರ** (Geocentric Mean ecliptic Longitude of Moon)

L0 =ಚಕ್ರಶುದ್ಧ (Om + F)

2.7 **ಮಧ್ಯಮ ಸೂರ್ಯ** (Geocentric Mean ecliptic Longitude of Sun)

Ls = ಚಕ್ರಶುದ್ಧ (L0 - D)

ಇತರ ಆನುಷಂಗಿಕ ತತ್ವಗಳು

$E = 1 - 0.002516*T - 0.0000074*T^2$

E2 = E * E = 0.99897113

A1 =ಚಕ್ರಶುದ್ಧ (119.75 + 131.849*T)

A2 =ಚಕ್ರಶುದ್ಧ (53.09 + 479264.29*T)

A3 =ಚಕ್ರಶುದ್ಧ (313.45 + 481266.484*T)

3. **ಚಂದ್ರನ ಭೋಗ**

ಚಂದ್ರನ ಮಧ್ಯಮ ಭೋಗ (ಭೋಗ೦) = L0; ಇದು ಚಂದ್ರಾರ್ಕ ಉಪಕರಣಗಳಲ್ಲೊಂದು.

ಭೋಗ-ಸರಣಿಯ ಪದಗಳು.

dl01 = 6.288774*sin (Mm)

dl02 = + 1.274027*sin(2*D - Mm)

dl03 = + 0.658314*sin(2*D)

dl04 = + 0.213618*sin(2*Mm)

dl05 = - E*0.185116*sin(Ms)

dl06 = - 0.114332*sin(2*F)

dl07 = + 0.058793*sin(2*D - 2*Mm)

dl08 = + E*0.057066*sin(2*D - Ms - Mm)

dl09 = + 0.053322*sin(2*D + Mm)

$$dl10 = + E*0.045758*sin(2*D - Ms)$$

$$dl11 = + E*0.040923*sin(Mm - Ms)$$

$$dl12 = - 0.034720*sin(D)$$

$$dl13 = - E*0.030383*sin(Ms + Mm)$$

$$dl14 = + 0.015327*sin(2*D - 2*F)$$

$$dl15 = - 0.012528*sin(2*F + Mm)$$

$$dl16 = - 0.010980*sin(2*F - Mm)$$

$$dl17 = + 0.010675*sin(4*D - Mm)$$

$$dl18 = + 0.010034*sin(3*Mm)$$

$$dl19 = + 0.008548*sin(4*D - 2*Mm)$$

$$dl20 = - E*0.007888*sin(Ms - Mm + 2*D)$$

$$dl21 = - E*0.006766*sin(2*D + Ms)$$

$$dl22 = + 0.005163*sin(Mm - D)$$

$$dl23 = + E*0.004987*sin(Ms + D)$$

$$dl24 = + E*0.004036*sin(Mm - Ms + 2*D)$$

$$dl25 = + 0.003994*sin(2*Mm + 2*D)$$

$$dl26 = + 0.003861*sin(4*D)$$

$$dl27 = + 0.003665*sin(2*D - 3*Mm)$$

$$dl28 = + E*0.002689*sin(2*Mm - Ms)$$

$$dl29 = + 0.002602*sin(Mm - 2*F - 2*D)$$

$$dl30 = + E*0.002390*sin(2*D - Ms - 2*Mm)$$

$$dl31 = - 0.002348*sin(Mm + D)$$

$$dl32 = + E2*0.002236*sin(2*D - 2*Ms)$$

$$dl33 = - E *0.002120*sin(2*Mm + Ms)$$

$$dl34 = - E2*0.002069*sin(2*Ms)$$

$dl35 = + E2*0.002048*\sin(2*D - Mm - 2*Ms)$

$dl36 = - 0.001773*\sin(Mm + 2*D - 2*F)$

$dl37 = - 0.001595*\sin(2*F + 2*D)$

$dl38 = + E*0.001215*\sin(4*D - Ms - Mm)$

$dl39 = - 0.001110*\sin(2*Mm + 2*F)$

$dl40 = + 0.000892*\sin(Mm - 3*D)$

$dl41 = - E*0.000810*\sin(Ms + Mm + 2*D)$

$dl42 = + E*0.000759*\sin(4*D - Ms - 2*Mm)$

$dl43 = + E2*0.000713*\sin(Mm - 2*Ms)$

$dl44 = + E2*0.000700*\sin(Mm - 2*Ms - 2*D)$

$dl45 = + E*0.000691*\sin(Ms - 2*Mm + 2*D)$

$dl46 = + E*0.000596*\sin(2*D - Ms - 2*F)$

$dl47 = + 0.000549*\sin(Mm + 4*D)$

$dl48 = + 0.000537*\sin(4*Mm)$

$dl49 = + E*0.000520*\sin(4*D - Ms)$

$dl50 = + 0.000487*\sin(2*Mm - D)$

$dl51 = - E*0.000399*\sin(2*D + Ms - 2*F)$

$dl52 = - 0.000381*\sin(2*Mm - 2*F)$

$dl53 = + E*0.000351*\sin(D + Ms + Mm)$

$dl54 = - 0.000340*\sin(3*D - 2*Mm)$

$dl55 = + 0.000330*\sin(4*D - 3*Mm)$

$dl56 = + E*0.000327*\sin(2*D - Ms + 2*Mm)$

$dl57 = - E2* 0.000323*\sin(2*Ms + Mm)$

$dl58 = + E*0.000299*\sin(D + Ms - Mm)$

$dl59 = + 0.000294*\sin(2*D + 3*Mm)$

ಭೋಗ೦ = ಸರಣಿಯ ಎಲ್ಲ ಪದಗಳ ಬೇರೀಜು

ಭೋಗ೧ = ನ್ಯೂಟೇಶನ್ ಸಂಸ್ಕಾರ = [-17.2*sin(Om)- 1.32*sin(2*Ls)

+ (-0.23*sin(2*LO)+ 0.21*sin(2*Om)]/3600.0

ಭೋಗ೨ = ಇತರ (ಗ್ರಹಪ್ರಭಾವ) ಸಂಸ್ಕಾರ = 0.003958* sin(A1)

+ 0.001962*sin(Om)+ 0.000318*sin(A2)

ಸ್ಪಷ್ಟ ಸಾಯನ ಭೋಗ = ಭೋಗ೦ + ಭೋಗ೦ + ಭೋಗ೧ + ಭೋಗ೨

ಸ್ಪಷ್ಟ ನಿರಯನ ಭೋಗ = ಸಾಯನ ಭೋಗ - ನಿರಯನ ಭೋಗ

4. ಚಂದ್ರನ ಶರಸಾಧನ

ಚಂದ್ರನ ಶರ-ಸರಣಿಯ ಪದಗಳು

b01 = + 5.128122*sin(F)

b02 = + 0.280602*sin(Mm + F)

b03 = + 0.277693*sin(Mm - F)

b04 = + 0.173237*sin(2*D - F)

b05 = + 0.055413*sin(2*D + F - Mm)

b06 = + 0.046271*sin(2*D - F - Mm)

b07 = + 0.032573*sin(2*D + F)

b08 = + 0.017198*sin(2*Mm + F)

b09 = + 0.009266*sin(2*D + Mm - F)

b10 = + 0.008822*sin(2*Mm - F)

b11 = + E*0.008216*sin(2*D - Ms - F)

b12 = + 0.004324*sin(2*D - F - 2*Mm)

b13 = + 0.004200*sin(2*D + F + Mm)

b14 = + E*0.003359*sin(F - Ms - 2*D)

b15 = + E*0.002463*sin(2*D + F - Ms - Mm)

b16 = + E*0.002211*sin(2*D + F - Ms)

$b17 = +\ E*0.002065*\sin(2*D - F - Ms - Mm)$

$b18 = +\ E*0.001870*\sin(F - Ms + Mm)$

$b19 = +\ 0.001828*\sin(4*D - F - Mm)$

$b20 = -\ E*0.001794*\sin(F + Ms)$

$b21 = -\ 0.001749*\sin(3*F)$

$b22 = +\ E*0.001565*\sin(Mm - Ms - F)$

$b23 = -\ 0.001491*\sin(F + D)$

$b24 = -\ E*0.001475*\sin(F + Ms + Mm)$

$b25 = +\ E*0.001410*\sin(F - Ms - Mm)$

$b26 = +\ E*0.001344*\sin(F - Ms)$

$b27 = +\ 0.001335*\sin(F - D)$

$b28 = +\ 0.001107*\sin(F + 3*Mm)$

$b29 = +\ 0.001021*\sin(4*D - F)$

$b30 = +\ 0.000833*\sin(F + 4*D - Mm)$

$b31 = +\ 0.000777*\sin(Mm - 3*F)$

$b32 = +\ 0.000671*\sin(F + 4*D - 2*Mm)$

$b33 = +\ 0.000607*\sin(2*D - 3*F)$

$b34 = +\ 0.000596*\sin(2*D + 2*Mm - F)$

$b35 = +\ E*0.000491*\sin(2*D + Mm - Ms - F)$

$b36 = +\ 0.000451*\sin(2*Mm - F - 2*D)$

$b37 = +\ 0.000439*\sin(3*Mm - F)$

$b38 = +\ 0.000422*\sin(F + 2*D + 2*Mm)$

$b39 = +\ 0.000421*\sin(2*D - F - 3*Mm)$

$b40 = -\ E*0.000366*\sin(Ms + F + 2*D - Mm)$

$b41 = -\ E*0.000351*\sin(Ms + F + 2*D)$

$$b42 = + 0.000331*sin(F + 4*D)$$

$$b43 = + E*0.000315*sin(2*D + F - Ms + Mm)$$

$$b44 = + E2*0.000302*sin(2*D - 2*Ms - F)$$

$$b45 = - 0.000283*sin(Mm + 3*F)$$

$$b46 = - E*0.000229*sin(2*D+Ms+Mm-F)$$

$$b47 = + E*0.000223*sin(D+Ms-F)$$

$$b48 = + E*0.000223*sin(D+Ms+F)$$

$$b49 = - E*0.000220*sin(Ms-2*Mm-F)$$

$$b50 = - E*0.000220*sin(2*D+Ms-Mm-F)$$

$$b51 = - 0.000185*sin(D+Mm -F)$$

$$b52 = + E*0.000181*sin(2*D-Ms-2*Mm-F)$$

$$b53 = - E*0.000177*sin(Ms+2*Mm+F)$$

$$b54 = + 0.000176*sin(4*D-2*Mm-F)$$

$$b55 = + E*0.000166*sin(4*D-Ms-Mm-F)$$

$$b56 = - 0.000164*sin(D+Mm-F)$$

$$b57 = + 0.000132*sin(4*D +Mm-F)$$

$$b58 = - 0.000119*sin(D-Mm-F)$$

$$b59 = + E*0.000115*sin(4*D-Ms-F)$$

ಸರಣಿಯ ಎಲ್ಲ ಪದಗಳ ಬೇರೀಜು = ಶರಗ

ಶರ-ಸಂಸ್ಕಾರ = ಶರ೧ = $-0.002235*sin(L0)+ 0.000382*sin(A3)$

$+ 0.000175*sin(A1-F) + 0.000175*sin(A1+F)$

$+0.000127*sin(L0-Mm)$

$- 0.000115*sin(L0+Mm)$

ಚಂದ್ರನ ಸ್ಪಷ್ಟ ಶರ = ಸರಣಿಯ ಬೇರೀಜು + ಶರಸಂಸ್ಕಾರ

5. **ಚಂದ್ರನ ಭೂಮ್ಯಂತರ ಸಾಧನ**

ಚಂದ್ರನ ಮಧ್ಯಮ ಭೂಮ್ಯಂತರ = 385000.56000000 ಕಿಮೀ

ಭೂಮ್ಯಂತರ-ಸರಣಿಯ ಪದಗಳು (ಅಂತರ ಕಿಲೋಮೀಟರುಗಳಲ್ಲಿ):

dr01 = − 20905.355*cos(Mm)

dr02 = − 3699.111*cos(2*D − Mm)

dr03 = − 2955.968*cos(2*D)

dr04 = − 569.925*cos(2*Mm)

dr05 = + E*48.888*cos(Ms)

dr06 = − 3.149*cos(2*F)

dr07 = + 246.158*cos(2*D − 2*Mm)

dr08 = − E*152.138*cos(2*D − Ms − Mm)

dr09 = − 170.733*cos(2*D + Mm)

dr10 = − E*204.586*cos(2*D − Ms)

dr11 = − E*129.620*cos(Ms − Mm)

dr12 = + 108.743*cos(D)

dr13 = + E*104.755*cos(Ms + Mm)

dr14 = + 10.321*cos(2*D − 2*F)

dr15 = + 79.661*cos(Mm − 2*F)

dr16 = − 34.782*cos(4*D −Mm)

dr17 = − 23.210*cos(3*Mm)

dr18 = − 21.636*cos(4*D − 2*Mm)

dr19 = + E*24.208*cos(Ms − Mm + 2*D)

dr20 = + E*30.824*cos(2*D + Ms)

dr21 = − 8.379*cos(D − Mm)

dr22 = − E*16.675*cos(Ms + D)

dr23 = - E*12.831*cos(Mm - Ms + 2*D)

dr24 = - 10.445*cos(2*Mm + 2*D)

dr25 = - 11.650*cos(4*D)

dr26 = + 14.403*cos(2*D - 3*Mm)

dr27 = - E*7.003*cos(Ms - 2*Mm)

dr28 = + E*10.056*cos(2*D - Ms - 2*Mm)

dr29 = + 6.322*cos(Mm + D)

dr30 = - E2*9.884*cos(2*D - 2*Ms)

dr31 = + E*5.751*cos(2*Mm + Ms)

dr32 = - E2*4.950*cos(2*D - Mm - 2*Ms)

dr33 = + 4.130*cos(Mm + 2*D - 2*F)

dr34 = - E*3.958*cos(4*D - Ms - Mm)

dr35 = + 3.258*cos(3*D - Mm)

dr36 = + E*2.616*cos(Ms + Mm + 2*D)

dr37 = - E*1.897*cos(4*D - Ms - 2*Mm)

dr38 = - E2*2.117*cos(2*Ms - Mm)

dr39 = + E2*2.354*cos(2*D + 2*Ms - Mm)

dr40 = - 1.423*cos(Mm + 4*D)

dr41 = - 1.117*cos(4*Mm)

dr42 = - E*1.571*cos(4*D - Ms)

dr43 = - 1.739*cos(D - 2*Mm)

dr44 = - 4.421*cos(2*Mm - 2*F)

dr45 = + E2* 1.165*cos(2*Ms + Mm)

dr46 = + 8.752*cos(2*D - Mm - 2*F)

ಭೂಮ್ಯಂತರ ಸರಣಿಯ ಪದಗಳ ಬೇರೀಜು = dr01+ dr02....+ dr46

ಸ್ಪಷ್ಟ ಭೂಮ್ಯಂತರ = ಮಧ್ಯಮ ಭೂಮ್ಯಂತರ + ಸರಣಿಯ ಬೇರೀಜು

6. **ಭೂಕೇಂದ್ರೀಯ ವಿಷುವವೃತ್ತೀಯ ನಿರ್ದೇಶಾಂಕಗಳು**

   (ವಿಷುವಾಂಶ ಮತ್ತು ಕ್ರಾಂತಿ)

   ಕ್ರಾಂತಿವೃತ್ತೀಯ ಭೋಗ ಮತ್ತು ತೈರ್ಯಕ್ಯಗಳನ್ನು ಕೆಳಗೆ ಕಾಣಿಸಿದ ಸೂತ್ರಗಳಲ್ಲಿ ಉಪಯೋಗಿಸಿ ವಿಷುವಾಂಶ ಮತ್ತು ಕ್ರಾಂತಿಗಳನ್ನು ಪಡೆಯಬಹುದು.

   ವಿಷುವಾಂಶ = ಚಕ್ರಶುದ್ಧ (atan2(sin(ಭೋಗ)*cos(ತೈರ್ಯಕ್ಯ)

   − tan(ಶರ)*sin(ತೈರ್ಯಕ್ಯ),cos(ಭೋಗ)))

   ಕ್ರಾಂತಿ = asin(sin(ಭೋಗ)*cos(ತೈರ್ಯಕ್ಯ)

   + cos(ಶರ)*sin(ತೈರ್ಯಕ್ಯ)*sin(ಭೋಗ))

7. **ಸ್ಥಳೀಯ (ಟೊಪೊಗ್ರಾಫಿಕ್) ನಿರ್ದೇಶಾಂಕ ಸಾಧನ**

   ಸ್ಥಳೀಯ ವಿಷುವಾಂಶ ಮತ್ತು ಕ್ರಾಂತಿ

   ನಿರೀಕ್ಷಣಸ್ಥಾನದ ಅಕ್ಷಾಂಶ, ಸ್ಥಾನಿಕ ನಾಕ್ಷತ್ರ ಸಮಯ, ಭೂಕೇಂದ್ರೀಯ ವಿಷುವಾಂಶ ಮತ್ತು ಕ್ರಾಂತಿಗಳನ್ನು ಉಪಯೋಗಿಸಿ ಸ್ಥಳೀಯ ವಿಷುವಾಂಶ-ಕ್ರಾಂತಿಗಳನ್ನು ಪಡೆಯಲು ಕೆಳಗಿನ ವಿಧಾನವನ್ನು ಉಪಯೋಗಿಸಬೇಕು.

   ಆನುಷಂಗಿಕ ಮೌಲ್ಯಗಳು

   Q = atan(tan(ಅಕ್ಷಾಂಶ)*0.9966)

   ಅಕ್ಷಜ್ಯಾ = 0.9966*sin(Q)

   ಅಕ್ಷಕೋ = cos(Q)

   a = cos(ಭೂಕೇಂದ್ರೀಯ ಕ್ರಾಂತಿ)* sin(ಭೂಕೇಂದ್ರೀಯ ವಿಷುವಾಂಶ)

   b = cos(ಭೂಕೇಂದ್ರೀಯ ಕ್ರಾಂತಿ)*cos(ಭೂಕೇಂದ್ರೀಯ ವಿಷುವಾಂಶ)

   − ಅಕ್ಷಕೋ /ಭೂಸೂರ್ಯಾಂತರ

   c = sin(ಭೂಕೇಂದ್ರೀಯ ಕ್ರಾಂತಿ) − (ಅಕ್ಷಜ್ಯಾ/ಚಂದ್ರನ ಭೂಮ್ಯಂತರ)

   q2 = $\sqrt{(a^2 + b^2 + c^2)}$

   ಸ್ಥಳೀಯ ಹೋರಾಂಶ = atan2(a, b)

   ಸ್ಥಳೀಯ ವಿಷುವಾಂಶ = ಚಕ್ರಶುದ್ಧ (LST − ಸ್ಥಳೀಯ ಹೋರಾಂಶ)

   ಸ್ಥಳೀಯ ಕ್ರಾಂತಿ = asin(c / q2)

ಕ್ಷೈತಿಜ್ಯ ನಿರ್ದೇಶಾಂಕಗಳು (ದಿಗಂಶ ಮತ್ತು ಉನ್ನತಾಂಶ)

ದಿಗಂಶ(ಅಜಿಮಥ್) :

ದಿಗಂಶ=ಚಕ್ರಶುದ್ಧ[180+atan2(sin(ಹೋರಾಂಶ),

(cos(ಕ್ರಾಂತಿ)∗sin(ಅಕ್ಷಾಂಶ) − tan(ಕ್ರಾಂತಿ)∗cos(ಅಕ್ಷಾಂಶ)))]

ಉನ್ನತಾಂಶ (ಆಲ್ಟಿಟ್ಯೂಡ):

ಉನ್ನತಾಂಶ = asin [sin(ಅಕ್ಷಾಂಶ)∗sin(ಕ್ರಾಂತಿ)

+ cos(ಅಕ್ಷಾಂಶ)∗cos(ಕ್ರಾಂತಿ)∗cos(ಹೋರಾಂಶ)]

8. ಚಂದ್ರನ ಕಲೆ **(Phase of Moon)**

D = ಅರ್ಕೋನಚಂದ್ರ (ಚಂದ್ರಾರ್ಕ ಉಪಕರಣ)

ಪ್ರತಿಶತ ಕಲೆ = 50 ∗ (1−cosD)

ಅಭ್ಯಾಸ ಉದಾಹರಣ 4.1

ಚಂದ್ರಸಾಧನ:- **ಸೋಮವಾರ**, 2025 ಜೂನ 10; **ಸಮಯ:** 0:0 UT

ದಿನಗಣ (J2000 ಕ್ಷೇಪಕದಿಂದ ಕಳೆದ ದಿನಗಳ ಸಂಖ್ಯೆ)

ದಿನಾರಂಭ ದಿನಗಣ [ದಿಂ] = ವರ್ಷ∗365 + ಪೂರ್ಣಾಂಕ(ವರ್ಷ/4)

- ಪೂರ್ಣಾಂಕ (ವರ್ಷ/100) + ಪೂರ್ಣಾಂಕ (ವರ್ಷ/400)

+ [N + ದಿನಾಂಕ] − 730485.5

= 739125 + 506 − 20 + 5 + [161] − 730485.5

= 9291.500000

ದಿನಾಂಶ (ದಿನಾರಂಭದಿಂದ ಕಳೆದ ಕಾಲ) = 0.00000000 ಗಂಟೆ = 0.00000000 ದಿನ

ಡೆಲ್ಟಾಟೀ = 74.66948405 ಸೆಕೆಂಡ = 0.00086423 ದಿನ

ಸ್ಪಷ್ಟ ದಿನಗಣ [ದಿ] = ದಿಂ + ದಿನಾಂಶ + ಡೆಲ್ಟಾಟೀ = 9291.50086423

1. ಅಯನಾಂಶ ನಿರ್ಣಯ

ಅಯನಾಂಶ = 23.853 + 3.82447045e-5 ∗ ದಿ = 24°.20835070

2. ಚಂದ್ರಾರ್ಕ ಉಪಕರಣಗಳು

ಶತಕಗಣ T = ದಿನಗಣ / 36525 = 0.25438743

2.1 ಮಧ್ಯಮರಾಹು (Om = Omega)(Mean Longitude of Moon's ascending Node)

Om =ಚಕ್ರಶುದ್ಧ$[(450160.398036 - 6962890.5431*T$

$+ 7.4722*T^2 + 0.007702*T^3$

$- 0.00005939*T^4)/3600]$

$= 353.02473729$

2.2. ಸೂರ್ಯನ ಮಂದಕೇಂದ್ರ (Mean Anomaly of Sun)

Ms =ಚಕ್ರಶುದ್ಧ$[(1287104.79305 +129596581.0481*T$

$-0.5532*T^2 + 0.000136*T^3$

$- 0.00001149*T^4)/3600]$

$= 155.23496896$

2.3. ಚಂದ್ರನ ಮಂದಕೇಂದ್ರ (Mean Anomaly of Moon)

Mm =ಚಕ್ರಶುದ್ಧ$[(485868.249036 +1717915923.2178*T$

$+ 31.8792 *T^2 + 0.051635*T^3$

$- 0.00024470*T^4)/3600]$

$= 208.35727759$

2.4. ಅರ್ಕೋನಚಂದ್ರ (Mean Elongation of Moon)

D =ಚಕ್ರಶುದ್ಧ$[(1072260.70369 + 1602961601.2090*T$

$- 6.3706* T^2 + 0.006593*T^3$

$- 0.00003169*T^4)/3600]$

$= 168.20602411$

2.5. ರಾಹೂನಚಂದ್ರ (Argument of Latitude of Moon)

F =ಚಕ್ರಶುದ್ಧ$[(335779.526232 + 1739527262.8478*T$

$- 12.7512*T^2 - 0.001037*T^3$

$+ 0.00000417*T^4)/3600]$

= 253.79103474

ಹೆಚ್ಚಿನ ಚಂದ್ರಾರ್ಕ ಉಪಕರಣಗಳು

2.6. ಮಧ್ಯಮ ಚಂದ್ರ (Geocentric Mean ecliptic Longitude of Moon)

Lo =ಚಕ್ರಶುದ್ಧ(Om + F)= 246.81577203

2.7. ಮಧ್ಯಮ ಸೂರ್ಯ (Geocentric Mean ecliptic Longitude of Sun)

Ls =ಚಕ್ರಶುದ್ಧ(Lo - D)= 78.60974792

ಇತರ ಆನುಷಂಗಿಕ ತತ್ವಗಳು

$E = 1 - 0.002516*T - 0.0000074*T^2 = 0.99935948$

$E2 = E * E = 0.99871937$

A1 =ಚಕ್ರಶುದ್ಧ(119.75 + 131.849*T)= 153.29072820

A2 =ಚಕ್ರಶುದ್ಧ(53.09 + 479264.29*T)= 291.90080711

A3 =ಚಕ್ರಶುದ್ಧ(313.45 + 481266.484*T)= 341.59379222

3. ಚಂದ್ರನ ಭೋಗ

ಭೋಗ-ಸರಣಿಯ ಪದಗಳ ಮೂಲ್ಯಾಂಕನ:

Lo ಚಂದ್ರನ ಮಧ್ಯಮ ಭೋಗ = ಭೋಗ೦ = 246.81577203

dlO1 = 6.288774*sn(Mm) = -2.98696748

dlO2 = + 1.274027*sn(2*D - Mm) = 1.00319672

dlO3 = + 0.658314*sn(2*D) = -0.26342851

dlO4 = + 0.213618*sn(2*Mm) = 0.17857328

dlO5 = - E*0.185116*sn(Ms) = -0.07749505

dlO6 = - 0.114332*sn(2*F) = -0.06129236

dlO7 = + 0.058793*sn(2*D - 2*Mm) = -0.05795290

dlO8 = + E*0.057066*sn(2*D - Ms - Mm) = -0.02605051

dlO9 = + 0.053322*sn(2*D + Mm) = -0.00443342

$dl10 = +\ E*0.045758*sn(2*D - Ms) = -0.00093938$

$dl11 = +\ E*0.040923*sn(Mm - Ms) = 0.03271409$

$dl12 = -\ 0.034720*sn(D) = -0.00709653$

$dl13 = -\ E*0.030383*sn(Ms + Mm) = -0.00190244$

$dl14 = +\ 0.015327*sn(2*D - 2*F) = -0.00235274$

$dl15 = -\ 0.012528*sn(2*F + Mm) = 0.00088714$

$dl16 = -\ 0.010980*sn(2*F - Mm) = 0.00958237$

$dl17 = +\ 0.010675*sn(4*D - Mm) = 0.01033652$

$dl18 = +\ 0.010034*sn(3*Mm) = -0.00999691$

$dl19 = +\ 0.008548*sn(4*D - 2*Mm) = -0.00829803$

$dl20 = -\ E*0.007888*sn(Ms - Mm + 2*D) = 0.00767184$

$dl21 = -\ E*0.006766*sn(2*D + Ms) = -0.00505268$

$dl22 = +\ 0.005163*sn(Mm - D) = 0.00332914$

$dl23 = +\ E*0.004987*sn(Ms + D) = -0.00296861$

$dl24 = +\ E*0.004036*sn(Mm - Ms + 2*D) = 0.00198825$

$dl25 = +\ 0.003994*sn(2*Mm + 2*D) = 0.00218268$

$dl26 = +\ 0.003861*sn(4*D) = -0.00283183$

$dl27 = +\ 0.003665*sn(2*D - 3*Mm) = 0.00347235$

$dl28 = +\ E*0.002689*sn(2*Mm - Ms) = -0.00265762$

$dl29 = +\ 0.002602*sn(Mm - 2*F - 2*D) = 0.00258942$

$dl30 = +\ E*0.002390*sn(2*D - Ms - 2*Mm) = 0.00196928$

$dl31 = -\ 0.002348*sn(Mm + D) = -0.00066935$

$dl32 = +\ E2*0.002236*sn(2*D - 2*Ms) = 0.00097691$

$dl33 = -\ E*0.002120*sn(2*Mm + Ms) = 0.00112113$

$dl34 = -\ E2*0.002069*sn(2*Ms) = 0.00157197$

$$dl35 = + E2*0.002048*sn(2*D - Mm - 2*Ms) = 0.00008619$$

$$dl36 = - 0.001773*sn(Mm + 2*D - 2*F) = -0.00107164$$

$$dl37 = - 0.001595*sn(2*F + 2*D) = -0.00132241$$

$$dl38 = + E*0.001215*sn(4*D - Ms - Mm) = -0.00094053$$

$$dl39 = - 0.001110*sn(2*Mm + 2*F) = 0.00045672$$

$$dl40 = + 0.000892*sn(Mm - 3*D) = 0.00079994$$

$$dl41 = - E*0.000810*sn(Ms + Mm + 2*D) = 0.00027680$$

$$dl42 = + E*0.000759*sn(4*D - Ms - 2*Mm) = 0.00074489$$

$$dl43 = + E2*0.000713*sn(Mm - 2*Ms) = -0.00069623$$

$$dl44 = + E2*0.000700*sn(Mm - 2*Ms - 2*D) = -0.00068513$$

$$dl45 = + E*0.000691*sn(Ms - 2*Mm + 2*D) = 0.00066682$$

$$dl46 = + E*0.000596*sn(2*D - Ms - 2*F) = 0.00032957$$

$$dl47 = + 0.000549*sn(Mm + 4*D) = 0.00017709$$

$$dl48 = + 0.000537*sn(4*Mm) = 0.00049273$$

$$dl49 = + E*0.000520*sn(4*D - Ms) = 0.00019812$$

$$dl50 = + 0.000487*sn(2*Mm - D) = -0.00045314$$

$$dl51 = - E*0.000399*sn(2*D + Ms - 2*F) = 0.00010947$$

$$dl52 = - 0.000381*sn(2*Mm - 2*F) = 0.00038096$$

$$dl53 = + E*0.000351*sn(D + Ms + Mm) = 0.00005004$$

$$dl54 = - 0.000340*sn(3*D - 2*Mm) = -0.00033977$$

$$dl55 = + 0.000330*sn(4*D - 3*Mm) = 0.00024428$$

$$dl56 = + E*0.000327*sn(2*D - Ms + 2*Mm) = -0.00027681$$

$$dl57 = - E2* 0.000323*sn(2*Ms + Mm) = -0.00011651$$

$$dl58 = + E*0.000299*sn(D + Ms - Mm) = 0.00027063$$

$$dl59 = + 0.000294*sn(2*D + 3*Mm) = -0.00025833$$

ಸರಣಿಯ ಎಲ್ಲ ಪದಗಳ ಬೇರೀಜು = ಭೋಗ೧೦ = -2.26109948

ನ್ಯುಟೇಶನ್ ಸಂಸ್ಕಾರ = ಭೋಗ೧೦ = [-17.2*sin(Om)- 1.32*sin(2*Ls)

+ (-0.23*sin(2*LO)+ 0.21*sin(2*Om)]/3600.0

= 0.00037794

ಇತರ (ಗ್ರಹಪ್ರಭಾವ) ಸಂಸ್ಕಾರ = ಭೋಗ೩ = 0.003958* sin(A1)

+ 0.001962*sin(Om)+ 0.000318*sin(A2)

= 0.00124566

ಚಂದ್ರನ ಸ್ಪಷ್ಟ ಸಾಯನ ಭೋಗ = ಮಧ್ಯಮ ಭೋಗ + ಸರಣಿಯ ಬೇರೀಜು

+ನ್ಯುಟೇಶನ್ ಸಂಸ್ಕಾರ + ಇತರ ಸಂಸ್ಕಾರ = 244.55629614

ಚಂದ್ರನ ಸ್ಪಷ್ಟ ನಿರಯನ ಭೋಗ = ಸಾಯನ ಭೋಗ - ನಿರಯನ ಭೋಗ

= 220.34794544

4. **ಚಂದ್ರನ ಶರಸಾಧನ**

ಶರ-ಸರಣಿಯ ಪದಗಳ ಮೂಲ್ಯಾಂಕನ:

b01 = + 5.128122*sn(F) = -4.92427925

b02 = + 0.280602*sn(Mm + F) = 0.27431824

b03 = + 0.277693*sn(Mm - F) = -0.19783949

b04 = + 0.173237*sn(2*D - F) = 0.17180231

b05 = + 0.055413*sn(2*D + F - Mm) = 0.02061973

b06 = + 0.046271*sn(2*D - F - Mm) = -0.03755882

b07 = + 0.032573*sn(2*D + F) = -0.02502642

b08 = + 0.017198*sn(2*Mm + F) = -0.01307637

b09 = + 0.009266*sn(2*D + Mm - F) = -0.00865181

b10 = + 0.008822*sn(2*Mm - F) = 0.00259056

b11 = + E*0.008216*sn(2*D - Ms - F) = -0.00783561

b12 = + 0.004324*sn(2*D - F - 2*Mm) = 0.00188917

$$b13 = + 0.004200*sn(2*D + F + Mm) = 0.00411656$$

$$b14 = + E*0.003359*sn(F - Ms - 2*D) = 0.00284229$$

$$b15 = + E*0.002463*sn(2*D + F - Ms - Mm) = -0.00178873$$

$$b16 = + E*0.002211*sn(2*D + F - Ms) = 0.00213398$$

$$b17 = + E*0.002065*sn(2*D - F - Ms - Mm) = 0.00202596$$

$$b18 = + E*0.001870*sn(F - Ms + Mm) = -0.00149419$$

$$b19 = + 0.001828*sn(4*D - F - Mm) = -0.00093261$$

$$b20 = - E*0.001794*sn(F + Ms) = -0.00135362$$

$$b21 = - 0.001749*sn(3*F) = -0.00115602$$

$$b22 = + E*0.001565*sn(Mm - Ms - F) = 0.00055204$$

$$b23 = - 0.001491*sn(F + D) = -0.00131644$$

$$b24 = - E*0.001475*sn(F + Ms + Mm) = 0.00143846$$

$$b25 = + E*0.001410*sn(F - Ms - Mm) = -0.00132578$$

$$b26 = + E*0.001344*sn(F - Ms) = 0.00132819$$

$$b27 = + 0.001335*sn(F - D) = 0.00133104$$

$$b28 = + 0.001107*sn(F + 3*Mm) = 0.00039919$$

$$b29 = + 0.001021*sn(4*D - F) = 0.00087547$$

$$b30 = + 0.000833*sn(F + 4*D - Mm) = -0.00002532$$

$$b31 = + 0.000777*sn(Mm - 3*F) = 0.00017500$$

$$b32 = + 0.000671*sn(F + 4*D - 2*Mm) = 0.00033651$$

$$b33 = + 0.000607*sn(2*D - 3*F) = -0.00054995$$

$$b34 = + 0.000596*sn(2*D + 2*Mm - F) = 0.00038837$$

$$b35 = + E*0.000491*sn(2*D + Mm - Ms - F) = 0.00034244$$

$$b36 = + 0.000451*sn(2*Mm - F - 2*D) = -0.00005114$$

$$b37 = + 0.000439*sn(3*Mm - F) = 0.00008588$$

b38 = + 0.000422*sn(F + 2*D + 2*Mm) = -0.00040374

b39 = + 0.000421*sn(2*D - F - 3*Mm) = 0.00001800

b40 = - E*0.000366*sn(Ms + F + 2*D - Mm) = -0.00001863

b41 = - E*0.000351*sn(Ms + F + 2*D) = -0.00015067

b42 = + 0.000331*sn(F + 4*D) = -0.00014829

b43 = + E*0.000315*sn(2*D + F - Ms + Mm) = -0.00030632

b44 = + E2*0.000302*sn(2*D - 2*Ms - F) = 0.00022361

b45 = - 0.000283*sn(Mm + 3*F) = 0.00026547

b46 = - E*0.000229*sn(2*D+Ms+Mm-F) = -0.00022835

b47 = + E*0.000223*sn(D+Ms-F) = 0.00020895

b48 = + E*0.000223*sn(D+Ms+F) = -0.00013484

b49 = - E*0.000220*sn(Ms-2*Mm-F) = 0.00009197

b50 = - E*0.000220*sn(2*D+Ms-Mm-F) = -0.00010826

b51 = - 0.000185*sn(D+Mm -F) = -0.00015555

b52 = + E*0.000181*sn(2*D-Ms-2*Mm-F) = -0.00013992

b53 = - E*0.000177*sn(Ms+2*Mm+F) = -0.00017025

b54 = + 0.000176*sn(4*D-2*Mm-F) = 0.00000712

b55 = + E*0.000166*sn(4*D-Ms-Mm-F) = 0.00013662

b56 = - 0.000164*sn(D+Mm-F) = -0.00013790

b57 = + 0.000132*sn(4*D +Mm-F) = -0.00013186

b58 = - 0.000119*sn(D-Mm-F) = -0.00010876

b59 = + E*0.000115*sn(4*D-Ms-F) = -0.00011425

b60 = + E2*0.000107*sn(2*D-2*Ms+F) = -0.00010532

ಸರಣಿಯ ಎಲ್ಲ ಪದಗಳ ಬೇರೀಜು = ಶರ೦ = -4.73628139

ಶರ-ಸಂಸ್ಕಾರ = ಶರ೭ = -0.002235*sin(L0)+ 0.000382*sin(A3)

+ 0.000175*sin(A1−F) + 0.000175*sin(A1+F)

+ 0.000127*sin(L0−Mm)− 0.000115*sin(L0+Mm)

= 0.00185444

ಚಂದ್ರನ ಸ್ಪಷ್ಟ ಶರ = ಸರಣಿಯ ಬೇರೀಜು + ಶರಸಂಸ್ಕಾರ = −4.73442696

5. **ಚಂದ್ರನ ಭೂಮ್ಯಂತರ ಸಾಧನ**

ಚಂದ್ರನ ಮಧ್ಯಮ ಭೂಮ್ಯಂತರ = 385000.56000000 ಕಿಮೀ

ಭೂಮ್ಯಂತರ-ಸರಣಿಯ ಪದಗಳ ಮೂಲ್ಯಾಂಕನ (ಕಿಮೀ):

dr01 = − 20905.355*cs(Mm) = 18396.77461198

dr02 = − 3699.111*cs(2*D − Mm) = 2280.18556548

dr03 = − 2955.968*cs(2*D) = −2708.98769553

dr04 = − 569.925*cs(2*Mm) = −312.78081005

dr05 = + E*48.888*cs(Ms) = −44.36349869

dr06 = − 3.149*cs(2*F) = 2.65826047

dr07 = + 246.158*cs(2*D − 2*Mm) = 41.46439198

dr08 = − E*152.138*cs(2*D − Ms − Mm) = −135.25136769

dr09 = − 170.733*cs(2*D + Mm) = 170.14183950

dr10 = − E*204.586*cs(2*D − Ms) = 204.41181524

dr11 = − E*129.620*cs(Ms − Mm) = −77.73628126

dr12 = + 108.743*cs(D) = −106.44731393

dr13 = + E*104.755*cs(Ms + Mm) = 104.48221349

dr14 = + 10.321*cs(2*D − 2*F) = −10.19867757

dr15 = + 79.661*cs(Mm − 2*F) = 38.89347370

dr16 = − 34.782*cs(4*D −Mm) = 8.68921447

dr17 = − 23.210*cs(3*Mm) = 1.99389513

dr18 = − 21.636*cs(4*D − 2*Mm) = 5.19407641

dr19 = + E*24.208*cs(Ms - Mm + 2*D) = 5.56126073

dr20 = + E*30.824*cs(2*D + Ms) = -20.47064951

dr21 = - 8.379*cs(D - Mm) = -6.40444591

dr22 = - E*16.675*cs(Ms + D) = -13.38551200

dr23 = - E*12.831*cs(Mm - Ms + 2*D) = -11.15659265

dr24 = - 10.445*cs(2*Mm + 2*D) = -8.74732257

dr25 = - 11.650*cs(4*D) = -7.91908544

dr26 = + 14.403*cs(2*D - 3*Mm) = 4.60821209

dr27 = - E*7.003*cs(Ms - 2*Mm) = 1.03691233

dr28 = + E*10.056*cs(2*D - Ms - 2*Mm) = -5.68671451

dr29 = + 6.322*cs(Mm + D) = 6.05967091

dr30 = - E2*9.884*cs(2*D - 2*Ms) = -8.87667133

dr31 = + E*5.751*cs(2*Mm + Ms) = -4.87668192

dr32 = - E2*4.950*cs(2*D - Mm - 2*Ms) = 4.93926950

dr33 = + 4.130*cs(Mm + 2*D - 2*F) = 3.29022386

dr34 = - E*3.958*cs(4*D - Ms - Mm) = -2.50167323

dr35 = + 3.258*cs(3*D - Mm) = 1.44152704

dr36 = + E*2.616*cs(Ms + Mm + 2*D) = 2.45672837

dr37 = - E*1.897*cs(4*D - Ms - 2*Mm) = 0.35765809

dr38 = - E2*2.117*cs(2*Ms - Mm) = 0.44365100

dr39 = + E2*2.354*cs(2*D + 2*Ms - Mm) = 0.46771756

dr40 = - 1.423*cs(Mm + 4*D) = 1.34693275

dr41 = - 1.117*cs(4*Mm) = 0.44413498

dr42 = - E*1.571*cs(4*D - Ms) = 1.45141794

dr43 = - 1.739*cs(D - 2*Mm) = 0.63710471

dr44 = – 4.421*cs(2*Mm – 2*F) = 0.06693572

dr45 = + E2* 1.165*cs(2*Ms + Mm) = –1.08496600

dr46 = + 8.752*cs(2*D – Mm – 2*F) = 8.24860544

ಭೂಮ್ಯಂತರ ಸರಣಿಯ ಎಲ್ಲ ಪದಗಳ ಬೇರೀಜು = 17810.87136107

ಚಂದ್ರನ ಸ್ಪಷ್ಟ ಭೂಮ್ಯಂತರ = ಮಧ್ಯಮ ಭೂಮ್ಯಂತರ + ಸರಣಿಯ ಬೇರೀಜು

= 402811.43136107

6. **ಚಂದ್ರನ ಭೂಕೇಂದ್ರೀಯ ವಿಷುವವೃತ್ತೀಯ ನಿರ್ದೇಶಾಂಕಗಳು (ವಿಷುವಾಂಶ, ಕ್ರಾಂತಿ)**

ಚಂದ್ರನ ಭೋಗ = 244.55629614

ಚಂದ್ರನ ಶರ = –4.73442696

ವಿಷುವಾಂಶ = ಚಕ್ರಶುದ್ಧ (atan2(sin(ಭೋಗ)*cos(ತ್ಯೆರ್ಯಕ್ಯ)

– tan(ಶರ)*sin(ತ್ಯೆರ್ಯಕ್ಯ),cos(ಭೋಗ)))

= 241.62965698

ಕ್ರಾಂತಿ = asin(sin(ಭೋಗ)*cos(ತ್ಯೆರ್ಯಕ್ಯ)

+ cos(ಶರ)*sin(ತ್ಯೆರ್ಯಕ್ಯ)*sin(ಭೋಗ))

= –25.70154327

7. **ಸ್ಥಳೀಯ (ಟೊಪೊಗ್ರಾಫಿಕ್) ನಿರ್ದೇಶಾಂಕ ಸಾಧನ**

ಸ್ಥಳೀಯ ವಿಷುವಾಂಶ ಮತ್ತು ಕ್ರಾಂತಿ

ಸ್ಥಾನ : ಬೆಂಗಳೂರು (ಕರ್ನಾಟಕ)

ಅಕ್ಷಾಂಶ: 12°.96666667ಉತ್ತರ, ರೇಖಾಂಶ: 77°.63333333ಪೂರ್ವ

ಗ್ರೀನಿಚ ನಾಕ್ಷತ್ರ ಸಮಯ (GST= 258.60341054

ಸ್ಥಾನಿಕ ನಾಕ್ಷತ್ರ ಸಮಯ LST = GST + ರೇಖಾಂಶ = 336.23674387

ಭೂಕೇಂದ್ರೀಯ ವಿಷುವಾಂಶ = 241.62965698

ಭೂಕೇಂದ್ರೀಯ ಕ್ರಾಂತಿ (Decl)= –25.70154327

ಭೂಕೇಂದ್ರೀಯ ಹೋರಾಂಶ (RA)= 94.60708688

ಚಂದ್ರನ ಭೂಕೇಂದ್ರೀಯ ದೂರ (ಭೂತ್ರಿಜ್ಯ ಪ್ರಮಾಣದಲ್ಲಿ)

= 402811.43136107/6378.14 = 63.15499995

ಆನುಷಂಗಿಕ ಮೌಲ್ಯಗಳು

Q = atan(tan(ಅಕ್ಷಾಂಶ)*0.9966) = 1.00276909

ಅಕ್ಷಜ್ಯಾ = 0.9966*sin(Q)= 0.22289903

ಅಕ್ಷಕೋ = cos(Q)= 0.97466735

a = cos(ಭೂಕೇಂದ್ರೀಯ ಕ್ರಾಂತಿ)* sin(ಭೂಕೇಂದ್ರೀಯ ವಿಷುವಾಂಶ) = 0.89815395

b = cos(ಭೂಕೇಂದ್ರೀಯ ಕ್ರಾಂತಿ)*cos(ಭೂಕೇಂದ್ರೀಯ ವಿಷುವಾಂಶ)

- ಅಕ್ಷಕೋ /ಭೂಸೂರ್ಯಾಂತರ = -0.08780850

c = sin(ಭೂಕೇಂದ್ರೀಯ ಕ್ರಾಂತಿ) - (ಅಕ್ಷಜ್ಯಾ/ಚಂದ್ರನ ಭೂಕೇಂದ್ರೀಯ ದೂರ) = 0.43721275

q2 = $\sqrt{(a^2 + b^2 + c^2)}$ = 1.00554585

ಸ್ಥಲೀಯ ಹೋರಾಂಶ =ಚಕ್ರಶುದ್ಧ(atan2(a, b))= 95.58380761

ಸ್ಥಲೀಯ ವಿಷುವಾಂಶ =ಚಕ್ರಶುದ್ಧ(LST - ಸ್ಥಲೀಯ ಹೋರಾಂಶ) = 240.65293626

ಸ್ಥಲೀಯ ಕ್ರಾಂತಿ = asin(c / q2) = -25.84928714

ಕ್ಷೈತಿಜ್ಯ ನಿರ್ದೇಶಾಂಕ (ದಿಗಂಶ ಮತ್ತು ಉನ್ನತಾಂಶ)

ಈ ಮೊದಲೇ ಪ್ರಾಪ್ತ ಭೂಕೇಂದ್ರೀಯ ನಿರ್ದೇಶಾಂಕಗಳು

ಭೂಕೇಂದ್ರೀಯ ಹೋರಾಂಶ [ha] = 94.60708688

ಭೂಕೇಂದ್ರೀಯ ಕ್ರಾಂತಿ [dc] = -25.70154327

ದಿಗಂಶ(ಅಜಿಮಥ್) :

ದಿಗಂಶ=ಚಕ್ರಶುದ್ಧ[180 + atan2(sin(ಹೋರಾಂಶ),(cos(ಕ್ರಾಂತಿ)*sin(ಅಕ್ಷಾಂಶ)

- tan(ಕ್ರಾಂತಿ)*cos(ಅಕ್ಷಾಂಶ)))] = 245.65482768

ಉನ್ನತಾಂಶ (ಆಲ್ಟಿಟ್ಯೂಡ):

ಉನ್ನತಾಂಶ= asin [sin(ಅಕ್ಷಾಂಶ)*sin(ಕ್ರಾಂತಿ) + cos(ಅಕ್ಷಾಂಶ)

*cos(ಕ್ರಾಂತಿ)*cos(ಹೋರಾಂಶ)]

= -9.66235539

(ಉನ್ನತಾಂಶ ಋಣವಾಗಿದ್ದರೆ ಚಂದ್ರನು ಕ್ಷಿತಿಜದ ಕೆಳಗೆ ಇರುವನು.

8. **ಚಂದ್ರ ನ ಕಲೆ (Phase of Moon)**

   ಅರ್ಕೋನಚಂದ್ರ (ಚಂದ್ರಾರ್ಕ ಉಪಕರಣ) D = 168.20602411

   ಪ್ರತಿಶತ ಕಲೆ = 50 * (1−cosD) = 98.94%

ಅಭ್ಯಾಸ ಉದಾಹರಣ 4.2

ಚಂದ್ರಸಾಧನ:- ಶುಕ್ರವಾರ, 1980 ನವೆಂಬರ 28; ಸಮಯ: 0:0 UT

ದಿನಗಣ (J2000 ಕ್ಷೇಪಕದಿಂದ ಕಳೆದ ದಿನಗಳ ಸಂಖ್ಯೆ)

ದಿನಾರಂಭ ದಿನಗಣ [ದಿ೦] = ವರ್ಷ*365 + ಪೂರ್ಣಾಂಕ(ವರ್ಷ/4)

- ಪೂರ್ಣಾಂಕ (ವರ್ಷ/100) + ಪೂರ್ಣಾಂಕ (ವರ್ಷ/400)

+ [N + ದಿನಾಂಕ] − 730485.5

= 722700 + 495 − 19 + 4 + [332] − 730485.5

= −6973.500000

ದಿನಾಂಶ (ದಿನಾರಂಭದಿಂದ ಕಳೆದ ಕಾಲ) = 0.00000000 ಗಂಟೆ = 0.00000000 ದಿನ

ಡೆಲ್ಟಾಟೀ = 45.01936129 ಸೆಕೆಂಡ = 0.00052106 ದಿನ

ಸ್ಪಷ್ಟ ದಿನಗಣ [ದಿ] = ದಿ೦ + ದಿನಾಂಶ + ಡೆಲ್ಟಾಟೀ = −6973.49947894

1. ಅಯನಾಂಶ ನಿರ್ಣಯ

   ಅಯನಾಂಶ = 23.853 + 3.82447045e-5 * ದಿ = 23°.58630057

2. ಚಂದ್ರಾರ್ಕ ಉಪಕರಣಗಳು

   ಶತಕಗಣ T = ದಿನಗಣ / 36525 = −0.19092401

2.1 **ಮಧ್ಯಮರಾಹು (Om = Omega)(Mean Longitude of Moon's ascending Node)**

   Om =ಚಕ್ರಶುದ್ಧ[(450160.398036 − 6962890.5431*T

   + 7.4722*T^2 + 0.007702*T^3

   − 0.00005939*T^4)/3600]

   = 134.31768240

2.2. ಸೂರ್ಯನ ಮಂದಕೇಂದ್ರ (Mean Anomaly of Sun)

Ms =ಚಕ್ರಶುದ್ಧ[[(1287104.79305 +129596581.0481*T

$-0.5532*T^2 + 0.000136*T^3$

$- 0.00001149*T^4$)/3600]

= 324.44605231

2.3. ಚಂದ್ರನ ಮಂದಕೇಂದ್ರ (Mean Anomaly of Moon)

Mm =ಚಕ್ರಶುದ್ಧ[[(485868.249036 +1717915923.2178*T

$+ 31.8792 *T^2 + 0.051635*T^3$

$- 0.00024470*T^4$)/3600]

= 106.24218420

2.4. ಅರ್ಕೋಣಚಂದ್ರ (Mean Elongation of Moon)

D =ಚಕ್ರಶುದ್ಧ[[(1072260.70369 + 1602961601.2090*T

$- 6.3706* T^2 + 0.006593*T^3$

$- 0.00003169*T^4$)/3600]

= 245.66752546

2.5. ರಾಹೂನಚಂದ್ರ (Argument of Latitude of Moon)

F =ಚಕ್ರಶುದ್ಧ[[(335779.526232 + 1739527262.8478*T

$- 12.7512*T^2 - 0.001037*T^3$

$+ 0.00000417*T^4$)/3600]

= 358.40496725

ಹೆಚ್ಚಿನ ಚಂದ್ರಾರ್ಕ ಉಪಕರಣಗಳು

2.6. ಮಧ್ಯಮ ಚಂದ್ರ (Geocentric Mean ecliptic Longitude of Moon)

Lo =ಚಕ್ರಶುದ್ಧ(Om + F)= 132.72264965

2.7. ಮಧ್ಯಮ ಸೂರ್ಯ (Geocentric Mean ecliptic Longitude of Sun)

Ls =ಚಕ್ರಶುದ್ಧ(Lo - D)= 247.05512419

ಇತರ ಆನುಷಂಗಿಕ ತತ್ವಗಳು

E = 1 - 0.002516*T - 0.0000074*T² = 1.00048010

E2 = E * E = 1.00096042

A1 =ಚಕ್ರಶುದ್ಧ(119.75 + 131.849*T)= 94.57686016

A2 =ಚಕ್ರಶುದ್ಧ(53.09 + 479264.29*T)= 350.02972373

A3 =ಚಕ್ರಶುದ್ಧ(313.45 + 481266.484*T)= 228.12281570

3. ಚಂದ್ರನ ಭೋಗ

ಭೋಗ-ಸರಣಿಯ ಪದಗಳ ಮೂಲ್ಯಾಂಕನ:

L0 ಚಂದ್ರನ ಮಧ್ಯಮ ಭೋಗ = ಭೋಗಂ0 = 132.72264965

dl01 = 6.288774*sn(Mm) = 6.03777656

dl02 = + 1.274027*sn(2*D - Mm) = 0.54029788

dl03 = + 0.658314*sn(2*D) = 0.49430180

dl04 = + 0.213618*sn(2*Mm) = -0.11472771

dl05 = - E*0.185116*sn(Ms) = 0.10769094

dl06 = - 0.114332*sn(2*F) = 0.00636239

dl07 = + 0.058793*sn(2*D - 2*Mm) = -0.05809293

dl08 = + E*0.057066*sn(2*D - Ms - Mm) = 0.04976344

dl09 = + 0.053322*sn(2*D + Mm) = -0.04500990

dl10 = + E*0.045758*sn(2*D - Ms) = 0.01038465

dl11 = + E*0.040923*sn(Mm - Ms) = 0.02532145

dl12 = - 0.034720*sn(D) = 0.03163582

dl13 = - E*0.030383*sn(Ms + Mm) = -0.02868721

dl14 = + 0.015327*sn(2*D - 2*F) = 0.01092728

dl15 = - 0.012528*sn(2*F + Mm) = -0.01220434

dl16 = - 0.010980*sn(2*F - Mm) = 0.01035453

dl17 = + 0.010675*sn(4*D - Mm) = 0.00426896

dl18 = + 0.010034*sn(3*Mm) = -0.00661896

dl19 = + 0.008548*sn(4*D - 2*Mm) = 0.00656592

dl20 = - E*0.007888*sn(Ms - Mm + 2*D) = 0.00143289

dl21 = - E*0.006766*sn(2*D + Ms) = -0.00673482

dl22 = + 0.005163*sn(Mm - D) = -0.00335821

dl23 = + E*0.004987*sn(Ms + D) = -0.00250326

dl24 = + E*0.004036*sn(Mm - Ms + 2*D) = -0.00403191

dl25 = + 0.003994*sn(2*Mm + 2*D) = -0.00111299

dl26 = + 0.003861*sn(4*D) = -0.00382945

dl27 = + 0.003665*sn(2*D - 3*Mm) = 0.00047150

dl28 = + E*0.002689*sn(2*Mm - Ms) = -0.00249507

dl29 = + 0.002602*sn(Mm - 2*F - 2*D) = -0.00097063

dl30 = + E*0.002390*sn(2*D - Ms - 2*Mm) = -0.00170827

dl31 = - 0.002348*sn(Mm + D) = 0.00033044

dl32 = + E2*0.002236*sn(2*D - 2*Ms) = -0.00085444

dl33 = - E *0.002120*sn(2*Mm + Ms) = -0.00011358

dl34 = - E2*0.002069*sn(2*Ms) = 0.00195942

dl35 = + E2*0.002048*sn(2*D - Mm - 2*Ms)= 0.00203797

dl36 = - 0.001773*sn(Mm + 2*D - 2*F) = 0.00154720

dl37 = - 0.001595*sn(2*F + 2*D) = -0.00125439

dl38 = + E*0.001215*sn(4*D - Ms - Mm) = -0.00025236

dl39 = - 0.001110*sn(2*Mm + 2*F) = 0.00054312

dl40 = + 0.000892*sn(Mm - 3*D) = 0.00089192

dl41 = - E*0.000810*sn(Ms + Mm + 2*D) = 0.00030388

dl42 = + E*0.000759*sn(4*D - Ms - 2*Mm) = 0.00075727

dl43 = + E2*0.000713*sn(Mm - 2*Ms) = 0.00003300

dl44 = + E2*0.000700*sn(Mm - 2*Ms - 2*D)= 0.00050415

dl45 = + E*0.000691*sn(Ms - 2*Mm + 2*D)= -0.00061760

dl46 = + E*0.000596*sn(2*D - Ms - 2*F) = 0.00010273

dl47 = + 0.000549*sn(Mm + 4*D) = 0.00008505

dl48 = + 0.000537*sn(4*Mm) = 0.00048656

dl49 = + E*0.000520*sn(4*D - Ms) = -0.00045839

dl50 = + 0.000487*sn(2*Mm - D) = -0.00026654

dl51 = - E*0.000399*sn(2*D + Ms - 2*F) = -0.00039431

dl52 = - 0.000381*sn(2*Mm - 2*F) = 0.00022219

dl53 = + E*0.000351*sn(D + Ms + Mm) = -0.00024237

dl54 = - 0.000340*sn(3*D - 2*Mm) = -0.00009076

dl55 = + 0.000330*sn(4*D - 3*Mm) = -0.00027376

dl56 = + E*0.000327*sn(2*D - Ms + 2*Mm)= 0.00010853

dl57 = - E2* 0.000323*sn(2*Ms + Mm) = -0.00018606

dl58 = + E*0.000299*sn(D + Ms - Mm) = 0.00029042

dl59 = + 0.000294*sn(2*D + 3*Mm) = 0.00029400

ಸರಣಿಯ ಎಲ್ಲ ಪದಗಳ ಬೇರೀಜು = ಭೋಗ೮ = 7.05096364

ನ್ಯುಟೇಶನ್ ಸಂಸ್ಕಾರ = ಭೋಗ೨ = [-17.2*sin(Om)- 1.32*sin(2*Ls)

+ (-0.23*sin(2*L0)+ 0.21*sin(2*Om)]/3600.0

= -0.00367629

ಇತರ (ಗ್ರಹಪ್ರಭಾವ) ಸಂಸ್ಕಾರ = ಭೋಗ೩ = 0.003958* sin(A1)

+ 0.001962*sin(Om)+ 0.000318*sin(A2)

= 0.00529409

ಚಂದ್ರನ ಸ್ಪಷ್ಟ ಸಾಯನ ಭೋಗ = ಮಧ್ಯಮ ಭೋಗ + ಸರಣೆಯ ಬೇರೀಜು

+ನ್ಯುಟೇಶನ್ ಸಂಸ್ಕಾರ + ಇತರ ಸಂಸ್ಕಾರ = 139.77523109

ಚಂದ್ರನ ಸ್ಪಷ್ಟ ನಿರಯನ ಭೋಗ = ಸಾಯನ ಭೋಗ - ನಿರಯನ ಭೋಗ

= 116.18893051

4. ಚಂದ್ರನ ಶರಸಾಧನ

ಶರ-ಸರಣೆಯ ಪದಗಳ ಮೂಲ್ಯಾಂಕನ:

$b01$ = + 5.128122*sn(F) = -0.14274116

$b02$ = + 0.280602*sn(Mm + F) = 0.27148283

$b03$ = + 0.277693*sn(Mm - F) = 0.26434447

$b04$ = + 0.173237*sn(2*D - F) = 0.12684160

$b05$ = + 0.055413*sn(2*D + F - Mm) = 0.02209396

$b06$ = + 0.046271*sn(2*D - F - Mm) = 0.02078171

$b07$ = + 0.032573*sn(2*D + F) = 0.02504711

$b08$ = + 0.017198*sn(2*Mm + F) = -0.00882914

$b09$ = + 0.009266*sn(2*D + Mm - F) = -0.00795683

$b10$ = + 0.008822*sn(2*Mm - F) = -0.00494333

$b11$ = + E*0.008216*sn(2*D - Ms - F) = 0.00164104

$b12$ = + 0.004324*sn(2*D - F - 2*Mm) = -0.00425234

$b13$ = + 0.004200*sn(2*D + F + Mm) = -0.00348123

$b14$ = + E*0.003359*sn(F - Ms - 2*D) = -0.00333280

$b15$ = + E*0.002463*sn(2*D + F - Ms - Mm)= 0.00211336

$b16$ = + E*0.002211*sn(2*D + F - Ms) = 0.00056155

$b17$ = + E*0.002065*sn(2*D - F - Ms - Mm)= 0.00182824

$b18$ = + E*0.001870*sn(F - Ms + Mm) = 0.00119755

$b19$ = + 0.001828*sn(4*D - F - Mm) = 0.00068410

$b20 = - E*0.001794*sn(F + Ms) = 0.00108390$

$b21 = - 0.001749*sn(3*F) = 0.00014590$

$b22 = + E*0.001565*sn(Mm - Ms - F) = 0.00093373$

$b23 = - 0.001491*sn(F + D) = 0.00134093$

$b24 = - E*0.001475*sn(F + Ms + Mm) = -0.00137855$

$b25 = + E*0.001410*sn(F - Ms - Mm) = -0.00134377$

$b26 = + E*0.001344*sn(F - Ms) = 0.00075112$

$b27 = + 0.001335*sn(F - D) = 0.00123125$

$b28 = + 0.001107*sn(F + 3*Mm) = -0.00075311$

$b29 = + 0.001021*sn(4*D - F) = -0.00101589$

$b30 = + 0.000833*sn(F + 4*D - Mm) = 0.00035424$

$b31 = + 0.000777*sn(Mm - 3*F) = 0.00072526$

$b32 = + 0.000671*sn(F + 4*D - 2*Mm) = 0.00050325$

$b33 = + 0.000607*sn(2*D - 3*F) = 0.00042074$

$b34 = + 0.000596*sn(2*D + 2*Mm - F) = -0.00015009$

$b35 = + E*0.000491*sn(2*D + Mm - Ms - F) = -0.00048957$

$b36 = + 0.000451*sn(2*Mm - F - 2*D) = 0.00044739$

$b37 = + 0.000439*sn(3*Mm - F) = -0.00028029$

$b38 = + 0.000422*sn(F + 2*D + 2*Mm) = -0.00012883$

$b39 = + 0.000421*sn(2*D - F - 3*Mm) = 0.00004252$

$b40 = - E*0.000366*sn(Ms + F + 2*D - Mm) = 0.00007648$

$b41 = - E*0.000351*sn(Ms + F + 2*D) = -0.00035023$

$b42 = + 0.000331*sn(F + 4*D) = -0.00032699$

$b43 = + E*0.000315*sn(2*D + F - Ms + Mm) = -0.00031504$

$b44 = + E2*0.000302*sn(2*D - 2*Ms - F) = -0.00012314$

b45 = - 0.000283*sn(Mm + 3*F) = -0.00027736

b46 = - E*0.000229*sn(2*D+Ms+Mm-F) = 0.00009179

b47 = + E*0.000223*sn(D+Ms-F) = -0.00011726

b48 = + E*0.000223*sn(D+Ms+F) = -0.00010652

b49 = - E*0.000220*sn(Ms-2*Mm-F) = -0.00020176

b50 = - E*0.000220*sn(2*D+Ms-Mm-F) = 0.00003392

b51 = - 0.000185*sn(D+Mm -F) = 0.00002093

b52 = + E*0.000181*sn(2*D-Ms-2*Mm-F) = -0.00012579

b53 = - E*0.000177*sn(Ms+2*Mm+F) = -0.00001440

b54 = + 0.000176*sn(4*D-2*Mm-F) = 0.00013827

b55 = + E*0.000166*sn(4*D-Ms-Mm-F) = -0.00003899

b56 = - 0.000164*sn(D+Mm-F) = 0.00001855

b57 = + 0.000132*sn(4*D +Mm-F) = 0.00002407

b58 = - 0.000119*sn(D-Mm-F) = -0.00007486

b59 = + E*0.000115*sn(4*D-Ms-F) = -0.00009982

b60 = + E2*0.000107*sn(2*D-2*Ms+F) = -0.00003812

ಸರಣಿಯ ಎಲ್ಲ ಪದಗಳ ಬೇರೀಜು = ಶರ೧ = 0.56371457

ಶರ-ಸಂಸ್ಕಾರ = ಶರ೨ = -0.002235*sin(L0)+ 0.000382*sin(A3)

+ 0.000175*sin(A1-F) + 0.000175*sin(A1+F)

+ 0.000127*sin(L0-Mm)- 0.000115*sin(L0+Mm)

= -0.00142245

ಚಂದ್ರನ ಸ್ಪಷ್ಟ ಶರ = ಸರಣಿಯ ಬೇರೀಜು + ಶರಸಂಸ್ಕಾರ = 0.56229212

5. ಚಂದ್ರನ ಭೂಮ್ಯಂತರ ಸಾಧನ

ಚಂದ್ರನ ಮಧ್ಯಮ ಭೂಮ್ಯಂತರ = 385000.56000000 ಕಿಮೀ

ಭೂಮ್ಯಂತರ-ಸರಣಿಯ ಪದಗಳ ಮೂಲ್ಯಂಕನ (ಕಿಮೀ):

dr01 = - 20905.355*cs(Mm)   = 5847.18702109

dr02 = - 3699.111*cs(2*D - Mm) = -3349.99483902

dr03 = - 2955.968*cs(2*D) = 1952.30197514

dr04 = - 569.925*cs(2*Mm) = 480.75339580

dr05 = + E*48.888*cs(Ms) = 39.79282653

dr06 = - 3.149*cs(2*F) = -3.14412040

dr07 = + 246.158*cs(2*D - 2*Mm) = 37.87385517

dr08 = - E*152.138*cs(2*D - Ms - Mm) = -74.61259656

dr09 = - 170.733*cs(2*D + Mm) = 91.54058478

dr10 = - E*204.586*cs(2*D - Ms) = 199.34860046

dr11 = - E*129.620*cs(Ms - Mm) = 101.90625991

dr12 = + 108.743*cs(D) = -44.80547231

dr13 = + E*104.755*cs(Ms + Mm) = 34.65996530

dr14 = + 10.321*cs(2*D - 2*F) = -7.23731082

dr15 = + 79.661*cs(Mm - 2*F) = -26.50257621

dr16 = - 34.782*cs(4*D -Mm) = 31.87970967

dr17 = - 23.210*cs(3*Mm) = -17.44393779

dr18 = - 21.636*cs(4*D - 2*Mm) = -13.85355203

dr19 = + E*24.208*cs(Ms - Mm + 2*D) = 23.81705489

dr20 = + E*30.824*cs(2*D + Ms) = -3.10633571

dr21 = - 8.379*cs(D - Mm) = 6.36434539

dr22 = - E*16.675*cs(Ms + D) = 14.43134286

dr23 = - E*12.831*cs(Mm - Ms + 2*D) = -0.70119459

dr24 = - 10.445*cs(2*Mm + 2*D) = -10.03125464

dr25 = - 11.650*cs(4*D) = 1.48633243

dr26 = + 14.403*cs(2*D - 3*Mm) = -14.28331474

dr27 = - E*7.003*cs(Ms - 2*Mm) = 2.62028458

dr28 = + E*10.056*cs(2*D - Ms - 2*Mm) = 7.03977328

dr29 = + 6.322*cs(Mm + D) = 6.25908043

dr30 = - E2*9.884*cs(2*D - 2*Ms) = 9.14416105

dr31 = + E*5.751*cs(2*Mm + Ms) = -5.74550577

dr32 = - E2*4.950*cs(2*D - Mm - 2*Ms) = 0.53517577

dr33 = + 4.130*cs(Mm + 2*D - 2*F) = -2.01691758

dr34 = - E*3.958*cs(4*D - Ms - Mm) = 3.87362729

dr35 = + 3.258*cs(3*D - Mm) = 0.04323678

dr36 = + E*2.616*cs(Ms + Mm + 2*D) = -2.42627875

dr37 = - E*1.897*cs(4*D - Ms - 2*Mm) = -0.14099217

dr38 = - E2*2.117*cs(2*Ms - Mm) = 2.11676726

dr39 = + E2*2.354*cs(2*D + 2*Ms - Mm) = 1.63635167

dr40 = - 1.423*cs(Mm + 4*D) = -1.40581965

dr41 = - 1.117*cs(4*Mm) = -0.47261691

dr42 = - E*1.571*cs(4*D - Ms) = -0.74331502

dr43 = - 1.739*cs(D - 2*Mm) = -1.45541300

dr44 = - 4.421*cs(2*Mm - 2*F) = 3.59137207

dr45 = + E2* 1.165*cs(2*Ms + Mm) = 0.95365839

dr46 = + 8.752*cs(2*D - Mm - 2*F) = 7.70717346

ಭೂಮ್ಯಂತರ ಸರಣಿಯ ಎಲ್ಲ ಪದಗಳ ಬೇರೀಜು = 5328.74056780

ಚಂದ್ರನ ಸ್ಪಷ್ಟ ಭೂಮ್ಯಂತರ = ಮಧ್ಯಮ ಭೂಮ್ಯಂತರ + ಸರಣಿಯ ಬೇರೀಜು

= 390329.30056780

6. **ಚಂದ್ರನ ಭೂಕೇಂದ್ರೀಯ ವಿಷುವವೃತ್ತೀಯ ನಿರ್ದೇಶಾಂಕಗಳು (ವಿಷುವಾಂಶ, ಕ್ರಾಂತಿ)**

ಚಂದ್ರನ ಭೋಗ = 139.77523109

ಚಂದ್ರನ ಶರ = 0.56229212

ವಿಷುವಾಂಶ = ಚಕ್ರಶುದ್ಧ (atan2(sin(ಭೋಗ)*cos(ತೈರ್ಯಕ್ಯ)

– tan(ಶರ)*sin(ತೈರ್ಯಕ್ಯ),cos(ಭೋಗ)))

= 142.37151071

ಕ್ರಾಂತಿ = asin(sin(ಭೋಗ)*cos(ತೈರ್ಯಕ್ಯ)

+ cos(ಶರ)*sin(ತೈರ್ಯಕ್ಯ)*sin(ಭೋಗ))

= 15.41907457

7. **ಸ್ಥಳೀಯ (ಟೊಪೊಗ್ರಾಫಿಕ್) ನಿರ್ದೇಶಾಂಕ ಸಾಧನ**

ಸ್ಥಳೀಯ ವಿಷುವಾಂಶ ಮತ್ತು ಕ್ರಾಂತಿ

ಸ್ಥಾನ : हैदराबाद (आन्ध्र प्रदेश)

ಅಕ್ಷಾಂಶ: 17°.33333333ಉತ್ತರ, ರೇಖಾಂಶ: 78°.50000000ಪೂರ್ವ

ಗ್ರೀನಿಚ ನಾಕ್ಷತ್ರ ಸಮಯ (GST= 67.04538049

ಸ್ಥಾನಿಕ ನಾಕ್ಷತ್ರ ಸಮಯ LST = GST + रेखांश = 145.54538049

ಭೂಕೇಂದ್ರೀಯ ವಿಷುವಾಂಶ = 142.37151071

ಭೂಕೇಂದ್ರೀಯ ಕ್ರಾಂತಿ (Decl)= 15.41907457

ಭೂಕೇಂದ್ರೀಯ ಹೋರಾಂಶ (RA)= 3.17386979

ಚಂದ್ರನ ಭೂಕೇಂದ್ರೀಯ ದೂರ (ಭೂತ್ರಿಜ್ಯ ಪ್ರಮಾಣದಲ್ಲಿ)

= 390329.30056780/6378.14 = 61.19798257

ಆನುಷಂಗಿಕ ಮೌಲ್ಯಗಳು

Q = atan(tan(ಅಕ್ಷಾಂಶ)*0.9966) = 0.98369617

ಅಕ್ಷಜ್ಯ = 0.9966*sin(Q)= 0.29599699

ಅಕ್ಷಕೋ = cos(Q)= 0.95487536

a = cos(ಭೂಕೇಂದ್ರೀಯ ಕ್ರಾಂತಿ)* sin(ಭೂಕೇಂದ್ರೀಯ ವಿಷುವಾಂಶ) = 0.05337336

b = cos(ಭೂಕೇಂದ್ರೀಯ ಕ್ರಾಂತಿ)∗cos(ಭೂಕೇಂದ್ರೀಯ ವಿಷುವಾಂಶ)

– ಅಕ್ಷಕೋ /ಭೂಸೂರ್ಯಾಂತರ = 0.94692522

c = sin(ಭೂಕೇಂದ್ರೀಯ ಕ್ರಾಂತಿ) – (ಅಕ್ಷಜ್ಯಾ/ಚಂದ್ರನ ಭೂಕೇಂದ್ರೀಯ ದೂರ)

= 0.26104035

q2 = $\sqrt{(a^2 + b^2 + c^2)}$ = 0.96765815

ಸ್ಥಳೀಯ ಹೋರಾಂಶ =ಚಕ್ರಶುದ್ಧ(atan2(a, b))= 3.22605797

ಸ್ಥಳೀಯ ವಿಷುವಾಂಶ =ಚಕ್ರಶುದ್ಧ(LST – ಸ್ಥಳೀಯ ಹೋರಾಂಶ) = 142.31932253

ಸ್ಥಳೀಯ ಕ್ರಾಂತಿ = asin(c / q2) = 15.38875216

ಕ್ಷೈತಿಜ್ಯ ನಿರ್ದೇಶಾಂಕ (ದಿಗಂಶ ಮತ್ತು ಉನ್ನತಾಂಶ)

ಈ ಮೊದಲೇ ಪ್ರಾಪ್ತ ಭೂಕೇಂದ್ರೀಯ ನಿರ್ದೇಶಾಂಕಗಳು

ಭೂಕೇಂದ್ರೀಯ ಹೋರಾಂಶ [ha] = 3.17386979

ಭೂಕೇಂದ್ರೀಯ ಕ್ರಾಂತಿ [dc] = 15.41907457

ದಿಗಂಶ(ಅಜಿಮಥ್) :

ದಿಗಂಶ=ಚಕ್ರಶುದ್ಧ[180 + atan2(sin(ಹೋರಾಂಶ),(cos(ಕ್ರಾಂತಿ)∗sin(ಅಕ್ಷಾಂಶ)

– tan(ಕ್ರಾಂತಿ)∗cos(ಅಕ್ಷಾಂಶ)))] = 238.30053961

ಉನ್ನತಾಂಶ (ಆಲ್ಟಿಟ್ಯೂಡ):

ಉನ್ನತಾಂಶ= asin [sin(ಅಕ್ಷಾಂಶ)∗sin(ಕ್ರಾಂತಿ) + cos(ಅಕ್ಷಾಂಶ)

∗cos(ಕ್ರಾಂತಿ)∗cos(ಹೋರಾಂಶ)] = 86.40336210

8. **ಚಂದ್ರನ ಕಲೆ (Phase of Moon)**

ಅರ್ಕೋನಚಂದ್ರ (ಚಂದ್ರಾರ್ಕ ಉಪಕರಣ) D = 245.66752546

ಪ್ರತಿಶತ ಕಲೆ = 50 ∗ (1–cosD) = 70.60%

ಅಭ್ಯಾಸ ಉದಾಹರಣ 4.3

ಚಂದ್ರಸಾಧನ:- ಮಂಗಳವಾರ, 2200 ಜನೆವರಿ 1; ಸಮಯ: 0:0 UT

ದಿನಗಣ(J2000 ಕ್ಷೇಪಕದಿಂದ ಕಳೆದ ದಿನಗಳ ಸಂಖ್ಯೆ)

ದಿನಾರಂಭ ದಿನಗಣ [ದಿಂ] = ವರ್ಷ∗365 + ಪೂರ್ಣಾಂಕ(ವರ್ಷ/4)

- ಪೂರ್ಣಾಂಕ (ವರ್ಷ/100) + ಪೂರ್ಣಾಂಕ (ವರ್ಷ/400)

+ [N + ದಿನಾಂಕ] - 730485.5

= 803000 + 550 - 22 + 5 + [1] - 730485.5

= 73048.500000

ದಿನಾಂಶ (ದಿನಾರಂಭದಿಂದ ಕಳೆದ ಕಾಲ) = 0.00000000 ಗಂಟೆ = 0.00000000 ದಿನ

ಡೆಲ್ಟಾಟೀ = 441.31039783 ಸೆಕೆಂಡ = 0.00510776 ದಿನ

ಸ್ಪಷ್ಟ ದಿನಗಣ [ದಿ] = ದಿಂ + ದಿನಾಂಶ + ಡೆಲ್ಟಾಟೀ = 73048.50510776

1. ಅಯನಾಂಶ ನಿರ್ಣಯ

   ಅಯನಾಂಶ = 23.853 + 3.82447045e-5 * ದಿ = 26°.64671849

2. ಚಂದ್ರಾರ್ಕ ಉಪಕರಣಗಳು

   ಶತಕಗಣ T = ದಿನಗಣ / 36525 = 1.99995907

2.1 ಮಧ್ಯಮರಾಹು (Om = Omega)(Mean Longitude of Moon's ascending Node)

   Om =ಚಕ್ರಶುದ್ಧ[(450160.398036 - 6962890.5431*T

   + 7.4722*T^2 + 0.007702*T^3

   - 0.00005939*T^4)/3600]

   = 216.85951019

2.2. ಸೂರ್ಯನ ಮಂದಕೇಂದ್ರ (Mean Anomaly of Sun)

   Ms =ಚಕ್ರಶುದ್ಧ[(1287104.79305 +129596581.0481*T

   -0.5532*T^2 + 0.000136*T^3

   - 0.00001149*T^4)/3600]

   = 354.15571085

2.3. ಚಂದ್ರನ ಮಂದಕೇಂದ್ರ (Mean Anomaly of Moon)

   Mm =ಚಕ್ರಶುದ್ಧ[(485868.249036 +1717915923.2178*T

   + 31.8792 *T^2 + 0.051635*T^3

$- 0.00024470*T^4\ )/3600]$

$= 153.20330045$

2.4. ಅಕೋರ್ಣಚಂದ್ರ (Mean Elongation of Moon)

D =ಚಕ್ರಶುದ್ಧ$[(1072260.70369 + 1602961601.2090*T$

$- 6.3706* T^2 + 0.006593*T^3$

$- 0.00003169*T^4\ )/3600]$

$= 173.84216945$

2.5. ರಾಹೂನಚಂದ್ರ (Argument of Latitude of Moon)

F =ಚಕ್ರಶುದ್ಧ$[(335779.526232 + 1739527262.8478*T$

$- 12.7512*T^2 - 0.001037*T^3$

$+ 0.00000417*T^4\ )/3600]$

$= 237.51638334$

ಹೆಚ್ಚಿನ ಚಂದ್ರಾರ್ಕ ಉಪಕರಣಗಳು

2.6. ಮಧ್ಯಮ ಚಂದ್ರ (Geocentric Mean ecliptic Longitude of Moon)

LO =ಚಕ್ರಶುದ್ಧ$(Om + F\ )= 94.37589353$

2.7. ಮಧ್ಯಮ ಸೂರ್ಯ (Geocentric Mean ecliptic Longitude of Sun)

Ls =ಚಕ್ರಶುದ್ಧ$(LO - D\ )= 280.53372408$

ಇತರ ಆನುಷಂಗಿಕ ತತ್ವಗಳು

$E = 1 - 0.002516*T - 0.0000074*T^2 = 0.99493850$

$E2 = E * E = 0.98990263$

A1 =ಚಕ್ರಶುದ್ಧ$(119.75 + 131.849*T)= 23.44260369$

A2 =ಚಕ್ರಶುದ್ಧ$(53.09 + 479264.29*T)= 242.05470997$

A3 =ಚಕ್ರಶುದ್ಧ$(313.45 + 481266.484*T)= 186.72076433$

3. ಚಂದ್ರನ ಭೋಗ

ಭೋಗ-ಸರಣಿಯ ಪದಗಳ ಮೂಲ್ಯಾಂಕನ:

L0 ಚಂದ್ರನ ಮಧ್ಯಮ ಭೋಗ = ಭೋಗ0 = 94.37589353

dl01 = 6.288774*sn(Mm) = 2.83514360

dl02 = + 1.274027*sn(2*D − Mm) = −0.31858267

dl03 = + 0.658314*sn(2*D) = −0.14041669

dl04 = + 0.213618*sn(2*Mm) = −0.17192520

dl05 = − E*0.185116*sn(Ms) = 0.01875409

dl06 = − 0.114332*sn(2*F) = −0.10359233

dl07 = + 0.058793*sn(2*D − 2*Mm) = 0.03878631

dl08 = + E*0.057066*sn(2*D − Ms − Mm) = −0.01972156

dl09 = + 0.053322*sn(2*D + Mm) = 0.03363782

dl10 = + E*0.045758*sn(2*D − Ms) = −0.00513113

dl11 = + E*0.040923*sn(Mm − Ms) = 0.01455969

dl12 = − 0.034720*sn(D) = −0.00372433

dl13 = − E*0.030383*sn(Ms + Mm) = −0.01630483

dl14 = + 0.015327*sn(2*D − 2*F) = −0.01218437

dl15 = − 0.012528*sn(2*F + Mm) = 0.01252206

dl16 = − 0.010980*sn(2*F − Mm) = 0.00678569

dl17 = + 0.010675*sn(4*D − Mm) = −0.00040334

dl18 = + 0.010034*sn(3*Mm) = 0.00989319

dl19 = + 0.008548*sn(4*D − 2*Mm) = 0.00413920

dl20 = − E*0.007888*sn(Ms − Mm + 2*D) = 0.00117854

dl21 = − E*0.006766*sn(2*D + Ms) = 0.00209809

dl22 = + 0.005163*sn(Mm − D) = −0.00181984

dl23 = + E*0.004987*sn(Ms + D) = 0.00103179

dl24 = + E*0.004036*sn(Mm − Ms + 2*D) = 0.00220277

$dl25 = + 0.003994*sn(2*Mm + 2*D) = -0.00364612$

$dl26 = + 0.003861*sn(4*D) = -0.00160918$

$dl27 = + 0.003665*sn(2*D - 3*Mm) = -0.00339991$

$dl28 = + E*0.002689*sn(2*Mm - Ms) = -0.00198034$

$dl29 = + 0.002602*sn(Mm - 2*F - 2*D) = 0.00200737$

$dl30 = + E*0.002390*sn(2*D - Ms - 2*Mm) = 0.00174254$

$dl31 = - 0.002348*sn(Mm + D) = 0.00127725$

$dl32 = + E2*0.002236*sn(2*D - 2*Ms) = -0.00002422$

$dl33 = - E*0.002120*sn(2*Mm + Ms) = 0.00181624$

$dl34 = - E2*0.002069*sn(2*Ms) = 0.00041493$

$dl35 = + E2*0.002048*sn(2*D - Mm - 2*Ms) = -0.00089411$

$dl36 = - 0.001773*sn(Mm + 2*D - 2*F) = -0.00077319$

$dl37 = - 0.001595*sn(2*F + 2*D) = -0.00155587$

$dl38 = + E*0.001215*sn(4*D - Ms - Mm) = -0.00016844$

$dl39 = - 0.001110*sn(2*Mm + 2*F) = -0.00097493$

$dl40 = + 0.000892*sn(Mm - 3*D) = -0.00012912$

$dl41 = - E*0.000810*sn(Ms + Mm + 2*D) = -0.00056943$

$dl42 = + E*0.000759*sn(4*D - Ms - 2*Mm) = 0.00043105$

$dl43 = + E2*0.000713*sn(Mm - 2*Ms) = 0.00018396$

$dl44 = + E2*0.000700*sn(Mm - 2*Ms - 2*D) = 0.00003376$

$dl45 = + E*0.000691*sn(Ms - 2*Mm + 2*D) = 0.00039858$

$dl46 = + E*0.000596*sn(2*D - Ms - 2*F) = -0.00050558$

$dl47 = + 0.000549*sn(Mm + 4*D) = 0.00042922$

$dl48 = + 0.000537*sn(4*Mm) = -0.00051302$

$dl49 = + E*0.000520*sn(4*D - Ms) = -0.00016662$

dl50 = + 0.000487*sn(2*Mm − D) = 0.00035868

dl51 = − E*0.000399*sn(2*D + Ms − 2*F) = 0.00028942

dl52 = − 0.000381*sn(2*Mm − 2*F) = 0.00007514

dl53 = + E*0.000351*sn(D + Ms + Mm) = −0.00021882

dl54 = − 0.000340*sn(3*D − 2*Mm) = 0.00019560

dl55 = + 0.000330*sn(4*D − 3*Mm) = −0.00027280

dl56 = + E*0.000327*sn(2*D − Ms + 2*Mm)= −0.00028194

dl57 = − E2* 0.000323*sn(2*Ms + Mm) = −0.00019898

dl58 = + E*0.000299*sn(D + Ms − Mm) = 0.00007596

dl59 = + 0.000294*sn(2*D + 3*Mm) = 0.00029367

ಸರಣಿಯ ಎಲ್ಲ ಪದಗಳ ಬೇರೀಜು = ಭೋಗ೧೧ = 2.17906731

ನ್ಯುಟೇಶನ್ ಸಂಸ್ಕಾರ = ಭೋಗ೧೨ = [−17.2*sin(Om)− 1.32*sin(2*Ls)

+ (−0.23*sin(2*L0)+ 0.21*sin(2*Om)]/3600.0

= 0.00306349

ಇತರ (ಗ್ರಹಪ್ರಭಾವ) ಸಂಸ್ಕಾರ = ಭೋಗ೧೩ = 0.003958* sin(A1)

+ 0.001962*sin(Om)+ 0.000318*sin(A2)

= 0.00011678

ಚಂದ್ರನ ಸ್ಪಷ್ಟ ಸಾಯನ ಭೋಗ = ಮಧ್ಯಮ ಭೋಗ + ಸರಣಿಯ ಬೇರೀಜು

+ ನ್ಯುಟೇಶನ್ ಸಂಸ್ಕಾರ + ಇತರ ಸಂಸ್ಕಾರ = 96.55814110

ಚಂದ್ರನ ಸ್ಪಷ್ಟ ನಿರಯನ ಭೋಗ = ಸಾಯನ ಭೋಗ − ನಿರಯನ ಭೋಗ

= 69.91142261

4. **ಚಂದ್ರನ ಶರಸಾಧನ**

ಶರ-ಸರಣಿಯ ಪದಗಳ ಮೂಲ್ಯಾಂಕನ:

b01 = + 5.128122*sn(F) = −4.32580192

b02 = + 0.280602*sn(Mm + F) = 0.14334225

$b03 = + 0.277693*sn(Mm - F) = -0.27632626$

$b04 = + 0.173237*sn(2*D - F) = 0.16261515$

$b05 = + 0.055413*sn(2*D + F - Mm) = 0.05270012$

$b06 = + 0.046271*sn(2*D - F - Mm) = -0.03157762$

$b07 = + 0.032573*sn(2*D + F) = -0.02311314$

$b08 = + 0.017198*sn(2*Mm + F) = -0.00117661$

$b09 = + 0.009266*sn(2*D + Mm - F) = -0.00920406$

$b10 = + 0.008822*sn(2*Mm - F) = 0.00822997$

$b11 = + E*0.008216*sn(2*D - Ms - F) = 0.00734635$

$b12 = + 0.004324*sn(2*D - F - 2*Mm) = 0.00120916$

$b13 = + 0.004200*sn(2*D + F + Mm) = 0.00132601$

$b14 = + E*0.003359*sn(F - Ms - 2*D) = -0.00323811$

$b15 = + E*0.002463*sn(2*D + F - Ms - Mm)= 0.00239557$

$b16 = + E*0.002211*sn(2*D + F - Ms) = -0.00171066$

$b17 = + E*0.002065*sn(2*D - F - Ms - Mm)= -0.00124192$

$b18 = + E*0.001870*sn(F - Ms + Mm) = 0.00110836$

$b19 = + 0.001828*sn(4*D - F - Mm) = -0.00150381$

$b20 = - E*0.001794*sn(F + Ms) = 0.00140022$

$b21 = - 0.001749*sn(3*F) = 0.00022680$

$b22 = + E*0.001565*sn(Mm - Ms - F) = -0.00152565$

$b23 = - 0.001491*sn(F + D) = -0.00116457$

$b24 = - E*0.001475*sn(F + Ms + Mm) = -0.00061731$

$b25 = + E*0.001410*sn(F - Ms - Mm) = 0.00140286$

$b26 = + E*0.001344*sn(F - Ms) = -0.00119525$

$b27 = + 0.001335*sn(F - D) = 0.00119654$

$$b28 = + 0.001107*sn(F + 3*Mm) = -0.00043029$$

$$b29 = + 0.001021*sn(4*D - F) = 0.00101143$$

$$b30 = + 0.000833*sn(F + 4*D - Mm) = 0.00071907$$

$$b31 = + 0.000777*sn(Mm - 3*F) = 0.00025740$$

$$b32 = + 0.000671*sn(F + 4*D - 2*Mm) = -0.00066973$$

$$b33 = + 0.000607*sn(2*D - 3*F) = -0.00005148$$

$$b34 = + 0.000596*sn(2*D + 2*Mm - F) = 0.00049742$$

$$b35 = + E*0.000491*sn(2*D + Mm - Ms - F) = -0.00048847$$

$$b36 = + 0.000451*sn(2*Mm - F - 2*D) = 0.00044570$$

$$b37 = + 0.000439*sn(3*Mm - F) = -0.00029428$$

$$b38 = + 0.000422*sn(F + 2*D + 2*Mm) = 0.00006159$$

$$b39 = + 0.000421*sn(2*D - F - 3*Mm) = 0.00007714$$

$$b40 = - E*0.000366*sn(Ms + F + 2*D - Mm) = -0.00033306$$

$$b41 = - E*0.000351*sn(Ms + F + 2*D) = 0.00022146$$

$$b42 = + 0.000331*sn(F + 4*D) = -0.00017972$$

$$b43 = + E*0.000315*sn(2*D + F - Ms + Mm) = 0.00012871$$

$$b44 = + E2*0.000302*sn(2*D - 2*Ms - F) = 0.00025392$$

$$b45 = - 0.000283*sn(Mm + 3*F) = -0.00015926$$

$$b46 = - E*0.000229*sn(2*D+Ms+Mm-F) = 0.00022246$$

$$b47 = + E*0.000223*sn(D+Ms-F) = -0.00020785$$

$$b48 = + E*0.000223*sn(D+Ms+F) = 0.00015829$$

$$b49 = - E*0.000220*sn(Ms-2*Mm-F) = -0.00003713$$

$$b50 = - E*0.000220*sn(2*D+Ms-Mm-F) = 0.00016489$$

$$b51 = - 0.000185*sn(D+Mm - F) = -0.00018499$$

$$b52 = + E*0.000181*sn(2*D-Ms-2*Mm-F) = 0.00003249$$

$b53 = -\ E*0.000177*sn(Ms+2*Mm+F) = -0.00000590$

$b54 = +\ 0.000176*sn(4*D-2*Mm-F) = 0.00008413$

$b55 = +\ E*0.000166*sn(4*D-Ms-Mm-F) = -0.00012560$

$b56 = -\ 0.000164*sn(D+Mm-F) = -0.00016399$

$b57 = +\ 0.000132*sn(4*D +Mm-F) = -0.00012485$

$b58 = -\ 0.000119*sn(D-Mm-F) = -0.00007141$

$b59 = +\ E*0.000115*sn(4*D-Ms-F) = 0.00011116$

$b60 = +\ E2*0.000107*sn(2*D-2*Ms+F) = -0.00008872$

ಸರಣೆಯ ಎಲ್ಲ ಪದಗಳ ಬೇರೀಜು = ಶರ೧ = -4.29406700

ಶರ-ಸಂಸ್ಕಾರ = ಶರ೨ = $-0.002235*sin(L0)+ 0.000382*sin(A3)$

$+\ 0.000175*sin(A1-F) + 0.000175*sin(A1+F)$

$+\ 0.000127*sin(L0-Mm)- 0.000115*sin(L0+Mm)$

$= -0.00235033$

ಚಂದ್ರನ ಸ್ಪಷ್ಟ ಶರ = ಸರಣೆಯ ಬೇರೀಜು + ಶರಸಂಸ್ಕಾರ = -4.29641733

5. **ಚಂದ್ರನ ಭೂಮ್ಯಂತರ ಸಾಧನ**

ಚಂದ್ರನ ಮಧ್ಯಮ ಭೂಮ್ಯಂತರ = 385000.56000000 ಕಿಮೀ

ಭೂಮ್ಯಂತರ-ಸರಣೆಯ ಪದಗಳ ಮೂಲ್ಯಾಂಕನ (ಕಿಮೀ):

$dr01 = -\ 20905.355*cs(Mm) = 18660.36633099$

$dr02 = -\ 3699.111*cs(2*D - Mm) = 3581.59190257$

$dr03 = -\ 2955.968*cs(2*D) = -2887.94322091$

$dr04 = -\ 569.925*cs(2*Mm) = -338.25710577$

$dr05 = +\ E*48.888*cs(Ms) = 48.38773439$

$dr06 = -\ 3.149*cs(2*F) = 1.33245683$

$dr07 = +\ 246.158*cs(2*D - 2*Mm) = 184.99278751$

$dr08 = -\ E*152.138*cs(2*D - Ms - Mm) = 141.94310116$

dr09 = - 170.733*cs(2*D + Mm) = 132.47349851

dr10 = - E*204.586*cs(2*D - Ms) = -202.25352496

dr11 = - E*129.620*cs(Ms - Mm) = 120.43654546

dr12 = + 108.743*cs(D) = -108.11557266

dr13 = + E*104.755*cs(Ms + Mm) = -87.76422445

dr14 = + 10.321*cs(2*D - 2*F) = -6.26134340

dr15 = + 79.661*cs(Mm - 2*F) = 62.62747280

dr16 = - 34.782*cs(4*D -Mm) = 34.75716325

dr17 = - 23.210*cs(3*Mm) = 3.87465734

dr18 = - 21.636*cs(4*D - 2*Mm) = -18.93021055

dr19 = + E*24.208*cs(Ms - Mm + 2*D) = -23.81234848

dr20 = + E*30.824*cs(2*D + Ms) = 29.14041649

dr21 = - 8.379*cs(D - Mm) = -7.84124109

dr22 = - E*16.675*cs(Ms + D) = 16.22792753

dr23 = - E*12.831*cs(Mm - Ms + 2*D) = 10.67386762

dr24 = - 10.445*cs(2*Mm + 2*D) = -4.26350391

dr25 = - 11.650*cs(4*D) = -10.58994789

dr26 = + 14.403*cs(2*D - 3*Mm) = -5.37810467

dr27 = - E*7.003*cs(Ms - 2*Mm) = -4.68483239

dr28 = + E*10.056*cs(2*D - Ms - 2*Mm) = 6.80786328

dr29 = + 6.322*cs(Mm + D) = 5.30480619

dr30 = - E2*9.884*cs(2*D - 2*Ms) = -9.78361157

dr31 = + E*5.751*cs(2*Mm + Ms) = 2.90943940

dr32 = - E2*4.950*cs(2*D - Mm - 2*Ms) = 4.39772877

dr33 = + 4.130*cs(Mm + 2*D - 2*F) = 3.71659333

dr34 = - E*3.958*cs(4*D - Ms - Mm) = 3.89955006

dr35 = + 3.258*cs(3*D - Mm) = 3.22368425

dr36 = + E*2.616*cs(Ms + Mm + 2*D) = -1.84182058

dr37 = - E*1.897*cs(4*D - Ms - 2*Mm) = -1.54971596

dr38 = - E2*2.117*cs(2*Ms - Mm) = 2.02319008

dr39 = + E2*2.354*cs(2*D + 2*Ms - Mm) = -2.32746377

dr40 = - 1.423*cs(Mm + 4*D) = 0.88723666

dr41 = - 1.117*cs(4*Mm) = 0.33006002

dr42 = - E*1.571*cs(4*D - Ms) = -1.47977256

dr43 = - 1.739*cs(D - 2*Mm) = 1.17629243

dr44 = - 4.421*cs(2*Mm - 2*F) = 4.33417748

dr45 = + E2* 1.165*cs(2*Ms + Mm) = -0.90271678

dr46 = + 8.752*cs(2*D - Mm - 2*F) = 1.60269391

ಭೂಮ್ಯಂತರ ಸರಣಿಯ ಎಲ್ಲ ಪದಗಳ ಬೇರೀಜು = 19345.45889596

ಚಂದ್ರನ ಸ್ಪಷ್ಟ ಭೂಮ್ಯಂತರ = ಮಧ್ಯಮ ಭೂಮ್ಯಂತರ + ಸರಣಿಯ ಬೇರೀಜು

= 404346.01889596

6. ಚಂದ್ರನ ಭೂಕೇಂದ್ರೀಯ ವಿಷುವವೃತ್ತೀಯ ನಿರ್ದೇಶಾಂಕಗಳು (ವಿಷುವಾಂಶ, ಕ್ರಾಂತಿ)

ಚಂದ್ರನ ಭೋಗ = 96.55814110

ಚಂದ್ರನ ಶರ = -4.29641733

ವಿಷುವಾಂಶ = ಚಕ್ರಶುದ್ಧ (atan2(sin(ಭೋಗ)*cos(ತ್ರೈಯರ್ಕ್ಯ)

- tan(ಶರ)*sin(ತ್ರೈಯರ್ಕ್ಯ),cos(ಭೋಗ)))

= 96.91646582

ಕ್ರಾಂತಿ = asin(sin(ಭೋಗ)*cos(ತ್ರೈಯರ್ಕ್ಯ)

+ cos(ಶರ)*sin(ತ್ರೈಯರ್ಕ್ಯ)*sin(ಭೋಗ))

= 18.95747694

7. **ಸ್ಥಳೀಯ (ಟೊಪೊಗ್ರಾಫಿಕ್) ನಿರ್ದೇಶಾಂಕ ಸಾಧನ**

ಸ್ಥಳೀಯ ವಿಷುವಾಂಶ ಮತ್ತು ಕ್ರಾಂತಿ

ಸ್ಥಾನ : ವಾರಾಣಸಿ (ಉತ್ತರ ಪ್ರದೇಶ)

ಅಕ್ಷಾಂಶ: 25°.31666667ಉತ್ತರ, ರೇಖಾಂಶ: 83°.00000000ಪೂರ್ವ

ಗ್ರೀನಿಚ ನಾಕ್ಷತ್ರ ಸಮಯ (GST= 100.52460645

ಸ್ಥಾನಿಕ ನಾಕ್ಷತ್ರ ಸಮಯ LST = GST + रेखांश = 183.52460645

ಭೂಕೇಂದ್ರೀಯ ವಿಷುವಾಂಶ = 96.91646582

ಭೂಕೇಂದ್ರೀಯ ಕ್ರಾಂತಿ (Decl)= 18.95747694

ಭೂಕೇಂದ್ರೀಯ ಹೋರಾಂಶ (RA)= 86.60814064

ಚಂದ್ರನ ಭೂಕೇಂದ್ರೀಯ ದೂರ (ಭೂತ್ರಿಜ್ಯ ಪ್ರಮಾಣದಲ್ಲಿ)

= 404346.01889596/6378.14 = 63.39560105

ಆನುಷಂಗಿಕ ಮೌಲ್ಯಗಳು

Q = atan(tan(ಅಕ್ಷಾಂಶ)∗0.9966) = 0.99714402

ಅಕ್ಷಜ್ಯಾ = 0.9966∗sin(Q)= 0.42498181

ಅಕ್ಷಕೋ = cos(Q)= 0.90451978

a = cos(ಭೂಕೇಂದ್ರೀಯ ಕ್ರಾಂತಿ)∗ sin(ಭೂಕೇಂದ್ರೀಯ ವಿಷುವಾಂಶ) = 0.94410320

b = cos(ಭೂಕೇಂದ್ರೀಯ ಕ್ರಾಂತಿ)∗cos(ಭೂಕೇಂದ್ರೀಯ ವಿಷುವಾಂಶ)

- ಅಕ್ಷಕೋ /ಭೂಸೂರ್ಯಾಂತರ = 0.04168759

c = sin(ಭೂಕೇಂದ್ರೀಯ ಕ್ರಾಂತಿ) - (ಅಕ್ಷಜ್ಯಾ/ಚಂದ್ರನ ಭೂಕೇಂದ್ರೀಯ ದೂರ)

= 0.31816268

q2 = $\sqrt{a^2 + b^2 + c^2}$ = 0.99429620

ಸ್ಥಳೀಯ ಹೋರಾಂಶ =ಚಕ್ರಶುದ್ಧ(atan2(a, b)) = 87.47170386

ಸ್ಥಳೀಯ ವಿಷುವಾಂಶ = ಚಕ್ರಶುದ್ಧ(LST - ಸ್ಥಳೀಯ ಹೋರಾಂಶ) = 96.05290260

ಸ್ಥಳೀಯ ಕ್ರಾಂತಿ = asin(c / q2) = 18.60693065

ಕ್ಷೈತಿಜ್ಯ ನಿರ್ದೇಶಾಂಕ (ದಿಗಂಶ ಮತ್ತು ಉನ್ನತಾಂಶ)

ಈ ಮೊದಲೇ ಪ್ರಾಪ್ತ ಭೂಕೇಂದ್ರೀಯ ನಿರ್ದೇಶಾಂಕಗಳು

ಭೂಕೇಂದ್ರೀಯ ಹೋರಾಂಶ [ha] = 86.60814064

ಭೂಕೇಂದ್ರೀಯ ಕ್ರಾಂತಿ [dc] = 18.95747694

ದಿಗಂಶ(ಅಜಿಮಥ್) :

ದಿಗಂಶ=ಚಕ್ರಶುದ್ಧ[180 + atan2(sin(ಹೋರಾಂಶ),(cos(ಕ್ರಾಂತಿ)

*sin(ಅಕ್ಷಾಂಶ) – tan(ಕ್ರಾಂತಿ)*cos(ಅಕ್ಷಾಂಶ)))] = 285.94506455

ಉನ್ನತಾಂಶ (ಆಲ್ಟಿಟ್ಯೂಡ):

ಉನ್ನತಾಂಶ= asin [sin(ಅಕ್ಷಾಂಶ)*sin(ಕ್ರಾಂತಿ) + cos(ಅಕ್ಷಾಂಶ)

*cos(ಕ್ರಾಂತಿ)*cos(ಹೋರಾಂಶ)] = 10.92366471

8. **ಚಂದ್ರನ ಕಲೆ (Phase of Moon)**

ಅರ್ಕೋನಚಂದ್ರ (ಚಂದ್ರಾರ್ಕ ಉಪಕರಣ) D = 173.84216945

ಪ್ರತಿಶತ ಕಲೆ = 50 * (1–cosD) = 99.71%

ಅಧ್ಯಾಯ 9

ಚಂದ್ರನ ಉದಯಾಸ್ತ

ಅನೇಕ ಹಿಂದೂಗಳಿಗೆ ಧಾರ್ಮಿಕ ದೃಷ್ಟಿಯಿಂದ ಚಂದ್ರೋದಯದ ಸಮಯವು ಮುಖ್ಯವಾಗಿದೆ, ವಿಶೇಷವಾಗಿ ಚಾಂದ್ರಮಾಸದ 19ನೇ ದಿನದಂದು ಅಥವಾ 'ಸಂಕಷ್ಟಿ ಚತುರ್ಥಿ'ಎಂದು ಕರೆಯಲ್ಪಡುವ ಕೃಷ್ಣ-ಪಕ್ಷ ಚತುರ್ಥಿ.

ಚಂದ್ರೋದಯ ಮತ್ತು ಚಂದ್ರಾಸ್ತ ಸಮಯಗಳ ಗಣಿತದದಲ್ಲಿ ಇಚ್ಛಿತ ಸ್ಥಳ ಹಾಗೂ ಸಮಯದಲ್ಲಿ ಚಂದ್ರನ ಉನ್ನತಾಂಶವನ್ನು ತೆಗೆಯಬೇಕಾಗುತ್ತದೆ. ಯಾವ ಕ್ಷಣದಲ್ಲಿ ಉನ್ನತಾಂಶವು ಋಣ (-) ದಿಂದ ಧನ(+)ಕ್ಕೆ ಬದಲಾದರೆ ಅದೇ ಉದಯಿಸುವ ಘಟನೆ. ಉನ್ನತಾಂಶವು ಧನ(+)ದಿಂದ ಋಣ(-)ಕ್ಕೆ ಬದಲಾದರೆ ಅದು ಅಸ್ತವೆನಿಸುವದು.

ಉದಯಾಸ್ತಗಳಲ್ಲಿ ಚಂದ್ರಬಿಂಬದ ಕೇಂದ್ರವು ಕ್ಷಿತಿಜದ ಮೇಲೆ ಇರದೆ ಚಂದ್ರನ ಮೇಲ್ದಂಡೆ ಕ್ಷಿತಿಜವನ್ನು ಸ್ಪರ್ಶಿಸುತ್ತದೆ ಎಂದು ಗ್ರಹಿಸಲಾಗುತ್ತದೆ. ಆಗ ಚಂದ್ರಬಿಂಬದ ಕೇಂದ್ರವು ಕ್ಷಿತಿಜದ ಕೆಳಗೆ ಇರುವದು. ಹೀಗೆ ಗ್ರಹಿಸಲು ವಕ್ರೀಭವನ ಮತ್ತು ಲಂಬನಗಳು ಕಾರಣವಾಗಿವೆ. ವಕ್ರೀಭವನದಲ್ಲಿ ತಾಪಮಾನ, ವಾತಾವರಣದ ಒತ್ತಡ ಮತ್ತು ಸಮುದ್ರಸಪಾಟಿಯಿಂದ ಎತ್ತರ ಇವುಗಳೊಂದಿಗೆ ತುಂಬಾ ಬದಲಾವಣೆ ಆಗುವುದರಿಂದ, ಇದು ಉದಯಾಸ್ತ ಸಮಯಗಳಲ್ಲಿ 20 ರಿಂದ 30 ಸೆಕೆಂಡುಗಳ ವರೆಗೆ ವ್ಯತ್ಯಾಸವನ್ನು ಉಂಟುಮಾಡಬಹುದು. ಆದ್ದರಿಂದ $0°.5667$ ಸರಾಸರಿ ವಕ್ರೀಭವನವನ್ನು ಇಲ್ಲಿ ಗ್ರಹಿಸಲಾಗಿದೆ.

ಆದ್ದರಿಂದ ಚಂದ್ರೋದಯಕ್ಕಾಗಿ ತಳಹದಿ-ಉನ್ನತಾಂಶವನ್ನು ಕೆಳಗಿನಂತ ಗ್ರಹಿಸಲಾಗುತ್ತದೆ.

ತಳಹದಿ = ಪರಲ್ಯಾಕ್ಸ್ - ಅರೆ ವ್ಯಾಸ - ವಕ್ರೀಭವನ

= ಲಂಬನ - ವ್ಯಾಸಾರ್ಧ - ವಕ್ರೀಭವನ

= ಲಂಬನ - 0.2725*ಲಂಬನ - $0°.5667$.

= 0.7275 (ಲಂಬನ) - $0°.5667$.

ಆದರೆ ಹೆಚ್ಚಿನ ನಿಖರತೆಯ ಅಗತ್ಯವಿಲ್ಲದಿದ್ದರೆ ತಳಹದಿ = $-0°.125$ ಈ ಸರಾಸರಿ ಮೌಲ್ಯವನ್ನು ತೆಗೆದುಕೊಳ್ಳಬಹುದು.

ಉನ್ನತಿ = ನಿಜವಾದ ಉನ್ನತಾಂಶ - ತಳಹದಿ

ಯಾವದೇ ದಿನದ ಚಂದ್ರನ ಉದಯಾಸ್ತಗಳಿಗಾಗಿ ಆ ದಿನದ ೧೪ ಗಂಟೆಗಳಲ್ಲಿಯ ಪ್ರತಿಯೊಂದು ಗಂಟೆಯಲ್ಲಿ ಚಂದ್ರನ ಉನ್ನತಾಂಶ ಮತ್ತು ಉನ್ನತಿಗಳ ಕೋಷ್ಟಕವನ್ನು ತಯಾರಿಸಿದರೆ ಅದರಲ್ಲಿ ಉನ್ನತಿಯು ಋಣದಿಂದ ಧನ ಹಾಗು ಧನದಿಂದ ಋಣಕ್ಕೆ ಬದಲಾಗುವ ಕ್ಷಣಗಳೇ ಉದಯಾಸ್ತ ಸಮಯಗಳಾಗುವವು. ಹೀಗೆ ತಯಾರಿಸಿದ ಕೋಷ್ಟಕದಿಂದ ಕೆಳಗೆ ಹೇಳಲಾದ ಸಾಂಖ್ಯೆಗಳನ್ನು ಆಯ್ದುಕೊಳ್ಳಬೇಕು.

ಉದಯಕ್ಕಾಗಿ:

ಉ೦ = ಋಣದಿಂದ ಧನಕ್ಕೆ ಬದಲಾಗುವ ಮೊದಲಿನ ಉನ್ನತಿ

ಉ೧ = ಧನಕ್ಕೆ ಬದಲಾದ ಕೂಡಲೆ ಮೊದಲ ಧನ-ಉನ್ನತಿ

ಉ೨ = ಉ೧ ನಂತರದ ಧನ-ಉನ್ನತಿ

ಅಸ್ತಕ್ಕಾಗಿ:

ಅ೦ = ಧನದಿಂದ ಋಣಕ್ಕೆ ಬದಲಾಗುವ ಮೊದಲನೆಯ ಧನ-ಉನ್ನತಿ

ಅ೧ = ಋಣಕ್ಕೆ ಬದಲಾದ ಕೂಡಲೆ ಮೊದಲನೆಯ ಋಣ-ಉನ್ನತಿ

ಅ೨ = ಅ೧ ನಂತರದ ಋಣ-ಉನ್ನತಿ

ಈ ಸಂಖ್ಯೆಗಳನ್ನು ಉಪಯೋಗಿಸಿ ಕೆಳಗಿನ ವಿಧಾನಗಳಿಂದ ಉದಯಾಸ್ತ ಸಮಯಗಳನ್ನು ನಿರ್ಧರಿಸಲಾಗುವದು.

ಚಂದ್ರೋದಯ ಸಾಧನ:

1. ರೇಖೀಯ ಇಂಟರ್ ಪೋಲೇಶನ್ ಮೂಲಕ.

ಇದು ಅತ್ಯಂತ ಸರಳ ಮಾರ್ಗವಾಗಿದೆ.

ಉದಯ= ಉ೦ + abs[ಉ೦ / (ಉ೧ - ಉ೦)]

ಅಸ್ತ = ಅ೦ + abs[ಅ೦/(ಅ೧ - ಅ೦)]

ವಿಧಾನ 2. ಕಠಿಣ ವಿಧಾನ.

ಚಂದ್ರೋದಯ:

a = (ಉ೨ - 2*ಉ೧ + ಉ೦)/2

b = (4ಉ೧ - ಉ೨ - 3ಉ೦)/2

c = ಉ೦

ಈ ಮೂರು ಗುಣಾಂಕಳನ್ನು ಒಳಗೊಂಡ ಚತುರ್ಭುಜ ಸಮೀಕರಣದ ಧನಾತ್ಮಕ ಮೂಲ ತೆಗೆಯಬೇಕು.

$$dt = \frac{-b \pm \sqrt{b^2 - 4ac}}{2a}$$

ಚಂದ್ರೋದಯ = ಉಂ ದ ಸಮಯ + dt

ಚಂದ್ರಾಸ್ತವನ್ನು ಇದೇ ರೀತಿಯಲ್ಲಿ ಅಂ, ಅಗ ,ಅ೨ ಸಂಖ್ಯೆಗಳ ಮುಖಾಂತರ ಪಡೆಯಬಹುದು.

ಈ ಕೆಳಗಿನ ಉದಾಹರಣೆಗಳು ಚಂದ್ರೋದಯ ಮತ್ತು ಚಂದ್ರಾಸ್ತದ ಲೆಕ್ಕಾಚಾರವನ್ನು ವಿವರಿಸುತ್ತವೆ.

ಅಭ್ಯಾಸ ಉದಾಹರಣ 5.1

ಚಂದ್ರನ ಉದಯಾಸ್ತ ಸಾಧನ ದಿನಾಂಕ 21-03-2022

ಬೆಂಗಳೂರು (ಕರ್ನಾಟಕ) ಅಕ್ಷಾಂಶ: 12°57' ಉತ್ತರ ;ರೇಖಾಂಶ: 77°38' ಪೂರ್ವ

ದಿನಗಣ (J2000 ಕ್ಷೇಪಕದಿಂದ ಕಳೆದ ದಿನಗಳು)

ದಿನಾರಂಭ ದಿನಗಣ [ದಿಂ] = 8114.500000

ಡೆಲ್ಟಾಟಿ = 72.77907898 ಸೆಕೆಂಡ = 0.00084235 ದಿನ

ದಿನಗಣ[ದಿ] = [ದಿಂ] + ಡೆಲ್ಟಾಟಿ = 8114.50084235

ಒಂದು ಗಂಟೆಯ ಅಂತರದಲ್ಲಿ ೧೪ ಗಂಟೆಗಳ ಚಂದ್ರನ ಉನ್ನತಿಗಳು

ಯೂಟಿ	ಉನ್ನತಾಂಶ	ತಳಹದಿ	ಉನ್ನತಿ	ಶೆರಾ
-1	40.76659116	0.14681204	40.61977912	
00	27.79283060	0.14697331	27.64585729	
01	14.31979799	0.14713206	14.17266592	
02	0.57834548	0.14728830	0.43105718	ಅಂ ಚಂದ್ರಾಸ್ತ
03	-13.31874810	0.14744201	-13.46619011	ಅಗ ಚಂದ್ರಾಸ್ತ
04	-27.30999915	0.14759320	-27.45759235	ಅ೨ ಚಂದ್ರಾಸ್ತ
05	-41.35842370	0.14774187	-41.50616557	
06	-55.43928696	0.14788803	-55.58717499	
07	-69.53262891	0.14803167	-69.68066058	
08	-83.59795349	0.14817279	-83.74612629	
09	-82.20846298	0.14831141	-82.35677439	
10	-68.16573006	0.14844752	-68.31417759	

11	−54.13622762	0.14858113	−54.28480875
12	−40.15680840	0.14871224	−40.30552065
13	−26.25387771	0.14884086	−26.40271857
14	−12.46337671	0.14896699	−12.61234370	ಉ೧ ಚಂದ್ರೋದಯ
15	1.15911193	0.14909063	1.01002130	ಉ೨ ಚಂದ್ರೋದಯ
16	14.52053635	0.14921180	14.37132456	ಉ೩ ಚಂದ್ರೋದಯ
17	27.45251171	0.14933049	27.30318122	
18	39.62379640	0.14944672	39.47434968	
19	50.33053692	0.14956049	50.18097643	
20	58.06944951	0.14967181	57.91977770	
21	60.42021400	0.14978068	60.27043332	
22	56.24720922	0.14988712	56.09732211	
23	47.43677135	0.14999112	47.28678023	
24	36.23102396	0.15009271	36.08093125	

ವಿಧಾನ 1: ರೈಖಿಕ ಬದಲಾವಣೆ

ಚಂದ್ರೋದಯ

15 ಮತ್ತು 16 ರ ನಡುವೆ ಉನ್ನತಿ ಋಣದಿಂದ ಧನಕ್ಕೆ ಬದಲಾಗುತ್ತದೆ

ಉ೧ = −12.61234370; ಉ೨ = 1.01002130;

ಒಂದು ಗಂಟೆಯ ಅವಧಿಯಲ್ಲಿ ರೈಖಿಕ ಬದಲಾವಣೆ ಗ್ರಹಿಸಲಾಗಿ

ಅವಧಿ dt = abs [ಉ೧ ÷ (ಉ೨ − ಉ೧)]

$\qquad$ = 0.92585566

ಚಂದ್ರೋದಯ = 15.00 + 0.92585566 = 15.92585566 UT

$\qquad$ = 21.42585566 {IST

$\qquad$ = 21:26 IST

ಚಂದ್ರಾಸ್ತ

3 ಮತ್ತು 4 ರ ನಡುವೆ ಉನ್ನತಿ ಧನದಿಂದ ಋಣಕ್ಕೆ ಬದಲಾಗುತ್ತದೆ.

ಅ೧ = 0.43105718; ಅ೨ = −13.46619011;

ಒಂದು ಗಂಟೆಯ ಅವಧಿಯಲ್ಲಿ ರೈಖಿಕ ಬದಲಾವಣೆ ಗ್ರಹಿಸಲಾಗಿ

ಅವಧಿ dt = abs [ಅ೦ ÷ (ಅ೧ – ಅ೦)]

$\qquad$ = 0.03101745

ಚಂದ್ರಾಸ್ತ = 3.00 + 0.03101745 = 3.03101745 UT

$\qquad$ = 8.53101745 IST

$\qquad$ = 08:32 IST

ವಿಧಾನ 2: ಚತುರ್ಭುಜ ಸಮೀಕರಣದಿಂದ:

ಚಂದ್ರೋದಯ

ಉ೦ = –12.61234370; ಉ೧ = 1.01002130; ಉ೨ = 14.37132456;

ಚತುರ್ಭುಜ ಸಮೀಕರಣ a*dt²+b*dt+c = 0 ದ ಗುಣಾಂಕಗಳು:

a = (ಉ೨ – 2*ಉ೧ + ಉ೦) / 2 = –0.13053087;

b = (4*ಉ೧ – ಉ೨ – 3*ಉ೦) / 2 = 13.75289586;

c = ಉ೦ = –12.61234370;

ಸಮೀಕರಣದ ಪರಿಣಾಮ, dt = 0.92519247;

ಚಂದ್ರೋದಯ = 15.00 + 0.92519247 = 15.92519247 UT

$\qquad$ = 21.42519247 IST

$\qquad$ = 21:26 IST

ಚಂದ್ರಾಸ್ತ

ಅ೦ = 0.43105718; ಅ೧ = –13.46619011; ಅ೨ = –27.45759235;

ಚತುರ್ಭುಜ ಸಮೀಕರಣ a*dt²+b*dt+c = 0 ದ ಗುಣಾಂಕಗಳು:

a = (ಅ೨ – 2*ಅ೧ + ಅ೦) / 2 = –0.04707748;

b = (4*ಅ೧ – ಅ೨ – 3*ಅ೨) / 2 = –13.85016981;

c = ಅ೦ = 0.43105718;

ಸಮೀಕರಣದ ಪರಿಣಾಮ, dt = 0.03111959;

ಚಂದ್ರಾಸ್ತ = 3.00 + 0.03111959 = 3.03111959 UT

$\qquad$ = 8.53111959 IST

$\qquad$ = 08:32 IST

ಅಭ್ಯಾಸ ಉದಾಹರಣ 5.2

ಚಂದ್ರನ ಉದಯಾಸ್ತ ಸಾಧನ ದಿನಾಂಕ 17-04-2025

ಉಡುಪಿ (ಕರ್ನಾಟಕ) ಅಕ್ಷಾಂಶ: 13°20' ಉತ್ತರ ;ರೇಖಾಂಶ: 74°45' ಪೂರ್ವ

ದಿನಗಣ(J2000 ಕ್ಷೇಪಕದಿಂದ ಕಳೆದ ದಿನಗಳು)

ದಿನಾರಂಭ ದಿನಗಣ [ದಿಂ] = 9237.500000

ಡೆಲ್ಟಾಟಿ = 74.58020096 ಸೆಕೆಂಡ = 0.00086320 ದಿನ

ದಿನಗಣ[ದಿ] = [ದಿಂ] + ಡೆಲ್ಟಾಟಿ = 9237.50086320

ಒಂದು ಗಂಟೆಯ ಅಂತರದಲ್ಲಿ ೧೪ ಗಂಟೆಗಳ ಚಂದ್ರನ ಉನ್ನತಿಗಳು

ಯೂಟಿ	ಉನ್ನತಾಂಶ	ತಳಹದಿ	ಉನ್ನತಿ	ಶರಾ
-1	39.18286776	0.09324712	39.08962064	
00	29.54482435	0.09340923	29.45141512	
01	18.45974126	0.09357390	18.36616736	
02	6.52573607	0.09374116	6.43199492	ಅಂ ಚಂದ್ರಾಸ್ತ
03	-5.90902276	0.09391099	-6.00293375	ಅಗ ಚಂದ್ರಾಸ್ತ
04	-18.62691396	0.09408343	-18.72099739	ಅ೯ ಚಂದ್ರಾಸ್ತ
05	-31.46623780	0.09425847	-31.56049626	
06	-44.25924630	0.09443612	-44.35368241	
07	-56.72321640	0.09461639	-56.81783280	
08	-68.07540765	0.09479929	-68.17020695	
09	-75.26527988	0.09498484	-75.36026472	
10	-72.16257887	0.09517303	-72.25775189	
11	-62.02775004	0.09536387	-62.12311391	
12	-49.93316325	0.09555738	-50.02872062	
13	-37.28912068	0.09575356	-37.38487424	
14	-24.51791490	0.09595242	-24.61386732	
15	-11.82150829	0.09615396	-11.91766225	ಉಂ ಚಂದ್ರೋದಯ
16	0.63908533	0.09635820	0.54272713	ಉಗ ಚಂದ್ರೋದಯ
17	12.67181858	0.09656514	12.57525344	ಉ೯ ಚಂದ್ರೋದಯ
18	23.98998634	0.09677479	23.89321155	
19	34.12044934	0.09698715	34.02346219	
20	42.27434623	0.09720224	42.17714399	

21	47.28761716	0.09742005	47.19019711
22	48.01298697	0.09764060	47.91534637
23	44.24777176	0.09786388	44.14990788
24	36.94763102	0.09808992	36.84954111

ವಿಧಾನ 1: ರೈಖಿಕ ಬದಲಾವಣೆ

ಚಂದ್ರೋದಯ

16 ಮತ್ತು 17 ರ ನಡುವೆ ಉನ್ನತಿ ಋಣದಿಂದ ಧನಕ್ಕೆ ಬದಲಾಗುತ್ತದೆ

ಉ೦ = -11.91766225; ಉ೧ = 0.54272713;

ಒಂದು ಗಂಟೆಯ ಅವಧಿಯಲ್ಲಿ ರೈಖಿಕ ಬದಲಾವಣೆ ಗ್ರಹಿಸಲಾಗಿ

ಅವಧಿ dt = abs [ಉ೦ ÷ (ಉ೧ - ಉ೦)]

     = 0.95644381

ಚಂದ್ರೋದಯ = 16.00 + 0.95644381 = 16.95644381 UT

     = 22.45644381 {IST

     = 22:27 IST

ಚಂದ್ರಾಸ್ತ

3 ಮತ್ತು 4 ರ ನಡುವೆ ಉನ್ನತಿ ಧನದಿಂದ ಋಣಕ್ಕೆ ಬದಲಾಗುತ್ತದೆ.

ಅ೦ = 6.43199492; ಅ೧ = -6.00293375;

ಒಂದು ಗಂಟೆಯ ಅವಧಿಯಲ್ಲಿ ರೈಖಿಕ ಬದಲಾವಣೆ ಗ್ರಹಿಸಲಾಗಿ

ಅವಧಿ dt = abs [ಅ೦ ÷ (ಅ೧ - ಅ೦)]

     = 0.51725226

ಚಂದ್ರಾಸ್ತ = 3.00 + 0.51725226 = 3.51725226 UT

     = 9.01725226 IST

     = 09:01 IST

ವಿಧಾನ 2: ಚತುರ್ಭುಜ ಸಮೀಕರಣದಿಂದ:

ಚಂದ್ರೋದಯ

ಉ೦ = -11.91766225; ಉ೧ = 0.54272713; ಉ೨ = 12.57525344;

ಚತುರ್ಭುಜ ಸಮೀಕರಣ a*dt²+b*dt+c = 0 ದ ಗುಣಾಂಕಗಳು:

a = (ಉ೨ – 2*ಉ೧ + ಉ೦) / 2 = -0.21393153;

b = (4*ಉ೧ – ಉ೨ – 3*ಉ೦) / 2 = 12.67432091;

c = ಉ೦ = -11.91766225;

ಸಮೀಕರಣದ ಪರಿಣಾಮ, dt = 0.95571719;

ಚಂದ್ರೋದಯ = 16.00 + 0.95571719 = 16.95571719 UT

= 22.45571719 IST

= 22:27 IST

ಚಂದ್ರಾಸ್ತ

ಅ೦ = 6.43199492; ಅ೧ = -6.00293375; ಅ೨ = -18.72099739;

ಚತುರ್ಭುಜ ಸಮೀಕರಣ a*dt²+b*dt+c = 0 ದ ಗುಣಾಂಕಗಳು:

a = (ಅ೨ – 2*ಅ೧ + ಅ೦) / 2 = -0.14156748;

b = (4*ಅ೧ – ಅ೨ – 3*ಅ೩) / 2 = -12.29336118;

c = ಅ೦ = 6.43199492;

ಸಮೀಕರಣದ ಪರಿಣಾಮ, dt = 0.52009383;

ಚಂದ್ರಾಸ್ತ = 3.00 + 0.52009383 = 3.52009383 UT

= 9.02009383 IST

= 09:01 IST

ಅಧ್ಯಾಯ 10

ಪಂಚಾಂಗ-ಗಣಿತ

ಪಂಚಾಂಗವು ದೈನಂದಿನ ಖಗೋಳ ಮಾಹಿತಿಯನ್ನು ನೀಡುವ ಪುಸ್ತಕವಾಗಿದೆ. ಇದು ಸಮಯದ ಐದು ಅಂಗಗಳ ಮಾಹಿತಿಯನ್ನು ನೀಡುತ್ತದೆ ಅವುಗಳೆಂದರೆ,

1) ತಿಥಿ

2) ವಾರ

3) ನಕ್ಷತ್ರ

4) ಯೋಗ ಮತ್ತು

5) ಕರಣ

ಇವು ಕಾಲಾಂಶಗಳಿದ್ದು ಅವುಗಳಿಗೆ ಆರಂಭ ಮತ್ತು ಮುಕ್ತಾಯದ ಕ್ಷಣಗಳಿರುತ್ತವೆ. ಪಂಚಾಂಗಗಳಲ್ಲಿ ವರ್ಷದೊಳಗಿನ ಪ್ರತಿಯೊಂದು ದಿನದ ಸೂರ್ಯೋದಯದ ಕ್ಷಣಕ್ಕೆ ಇರುವ ಈ ಐದು ಅಂಗಗಳ ಹೆಸರುಗಳು ಹಾಗೂ ಅವುಗಳ ಮುಕ್ತಾಯವಾಗುವ ಸಮಯಗಳನ್ನು ಕೊಡಲಾಗಿರುತ್ತದೆ.

ಇವುಗಳ ಜೊತೆಗೆ, ಪಂಚಾಂಗಗಳಲ್ಲಿ ಪ್ರತಿದಿನ ಶೂನ್ಯ ಯುಟಿಯಲ್ಲಿ ಸೂರ್ಯ, ಚಂದ್ರ ಮತ್ತು ಗ್ರಹಗಳ ಸ್ಥಾನಗಳು, ಸೂರ್ಯೋದಯ-ಸೂರ್ಯಾಸ್ತದ ಸಮಯಗಳು ಮತ್ತು ಗ್ರೀನ್ವಿಚ್ ನಾಕ್ಷತ್ರ ಸಮಯ ಮುಂತಾದ ಮಾಹಿತಿ ಸಹ ಕೊಡಲಾಗುತ್ತದೆ. ಕೆಲವು ಪಂಚಾಂಗಗಳಲ್ಲಿ ಶೂನ್ಯಸಮಯ ಅಥವಾ ಸೂರ್ಯೋದಯದ ಸಮಯದಲ್ಲಿಯ ಸ್ಪಷ್ಟ-ಗ್ರಹಗಳನ್ನು (ಗ್ರಹಸ್ಥಾನಗಳು) ನೀಡಲಾಗುತ್ತದೆ. ಪಂಚಾಂಗದ ಪ್ರತಿಯೊಂದು ಪುಟವು ಸಾಮಾನ್ಯವಾಗಿ ಒಂದು ಪಕ್ಷದ, ಅಂದರೆ ಸುಮಾರು 15 ದಿನಗಳ ಅವಧಿಯ, ಮಾಹಿತಿಯನ್ನು ಹೊಂದಿರುತ್ತದೆ. ಪುಟದ ಮೇಲ್ಭಾಗದಲ್ಲಿ ಸಂವತ್ಸರ, ಅಯನ, ಋತು, ಮಾಸ, ಪಕ್ಷಗಳ ಹೆಸರುಗಳು ಹಾಗೂ ಅಯನಾಂಶಗಳು ಇರುವವು. ಅನೇಕ ಪಂಚಾಂಗಗಳಲ್ಲಿ ಲಗ್ನ (ಅಸೆಂಡೆಂಟ್ಸ್) ಮತ್ತು ನಕ್ಷತ್ರ-ಚರಣಗಳ ಮಾಹಿತಿಯೂ ಇರುತ್ತವೆ.

ಹಿಂದೂ ಜ್ಯೋತಿಷ್ಯಶಾಸ್ತ್ರದ ಪ್ರಕಾರ, ದಿನವು ಸೂರ್ಯೋದಯದ ಸಮಯದಿಂದ ಪ್ರಾರಂಭವಾಗುತ್ತದೆ. ಧಾರ್ಮಿಕ ವಿಧಿಗಳಿಗಗಾಗಿ ಸೂರ್ಯೋದಯಕಾಲದ ತಿಥಿಯನ್ನೇ

ಪರಿಗಣಿಸಲಾಗುತ್ತದೆ. ಆದ್ದರಿಂದ, ಸೂರ್ಯೋದಯದ ಸಮಯದಲ್ಲಿ ಇರುವ ಪಂಚಾಂಗದ ಐದು ಅಂಗಗಳನ್ನು ಅದರಲ್ಲಿ ಕೊಡಲಾಗುತ್ತದೆ. ಆ ದಿನಾಂಕದ ಸೂರ್ಯೋದಯಕ್ಕೆ ಮೊದಲು ಯಾವುದೇ ಅಂಗವು ಕೊನೆಗೊಂಡರೆ, ಅದನ್ನು ಹಿಂದಿನ ದಿನದ ಘಟನೆ ಎಂದು ಪರಿಗಣಿಸಲಾಗುತ್ತದೆ. ಸಮಾಪ್ತಿಸಮಯವು ಮಧ್ಯರಾತ್ರಿಯನ್ನು ಮೀರಿದರೆ, ಅವುಗಳನ್ನು 24 ಗಂಟೆಗಳನ್ನು ಮೀರಿ ಎಣಿಸಲಾಗುತ್ತದೆ, ಉದಾ: ಸಮಯ 30:39 ಗಂಟೆ ಎಂದರೆ ಮುಂದಿನ ದಿನಾಂಕದ 06:39 ಗಂಟೆ ಎಂದು ತಿಳಿಯಬೇಕು.

ಮೇಲೆ ಹೇಳಿದ ಪಂಚಾಂಗದ ಎಲ್ಲ ಅಂಗಗಳು ವಾಸ್ತವವಾಗಿ ಸೂರ್ಯ ಮತ್ತು ಚಂದ್ರನ ಭೋಗಗಳ ಪರಿಣಾಮಗಳಾಗಿವೆ.

ಅಯನಾಂಶ

ಅಯನಾಂಶ, ಸಾಯನ ಮತ್ತು ನಿರಯನ ಭೋಗಗಳ ಬಗ್ಗೆ ಅಧ್ಯಾಯ 5 ರಲ್ಲಿ ಈ ಮೊದಲೇ ವಿವರಿಸಲಾಗಿದೆ. ನಿಜವಾದ ವಸಂತಸಂಪಾತದಿಂದ ಅಳೆಯಲ್ಪಡುವ ಭೋಗಗಳನ್ನು ಸಾಯನ (ಸಿಡೆರಿಯಲ್) ಭೋಗಗಳೆಂದೂ ಮತ್ತು ಗ್ರಹಿತ ಸ್ಥಿರಬಿಂದುವಿನಿಂದ ಅಳೆದ ಭೋಗಗಳನ್ನು ನಿರಯನ (ಟ್ರಾಪಿಕಲ್) ಭೋಗಗಳೆಂದೂ ಹೇಳುತ್ತಾರೆ.

ಸಾಯನ ಭೋಗಗಳಿಂದ ಅಯನಾಂಶವನ್ನು ಕಳೆಯಲಾಗಿ ನಿರಯನ ಭೋಗಗಳು ಸಿಗುತ್ತವೆ. ಭಾರತವನ್ನುಳಿದು ಎಲ್ಲ ದೇಶಗಳಲ್ಲೂ ಸಾಯನ ಪದ್ಧತಿಯೇ ಪ್ರಚಲಿತವಾಗಿದೆ. ಆದರೆ ಭಾರತೀಯ ಜ್ಯೋತಿಷಿಗಳು ಹೆಚ್ಚಾಗಿ ನಿರಯನ ಪದ್ಧತಿಯನ್ನು ಅನುಸರಿಸುತ್ತಾರೆ.

ಅಯನಾಂಶವನ್ನು ಅಳತೆ ಮಾಡಲು ಗ್ರಹಿಸಲಾದ ಸ್ಥಿರಬಿಂದುಗಳ ಬಗ್ಗೆಯೂ ಭಿನ್ನಾಭಿಪ್ರಾಯಗಳಿವೆ. ಕೆಲವರು ಚಿತ್ರಾ (ಸ್ಪಿಕಾ) ನಕ್ಷತ್ರದ ಎದುರಿನ ಬಿಂದುವನ್ನು ಆರಂಭಿಕ ಬಿಂದುವಾಗಿ ಗ್ರಹಿಸಿದರೆ ಮತ್ತೆ ಕೆಲವರು ರೇವತಿ (ಝೀಟಾ ಪಿಸಿಯಮ್) ನಕ್ಷತ್ರವನ್ನು ಇನ್ನೂ ಕೆಲವರು ಬೇರೆ ಯಾವದೋ ಬಿಂದುವನ್ನು ರಾಶಿಚಕ್ರದ ಪ್ರಾರಂಭವಾಗಿ ತೆಗೆದುಕೊಳ್ಳುತ್ತಾರೆ. ಆದುದರಿಂದ ಅಯನಾಂಶದಲ್ಲಿ ವ್ಯತ್ಯಾಸ ಕಂಡುಬರುತ್ತವೆ.

ಐಎಯು ದ ಅನುಸಾರ ಜೆ೨೦೦೦ ನಂತರದ ಅಯನಚಲನೆಯು (5028.796195 T − 1.112022 T²) ಅಂಶಗಳು. ಈ ಪುಸ್ತಕದಲ್ಲಿ ಜೆ೨೦೦೦ ದ ಅಯನಾಂಶವನ್ನು 23°.853 ಎಂದು ಗ್ರಹಿಸಲಾಗಿದೆ. ಮತ್ತು ಮೇಲೆ ತೋರಿಸಿದ ಸೂತ್ರದಲ್ಲಿಯ **ಶತಕಗಣಿ** (ವರ್ಗಪದ) ವನ್ನು ನಿರ್ಲಕ್ಷಿ ಯಾವದೇ ಕ್ಷಣದ ಅಯನಾಂಶವನ್ನು ದಿನಗಣದ ಮುಖಾಂತರ ಈ ರೀತಿ ತೆಗೆಯಬಹುದು.

$$23°.853 + (3.82447045 * 10^{-5} * ದಿನಗಣ) \text{ ಅಂಶಗಳು}$$

ಪಂಚಾಂಗದ ರಚನೆ

ಪಂಚಾಂಗದಲ್ಲಿ ಐದು ಅಂಗಗಳ ಬಗ್ಗೆ ಮಾಹಿತಿಯನ್ನು ತಲಾ ಎರಡು ಸ್ತಂಭಗಳಲ್ಲಿ ನೀಡಲಾಗುತ್ತದೆ, ಒಂದರಲ್ಲಿ ಆ ಅಂಗದ ಹೆಸರು ಮತ್ತು ಇನ್ನೊಂದರಲ್ಲಿ ಅದರ ಮುಕ್ತಾಯಸಮಯ.

ಯಾವದೇ ದಿನದಂದು ದಿನಗಣ, ಸೂರ್ಯೋದಯದ ಸಮಯ, ಗ್ರಹಾದಿಗಳ ಭೋಗಗಳನ್ನು ತೆಗೆಯುವ ವಿಧಾನಗಳನ್ನು ಹಿಂದಿನ ಅಧ್ಯಾಯಗಳಲ್ಲಿ ಈಗಾಗಲೇ ವಿವರಿಸಲಾಗಿದೆ. ಈಗ ನಾವು ಪಂಚಾಂಗದ ಎಲ್ಲ ಅಂಗಗಳನ್ನು ಒಂದೊಂದಾಗಿ ವ್ಯಾಖ್ಯಾನಿಸಿ ಅವುಗಳನ್ನು ಸಾಧಿಸುವ ಗಣಿತಪದ್ಧತಿಯನ್ನು ನೋಡೋಣ.

ವಾರ

ಯಾವುದೇ ಇಚ್ಛಿತ ದಿನಾಂಕವು ಜೆ೨೦೦೦ದ ಹಿಂದಿನದು ಇದ್ದಲ್ಲಿ ದಿನಗಣವು ಋಣ (–) ಮತ್ತು ಜೆ೧೦೦೦ದ ನಂತರದ್ದು ಇದ್ದರೆ ಧನ (+)ವಾಗಿರುತ್ತದೆ. ದಿನಾರಂಭ ದಿನಗಣವು ಯಾವಾಗಲೂ (೦.೫)ನಿಂದ ಮುಕ್ತಾಯವಾಗುತ್ತದೆ.ಅದನ್ನು ಪೂರ್ಣಾಂಕಗೊಳಿಸಲು (೦.೫) ಕಡಿಮೆ ಮಾಡಿ 7 ರಿಂದ ಭಾಗಿಸಿ ಉಳಿದ ಅವಶೇಷವೇ ವಾರದ ಕ್ರಮಾಂಕವಾಗುವದು. ಶೇಷವು ಋಣ (–) ಆಗಿದ್ದರೆ ಅದರಲ್ಲಿ 7 ಸೇರಿಸಬೇಕು.

ವಾರದ ಕ್ರಮಾಂಕಗಳು ಕೆಳಗಿನಂತಿವೆ.

ವಾರ	ರವಿ	ಸೋಮ	ಮಂಗಳ	ಬುಧ	ಗುರು	ಶುಕ್ರ	ಶನಿ
ಕ್ರಮಾಂಕ	೦	೧	೨	೩	೪	೫	೬

ಉದಾಹರಣೆಗಳು:

ದಿನಾಂಕ : ೧೫ ಅಗಸ್ಟ ೧೯೪೭

ದಿಂ = –19132.5 –0.5 = –19133

ಶೇಷ = (–19133 ÷ 7) = –2

ಇದು ಋಣವಾದ್ದರಿಂದ 7 ಸೇರಿಸಿ ವಾರ-ಕ್ರಮಾಂಕ = 5 ಅಂದರೆ **ಶುಕ್ರವಾರ**.

ದಿನಾಂಕ 1ನೇ ಜನವರಿ 2200

ದಿಂ = 73048.5 ಸೇರಿಸು (–0.5) = 73048

ಶೇಷ = (73048 ÷ 7) = 3 ಅಂದರೆ ಬುಧವಾರ

ತಿಥಿ

ತಿಥಿಯನ್ನು ಚಾಂದ್ರಮಾಸದ ದಿನ ಎನ್ನಬಹುದು. ಸೂರ್ಯ ಮತ್ತು ಚಂದ್ರನ ಭೋಗಗಳು ಸಮಾನವಾದಾಗ (ಯುತಿಯಲ್ಲಿ ಇದ್ದಾಗ), ಚಂದ್ರನು ಸಂಪೂರ್ಣವಾಗಿ ಕಾಣದವನಾಗಿರುತ್ತಾನೆ. ಅದು ಅಮಾವಾಸ್ಯೆಯ ಅಂತ್ಯ ಕ್ಷಣವನ್ನು ಸೂಚಿಸುತ್ತದೆ. ಈ ಕ್ಷಣದಲ್ಲಿ ಹೊಸ ಚಾಂದ್ರಮಾಸದ ಪ್ರಥಮ ತಿಥಿಯು ಪ್ರಾರಂಭವಾಗುತ್ತದೆ. ಚಂದ್ರನ ಭೋಗವು ವೇಗವಾಗಿ ಹೆಚ್ಚಾದಂತೆ, ಸೂರ್ಯನು ಹಿಂದೆ ಉಳಿಯುತ್ತಾನೆ. ಚಂದ್ರ ಮತ್ತು ಸೂರ್ಯನ ನಡುವಿನ ಪ್ರತಿ 12° ವ್ಯತ್ಯಾಸದ ನಂತರ ತಿಥಿ ಬದಲಾಗುತ್ತದೆ. ಹೀಗೆ ಮುಂದಿನ ಅಮಾವಾಸ್ಯೆ ಸಂಭವಿಸುವವರೆಗೆ 30 ತಿಥಿಗಳು ಆಗುತ್ತವೆ. ಮೊದಲ ೧೫ ತಿಥಿಗಳ ಸಮಯದಲ್ಲಿ ಚಂದ್ರನ ಪ್ರಕಾಶಿತ ಭಾಗವು ಹೆಚ್ಚಾಗುತ್ತ ಹೋಗುತ್ತದೆ. ಈ ಅವಧಿಯನ್ನು "ಶುಕ್ಲಪಕ್ಷ" ಎಂದು ಕರೆಯಲಾಗುತ್ತದೆ ಮತ್ತು 15ನೇ ತಿಥಿಯನ್ನು ಪೌರ್ಣಿಮಾ (ಹುಣ್ಣಿವೆ) ಎಂದು ಕರೆಯಲಾಗುತ್ತದೆ. ಹುಣ್ಣಿವೆಯ ಕೊನೆಯ ಕ್ಷಣದಲ್ಲಿ ಚಂದ್ರನು ಸಂಪೂರ್ಣವಾಗಿ ಪ್ರಕಾಶಮಾನವಾಗಿರುತ್ತಾನೆ ಮತ್ತು ಸೂರ್ಯ-ಚಂದ್ರರು ಪ್ರತಿಯುತಿಯಲ್ಲಿ ಅಂದರೆ 180° ಅಂತರದಲ್ಲಿ ಇರುತ್ತಾರೆ. ಆನಂತರದ ತಿಥಿಗಳಲ್ಲಿ ಚಂದ್ರನ ಪ್ರಕಾಶಿತ ಭಾಗವು ಕಡಿಮೆಯಾಗುತ್ತಾ ಹೋಗುತ್ತದೆ. ಈ ಅವಧಿಯನ್ನು "ಕೃಷ್ಣಪಕ್ಷ" ಎಂದು ಕರೆಯಲಾಗುತ್ತದೆ. ೩೦ನೆಯ ತಿಥಿಯು ಅಮಾವಾಸ್ಯೆ, ಅದರ ಕೊನೆಯಲ್ಲಿ ಸೂರ್ಯ-ಚಂದ್ರರು ಮತ್ತೆ ಯುತಿಯಲ್ಲಿ ಇರುವರು. ಇದೇ ಕ್ಷಣದಿಂದ ಮತ್ತೆ ಹೊಸ ಚಾಂದ್ರಮಾಸ ಪ್ರಾರಂಭವಾಗುವದು. ಎರಡೂ ಪಕ್ಷಗಳಲ್ಲಿ ತಿಥಿಗಳನ್ನು ೧ ರಿಂದ ೧೫ ಅಂದರೆ ಪ್ರತಿಪದೆಯಿಂದ ಹುಣ್ಣಿವೆ ಅಥವಾ ಅಮವಾಸ್ಯೆಯವರೆಗೆ ಎಣಿಸಲಾಗುತ್ತದೆ.

ಕರಣ

ತಿಥಿಯ ಅರ್ಧ ಭಾಗಕ್ಕೆ ಕರಣ ಎನ್ನುವರು. ಹೀಗೆ ಒಂದು ಚಾಂದ್ರ ಮಾಸದಲ್ಲಿ ೬೦ ಕರಣಗಳಾಗುತ್ತವೆ. ೧ನೆಯ ಕರಣ ಮತ್ತು ಕೊನೆಯ ಮೂರು ಕರಣಗಳಿಗೆ ವಿಶೇಷ ಹೆಸರುಗಳಿವೆ ಮತ್ತು ೨ನೆಯದರಿಂದ ೫೮ನೆಯ ವರೆಗಿನ ಕರಣಗಳಿಗೆ ಅವೇ ಏಳು ಹೆಸರುಗಳ ಪುನರಾವರ್ತನೆಯಾಗುತ್ತದೆ.

ಶುಕ್ಲಪಕ್ಷದ ತಿಥಿ-ಕರಣಗಳು

ಅ.ನಂ.	ತಿಥಿ	ಅ.ನಂ	ಕರಣ೧	ಅ.ನಂ.	ಕರಣ೨
೧	ಪ್ರತಿಪದಾ	೧	ಕಿಂಸ್ತುಘ್ನ	೨	ಬವ
೨	ದ್ವಿತಿಯಾ	೩	ಬಾಲವ	೪	ಕೌಲವ
೩	ತೃತೀಯಾ	೫	ತೈತಿಲ	೬	ಗರ
೪	ಚತುರ್ಥಿ	೭	ವಣಿಜ	೮	ವಿಷ್ಟಿ
೫	ಪಂಚಮಿ	೯	ಬವ	೧೦	ಬಾಲವ
೬	ಷಷ್ಠಿ	೧೧	ಕೌಲವ	೧೨	ತೈತಿಲ
೭	ಸಪ್ತಮಿ	೧೩	ಗರ	೧೪	ವಣಿಜ

ಅ.ನಂ.	ತಿಥಿ	ಅ.ನಂ	ಕರಣ೧	ಅ.ನಂ.	ಕರಣ೧
೮	ಅಷ್ಟಮಿ	೧೫	ವಿಷ್ಟಿ	೧೬	ಬವ
೯	ನವಮಿ	೧೭	ಬಾಲವ	೧೮	ಕೌಲವ
೧೦	ದಶಮಿ	೧೯	ತೈತಿಲ	೨೦	ಗರ
೧೧	ಏಕಾದಶಿ	೨೧	ವಣಿಜ	೨೨	ವಿಷ್ಟಿ
೧೨	ದ್ವಾದಶಿ	೨೩	ಬವ	೨೪	ಬಾಲವ
೧೩	ತ್ರಯೋದಶಿ	೨೫	ಕೌಲವ	೨೬	ತೈತಿಲ
೧೪	ಚತುರ್ದಶಿ	೨೭	ಗರ	೨೮	ವಣಿಜ
೧೫	ಹುಣ್ಣಿಮೆ	೨೯	ವಿಷ್ಟಿ	೩೦	ಬವ

ಕೃಷ್ಣಪಕ್ಷದ ತಿಥಿ-ಕರಣಗಳು

ಅ.ನಂ.	ತಿಥಿ	ಅ.ನಂ	ಕರಣ೧	ಅ.ನಂ.	ಕರಣ೧
೧೬	ಪ್ರತಿಪದಾ	೩೧	ಬಾಲವ	೩೨	ಕೌಲವ
೧೭	ದ್ವಿತಿಯಾ	೩೩	ತೈತಿಲ	೩೪	ಗರ
೧೮	ತೃತೀಯಾ	೩೫	ವಣಿಜ	೩೬	ವಿಷ್ಟಿ
೧೯	ಚತುರ್ಥಿ	೩೭	ಬವ	೩೮	ಬಾಲವ
೨೦	ಪಂಚಮಿ	೩೯	ಕೌಲವ	೪೦	ತೈತಿಲ
೨೧	ಷಷ್ಠಿ	೪೧	ಗರ	೪೨	ವಣಿಜ
೨೨	ಸಪ್ತಮಿ	೪೩	ವಿಷ್ಟಿ	೪೪	ಬವ
೨೩	ಅಷ್ಟಮಿ	೪೫	ಬಾಲವ	೪೬	ಕೌಲವ
೨೪	ನವಮಿ	೪೭	ತೈತಿಲ	೪೮	ಗರ
೨೫	ದಶಮಿ	೪೯	ವಣಿಜ	೫೦	ವಿಷ್ಟಿ
೨೬	ಏಕಾದಶಿ	೫೧	ಬವ	೫೨	ಬಾಲವ
೨೭	ದ್ವಾದಶಿ	೫೩	ಕೌಲವ	೫೪	ತೈತಿಲ
೨೮	ತ್ರಯೋದಶಿ	೫೫	ಗರ	೫೬	ವಣಿಜ
೨೯	ಚತುರ್ದಶಿ	೫೭	ವಿಷ್ಟಿ	೫೮	ಶಕುನಿ
೩೦	ಅಮಾವಾಸ್ಯೆ	೫೯	ಚತುಷ್ಪಾದ	೬೦	ನಾಗ

ತಿಥಿ ಸಾಧನೆ

ಸೂರ್ಯೋದಯದ ಕ್ಷಣದಲ್ಲಿ ತಿಥಿಯು ಬೇಕಾಗುವುದರಿಂದ ಇಚ್ಛಿತ ದಿನದಂದು ಇಚ್ಛಿತ ಸ್ಥಳದಲ್ಲಿ ಸೂರ್ಯೋದಯದ ಸಮಯವನ್ನು ಲೆಕ್ಕಹಾಕಿ ಆ ಕ್ಷಣದ ಸೂರ್ಯಚಂದ್ರರ ಭೋಗವನ್ನು ತೆಗೆಯಬೇಕು.

ಚ = ಚಂದ್ರನ ನಿರಯನ ಭೋಗ

ಸೂ = ಸೂರ್ಯನ ನಿರಯನ ಭೋಗ

ತಿಥಿ = (ಚ - ಸೂ)/12.0

ಇದನ್ನು ಕನಿಷ್ಠ 8 ದಶಮಾಂಶ ಸ್ಥಳಗಳವರೆಗೆ ತೆಗೆದುಕೊಳ್ಳಬೇಕು. (ಚ-ಸೂ) ಇದು ಸೂರ್ಯನಿಂದ ಚಂದ್ರನ ಅಂತರವು. ಇದಕ್ಕೆ ಅರ್ಕೋಣಚಂದ್ರ ಎನ್ನುತ್ತಾರೆ.

ತಿಥಿಯ ಪೂರ್ಣಾಂಕಭಾಗವು ಪೂರ್ಣಗೊಂಡ ತಿಥಿಕ್ರಮಾಂಕವನ್ನು ತೋರಿಸುತ್ತದೆ ಮತ್ತು ಅದರಲ್ಲಿಯ ಆಂಶಿಕ ಭಾಗವು ಸದ್ಯದ ತಿಥಿಯ ಎಷ್ಟು ಭಾಗವು ಕಳೆದಿದೆ (ಭುಕ್ತ) ಎನ್ನುವದನ್ನು ತೋರಿಸುತ್ತದೆ. ಮತ್ತು ಉಳಿದ ಆಂಶಿಕ ಭಾಗವು ತಿಥಿಯ ಇನ್ನೂ ಎಷ್ಟು ಉಳಿದಿದೆ (ಭೋಗ್ಯ) ಎಂಬುದನ್ನು ತೋರಿಸುತ್ತದೆ.

ಪ್ರಸ್ತುತ ತಿಥಿಯ ಕ್ರಮಾಂಕವನ್ನು ತೆಗೆಯಲು ಕೆಳಗಿನ ಸೂತ್ರ ಉಪಯುಕ್ತವಾಗಿದೆ.

ತಿಥಿ ಕ್ರಮಾಂಕ = ಪೂರ್ಣಾಂಕ [(ಚಂದ್ರ - ಸೂರ್ಯ) ÷೧೨] + ೧

ತಿಥಿ ಕ್ರಮಾಂಕಗಳು ಮತ್ತು ಅವುಗಳ ಹೆಸರುಗಳನ್ನು ಕೋಷ್ಟಕದಲ್ಲಿ ತೋರಿಸಲಾಗಿದೆ.

ತಿಥಿ ಉದಾಹರಣೆ:

ಚಂದ್ರ ಮತ್ತು ಸೂರ್ಯನ ಭೋಗಗಳು ಕ್ರಮವಾಗಿ 318.9750 ಮತ್ತು 35.1234 ಆಗಿದ್ದರೆ, ಆಗ

ತಿಥಿ = (318.9750 – 35.1234) ÷ 12 = 23.6543

ಪೂರ್ಣಗೊಂಡ ತಿಥಿ = 23;

ಪ್ರಸ್ತುತ ತಿಥಿ ಕ್ರಮಾಂಕ = 24. ಅಂದರೆ, ಕೃಷ್ಣ ಪಕ್ಷ - ನವಮಿ

ಭುಕ್ತ ತಿಥಿ = 0.6543

ಭೋಗ್ಯ ತಿಥಿ = 1 – 0.6543 =0.3457

ತಿಥ್ಯಂತ (ತಿಥಿಯ ಮುಕ್ತಾಯ ಸಮಯ)

ತಿಥ್ಯಂತವನ್ನು ಕಂಡುಹಿಡಿಯಲು ಸತತ ನಾಲ್ಕು ದಿನಗಳ ಶೂನ್ಯಕಾಲದ (0:00 ಯುಟಿ 5:30 ಐಎಸ್ ಟಿ) ಚಂದ್ರ ಮತ್ತು ಸೂರ್ಯರ ಭೋಗಗಳನ್ನು ಲೆಕ್ಕಹಾಕುವುದು ಅಗತ್ಯವಾಗಿದೆ.

ಚಂ, ಚ೧, ಚ೨ ಮತ್ತು ಚ೩ ಇವು ಕ್ರಮವಾಗಿ ಹಿಂದಿನ ದಿನ, ಇಚ್ಛಿತ ದಿನ, ಎರಡನೆಯ ದಿನ ಮತ್ತು ಮೂರನೆಯ ದಿನಗಳ ಶೂನ್ಯಕಾಲದ ಚಂದ್ರನ ಭೋಗಗಳು ಮತ್ತು ಸೂಂ, ಸೂ೧, ಸೂ೨, ಸೂ೩ ಇವು ಅದೇ ಕ್ಷಣಗಳ ಸೂರ್ಯನ ಭೋಗಗಳು.

ಇವುಗಳ ನಂತರ ಆಯಾ ತಿಥಿಗಳನ್ನು ದಶಮಾಂಶ ರಾಶಿಗಳೊಂದಿಗೆ ಲೆಕ್ಕ ಹಾಕಿ.

ಹಿಂದಿನ ದಿನ: ತಿಂ = (ಚಂ–ಸೂಂ)/೧೨

ಇಚ್ಛಿತ ದಿನ: ತಿ೧ = (ಚ೧–ಸೂ೧)/೧೨

ಮರುದಿನ: ತಿ೨ = (ಚ೨–ಸೂ೨)/೧೨

ಮೂರನೆಯ ದಿನ: ತಿ೩ = (ಚ೩–ಸೂ೩)/೧೨

ಇಚ್ಛಿತ ದಿನದ ತಿಥಿ ಕ್ರಮಾಂಕ = ಪೂರ್ಣಾಂಕ(ತಿ೧) + ೧

ಇದರ ಮೇಲಿಂದ ಅಂದಿನ ತಿಥಿಯು ಗೊತ್ತಾಗುವದು.

ತಿಥ್ಯಂತ ಸಮಯ

ಭುಕ್ತ ತಿಥಿ = (ತಿಂ) ದ ಆಂಶಿಕ ಭಾಗ

ಭೋಗ್ಯ = ೧ – ಭುಕ್ತ = (ತಿಥಿಕ್ರಮಾಂಕ – ತಿಂ)

h1 = ಭೋಗ್ಯ * 24/ಕ

h2 = h1*(24–h1)*(ಲ – ಕ) / (ಮ*96.0)

ತಿಥ್ಯಂತ = h1+h2 + ಸ್ಥಾನಿಕ ಸಮಯಾಂತರ

ಮುಂದಿನ ನಿದರ್ಶಿತ ಉದಾಹರಣೆಗಳಲ್ಲಿ ತೋರಿಸಿರುವಂತೆ ಇದನ್ನು ಕೋಷ್ಟಕರೂಪದಲ್ಲಿ ಸುವ್ಯವಸ್ಥಿತ ರೀತಿಯಲ್ಲಿ ಮಾಡಬಹುದು.

ತಿಥಿಯ ಕ್ಷಯ ಮತ್ತು ವೃದ್ಧಿ

ಸೂರ್ಯೋದಯದಿಂದ ಸೂರ್ಯೋದಯದ ಒಂದು ದಿನ ಅವಧಿಯಲ್ಲಿ ಮೂರು ತಿಥಿಗಳ ಸ್ಪರ್ಶವಾದರೆ, ಆ ಮೂರರಲ್ಲಿ ನಡುವಿನ ತಿಥಿಯನ್ನು 'ಅವಮಾ' ತಿಥಿ ಅಥವಾ 'ಕ್ಷಯ-ತಿಥಿ' ಎಂದು ಕರೆಯಲಾಗುತ್ತದೆ. ಒಂದೇ ತಿಥಿಯಲ್ಲಿ ಮೂರು ದಿನಗಳು ಸ್ಪರ್ಶವಾದಲ್ಲಿ, ಅಂದರೆ ಒಂದೇ ತಿಥಿಯ ಸಮಯದಲ್ಲಿ ಎರಡು ಸೂರ್ಯೋದಯಗಳು ಸಂಭವಿಸಿದರೆ, ಅದನ್ನು 'ತ್ರಿ-ದ್ಯು-ಸ್ಪೃಕ್' ಅಥವಾ 'ವೃದ್ಧಿ-ತಿಥಿ' ಎಂದು ಕರೆಯಲಾಗುತ್ತದೆ. ಕ್ಷಯ ಮತ್ತು ವೃದ್ಧಿ ಈ ಎರಡೂ ತಿಥಿಗಳು ಅಶುಭವೆಂದು ಭಾವಿಸಲಾಗುತ್ತದೆ.

ಕ್ಷಯ-ಪಕ್ಷ

ಒಂದು ಪಕ್ಷ ದಲ್ಲಿ ೧ನೇ ಮತ್ತು ೧೬ನೆಯ ತಿಥಿಗಳನ್ನು ಹೊರತುಪಡಿಸಿ ಎರಡು ಕ್ಷಯ-ತಿಥಿಗಳು ಸಂಭವಿಸಿದರೆ, ಅದನ್ನು ಕ್ಷಯ-ಪಕ್ಷ ಎಂದು ಕರೆಯಲಾಗುತ್ತದೆ. ಇಂಥ ಕ್ಷಯ-ಪಕ್ಷಗಳು ಬಹಳೇ ವಿರಳ. ಇವು ಅಶುಭವೆಂದು ಭಾವಿಸಲಾಗಿದೆ.

ಕರಣ ಸಾಧನೆ

ಕರಣಗಳ ಬಗ್ಗೆ ಈ ಮೊದಲೇ ವಿವರಣೆ ನೀಡಲಾಗಿದೆ. ಕರಣಗಳ ಗಣಿತವು ತಿಥಿಗಳ ಗಣಿತದಂತೆಯೇ ಇದೆ. ವ್ಯತ್ಯಾಸವೆಂದರೆ ಕರಣವು ೯° ಮತ್ತು ತಿಥಿ ೧೨°.

ಕರಣ ಕ್ರಮಾಂಕ = [(ಚ- ಸೂ)÷6] + 1

ಕರಣದ ಕ್ರಮವಾರ ಹೆಸರುಗಳು ಮತ್ತು ಅವುಗಳನ್ನು ಒಳಗೊಂಡ ತಿಥಿಗಳನ್ನು ಕೋಷ್ಟಕದಲ್ಲಿ ತೋರಿಸಲಾಗಿದೆ.

ಕರಣದ ಉದಾಹರಣೆ:

ಚಂದ್ರ ಮತ್ತು ಸೂರ್ಯನ ಭೋಗಗಳು ಕ್ರಮವಾಗಿ 318.9750 ಮತ್ತು 35.1234 ಆಗಿದ್ದರೆ, ಆಗ

ಕರಣ = (318.9750 – 35.1234) ÷ 6 = 47.3086

ಪೂರ್ಣವಾದ ಕರಣಗಳು = 47; ಪ್ರಸ್ತುತ ಕರಣವು 48 ಅಂದರೆ ಗರ.

ಕರಣಾಂತ್ಯ

ಕರಣಾಂತ್ಯದ ಲೆಕ್ಕವೂ ತಿಥ್ಯಂತದಂತೆಯೇ ಇದೆ. ಒಂದು ಮಾಸದಲ್ಲಿ ೩೦ ತಿಥಿಗಳು ಮತ್ತು 60 ಕರಣಗಳು, ಮತ್ತು ಪ್ರತಿಯೊಂದು ತಿಥಿಯಲ್ಲಿ ಎರಡು ಕರಣಗಳು ಇರುತ್ತವೆ ಎಂದು ಈ ಮೊದಲೇ ಹೇಳಲಾಗಿದೆ. ಆದ್ದರಿಂದ, ಸಮ ಸಂಖ್ಯೆಗಳ ಕರಣಗಳು ಯಾವಾಗಲೂ ಅವುಗಳನ್ನು ಒಳಗೊಂಡಿರುವ ತಿಥಿಯೊಂದಿಗೆ ಕೊನೆಗೊಳ್ಳುತ್ತವೆ. ಸಮ-ಕರಣಗಳ ಸಮಾಪ್ತಿಗಳನ್ನು ಮತ್ತೆ ಗಣಿಸುವದು ಅನಗತ್ಯವಾಗುತ್ತದೆ. ಆದ್ದರಿಂದ ಕೇವಲ ವಿಷಮ ಕರಣಗಳ ಅಂತ್ಯಗಳನ್ನು ಪ್ರತ್ಯೇಕವಾಗಿ ಗಣಿಸಬೇಕಾಗುವದು.

ನಕ್ಷತ್ರ

ರಾಶಿಚಕ್ರವನ್ನು ಹನ್ನೆರಡು ರಾಶಿಗಳು ಮತ್ತು 27 ನಕ್ಷತ್ರಭಾಗಗಳಾಗಿ ವಿಂಗಡಿಸಲಾಗಿದೆ, ಪ್ರತಿಯೊಂದು ನಕ್ಷತ್ರಭಾಗವೂ 360/27 = 40/3 = 13.33 ಅಂಶಗಳದ್ದಾಗಿದೆ. ನಕ್ಷತ್ರ ಎಂದರೆ ಒಂದೇ ಒಂದು ತಾರೆಯಲ್ಲದೆ ರಾಶಿಚಕ್ರದ 27ನೆಯ ಭಾಗ ಎಂಬುದನ್ನು ಗಮನಿಸಬೇಕು. ನಕ್ಷತ್ರಭಾಗಗಳನ್ನು ಮತ್ತೆ ನಾಲ್ಕು ಕಾಲುಗಳಲ್ಲಿ ವಿಂಗಡಿಸಲಾಗಿದೆ. ಇವುಗಳಿಗೆ 'ಚರಣ' ಅಥವಾ

'ಪಾದ' ಎನ್ನುತ್ತಾರೆ. ನಕ್ಷತ್ರಭಾಗಗಳನ್ನು ಆಕಾಶದಲ್ಲಿ ಅದರೊಳಗೆ ಕಂಡುಬರುವ ತಾರೆಗಳಿಂದ ಗುರುತಿಸಬಹುದು.

ಹೀಗೆ ರಾಶಿಚಕ್ರದಲ್ಲಿ 27 ನಕ್ಷತ್ರಗಳು ಅಥವಾ 108 ನಕ್ಷತ್ರಚರಣಗಳು ಇವೆ ಮತ್ತು ಪ್ರತಿ ರಾಶಿಗಳಲ್ಲಿ ಎರಡೂ-ಕಾಲು ನಕ್ಷತ್ರಗಳು ಅಥವಾ 9 ನಕ್ಷತ್ರ-ಚರಣಗಳಾಗುವವು. ನಕ್ಷತ್ರಗಳ ಹೆಸರುಗಳು ಮತ್ತು ರಾಶಿಚಕ್ರದಲ್ಲಿ ಅವುಗಳ ಸ್ಥಾನವನ್ನು ಈ ಕೆಳಗಿನ ಕೋಷ್ಟಕದಲ್ಲಿ ನೀಡಲಾಗಿದೆ.

ಭಚಕ್ರದಲ್ಲಿಯ ರಾಶಿ ಮತ್ತು ನಕ್ಷತ್ರಗಳು

ಮೇಷ	೧. ಅಶ್ವಿನಿ	ಸಿಂಹ	೧೦. ಮಘಾ	ಧನು	೧೯. ಮೂಲಾ
	೨. ಭರಣಿ		೧೧. ಪೂರ್ವಾ		೨೦. ಪೂರ್ವಾಷಾಢಾ
ವೃಷಭ	೩. ಕೃತ್ತಿಕಾ	ಕನ್ಯಾ	೧೨. ಉತ್ತರಾ	ಮಕರ	೨೧. ಉತ್ತರಾಷಾಢಾ
	೪. ರೋಹಿಣಿ		೧೩. ಹಸ್ತ		೨೨. ಶ್ರವಣ
ಮಿಥುನ	೫. ಮೃಗಶಿರಾ		೧೪. ಚಿತ್ರಾ	ಕುಂಭ	೨೩. ಧನಿಷ್ಠಾ
	೬. ಆದ್ರಾ	ತುಲಾ	೧೫. ಸ್ವಾತಿ		೨೪. ಶತತಾರಕಾ
	೭. ಪುನರ್ವಸು		೧೬. ವಿಶಾಖಾ		೨೫. ಪೂರ್ವಾಭಾದ್ರಪದಾ
ಕರ್ಕ	೮. ಪುಷ್ಯ	ವೃಶ್ಚಿಕ	೧೭. ಆನುರಾಧಾ	ಮೀನ	೨೬. ಉತ್ತರಾಭಾದ್ರಪದಾ
	೯. ಆಶ್ಲೇಷಾ		೧೮. ಜ್ಯೇಷ್ಠಾ		೨೭. ರೇವತಿ

ಪಂಚಾಂಗದ ದೃಷ್ಟಿಕೋನದಿಂದ ಚಂದ್ರನು ರಾಶಿಚಕ್ರದ ಯಾವ ನಕ್ಷತ್ರಭಾಗದಲ್ಲಿ ಇರುವನೋ ಅದಕ್ಕೆ ಚಂದ್ರನಕ್ಷತ್ರ ಅಥವಾ ಆ ದಿನದ ನಕ್ಷತ್ರವೆನ್ನುತ್ತಾರೆ. ಆದ್ದರಿಂದ ನಕ್ಷತ್ರವನ್ನು ಚಂದ್ರನ ನಿರಯನ ಭೋಗದಿಂದ ತೆಗೆಯಲಾಗುವದು.

ನಕ್ಷತ್ರ = ಚಂದ್ರ * 3 / 40

ಇದನ್ನು ನಿಖರವಾಗಿ ೪ ದಶಮಸ್ಥಾನಗಳವರೆಗೆ ತೆಗೆಯಬೇಕು.

ನಕ್ಷತ್ರದ ಪೂರ್ಣಾಂಕವು ಗತಿಸಿದ ನಕ್ಷತ್ರವನ್ನು ಅದರ ಮುಂದಿನ ಸಂಖ್ಯೆಯ ಸದ್ಯದ ನಕ್ಷತ್ರವನ್ನು ತೋರಿಸುತ್ತದೆ. ಅದರ ಆಂಶಿಕ ಭಾಗವು ಭುಕ್ತ ನಕ್ಷತ್ರವನ್ನು ಮತ್ತು ಇನ್ನುಳಿದ ಆಂಶಿಕ ಭಾಗವು ಭೋಗ್ಯವನ್ನೂ ತೋರಿಸುತ್ತದೆ.

ನಕ್ಷತ್ರದಿಂದ ನಕ್ಷತ್ರಚರಣ ಮತ್ತು ಚಂದ್ರನ ರಾಶಿ ಗೊತ್ತಾಗುವವು,

ನಕ್ಷತ್ರಚರಣಗಳು

ನಕ್ಷತ್ರದ ಭುಕ್ತದಿಂದ ಚರಣ ಗೊತ್ತಾಗುವದು.

ಭುಕ್ತ ೦.೦೦ ರಿಂದ ೦.೨೫ ರ ನಡುವೆ ಇದ್ದರೆ ೧ನೆಯ ಚರಣ.

ಭುಕ್ತ ೦.೨೫ ರಿಂದ ೦.೫೦ ರ ನಡುವೆ ಇದ್ದರೆ ೨ನೆಯ ಚರಣ.

ಭುಕ್ತ 0.50 ರಿಂದ 0.75 ರ ನಡುವೆ ಇದ್ದರೆ ೩ನೆಯ ಚರಣ.

ಭುಕ್ತ ಭಾಗ 0.75 ರಿಂದ 1.00 ರ ನಡುವೆ ಇದ್ದರೆ ೪ನೆಯ ಚರಣ.

ಉದಾಹರಣೆ:

ಚಂದ್ರನ ಭೋಗವು 318°.9750 ಆಗಿದ್ದರೆ,

ನಕ್ಷತ್ರ= 318.9750 * (3 / 40) = 23.9231

ಭುಕ್ತ = 0.9231; **ಭೋಗ್ಯ** = 0.0769

(23 ನಕ್ಷತ್ರಗಳು ಪೂರ್ಣಗೊಂಡಿವೆ. ಪ್ರಸ್ತುತ ನಕ್ಷತ್ರ ೨೪ ಅಂದರೆ **ಶತತಾರಕಾ ೪ನೇ** ಚರಣ.

ರಾಶಿಚಕ್ರದ ಹೆಸರು ಮತ್ತು ಅವುಗಳ ಸಾಂಕೇತಿಕ ಚಿತ್ರಗಳನ್ನು ಕೋಷ್ಟಕರೂಪದಲ್ಲಿ ಅಧ್ಯಾಯ 2 ರಲ್ಲಿ ತೋರಿಸಲಾಗಿದೆ.

ನಕ್ಷತ್ರಾಂತ್ಯ ಮತ್ತು ಚರಣಾಂತ್ಯಗಳು

ನಕ್ಷತ್ರಗಳ ಪ್ರತಿಯೊಂದು ಚರಣದ ಸಮಾಪ್ತಿ ಸಮಯಗಳನ್ನು ತಿಥ್ಯಂತದ ರೀತಿಯಲ್ಲಿಯೇ ತೆಗೆಯಲಾಗುತ್ತದೆ.

ಭೋಗ್ಯವು 0.75, 0.50, 0.25 ಮತ್ತು 0.00 ಉಳಿದಾಗ ಕ್ರಮವಾಗಿ 1ನೆ, 2ನೆ, 3ನೆ ಮತ್ತು 4ನೆಯ ಚರಣಗಳು ಮುಗಿಯುತ್ತವೆ. 4ನೆಯ ಚರಣಾಂತ್ಯವು ನಕ್ಷತ್ರಾಂತ್ಯವನ್ನು ತೋರಿಸುತ್ತದೆ.

ಸೂರ್ಯೋದಯ ಕಾಲದ ನಕ್ಷತ್ರವು ದಿನದಲ್ಲಿ ಬೇಗನೆ ಸಮಾಪ್ತವಾದರೆ ಮರುದಿನದ ಸೂರ್ಯೋದಯದವರೆಗೆ ಸಂಭವಿಸುವ ಅದರ ಮುಂದಿನ ನಕ್ಷತ್ರದ ಚರಣಗಳ ಸಮಾಪ್ತಿ ಸಮಯಗಳನ್ನು ಗಣಿಸುವದು ಅಗತ್ಯವಾಗುತ್ತದೆ. ಪ್ರಸ್ತುತ ನಕ್ಷತ್ರಕ್ಕಾಗಿ ಮೊದಲೇ ಲೆಕ್ಕಹಾಕಿದ ಮೌಲ್ಯಗಳನ್ನು ಬಳಸಿಕೊಂಡು ಇದನ್ನು ಮಾಡಬಹುದು.

ಯೋಗ

ಯೋಗವನ್ನು ಸೂರ್ಯ ಮತ್ತು ಚಂದ್ರನ ಭೋಗಗಳ ಬೇರೀಜಿನಿಂದ ನಿರ್ಧರಿಸಲಾಗುತ್ತದೆ, ಇದು 0° ರಿಂದ 360° ಬದಲಾಗಬಹುದು. ಒಟ್ಟು 27 ಯೋಗಗಳಿದ್ದು ಪ್ರತಿ (360/27)= 13.33 ಅಂಶಗಳಿಗೆ ಬದಲಾಗುತ್ತವೆ.

ಯೋಗ ಕ್ರಮಾಂಕ = (ಸೂ + ಚ)*(3/40)+1

27 ಯೋಗಗಳ ಹೆಸರುಗಳನ್ನು ಈ ಕೆಳಗೆ ನೀಡಲಾಗಿದೆ.

ಯೋಗಗಳ ಹೆಸರುಗಳು

೧. ವಿಷ್ಕಂಭ ೨. ಪ್ರೀತಿ ೩. ಆಯುಷ್ಮನ ೪. ಸೌಭಾಗ್ಯ ೫. ಶೋಭನ

೬. ಅತಿಗಂಡ ೭. ಸುಕರ್ಮಾ ೮. ಧೃತಿ ೯. ಶೂಲ ೧೦. ಗಂಡ ೧೧. ವೃದ್ಧಿ ೧೨. ಧ್ರುವ ೧೩. ವ್ಯಾಘಾತ ೧೪. ಹರ್ಷಣ ೧೫. ವಜ್ರ ೧೬. ಸಿದ್ಧಿ ೧೭. ವ್ಯತೀಪಾತ ೧೮. ವರೀಯಾನ ೧೯. ಪರಿಘ ೨೦. ಶಿವ ೨೧. ಸಿದ್ಧ ೨೨. ಸಾಧ್ಯ ೨೩. ಶುಭ ೨೪. ಶುಕ್ಲ ೨೫. ಬ್ರಹ್ಮ ೨೬. ಇಂದ್ರ ೨೭. ವೈಧೃತಿ

ಕೆಳಗಿನ ಶ್ಲೋಕಗಳು ಯೋಗಗಳ ಹೆಸರುಗಳನ್ನು ಬಾಯಿಪಾಠ ಮಾಡಲು ಅನುಕೂಲವಾಗಿವೆ.

ವಿಷ್ಕಂಭಃ ಪ್ರೀತಿರಾಯುಷ್ಮಾನ್ ಸೌಭಾಗ್ಯಃ ಶೋಭನಸ್ತಥಾ ।

ಅತಿಗಂಡಃ ಸುಕರ್ಮಾ ಚ ಧೃತಿಃ ಶೂಲಸ್ತಥೈವ ಚ ॥೧॥

ಗಂಡೋ ವೃದ್ಧಿಧ್ರುವಶ್ಚೈವ ವ್ಯಾಘಾತೋ ಹರ್ಷಣಸ್ತಥಾ ।

ವಜ್ರಂ ಸಿದ್ಧಿರ್ವ್ಯತೀಪಾತೋ ವರೀಯಾನ್ ಪರಿಘಃ ಶಿವಃ ।

ಸಿದ್ಧಃ ಸಾಧ್ಯಃ ಶುಭಃ ಶುಕ್ಲೋ ಬ್ರಹ್ಮೇಂದ್ರೋ ವೈಧೃತಿಸ್ತಥಾ ॥೨॥

ಯೋಗ ಮತ್ತು ಯೋಗಾಂತ್ಯದ ಗಣಿತವು ನಕ್ಷತ್ರ ಮತ್ತು ತಿಥಿಗಳಂತೆಯೇ ಇರುವದು.

ಅಯನಗಳು

ಅಯನವು ವರ್ಷದ ಅರ್ಧ ಅವಧಿಯಾಗಿದೆ. ಸೂರ್ಯನು ಉತ್ತರದ ಕಡೆಗೆ ಚಲಿಸುತ್ತಿರುವ ಅರ್ಧ ವರ್ಷವನ್ನು 'ಉತ್ತರಾಯಣ' ಎಂದು ಮತ್ತು ಸೂರ್ಯನು ದಕ್ಷಿಣಕ್ಕೆ ಚಲಿಸುತ್ತಿರುವ ಇತರ ಅರ್ಧ ವರ್ಷವನ್ನು 'ದಕ್ಷಿಣಾಯನ' ಎಂದು ಕರೆಯಲಾಗುತ್ತದೆ.

ಡಿಸೆಂಬರ್ 21ರಂದು ಸೂರ್ಯನು ದಕ್ಷಿಣದ ಪರಮಕ್ರಾಂತಿ ಅಂದರೆ 23.5° ದಕ್ಷಿಣ (ಮಕರವೃತ್ತ) ದಲ್ಲಿ ಇರುವನು. ಈ ಕ್ಷಣದಿಂದ ಸೂರ್ಯನು ಉತ್ತರಕ್ಕೆ ಚಲಿಸಲು ಪ್ರಾರಂಭಿಸುತ್ತಾನೆ, ಮಾರ್ಚ 21 ರಂದು ವಿಷುವವೃತ್ತವನ್ನು ದಾಟುತ್ತಾನೆ, ಜೂನ 21ರಂದು ಉತ್ತರ ಪರಮಕ್ರಾಂತಿ 23.5° (ಕರ್ಕವೃತ್ತ) ವನ್ನು ತಲುಪುತ್ತಾನೆ. ಈ ಕಾಲವನ್ನು 'ಉತ್ತರಾಯಣ' ಎಂದು ಕರೆಯಲಾಗುತ್ತದೆ.

ಜೂನ್ 21ರಂದು ಸೂರ್ಯನು ದಕ್ಷಿಣದ ಕಡೆಗೆ ಚಲಿಸಲು ಪ್ರಾರಂಭಿಸುತ್ತಾನೆ, ಸಪ್ಟಂಬರ 21 ರಂದು ಮತ್ತೆ ಸಮಭಾಜಕ ವೃತ್ತವನ್ನು ದಾಟಿ ಡಿಸೆಂಬರ 21 ರಂದು 23.5° ದಕ್ಷಿಣ ಪರಮಕ್ರಾಂತಿಯನ್ನು ತಲುಪುತ್ತಾನೆ. ಈ ಕಾಲವನ್ನು 'ದಕ್ಷಿಣಾಯನ' ಎಂದು ಕರೆಯಲಾಗುತ್ತದೆ.

ಸೂರ್ಯನ ವಿಪರೀತ ಉತ್ತರ ಮತ್ತು ದಕ್ಷಿಣ ಸ್ಥಾನಗಳನ್ನು ಕ್ರಮವಾಗಿ ಕರ್ಕಸಂಕ್ರಾಂತಿ ಮತ್ತು ಮಕರಸಂಕ್ರಾಂತಿ ಎಂದು ಕರೆಯಲಾಗುತ್ತದೆ. ಸೂರ್ಯನು ಸಮಭಾಜಕ ವೃತ್ತವನ್ನು ದಾಟುವ ಸಮಯವನ್ನು ವಿಷುವ ಸಂಕ್ರಾಂತಿ ಎಂದು ಕರೆಯಲಾಗುತ್ತದೆ.

ಡಿಸೆಂಬರ್ 21ಕ್ಕೆ ಸೂರ್ಯನು ಸಾಯನ ಮಕರ ರಾಶಿಯನ್ನು ಪ್ರವೇಶಿಸುತ್ತಾನೆ. ಆದರೆ, 'ಅಯನಾಂಶ' ಕಾರಣ ಸೂರ್ಯ ಜನವರಿ 14ರಂದು ನಿರಯನ ಮಕರ ರಾಶಿಯನ್ನು ಪ್ರವೇಶಿಸುತ್ತಾನೆ. ಈ ಘಟನೆಯನ್ನು ಹಿಂದೂ ಕ್ಯಾಲೆಂಡರ್ ಗಳಲ್ಲಿ 'ಮಕರ ಸಂಕ್ರಾಂತಿ'ಎಂದು ಕರೆಯಲಾಗುತ್ತದೆ.

ಮಾಸ (ಲೂನಾರ್ ಸಿನೋಡ್ ತಿಂಗಳು)

ಶಾಲಿವಾಹನ್-ಶಕೆಯ ಅನುಯಾಯಿಗಳ ಪ್ರಕಾರ, ಸೂರ್ಯ ಮತ್ತು ಚಂದ್ರರು ಸಂಯೋಗಗೊಂಡ ಕ್ಷಣದಿಂದ, ಅಂದರೆ ಅಮಾಂತ (ಅಮಾವಾಸ್ಯೆಯ ಮುಕ್ತಾಯ) ದಿಂದ ಮಾಸ ಪ್ರಾರಂಭವಾಗುತ್ತದೆ. ಪ್ರತಿ ಮಾಸವು ಶುಕ್ಲಪಕ್ಷ ಮತ್ತು ಕೃಷ್ಣಪಕ್ಷ ಎಂಬ ಎರಡು ಪಕ್ಷಗಳನ್ನು ಒಳಗೊಂಡಿದೆ. 30 ತಿಥಿಗಳ ನಂತರ ಅದೇ ಸ್ಥಾನವು ಸಂಭವಿಸುತ್ತದೆ ಮತ್ತು ಹೊಸ ತಿಂಗಳು ಪ್ರಾರಂಭವಾಗುತ್ತದೆ. ಒಂದು ವರ್ಷದಲ್ಲಿ 12 ಮಾಸಗಳು ಸಂಭವಿಸುತ್ತವೆ. **ಮಾಸಗಳ ಹೆಸರು ಮಾಸದ ಆರಂಭದಲ್ಲಿ ಸೂರ್ಯನಿರುವ ರಾಶಿಯ ಮೇಲೆ ಅವಲಂಬಿಸಿದೆ. ಕೆಳಗಿನ ಕೋಷ್ಟಕದಲ್ಲಿ ಮಾಸಾರಂಭದ ಕ್ಷಣದಲ್ಲಿ ಸೂರ್ಯನ ಸ್ಥಾನಗಳನ್ನು ನಮೂದಿಸಲಾಗಿದೆ.**

ಋತುಗಳು

ವರ್ಷದ ಅವಧಿಯನ್ನು ಭಾರತೀಯ ಹವಾಮಾನ ಪರಿಸ್ಥಿತಿಗಳಿಗೆ ಅನುಗುಣವಾಗಿ ತಲಾ ಎರಡು ಚಾಂದ್ರಮಾಸಗಳನ್ನು ಒಳಗೊಂಡಿರುವ ಆರು ಋತುಗಳಾಗಿ ವಿಂಗಡಿಸಲಾಗಿದೆ. ಋತು ಮತ್ತು ಮಾಸಗಳ ಹೆಸರುಗಳನ್ನು ಕೋಷ್ಟಕದಲ್ಲಿ ನೀಡಲಾಗಿದೆ.

ಮಾಸ ಮತ್ತು ಋತುಗಳ ಹೆಸರುಗಳು

ಮಾಸ	ಮಾಸಾರಂಭದಲ್ಲಿ ಸೂರ್ಯನ ರಾಶಿ	ಋತು
೧. ಚೈತ್ರ	ಮೀನ	ವಸಂತ
೨. ವೈಶಾಖ	ಮೇಷ	ವಸಂತ
೩. ಜ್ಯೇಷ್ಟ	ವೃಷಭ	ಗ್ರೀಷ್ಮ
೪. ಆಷಾಢ	ಮಿಥುನ	ಗ್ರೀಷ್ಮ
೫. ಶ್ರಾವಣ	ಕರ್ಕ	ವರ್ಷಾ
೬. ಭಾದ್ರಪದ	ಸಿಂಹ	ವರ್ಷಾ
೭. ಆಶ್ವಿನ	ಕನ್ಯಾ	ಶರದ್
೮. ಕಾರ್ತಿಕ	ತುಲಾ	ಶರದ್
೯. ಮಾರ್ಗಶೀರ್ಷ	ವೃಶ್ಚಿಕ	ಹೇಮಂತ

ಮಾಸ	ಮಾಸಾರಂಭದಲ್ಲಿ ಸೂರ್ಯನ ರಾಶಿ	ಋತು
೧೦. ಪುಷ್ಯ	ಧನು	ಹೇಮಂತ
೧೧. ಮಾಘ	ಮಕರ	ಶಿಶಿರ
೧೨. ಫಾಲ್ಗುಣ	ಕುಂಭ	ಶಿಶಿರ

ಯಾವದೊಂದು ತಾರೀಖಿನ ಮಾಸವನ್ನು ಕಂಡುಹಿಡಿಯುವದಕ್ಕೆ

ಮಾಸದ ಪ್ರಾರಂಭದಲ್ಲಿ ಸೂರ್ಯ-ಚಂದ್ರರ ಯುತಿಯು ಯಾವ ರಾಶಿಯಲ್ಲಿಆಗಿದೆ ಎಂಬುದನ್ನು ತಿಳಿಯುವುದು ಅವಶ್ಯವಾಗುತ್ತದೆ. ಪಂಚಾಂಗರಚನೆಯಲ್ಲಿ ಲೆಕ್ಕಾಚಾರಗಳನ್ನು ಅನುಕ್ರಮವಾಗಿ ಮಾಡುವಾಗ ಅಮಾಂತವು ಎದುರಾಗಲು ಮಾಸವನ್ನು ನಿರ್ಧರಿಸುವದು ಸುಲಭ. ಆದರೆ ಯಾವುದೇ ನಿರ್ದಿಷ್ಟ ದಿನದಂದು ಮಾಸವನ್ನು ಯಾದೃಚ್ಛಿಕವಾಗಿ ನಿರ್ಧರಿಸುವುದು ಹೆಚ್ಚು ಕಷ್ಟ.

ಆದಾಗ್ಯೂ, ಮಾಸಾರಂಭದಲ್ಲಿ ಸೂರ್ಯನ ಸ್ಥಾನವನ್ನು ಕಂಡುಹಿಡಿಯುವ ಮೂಲಕ ನೇರವಾಗಿ ಯಾವುದೇ ನಿರ್ದಿಷ್ಟ ದಿನಾಂಕದಂದು ಮಾಸವನ್ನು ಕಂಡುಹಿಡಿಯಲು ಸಾಧ್ಯವಿದೆ.

ಯಾವದೇ ದಿನದ ಮಾಸವನ್ನು ಕಂಡುಹಿಡಿಯುವ ರೀತಿ.

ಮೊದಲು ಇಚ್ಛಿತ ದಿನದಂದು ಶೂನ್ಯಕಾಲದ ದಿನಗಣ ತೆಗೆದು ಆ ದಿನದ ತಿಥಿಯನ್ನು ನಿರ್ಧರಿಸಬೇಕು. ಆ ತಿಥಿಯ ಮೇಲಿಂದ ಅಮಾವಾಸ್ಯೆಯು ಕಳೆದು ಎಷ್ಟು ದಿನಗಳಾಗಿವೆ ಎಂಬುದು ತಿಳಿಯುವದು. ಅಷ್ಟು ದಿನಗಳ ಹಿಂದಿನ ಎರಡು-ಮೂರು ದಿನಗಳ ತಿಥಿಗಳನ್ನು ಹಾಗೂ ಸೂರ್ಯನ ರಾಶಿಗಳನ್ನೂ ಪರಿಶೀಲಿಸಿದರೆ ಮಾಸಾರಂಭ ಮತ್ತು ಆಗಿನ ಸೂರ್ಯನ ರಾಶಿಯು ದೊರಕುವದು ಮತ್ತು ಮಾಸವನ್ನು ನಿರ್ಧರಿಸಬಹುದು.

ಮಾಸವನ್ನು ನಿರ್ಧಾರ ಮಾಡಿದ ಮೇಲೂ ಹೆಚ್ಚಿನ ತಪಾಸಣೆಗಳನ್ನು ಮಾಡದ ಹೊರತು ಅದು ಸಾಮಾನ್ಯಮಾಸವೋ ಅಧಿಕಮಾಸವೋ ಅಥವಾ ನಿಜಮಾಸವೋ ಎಂದು ಹೇಳಲು ಸಾಧ್ಯವಿಲ್ಲ.

ಹಿಂದಿನ ಅಮಾಂತದಲ್ಲಿ ಸೂರ್ಯನು ಅದೇ ರಾಶಿಯಲ್ಲಿ ಇದ್ದವನಾಗಿದ್ದರೆ ಪ್ರಸ್ತುತ ಮಾಸವು ನಿಜಮಾಸ. ಇಲ್ಲವೆ ಮುಂದಿನ ಅಮಾಂತದಲ್ಲಿ ಸೂರ್ಯನು ಅದೇ ರಾಶಿಯಲ್ಲಿ ಇರುವವನಾಗಿದ್ದರೆ ಪ್ರಸ್ತುತ ಮಾಸವು ಅಧಿಕಮಾಸವು. ಇವೆರಡೂ ಇಲ್ಲದೆ ಹೋದರೆ ಅದು ಸಾಮಾನ್ಯ ಮಾಸವು.

ಅಧಿಕಮಾಸ ಮತ್ತು ಕ್ಷಯಮಾಸ

ಸೂರ್ಯನು ಹೊಸ ರಾಶಿಯನ್ನು ಪ್ರವೇಶಿಸದ ಮಾಸವನ್ನು ಅಧಿಕ ಮಾಸ (ಹೆಚ್ಚುವರಿ ತಿಂಗಳು) ಎಂದು ಕರೆಯಲಾಗುತ್ತದೆ. ಒಂದೇ ಮಾಸದಲ್ಲಿ ಸೂರ್ಯ ಎರಡು ರಾಶಿಗಳನ್ನು ದಾಟಿದರೆ, ಅದು ಕ್ಷಯ-ಮಾಸ (ತಪ್ಪಿದ ಅಥವಾ ಕಳೆದುಹೋದ ತಿಂಗಳು) ಎಂದು ಹೇಳಲಾಗುತ್ತದೆ. ಕ್ಷಯ-

ಮಾಸವು ಕಾರ್ತಿಕ, ಮಾರ್ಗಶೀರ್ಷ ಅಥವಾ ಪುಷ್ಯ ಮಾತ್ರ ಆಗಿರಬಹುದು. ಒಂದು ಕ್ಷಯ-ಮಾಸವು ಸಂಭವಿಸುವ ವರ್ಷದಲ್ಲಿ ಎರಡು ಅಧಿಕಮಾಸಗಳು ಸಂಭವಿಸುತ್ತವೆ, ಒಂದು ಕ್ಷಯ-ಮಾಸದ ಮೊದಲು, ಮತ್ತೊಂದು ಅನಂತರ.

ಅಧಿಕಮಾಸದ ಸಂದರ್ಭದಲ್ಲಿ ಸೂರ್ಯನು ಸತತ ಎರಡು ಅಮಾಂತಗಳಲ್ಲಿ ಒಂದೇ ರಾಶಿಯಲ್ಲಿರುತ್ತಾನೆ. ಆದ್ದರಿಂದ, ಒಂದೇ ಹೆಸರಿನ ಎರಡು ಮಾಸಗಳು ಇರುತ್ತವೆ. ಮೊದಲನೆಯದನ್ನು 'ಅಧಿಕಮಾಸ' ಎಂದು ಮತ್ತು ಎರಡನೆಯದನ್ನು ನಿಜಮಾಸ ಎಂದು ಕರೆಯಲಾಗುತ್ತದೆ. ಸಾಮಾನ್ಯವಾಗಿ ಮೂರು ವರ್ಷಕ್ಕೊಮ್ಮೆ ಅಧಿಕ ಮಾಸ ಬಂದೇ ಬರುತ್ತದೆ.

ಕ್ಷಯ-ಮಾಸಕ್ಕೆ ಇರುವ ನಿಯಮ ಸ್ವಲ್ಪ ವಿಚಿತ್ರವಾಗಿದೆ. ಒಂದೇ ಮಾಸದಲ್ಲಿ ಸೂರ್ಯನು ಎರಡು ರಾಶಿಗಳನ್ನು ದಾಟುತ್ತಾನೆ, ಅಂದರೆ, ಮೂರು ರಾಶಿಗಳನ್ನು ಸೂರ್ಯ ಸ್ಪರ್ಶಿಸುತ್ತಾನೆ. ಅಂತಹ ಸಂದರ್ಭದಲ್ಲಿ ಪ್ರಾರಂಭದಲ್ಲಿಯ ಮಾಸವು ಕಳೆದುಹೋಯಿತು ಎಂದು ಹೇಳಲಾಗುತ್ತದೆ, ಮತ್ತು ಅದು ನಡುವಿನ ಮಾಸದ ಹೆಸರನ್ನು ಹೊಂದುತ್ತದೆ.

ಉದಾಹರಣೆಗೆ, ಸೂರ್ಯ ವೃಶ್ಚಿಕ ರಾಶಿಯಲ್ಲಿರುವಾಗ ಮಾಸವು ಪ್ರಾರಂಭವಾಗಿ ಧನು-ರಾಶಿಯನ್ನು ದಾಟಿ ಅದೇ ಮಾಸದಲ್ಲಿ ಮಕರ-ರಾಶಿಯನ್ನು ಪ್ರವೇಶಿಸಿದರೆ, ಮಾರ್ಗಶೀರ್ಷ-ಮಾಸವು ಕಳೆದುಹೋಗುತ್ತದೆ ಮತ್ತು ಅದನ್ನು ಪುಷ್ಯ-ಮಾಸ ಎಂದು ಪರಿಗಣಿಸಿ ಅದನ್ನು 'ಮಾರ್ಗಶೀರ್ಷ-ಕ್ಷಯ-ಪುಷ್ಯ ಮಾಸ' ಎಂದು ಕರೆಯಲಾಗುತ್ತದೆ.

ಅಧಿಕಮಾಸಗಳು ಚೈತ್ರದಿಂದ ಕಾರ್ತಿಕ ವರೆಗಿನ ಯಾವುದೇ ಮಾಸ ಅಥವಾ ಫಾಲ್ಗುಣ ಆಗಿರುತ್ತವೆ, ಬೇರೆ ಯಾವುದೇ ಅಲ್ಲ.

ಮಾಘ ಮಾಸವು ಕ್ಷಯಅಥವಾ ಅಧಿಕ ಆಗುವದಿಲ್ಲ.

ಕ್ಷಯ-ಮಾಸಗಳು ಅತಿ ವಿರಳ.1700 ರಿಂದ 2400 ರ ವರೆಗೆ ಕೇವಲ ಐದು ಬಾರಿ ಮಾತ್ರ ಕ್ಷಯ-ಮಾಸ ಸಂಭವಿಸುತ್ತದೆ. (ಇಸವಿ 1823, 1963, 1983, 2124 ಮತ್ತು 2284.)

ಅಧಿಕಮಾಸ ದಿನಾಂಕ:14-04-2002 ರ ಉದಾಹರಣೆ

0 ಯುಟಿ ದಿನಗಣ = 833.500000000

ಸೂರ್ಯೋದಯದ ಸಮಯ = 0.90940186

Delta_T = 64.35 ಸೆಕೆಂಡು. = 0.00074478 ದಿನಗಳು;

ಸೂರ್ಯೋದಯದಲ್ಲಿ ದಿನಗಣ = 833.53863652

ಸೂರ್ಯೋದಯದಲ್ಲಿ ನಿರಯನ ಚಂದ್ರ = 13°.66373875

ಸೂರ್ಯೋದಯದಲ್ಲಿ ನಿರಯನ ಸೂರ್ಯ = 0°.03914565

ವೃತ್ಯಾಸ = 13°.62459310

ಸೂರ್ಯೋದಯದಲ್ಲಿ ತಿಥಿ = 2

ಅಂದಾಜು ಪ್ರತಿಪದಾ (0 ಯುಟಿ) ದಿನಗಣ

= 833.500000000 - 2 = 831.500000000

ಪ್ರತಿಪದೆಯ ಬಳಿ ಸತತ ದಿನಗಳಲ್ಲಿ ಸೂರ್ಯ-ರಾಶಿಯನ್ನು ತೆಗೆಯಬೇಕು.

ದಿನಗಣ	ನಿ.ಚಂದ್ರ	ನಿ.ಸೂರ್ಯ	ತಿಥಿ	ಸೂರ್ಯರಾಶಿ	ಮಾಸ
831.54336823	349°.67929543	358°.08282122	30	12	1
832.54062999	1°.62173599	359°.06089266	1	12	1

ಮಾಸಾರಂಭದಲ್ಲಿ ಸೂರ್ಯ ರಾಶಿ = 12 ಮತ್ತು ಮಾಸ = 1, ಅಂದರೆ **ಚೈತ್ರ**

ಶಕ ಅಥವಾ ಸಂವತ್ಸರ

ವರ್ಷಗಳನ್ನು ಎಣಿಸುವ ವಿಭಿನ್ನ ವಿಧಾನಗಳಿವೆ. ಗ್ರೆಗೋರಿಯನ್ ಕ್ಯಾಲೆಂಡರನ್ನು ಈಗ ಪ್ರಪಂಚದಾದ್ಯಂತ ಸಾಮಾನ್ಯವಾಗಿ ಬಳಸಲಾಗುತ್ತದೆ. ಭಾರತದಲ್ಲಿ ಎರಡು ತರದ ಯುಗಗಳು ಆಚರಣೆಯಲ್ಲಿವೆ. ಒಂದು ವಿಕ್ರಮ್-ಸಂವತ್ಸರ, ಇದನ್ನು ಉಜ್ಜಯಿನಿಯ ರಾಜ ವಿಕ್ರಮಾದಿತ್ಯ ಕ್ರಿ.ಪೂ. 57ರ ಸುಮಾರಿಗೆ ಪ್ರಾರಂಭಿಸಿದನು. ಇನ್ನೊಂದು ಕ್ರಿ.ಶ. 78ರಲ್ಲಿ ರಾಜ ಶಾಲಿವಾಹನ ಸ್ಥಾಪಿಸಿದ ಶಾಲಿವಾಹನ ಶಕ. ಯಾವುದೇ ಗ್ರೆಗೋರಿಯನ್ ವರ್ಷದ ಆರಂಭದಲ್ಲಿ ಶಾಲಿವಾಹನ ಮತ್ತು ವಿಕ್ರಮ ಸಂವತ್ಸರದ ಕ್ರಮಾಂಕ ಗಳನ್ನು ಈ ಕೆಳಗಿನಂತೆ ನಿರ್ಧರಿಸಬಹುದು.

ಶಾಲಿವಾಹನ ಶಕವು ಚೈತ್ರ-ಶುಕ್ಲ-ಪ್ರತಿಪದೆಯಿಂದ ಪ್ರಾರಂಭವಾಗುತ್ತದೆ. ಮಾಸಗಳು ಅಮಾವಾಸ್ಯೆಯಿಂದ ಅಮಾವಾಸ್ಯೆ. ಮಾಸಗಳ ಮೊದಲ ಅರ್ಧಭಾಗಗಳು ಶುಕ್ಲ-ಪಕ್ಷ ಮತ್ತು ಎರಡನೆಯ ಅರ್ಧಭಾಗಗಳು ಕೃಷ್ಣ-ಪಕ್ಷ. ದಕ್ಷಿಣ ಭಾರತದ ಬಹುತೇಕ ಭಾಗಗಳಲ್ಲಿ ಈ ಪದ್ಧತಿ ಜಾರಿಯಲ್ಲಿದೆ.

ಆದರೆ ವಿಕ್ರಮ ಸಂವತ್ಸರ ಪದ್ಧತಿಯಲ್ಲಿ ಇದು ವಿಭಿನ್ನವಾಗಿದೆ. ಚೈತ್ರ-ಶುಕ್ಲ-ಪಕ್ಷದಿಂದ ವರ್ಷವು ಪ್ರಾರಂಭವಾದರೂ, ಚೈತ್ರ-ಶುಕ್ಲ-ಪೌರ್ಣಿಮೆಯ ನಂತರ ವೈಶಾಖದ ಹೊಸ ತಿಂಗಳು ಪ್ರಾರಂಭವಾಗುತ್ತದೆ. ನಂತರ ಮಾಸಗಳನ್ನು ಅದೇ ಅನುಕ್ರಮದಲ್ಲಿ ಎಣಿಸಲಾಗುತ್ತದೆ, ಕೃಷ್ಣ-ಪಕ್ಷವು ಪ್ರತಿ ತಿಂಗಳ ಪೂರ್ವಾರ್ಧದಲ್ಲಿ ಮತ್ತು ಶುಕ್ಲಪಕ್ಷ, ಉತ್ತರಾರ್ಧದಲ್ಲಿ ಬೀಳುತ್ತದೆ. ವರ್ಷದ ಕೊನೆಯಲ್ಲಿ ಬರುವ ಕೊನೆಯ ಕೃಷ್ಣ-ಪಕ್ಷವನ್ನು ಚೈತ್ರ-ಕೃಷ್ಣ-ಪಕ್ಷ ಎಂದು ಕರೆಯಲಾಗುತ್ತದೆ. ಈ ಪದ್ಧತಿ ಉತ್ತರ ಭಾರತದ ಅನೇಕ ಭಾಗಗಳಲ್ಲಿ ಜಾರಿಯಲ್ಲಿದೆ. ಈ ವೃತ್ಯಾಸದಿಂದಾಗಿ ಉತ್ತರ ಭಾರತದಲ್ಲಿಯ ಅನೇಕ ಧಾರ್ಮಿಕ ಕಾರ್ಯಕ್ರಮಗಳು ಸುಮಾರು 15 ದಿನಗಳ ಮೊದಲೇ ಬರುತ್ತವೆ.

ಸಂವತ್ಸರ

ಭಾರತೀಯ ವರ್ಷವು ಚೈತ್ರ-ಶುಕ್ಲ-ಪ್ರತಿಪದೆಯಿಂದ ಪ್ರಾರಂಭವಾಗುತ್ತದೆ, ಅಂದರೆ ನಿರಯನ ಮೀನ ರಾಶಿಯಲ್ಲಿ ಸೂರ್ಯ ಮತ್ತು ಚಂದ್ರನ ಯುತಿ. ಸಂವತ್ಸರವು ವರ್ಷಕ್ಕೆ ನೀಡಲಾದ ಹೆಸರು. ಪ್ರತಿ 60 ವರ್ಷಗಳ ನಂತರ 60 ಸಂವತ್ಸರಗಳು ಪುನರಾವರ್ತನೆ ಆಗುತ್ತವೆ. ಸಂವತ್ಸರಗಳ ಹೆಸರುಗಳನ್ನು ಕೆಳಗಿನ ಕೋಷ್ಟಕದಲ್ಲಿ ನೀಡಲಾಗಿದೆ.

ಸಂವತ್ಸರಗಳ ಹೆಸರುಗಳು

೧. ಪ್ರಭವ ೨. ವಿಭವ ೩. ಶುಕ್ಲ ೪. ಪ್ರಮೋದ ೫. ಪ್ರಜಾಪತಿ ೬. ಆಂಗಿರಾ ೭. ಶ್ರೀಮುಖ ೮. ಭಾವ ೯. ಯುವ ೧೦. ಧಾತೃ ೧೧. ಈಶ್ವರ ೧೨. ಬಹುಧಾನ್ಯ ೧೩. ಪ್ರಮಾಧಿ ೧೪. ವಿಕ್ರಮ

೧೫. ವೃಷ ೧೬. ಚಿತ್ರಭಾನು ೧೭. ಸುಭಾನು ೧೮. ತಾರಣ ೧೯. ಪಾರ್ಥಿವ ೨೦. ವ್ಯಯ

೨೧. ಸರ್ವಜಿತ್ ೨೨. ಸರ್ವಧಾರಿ ೨೩. ವಿರೋಧಿ ೨೪. ವಿಕೃತಿ ೨೫. ಖರ ೨೬. ನಂದನ ೨೭. ವಿಜಯ ೨೮. ಜಯ ೨೯. ಮನ್ಮಥ ೩೦. ದುರ್ಮುಖ ೩೧. ಹೇಮಲಂಬಿ ೩೨. ವಿಲಂಬಿ ೩೩. ವಿಕಾರಿ ೩೪. ಶರ್ವರಿ ೩೫. ಪ್ಲವ ೩೬. ಶುಭಕೃತ್ ೩೭. ಶೋಭನ ೩೮. ಕ್ರೋಧಿ

೩೯. ವಿಶ್ವಾವಸು ೪೦. ಪರಾಭವ ೪೧. ಪ್ಲವಂಗ ೪೨. ಕೀಲಕ ೪೩. ಸೌಮ್ಯ ೪೪. ಸಾಧಾರಣ

೪೫. ವಿರೋಧಿಕೃತ್ ೪೬. ಪರಿಧಾವಿ ೪೭. ಪ್ರಮಾದಿ ೪೮. ಆನಂದ ೪೯. ರಾಕ್ಷಸ ೫೦. ಅನಲ ೫೧. ಪಿಂಗಲ ೫೨. ಕಲಾಯುಕ್ತ ೫೩. ಸಿದ್ಧಾರ್ಥ ೫೪. ರೌದ್ರ ೫೫. ದುರ್ಮತಿ ೫೬. ದುಂದುಭಿ

೫೭. ರುಧಿರೋದ್ಗಾರಿ ೫೮. ರಕ್ತಾಕ್ಷಿ ೫೯. ಕ್ರೋಧನ ೬೦. ಕ್ಷಯ

ಅರವತ್ತು ಸಂವತ್ಸರಗಳ ಹೆಸರುಗಳನ್ನು ಈ ಕೆಳಗಿನ ಶ್ಲೋಕಗಳನ್ನು ಪಾಠಮಾಡುವ ಮೂಲಕ ನೆನಪಿನಲ್ಲಿ ಇಟ್ಟುಕೊಳ್ಳಬಹುದು.

ಪ್ರಭವೋ ವಿಭವಃ ಶುಕ್ಲಃ ಪ್ರಮೋದೋಥ ಪ್ರಜಾಪತಿಃ |

ಅಂಗಿರಾ ಶ್ರೀಮುಖೋ ಭಾವೋ ಯುವಾ ಧಾತಾ ತಥೈವ ಚ ॥೧॥

ಈಶ್ವರೋ ಬಹುಧಾನ್ಯಶ್ಚ ಪ್ರಮಾಧೀ ವಿಕ್ರಮೋ ವೃಷಃ |

ಚಿತ್ರಭಾನುಃ ಸುಭಾನುಶ್ಚ ತಾರಣಃ ಪಾರ್ಥಿವೋ ವ್ಯಯಃ ॥೨॥

ಸರ್ವಜಿತ್ ಸರ್ವಧಾರೀ ಚ ವಿರೋಧೀ ವಿಕೃತಿಃ ಖರಃ |

ನಂದನೋ ವಿಜಯಶ್ಚೈವ ಜಯೋ ಮನ್ಮಥದುರ್ಮುಖೌ ॥೩॥

ಹೇಮಲಂಬೀ ವಿಲಂಬೀ ಚ ವಿಕಾರೀ ಶರ್ವರೀ ಪ್ಲವಃ |

ಶುಭಕೃತ್ ಶೋಭನಃ ಕ್ರೋಧೀ ವಿಶ್ವಾವಸುಪರಾಭವೌ ॥೪॥

ಪ್ಲವಂಗಃ ಕೀಲಕಃ ಸೌಮ್ಯಃ ಸಾಧಾರಣ ವಿರೋಧಿಕೃತ್ ।

ಪರಿಧಾವೀ ಪ್ರಮಾದೀ ಚ ಆನಂದೋ ರಾಕ್ಷಸೋನಲಃ ॥೫॥

ಪಿಂಗಲಃ ಕಾಲಯುಕ್ತಶ್ಚ ಸಿದ್ಧಾರ್ಥೀ ರೌದ್ರ ದುರ್ಮತೀ ।

ದುಂದುಭೀ ರುಧಿರೋದ್ಗಾರೀ ರಕ್ತಾಕ್ಷೀ ಕ್ರೋಧನಃ ಕ್ಷಯಃ ॥೬॥

ಯಾವುದೇ ಗ್ರೆಗೋರಿಯನ್ ವರ್ಷದ ಆರಂಭದಲ್ಲಿಸಂವತ್ಸರದ ಹೆಸರನ್ನು ಈ ಕೆಳಗಿನಂತೆ ಕಂಡುಹಿಡಿಯಬಹುದು.

ಶಾಲಿವಾಹನ್ ಶಕ = (ವರ್ಷ – 79)

ಸಂವತ್ಸರ ಸಂಖ್ಯೆ = [ಭಾಗದ ಶೇಷ(ವರ್ಷ–8)÷60] + 1

ಮೇಲಿನ ಕೋಷ್ಟಕದಿಂದ ಅದಕ್ಕೆ ಸಂಬಂಧಿಸಿದ ಹೆಸರನ್ನು ಹುಡುಕಿ. ಇದು ವರ್ಷಾರಂಭದ ಸಂವತ್ಸರ. ಯುಗಾದಿಯ ನಂತರ ಸಂವತ್ಸರವು ಬದಲಾಗುವದು.

ಉದಾಹರಣೆಗೆ:

2016 ರ ವರ್ಷದ ಆರಂಭದಲ್ಲಿ ಸಂವತ್ಸರವನ್ನು ಹುಡುಕಿ:

ಶಾಲಿವಾಹನ್ ಶಕ = (2016–79) = 1937

ಸಂವತ್ಸರ = [ಶೇಷ (ವರ್ಷ–8)/60] + 1 = 29

ಅಂದರೆ 'ಮನ್ಮಥ'.

ವರ್ಷದ ಯಾವುದೇ ದಿನಾಂಕದಂದು ಸಂವತ್ಸರ

ಶಕ ಮತ್ತು ಸಂವತ್ಸರದ ಮೇಲಿನ ಸೂತ್ರಗಳು ವರ್ಷದ ಆರಂಭಕ್ಕೆ ಅನ್ವಯವಾಗುತ್ತವೆ, ಆದರೆ ಇಚ್ಛಿತ ದಿನದಂದು ಹೊಸದು ಬಂದಿದ್ದರೆ ನೋಡಬೇಕಾಗುವದು..

ಚೈತ್ರ-ಪ್ರತಿಪದಾ ಅಥವಾ 'ಯುಗಾದಿ' ಅಥವಾ 'ಗುಡಿ ಪಾಡ್ಯ' ಎಂದು ಕರೆಯಲ್ಪಡುವ ತಿಥಿಯಿಂದ ಹೊಸ ಸಂವತ್ಸರ ಪ್ರಾರಂಭವಾಗುತ್ತದೆ. ಇದು ಮಾರ್ಚ್ ೧೧ ರಿಂದ ಏಪ್ರಿಲ್ ೧೯ರ ನಡುವೆ ಯಾವುದೇ ದಿನಾಂಕದಂದು ಬರಬಹುದು. 1700 ರಿಂದ 2400 ರ ಅವಧಿಯಲ್ಲಿ, ಅತ್ಯಂತ ಮುಂಚಿತವಾದ ಯುಗಾದಿಯು 1728 ರಲ್ಲಿ ಮಾರ್ಚ್ 11 ರಂದು ಇತ್ತು ಮತ್ತು ಅತ್ಯಂತ ವಿಳಂಬವಾದ ಯುಗಾದಿ ಏಪ್ರಿಲ್ ೧೯, 2303 ರಲ್ಲಿ ಬೀಳುವದು.

ಯಾವುದೇ ದಿನಾಂಕದಂದು ಸಂವತ್ಸರವನ್ನು ಈ ಕೆಳಗಿನಂತೆ ನಿರ್ಧರಿಸಬಹುದು.

ಮೊದಲು ಮೇಲೆ ಹೇಳಿದಂತೆ ವರ್ಷಾರಂಭದ ಶಕ ಮತ್ತು ಸಂವತ್ಸರ ತೆಗೆಯಬೇಕು.

ನೀಡಲಾದ ದಿನಾಂಕವು ಎಪ್ರಿಲ್ ೧೯ ನ್ನು ದಾಟಿ ಹೋಗಿದ್ದರೆ ಯುಗಾದಿಯು ಕಳೆದಿದೆ ಎಂದರ್ಥ. ಆದ್ದರಿಂದ, ವರ್ಷಾರಂಭದ ಶಕ ಮತ್ತು ಸಂವತ್ಸರಗಳ ಮುಂದಿನ ಶಕ ಮತ್ತು ಸಂವತ್ಸರಗಳನ್ನು ಗ್ರಹಿಸಬೇಕು. ಮಾರ್ಚ್ ೧೧ ರ ಮೊದಲಿನ ದಿನಾಂಕ ವಾಗಿದ್ದರೆ ಸಂವತ್ಸರವು ಬದಲಾಗಿರುವದಿಲ್ಲ. ಇವೆರಡು ದಿನಾಂಕಗಳ ನಡುವಿನದಾಗಿದ್ದಲ್ಲಿ ಮಾಸವನ್ನೂ ಪರಿಶೀಲಿಸಬೇಕಾಗುವದು.

ಈ ಕೆಳಗಿನ ಉದಾಹರಣೆಯನ್ನು ನೋಡಿ.

ಉದಾಹರಣೆ: ಶಕ ಮತ್ತು ಸಂವತ್ಸರ

ದಿನಾಂಕ **14-04-2002**

ವರ್ಷದ ಆರಂಭದಲ್ಲಿ, ಶಕ = (ವರ್ಷ – 79) = 1923 ,

ಸಂವತ್ಸರ ಸಂಖ್ಯೆ = ಶೇಷ [(ವರ್ಷ – 7) / 60] = 15

14-04-2002 ರಂದು ಚಾಂದ್ರ ಮಾಸ = 1.

ಅಂದರೆ 'ಯುಗಾದಿ' ಬಂದು ಹೋಗಿದೆ.

ಹೊಸ ಸಂವತ್ಸರ ಬಂದಿದೆ. ಆದ್ದರಿಂದ ಇಚ್ಛಿತ ದಿನಾಂಕದಂದು–

ಶಕ = 1924

ಸಂವತ್ಸರ ಸಂಖ್ಯೆ 16 = 'ಚಿತ್ರಭಾನು' ಸಂವತ್ಸರ

ವಿಕ್ರಮ್-ಸಂವತ್ಸರ*: ಇದರ ಪ್ರಕಾರ, ಗ್ರೆಗೋರಿಯನ್ ವರ್ಷದ ಆರಂಭದಲ್ಲಿ ಸಂವತ್ಸರದ ಹೆಸರನ್ನು ಈ ಕೆಳಗಿನಂತೆ ಕಾಣಬಹುದು.

ವಿಕ್ರಮ ಸಂವತ್ಸರ = (ವರ್ಷ +56)

ಸಂವತ್ಸರ ಸಂಖ್ಯೆ = ಪೂರ್ಣಾಂಕ ವಿಭಾಗದ ಶೇಷ (ವರ್ಷ +5) ÷ 60

ಮೇಲಿನ ಕೋಷ್ಟಕದಿಂದ ಅದಕ್ಕೆ ಸಂಬಂಧಿಸಿದ ಹೆಸರನ್ನು ಹುಡುಕಿ.

ಉದಾಹರಣೆಗೆ 2016 ನೇ ವರ್ಷದಲ್ಲಿ ಪ್ರಾರಂಭವಾಗುವ ಸಂವತ್ಸರವನ್ನು ಕಂಡುಹಿಡಿಯಿರಿ,

ವಿಕ್ರಮ್ ಸಂವತ್ಸರ = (2016 + 56) = 2072

ಸಂವತ್ಸರ ಸಂಖ್ಯೆ = ಶೇಷ (2016+5) ÷ 60 = 4

ವಿರಾಮ್ ಸಂವತ್ಸರದ ಹೆಸರು 'ಪ್ಲವಂಗ'.

2015ರ ಆರಂಭದಲ್ಲಿ ಸಂವತ್ಸರ ನಂ.40. ಅಂದರೆ 'ಪರಾಭವ'.

(*ಸೂಚನೆ: ವಿಕ್ರಮ್ ಸಂವತ್ಸರವನ್ನು ಎಣಿಸುವಲ್ಲಿ ಪ್ರಾದೇಶಿಕ ವ್ಯತ್ಯಾಸಗಳಿವೆ.)

ರಾಹು ಮತ್ತು ಕೇತು

ಚಂದ್ರನ ಕಕ್ಷೆಯು ಕ್ರಾಂತಿವೃತ್ತ(ಎಕ್ಲಿಪ್ಟಿಕ್)ವನ್ನು ದಾಟುವ ಬಿಂದುಗಳನ್ನು ಚಂದ್ರನ ಪಾತಗಳು ಎಂದು ಕರೆಯಲಾಗುತ್ತದೆ. ಆರೋಹೀ (ಉತ್ತರಾಭಿಮುಖ) ಪಾತವನ್ನು ರಾಹು ಎಂದು ಕರೆಯಲಾಗುತ್ತದೆ ಅವರೋಹೀ ಪಾತವನ್ನು ಕೇತು ಎಂದು ಕರೆಯಲಾಗುತ್ತದೆ. ಅವು ಯಾವಾಗಲೂ 180° ಅಂತರದಲ್ಲಿರುತ್ತವೆ. ಅವುಗಳಿಗೆ ಯಾವುದೇ ಭೌತಿಕ ಅಸ್ತಿತ್ವವಿಲ್ಲ. ಆದಾಗ್ಯೂ, ಅವುಗಳನ್ನು ಛಾಯಾ-ಗ್ರಹಗಳು ಎಂದು ಪರಿಗಣಿಸಲಾಗುತ್ತದೆ ಮತ್ತು ಜ್ಯೋತಿಷ್ಯದಲ್ಲಿ ಅವುಗಳಿಗೆ ವಿಶೇಷ ಸ್ಥಾನವಿದೆ. ಸೂರ್ಯ ಮತ್ತು ಚಂದ್ರರು ಅವುಗಳ ಬಳಿ ಬಂದಾಗ ಗ್ರಹಣಗಳು ಸಂಭವಿಸುವುದರಿಂದ ಈ ಬಿಂದುಗಳಿಗೆ ಮಹತ್ವವಿದೆ. ಪಾತ ಎಂಬ ಪದವು ಸಾಮಾನ್ಯವಾಗಿ ಆರೋಹೀ ಪಾತವನ್ನೇ ಸೂಚಿಸುತ್ತದೆ.

ಮಧ್ಯಮ ರಾಹುವು ದಿನಕ್ಕೆ ಸುಮಾರು 3.11 ಏಕಲೆ (ಆರ್ಕ್-ನಿಮಿಷ)ಗಳ ಹಿಮ್ಮುಖ ಚಲನೆಯನ್ನು ಹೊಂದಿದೆ ಮತ್ತು ನಿಜವಾದ ರಾಹುವು ಸ್ವಲ್ಪ ಆಂದೋಲಿತ ಚಲನೆಯನ್ನು ಹೊಂದಿದೆ. ಇದರಿಂದಾಗಿ ನಿಜವಾದ ರಾಹುವು ಮಧ್ಯಮ ಸ್ಥಿತಿಗಿಂತ 1°.5 ರವರೆಗೆ ಹೆಚ್ಚು-ಕಡಿಮೆಯಾಗಿರುತ್ತದೆ.

ಮಧ್ಯಮ ರಾಹುವು ಅದರ ಸರಾಸರಿ ಭೋಗವು. ಇದು ಚಂದ್ರಾರ್ಕ ಉಪಕರಣಗಳಲ್ಲಿ ಒಂದಾಗಿದೆ. ನಿಜವಾದ ರಾಹುವು ಅದರ ವಾಸ್ತವಿಕ ಭೋಗವಾಗಿದೆ. ಮೊದಲು ಮಧ್ಯಮ ರಾಹುವನ್ನು ತೆಗೆದು ಅದಕ್ಕೆ ಸಂಸ್ಕಾರ (ತಿದ್ದುಪಡೆ) ಮಾಡಿ ನಿಜ-ರಾಹುವನ್ನು ಲೆಕ್ಕಹಾಕಲಾಗುತ್ತದೆ.

$$\text{ಮಧ್ಯಮ ರಾಹು } \Omega = 450160.398036 - 6962890.5431T + 7.4722T^2$$
$$+ 0.007702T^3 - 0.00005939T^4$$

$$\text{ತಿದ್ದುಪಡಿ} = -1.4979 * \sin(2*D - 2*F)$$
$$- 0.1500 * \sin(Ms)$$
$$- 0.1226 * \sin(2*D)$$
$$+ 0.1177 * \sin(2*F)$$
$$- 0.0801 * \sin(2*Mm - 2*F)$$

$$\text{ನಿಜವಾದ ರಾಹು} = \text{ಮಧ್ಯಮ ರಾಹು} + \text{ತಿದ್ದುಪಡಿ}$$

ಹಿಂದೂ ಖಗೋಲಶಾಸ್ತ್ರದಲ್ಲಿ ಕಾಲಮಾಪನ

'ಸೂರ್ಯಸಿದ್ಧಾಂತ'ವು ಅತ್ಯಂತ ಪುರಾತನ ಸಂಸ್ಕೃತ ಗ್ರಂಥಗಳಲ್ಲಿ ಒಂದಾಗಿದೆ. ಇದು ಸ್ವತಃ ಸೂರ್ಯ-ದೇವರಿಂದ ಬಂದಿದೆ ಎಂದು ಭಾರತೀಯರು ನಂಬುತ್ತಾರೆ. ಕೆಲವು ಸಂಪ್ರದಾಯವಾದಿ

ಪಂಚಾಂಗ ತಯಾರಕರು ಈಗಲೂ ಸೂರ್ಯಸಿದ್ಧಾಂತದಲ್ಲಿಯ ಸೂತ್ರಗಳನ್ನು ಅನುಸರಿಸುತ್ತಾರೆ. ಆದರೆ ಅತ್ಯಾಧುನಿಕ ವೈಜ್ಞಾನಿಕ ವಿಧಾನಗಳೊಂದಿಗೆ ಅವುಗಳ ಹೊಂದಾಣಿಕೆಯಾಗುವದಿಲ್ಲ.

ಸೂರ್ಯಸಿದ್ಧಾಂತದ ಪ್ರಕಾರ, ಒಂದು ಮಹಾಯುಗವು 4,320,000 ಸೌರವರ್ಷಗಳದಾಗಿದ್ದು ಕೃತಯುಗ, ತ್ರೇತಾಯುಗ, ದ್ವಾಪರಯುಗ ಮತ್ತು ಕಲಿಯುಗ ಎಂಬ 4 ಯುಗಗಳನ್ನು ಒಳಗೊಂಡಿದೆ. ಇವುಗಳ ಅವಧಿಗಳು 4:3:2:1 ರ ಅನುಪಾತದಲ್ಲಿರುತ್ತವೆ. (ಕೃತ =1728000 ವರ್ಷ, ತ್ರೇತಾ = 1296000 ವರ್ಷ., ದ್ವಾಪರ = 864,000 ವರ್ಷಗಳು., ಕಲಿ = 432,000 ವರ್ಷಗಳು.).

ಒಂದು ಮನ್ವಂತರ = 71 ಮಹಾಯುಗಗಳು (306,720,000 ವರ್ಷಗಳು) + ಕೊನೆಯಲ್ಲಿ 1728,000 ವರ್ಷಗಳ ಸಂಧಿಕಾಲ = ಒಟ್ಟು 308,448,000 ವರ್ಷಗಳು. ಮನ್ವಂತರದ ಕೊನೆಯಲ್ಲಿ ಜಲಪ್ರಳಯದಿಂದ ಪ್ರಪಂಚದ ನಾಶವಾಗುತ್ತದೆ.

ಒಂದು ಕಲ್ಪ = ಒಂದು ಕಲ್ಪಾರಂಭ-ಸಂಧಿ + 14 ಮನ್ವಂತರಗಳು

=1,728,000 + (14 × 308,448,000) = 4,320,000,000 ವರ್ಷಗಳು.

ಕಲ್ಪದ ಅವಧಿಯು 1000 ಮಹಾಯುಗಗಳ ಅವಧಿಗೆ ಸಮನಾಗಿದೆ.

ಪ್ರತಿ ಕಲ್ಪದ ನಂತರ, ಬ್ರಹ್ಮಾಂಡವು ನಾಶವಾಗುತ್ತದೆ ಮತ್ತು ಹೊಸದಾಗಿ ರಚಿಸಲಾಗುತ್ತದೆ. ಹೊಸ ಬ್ರಹ್ಮಾಂಡವನ್ನು ರಚಿಸಲು ಕಳೆದ ಸಮಯವು 12,000 ದಿವ್ಯ ವರ್ಷಗಳು (ಒಂದು ದಿವ್ಯ ವರ್ಷ = 360 ಸೌರ ವರ್ಷಗಳು) ಅಂದರೆ, 17,064,000 ವರ್ಷಗಳು.

ಬ್ರಹ್ಮನು ಬ್ರಹ್ಮಾಂಡದ ಸೃಷ್ಟಿಕರ್ತ ಎಂದು ನಂಬಲಾಗಿದೆ.

ಬ್ರಹ್ಮನ ಒಂದು ದಿನ ಕಲ್ಪಕ್ಕೆ ಸಮ, ಮತ್ತು ರಾತ್ರಿ ಯೂ ಅದೇ ಅವಧಿಯದು. ಅಂತಹ 360 ದಿನಗಳು ಮತ್ತು 360 ರಾತ್ರಿಗಳು ಬ್ರಹ್ಮನ ಒಂದು ವರ್ಷವನ್ನು ಮಾಡುತ್ತವೆ, ಮತ್ತು ಬ್ರಹ್ಮನ ವಯಸ್ಸು ಅಂತಹ 100 ವರ್ಷಗಳು ಎಂದು ನಂಬಲಾಗಿದೆ. ಹೀಗಾಗಿ,

ಬ್ರಹ್ಮನ ವಯಸ್ಸು = 100 * (360 * 2 * ಕಲ್ಪ) = 72,000 ಕಲ್ಪಗಳು

= 3.1104 ×10^{14} ವರ್ಷಗಳು.

ಬ್ರಹ್ಮನು 50 ಕಲ್ಪಗಳನ್ನು ಪೂರ್ಣಗೊಳಿಸಿದ್ದಾನೆ ಎಂದು ನಂಬಲಾಗಿದೆ. ಆದ್ದರಿಂದ ಪ್ರಸ್ತುತ ಕಲ್ಪದ ಪ್ರಾರಂಭದಿಂದ ಸಮಯವನ್ನು ಎಣಿಸಬೇಕಾಗಿದೆ.

ಪ್ರಸ್ತುತ ಕಲ್ಪವಾದ ಶ್ರೀಶ್ವೇತವಾರಾಹ-ಕಲ್ಪದಲ್ಲಿ 6 ಮನ್ವಂತರಗಳು ಕಳೆದು ಹೋಗಿವೆ ಮತ್ತು ವೈವಸ್ವತ-ಮನ್ವಂತರ ಎಂದು ಕರೆಯಲ್ಪಡುವ 7ನೆಯದು ನಡೆದಿದೆ. ಇದರಲ್ಲಿ 27 ಮಹಾಯುಗಗಳು ಕಳೆದಿರುವವು. 28ನೇ ಮಹಾಯುಗದಲ್ಲಿ ಕೃತಯುಗ, ತ್ರೇತಾಯುಗ ಮತ್ತು ದ್ವಾಪರಯುಗಗಳು ಮುಗಿದು ಸದ್ಯ ಕಲಿಯುಗ ನಡೆಯುತ್ತಿದೆ. ಆದ್ದರಿಂದ ಕಲಿಯುಗದ

ಆರಂಭದವರೆಗೆ ಕಲ್ಪದ ಅವಧಿಯಲ್ಲಿ ಕಳೆದ ಒಟ್ಟು ವರ್ಷಗಳ ಸಂಖ್ಯೆಯನ್ನು ಈ ಕೆಳಗಿನಂತೆ ಲೆಕ್ಕ ಹಾಕಲಾಗುತ್ತದೆ.

ವರ್ಷಗಳ ಸಂಖ್ಯೆ

ಆರಂಭದಲ್ಲಿ ಕಲ್ಪರಂಭ ಸಂಧಿ = 1,728,000

6 ಮನ್ವಂತರಗಳು ಸಂಧಿಗಳೊಂದಿಗೆ = 6 × 308,448,000 = 1,850,688,000

27 ಮಹಾಯುಗಗಳು = 27 × 4,320,000 = 116,640,000

ಕೃತಯುಗದ ಅವಧಿ = 1,728,000

ತ್ರೇತಾಯುಗದ ಅವಧಿ = 1,296,000

ದ್ವಾಪರಯುಗದ ಅವಧಿ = 864,000

================

ಒಟ್ಟು 1,972,944,000

ಬ್ರಹ್ಮಾಂಡದ ಸೃಷ್ಟಿ ಕಳೆದ ಸಮಯವನ್ನು ಕಡಿತಗೊಳಿಸಿ – 17,064,000

================

ಕಲಿಯುಗದ ಆರಂಭದವರೆಗಿನ ವರ್ಷಗಳು 1,955,880,000

ಕ್ರಿ.ಪೂ. 3102 ರ ಫೆಬ್ರವರಿ 17ರಂದು ಕಲಿಯುಗದ ಪ್ರಾರಂಭ

ನಿರ್ದಿಷ್ಟ ಗ್ರೆಗೋರಿಯನ್ ವರ್ಷದವರೆಗೆ ಕಳೆದ ಕಲಿಯುಗ-ವರ್ಷಗಳ ಸಂಖ್ಯೆ

$$\boxed{\text{ಕಲಿಯುಗದ ವರ್ಷಗಳು = ಗ್ರೆಗೋರಿಯನ್ ವರ್ಷ + 3101}}$$

ಕಲಿಯುಗದ ಆರಂಭದವರೆಗೆ ಕಳೆದ ವರ್ಷಗಳಿಗೆ ಕಲಿಯುಗದ ವರ್ಷಗಳನ್ನು ಸೇರಿಸುವ ಮೂಲಕ, ಕಲ್ಪದ ಅವಧಿಯಲ್ಲಿ ಕಳೆದ ಒಟ್ಟು ವರ್ಷಗಳನ್ನು ಗಣಿಸಲು ಸಾಧ್ಯವಾಗುತ್ತದೆ.

ಕಲಿಯುಗದಲ್ಲಿ ಕಳೆದ ವರ್ಷಗಳನ್ನು 432,000 ದಿಂದ ಕಳೆಯಲಾಗಿ ಕಲಿಯುಗದಲ್ಲಿ ಉಳಿದಿರುವ ವರ್ಷಗಳ ಸಂಖ್ಯೆಯನ್ನು ಪಡೆಯಬಹುದು.

ಉದಾಹರಣೆ: ಗ್ರೆಗೋರಿಯನ್ ವರ್ಷ 2015ದಲ್ಲಿ,

ಕಲಿಯುಗದಲ್ಲಿ ಕಳೆದ ವರ್ಷಗಳು = 2015 + 3101 = 5116.

ಕಲಿಯುಗದಲ್ಲಿ ಉಳಿದ ವರ್ಷಗಳು = 432,000 –5116 = 426,884

ಕಲ್ಪದಲ್ಲಿ ಕಳೆದ ವರ್ಷಗಳ ಸಂಖ್ಯೆ = 1,955,880,000 + 5116

= 1,955,885,116

ಸಂವತ್ಸರ ಫಲ

ಪಂಚಾಂಗಗಳ ಮತ್ತೊಂದು ಮುಖ್ಯ ಭಾಗವೆಂದರೆ ಸಂವತ್ಸರ ಫಲ, ಅಂದರೆ ವರ್ಷದಲ್ಲಿನ ಭವಿಷ್ಯವಾಣಿಗಳು. ಇದು ಖಗೋಲಶಾಸ್ತ್ರಕ್ಕಿಂತ ಹೆಚ್ಚಾಗಿ ಫಲಜ್ಯೋತಿಷ್ಯದ ವಿಷಯವಾಗಿದೆ. ಆದರೂ ಖಗೋಳಘಟನೆಗಳೊಂದಿಗೆ ಖಂಡಿತವಾಗಿಯೂ ಹೊಂದಿಕೊಂಡಿದೆ.

ಚೈತ್ರಮಾಸದ ಮೊದಲ ತಿಥಿಗೆ ಇರುವ ವಾರದ ಸ್ವಾಮಿಯು ಆ ಸಂವತ್ಸರಕ್ಕೆ ರಾಜನಾಗುವನು.

ಪ್ರತಿಯೊಂದು ಗ್ರಹ, ಸೂರ್ಯ ಮತ್ತು ಚಂದ್ರ ಮಂತ್ರಿ, ಸೇನಾಪತಿ ಮುಂತಾದ ವಿಭಾಗಗಳ ಅಧಿಕಾರಿಗಳಾಗುವರು ಮತ್ತು ಅದರ ಪ್ರಕಾರ ಭವಿಷ್ಯನುಡಿಯಲಾಗುತ್ತದೆ. ಯಾವ ವಿಭಾಗದ ನಿಯಂತ್ರಕ ಯಾರು ಎಂದು ನಿರ್ಧರಿಸಲು, ಬೇರೆ ಬೇರೆ ರಾಶಿಗಳಲ್ಲಿ ಸೂರ್ಯನು ಪ್ರವೇಶಮಾಡುವಾಗ ಇರುವ ವಾರದ ಸ್ವಾಮಿಯ ವಿಚಾರ ಮಾಡಬೇಕಾಗುತ್ತದೆ. ರವಿ, ಚಂದ್ರ, ಮಂಗಳ, ಬುಧ, ಗುರು, ಶುಕ್ರ ಮತ್ತು ಶನಿ ಕ್ರಮವಾಗಿ ಆಯಾ ವಾರದ ಸ್ವಾಮಿಗಳು.

ಶುಕ್ರ, ಬುಧ, ಚಂದ್ರ ಮತ್ತು ಗುರು ಅನುಕೂಲಕರ ಫಲಿತಾಂಶಗಳನ್ನು ಮತ್ತು ಉಳಿದವು ಪ್ರತಿಕೂಲ ಫಲಿತಾಂಶಗಳನ್ನು ಕೊಡುವವೆಂದು ನಂಬಿಕೆಯಿದೆ.

ಈ ವಿಷಯದಲ್ಲಿ ಭಿನ್ನಾಭಿಪ್ರಾಯಗಳೂ ಉಂಟು.

ಸ್ಪಷ್ಟ ಗ್ರಹಗಳು

ಪಂಚಾಂಗಗಳು ಗ್ರಹಗಳ 0:00 ಯುಟಿಯಲ್ಲಿ ದೈನಂದಿನ ಸ್ಥಾನಗಳನ್ನು ಒದಗಿಸುತ್ತವೆ. ಗ್ರಹಗಳ ಸ್ಥಾನಗಳನ್ನು ಕಂಡುಹಿಡಿಯುವ ವಿಧಾನವನ್ನು ಅಧ್ಯಾಯ 7 ರಲ್ಲಿ ವಿವರಿಸಲಾಗಿದೆ. ಇಲ್ಲಿ ಇನ್ನು ಕೆಲವು ವಿಷಯಗಳನ್ನು ತಿಳಿದುಕೊಳ್ಳೋಣ.

ಗ್ರಹಗಳ ಹಿಮ್ಮುಖ ಚಲನೆಗಳು: ಸೂರ್ಯನಿಗೆ ಸಂಬಂಧಿಸಿದಂತೆ ಎಲ್ಲ ಗ್ರಹಗಳು ಪೂರ್ವದಿಕ್ಕಿನಲ್ಲಿ ಚಲಿಸುತ್ತಿದ್ದರೂ, ಕೆಲವು ಬಾರಿ ಗ್ರಹಗಳು ಭೂಮಿಯಿಂದ ನೋಡಿದಂತೆ ಹಿಮ್ಮುಖ ದಿಕ್ಕಿನಲ್ಲಿ ಚಲಿಸುವಂತೆ ತೋರುತ್ತವೆ. ಆಗ ಅವು ವಕ್ರೀ ಇರುವವು ಎನ್ನಲಾಗುತ್ತದೆ.

ಯಾವುದೇ ಕ್ಷಣದಲ್ಲಿ ಗ್ರಹದ ಸ್ಥಾನವನ್ನು ಈ ಮೊದಲು ಹೇಳಿದ ವಿಧಾನದಿಂದ ಕಂಡುಹಿಡಿದಾಗ ಅದರ ಚಲನೆ ನೇರವೋ ಅಥವಾ ವಕ್ರವೋ ಎಂದು ಹೇಳಲಾಗದು. ಅದನ್ನು ಗಣಿತೀಯವಾಗಿ ನಿರ್ಧರಿಸಲು ಅದರ ಭೋಗಗಳನ್ನು ಸತತ ಎರಡು ದಿನಗಳಲ್ಲಿ ಲೆಕ್ಕಹಾಕುವುದು ಅಗತ್ಯವಾಗುತ್ತದೆ. ಭೋಗದಲ್ಲಿ ಹೆಚ್ಚಳವಾದರೆ ಅದು ನೇರ ಚಲನೆಯಲ್ಲಿದೆ ಎಂದೂ ಭೋಗವು ಕಡಿಮೆಯಾದರೆ ಅದು ವಕ್ರೀ ಇರುವದೆಂದೂ ನಿರ್ಣಯಿಸಬೇಕು.

ಕೆಲವು ಬಾರಿ ಬುಧ ಮತ್ತು ಶುಕ್ರ ಗ್ರಹಗಳು ಕೆಲವು ದಿನಗಳವರೆಗೆ ಸ್ಥಿರವಾಗಿ ಒಂದೇ ಸ್ಥಿತಿಯಲ್ಲಿ ನಿಂತಿರುವಂತೆ ತೋರುತ್ತವೆ. ಚಲನೆಯು ನೇರದಿಂದ ವಕ್ರ ಅಥವಾ ವಕ್ರದಿಂದ

ನೇರದಲ್ಲಿ ಬದಲಾಗುವಾಗ ಹೀಗೆ ಭಾಸವಾಗುತ್ತದೆ. ಆಗ ಗ್ರಹಗಳು ಸ್ತಂಭೀ ಆಗಿರುವವು ಎನ್ನುತ್ತಾರೆ.

ಗ್ರಹಗಳ ಅಸ್ತವಾಗುವಿಕೆ

ಈ ಅಸ್ತವಾಗುವಿಕೆಯು ಪೂರ್ವ-ಪಶ್ಚಿಮಗಳಲ್ಲಿ ಆಗುವ ಉದಯಾಸ್ತಗಳಿಗೆ ಸಂಬಂಧಿಸಿಲ್ಲ. ಗ್ರಹಗಳು ಸೂರ್ಯನ ಬಳಿ ಬಂದಾಗ ಅವು ಸೂರ್ಯನ ಪ್ರಭೆಯಲ್ಲಿ ಕಾಣದಂತಾಗುವವು. ಆಗ ಗ್ರಹವು ಅಸ್ತವಿದೆ ಎಂದು ಹೇಳಲಾಗುತ್ತದೆ. ಭಾರತದಲ್ಲಿ ಗುರು ಅಥವಾ ಶುಕ್ರ ಅಸ್ತವಾಗಿರುವಾಗ ಪ್ರಮುಖ ಧಾರ್ಮೀಕ ಕಾರ್ಯಗಳನ್ನು ಮಾಡುವದಿಲ್ಲ. ಗ್ರಹಗಳ ಅಸ್ತವಾಗುವಿಕೆಯು ಸೂರ್ಯನಿಂದ ಅಂತರ ಮತ್ತು ಆಯಾ ಗ್ರಹದ ಪ್ರಖರತೆಯನ್ನು ಅವಲಂಬಿಸಿದೆ.

ಈ ಕೆಳಗಿನ ಕೋಷ್ಟಕವು ಸೂರ್ಯನಿಂದ ಗ್ರಹಗಳ ದೂರವನ್ನು ತೋರಿಸುತ್ತದೆ. ಅದಕ್ಕಿಂತ ಕಡಿಮೆ ಅಂತರದಲ್ಲಿದ್ದಾಗ ಗ್ರಹಗಳು ಅಸ್ತವಾಗಿವೆ ಎಂದು ಹೇಳಲಾಗುತ್ತದೆ.

ಬುಧ 13°

ಮಂಗಳ 17°

ಗುರು 11°

ಶುಕ್ರ 8°

ಶನಿ 15°

ಲಗ್ನ (Ascendant)

ಭೂಮಿಯು ಅದರ ಅಕ್ಷದ ಸುತ್ತ ಪರಿಭ್ರಮಿಸುವ ಕಾರಣದಿಂದಾಗಿ ಪೂರ್ವದ ಕಡೆಗೆ ನೋಡಿದಾಗ ರಾಶಿಚಕ್ರವು ದಿಗಂತದ ಕೆಳಗಿನಿಂದ ಕ್ರಮೇಣ 4 ನಿಮಿಷಗಳಿಗೆ ಸುಮಾರು 1° ಅಂಶದಷ್ಟು ಮೇಲಕ್ಕೆ ಸರಿಯುತ್ತಿರುತ್ತದೆ.

ಇಚ್ಛಿತ ಸಮಯದಲ್ಲಿ ದಿಗಂತದಲ್ಲಿ ಏರುತ್ತಿರುವ ರಾಶಿಚಕ್ರದ ಬಿಂದುವನ್ನು ಆ ಸ್ಥಳದಲ್ಲಿ ಆ ಕ್ಷಣದ ಲಗ್ನ ಎಂದು ಕರೆಯಲಾಗುತ್ತದೆ.

ಒಂದು ನಿರ್ದಿಷ್ಟ ರಾಶಿ ದಿಗಂತದಲ್ಲಿ ಉದಯವಾದಾಗಿನಿಂದ ಮುಂದಿನ ರಾಶಿ ಉದಯವಾಗುವ ವರೆಗಿನ ಅವಧಿಯನ್ನು ಆ ರಾಶಿಯ ಲಗ್ನ ಎಂದು ಕರೆಯಲಾಗುತ್ತದೆ. (ಉದಾಹರಣೆಗೆ ಕರ್ಕ-ಲಗ್ನ, ಮಕರ-ಲಗ್ನ ಇತ್ಯಾದಿ)

ಪ್ರತಿ ಲಗ್ನದ ಸರಾಸರಿ ಅವಧಿ ಎರಡು ಗಂಟೆಗಳು. ದಿನವಿಡೀ ಸಮಯದಲ್ಲಿ ಪ್ರತಿ ಲಗ್ನದ ಸಮಾಪ್ತಿ ಕ್ಷಣಗಳನ್ನು ಪಂಚಾಂಗದಲ್ಲಿ ಕೊಡಲಾಗಿರುತ್ತದೆ.

ಲಗ್ನ ಮತ್ತು ದಶಮಭಾವ ಸಾಧನೆಗಾಗಿ ಇಚ್ಛಿತ ಸ್ಥಾನದ ಅಕ್ಷಾಂಶ, ಸ್ಥಾನಾಸ ಮತ್ತು ತೈರ್ಯಕ್ಯ ಇವು ಗೊತ್ತಿರಬೇಕು. ಅನಂತರ ಕೆಳಗಿನಂತೆ ಅನುಸರಿಸಬೇಕು.

ಲಗ್ನ ಸಾಧನೆ

A = tan(ಅಕ್ಷಾಂಶ)*sin(ತೈರ್ಯಕ್ಯ)/cos(ಸ್ಥಾನಾಸ)

B = cos(ತೈರ್ಯಕ್ಯ)* tan(ಸ್ಥಾನಾಸ)

ಸಾಯನ ಲಗ್ನ = ಚಕ್ರಶುದ್ಧ (atan(A + B)+ 90)

ಸ್ಥಾನಾಸ 90 ಮತ್ತು 270 ಅಂಶಗಳ ನಡುವೆ ಇದ್ದರೆ ಲಗ್ನದಲ್ಲಿ180 ಅಂಶ ಕೂಡಿಸಬೇಕು.

ನಿರಯನ ಲಗ್ನ = ಚಕ್ರಶುದ್ಧ(ಸಾಯನ ಲಗ್ನ- ಅಯನಾಂಶ)

ದಶಮ ಭಾವ ಸಾಧನೆ

ಸಾಯನ ದಶಮ = atan[tan(ಸ್ಥಾನಾಸ)/cos(ತೈರ್ಯಕ್ಯ)]

ಸ್ಥಾನಾಸ 90 ಮತ್ತು 270 ಅಂಶಗಳ ನಡುವೆ ಇದ್ದರೆ ದಶಮದಲ್ಲಿ180 ಅಂಶ ಕೂಡಿಸಬೇಕು.

ನಿರಯನ ದಶಮ = ಚಕ್ರಶುದ್ಧ(ಸಾಯನ ಲಗ್ನ - ಅಯನಾಂಶ)

ಕುಂಡಲಿ (ಹೊರೋಸ್ಕೋಪ)

ಕುಂಡಲಿಯು ಯಾವುದೇ ಅಪೇಕ್ಷಿತ ಕ್ಷಣದಲ್ಲಿ ಸೂರ್ಯ, ಚಂದ್ರ, ಮತ್ತು ಗ್ರಹಗಳ ಸ್ಥಾನಗಳನ್ನು ಸೂಚಿಸುವ ಚಾರ್ಟ್ ಅಥವಾ ಚಿತ್ರವಾಗಿದೆ. ಕೆಲವು ಪಂಚಾಂಗಗಳು ಪ್ರತಿ ಅಮಾವಾಸ್ಯೆ ಮತ್ತು ಹುಣ್ಣಿಮೆಯ ದಿನದ ಕುಂಡಲಿಗಳನ್ನು ಕೊಡುತ್ತವೆ. ಇದರಿಂದ ಗ್ರಹಗಳ ಸ್ಥಾನಗಳನ್ನು ಒಂದು ನೋಟದಲ್ಲಿ ತಿಳಿಯಲು ಸಹಾಯವಾಗುತ್ತದೆ..

ಕುಂಡಲಿಯು ಫಲಜ್ಯೋತಿಷ್ಯದ ವಿಷಯವಾದುದರಿಂದ ಅದನ್ನು ಇಲ್ಲಿ ಹೆಚ್ಚು ಚರ್ಚಿಸುವದಿಲ್ಲ.

ಸಂಕಷ್ಟಿ ಚತುರ್ಥಿ:

ಚಾಂದ್ರಮಾಸದ 19ನೇ ತಿಥಿ ಅಥವಾ ಕೃಷ್ಣಪಕ್ಷ ಚತುರ್ಥಿಯನ್ನು ಸಂಕಷ್ಟಿ ಚತುರ್ಥಿಎನ್ನುವರು. ಅಂದು ಚಂದ್ರೋದಯದ ಸಮಯ ಶ್ರೀಗಣೇಶನನ್ನು ಆರಾಧಿಸುವರು. ಅದಕ್ಕಾಗಿ ಚಂದ್ರೋದಯ ಸಮಯದಲ್ಲಿ ತಿಥಿಯು ಕೃಷ್ಣಪಕ್ಷ ಚತುರ್ಥಿ ಆಗಿರುವದು ಅವಶ್ಯವಿರುತ್ತದೆ. ಸೂರ್ಯೋದಯದಲ್ಲಿ ತೃತಿಯಾ ಇದ್ದರೂ ನಡೆಯುವದು.

ತಿಥಿಯು ಸತತ ಎರಡು ಚಂದ್ರೋದಯಗಳಲ್ಲಿ ಕೃಷ್ಣಪಕ್ಷ ಚತುರ್ಥಿ ಆಗಿದ್ದರೆ, ಸೂರ್ಯೋದಯದಲ್ಲಿ ಕೃಷ್ಣಪಕ್ಷ-ತೃತಿಯಾ ಇರುವ ಹಿಂದಿನ ದಿನದಂದು ಸಂಕಷ್ಟಿಯನ್ನು ಆಚರಿಸಲಾಗುತ್ತದೆ.

ಸತತ ಎರಡು ಚಂದ್ರೋದಯಗಳಲ್ಲಿಯೂ ಕೃಷ್ಣಪಕ್ಷ ಚತುರ್ಥಿಯು ಇರದೇ ಹೋದರೆ ಎರಡನೇ ದಿನದಂದು ಸಂಕಷ್ಟಿಯನ್ನು ಆಚರಿಸಲಾಗುತ್ತದೆ.

ಒಂದು ಪ್ರಮುಖ ಟಿಪ್ಪಣಿ

ಪಂಚಾಂಗದ ಎಲ್ಲ ಘಟನೆಗಳನ್ನು ಸೂರ್ಯೋದಯದ ಸಮಯದಲ್ಲಿ ಲೆಕ್ಕಹಾಕಲಾಗುತ್ತದೆ. ಸ್ಥಳಕ್ಕೆ ಅನುಗುಣವಾಗಿ ಸೂರ್ಯೋದಯದ ಸಮಯ ಬದಲಾದಂತೆ ಪಂಚಾಂಗವೂ ಬದಲಾಗಬೇಕು. ಸರಿಯಾದ ತಿಥಿ, ನಕ್ಷತ್ರ ಇತ್ಯಾದಿಗಳಿಗೆ ಅನುಗುಣವಾಗಿ ಧಾರ್ಮಿಕ ವಿಧಿಗಳನ್ನು ಸರಿಯಾಗಿ ನಡೆಸಬೇಕಾದರೆ, ಪಂಚಾಂಗವು ದೇಶ (ಸ್ಥಳ) ಮತ್ತು ಕಾಲ (ಸಮಯ) ಎರಡರ ಪ್ರಕಾರವೂ ಇರಬೇಕು. 'ಸುಲಭ ಜ್ಯೋತಿಷ್ಯ-ಶಾಸ್ತ್ರ' ಎಂಬ ಪ್ರಸಿದ್ಧ (ಮರಾಠಿ) ಪುಸ್ತಕದ ಲೇಖಿಕರಾದ ಶ್ರೀ ಕೆ.ವಿ.ಸೋಮಣ ಬರೆಯುತ್ತಾರೆ, 'ಪುಣೆ ಮತ್ತು ಮುಂಬೈನಂತಹ ದೊಡ್ಡ ನಗರಗಳಲ್ಲಿ ದೊಡ್ಡ ಪ್ರಮಾಣದಲ್ಲಿ ಮುದ್ರಿತವಾದ ಪಂಚಾಂಗಗಳನ್ನು ದೂರದ ಸ್ಥಳಗಳಲ್ಲಿ ಬಳಸಲಾಗುವುದರಿಂದ, ಧಾರ್ಮಿಕ ವಿಧಿಗಳು ಸರಿಯಾದ ಸಮಯದಲ್ಲಿ ನಡೆಯುತ್ತಿಲ್ಲ.' ಆದ್ದರಿಂದ ಬೇರೆ ಬೇರೆ ಸ್ಥಳಗಳಿಗೆ ಬೇರೆ ಬೇರೆ ಪಂಚಾಂಗಗಳನ್ನು ತಯಾರಿಸುವುದು ಒಳ್ಳೆಯದು.

ಪಂಚಾಂಗದ ಬಗ್ಗೆ ಇನ್ನಷ್ಟು

ಪಂಚ ಅಂಗಗಳನ್ನು ಹೊರತುಪಡಿಸಿ ಪಂಚಾಂಗಗಳು ನಕ್ಷತ್ರ-ಚರಣಗಳ ಅವಧಿಗಳು, ಲಗ್ನಗಳ ಅವಧಿಗಳು, ಸೂರ್ಯ, ಚಂದ್ರ ಮತ್ತು ಗ್ರಹಗಳ ದೈನಂದಿನ ನಿರಯನ ಸ್ಥಾನಗಳು ಮತ್ತು ಶೂನ್ಯ ಯುಟಿಯಲ್ಲಿ ಗ್ರೀನ್ ವಿಚ್ ನಾಕ್ಷತ್ರ ಸಮಯ, ಸೂರ್ಯೋದಯ ಮತ್ತು ಸೂರ್ಯಾಸ್ತದ ಸಮಯ, ಸಂಕಾಷ್ಟಿ ಚತುರ್ಥಿ ದಿನಗಳಲ್ಲಿ ಚಂದ್ರೋದಯ ಸಮಯ, ಚಂದ್ರ ಮತ್ತು ಸೂರ್ಯ ಗ್ರಹಣಗಳ ವಿವರಗಳು, ಧಾರ್ಮಿಕ ಘಟನೆಗಳ ವಿವರಗಳು, ಮುಹೂರ್ತಗಳು ಮತ್ತು ಇನ್ನೂ ಅನೇಕ ವಿಷಯಗಳ ವಿವರಗಳನ್ನು ನೀಡುತ್ತವೆ.

ಅಭ್ಯಾಸ ಉದಾಹರಣ 6.1

ಸಂಪೂರ್ಣ ಪಂಚಾಂಗ ಗಣಿತ ದಿನಾಂಕ 19-02-2050

ಸ್ಥಾನ : ಬೆಂಗಳೂರು (ಕರ್ನಾಟಕ) ಅಕ್ಷಾಂಶ: 12°.95 ಉತ್ತರ, ರೇಖಾಂಶ: 77°.63 ಪೂರ್ವ

ಪ್ರಾರಂಭಿಕ ಮಾಹಿತಿ

ಕೆಳಗೆ ಕಾಣಿಸಿದ ಮೌಲ್ಯಗಳು ಹಿಂದಿನ ಅಧ್ಯಾಯಗಳ ಅನುಸಾರ ಮಾಡಬೇಕು.

ಡೆಲ್ಟಾ ಟೆ = 93.16156101;

ದಿನಾರಂಭ ದಿನಗಣ = 18311.50107826;

ಅಯನಾಂಶ = 24°.55331795

ಸೂರ್ಯೋದಯ,ಸೂರ್ಯಾಸ್ತ = 06:41; 18:25

ಮರುದಿನದ ಸೂರ್ಯೋದಯ,ಸೂರ್ಯಾಸ್ತ = 06:45; 18:29

ಸೂರ್ಯೋದಯ ಕಾಲದ ಪರಿಸ್ಥಿತಿ

ನಿರಯನ ಚಂದ್ರ = 269°.39579688

ನಿರಯನ ಸೂರ್ಯ = 306°.02757223

ತಿಥಿ = (ಚಂದ್ರ - ಸೂರ್ಯ) / 12 = 26.94735205 = ಕೃಷ್ಣ ಪಕ್ಷ ದ್ವಾದಶಿ

ಕರಣ = (ಚಂದ್ರ - ಸೂರ್ಯ) / 6 = 53.89470411 = ತೈತಿಲ

ನಕ್ಷತ್ರ = ಚಂದ್ರ * 3 /40 = 20.20468477 = ಉತ್ತರಾಷಾಢಾ ಚರಣ 1

ಯೋಗ = (ಚಂದ್ರ + ಸೂರ್ಯ)*3/40 = 16.15675268 = ವ್ಯತೀಪಾತ

ವಾರ ನಿರ್ಣಯ

ದಿನಾರಂಭ ಪೂರ್ಣಾಂಕ ದಿನಗಣ = 18311

ವಾರಾಂಕ = (ದಿನಗಣ/ 7) ದ ಭಾಗಶೇಷ = 6

ವಾರ = ಶನಿವಾರ

ತಿಥಿ ನಿರ್ಣಯ

ಸಾಲಾಗಿ ನಾಲ್ಕು ದಿನಗಳ ಆರಂಭದ ಸ್ಥಿತಿಗಳು

	ಹಿಂದಿನ ದಿನ	ಇಚ್ಛಿತ ದಿನ	ಎರಡನೆಯ ದಿನ	ಮೂರನೆಯ ದಿನ
	ದಿ-1	ದಿ	ದಿ+1	ದಿ+2
ದಿನಗಣ	18310.50107826	18311.50107826	18312.50107826	18313.50107826
ಚಂದ್ರ	254°.00631903	268°.66185756	283°.70247924	298°.98828268
ಸೂರ್ಯ	304°.96878657	305°.97780206	306°.98637939	307°.99450964
ಚಂ-ಸೂ	309°.03753247	322°.68405550	336°.71609985	350°.99377304
ತಿಥಿ	25.75312771	26.89033796	28.05967499	29.24948109
ಹೆಚ್ಚಳಗಳು	ಕ = 1.13721025;	ಮ = 1.16933703;	ಲ = 1.18980610	

ಇಚ್ಛಿತ ದಿನದ ತಿಥಿ = 26.94735205 = ದ್ವಾದಶಿ

ತಿಥ್ಯಂತ ಸಮಯ

ಭೋಗ್ಯ = 0.10966204

h1 = ಭೋಗ್ಯ * 24/ಕ = 2.25075314

h2 = h1*(24-h1)*(ಲ – ಕ) / (ಮ*96.0)= 0.02293573

ತಿಥ್ಯಂತ = h1+h2 + ಸ್ಥಾನಿಕ ಸಮಯಾಂತರ = 7.77368887 = 07:46

ಮಾಸ ನಿರ್ಣಯ

ಇವತ್ತಿನ ತಿಥಿ = 27 ದಿನಗಣ = 18311.501078

ಪ್ರತಿಪದೆಯ ಸಲುವಾಗಿ 28 ದಿನಗಳು ಹಿಂದಿನಿಂದ

ಪ್ರತಿದಿನದ ಸೂರ್ಯೋದಯದ ನಿರಯನ-ಸ್ಪಷ್ಟಸೂರ್ಯ ತೆಗೆಯಬೇಕು.

ದಿ = 18283.50 ತಿಥಿ = 29 ನಿರಯನ ಸೂರ್ಯ = 277.56951208 = ಮಕರ07°34'10 IST"		
ದಿ = 18284.50 ತಿಥಿ = 30 ನಿರಯನ ಸೂರ್ಯ = 278.58981810 = ಮಕರ08°35'23 IST"		
ದಿ = 18285.50 ತಿಥಿ = 1 ನಿರಯನ ಸೂರ್ಯ = 279.60990147 = ಮಕರ09°36'35 IST"		

ಪ್ರತಿಪದೆಯ ಸೂರ್ಯ ಮಕರ ರಾಶಿಯಲ್ಲಿರುವುದರಿಂದ ಮಾಸದ ಹೆಸರು = ಮಾಘ

ಶಾಲಿವಾಹನ ಶಕೆ ಮತ್ತು ಸಂವತ್ಸರ ನಿರ್ಣಯ:

ವರ್ಷದ ಆರಂಭದಲ್ಲಿ ಶಕೆ = ವರ್ಷ – 79 = 1971

ಸಂವತ್ಸರ = year – 79 = 3

ಹೊಸ ಶಕೆ ಪ್ರಾರಂಭವಗಿಲ್ಲ

ಶಾಲಿವಾಹನ ಶಕೆ = 1971 ಮತ್ತು ಸಂವತ್ಸರವು ಶುಕ್ಲ

ಋತು ನಿರ್ಣಯ

ಋತು ಕ್ರಮಾಂಕ = ಪೂರ್ಣಾಂಕ (ಮಾಸ ಕ್ರಮಾಂಕ / 2)+ 1 = 6

ಋತುವಿನ ಹೆಸರು = ಶಿಶಿರ

ಅಯನ ನಿರ್ಣಯ

ಅಯನ = ಉತ್ತರಾಯಣ ಇರುವುದು. ದಕ್ಷಿಣಾಯನ 21 ಜೂನರಿಂದ ಪ್ರಾರಂಭವಾಗುವುದು.

ನಕ್ಷತ್ರ ನಿರ್ಣಯ

ಸಾಲಾಗಿ ನಾಲ್ಕು ದಿನಗಳ ಆರಂಭದ ಸ್ಥಿತಿಗಳು

	ಹಿಂದಿನ ದಿನ ದಿ-1	ಇಚ್ಛಿತ ದಿನ ದಿ	ಎರಡನೆಯ ದಿನ ದಿ+1	ಮೂರನೆಯ ದಿನ ದಿ+2
ದಿನಗಣ	18310.50107826	18311.50107826	18312.50107826	18313.50107826
ಚಂದ್ರ	254°.00631903	268°.66185756	283°.70247924	298°.98828268
ನಕ್ಷತ್ರ	19.05047393	20.14963932	21.27768594	22.42412120
ಹೆಚ್ಚಳಗಳು	ಕ =1.09916539;	ಮ = 1.12804663;	ಲ = 1.14643526	

ಇಚ್ಛಿತ ದಿನದ ನಕ್ಷತ್ರ = 21 ಉತ್ತರಾಷಾಢಾ

ನಕ್ಷತ್ರಾಂತ ಸಮಯ

ಭೋಗ್ಯ = nbal = 0.85036068

h1 = nbal * 24/ಮ = 18.09203265

h2 = h1*(24-h1)*(ಲ – ಕ)/(ಮ*96.0)= 0.04665644

ನಕ್ಷತ್ರಾಂತ = h1+h2 + ಸಮಯಾಂತರ = 23.63868909 = 23:38

ನಕ್ಷತ್ರಚರಣಗಳ ಸಮಾಪ್ತಿಗಳು

ಉತ್ತರಾಷಾಢಾ ಮೊದಲ ಚರಣಾಂತ

ಭೋಗ್ಯ = bal2 = 0.60036068

h3 = bal2 * 24/ಮ = 12.77310358

h4 = h3*(24-h3)*(ಲ – ಕ)/(ಮ*96.0)= 0.06259538

ಮೊದಲ ಚರಣಾಂತ = h3+h4 + ಸಮಯಾಂತರ = 18.33569895 = 18:20

ಉತ್ತರಾಷಾಢಾ ಎರಡನೆಯ ಚರಣಾಂತ

ಭೋಗ್ಯ = bal2 = 0.35036068

h3 = bal2 * 24/ಮ = 7.45417450

h4 = h3*(24-h3)*(ಲ – ಕ)/(ಮ*96.0)= 0.05383616

ಎರಡನೆಯ ಚರಣಾಂತ = h3+h4 + ಸಮಯಾಂತರ = 13.00801066 = 13:00

ಉತ್ತರಾಷಾಢಾ ಮೂರನೆಯ ಚರಣಾಂತ

ಭೋಗ್ಯ = bal2 = 0.10036068

h3 = bal2 * 24/ಮ = 2.13524542

h4 = h3*(24-h3)*(ಲ - ಕ)/(ಮ*96.0)= 0.02037880

ಮೂರನೆಯ ಚರಣಾಂತ = h3+h4 + ಸಮಯಾಂತರ = 7.65562422 = 07:39

ಕರಣ ನಿರ್ಣಯ

ಸಾಲಾಗಿ ನಾಲ್ಕು ದಿನಗಳ ಆರಂಭದ ಸ್ಥಿತಿಗಳು

	ಹಿಂದಿನ ದಿನ ದಿ-1	ಇಚ್ಛಿತ ದಿನ ದಿ	ಎರಡನೆಯ ದಿನ ದಿ+1	ಮೂರನೆಯ ದಿನ ದಿ+2
ದಿನಗಣ	18310.50107826	18311.50107826	18312.50107826	18313.50107826
ಚಂದ್ರ	254°.00631903	268°.66185756	283°.70247924	298°.98828268
ಸೂರ್ಯ	304°.96878657	305°.97780206	306°.98637939	307°.99450964
ಚಂ - ಸೂ	309°.03753247	322°.68405550	336°.71609985	350°.99377304
ಕರಣ	51.50625541	53.78067592	56.11934998	58.49896217
ಹೆಚ್ಚಳಗಳು	ಕ = 2.27442051;	ಮ = 2.33867406;	ಲ = 2.37961220	

ಇಚ್ಛಿತ ದಿನದ ಕರಣ = 54 ತೃತಿಲ

ಕರಣಾಂತ ಸಮಯ

ಸಮ ಕರಣದ ಅಂತ್ಯವು ತಿಥ್ಯಂತವೇ ಆಗಿರುತ್ತದೆ.

ಕರಣಾಂತ = ನಕ್ಷತ್ರಾಂತ = 7.77368887 = 07:46

ಮುಂದಿನ ಕರಣ [ಗರ] ದ ಸಮಾಪ್ತಿ

ಭೋಗ್ಯ2 = bal2 = 1.21932408

h3 = bal2 * 24/ಮ = 12.51297841

h4 = h3*(24-h3)*(ಲ - ಕ)/(ಮ*96.0)= 0.06734551

ಕರಣಾಂತ = h3+h4 + ಸಮಯಾಂತರ = 18.08032392 = 18:05

ಯೋಗ ನಿರ್ಣಯ

ಸಾಲಾಗಿ ನಾಲ್ಕು ದಿನಗಳ ಆರಂಭದ ಸ್ಥಿತಿಗಳು

	ಹಿಂದಿನ ದಿನ	ಇಚ್ಛಿತ ದಿನ	ಎರಡನೆಯ ದಿನ	ಮೂರನೆಯ ದಿನ
	ದಿ-1	ದಿ	ದಿ+1	ದಿ+2
ದಿನಗಣ	18310.50107826	18311.50107826	18312.50107826	18313.50107826
ಚಂದ್ರ	254°.00631903	268°.66185756	283°.70247924	298°.98828268
ಸೂರ್ಯ	304°.96878657	305°.97780206	306°.98637939	307°.99450964
ಚ + ಸೂ	198°.97510560	214°.63965961	230°.68885863	246°.98279232
ಯೋಗ	14.92313292	16.09797447	17.30166440	18.52370942
ಹೆಚ್ಚಳಗಳು	ಕ = 1.17484155;	ಮ = 1.20368993;	ಲ = 1.22204503	

ಇಚ್ಛಿತ ದಿನದ ಯೋಗ = 17 ವ್ಯತೀಪಾತ

ಯೋಗಾಂತ ಸಮಯ

ಭೋಗ್ಯ = bal = 0.90202553

h1 = bal * 24/ಮ = 17.98520717

h2 = h1*(24-h1)*(ಲ − ಕ)/(ಮ*96.0)= 0.04419002

ಯೋಗಾಂತ = h1+h2 + ಸಮಯಾಂತರ = 23.52939720 = 23:32

ಅಭ್ಯಾಸ ಉದಾಹರಣ 6.2

ಸಂಪೂರ್ಣ ಪಂಚಾಂಗ ಗಣಿತ ದಿನಾಂಕ 10-06-2022

ಸ್ಥಾನ : ಧಾರವಾಡ (ಕರ್ನಾಟಕ) ಅಕ್ಷಾಂಶ:15°.45 ಉ, ರೇಖಾಂಶ: 75°.0167ಪೂ.

ಪ್ರಾರಂಭಿಕ ಮಾಹಿತಿ

ಕೆಳಗೆ ಕಾಣಿಸಿದ ಮೌಲ್ಯಗಳು ಹಿಂದಿನ ಅಧ್ಯಾಯಗಳ ಅನುಸಾರ ಮಾಡಬೇಕು.

ಡೆಲ್ಟಾ ಟೀ = 72.90549272;

ದಿನಾರಂಭ ದಿನಗಣ = 8195.50084381;

ಅಯನಾಂಶ = 24°.16643451

ಸೂರ್ಯೋದಯ,ಸೂರ್ಯಾಸ್ತ =06:00; 18:59

ಮರುದಿನದ ಸೂರ್ಯೋದಯ,ಸೂರ್ಯಾಸ್ತ =06:04; 19:03

ಸೂರ್ಯೋದಯ ಕಾಲದ ಪರಿಸ್ಥಿತಿ

ನಿರಯನ ಚಂದ್ರ = 174°.21768254

ನಿರಯನ ಸೂರ್ಯ = 54°.97797364

ತಿಥಿ = (ಚಂದ್ರ - ಸೂರ್ಯ) / 12 = 9.93664241 = ಶುಕ್ಲ ಪಕ್ಷ ದಶಮಿ

ಕರಣ = (ಚಂದ್ರ - ಸೂರ್ಯ) / 6 = 19.87328482 = ಗರ

ನಕ್ಷತ್ರ = ಚಂದ್ರ * 3 /40 = 13.06632619 = ಚಿತ್ರಾ ಚರಣ 1

ಯೋಗ = (ಚಂದ್ರ + ಸೂರ್ಯ)*3/40 = 17.18967421 = ವರೀಯಾನ

ವಾರ ನಿರ್ಣಯ

ದಿನಾರಂಭ ಪೂರ್ಣಾಂಕ ದಿನಗಣ = 8195

ವಾರಾಂಕ = (ದಿನಗಣ/ 7) ದ ಭಾಗಶೇಷ = 5

ವಾರ = ಶುಕ್ರವಾರ

ತಿಥಿ ನಿರ್ಣಯ

ಸಾಲಾಗಿ ನಾಲ್ಕು ದಿನಗಳ ಆರಂಭದ ಸ್ಥಿತಿಗಳು

	ಹಿಂದಿನ ದಿನ ದಿ-1	ಇಚ್ಛಿತ ದಿನ ದಿ	ಎರಡನೆಯ ದಿನ ದಿ+1	ಮೂರನೆಯ ದಿನ ದಿ+2
ದಿನಗಣ	8194.50084381	8195.50084381	8196.50084381	8197.50084381
ಚಂದ್ರ	160°.54472233	173°.93787204	187°.77431510	202°.05775913
ಸೂರ್ಯ	54°.00198878	54°.95832274	55°.91444598	56°.87036946
ಚಂ-ಸೂ	106°.54273355	118°.97954930	131°.85986913	145°.18738967
ತಿಥಿ	8.87856113	9.91496244	10.98832243	12.09894914
ಹೆಚ್ಚಳಗಳು	ಕ = 1.03640131;	ಮ = 1.07335999;	ಲ = 1.11062671	

ಇಚ್ಛಿತ ದಿನದ ತಿಥಿ = 9.93664241 = ದಶಮಿ

ತಿಥ್ಯಂತ ಸಮಯ

ಭೋಗ್ಯ = 0.08503756

h1 = ಭೋಗ್ಯ * 24/ಕ = 1.90141371

h2 = h1*(24-h1)*(ಲ - ಕ) / (ಮ*96.0)= 0.03026753

ತಿಥ್ಯಂತ = h1+h2 + ಸ್ಥಾನಿಕ ಸಮಯಾಂತರ = 7.43168124 = 07:26

ಮಾಸ ನಿರ್ಣಯ

ಇವತ್ತಿನ ತಿಥಿ = 10 ದಿನಗಣ = 8195.500844

ಪ್ರತಿಪದೆಯ ಸಲುವಾಗಿ 11 ದಿನಗಳು ಹಿಂದಿನಿಂದ

ಪ್ರತಿದಿನದ ಸೂರ್ಯೋದಯದ ನಿರಯನ-ಸ್ಪಷ್ಟಸೂರ್ಯ ತೆಗೆಯಬೇಕು.

ದಿ = 8184.50 ತಿಥಿ = 30 ನಿರಯನ ಸೂರ್ಯ = 44.41517980 = ವೃಷಭ14°24'54 IST"
ದಿ = 8185.50 ತಿಥಿ = 1 ನಿರಯನ ಸೂರ್ಯ = 45.37680180 = ವೃಷಭ15°22'36 IST"

ಪ್ರತಿಪದೆಯ ಸೂರ್ಯ ವೃಷಭ ರಾಶಿಯಲ್ಲಿರುವದರಿಂದ ಮಾಸದ ಹೆಸರು = ಜ್ಯೇಷ್ಠ

ಶಾಲಿವಾಹನ ಶಕೆ ಮತ್ತು ಸಂವತ್ಸರ ನಿರ್ಣಯ:

ವರ್ಷದ ಆರಂಭದಲ್ಲಿ ಶಕೆ = ವರ್ಷ – 79 = 1943

ಸಂವತ್ಸರ = year – 79 = 35

ಹೊಸ ಸಂವತ್ಸರ ಪ್ರಾರಂಭವಾಗಿದೆ. ಮುಂದಿನ ಶಕೆ ಮತ್ತು ಸಂವತ್ಸರ ಹಿಡಿಯಬೇಕು.

ಶಾಲಿವಾಹನ ಶಕೆ = 1944 ಮತ್ತು ಸಂವತ್ಸರದ ಹೆಸರು ಶುಭಕೃತ್

ಋತು ನಿರ್ಣಯ

ಋತು ಕ್ರಮಾಂಕ = ಪೂರ್ಣಾಂಕ (ಮಾಸ ಕ್ರಮಾಂಕ / 2)+ 1 = 2

ಋತುವಿನ ಹೆಸರು = ಗ್ರೀಷ್ಮ

ಅಯನ ನಿರ್ಣಯ

ಅಯನ = ಉತ್ತರಾಯಣ ಇರುವದು. ದಕ್ಷಿಣಾಯನ 21 ಜೂನರಿಂದ ಪ್ರಾರಂಭವಾಗುವದು.

ನಕ್ಷತ್ರ ನಿರ್ಣಯ

ಸಾಲಾಗಿ ನಾಲ್ಕು ದಿನಗಳ ಆರಂಭದ ಸ್ಥಿತಿಗಳು

	ಹಿಂದಿನ ದಿನ ದಿ-1	ಇಚ್ಛಿತ ದಿನ ದಿ	ಎರಡನೆಯ ದಿನ ದಿ+1	ಮೂರನೆಯ ದಿನ ದಿ+2
ದಿನಗಣ	8194.50084381	8195.50084381	8196.50084381	8197.50084381
ಚಂದ್ರ	160°.54472233	173°.93787204	187°.77431510	202°.05775913
ನಕ್ಷತ್ರ	12.04085417	13.04534040	14.08307363	15.15433193
ಹೆಚ್ಚಳಗಳು	ಕ = 1.00448623;	ಮ = 1.03773323;	ಲ = 1.07125830	
ಇಚ್ಛಿತ ದಿನದ ನಕ್ಷತ್ರ – 14 ಚಿತ್ರಾ				

ನಕ್ಷತ್ರಾಂತ ಸಮಯ

ಭೋಗ್ಯ = nbal = 0.95465960

h1 = nbal * 24/ಮ = 22.07872859

h2 = h1*(24-h1)*(ಲ - ಕ)/(ಮ*96.0)= 0.02843156

ನಕ್ಷತ್ರಾಂತ = h1+h2 + ಸಮಯಾಂತರ = 27.60716015 = 27:36

ನಕ್ಷತ್ರಚರಣಗಳ ಸಮಾಪ್ತಿಗಳು

ಚಿತ್ರಾ ಮೊದಲ ಚರಣಾಂತ

ಭೋಗ್ಯ = bal2 = 0.70465960

h3 = bal2 * 24/ಮ = 16.29689582

h4 = h3*(24-h3)*(ಲ - ಕ)/(ಮ*96.0)= 0.08414117

ಮೊದಲ ಚರಣಾಂತ = h3+h4 + ಸಮಯಾಂತರ = 21.88103699 = 21:53

ಚಿತ್ರಾ ಎರಡನೆಯ ಚರಣಾಂತ

ಭೋಗ್ಯ = bal2 = 0.45465960

h3 = bal2 * 24/ಮ = 10.51506304

h4 = h3*(24-h3)*(ಲ - ಕ)/(ಮ*96.0)= 0.09503831

ಎರಡನೆಯ ಚರಣಾಂತ = h3+h4 + ಸಮಯಾಂತರ = 16.11010135 = 16:07

ಚಿತ್ರಾ ಮೂರನೆಯ ಚರಣಾಂತ

ಭೋಗ್ಯ = bal2 = 0.20465960

h3 = bal2 * 24/ಮ = 4.73323026

h4 = h3*(24-h3)*(ಲ - ಕ)/(ಮ*96.0)= 0.06112297

ಮೂರನೆಯ ಚರಣಾಂತ = h3+h4 + ಸಮಯಾಂತರ = 10.29435323 = 10:18

ಕರಣ ನಿರ್ಣಯ

ಸಾಲಾಗಿ ನಾಲ್ಕು ದಿನಗಳ ಆರಂಭದ ಸ್ಥಿತಿಗಳು

	ಹಿಂದಿನ ದಿನ ದಿ-1	ಇಚ್ಛಿತ ದಿನ ದಿ	ಎರಡನೆಯ ದಿನ ದಿ+1	ಮೂರನೆಯ ದಿನ ದಿ+2
ದಿನಗಣ	8194.50084381	8195.50084381	8196.50084381	8197.50084381
ಚಂದ್ರ	160°.54472233	173°.93787204	187°.77431510	202°.05775913
ಸೂರ್ಯ	54°.00198878	54°.95832274	55°.91444598	56°.87036946
ಚಂ - ಸೂ	106°.54273355	118°.97954930	131°.85986913	145°.18738967
ಕರಣ	17.75712226	19.82992488	21.97664485	24.19789828
ಹೆಚ್ಚಳಗಳು	ಕ = 2.07280263;	ಮ = 2.14671997;	ಲ = 2.22125342	

ಇಚ್ಛಿತ ದಿನದ ಕರಣ = 20 ಗರ

ಕರಣಾಂತ ಸಮಯ

ಸಮ ಕರಣದ ಅಂತ್ಯವು ತಿಥ್ಯಂತದಂತೆವೇ ಆಗಿರುತ್ತದೆ.

ಕರಣಾಂತ = ನಕ್ಷತ್ರಾಂತ = 7.43168124 = 07:26

ಮುಂದಿನ ಕರಣ [ವಣಿಜ] ದ ಸಮಾಪ್ತಿ

ಭೋಗ್ಯ₂ = bal2 = 1.17007512

h3 = bal2 * 24/ಮ = 13.08126033

h4 = h3*(24-h3)*(ಲ – ಕ)/(ಮ*96.0)= 0.10288641

ಕರಣಾಂತ = h3+h4 + ಸಮಯಾಂತರ = 18.68414674 = 18:41

ಯೋಗ ನಿರ್ಣಯ

ಸಾಲಾಗಿ ನಾಲ್ಕು ದಿನಗಳ ಆರಂಭದ ಸ್ಥಿತಿಗಳು

	ಹಿಂದಿನ ದಿನ ದಿ-1	ಇಚ್ಛಿತ ದಿನ ದಿ	ಎರಡನೆಯ ದಿನ ದಿ+1	ಮೂರನೆಯ ದಿನ ದಿ+2
ದಿನಗಣ	8194.50084381	8195.50084381	8196.50084381	8197.50084381
ಚಂದ್ರ	160°.54472233	173°.93787204	187°.77431510	202°.05775913
ಸೂರ್ಯ	54°.00198878	54°.95832274	55°.91444598	56°.87036946
ಚ + ಸೂ	214°.54671111	228°.89619478	243°.68876108	258°.92812859
ಯೋಗ	16.09100333	17.16721461	18.27665708	19.41960964
ಹೆಚ್ಚಳಗಳು	ಕ = 1.07621127;	ಮ = 1.10944247;	ಲ = 1.14295256	

ಇಚ್ಛಿತ ದಿನದ ಯೋಗ = 18 ವರೀಯಾನ

ಯೋಗಾಂತ ಸಮಯ

ಭೋಗ್ಯ = bal = 0.83278539

h1 = bal * 24/ಮ = 18.01521926

h2 = h1*(24-h1)*(ಲ – ಕ)/(ಮ*96.0)= 0.06756260

ಯೋಗಾಂತ = h1+h2 + ಸಮಯಾಂತರ = 23.58278186 = 23:35

ಅಭ್ಯಾಸ ಉದಾಹರಣ 6.3

ಸಂಪೂರ್ಣ ಪಂಚಾಂಗ ಗಣಿತ ದಿನಾಂಕ 16-08-2025

ಸ್ಥಾನ : ಉಡುಪಿ (ಕರ್ನಾಟಕ) ಅಕ್ಷಾಂಶ: 13°.33 ಉತ್ತರ, ರೇಖಾಂಶ: 74°.750 ಪೂರ್ವ

ಪ್ರಾರಂಭಿಕ ಮಾಹಿತಿ

ಕೆಳಗೆ ಕಾಣಿಸಿದ ಮೌಲ್ಯಗಳು ಹಿಂದಿನ ಅಧ್ಯಾಯಗಳ ಅನುಸಾರ ಮಾಡಬೇಕು.

ಡೆಲ್ಟಾ ಟೇ = 74.78060007;

ದಿನಾರಂಭ ದಿನಗಣ = 9358.50086552;

ಅಯನಾಂಶ = 24°.21091310

ಸೂರ್ಯೋದಯ,ಸೂರ್ಯಾಸ್ತ =06:20; 18:51

ಮರುದಿನದ ಸೂರ್ಯೋದಯ,ಸೂರ್ಯಾಸ್ತ =06:24; 18:54

ಸೂರ್ಯೋದಯ ಕಾಲದ ಪರಿಸ್ಥಿತಿ

ನಿರಯನ ಚಂದ್ರ = 26°.80582904

ನಿರಯನ ಸೂರ್ಯ = 119°.22301202

ತಿಥಿ = (ಚಂದ್ರ – ಸೂರ್ಯ) / 12 = 22.29856809 = ಕೃಷ್ಣ ಪಕ್ಷ ಅಷ್ಟಮಿ

ಕರಣ = (ಚಂದ್ರ – ಸೂರ್ಯ) / 6 = 44.59713617 = ಬಾಲವ

ನಕ್ಷತ್ರ = ಚಂದ್ರ * 3 /40 = 2.01043718 = ಕೃತ್ತಿಕಾ ಚರಣ 1

ಯೋಗ = (ಚಂದ್ರ + ಸೂರ್ಯ)*3/40 = 10.95216308 = ವೃದ್ಧಿ

ವಾರ ನಿರ್ಣಯ

ದಿನಾರಂಭ ಪೂರ್ಣಾಂಕ ದಿನಗಣ = 9358

ವಾರಾಂಕ = (ದಿನಗಣ/ 7) ದ ಭಾಗಶೇಷ = 6

ವಾರ = ಶನಿವಾರ

ತಿಥಿ ನಿರ್ಣಯ

ಸಾಲಾಗಿ ನಾಲ್ಕು ದಿನಗಳ ಆರಂಭದ ಸ್ಥಿತಿಗಳು

	ಹಿಂದಿನ ದಿನ	ಇಚ್ಛಿತ ದಿನ	ಎರಡನೆಯ ದಿನ	ಮೂರನೆಯ ದಿನ
	ದಿ-1	ದಿ	ದಿ+1	ದಿ+2
ದಿನಗಣ	9357.50086552	9358.50086552	9359.50086552	9360.50086552
ಚಂದ್ರ	12°.09321736	26°.31707022	40°.50957166	54°.63369297
ಸೂರ್ಯ	118°.22916556	119°.18996703	120°.15113148	121°.11266380
ಚಂ-ಸೂ	253°.86405181	267°.12710319	280°.35844018	293°.52102917
ತಿಥಿ	21.15533765	22.26059193	23.36320335	24.46008576
ಹೆಚ್ಚಳಗಳು		ಕ = 1.10525428;	ಮ = 1.10261142;	ಲ = 1.09688242

ಇಚ್ಛಿತ ದಿನದ ತಿಥಿ = 22.29856809 = ಅಷ್ಟಮಿ

ತಿಥ್ಯಂತ ಸಮಯ

ಭೋಗ್ಯ = 0.73940807

h1 = ಭೋಗ್ಯ * 24/ಕ = 16.09433148

h2 = h1*(24-h1)*(ಲ – ಕ) / (ಮ*96.0)= –0.01006329

ತಿಥ್ಯಂತ = h1+h2 + ಸ್ಥಾನಿಕ ಸಮಯಾಂತರ = 21.58426819 = 21:35

ಮಾಸ ನಿರ್ಣಯ

ಇವತ್ತಿನ ತಿಥಿ = 23 ದಿನಗಣ = 9358.500866

ಪ್ರತಿಪದೆಯ ಸಲುವಾಗಿ 24 ದಿನಗಳು ಹಿಂದಿನಿಂದ

ಪ್ರತಿದಿನದ ಸೂರ್ಯೋದಯದ ನಿರಯನ-ಸ್ಪಷ್ಟಸೂರ್ಯ ತೆಗೆಯಬೇಕು.

ದಿ = 9334.50 ತಿಥಿ = 29 ನಿರಯನ ಸೂರ್ಯ = 96.17698141 = ಕರ್ಕ 06°10'37 IST"
ದಿ = 9335.50 ತಿಥಿ = 30 ನಿರಯನ ಸೂರ್ಯ = 97.13467980 = ಕರ್ಕ 07°08' 4 IST"
ದಿ = 9336.50 ತಿಥಿ = 1 ನಿರಯನ ಸೂರ್ಯ = 98.09253481 = ಕರ್ಕ 08°05'33 IST"

ಪ್ರತಿಪದೆಯ ಸೂರ್ಯ ಕರ್ಕ ರಾಶಿಯಲ್ಲಿರುವುದರಿಂದ ಮಾಸದ ಹೆಸರು = ಶ್ರಾವಣ

ಶಾಲಿವಾಹನ ಶಕೆ ಮತ್ತು ಸಂವತ್ಸರ ನಿರ್ಣಯ:

ವರ್ಷದ ಆರಂಭದಲ್ಲಿ ಶಕೆ = ವರ್ಷ - 79 = 1946

ಸಂವತ್ಸರ = year - 79 = 38

ಹೊಸ ಸಂವತ್ಸರ ಪ್ರಾರಂಭವಾಗಿದೆ. ಆದ್ದರಿಂದ ಮುಂದಿನ ಶಕೆ ಮತ್ತು ಸಂವತ್ಸರ ಹಿಡಿಯಬೇಕು.

ಶಾಲಿವಾಹನ ಶಕೆ = 1947 ಮತ್ತು ಸಂವತ್ಸರದ ಹೆಸರು ವಿಶ್ವಾವಸು

ಖುತು ನಿರ್ಣಯ

ಖುತು ಕ್ರಮಾಂಕ = ಪೂರ್ಣಾಂಕ (ಮಾಸ ಕ್ರಮಾಂಕ / 2)+ 1 = 3

ಖುತುವಿನ ಹೆಸರು = ವರ್ಷಾ

ಅಯನ ನಿರ್ಣಯ

ಅಯನ = ದಕ್ಷಿಣಾಯನ. ಉತ್ತರಾಯಣವು 21 ಡಿಸೆಂಬರಕ್ಕೆ ಪ್ರಾರಂಭವಾಗುವದು.

ನಕ್ಷತ್ರ ನಿರ್ಣಯ

ಸಾಲಾಗಿ ನಾಲ್ಕು ದಿನಗಳ ಆರಂಭದ ಸ್ಥಿತಿಗಳು

	ಹಿಂದಿನ ದಿನ ದಿ-1	ಇಚ್ಛಿತ ದಿನ ದಿ	ಎರಡನೆಯ ದಿನ ದಿ+1	ಮೂರನೆಯ ದಿನ ದಿ+2
ದಿನಗಣ	9357.50086552	9358.50086552	9359.50086552	9360.50086552
ಚಂದ್ರ	12°.09321736	26°.31707022	40°.50957166	54°.63369297
ನಕ್ಷತ್ರ	0.90699130	1.97378027	3.03821787	4.09752697
ಹೆಚ್ಚಳಗಳು		ಕ = 1.06678896;	ಮ = 1.06443761;	ಲ = 1.05930910

ಇಚ್ಛಿತ ದಿನದ ನಕ್ಷತ್ರ = 2 ಭರಣಿ

ನಕ್ಷತ್ರಾಂತ ಸಮಯ

ಭೋಗ್ಯ = nbal = 0.02621973

h1 = nbal * 24/ಮ = 0.59117942

h2 = h1*(24-h1)*(ಲ - ಕ)/(ಮ*96.0)= -0.00101298

ನಕ್ಷತ್ರಾಂತ = h1+h2 + ಸಮಯಾಂತರ = 6.09016644 = 06:05

ಮುಂದಿನ ನಕ್ಷತ್ರ [ಕೃತ್ತಿಕಾ] ಕಾ ಅಂತ

ಭೋಗ್ಯ2 = bal2 = 1.02621973

h3 = bal2 * 24/ಮ = 23.13829709

h4 = h3*(24-h3)*(ಲ - ಕ)/(ಮ*96.0)= -0.00145946

ಮುಂದಿನ ನಕ್ಷತ್ರಾಂತ = h3+h4 + ಸಮಯಾಂತರ= 28.63683763 = 28:38

ನಕ್ಷತ್ರಚರಣಗಳ ಸಮಾಪ್ತಿಗಳು

ಭರಣಿ ಮೊದಲ ಚರಣಾಂತ

ಭೋಗ್ಯ = bal2 = -0.22378027

h3 = bal2 * 24/ಮ = -5.04560000

h4 = h3*(24-h3)*(ಲ - ಕ)/(ಮ*96.0)= 0.01072743

ಮೊದಲ ಚರಣಾಂತ = h3+h4 + ಸಮಯಾಂತರ = 0.46512743 = 00:28

ಭರಣಿ ಎರಡನೆಯ ಚರಣಾಂತ

ಭೋಗ್ಯ = bal2 = -0.47378027

h3 = bal2 * 24/ಮ = -10.68237942

h4 = h3*(24-h3)*(ಲ - ಕ)/(ಮ*96.0)= 0.02711935

ಎರಡನೆಯ ಚರಣಾಂತ = h3+h4 + ಸಮಯಾಂತರ = -5.15526007 = 18:51

ಭರಣಿ ಮೂರನೆಯ ಚರಣಾಂತ

ಭೋಗ್ಯ = bal2 = -0.72378027

h3 = bal2 * 24/ಮ = -16.31915883

h4 = h3*(24-h3)*(ಲ - ಕ)/(ಮ*96.0)= 0.04816279

ಮೂರನೆಯ ಚರಣಾಂತ = h3+h4 + ಸಮಯಾಂತರ = -10.77099605 = 13:14

ಕರಣ ನಿರ್ಣಯ

ಸಾಲಾಗಿ ನಾಲ್ಕು ದಿನಗಳ ಆರಂಭದ ಸ್ಥಿತಿಗಳು

	ಹಿಂದಿನ ದಿನ ದಿ-1	ಇಚ್ಛಿತ ದಿನ ದಿ	ಎರಡನೆಯ ದಿನ ದಿ+1	ಮೂರನೆಯ ದಿನ ದಿ+2
ದಿನಗಣ	9357.50086552	9358.50086552	9359.50086552	9360.50086552
ಚಂದ್ರ	12°.09321736	26°.31707022	40°.50957166	54°.63369297
ಸೂರ್ಯ	118°.22916556	119°.18996703	120°.15113148	121°.11266380
ಚಂ - ಸೂ	253°.86405181	267°.12710319	280°.35844018	293°.52102917
ಕರಣ	42.31067530	44.52118387	46.72640670	48.92017153
ಹೆಚ್ಚಳಗಳು		ಕ = 2.21050856;	ಮ = 2.20522283;	ಲ = 2.19376483

ಇಚ್ಛಿತ ದಿನದ ಕರಣ = 45 ಬಾಲವ

ಕರಣಾಂತ ಸಮಯ

ಭೋಗ್ಯ = bal = 0.47881613

h1 = bal * 24/ಮ = 5.21107757

h2 = h1*(24–h1)*(ಲ – ಕ)/(ಮ*96.0)= –0.00774387

ಕರಣಾಂತ = h1+h2 + ಸಮಯಾಂತರ = 10.70333370 = 10:42

ಮುಂದಿನ ಕರಣ [ಕೌಲವ] ದ ಸಮಾಪ್ತಿ

ಸಮ ಕರಣದ ಸಮಾಪ್ತಿ = ನಕ್ಷತ್ರಾಂತ = 6.09016644 = 06:05

ಯೋಗ ನಿರ್ಣಯ

ಸಾಲಾಗಿ ನಾಲ್ಕು ದಿನಗಳ ಆರಂಭದ ಸ್ಥಿತಿಗಳು

	ಹಿಂದಿನ ದಿನ ದಿ-1	ಇಚ್ಛಿತ ದಿನ ದಿ	ಎರಡನೆಯ ದಿನ ದಿ+1	ಮೂರನೆಯ ದಿನ ದಿ+2
ದಿನಗಣ	9357.50086552	9358.50086552	9359.50086552	9360.50086552
ಚಂದ್ರ	12°.09321736	26°.31707022	40°.50957166	54°.63369297
ಸೂರ್ಯ	118°.22916556	119°.18996703	120°.15113148	121°.11266380
ಚ + ಸೂ	130°.32238292	145°.50703724	160°.66070314	175°.74635677
ಯೋಗ	9.77417872	10.91302779	12.04955274	13.18097676
ಹೆಚ್ಚಳಗಳು		ಕ = 1.13884907;	ಮ = 1.13652494;	ಲ = 1.13142402

ಇಚ್ಛಿತ ದಿನದ ಯೋಗ = 11 ವೃದ್ಧಿ

ಯೋಗಾಂತ ಸಮಯ

ಭೋಗ್ಯ = bal = 0.08697221

h1 = bal * 24/ಮ = 1.83659230

h2 = h1*(24-h1)*(ಲ – ಕ)/(ಮ*96.0)= –0.00277012

ಯೋಗಾಂತ = h1+h2 + ಸಮಯಾಂತರ = 7.33382218 = 07:20

ಮುಂದಿನ ಯೋಗ [ಧ್ರುವ] ದ ಮುಕ್ತಾಯ

ಭೋಗ್ಯ2 = bal2 = 1.08697221

h3 = bal2 * 24/ಮ = 22.95359476

h4 = h3*(24-h3)*(ಲ – ಕ)/(ಮ*96.0)= –0.00163456

ಮುಂದಿನ ಯೋಗಾಂತ = h3+h4 + ಸಮಯಾಂತರ= 28.45196020 = 28:27

ಅಭ್ಯಾಸ ಉದಾಹರಣ 6.4

ಸಂಪೂರ್ಣ ಪಂಚಾಂಗ ಗಣಿತ ದಿನಾಂಕ 15-10-2040

ಸ್ಥಾನ : ಮೈಸೂರು (ಕರ್ನಾಟಕ) ಅಕ್ಷಾಂಶ: 12°.30 ಉತ್ತರ, ರೇಖಾಂಶ: 76°.65 ಪೂರ್ವ

ಪ್ರಾರಂಭಿಕ ಮಾಹಿತಿ

ಕೆಳಗೆ ಕಾಣಿಸಿದ ಮೌಲ್ಯಗಳು ಹಿಂದಿನ ಅಧ್ಯಾಯಗಳ ಅನುಸಾರ ಮಾಡಬೇಕು.

ಡೆಲ್ಟಾ ಟೇ = 85.26408561;

ದಿನಾರಂಭ ದಿನಗಣ = 14897.50098685;

ಅಯನಾಂಶ = 24°.42275052

ಸೂರ್ಯೋದಯ,ಸೂರ್ಯಾಸ್ತ =06:14; 18:04

ಮರುದಿನದ ಸೂರ್ಯೋದಯ,ಸೂರ್ಯಾಸ್ತ =06:18; 18:07

ಸೂರ್ಯೋದಯ ಕಾಲದ ಪರಿಸ್ಥಿತಿ

ನಿರಯನ ಚಂದ್ರ = 289°.96728377

ನಿರಯನ ಸೂರ್ಯ = 177°.85766367

ತಿಥಿ = (ಚಂದ್ರ – ಸೂರ್ಯ) / 12 = 9.34246834 = ಶುಕ್ಲ ಪಕ್ಷ ದಶಮಿ

ಕರಣ = (ಚಂದ್ರ – ಸೂರ್ಯ) / 6 = 18.68493668 = ತೈತಿಲ

ನಕ್ಷತ್ರ = ಚಂದ್ರ * 3 /40 = 21.74754628 = ಶ್ರವಣ ಚರಣ 3

ಯೋಗ = (ಚಂದ್ರ + ಸೂರ್ಯ)*3/40 = 8.08687106 = ಶೂಲ

ವಾರ ನಿರ್ಣಯ

ದಿನಾರಂಭ ಪೂರ್ಣಾಂಕ ದಿನಗಣ = 14897

ವಾರಾಂಕ = (ದಿನಗಣ/ 7) ದ ಭಾಗಶೇಷ = 1

ವಾರ = ಸೋಮವಾರ

ತಿಥಿ ನಿರ್ಣಯ

ಸಾಲಾಗಿ ನಾಲ್ಕು ದಿನಗಳ ಆರಂಭದ ಸ್ಥಿತಿಗಳು

	ಹಿಂದಿನ ದಿನ	ಇಚ್ಛಿತ ದಿನ	ಎರಡನೆಯ ದಿನ	ಮೂರನೆಯ ದಿನ
	ದಿ-1	ದಿ	ದಿ+1	ದಿ+2
ದಿನಗಣ	14896.50098685	14897.50098685	14898.50098685	14899.50098685
ಚಂದ್ರ	275°.26130845	289°.52752750	303°.84383577	318°.14863877
ಸೂರ್ಯ	176°.83645739	177°.82718987	178°.81847506	179°.81031295
ಚಂ-ಸೂ	98°.42485106	111°.70033763	125°.02536072	138°.33832583
ತಿಥಿ	8.20207092	9.30836147	10.41878006	11.52819382
ಹೆಚ್ಚಳಗಳು		ಕ = 1.10629055;	ಮ = 1.11041859;	ಲ = 1.10941376

ಇಚ್ಛಿತ ದಿನದ ತಿಥಿ = 9.34246834 = ದಶಮಿ

ತಿಥ್ಯಂತ ಸಮಯ

ಭೋಗ್ಯ = 0.69163853

h1 = ಭೋಗ್ಯ * 24/ಕ = 14.94870933

h2 = h1*(24-h1)*(ಲ − ಕ) / (ಮ*96.0)= 0.00396422

ತಿಥ್ಯಂತ = h1+h2 + ಸ್ಥಾನಿಕ ಸಮಯಾಂತರ = 20.45267354 = 20:27

ಮಾಸ ನಿರ್ಣಯ

ಇವತ್ತಿನ ತಿಥಿ = 10 ದಿನಗಣ = 14897.500987

ಪ್ರತಿಪದೆಯ ಸಲುವಾಗಿ 11 ದಿನಗಳು ಹಿಂದಿನಿಂದ

ಪ್ರತಿದಿನದ ಸೂರ್ಯೋದಯದ ನಿರಯನ-ಸ್ಪಷ್ಟಸೂರ್ಯ ತೆಗೆಯಬೇಕು.

ದಿ = 14886.50 ತಿಥಿ = 28	ನಿರಯನ ಸೂರ್ಯ = 166.96062793 = ಕನ್ಯಾ 16°57'38 IST"
ದಿ = 14887.50 ತಿಥಿ = 29	ನಿರಯನ ಸೂರ್ಯ = 167.94835603 = ಕನ್ಯಾ 17°56'54 IST"
ದಿ = 14888.50 ತಿಥಿ = 30	ನಿರಯನ ಸೂರ್ಯ = 168.93665944 = ಕನ್ಯಾ 18°56'11 IST"
ದಿ = 14889.50 ತಿಥಿ = 1	ನಿರಯನ ಸೂರ್ಯ = 169.92554481 = ಕನ್ಯಾ 19°55'31 IST"

ಪ್ರತಿಪದೆಯ ಸೂರ್ಯ ಕನ್ಯಾ ರಾಶಿಯಲ್ಲಿರುವುದರಿಂದ ಮಾಸದ ಹೆಸರು = ಆಶ್ವಿನ

ಶಾಲಿವಾಹನ ಶಕೆ ಮತ್ತು ಸಂವತ್ಸರ ನಿರ್ಣಯ:

ವರ್ಷದ ಆರಂಭದಲ್ಲಿ ಶಕೆ = ವರ್ಷ – 79 = 1961

ಸಂವತ್ಸರ = year – 79 = 53

ಹೊಸ ಸಂವತ್ಸರ ಪ್ರಾರಂಭವಾಗಿದೆ. ಮುಂದಿನ ಶಕೆ ಮತ್ತು ಸಂವತ್ಸರ ಹಿಡಿಯಬೇಕು.

ಶಾಲಿವಾಹನ ಶಕೆ = 1962 ಮತ್ತು ಸಂವತ್ಸರದ ಹೆಸರು ರೌದ್ರ

ಋತು ನಿರ್ಣಯ

ಋತು ಕ್ರಮಾಂಕ = ಪೂರ್ಣಾಂಕ (ಮಾಸ ಕ್ರಮಾಂಕ / 2)+ 1 = 4

ಋತುವಿನ ಹೆಸರು = ಶರದ್

ಅಯನ ನಿರ್ಣಯ

ಅಯನ = ದಕ್ಷಿಣಾಯನ ಉತ್ತರಾಯಣವು 21 ಡಿಸೆಂಬರಕ್ಕೆ ಪ್ರಾರಂಭವಾಗುವುದು.

ನಕ್ಷತ್ರ ನಿರ್ಣಯ

ಸಾಲಾಗಿ ನಾಲ್ಕು ದಿನಗಳ ಆರಂಭದ ಸ್ಥಿತಿಗಳು

	ಹಿಂದಿನ ದಿನ	ಇಚ್ಛಿತ ದಿನ	ಎರಡನೆಯ ದಿನ	ಮೂರನೆಯ ದಿನ
	ದಿ-1	ದಿ	ದಿ+1	ದಿ+2
ದಿನಗಣ	14896.50098685	14897.50098685	14898.50098685	14899.50098685
ಚಂದ್ರ	275°.26130845	289°.52752750	303°.84383577	318°.14863877
ನಕ್ಷತ್ರ	20.64459813	21.71456456	22.78828768	23.86114791
ಹೆಚ್ಚಳಗಳು		ಕ = 1.06996643;	ಮ = 1.07372312;	ಲ = 1.07286023

ಇಚ್ಛಿತ ದಿನದ ನಕ್ಷತ್ರ = 22 ಶ್ರವಣ

ನಕ್ಷತ್ರಾಂತ ಸಮಯ

ಭೋಗ್ಯ = nbal = 0.28543544

h1 = nbal * 24/ಮ = 6.38009033

h2 = h1*(24-h1)*(ಲ − ಕ)/(ಮ*96.0)= 0.00315598

ನಕ್ಷತ್ರಾಂತ = h1+h2 + ಸಮಯಾಂತರ = 11.88324631 = 11:53

ನಕ್ಷತ್ರಚರಣಗಳ ಸಮಾಪ್ತಿಗಳು

ಶ್ರವಣ ಮೊದಲ ಚರಣಾಂತ

ಭೋಗ್ಯ = bal2 = 0.03543544

h3 = bal2 * 24/ಮ = 0.79205754

h4 = h3*(24-h3)*(ಲ − ಕ)/(ಮ*96.0)= 0.00051606

ಮೊದಲ ಚರಣಾಂತ = h3+h4 + ಸಮಯಾಂತರ = 6.29257360 = 06:18

ಶ್ರವಣ ಎರಡನೆಯ ಚರಣಾಂತ

ಭೋಗ್ಯ = bal2 = −0.21456456

h3 = bal2 * 24/ಮ = −4.79597525

h4 = h3*(24-h3)*(ಲ − ಕ)/(ಮ*96.0)= −0.00387715

ಎರಡನೆಯ ಚರಣಾಂತ = h3+h4 + ಸಮಯಾಂತರ = 0.70014760 = 00:42

ಶ್ರವಣ ಮೂರನೆಯ ಚರಣಾಂತ

ಭೋಗ್ಯ = bal2 = −0.46456456

h3 = bal2 * 24/ಮ = −10.38400804

h4 = h3*(24-h3)*(ಲ − ಕ)/(ಮ*96.0)= −0.01002365

ಮೂರನೆಯ ಚರಣಾಂತ = h3+h4 + ಸಮಯಾಂತರ = −4.89403169 = 19:06

ಕರಣ ನಿರ್ಣಯ

ಸಾಲಾಗಿ ನಾಲ್ಕು ದಿನಗಳ ಆರಂಭದ ಸ್ಥಿತಿಗಳು

	ಹಿಂದಿನ ದಿನ ದಿ-1	ಇಚ್ಛಿತ ದಿನ ದಿ	ಎರಡನೆಯ ದಿನ ದಿ+1	ಮೂರನೆಯ ದಿನ ದಿ+2
ದಿನಗಣ	14896.50098685	14897.50098685	14898.50098685	14899.50098685
ಚಂದ್ರ	275°.26130845	289°.52752750	303°.84383577	318°.14863877
ಸೂರ್ಯ	176°.83645739	177°.82718987	178°.81847506	179°.81031295
ಚಂ - ಸೂ	98°.42485106	111°.70033763	125°.02536072	138°.33832583
ಕರಣ	16.40414184	18.61672294	20.83756012	23.05638764
ಹೆಚ್ಚಳಗಳು		ಕ = 2.21258109;	ಮ = 2.22083718;	ಲ = 2.21882752

ಇಚ್ಛಿತ ದಿನದ ಕರಣ = 19 ತ್ಯೆತಿಲ

ಕರಣಾಂತ ಸಮಯ

ಭೋಗ್ಯ = bal = 0.38327706

h1 = bal * 24/ಮ = 4.14197383

h2 = h1*(24-h1)*(ಲ – ಕ)/(ಮ*96.0)= 0.00240983

ಕರಣಾಂತ = h1+h2 + ಸಮಯಾಂತರ = 9.64438366 = 09:39

ಮುಂದಿನ ಕರಣ [ಗರ] ದ ಸಮಾಪ್ತಿ

ಸಮ ಕರಣದ ಸಮಾಪ್ತಿ = ನಕ್ಷತ್ರಾಂತ = 11.88324631 = 11:53

ಯೋಗ ನಿರ್ಣಯ

ಸಾಲಾಗಿ ನಾಲ್ಕು ದಿನಗಳ ಆರಂಭದ ಸ್ಥಿತಿಗಳು

	ಹಿಂದಿನ ದಿನ ದಿ-1	ಇಚ್ಛಿತ ದಿನ ದಿ	ಎರಡನೆಯ ದಿನ ದಿ+1	ಮೂರನೆಯ ದಿನ ದಿ+2
ದಿನಗಣ	14896.50098685	14897.50098685	14898.50098685	14899.50098685
ಚಂದ್ರ	275°.26130845	289°.52752750	303°.84383577	318°.14863877
ಸೂರ್ಯ	176°.83645739	177°.82718987	178°.81847506	179°.81031295
ಚ + ಸೂ	92°.09776584	107°.35471738	122°.66231083	137°.95895172
ಯೋಗ	6.90733244	8.05160380	9.19967331	10.34692138
ಹೆಚ್ಚಳಗಳು ಕ		= 1.14427137;	ಮ = 1.14806951;	ಲ = 1.14724807

ಇಚ್ಛಿತ ದಿನದ ಯೋಗ = ೯ ಶೂಲ

ಯೋಗಾಂತ ಸಮಯ

ಭೋಗ್ಯ = bal = 0.94839620

h1 = bal * 24/ಮ = 19.82589777

h2 = h1*(24-h1)*(ಲ - ಕ)/(ಮ*96.0)= 0.00223507

ಯೋಗಾಂತ = h1+h2 + ಸಮಯಾಂತರ = 25.32813285 = 25:20

ಚಂದ್ರಗ್ರಹಣಗಳು

ಚಂದ್ರನು ಸೂರ್ಯನಿಂದಾದ ಭೂಮಿಯ ನೆರಳಿನೊಳಗೆ ಹಾಯ್ದುಹೋಗುವಾಗ ಚಂದ್ರಗ್ರಹಣ ಸಂಭವಿಸುತ್ತದೆ. ಭೂಮಿಯು ನೇರವಾಗಿ ಸೂರ್ಯ ಮತ್ತು ಚಂದ್ರನ ನಡುವೆ ಇದ್ದಾಗ ಮಾತ್ರ ಇದು ಸಾಧ್ಯ, ಅಂದರೆ ಚಂದ್ರನು ಸೂರ್ಯನೊಂದಿಗೆ ಪ್ರತಿಯುತಿಯಲ್ಲಿ ಇದ್ದಾಗ ಎಂದರ್ಥ. ಆದ್ದರಿಂದ ಚಂದ್ರಗ್ರಹಣವಾಗಲು ಮೊದಲ ಅವಶ್ಯಕತೆಯು, ಅದು "ಹುಣ್ಣಿಮೆಯ ದಿನ" ಆಗಿರಬೇಕು.

ಚಂದ್ರನ ಕಕ್ಷೆಯು ಕ್ರಾಂತಿವೃತ್ತಕ್ಕೆ ಸುಮಾರು 5 ಅಂಶ ಕೋನದಲ್ಲಿ ವಾಲಿರುವದರಿಂದ, ಚಂದ್ರಗ್ರಹಣವು ಪ್ರತಿ ಹುಣ್ಣಿಮೆಯ ದಿನದಂದು ಸಂಭವಿಸುವದು ಸಾಧ್ಯವಿಲ್ಲ, ಆದರೆ ಚಂದ್ರನು ಕ್ರಾಂತಿವೃತ್ತದ ಮೇಲೆ ಅಥವಾ ಅದಕ್ಕೆ ಬಹಳ ಹತ್ತಿರದಲ್ಲಿದ್ದಾಗ ಮಾತ್ರವೇ ಸಂಭವಿಸುತ್ತದೆ. ಆದ್ದರಿಂದ ಚಂದ್ರಗ್ರಹಣದ ಎರಡನೇ ಅವಶ್ಯಕತೆಯಿಂದರೆ ಚಂದ್ರನು ರಾಹು ಅಥವಾ ಕೇತು ಇವೆರಡು ಪಾತಗಳಲ್ಲಿ ಒಂದಕ್ಕೆ ಹತ್ತಿರದಲ್ಲಿರಬೇಕು,

ಚಂದ್ರಗ್ರಹಣಗಳ ವಿಧಗಳು

ಚಂದ್ರನ ಬಿಂಬವು ಸಂಪೂರ್ಣವಾಗಿ ಮಸುಕಾದಾಗ, ಗ್ರಹಣವು *ಸಂಪೂರ್ಣ ಗ್ರಹಣ* ಎಂದು ಹೇಳಲಾಗುತ್ತದೆ; ಅದು ಭಾಗಶಃ ಮಾತ್ರ ಮಸುಕಾದಾಗ ಅದು ಆಂಶಿಕ ಗ್ರಹಣವೆನಿಸುವದು.

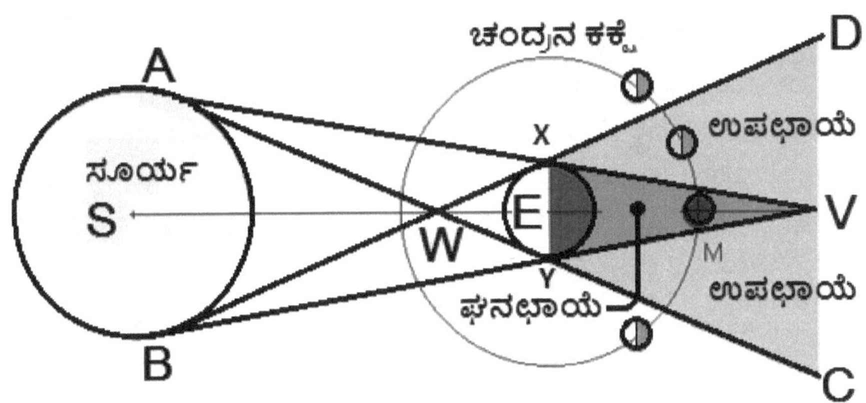

ಮೇಲಿನ ಚಿತ್ರದಲ್ಲಿ ಕ್ರಮವಾಗಿ S ಮತ್ತು E ಸೂರ್ಯ ಮತ್ತು ಭೂಮಿಯ ಕೇಂದ್ರಗಳಾಗಿವೆ. ಸೂರ್ಯ ಮತ್ತು ಭೂಮಿಯ ಗೋಲಗಳಿಗೆ ಬಾಹ್ಯ ಸ್ಪರ್ಶಕಗಳನ್ನು ಎಳೆದರೆ ಭೂಮಿಯ ನೆರಳಿನ ಶಂಕುವಿನ ರಚನೆಯಾಗುತ್ತದೆ. ಇದರ ಶಿಖರವು V ಯಲ್ಲಿದೆ ಮತ್ತು XV ಮತ್ತು YV ನಡುವಿನ ಶಂಕುವಿನ ಭಾಗವನ್ನು **ಘನಛಾಯ** ಎಂದು ಕರೆಯಲಾಗುತ್ತದೆ. ಚಂದ್ರನ ಕಕ್ಷೆಯನ್ನು ವರ್ತುಳದ ರೂಪದಲ್ಲಿ ತೋರಿಸಲಾಗಿದೆ. ಚಂದ್ರನು ಘನಛಾಯೆಯೊಳಗೆ ಸಂಪೂರ್ಣವಾಗಿ ಹಾಯ್ದುಹೋದರೆ, ಸಂಪೂರ್ಣ ಗ್ರಹಣ ಸಂಭವಿಸುತ್ತದೆ. ಚಂದ್ರನು ಘನಛಾಯೆಯೊಳಗಿಂದ ಭಾಗಶಃ ಹಾದುಹೋದರೆ, ಗ್ರಹಣವು ಆಂಶಿಕವಾಗುತ್ತದೆ.

ಸೂರ್ಯ ಮತ್ತು ಭೂಮಿಯ ಗೋಲಗಳಿಗೆ ಆಂತರಿಕ ಸ್ಪರ್ಶಕಗಳನ್ನು ಎಳೆದಾಗ ಮತ್ತೊಂದು ಶಂಕು ತಯಾರಾಗುವುದು. ಇದರ ಶಿಖರವು W ಆಗಿದೆ. ಈ ಶಂಕುವಿನ DXV ಮತ್ತು CYV ಭಾಗಗಳಲ್ಲಿ ನೆರಳು ಅಸ್ಪಷ್ಟವಾಗಿರುತ್ತದೆ. ಛಾಯಾಶಂಕುವಿನ ಈ ಭಾಗವನ್ನು **ಉಪಛಾಯ** ಎಂದು ಕರೆಯಲಾಗುತ್ತದೆ. ಚಂದ್ರನು ಉಪಛಾಯೆಯೊಳಗೆ ಪ್ರವೇಶ ಮಾಡಿದಾಗಿನಿಂದ ಚಂದ್ರನ ತೇಜವು ಕ್ರಮೇಣ ಕಡಿಮೆಯಾಗುತ್ತ ಹೋಗಿ ಘನಛಾಯೆಯಲ್ಲಿ ಸಂಪೂರ್ಣವಾಗಿ ಮುಳುಗಿದಾಗ ಸಂಪೂರ್ಣವಾಗಿ ಮಸುಕಾಗುತ್ತದೆ.

ಯಾವುದೇ ಸಂದರ್ಭದಲ್ಲಿ ಚಂದ್ರನು ಘನಛಾಯೆಯನ್ನು ಪ್ರವೇಶಿಸುವ ಮೊದಲು ಉಪಛಾಯೆಯ ಮೂಲಕವೇ ಹೋಗಬೇಕು. ಒಂದು ವೇಳೆ ಚಂದ್ರನು ಘನಛಾಯೆಯನ್ನು ಸ್ಪರ್ಶಿಸದೆ ಕೇವಲ ಉಪಛಾಯೆಯಲ್ಲಿ ಮಾತ್ರ ಹಾದುಹೋದರೆ, ಅದನ್ನು **ಉಪಛಾಯಾ-ಗ್ರಹಣ** ಎಂದು ಕರೆಯಲಾಗುತ್ತದೆ. ಈ ಸಂದರ್ಭದಲ್ಲಿಯೂ, ಚಂದ್ರಬಿಂಬವು ಅಸ್ಪಷ್ಟವಾಗುತ್ತದೆ ಆದರೆ ಗಮನಾರ್ಹವಾಗಿ ಅಲ್ಲ. ಲಕ್ಷ್ಯಪೂರ್ವಕವಾಗಿ ನೋಡದಿದ್ದರೆ ಗೊತ್ತಾಗುವುದೂ ಸಾಧ್ಯವಿಲ್ಲ. ಉಪಛಾಯಾ-ಗ್ರಹಣಗಳಲ್ಲಿಯೂ ಸಂಪೂರ್ಣ ಮತ್ತು ಆಂಶಿಕ ಗ್ರಹಣಗಳು ಆಗುತ್ತವೆ. ಅದರಲ್ಲಿ ಸಂಪೂರ್ಣ ಉಪಛಾಯಾ-ಗ್ರಹಣಗಳು ಬಹಳ ಅಪರೂಪ.

ಗ್ರಹಣದ ಮಿತಿಗಳು

ಯಾವುದೇ ಹುಣ್ಣಿಮೆಯ ದಿನದಂದು ಚಂದ್ರಗ್ರಹಣ ಸಂಭವಿಸಬಹುದೇ ಎಂದು ಊಹಿಸಲು, ಪೌರ್ಣಿಮಾಂತದ ಕ್ಷಣದಲ್ಲಿ ಹತ್ತಿರದ ಪಾತದಿಂದ ಚಂದ್ರನ ಅಂತರವು ಮೊದಲ ಅನುಮಾನವನ್ನು ನೀಡುತ್ತದೆ. ಇದಕ್ಕೆ **ಪಾತೋನಚಂದ್ರ** ಎನ್ನುತ್ತಾರೆ. ಚಂದ್ರಾರ್ಕ ಉಪಕರಣಗಳಲ್ಲಿ ಒಂದಾದ ರಾಹುನಚಂದ್ರದಿಂದ ಪಾತೋನಚಂದ್ರವು ಸಿಗುವುದು. ಚಂದ್ರಗ್ರಹಣದ ಸಾಧ್ಯಸಾಧ್ಯತೆಗಾಗಿ ಕೆಳಗಿನ ನಿಯಮಗಳು ಅನ್ವಯಿಸುವವು.

1. ಪಾತೋನಚಂದ್ರ 9.1 ಅಂಶಗಳ ಒಳಗೆ ಇದ್ದರೆ ಚಂದ್ರಗ್ರಹಣವು ನಿಶ್ಚಿತವಾಗಿ ಸಂಭವಿಸುವುದು. ಇದು ಗ್ರಹಣದ ಕನಿಷ್ಠ ಮಿತಿ.

2. ಪಾತೋನಚಂದ್ರ 16.2 ಅಂಶಗಳಿಗಿಂತ ಹೆಚ್ಚಿದ್ದರೆ ಚಂದ್ರಗ್ರಹಣವು ಸಂಭವಿಸುವುದು ಸಾಧ್ಯವಿಲ್ಲ. ಇದು ಚಂದ್ರಗ್ರಹಣದ ಗರಿಷ್ಠ ಮಿತಿಯು.

3. ಪಾತೋನಚಂದ್ರ 9.1 ಮತ್ತು 16.1 ಅಂಶಗಳ ನಡುವೆ ಇದ್ದರೆ. ಗ್ರಹಣವು ಸಂಭವಿಸುವದೋ ಇಲ್ಲವೋ ಎಂಬುದನ್ನು ನಿಶ್ಚಿತವಾಗಿ ಹೇಳಲು ಹೆಚ್ಚಿನ ಪರಿಶೀಲನೆ ಮಾಡಬೇಕಾಗುವದು.

4. ಉಪಛಾಯಾ ಗ್ರಹಣಗಳಿಗೆ, ಗರಿಷ್ಠ ಮಿತಿಯು 21.7 ಅಂಶ ಇರುವದು. ಕನಿಷ್ಠ ಮಿತಿಯು ನಿಶ್ಚಿತವಿಲ್ಲ. ಒಮ್ಮೊಮ್ಮೆ ಪಾತೋನಚಂದ್ರವು 9.1 ಅಂಶಗಳಿಗಿಂತ ಕಡಿಮೆ ಇದ್ದಾಗಲೂ ಉಪಛಾಯಾ ಗ್ರಹಣಗಳು ಆಗಬಹುದು.

ಗ್ರಹಣಚಕ್ರ (ಸಾರೋಸ್)

ಸೂರ್ಯನು ಚಂದ್ರನ ಪಾತದಿಂದ ಹೊರಟನಂತರ ಮತ್ತೆ ಅಲ್ಲಿಗೆ ಬರಲು 346.62 ದಿನಗಳು ಹಿಡಿಯುತ್ತವೆ (ಇದಕ್ಕೆ ಗ್ರಹಣವರ್ಷ ಎನ್ನಲಾಗುತ್ತದೆ) ಮತ್ತು ಅಂತಹ 19 ಗ್ರಹಣವರ್ಷಗಳು **6585.78** ದಿನಗಳಿಗೆ ಸಮನಾಗಿರುತ್ತವೆ. ಚಾಂದ್ರಮಾಸವು (ಅಮಾವಾಸ್ಯೆಯಿಂದ ಅಮಾವಾಸ್ಯೆ) 29.530589 ದಿನಗಳದಾಗಿದ್ದು 223 ಚಾಂದ್ರಮಾಸಗಳು 6585.3223 ದಿನಗಳಿಗೆ ಸಮಾನವಾಗಿವೆ. ಹೀಗೆ 223 ಚಾಂದ್ರಮಾಸಗಳು 19 ಗ್ರಹಣವರ್ಷಗಳಿಗೆ ಅಲ್ಪ ವ್ಯತ್ಯಾಸದಿಂದ ಸರಿಸಮನಾಗಿವೆ. ಆದುದರಿಂದ 18 ವರ್ಷ 11 ದಿನಗಳು 7 ಗಂಟೆ 43 ನಿಮಿಷಗಳ ಈ ಅವಧಿಯನ್ನು ಗ್ರಹಣಚಕ್ರ (ಸಾರೋಸ್) ಎಂದು ಕರೆಯಲಾಗುತ್ತದೆ. ಗ್ರಹಣಗಳಿಗೆ ಸಂಬಂಧಿಸಿದಂತೆ ಇದು ಮಹತ್ತ್ವದ್ದಾಗಿದೆ, ಏಕೆಂದರೆ ಈ ಮಧ್ಯಂತರದ ನಂತರ ಸೂರ್ಯಚಂದ್ರರು ಪಾತದಿಂದ ಅಷ್ಟೇ ದೂರದಲ್ಲಿರುತ್ತಾರೆ. ಆದ್ದರಿಂದ ಸಾಮಾನ್ಯವಾಗಿ ಸಾರೋಸ್ ನಲ್ಲಿ ಗ್ರಹಣಗಳ ಕ್ರಮದ ಪುನರಾವರ್ತನೆಯಾಗುತ್ತದೆ. ಆದರೆ, 223 ಚಾಂದ್ರಮಾಸಗಳು 19 ಗ್ರಹಣವರ್ಷಗಳಿಗೆ ನಿಖರವಾಗಿ ಸಮನಾಗಿರದ ಕಾರಣ, ಗ್ರಹಣಗಳಿಗೆ ಸಂಬಂಧಿಸಿದ ಸಂದರ್ಭಗಳು, ಅವು ಗೋಚರಿಸುವ ಸ್ಥಳ ಇತ್ಯಾದಿಗಳು ಸಾರೋಸ್ ನಿಂದ ಸಾರೋಸ್ ಗೆ ಬದಲಾಗುತ್ತವೆ.

*ಸೂಚನೆ: ಚಾಂದ್ರಮಾನ ಮಾಸಗಳಲ್ಲಿ ಮೂರು ವಿಧಗಳಿವೆ ಮತ್ತು ಅವುಗಳ ಅವಧಿಗಳು ಕೆಳಗಿನಂತೆ ಇವೆ.

ಅಮಾವಾಸ್ಯೆಯಿಂದ ಅಮಾವಾಸ್ಯೆ = 29.530589 ದಿನಗಳು

ಶೀಘ್ರೋಚ್ಚದಿಂದ ಶೀಘ್ರೋಚ್ಚ = 27.554550 ದಿನಗಳು

ಪಾತದಿಂದ ಪಾತ = 27.212221 ದಿನಗಳು

ಚಂದ್ರಗ್ರಹಣದ ಗಣಿತಕ್ರಮ

ಚರಣ ೧. ಗ್ರಹಣದ ಸಾಧ್ಯತೆಯ ಬಗ್ಗೆ ಪರಿಶೀಲನೆ.

ಒಂದು ನಿರ್ದಿಷ್ಟ ಹುಣ್ಣಿಮೆಯ ದಿನದಂದು, ಚಂದ್ರಗ್ರಹಣವು ಆಗುವ ಸಂಭವವಿದೆಯೋ ಇಲ್ಲವೋ ಎಂಬುದನ್ನು ಪರಿಶೀಲಿಸಲು ಪೌರ್ಣಿಮಾಂತ ಕ್ಷಣದ ಸಮಯವು ಗೊತ್ತಿರುವದು ಅವಶ್ಯ.

ಪೌರ್ಣಿಮಾಂತ ಕ್ಷಣದ ರಾಹೂನಚಂದ್ರ (ಚಂದ್ರಾರ್ಕ ಉಪಕರಣಗಳಲ್ಲಿ ಒಂದು)ವನ್ನು ತೆಗೆದು ಹತ್ತಿರದ ಪಾತದಿಂದ ಚಂದ್ರನ ದೂರ ಅಂದರೆ ಪಾತೋನಚಂದ್ರವನ್ನು ಕಂಡುಹಿಡಿಯಬೇಕು.

ಪಾತೋನಚಂದ್ರಕ್ಕೆ ಮೇಲೆ ವಿವರಿಸಿದ ಗ್ರಹಣಮಿತಿಗಳನ್ನು ಅನ್ವಯಿಸಲಾಗಿ ಗ್ರಹಣದ ಸಾಧ್ಯಸಾಧ್ಯತೆಗಳ ನಿರ್ಣಯವಾಗುವದು.

ಚಂದ್ರಗ್ರಹಣ ಸಂಭವವಿದೆ ಎಂದು ತಿಳಿದ ನಂತರ, ಈ ಕೆಳಗಿನ ಚರಣಗಳನ್ನು ಬಳಸಿಕೊಂಡು ಗ್ರಹಣದ ಪ್ರಕಾರ ಹಾಗೂ ಸ್ಪರ್ಶಮೋಕ್ಷಾದಿ ಸಮಯಗಳನ್ನು ಲೆಕ್ಕಹಾಕಬಹುದು.

ಚರಣ 2. ಸಮಯದ ಆಯ್ಕೆ

ಪೌರ್ಣಿಮಾಂತ ಕ್ಷಣದ ಹಿಂದೆ ಮುಂದೆ ಬರುವಂತೆ ಒಂದು ಗಂಟೆಯ ಅಂತರದಲ್ಲಿ ಎರಡು ಕ್ಷಣಗಳನ್ನು T_1 ಮತ್ತು T_2 ಆಯ್ಕೆ ಮಾಡಿಕೊಳ್ಳಬೇಕು. d1 ಮತ್ತು d2 ಆ ಕ್ಷಣಗಳ ದಿನಗಣಗಳು.

ಈ ಎರಡು ಕ್ಷಣಗಳಲ್ಲಿ ಚಂದ್ರ ಮತ್ತು ಭಾಯೆಯ ವಿಷುವಾಂಶ ಮತ್ತು ಕ್ರಾಂತಿಗಳನ್ನು ಲೆಕ್ಕ ಹಾಕಬೇಕು.

ಭೂಭಾಯೆಯು ಸೂರ್ಯನ ವಿರುದ್ಧ ದಿಶೆಯಲ್ಲಿ ಇರುವದರಿಂದ

ಭಾಯೆಯ ವಿಷುವಾಂಶ = ಸೂರ್ಯನ ವಿಷುವಾಂಶ + ೧೮೦°

ಭೂಭಾಯೆಯ ಕ್ರಾಂತಿ = - ಸೂರ್ಯನ ಕ್ರಾಂತಿ

ಕೆಳಗಿನ ಸಂಕೇತಗಳನ್ನು ಉಪಯೋಗಿಸಲಾಗಿದೆ.

α_1 = ಚಂದ್ರನ ವಿಷುವಾಂಶ

α_0 = ಭೂಭಾಯೆಯ ವಿಷುವಾಂಶ

δ_1 = ಚಂದ್ರನ ಕ್ರಾಂತಿ

δ_0 = ಭೂಭಾಯೆಯ ಕ್ರಾಂತಿ

ಚರಣ 3: ಭೂಭಾಯಾಕೇಂದ್ರದಿಂದ ಚಂದ್ರನ ನಿರ್ದೇಶಾಂಕಗಳು

T_1 ಕ್ಷಣದಲ್ಲಿ

$x_1 = (\alpha_1 - \alpha_0) * \cos(\delta_1)$

$y_1 = (\delta_1 - \delta_0)$

T_2 ಕ್ಷಣದಲ್ಲಿ

$x_2 = (\alpha_1 - \alpha_0) * \cos(\delta_1)$

$y_2 = (\delta_1 - \delta_0)$

x ಬದಲಾಗುವ ವೇಗ = x' = $x_2 - x_1$ ಅಂಶ ಪ್ರತಿಗಂಟೆ

y ಬದಲಾಗುವ ವೇಗ = y' = $y_2 - y_1$ ಅಂಶ ಪ್ರತಿಗಂಟೆ

ಚರಣ ಆ. ಆನುಷಂಗಿಕ ಮೂಲ್ಯಗಳು M, N, m, n ಮತ್ತು γ(ಚಂದ್ರಶರ)

M = atan2(x_1, y_1)

N = atan2(xdash, ydash)

m = x_1/sin(M)

n = xdash/sin(N)

γ (ಚಂದ್ರಶರ)= abs(m∗sin(M−N))

γ (ಚಂದ್ರಶರ) ಛಾಯಾಕೇಂದ್ರದಿಂದ ಚಂದ್ರನ ಕನಿಷ್ಠ ದೂರವನ್ನು ಸೂಚಿಸುತ್ತದೆ, ಇದು ಚಂದ್ರ ಗ್ರಹಣದ ಪ್ರಕಾರವನ್ನು ಊಹಿಸಲು ಬಹಳ ಮುಖ್ಯವಾಗಿದೆ. ಸೂರ್ಯಸಿದ್ಧಾಂತದಲ್ಲಿ ಇದಕ್ಕೆ **ಚಂದ್ರಶರ** ಮತ್ತು **ಶಶಿವಿಕ್ಷೇಪ** ಎನ್ನಲಾಗಿದೆ. ಇಲ್ಲಿ 'ಚಂದ್ರಶರ' ಶಬ್ದವನ್ನೇ ಉಪಯೋಗಿಸಲಾಗುವದು.

ಚರಣ 5. ಮಧ್ಯ-ಗ್ರಹಣದ ಸಮಯ

ಛಾಯಾಕೇಂದ್ರದಿಂದ ಚಂದ್ರನ ಅಂತರವು ಕನಿಷ್ಠ ಅಂದರೆ γ (ಚಂದ್ರಶರ) ಇದ್ದಾಗ ಗ್ರಹಣಮಧ್ಯವಿರುತ್ತದೆ.

T_1 ಮತ್ತು ಮಧ್ಯಗ್ರಹಣದ ಸಮಯದ ನಡುವಿನ ಸಮಯದ ಮಧ್ಯಂತರಕ್ಕೆ (dTm) ಎನ್ನಲಾಗಿದೆ,

T_1 ಕ್ಷಣದಿಂದ ಗ್ರಹಣಮಧ್ಯದವರೆಗಿನ ಸಮಯಾಂತರ =

ಗ್ರಹಣಮಧ್ಯ ಅಂತರ = dTm = (−m/n) ∗ cos(M − N)

ಗ್ರಹಣಮಧ್ಯ Tmid = T_1 + dTm (UT)

ಯುಟಿಯಿಂದ ಐಎಸ್ ಟಿಗೆ ಪರಿವರ್ತಿಸಲು 5.5 ಸೇರಿಸಬೇಕು.

ಗ್ರಹಣ ಸಂಭವವಿದ್ದಾಗ Tmid ಮೌಲ್ಯವು ಗ್ರಹಣಮಧ್ಯದ ಸಮಯವಾಗಿರುತ್ತದೆ. ಇಲ್ಲವಾದರೆ ಅದು ಕೇವಲ ಛಾಯೆಯು ಪೃಥ್ವಿಯಿಂದ ಕನಿಷ್ಠ ಅಂತರದಲ್ಲಿ ಇರುವಾಗಿನ ಸಮಯವಾಗಿರುತ್ತದೆ.

ಚರಣ 6. ಗ್ರಹಣಮಧ್ಯದಲ್ಲಿಯ ಭೂಭಾಯೆಯ ಆಕಾರಮಾನ

ಗ್ರಹಣಮಧ್ಯದ ದಿನಗಣ = d1 + dTmid/24.0

ಗ್ರಹಣಮಧ್ಯದ ದಿನಗಣವನ್ನು ತೆಗೆದುಕೊಂಡು ಕೆಳಗೆ ನೀಡಲಾದ ಸಂಬಂಧಗಳನ್ನು ಬಳಸಿಕೊಂಡು ಆ ಕ್ಷಣದಲ್ಲಿ ಈ ಕೆಳಗಿನ ಮೌಲ್ಯಗಳನ್ನು ಲೆಕ್ಕಹಾಕಬೇಕು.

$$\text{ಸೂರ್ಯನ ಪರಮಲಂಬನ} \quad P = \sin^{-1}\left(\frac{\text{ಪೃಥ್ವಿಯ ತ್ರಿಜ್ಯ } (6378.14 \text{ ಕಿಮೀ})}{\text{ಸೂರ್ಯನ ಭೂಮ್ಯಂತರ (ಕಿಮೀ)}}\right)$$

$$\text{ಚಂದ್ರನ ಪರಮಲಂಬನ} \quad P1 = \sin^{-1}\left(\frac{\text{ಪೃಥ್ವಿಯ ತ್ರಿಜ್ಯ } (6378.14 \text{ ಕಿಮೀ})}{\text{ಚಂದ್ರನ ಭೂಮ್ಯಂತರ (ಕಿಮೀ)}}\right)$$

$$\text{ಸೂರ್ಯಬಿಂಬದ ವ್ಯಾಸಾರ್ಧ} \quad S = \sin^{-1}\left(\frac{\text{ಸೂರ್ಯನ ತ್ರಿಜ್ಯ } (616000 \text{ ಕಿಮೀ})}{\text{ಸೂರ್ಯನ ಭೂಮ್ಯಂತರ (ಕಿಮೀ)}}\right)$$

$$\text{ಚಂದ್ರಬಿಂಬದ ವ್ಯಾಸಾರ್ಧ} \quad S1 = \sin^{-1}\left(\frac{\text{ಚಂದ್ರನ ತ್ರಿಜ್ಯ } (1737.1 \text{ ಕಿಮೀ})}{\text{ಚಂದ್ರನ ಭೂಮ್ಯಂತರ (ಕಿಮೀ)}}\right)$$

ಉಪಭಾಯಾ ವ್ಯಾಸಾರ್ಧ = rP = 1.01*(P + P1 + S)

ಘನಭಾಯಾ ವ್ಯಾಸಾರ್ಧ = rU = 1.01*(P + P1 – S)

(ಭೂಮಿಯ ವಾತಾವರಣದಿಂದಾಗಿ 1% ಹೆಚ್ಚಿಸಲಾಗಿದೆ. ಕೆಲವರು ಇದನ್ನು 2% ತೆಗೆದುಕೊಳ್ಳುವುದು ಉಂಟು.)

ಚರಣ 7. ಗ್ರಹಣದ ಪ್ರಕಾರ

γ (ಚಂದ್ರಶರ) ದ ನಾಲ್ಕು ನಿರ್ಣಾಯಕ ಮೌಲ್ಯಗಳು

ಕೆಳಗಿನ N1, N2, N3 ಮತ್ತು N4 ಇವು γ (ಚಂದ್ರಶರ)ದ ನಾಲ್ಕು ನಿರ್ಣಾಯಕ ಮೌಲ್ಯಗಳನ್ನು ತೋರಿಸುತ್ತವೆ. ಇವು ಗ್ರಹಣದ ಪ್ರಕಾರವನ್ನು ನಿರ್ಧರಿಸುತ್ತವೆ. ಈ ಎಲ್ಲ ಚಿತ್ರಗಳಲ್ಲಿ S ನೆರಳಿನ ಕೇಂದ್ರವಾಗಿದೆ ಮತ್ತು M ಚಂದ್ರನ ಕೇಂದ್ರ. ಚಂದ್ರನು ನೆರಳಿನ ಕೇಂದ್ರಕ್ಕೆ ಅತ್ಯಂತ ಹತ್ತಿರದಲ್ಲಿದ್ದಾಗಿನ ಅಂತರಕ್ಕೆ γ (ಚಂದ್ರಶರ) ಎಂಬ ಸಂಕೇತವಿದೆ. ನಿರ್ಣಾಯಕ ಮೌಲ್ಯಗಳನ್ನು ಈ ಕೆಳಗೆ ನೀಡಲಾಗಿದೆ.

> N1 = rU – S1; N2 = rU + S1; N3 = rP – S1; N4 = rP + S1;

ಇವುಗಳಿಗೆ ಸಂಬಂಧಿಸಿದ ಚಂದ್ರ ಮತ್ತು ಭಾಯೆಯ ನಿರ್ಣಾಯಕ ಸ್ಥಿತಿಗಳನ್ನು ಮುಂಬರುವ ಚಿತ್ರಗಳಲ್ಲಿ ತೋರಿಸಲಾಗಿದೆ.

ಪ್ರಕಾರ 1. ಚಂದ್ರಶರ <= N1, ಅಂದರೆ, ಚಂದ್ರನು ನಿರ್ಣಾಯಕ ಸ್ಥಿತಿ 1ರಲ್ಲಿ ಅಥವಾ ಅದಕ್ಕಿಂತ ನೆರಳು-ಕೇಂದ್ರಕ್ಕೆ ಹತ್ತಿರದಲ್ಲಿದ್ದರೆ, **ಖಗ್ರಾಸ** ಗ್ರಹಣವಾಗುತ್ತದೆ.

ಪ್ರಕಾರ 2. ಚಂದ್ರಶರ N1 ಮತ್ತು N2 ಗಳ ನಡುವೆ ಇದ್ದರೆ, ಅಂದರೆ ಚಂದ್ರನು ನಿರ್ಣಾಯಕ ಸ್ಥಿತಿ 1 ಮತ್ತು 2 ರ ನಡುವೆ ಇದ್ದರೆ, **ಖಂಡಗ್ರಾಸ** ಗ್ರಹಣವಾಗುತ್ತದೆ.

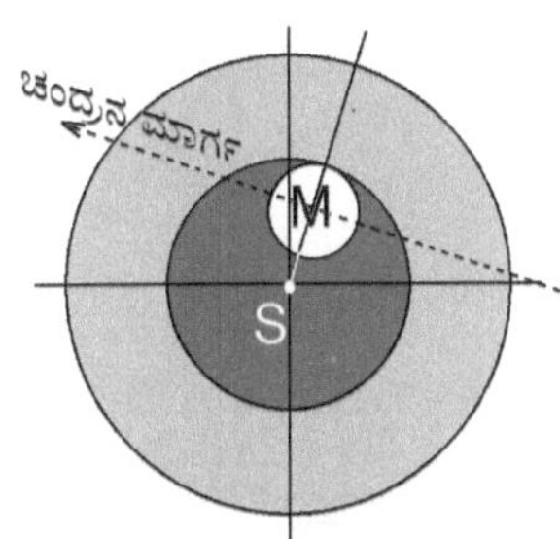

ನಿರ್ಣಾಯಕ ಸ್ಥಿತಿ N1
ಘನಛಾಯೆಯಲ್ಲಿ ಚಂದ್ರನ ಅಂತಃಸ್ಪರ್ಶ

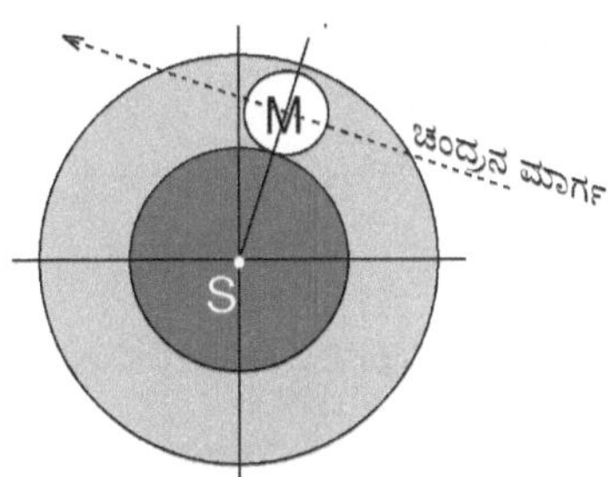

ನಿರ್ಣಾಯಕ ಸ್ಥಿತಿ N2
ಘನಛಾಯೆಗೆ ಚಂದ್ರನ ಬಹಿಸ್ಪರ್ಶ

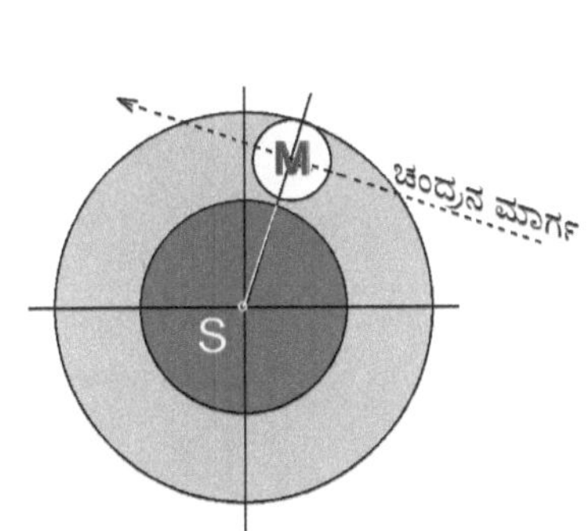

ನಿರ್ಣಾಯಕ ಸ್ಥಿತಿ N3
ಉಪಛಾಯೆಯಲ್ಲಿ ಚಂದ್ರನ ಅಂತಃಸ್ಪರ್ಶ

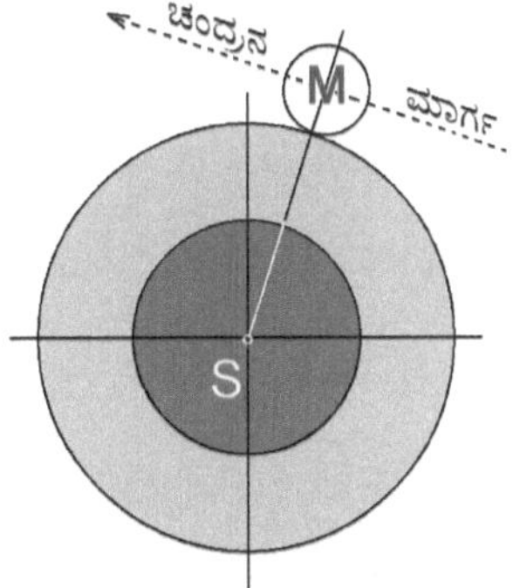

ನಿರ್ಣಾಯಕ ಸ್ಥಿತಿ N4
ಉಪಛಾಯೆಗೆ ಚಂದ್ರನ ಬಹಿಸ್ಪರ್ಶ

ಪ್ರಕಾರ 3. ಚಂದ್ರಶರ N2 ಮತ್ತು N3 ನಡುವೆ ಇದ್ದರೆ, ಅಂದರೆ, ಚಂದ್ರನು ನಿರ್ಣಾಯಕ ಸ್ಥಿತಿ 2 ಮತ್ತು 3 ರ ನಡುವೆ ಇದ್ದರೆ, **ಸಂಪೂರ್ಣ ಉಪಛಾಯಾ** ಗ್ರಹಣ ಇರುತ್ತದೆ. ಈ ತರದ ಗ್ರಹಣಗಳು ಬಹಳ ವಿರಳ.

ಪ್ರಕಾರ 4. ಚಂದ್ರಶರ N3 ಮತ್ತು N4 ನಡುವೆ ಇದ್ದರೆ, ಅಂದರೆ ಚಂದ್ರನು ನಿರ್ಣಾಯಕ ಸ್ಥಿತಿ 3 ಮತ್ತು 4 ರ ನಡುವೆ ಇದ್ದರೆ, **ಆಂಶಿಕ ಉಪಛಾಯಾ** ಗ್ರಹಣವಾಗುತ್ತದೆ.

ಪ್ರಕಾರ 5. ಚಂದ್ರಶರ N4 ಗಿಂತ ಹೆಚ್ಚಿದ್ದರೆ, ಅಂದರೆ ಚಂದ್ರನು ನಿರ್ಣಾಯಕ ಸ್ಥಿತಿ 4ನ್ನು ಮೀರಿದರೆ, ಯಾವುದೇ ರೀತಿಯ ಗ್ರಹಣವಾಗುವುದಿಲ್ಲ.

ಚರಣ 8. ಗ್ರಹಣದ ಪರಿಮಾಣ (ಗ್ರಾಸ) (**Magnitude**):

ಗ್ರಹಣದ ಪರಿಮಾಣ (ಗ್ರಾಸ) ವನ್ನು ನೆರಳಿನಿಂದ ಮಸುಕಾದ ಚಂದ್ರನ ವ್ಯಾಸದ ಭಾಗ ಎಂದು ವ್ಯಾಖ್ಯಾನಿಸಲಾಗಿದೆ.

ಗ್ರಾಸ = ಮುಸುಕಲ್ಪಟ್ಟ ವ್ಯಾಸ / ಸಂಪೂರ್ಣ ವ್ಯಾಸ

ಇದನ್ನು ಪ್ರತಿಶತದಲ್ಲಿಯೂ ತೋರಿಸಲಾಗುತ್ತದೆ.

ಗ್ರಾಸದ ಸೂತ್ರಗಳು

ಘನಭಾಯಾ ಗ್ರಾಸ = (N2 – ಚಂದ್ರಶರ)/(2∗ಚಂದ್ರವ್ಯಾಸಾರ್ಧ)

ಸಂಪೂರ್ಣ ಗ್ರಹಣದ ಸಂದರ್ಭದಲ್ಲಿ ಗ್ರಾಸವು 1.0 ಗಿಂತ ಹೆಚ್ಚು ಇರುವದು.

ಏಕತೆಗಿಂತ ಹೆಚ್ಚಿನ ಗ್ರಾಸದ ಮೌಲ್ಯವು ಚಂದ್ರನು ನಿರ್ಣಾಯಕ ಮೌಲ್ಯಕ್ಕಿಂತ ಹೆಚ್ಚಾಗಿ ನೆರಳಿನಲ್ಲಿ ಪ್ರವೇಶಿಸಿದ್ದಾನೆ ಎಂದು ಸೂಚಿಸುತ್ತದೆ.

ಭಾಗಶಃ ಗ್ರಹಣದ ಸಂದರ್ಭದಲ್ಲಿ ಗ್ರಾಸವು 1.0 ಕ್ಕಿಂತ ಕಡಿಮೆ ಇರುವದು.

ಗ್ರಾಸದ ಮೌಲ್ಯವು ಋಣಾತ್ಮಕ (–) ಆದರೆ ಭಾಗಶಃ ಗ್ರಹಣ ಸಂಭವಿಸಲು ಎಷ್ಟು ಕೊರತೆಯಿದೆ ಎಂಬುದನ್ನು ಸೂಚಿಸುತ್ತದೆ.

ಇದೇ ರೀತಿಯ ನಿಯಮಗಳು ಉಪಭಾಯಾ ಗ್ರಹಣಗಳ ಗ್ರಾಸಕ್ಕೂ ಅನ್ವಯಿಸುತ್ತವೆ.

ಉಪಭಾಯಾ ಗ್ರಾಸ = (N4 – ಚಂದ್ರಶರ)/(2∗ಚಂದ್ರವ್ಯಾಸಾರ್ಧ)

ಗ್ರಾಸವನ್ನು ಹೀಗೂ ತೆಗೆಯಬಹುದು.

ಖಗ್ರಾಸ ಅಥವಾ ಕಂಕಣಾಕೃತಿ ಸೂರ್ಯಗ್ರಹಣದಲ್ಲಿ

ಗ್ರಾಸ = ಚಂದ್ರವ್ಯಾಸಾರ್ಧ / ಸೂರ್ಯವ್ಯಾಸಾರ್ಧ

ಖಂಡಗ್ರಾಸ ಗ್ರಹಣದಲ್ಲಿ

ಗ್ರಾಸ = ಸೂವ್ಯಾ+ಚವ್ಯಾ–ಸೂಚ)/(2∗ಸೂವ್ಯಾ)

ಚರಣ 9. ವಿಶಿಷ್ಟ ಸಂಪರ್ಕಗಳ ಸಮಯಗಳು

ನೆರಳಿನೊಂದಿಗೆ ಚಂದ್ರನ ಎಂಟು ರೀತಿಯ ಸಂಪರ್ಕಗಳು ಆಗಬಹುದು.

1. P1 ಚಂದ್ರನು ಉಪಭಾಯೆಯೊಳಗೆ ಪ್ರವೇಶಿಸಲಿರುವಾಗ ಉಪಭಾಯೆಯೊಂದಿಗೆ ಬಾಹ್ಯ ಸಂಪರ್ಕ.

2. P2 ಚಂದ್ರನು ಉಪಭಾಯೆಯನ್ನು ಸಂಪೂರ್ಣವಾಗಿ ಪ್ರವೇಶಿಸಿದಾಗ ಅದರೊಳಗಿನ ಆಂತರಿಕ ಸಂಪರ್ಕ.

3. U1 ಚಂದ್ರನು ಘನಛಾಯೆ ಪ್ರವೇಶಿಸಲು ಹೊರಟಾಗ ಘನಛಾಯೆಯೊಂದಿಗೆ ಬಾಹ್ಯ ಸಂಪರ್ಕ.

4. U2 ಚಂದ್ರನು ಘನಛಾಯೆಯನ್ನು ಸಂಪೂರ್ಣವಾಗಿ ಪ್ರವೇಶಿಸಿದಾಗ ಅದರೊಳಗಿನ ಆಂತರಿಕ ಸಂಪರ್ಕ.

ಗ್ರಹಣಮಧ್ಯವು 4ಮತ್ತು 5ನೇ ಸಂಪರ್ಕಗಳ ನಡುವೆ ಇರುತ್ತದೆ.

5. U3 ಚಂದ್ರ ಘನಛಾಯೆಯಿಂದ ಹೊರಬರಲಿದ್ದಾನೆ ಎನ್ನುವಾಗ ಘನಛಾಯೆಯೊಂದಿಗೆ ಆಂತರಿಕ ಸಂಪರ್ಕ.

6. U4 ಚಂದ್ರನು ಘನಛಾಯೆಯಿಂದ ಹೊರಬಂದಾಗ ಘನಛಾಯೆಯೊಂದಿಗೆ ಬಾಹ್ಯ ಸಂಪರ್ಕ.

7. P3 ಉಪಛಾಯೆಯಿಂದ ಚಂದ್ರ ಹೊರಬರಲಿರುವಾಗ ಉಪಛಾಯೆಯೊಂದಿಗೆ ಆಂತರಿಕ ಸಂಪರ್ಕ.

8. P4 ಚಂದ್ರನು ಉಪಛಾಯೆಯಿಂದ ಹೊರಬಂದಾಗ ಉಪಛಾಯೆಯೊಂದಿಗೆ ಬಾಹ್ಯ ಸಂಪರ್ಕ.

ಇವೆಲ್ಲ ಸಂಭಾವ್ಯ ಸಂಪರ್ಕಗಳ ಸಮಯಗಳನ್ನು ಗ್ರಹಣದ ಲೆಕ್ಕಾಚಾರಗಳಲ್ಲಿ ಮೌಲ್ಯಮಾಪನ ಮಾಡಬೇಕಾಗುತ್ತದೆ. ಈ ಘಟನೆಗಳ ಸಮಯಗಳಿಗೆ ಕ್ರಮವಾಗಿ P1, P2, U1 U2, Tm, U3, U4, P3 ಮತ್ತು P4 ಈ ಸಂಕೇತಗಳನ್ನು ಉಪಯೋಗಿಸಲಾಗಿದೆ. ಗ್ರಹಣದ ಪ್ರಕಾರಕ್ಕೆ ಅನುಗುಣವಾಗಿ ಇವುಗಳಲ್ಲಿ ಕೆಲವು ಸಂಪರ್ಕಗಳು ಸಂಭವಿಸದೆ ಇರಬಹುದು.

ಪ್ರಕಾರ 1.

ಚಂದ್ರಶರ < N1. ಸಂಪೂರ್ಣ ಘನಛಾಯಾ ಗ್ರಹಣ. ಎಲ್ಲ ಸಂಪರ್ಕಗಳು ಸಾಧ್ಯ.

ಪ್ರಕಾರ 2.

N1 > ಚಂದ್ರಶರ > N2. ಭಾಗಶಃ ಘನಛಾಯಾ ಗ್ರಹಣ, P1, P2,T1, T4, P3, P4 ಸಂಪರ್ಕಗಳು ಸಂಭವಿಸುವವು.

ಪ್ರಕಾರ 3.

N3 > ಚಂದ್ರಶರ > N2. ಉಪಛಾಯಾ ಎಕ್ಲಿಪ್ಸ್. P1, P2, P3 ಮತ್ತು P4 ಸಂಪರ್ಕಗಳು ಸಂಭವಿಸುವವು.

ಪ್ರಕಾರ 4.

N4 > ಚಂದ್ರಶರ > N3. ಭಾಗಶಃ ಉಪಛಾಯಾ ಗ್ರಹಣದಲ್ಲಿ ಕೇವಲ P1 ಮತ್ತು P4 ಸಂಪರ್ಕಗಳು ಸಂಭವಿಸುವವು.

ಪ್ರಕಾರ 5.

ಚಂದ್ರಶರ > N4. ಗ್ರಹಣವಿಲ್ಲ, ಸಂಪರ್ಕಗಳಿಲ್ಲ.

ಎಲ್ಲ ಸಾಧ್ಯತೆ ಇರುವ ಸಂಪರ್ಕಗಳ ಸಮಯಗಳನ್ನು ಗ್ರಹಣಮಧ್ಯ ಮತ್ತು ಅರ್ಧಾವಧಿಗಳನ್ನು ಬಳಸಿಕೊಂಡು ಲೆಕ್ಕಹಾಕಬಹುದು.

ಚರಣ 9. ಅರ್ಧಾವಧಿಗಳು

ಚಂದ್ರನು ಘನಭಾಯೆಯಲ್ಲಿ ಸಂಪೂರ್ಣವಾಗಿ ಮುಳುಗಿರುವ ಅವಧಿಯ ಅರ್ಧಕ್ಕೆ ಸ್ಥಿತ್ಯರ್ಧ ಎನ್ನಲಾಗುತ್ತದೆ. ಮತ್ತು ಘನಭಾಯೆಯಲ್ಲಿ ಪ್ರವೇಶಿಸಲು ಪ್ರಾರಂಭಿಸಿ ಅದರೊಳಗಿಂದ ಪೂರ್ಣವಾಗಿ ಹೊರಬರುವ ವರೆಗಿನ ಅವಧಿಯ ಅರ್ಧಕ್ಕೆ **ವಿಮದ್ರಾರ್ಧ** ಎನ್ನಲಾಗಿದೆ. ಈ ಶಬ್ದಗಳನ್ನು ಸೂರ್ಯಸಿದ್ಧಾಂತದಲ್ಲಿ ಉಪಯೋಗಿಸಲಾಗಿದೆ. ಸೂರ್ಯಸಿದ್ಧಾಂತದಲ್ಲಿ ಉಪಛಾಯೆಯ ಬಗ್ಗೆ ವಿಚಾರವಿಲ್ಲ. ಆದುದರಿಂದ ಉಪಛಾಯೆಯಲ್ಲಿಯ ಇಂತಹವೇ ಸ್ಥಿತಿಗಳನ್ನು **ಉಪಸ್ಥಿತ್ಯರ್ಧ** ಮತ್ತು **ಉಪವಿಮದ್ರಾರ್ಧ** ಎನ್ನೋಣ.

ಈ ಅರ್ಧಾವಧಿಗಳು ಗ್ರಹಣಮಧ್ಯದ ಹಿಂದೆ–ಮುಂದೆ ಸಮಾನವಾಗಿರುತ್ತವೆ.

ಅವುಗಳನ್ನು ತೆಗೆಯುವ ಸೂತ್ರಗಳು.

ವಿಮದ್ರಾರ್ಧ $dU1 = $ ವರ್ಗಮೂಲ$(N2^2 - $ ಚಂದ್ರಶರ$^2)/n$

ಸ್ಥಿತ್ಯರ್ಧ $dU2 = $ ವರ್ಗಮೂಲ$(N1^2 - $ ಚಂದ್ರಶರ$^2)/n$

ಉಪ ವಿಮದ್ರಾರ್ಧ $dP1 = $ ವರ್ಗಮೂಲ$(N4^2 - $ ಚಂದ್ರಶರ$^2)/n$

ಉಪಸ್ಥಿತ್ಯರ್ಧ $dP2 = $ ವರ್ಗಮೂಲ$(N3^2 - $ ಚಂದ್ರಶರ$^2)/n$

ಇಲ್ಲಿ n ಚರಣ 4 ರಲ್ಲಿ ಕಾಣಿಸಿದ ಆನುಷಂಗಿಕ ಮೂಲ್ಯವಾಗಿದೆ. ಇವೆಲ್ಲ ಅರ್ಧಾವಧಿಗಳ ಮೂಲಕ ಗ್ರಹಣದ ಸ್ಪರ್ಶಮೋಕ್ಷಾದಿ ಸಪರ್ಕ ಸಮಯಗಳ ನಿರ್ಧಾರವಾಗುತ್ತದೆ.

ಮೇಲಿನ ಸೂತ್ರಗಳಲ್ಲಿ ಕಂಸದಲ್ಲಿಯ ಮೂಲ್ಯ ಖುಣಾತ್ಮಕವಿದ್ದಲ್ಲಿ ವರ್ಗಮೂಲವು ಹೊರಡುವದಿಲ್ಲ ಆಗ ಆಯಾ ಸ್ಥಿತಿಗಳು ಅಸಂಭವವೆಂದು ತಿಳಿಯಬೇಕು.

ವಿಶಿಷ್ಟ ಸಂಪರ್ಕ ಸಮಯಗಳ ಸೂತ್ರಗಳನ್ನು ಕೆಳಗೆ ಕೊಡಲಾಗಿದೆ.

ಘನಭಾಯಾ ಸಂಪರ್ಕಗಳು (Umbral contacts):

ಇವುಗಳಿಗೆ ಕ್ರಮವಾಗಿ ಸ್ಪರ್ಶ, ನಿಮೀಲನ, ಉನ್ಮೀಲನ ಮತ್ತು ಮೋಕ್ಷ ಎನ್ನಲಾಗುತ್ತದೆ.

$U1 = Tm - dU1$ (ಸ್ಪರ್ಶ = ಗ್ರಹಣಮಧ್ಯ – ವಿಮದ್ರಾರ್ಧ)

$U2 = Tm - dU2$ (ಉನ್ಮೀಲನ = ಗ್ರಹಣಮಧ್ಯ – ಸ್ಥಿತ್ಯರ್ಧ)

$U3 = Tm + dU2$ (ನಿಮೀಲನ = ಗ್ರಹಣಮಧ್ಯ + ಸ್ಥಿತ್ಯರ್ಧ)

$U4 = Tm + dU1$ (ಮೋಕ್ಷ = ಗ್ರಹಣಮಧ್ಯ + ವಿಮದ್ರಾರ್ಧ)

ಉಪಛಾಯಾ ಸಂಪರ್ಕಗಳು (Penumbral contacts):

P1 = Tm − dP1 = ಗ್ರಹಣಮಧ್ಯ − ಉಪವಿಮರ್ದಾರ್ಧ

P2 = Tm − dP2 = ಗ್ರಹಣಮಧ್ಯ − ಉಪಸ್ಥಿತ್ಯರ್ಧ

P3 = Tm + dP2 = ಗ್ರಹಣಮಧ್ಯ + ಉಪಸ್ಥಿತ್ಯರ್ಧ

P4 = Tm + dP1 = ಗ್ರಹಣಮಧ್ಯ + ಉಪವಿಮರ್ದಾರ್ಧ

ಚರಣ 10. ಸಂಪರ್ಕಗಳಲ್ಲಿ ಚಂದ್ರನ ಸ್ಥಾನ ನಿರ್ದೇಶಾಂಕಗಳು

ಇಲ್ಲಿ (p1, q1), (p2, q2), (pm, qm), (p3, q3) and (p4,q4) ನಿರ್ದೇಶಾಂಕಗಳು ಉಪಛಾಯಗೆ ಮತ್ತು (u1, v1), (u2, v2), (um, vm), (u3, v3) and (u4,v4) ನಿರ್ದೇಶಾಂಕಗಳು ಘನಛಾಯಗೆ ಸಂಬಂಧಿಸಿವೆ. 'm' ಪ್ರತ್ಯಯವು ಗ್ರಹಣಮಧ್ಯಕ್ಕೆ ಸಂಬಂಧಿಸಿದೆ ಮತ್ತು 1, 2, 3 ಮತ್ತು 4 ಪ್ರತ್ಯಯಗಳು ನಾಲ್ಕು ಛಾಯಾ ಸಂಪರ್ಕಗಳಿಗೆ ಸಂಬಂಧಿಸಿವೆ. ಇವುಗಳನ್ನು ಈ ಕೆಳಗಿನ ಸೂತ್ರಗಳಿಂದ ನಿರ್ಧರಿಸಲಾಗುವದು.

ಉಪಛಾಯೆಯ ಸಂಬಂಧದ ಚಂದ್ರಕೇಂದ್ರದ ನಿರ್ದೇಶಾಂಕಗಳು.

$p_1 = x_1 + (P_1 − T_1) * x'$

$q_1 = y_1 + (P_1 − T_1) * y'$

$p_2 = x_1 + (P_2 − T_1) * x'$

$q_2 = y_1 + (P_2 − T_1) * y'$

$p_3 = x_1 + (P_3 − T_1) * x'$

$q_3 = y_1 + (P_3 − T_1) * y'$

$p_4 = x_1 + (P_4 − T_1) * x'$

$q_4 = y_1 + (P_4 − T_1) * y'$

ಘನಛಾಯೆಯ ಸಂಬಂಧದ ಚಂದ್ರಕೇಂದ್ರದ ನಿರ್ದೇಶಾಂಕಗಳು:

$u_1 = x_1 + (U_1 − T_1) * x'$

$v_1 = y_1 + (U_1 − T_1) * y'$

$u_2 = x_1 + (U_2 − T_1) * x'$

$v_2 = y_1 + (U_2 − T_1) * y'$

$$u_3 = x_1 + (U_3 - T_1) * x'$$

$$v_3 = y_1 + (U_3 - T_1) * y'$$

$$u_4 = x_1 + (U_4 - T_1) * x'$$

$$v_4 = y_1 + (U_4 - T_1) * y'$$

ಚಂದ್ರನ ಛಾಯಾಕೇಂದ್ರಿತ ಸ್ಥಿತಿಕೋನ Q

ಉತ್ತರದಿಸೆಯಿಂದ ಎಡತಿರುವಾಗಿ ಅಳೆಯಲಾದ ಛಾಯಾಕೇಂದ್ರದಲ್ಲಿ ಚಂದ್ರನ Q ಕೋನಗಳನ್ನು ಈ ಕೆಳಗಿನಂತೆ ರೂಪಿಸಬಹುದು.

ಗ್ರಹಣಮಧ್ಯ ಸ್ಥಿತಿ

$$Qm = atan2(um, vm)$$

ಉಪಛಾಯೆಯ ಸಂಬಂಧವಾಗಿ

$$Qp_1 = atan2(p_1, q_1)$$

$$Qp_2 = atan2(p_2, q_2)$$

$$Qp_3 = atan2(p_3, q_3)$$

$$Qp_4 = atan2(p_4, q_4)$$

ಘನಛಾಯೆಯ ಸಂಬಂಧವಾಗಿ:

$$Qu_1 = atan2(u_1, v_1)$$

$$Qu_2 = atan2(u_2, v_2)$$

$$Qu_3 = atan2(u_3, v_3)$$

$$Qu_4 = atan2(u_4, v_4)$$

ಚರಣ 11. ಗ್ರಹಣದ ಕಾಣಿಸುವಿಕೆ

ಚಂದ್ರನು ಕಾಣಿಸುವ ಎಲ್ಲ ಸ್ಥಳಗಳಿಂದ ಗ್ರಹಣವು ಕಾಣಿಸಲೇ ಬೇಕು. ನಿಖರವಾಗಿ ಸ್ಥಾನವನ್ನು ಕಂಡುಹಿಡಿಯಲು, ಗ್ರಹಣದ ಎಲ್ಲ ಚರಣಗಳಲ್ಲಿ ಚಂದ್ರನ ಉನ್ನತಾಂಶ ಮತ್ತು ದಿಗಂಶಗಳನ್ನು ಸ್ಥಳದ ರೇಖಾಂಶ ಮತ್ತು ಅಕ್ಷಾಂಶವನ್ನು ಪರಿಗಣಿಸಿ ಲೆಕ್ಕ ಹಾಕಬಹುದು. ಉನ್ನತಾಂಶವು ಋಣಾತ್ಮಕವಿದ್ದಲ್ಲಿ ಚಂದ್ರನು ಕಾಣುವದಿಲ್ಲ.

ಚರಣ 12. ಗ್ರಹಣದ ಚಿತ್ರವನ್ನು ಸಿದ್ಧಪಡಿಸುವುದು.

ಗ್ರಹಣದ ಚರಣಗಳನ್ನು ಚಿತ್ರದ ರೂಪದಲ್ಲಿ ತೋರಿಸಬಹುದು. ಭೂಛಾಯೆಯನ್ನು ಮೂಲವಾಗಿ ತೆಗೆದುಕೊಂಡು ಅದರ ಮೇಲೆ ಚಂದ್ರನ ವಿವಿಧ ಸ್ಥಿತಿಗಳನ್ನು ತೋರಿಸಲಾಗುತ್ತದೆ.

ಭಾಯಾಕೇಂದ್ರದಿಂದ ಚಂದ್ರನ ನಿರ್ದೇಶಾಂಕಗಳನ್ನು ಈಗಾಗಲೇ ಚರಣ 10 ರಲ್ಲಿ ಲೆಕ್ಕಹಾಕಲಾಗಿದೆ. ಚಂದ್ರನು ಪೂರ್ವದಿಂದ ಪಶ್ಚಿಮಕ್ಕೆ ಅಂದರೆ ಬಲದಿಂದ ಎಡಕ್ಕೆ ಚಲಿಸುತ್ತಾನೆ. ಉಪಛಾಯೆವನ್ನು ಮಂದವಾಗಿ, ಮತ್ತು ಘನಛಾಯೆವನ್ನು ಗಾಢವಾಗಿ ತೋರಿಸಬೇಕು. ಚಿತ್ರಕ್ಕಾಗಿ ಸರಿಯಾದ ಮಾಪಕವನ್ನು ಆಯ್ಕೆ ಮಾಡಬೇಕು. ಚಿತ್ರದ ಮಾದರಿಯನ್ನು ಕೆಳಗೆ ತೋರಿಸಲಾಗಿದೆ.

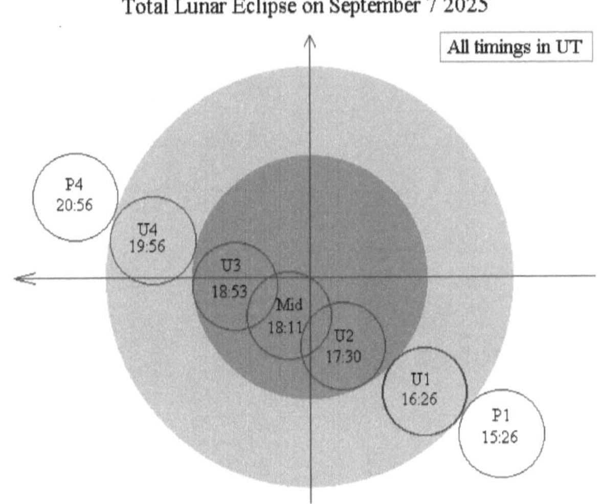

ಉದಾಹಾರಣ 7.1

ಖಗ್ರಾಸ ಚಂದ್ರಗ್ರಹಣ - ದಿನಾಂಕ 14-03-2025

ಚರಣ 1: ಗ್ರಹಣದ ಸಂಭಾವ್ಯತೆ

ದಿನಾರಂಭ ದಿನಗಣ = 9203.50000000 ; ಡೆಲ್ಟಾಟಿ = 74.52411073 ಸೆ.

ಪೌರ್ಣಿಮಾಂತ ಸಮಯ = 06:56UT

ದಿನಾರಂಭದಿಂದ ಪೌರ್ಣಿಮಾಂತದ ವರೆಗಿನ ಕಾಲ = 9203.78961255 ;

ರಾಹುನಚಂದ್ರ = 173°.42817069

ಸಮೀಪದ ಪಾತದಿಂದ ಚಂದ್ರನ ಅಂತರ = 6.57182931

ಪಾತೋನಭೋಗದ ಅನುಸಾರ ಗ್ರಹಣವು ನಿಶ್ಚಿತವು.

ಚರಣ 2: ಒಂದು ಗಂಟೆಯ ಅಂತರದಲ್ಲಿ ಭೂಛಾಯೆಯ ಸ್ಥಿತಿಗಳು

ಪೌರ್ಣಿಮಾಂತದ ಹಿಂದುಮುಂದಿನ ಒಂದು ಗಂಟೆಯ ಅವಧಿಯನ್ನು ತೆಗೆದುಕೊಳ್ಳಲಾಗಿದೆ.

T_1 = 06:00 T_2 = 07:00

ಈ ಎರಡೂ ಕ್ಷಣಗಳ ದಿನಗಣಗಳು:

d_1 = 9203.75086255 ; d_2 = 9203.79252921

ಚಂದ್ರ ಮತ್ತು ಭೂಛಾಯೆಯ ವಿಷುವಾಂಶಗಳು

ಸಮಯ UT ---->		T_1= 6.00	T_2= 7.00
ದಿನಗಣ ---->		9203.75086255	9203.79252921
ಚಂದ್ರನ ವಿಷುವಾಂಶ	α_1	174°.16206309	174°.60640292
ಭೂಛಾಯೆಯ ವಿಷುವಾಂಶ	α_0	174°.41166291	174°.44984558
ಎರಡರಲ್ಲಿಯ ಅಂತರ	$\alpha_1- \alpha_0$	-0°.24959982	0°.15655734

ಚಂದ್ರ ಮತ್ತು ಭೂಛಾಯೆಯ ಕ್ರಾಂತಿಗಳು

ಸಮಯ UT---->		T_1= 6.00	T_2= 7.00
ದಿನಗಣ ---->		9203.75086255	9203.79252921
ಚಂದ್ರನ ಕ್ರಾಂತಿ	δ_1	2°.91832549	2°.67635512
ಭೂಛಾಯೆಯ ಕ್ರಾಂತಿ	δ_0	2°.41749799	2°.40105151
ಎರಡರಲ್ಲಿಯ ಅಂತರ	$\delta_1- \delta_0$	0°.50082750	0°.27530360

ಚರಣ 3: ಭೂಛಾಯಾಕೇಂದ್ರದಿಂದ ಚಂದ್ರನ ನಿರ್ದೇಶಾಂಕಗಳು

T_1 ಕ್ಷಣದಲ್ಲಿ

x_1 = ($\alpha_1- \alpha_0$)*cos(δ_1) = -0.24927612

y_1 = ($\delta_1- \delta_0$) = 0.50082750

T_2 ಕ್ಷಣದಲ್ಲಿ

x2 = ($\alpha_1- \alpha_0$)*cos(δ_1) = 0.15638658

$y2 = (\delta_1 - \delta_0) = 0.27530360$

x ಬದಲಾಗುವ ವೇಗ = x' = x1- x2 = 0.40566269 ಅಂಶ ಪ್ರತಿಗಂಟೆ

y ಬದಲಾಗುವ ವೇಗ = y' = y2- y1 = -0.22552390 ಅಂಶ ಪ್ರತಿಗಂಟೆ

ಚರಣ 4: ಆನುಷಂಗಿಕ ಮೂಲ್ಯಗಳು M, N, m, n ಮತ್ತು γ (ಚಂದ್ರಶರ)

M = atan2(x1,y1)   = -26.46083816

N = atan2(xdash,ydash)   = 119.07141025

$m = x_1/\sin(M)$ = 0.55943433

n = xdash/sin(N)   = 0.46413710

msm = m*sin(M-N)   = -0.31660755

γ (ಚಂದ್ರಶರ) = abs(msm) = 0.31660755

ಚರಣ 5: ಗ್ರಹಣಮಧ್ಯ

ಗ್ರಹಣಮಧ್ಯ ಅಂತರ = dTmid = (-m/n) * cos(M - N) = 0.99372093

ಗ್ರಹಣಮಧ್ಯ = T_1 + dTmid = 6.99372093 UT = 12.49372093 IST

ಚರಣ 6: ಗ್ರಹಣಮಧ್ಯದಲ್ಲಿಯ ಭೂಛಾಯೆಯ ಆಕಾರಮಾನ

ಗ್ರಹಣಮಧ್ಯದ ದಿನಗಣ = d1+dTmid/24.0

ಸೂರ್ಯನ ಲಂಬನ = P = 0.00245708

ಚಂದ್ರನ ಲಂಬನ = P1 = 0.91020639

ಸೂರ್ಯಬಿಂಬದ ವ್ಯಾಸಾರ್ಧ = S = 0.26812382

ಚಂದ್ರಬಿಂಬದ ವ್ಯಾಸಾರ್ಧ = S1 = 0.24788699

ಉಪಛಾಯಾ ವ್ಯಾಸಾರ್ಧ = rP = 1.01*(P + P1+ S) = 1.19259516

ಘನಛಾಯಾ ವ್ಯಾಸಾರ್ಧ = rU = 1.01*(P + P1 - S) = 0.65098504

ಚರಣ 7: ಗ್ರಾಸ (Magnitude) ಮತ್ತು ಚಂದ್ರಗ್ರಹಣದ ಪ್ರಕಾರ:

ಚಂದ್ರಶರದ ನಿರ್ಣಾಯಕ ಮೂಲ್ಯಗಳು

N1 = ಘನಛಾಯಾ ವ್ಯಾಸಾರ್ಧ - ಚಂದ್ರಶರ = 0.40309805

N2 = ಫನಭಾಯಾ ವ್ಯಾಸಾರ್ಧ + ಚಂದ್ರಶರ = 0.89887203

N3 = ಉಪಭಾಯಾ ವ್ಯಾಸಾರ್ಧ − ಚಂದ್ರಶರ = 0.94470817

N4 = ಉಪಭಾಯಾ ವ್ಯಾಸಾರ್ಧ + ಚಂದ್ರಶರ = 1.44048215

ಫನಭಾಯಾ ಗ್ರಾಸ = (N2 − ಚಂದ್ರಶರ)/(2∗ಚಂದ್ರವ್ಯಾಸಾರ್ಧ) = 1.17445550

ಉಪಭಾಯಾ ಗ್ರಾಸ = (N4 − ಚಂದ್ರಶರ)/(2∗ಚಂದ್ರವ್ಯಾಸಾರ್ಧ) = 2.26690918

ಗ್ರಾಸವನ್ನು ನೋಡಲಾಗಿ ಗ್ರಹಣವು ಖಗ್ರಾಸ ಇರುವದು

ಚರಣ 8:ವಿವಿಧ ವಿಶಿಷ್ಟ ಸ್ಥಿತಿಗಳು:

ಉಪಭಾಯಿಗೆ ಸಂಬಂಧಿಸಿದ ಅರ್ಧ ಸಮಯಗಳು

dP1 = sqrt(N4² − ಚಂದ್ರಶರ²)/n = 3.02767745

dP2 = sqrt(N3² − ಚಂದ್ರಶರ²)/n = 1.91769804

ಫನಭಾಯಿಗೆ ಸಂಬಂಧಿಸಿದ ಅರ್ಧ ಸಮಯಗಳು

dU1 = sqrt(N2² − ಚಂದ್ರಶರ²)/n = 1.81254040

dU2 = sqrt(N1² − ಚಂದ್ರಶರ²)/n = 0.53754564

ಎಲ್ಲ ವಿಶಿಷ್ಟ ಸಮಯಗಳು **UT** ಗಂಟೆಗಳಲ್ಲಿ

ಉಪಭಾಯೆಯಲ್ಲಿ ಪ್ರವೇಶಿಸುವಾಗಿನ ಬಹಿಸ್ಪರ್ಶ P1 = Tmid − dP1 = 3.96604348

ಉಪಭಾಯೆಯಲ್ಲಿ ಆಂತರಿಕ ಸ್ಪರ್ಶ P2 = Tmid − dP2 = 5.07602289

ಫನಭಾಯೆಯಲ್ಲಿ ಪ್ರವೇಶಿಸುವಾಗಿನ ಬಹಿಸ್ಪರ್ಶ U1 = Tmid − dU1 = 5.18118053

ಫನಭಾಯೆಯಲ್ಲಿ ಪ್ರವೇಶದನಂತರ ಅಂತಃಸ್ಪರ್ಶ U2 = Tmid − dU2 = 6.45617529

ಗ್ರಹಣಮಧ್ಯ = T_m = 6.99372093

ಫನಭಾಯೆಯಿಂದ ಹೊರಬರುವ ಮೊದಲು ಅಂತಃಸ್ಪರ್ಶ P3 = Tmid + dU2 = 7.53126658

ಫನಭಾಯೆಯಿಂದ ಹೊರಬಂದಾಗ ಬಹಿಸ್ಪರ್ಶ P4 = Tmid + dU1 = 8.80626134

ಉಪಭಾಯೆಯಿಂದ ಹೊರಬರುವ ಮೊದಲು ಅಂತಃಸ್ಪರ್ಶ P3 = Tmid + dP2 = 8.91141898

ಉಪಭಾಯೆಯಿಂದ ಹೊರಬಂದಾಗ ಬಹಿಸ್ಪರ್ಶ P4 = Tmid + dP1 = 10.02139839

ಚರಣ ೩. ವಿವಿಧ ಅವಸ್ಥೆಗಳಲ್ಲಿ ಛಾಯಾಕೇಂದ್ರದ ಆಯತಾಕಾರ-ನಿರ್ದೇಶಾಂಕಗಳು

T_1 ಇದು ಗ್ರಹಿಸಿರುವ ಒಂದು ಗಂಟೆಯಅವಧಿಯ ಮೊದಲ ಕ್ಷಣವಾಗಿದೆ.

ಮತ್ತು x_1, y_1 ಇವು ಆ ಕ್ಷಣದ ಚಂದ್ರನ ನಿರ್ದೇಶಾಂಕಗಳಾಗಿವೆ.

ಗ್ರಹಣಮಧ್ಯ ಸ್ಥಿತಿ

$$u_m = x_1 + (Tmid - T_1) * x' = 0.15383939$$

$$v_m = y_1 + (Tmid - T_1) * y' = 0.27671968$$

ಉಪಛಾಯೆಯ ಸಂಬಂಧವಾಗಿ:

$$p_1 = x_1 + (P_1 - T_1) * x' = -1.07437640$$

$$q_1 = y_1 + (P_1 - T_1) * y' = 0.95953332$$

$$p_2 = x_1 + (P_2 - T_1) * x' = -0.62409916$$

$$q_2 = y_1 + (P_2 - T_1) * y' = 0.70920643$$

$$p_3 = x_1 + (P_3 - T_1) * x' = 0.93177794$$

$$q_3 = y_1 + (P_3 - T_1) * y' = -0.15576707$$

$$p_4 = x_1 + (P_4 - T_1) * x' = 1.38205518$$

$$q_4 = y_1 + (P_4 - T_1) * y' = -0.40609396$$

ಘನಛಾಯೆಯ ಸಂಬಂಧವಾಗಿ:

$$u_1 = x_1 + (U_1 - T_1) * x' = -0.58144063$$

$$v_1 = y_1 + (U_1 - T_1) * y' = 0.68549087$$

$$u_2 = x_1 + (U_2 - T_1) * x' = -0.06422282$$

$$v_2 = y_1 + (U_2 - T_1) * y' = 0.39794907$$

$$u_3 = x_1 + (U_3 - T_1) * x' = 0.37190161$$

$$v_3 = y_1 + (U_3 - T_1) * y' = 0.15549029$$

$$u_4 = x_1 + (U_4 - T_1) * x' = 0.88911941$$

$$v_4 = y_1 + (U_4 - T_1) * y' = -0.13205151$$

ಚರಣ 9:ಚಂದ್ರನ ಭಾಯಾಕೇಂದ್ರಿತ **Q** ಕೋನ (ಉತ್ತರ ದಿಕ್ಕಿನಿಂದ ಬಲತಿರುವು))

ಗ್ರಹಣಮಧ್ಯ ಸ್ಥಿತಿ

Q_m = atan2(um,vm) = 29.07141025

ಉಪಭಾಯೆಯ ಸಂಬಂಧವಾಗಿ

Qp_1 = atan2(p_1,q_1) = 311.76827142

Qp_2 = atan2(p_2,q_2) = 318.65233657

Qp_3 = atan2(p_3,q_3) = 99.49048393

Qp_4 = atan2(p_4,q_4) = 106.37454907

ಘನಭಾಯೆಯ ಸಂಬಂಧವಾಗಿ:

Qu_1 = atan2(u_1,v_1) = 319.69503676

Qu_2 = atan2(u_2,v_2) = 350.83239272

Qu_3 = atan2(u_3,v_3) = 67.31042778

Qu_4 = atan2(u_4,v_4) = 98.44778374

ಚರಣ10. ಖಗ್ರಾಸ ಚಂದ್ರಗ್ರಹಣ - ದಿನಾಂಕ 14-03-2025 ಸಾರಾಂಶ

ಸ್ಥಿತಿ	UT	IST	Q ಕೋನ
ಉಪಭಾಯಾ ಸ್ಪರ್ಶ 1	03:57	09:27	311°.76827142
ಘನಭಾಯಾಸ್ಪರ್ಶ 1	05:10	10:40	319°.69503676
ಘನಭಾಯಾಸ್ಪರ್ಶ 2	06:27	11:57	350°.83239272
ಉಪಭಾಯಾ ಸ್ಪರ್ಶ 2	05:04	10:34	318°.65233657
ಗ್ರಹಣಮಧ್ಯ	06:59	12:29	29°.07141025
ಉಪಭಾಯಾ ಸ್ಪರ್ಶ	3 08:54	14:24	99°.49048393
ಘನಭಾಯಾ ಸ್ಪರ್ಶ	3 07:31	13:01	67°.31042778
ಘನಭಾಯಾ ಸ್ಪರ್ಶ	4 08:48	14:18	98°.44778374
ಉಪಭಾಯಾ ಸ್ಪರ್ಶ	4 10:01	15:31	106°.37454907

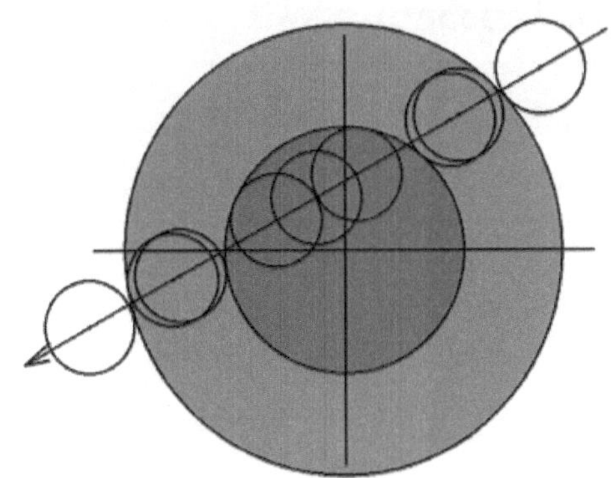

ಖಗ್ರಾಸ ಚಂದ್ರಗ್ರಹಣ 14-3-2025

ಉದಾಹರಣ 6.2

ಖಂಡಗ್ರಾಸ ಚಂದ್ರಗ್ರಹಣ - ದಿನಾಂಕ 25-06-1983

ಚರಣ 1: ಗ್ರಹಣದ ಸಂಭಾವ್ಯತೆ

ದಿನಾರಂಭ ದಿನಗಣ = -6034.50000000 ; ಡೆಲ್ಟಾಟಿ = 44.30489780 ಸೆ.

ಪೌರ್ಣಿಮಾಂತ ಸಮಯ = 08:32UT

ದಿನಾರಂಭದಿಂದ ಪೌರ್ಣಿಮಾಂತದ ವರೆಗಿನ ಕಾಲ = -6034.14407055 ;

ರಾಹೂನಚಂದ್ರ = 185°.46669572

ಸಮೀಪದ ಪಾತದಿಂದ ಚಂದ್ರನ ಅಂತರ = 5.46669572

ಪಾತೋನಭೋಗದ ಅನುಸಾರ ಗ್ರಹಣವು ನಿಶ್ಚಿತವು.

ಚರಣ 2: ಒಂದು ಗಂಟೆಯ ಅಂತರದಲ್ಲಿ ಭೂಭಾಯಿಯ ಸ್ಥಿತಿಗಳು

ಪೌರ್ಣಿಮಾಂತದ ಹಿಂದುಮುಂದಿನ ಒಂದು ಗಂಟೆಯ ಅವಧಿಯನ್ನು ತೆಗೆದುಕೊಳ್ಳಲಾಗಿದೆ.

T_1 = 08:00 T_2 = 09:00

ಈ ಎರಡೂ ಕ್ಷಣಗಳ ದಿನಗಣಗಳು:

d_1 = -6034.16615388 ; d_2 = -6034.12448721

ಚಂದ್ರ ಮತ್ತು ಭೂಛಾಯೆಯ ವಿಷುವಾಂಶಗಳು

ಸಮಯ UT---->		T_1= 8.00	T_2= 9.00
ದಿನಗಣ ---->		-6034.16615388	-6034.12448721
ಚಂದ್ರನ ವಿಷುವಾಂಶ	α_1	273°.25050733	273°.80501583
ಭೂಛಾಯೆಯ ವಿಷುವಾಂಶ	α_0	273°.50207836	273°.54537241
ಎರಡರಲ್ಲಿಯ ಅಂತರ	$\alpha_1- \alpha_0$	-0°.25157103	0°.25964342

ಚಂದ್ರ ಮತ್ತು ಭೂಛಾಯೆಯ ಕ್ರಾಂತಿಗಳು

ಸಮಯ UT---->		T_1= 8.00	T_2= 9.00
ದಿನಗಣ ---->		-6034.16615388	-6034.12448721
ಚಂದ್ರನ ಕ್ರಾಂತಿ	δ_1	-24°.13055426	-24°.16438618
ಭೂಛಾಯೆಯ ಕ್ರಾಂತಿ	δ_0	-23°.40244702	-23°.40147536
ಎರಡರಲ್ಲಿಯ ಅಂತರ	$\delta_1- \delta_0$	-0°.72810724	-0°.76291083

ಚರಣ 3: ಭೂಛಾಯಾಕೇಂದ್ರದಿಂದ ಚಂದ್ರನ ನಿರ್ದೇಶಾಂಕಗಳು

T_1 ಕ್ಷಣದಲ್ಲಿ

x_1 = ($\alpha_1- \alpha_0$)*cos(δ_1) = -0.22958783

y_1 = ($\delta_1- \delta_0$) = -0.72810724

T_2 ಕ್ಷಣದಲ್ಲಿ

x2 = ($\alpha_1- \alpha_0$)*cos(δ_1) = 0.23689210

y2 = ($\delta_1- \delta_0$) = -0.76291083

x ಬದಲಾಗುವ ವೇಗ = x' = x1- x2 = 0.46647992 ಅಂಶ ಪ್ರತಿಗಂಟೆ

y ಬದಲಾಗುವ ವೇಗ = y' = y2- y1 = -0.03480359 ಅಂಶ ಪ್ರತಿಗಂಟೆ

ಚರಣ 4: ಆನುಷಂಗಿಕ ಮೂಲ್ಯಗಳು M, N, m, n और γ(ಚಂದ್ರಶರ)

M = atan2(x1,y1) = -162.49881934

N = atan2(xdash,ydash) = 94.26687392

m = x_1/sin(M) = 0.76344661

n = xdash/sin(N) = 0.46777645

msm = m*sin(M−N) = 0.74317099

γ (ಚಂದ್ರಶರ)= abs(msm) = 0.74317099

ಚರಣ 5: ಗ್ರಹಣಮಧ್ಯ

ಗ್ರಹಣಮಧ್ಯ ಅಂತರ = dTmid = (−m/n) * cos(M − N) = 0.37363726

ಗ್ರಹಣಮಧ್ಯ = T_1 + dTmid = 8.37363726 UT = 13.87363726 IST

ಚರಣ 6: ಗ್ರಹಣಮಧ್ಯದಲ್ಲಿಯ ಭೂಭಾಯಿಯ ಆಕಾರಮಾನ

ಗ್ರಹಣಮಧ್ಯದ ದಿನಗಣ = d1+dTmid/24.0

ಸೂರ್ಯನ ಲಂಬನ = P = 0.00240322

ಚಂದ್ರನ ಲಂಬನ = P1 = 0.91198172

ಸೂರ್ಯಬಿಂಬದ ವ್ಯಾಸಾರ್ಧ = S = 0.26224681

ಚಂದ್ರಬಿಂಬದ ವ್ಯಾಸಾರ್ಧ = S1 = 0.24837045

ಉಪಭಾಯಾ ವ್ಯಾಸಾರ್ಧ = rP = 1.01*(P + P1+ S)= 1.18839806

ಘನಭಾಯಾ ವ್ಯಾಸಾರ್ಧ = rU = 1.01*(P + P1 − S)= 0.65865952

ಚರಣ 7: ಗ್ರಾಸ(**Magnitude**)ಮತ್ತು ಚಂದ್ರಗ್ರಹಣದ ಪ್ರಕಾರ:

ಚಂದ್ರಶರದ ನಿರ್ಣಾಯಕ ಮೂಲ್ಯಗಳು

N1 = ಘನಭಾಯಾ ವ್ಯಾಸಾರ್ಧ − ಚಂದ್ರಶರ = 0.41028906

N2 = ಘನಭಾಯಾ ವ್ಯಾಸಾರ್ಧ + ಚಂದ್ರಶರ = 0.90702997

N3 = ಉಪಭಾಯಾ ವ್ಯಾಸಾರ್ಧ − ಚಂದ್ರಶರ = 0.94002761

N4 = ಉಪಭಾಯಾ ವ್ಯಾಸಾರ್ಧ + ಚಂದ್ರಶರ = 1.43676851

ಘನಭಾಯಾ ಗ್ರಾಸ = (N2 − ಚಂದ್ರಶರ)/(2*ಚಂದ್ರವ್ಯಾಸಾರ್ಧ) = 0.32986810

ಉಪಭಾಯಾ ಗ್ರಾಸ= (N4 − ಚಂದ್ರಶರ)/(2*ಚಂದ್ರವ್ಯಾಸಾರ್ಧ) = 1.39629637

ಗ್ರಾಸವನ್ನು ನೋಡಲಾಗಿ ಗ್ರಹಣವು ಖಂಡಗ್ರಾಸ ಇರುವದು

ಚರಣ 8:ವಿವಿಧ ವಿಶಿಷ್ಟ ಸ್ಥಿತಿಗಳು:

ಉಪಛಾಯಿಗೆ ಸಂಬಂಧಿಸಿದ ಅರ್ಧ ಸಮಯಗಳು

dP1 = sqrt(N4² – ಚಂದ್ರಶರ²)/n = 2.62867946

dP2 = sqrt(N3² – ಚಂದ್ರಶರ²)/n = 1.23056437

ಘನಛಾಯಿಗೆ ಸಂಬಂಧಿಸಿದ ಅರ್ಧ ಸಮಯಗಳು

dU1 = sqrt(N2² – ಚಂದ್ರಶರ²)/n = 1.11164260

dU2 = ಘನಛಾಯಿಯಲ್ಲಿ ಆಂತರಿಕ ಸ್ಪರ್ಶ ಸಂಭವವಿಲ್ಲ.

ಎಲ್ಲ ವಿಶಿಷ್ಟ ಸಮಯಗಳು UT ಗಂಟೆಗಳಲ್ಲಿ

ಉಪಛಾಯಿಯಲ್ಲಿ ಪ್ರವೇಶಿಸುವಾಗಿನ ಬಹಿಃಸ್ಪರ್ಶ P1 = Tmid – dP1 = 5.74495781

ಉಪಛಾಯಿಯಲ್ಲಿ ಆಂತರಿಕ ಸ್ಪರ್ಶ P2 = Tmid – dP2 = 7.14307289

ಘನಛಾಯಿಯಲ್ಲಿ ಪ್ರವೇಶಿಸುವಾಗಿನ ಬಹಿಃಸ್ಪರ್ಶ U1 = Tmid – dU1 = 7.26199467

ಘನಛಾಯಿಯಲ್ಲಿ ಆಂತರಿಕ ಸ್ಪರ್ಶ ಸಂಭವವಿಲ್ಲ.

ಗ್ರಹಣಮಧ್ಯ = T_m = 8.37363726

ಘನಛಾಯಿಯಲ್ಲಿ ಆಂತರಿಕ ಸ್ಪರ್ಶ ಸಂಭವವಿಲ್ಲ.

ಘನಛಾಯಿಯಿಂದ ಹೊರಬಂದಾಗ ಬಹಿಃಸ್ಪರ್ಶ P4 = Tmid + dU1 = 9.48527986

ಉಪಛಾಯಿಯಿಂದ ಹೊರಬರುವ ಮೊದಲು ಅಂತಃಸ್ಪರ್ಶ P3 = Tmid + dP2 = 9.60420163

ಉಪಛಾಯಿಯಿಂದ ಹೊರಬಂದಾಗ ಬಹಿಃಸ್ಪರ್ಶ P4 = Tmid + dP1 = 11.00231672

ಚರಣ 9. ವಿವಿಧ ಅವಸ್ಥೆಗಳಲ್ಲಿ ಛಾಯಾಕೇಂದ್ರದ ಆಯತಾಕಾರ-ನಿರ್ದೇಶಾಂಕಗಳು

T_1 ಇದು ಗ್ರಹಿಸಿರುವ ಒಂದು ಗಂಟೆಯಅವಧಿಯ ಮೊದಲ ಕ್ಷಣವಾಗಿದೆ.

ಮತ್ತು x_1, y_1 ಇವು ಆ ಕ್ಷಣದ ಚಂದ್ರನ ನಿರ್ದೇಶಾಂಕಗಳಾಗಿವೆ.

ಗ್ರಹಣಮಧ್ಯ ಸ್ಥಿತಿ

u_m = x_1 + (Tmid – T_1) * x' = –0.05529354

v_m = y_1 + (Tmid – T_1) * y' = –0.74111116

ಉಪಛಾಯಿಯ ಸಂಬಂಧವಾಗಿ:

$p_1 = x_1 + (P_1 - T_1) * x' = -1.28151974$

$q_1 = y_1 + (P_1 - T_1) * y' = -0.64962368$

$p_2 = x_1 + (P_2 - T_1) * x' = -0.62932712$

$q_2 = y_1 + (P_2 - T_1) * y' = -0.69828310$

$p_3 = x_1 + (P_3 - T_1) * x' = 0.51874003$

$q_3 = y_1 + (P_3 - T_1) * y' = -0.78393921$

$p_4 = x_1 + (P_4 - T_1) * x' = 1.17093265$

$q_4 = y_1 + (P_4 - T_1) * y' = -0.83259864$

ಘನಭಾಯಿಯ ಸಂಬಂಧವಾಗಿ:

$u_1 = x_1 + (U_1 - T_1) * x' = -0.57385250$

$v_1 = y_1 + (U_1 - T_1) * y' = -0.70242200$

ಘನಭಾಯಿಯಲ್ಲಿ ಆಂತರಿಕ ಸ್ಪರ್ಶವಿಲ್ಲ.

$u_4 = x_1 + (U_4 - T_1) * x' = 0.46326541$

$v_4 = y_1 + (U_4 - T_1) * y' = -0.77980031$

ಚರಣ 9:ಚಂದ್ರನ ಭಾಯಾಕೇಂದ್ರಿತ Q ಕೋನ (ಉತ್ತರ ದಿಕ್ಕಿನಿಂದ ಬಲತಿರುವು))

ಗ್ರಹಣಮಧ್ಯ ಸ್ಥಿತಿ

$Q_m = atan2(um,vm) = 184.26687392$

ಉಪಭಾಯಿಯ ಸಂಬಂಧವಾಗಿ

$Qp_1 = atan2(p_1,q_1) = 243.11879143$

$Qp_2 = atan2(p_2,q_2) = 222.02673298$

$Qp_3 = atan2(p_3,q_3) = 146.50701485$

$Qp_4 = atan2(p_4,q_4) = 125.41495641$

ಘನಭಾಯೆಯ ಸಂಬಂಧವಾಗಿ:

Qu_1 = atan2(u_1,v_1) = 219.24753696

Qu_4 = atan2(u_4,v_4) = 149.28621088

ಚರಣ10. ಖಂಡಗ್ರಾಸ ಚಂದ್ರಗ್ರಹಣ - ದಿನಾಂಕ 25-06-1983 ಸಾರಾಂಶ

ಸ್ಥಿತಿ	(UT)	IST	Q ಕೋನ
ಉಪಭಾಯಾ ಸ್ಪರ್ಶ 1	05:44	11:14	243°.11879143
ಘನಭಾಯಾ ಸ್ಪರ್ಶ 1	07:15	12:45	219°.24753696
ಉಪಭಾಯಾ ಸ್ಪರ್ಶ 2	07:08	12:38	222°.02673298
ಗ್ರಹಣಮಧ್ಯ	08:22	13:52	184°.26687392
ಉಪಭಾಯಾ ಸ್ಪರ್ಶ 3	09:36	15:06	146°.50701485
ಘನಭಾಯಾ ಸ್ಪರ್ಶ 4	09:29	14:59	149°.28621088
ಉಪಭಾಯಾ ಸ್ಪರ್ಶ 4	11:00	16:30	125°.41495641

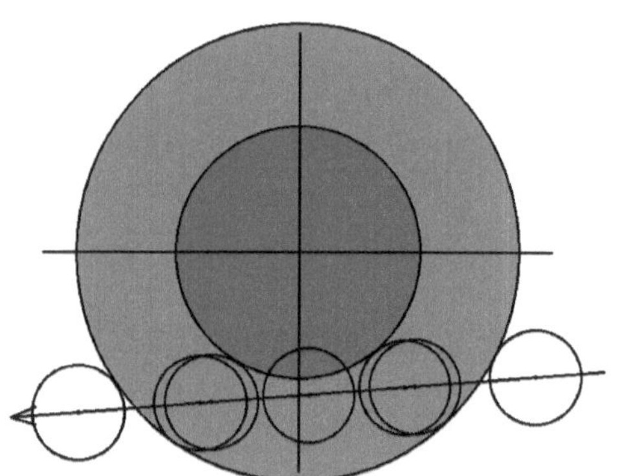

ಖಂಡಗ್ರಾಸ ಚಂದ್ರಗ್ರಹಣ 25-6-1983

ಉದಾಹಾರಣ 6.3

ಉಪಭಾಯಾ ಚಂದ್ರಗ್ರಹಣ - ದಿನಾಂಕ 14-04-2052

ಚರಣ 1: ಗ್ರಹಣದ ಸಂಭಾವ್ಯತೆ

ದಿನಾರಂಭ ದಿನಗಣ = 19096.50000000 ; ಡೆಲ್ಟಾಟಿ = 97.54329327 ಸೆ.

ಪೌರ್ಣಿಮಾಂತ ಸಮಯ = 02:29UT

ದಿನಾರಂಭದಿಂದ ಪೌರ್ಣಿಮಾಂತದ ವರೆಗಿನ ಕಾಲ = 19096.60487897 ;

ರಾಹೂನಚಂದ್ರ = 8°.94543071

ಸಮೀಪದ ಪಾತದಿಂದ ಚಂದ್ರನ ಅಂತರ = 8.94543071

ಪಾತೋನಭೋಗದ ಅನುಸಾರ ಗ್ರಹಣವು ನಿಶ್ಚಿತವು.

ಚರಣ 2: ಒಂದು ಗಂಟೆಯ ಅಂತರದಲ್ಲಿ ಭೂಛಾಯೆಯ ಸ್ಥಿತಿಗಳು

ಪೌರ್ಣಿಮಾಂತದ ಹಿಂದುಮುಂದಿನ ಒಂದು ಗಂಟೆಯ ಅವಧಿಯನ್ನು ತೆಗೆದುಕೊಳ್ಳಲಾಗಿದೆ.

$T_1 = 02:00$ $T_2 = 03:00$

ಈ ಎರಡೂ ಕ್ಷಣಗಳ ದಿನಗಣಗಳು:

$d_1 = 19096.58446231$; $d_2 = 19096.62612897$

ಚಂದ್ರ ಮತ್ತು ಭೂಛಾಯೆಯ ವಿಷುವಾಂಶಗಳು

ಸಮಯ UT---->		$T_1= 2.00$	$T_2= 3.00$
ದಿನಗಣ ---->		19096.58446231	19096.62612897
ಚಂದ್ರನ ವಿಷುವಾಂಶ	α_1	203°.15567671	203°.64154862
ಭೂಛಾಯೆಯ ವಿಷುವಾಂಶ	α_0	203°.01791278	203°.05644596
ಎರಡರಲ್ಲಿಯ ಅಂತರ	$\alpha_1- \alpha_0$	0°.13776394	0°.58510266

ಚಂದ್ರ ಮತ್ತು
ಭೂಛಾಯೆಯ ಕ್ರಾಂತಿಗಳು

ಸಮಯ UT---->		$T_1= 2.00$	$T_2= 3.00$
ದಿನಗಣ ---->		19096.58446231	19096.62612897
ಚಂದ್ರನ ಕ್ರಾಂತಿ	δ_1	-8°.65500695	-8°.79463385
ಭೂಛಾಯೆಯ ಕ್ರಾಂತಿ	δ_0	-9°.61757947	-9°.63251673
ಎರಡರಲ್ಲಿಯ ಅಂತರ	$\delta_1- \delta_0$	0°.96257252	0°.83788288

ಚರಣ 3: ಭೂಛಾಯಾಕೇಂದ್ರದಿಂದ ಚಂದ್ರನ ನಿರ್ದೇಶಾಂಕಗಳು

T_1 ಕ್ಷಣದಲ್ಲಿ

$x_1 = (\alpha_1- \alpha_0)*\cos(\delta_1) = 0.13619513$

$y_1 = (\delta_1- \delta_0) = 0.96257252$

T_2 ಕ್ಷಣದಲ್ಲಿ

$x2 = (\alpha_1- \alpha_0)*\cos(\delta_1) = 0.57822344$

y2 = $(\delta_1 - \delta_0)$ = 0.83788288

x ಬದಲಾಗುವ ವೇಗ = x' = x1- x2 = 0.44202831 ಅಂಶ ಪ್ರತಿಗಂಟೆ

y ಬದಲಾಗುವ ವೇಗ = y' = y2- y1 = -0.12468964 ಅಂಶ ಪ್ರತಿಗಂಟೆ

ಚರಣ 4: ಆನುಷಂಗಿಕ ಮೂಲ್ಯಗಳು M, N, m, n और γ(ಚಂದ್ರಶರ)

M = atan2(x1,y1) = 8.05336632

N = atan2(xdash,ydash) = 105.75297342

m = x_1/sin(M) = 0.97215995

n = xdash/sin(N) = 0.45927827

msm = m*sin(M-N) = -0.96339507

γ (ಚಂದ್ರಶರ)= abs(msm) = 0.96339507

ಚರಣ 5: ಗ್ರಹಣಮಧ್ಯ

ಗ್ರಹಣಮಧ್ಯ ಅಂತರ = dTmid = (-m/n) * cos(M − N) = 0.28359582

ಗ್ರಹಣಮಧ್ಯ = T_1 + dTmid = 2.28359582 UT = 7.78359582 IST

ಚರಣ 6: ಗ್ರಹಣಮಧ್ಯದಲ್ಲಿಯ ಭೂಭಾಯಿಯ ಆಕಾರಮಾನ

ಗ್ರಹಣಮಧ್ಯದ ದಿನಗಣ = d1+dTmid/24.0

ಸೂರ್ಯನ ಲಂಬನ = P = 0.00243569

ಚಂದ್ರನ ಲಂಬನ = P1 = 0.90559322

ಸೂರ್ಯಬಿಂಬದ ವ್ಯಾಸಾರ್ಧ = S = 0.26579004

ಚಂದ್ರಬಿಂಬದ ವ್ಯಾಸಾರ್ಧ = S1 = 0.24663073

ಉಪಭಾಯಾ ವ್ಯಾಸಾರ್ಧ = rP = 1.01*(P + P1+ S)= 1.18555713

ಘನಭಾಯಾ ವ್ಯಾಸಾರ್ಧ = rU = 1.01*(P + P1 − S)= 0.64866126

ಚರಣ 7: ಗ್ರಾಸ(Magnitude)ಮತ್ತು ಚಂದ್ರಗ್ರಹಣದ ಪ್ರಕಾರ:

ಚಂದ್ರಶರದ ನಿರ್ಣಾಯಕ ಮೂಲ್ಯಗಳು

N1 = ಘನಭಾಯಾ ವ್ಯಾಸಾರ್ಧ - ಚಂದ್ರಶರ = 0.40203053

N2 = ಘನಭಾಯಾ ವ್ಯಾಸಾರ್ಧ + ಚಂದ್ರಶರ = 0.89529199

N3 = ಉಪಭಾಯಾ ವ್ಯಾಸಾರ್ಧ - ಚಂದ್ರಶರ = 0.93892640

N4 = ಉಪಛಾಯಾ ವ್ಯಾಸಾರ್ಧ + ಚಂದ್ರಶರ = 1.43218786

ಘನಛಾಯಾ ಗ್ರಾಸ = (N2 − ಚಂದ್ರಶರ)/(2∗ಚಂದ್ರವ್ಯಾಸಾರ್ಧ) = −0.13806690

ಉಪಛಾಯಾ ಗ್ರಾಸ= (N4 − ಚಂದ್ರಶರ)/(2∗ಚಂದ್ರವ್ಯಾಸಾರ್ಧ) = 0.95039411

ಗ್ರಾಸವನ್ನು ನೋಡಲಾಗಿ ಗ್ರಹಣವು ಉಪಛಾಯಾ ಇರುವದು

ಚರಣ 8: ವಿವಿಧ ವಿಶಿಷ್ಟ ಸ್ಥಿತಿಗಳು:

ಉಪಛಾಯಗೆ ಸಂಬಂಧಿಸಿದ ಅರ್ಧ ಸಮಯಗಳು

dP1 = sqrt(N4^2− ಚಂದ್ರಶರ^2)/n = 2.30738554

dP2 = ಉಪಛಾಯೆಯಲ್ಲಿ ಆಂತರಿಕ ಸ್ಪರ್ಶ ಸಂಭವವಿಲ್ಲ.

ಘನಛಾಯಗೆ ಸಂಬಂಧಿಸಿದ ಅರ್ಧ ಸಮಯಗಳು

dU2 = ಘನಛಾಯೆಯಲ್ಲಿ ಆಂತರಿಕ ಸ್ಪರ್ಶ ಸಂಭವವಿಲ್ಲ.

ಎಲ್ಲ ವಿಶಿಷ್ಟ ಸಮಯಗಳು UT ಗಂಟೆಗಳಲ್ಲಿ

ಉಪಛಾಯೆಯಲ್ಲಿ ಪ್ರವೇಶಿಸುವಾಗಿನ ಬಹಿಃಸ್ಪರ್ಶ P1 = Tmid − dP1 = 23.97621027

ಉಪಛಾಯೆಯಲ್ಲಿ ಆಂತರಿಕ ಸ್ಪರ್ಶ ಸಂಭವವಿಲ್ಲ.

ಘನಛಾಯೆಯಲ್ಲಿ ಆಂತರಿಕ ಸ್ಪರ್ಶ ಸಂಭವವಿಲ್ಲ.

ಗ್ರಹಣಮಧ್ಯ = T_m = 2.28359582

ಘನಛಾಯೆಯಲ್ಲಿ ಆಂತರಿಕ ಸ್ಪರ್ಶ ಸಂಭವವಿಲ್ಲ.

ಉಪಛಾಯೆಯಲ್ಲಿ ಆಂತರಿಕ ಸ್ಪರ್ಶ ಸಂಭವವಿಲ್ಲ.

ಉಪಛಾಯೆಯಿಂದ ಹೊರಬಂದಾಗ ಬಹಿಃಸ್ಪರ್ಶ

P4 = Tmid + dP1 = 4.59098136

ಚರಣ 9. ವಿವಿಧ ಅವಸ್ಥೆಗಳಲ್ಲಿ ಛಾಯಾಕೇಂದ್ರದ ಆಯತಾಕಾರ-ನಿರ್ದೇಶಾಂಕಗಳು

T_1 ಇದು ಗ್ರಹಿಸಿರುವ ಒಂದು ಗಂಟೆಯಅವಧಿಯ ಮೊದಲ ಕ್ಷಣವಾಗಿದೆ.

ಮತ್ತು x_1, y_1 ಇವು ಆ ಕ್ಷಣದ ಚಂದ್ರನ ನಿರ್ದೇಶಾಂಕಗಳಾಗಿವೆ.

ಗ್ರಹಣಮಧ್ಯ ಸ್ಥಿತಿ

u_m = x_1 + (Tmid − T_1) ∗ x' = 0.26155251

v_m = y_1 + (Tmid − T_1) ∗ y' = 0.92721106

ಉಪಭಾಯೆಯ ಸಂಬಂಧವಾಗಿ:

$p_1 = x_1 + (P_1 - T_1) * x' = -0.75837722$

$q_1 = y_1 + (P_1 - T_1) * y' = 1.21491813$

ಉಪಭಾಯೆಯಲ್ಲಿ ಆಂತರಿಕ ಸ್ಪರ್ಶವಿಲ್ಲ.

$p_4 = x_1 + (P_4 - T_1) * x' = 1.28148224$

$q_4 = y_1 + (P_4 - T_1) * y' = 0.63950398$

ಘನಭಾಯೆಯಲ್ಲಿ ಆಂತರಿಕ ಸ್ಪರ್ಶವಿಲ್ಲ.

ಚರಣ 9: ಚಂದ್ರನ ಛಾಯಾಕೇಂದ್ರಿತ Q ಕೋನ (ಉತ್ತರ ದಿಕ್ಕಿನಿಂದ ಬಲತಿರುವು))

ಗ್ರಹಣಮಧ್ಯ ಸ್ಥಿತಿ

$Q_m = \text{atan2}(um, vm) = 15.75297342$

ಉಪಭಾಯೆಯ ಸಂಬಂಧವಾಗಿ

$Qp_1 = \text{atan2}(p_1, q_1) = 328.02673053$

$Qp_4 = \text{atan2}(p_4, q_4) = 63.47921632$

ಆಂತರಿಕ ಸ್ಪರ್ಶವಿಲ್ಲ.

ಚರಣ10. ಉಪಛಾಯಾ ಚಂದ್ರಗ್ರಹಣ - ದಿನಾಂಕ 14-04-2052 ಸಾರಾಂಶ

ಸ್ಥಿತಿ	UT	IST	Q ಕೋನ
ಉಪಛಾಯಾ ಸ್ಪರ್ಶ 1	23:58	05:28	328°.02673053
ಗ್ರಹಣಮಧ್ಯ	02:17	07:47	15°.75297342
ಉಪಛಾಯಾ ಸ್ಪರ್ಶ 4	04:35	10:05	63°.47921632

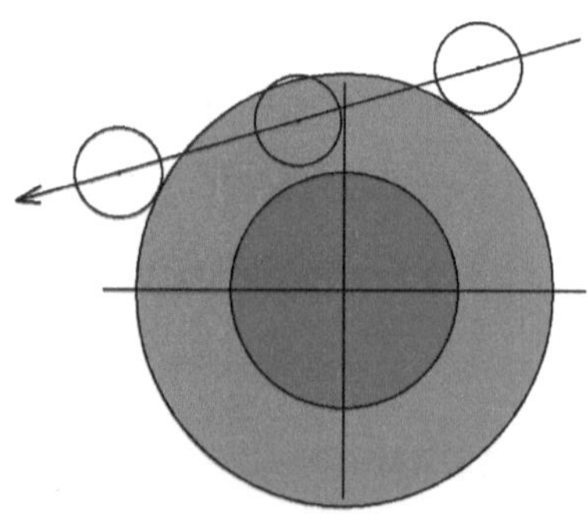

ಉಪಛಾಯಾ ಚಂದ್ರಗ್ರಹಣ 14-4-2052

ಅಧ್ಯಾಯ 12

ಸೂರ್ಯಗ್ರಹಣಗಳು

ಸೂರ್ಯ ಮತ್ತು ಭೂಮಿಯ ನಡುವೆ ಚಂದ್ರ ಬಂದಾಗ ಸೂರ್ಯಗ್ರಹಣ ಸಂಭವಿಸುತ್ತದೆ. ಅಂದರೆ ಅದು ಅಮಾವಾಸ್ಯೆಯಾಗಿರಬೇಕು. ಅದಲ್ಲದೆ ಕಕ್ಷೆಯ ವಿಕ್ಷೇಪದಿಂದ ಚಂದ್ರನು ಕ್ರಾಂತಿವೃತ್ತಕ್ಕೆ ಬಹಳ ಹತ್ತಿರದಲ್ಲಿದ್ದರೆ ಮಾತ್ರ ಗ್ರಹಣವು ನಡೆಯುತ್ತದೆ.

ಚಂದ್ರಗ್ರಹಣದಲ್ಲಿ ಭೂಛಾಯೆಯಿಂದ ಆದಂತೆ ಸೂರ್ಯಗ್ರಹಣಗಳ ಸಂದರ್ಭದಲ್ಲಿ ಚಂದ್ರನ ನೆರಳಿನಿಂದಾಗಿ ಘನಛಾಯೆ ಮತ್ತು ಉಪಛಾಯೆಯ ನೆರಳು-ಶಂಕುಗಳು ರೂಪುಗೊಳ್ಳುತ್ತವೆ.

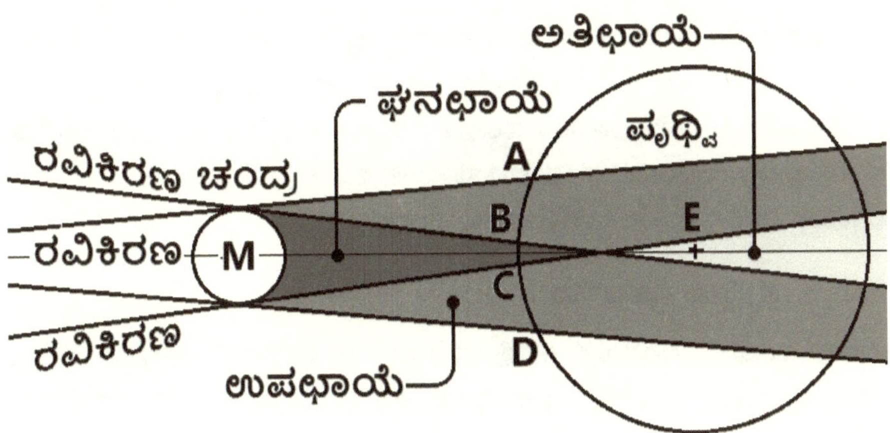

ಮೇಲಿನ ಚಿತ್ರದಲ್ಲಿ, M ಮತ್ತು E ಕ್ರಮವಾಗಿ ಚಂದ್ರ ಮತ್ತು ಭೂಮಿಯ ಕೇಂದ್ರಗಳನ್ನು ತೋರಿಸುತ್ತವೆ. ಚಂದ್ರನ ಆಕಾರವು ಚಿಕ್ಕದಾಗಿರುವುದರಿಂದ, ಚಂದ್ರನಿಂದಾದ ಘನಛಾಯೆಯೊಳಗೆ ಭೂಮಿಯು ಸಂಪೂರ್ಣವಾಗಿ ಅಡಗಲು ಸಾಧ್ಯವಿಲ್ಲ. B ಮತ್ತು C ನಡುವಿನ ಭಾಗವು ಮಾತ್ರ ಘನಛಾಯೆಯ ಪ್ರಭಾವದಲ್ಲಿ ಬರುತ್ತದೆ, ಆದ್ದರಿಂದ ಈ ಪ್ರದೇಶದ ವೀಕ್ಷಕರು ಮಾತ್ರ ಸಂಪೂರ್ಣ ಗ್ರಹಣವನ್ನು ನೋಡಬಹುದು. ಉಪಛಾಯೆಯ ಪ್ರದೇಶಗಳಾದ AB ಮತ್ತು CD ಯಲ್ಲಿಯ ನೋಡುಗರಿಗೆ ಆಂಶಿಕ ಗ್ರಹಣವೇ ಕಾಣುವದು.

ಮುಂಬರುವ ಆಕೃತಿಯಲ್ಲಿ ಭೂಮಿಯ BC ಭಾಗವು ಅತಿಛಾಯೆಯ ಅಡಿಯಲ್ಲಿ ಬರುವ ಮತ್ತೊಂದು ಪರಿಸ್ಥಿತಿಯನ್ನು ತೋರಿಸುತ್ತದೆ. ಅತಿಛಾಯೆ ಎಂದರೆ ಘನಛಾಯೆಯ ತುದಿಯನ್ನು ದಾಟಿದ ಭಾಗವು. ಚಂದ್ರಬಿಂಬವು ಸೂರ್ಯಬಿಂಬಕ್ಕಿಂತ ಚಿಕ್ಕದಾಗಿರುವುದರಿಂದ ಈ ಪ್ರದೇಶದ ವೀಕ್ಷಕರು ಕಂಕಣಾಕೃತಿ ಗ್ರಹಣವನ್ನು ಕಾಣುತ್ತಾರೆ.

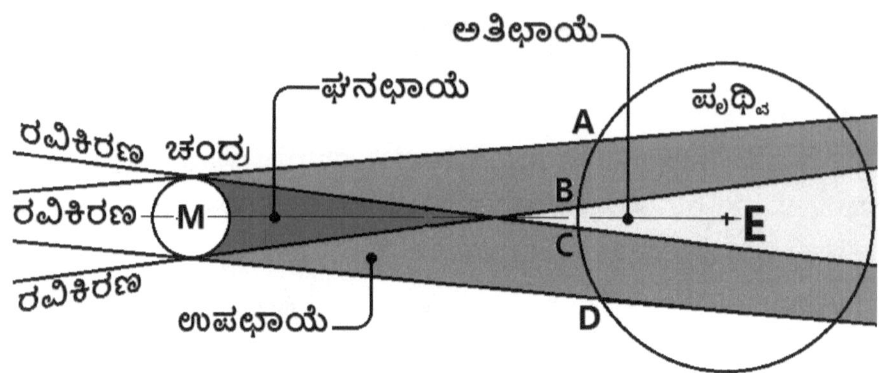

ಚಂದ್ರನ ಘನಛಾಯೆಯು ಭೂಮಿಯ ಮೇಲ್ಮೈಯಲ್ಲಿ ಸುಮಾರು 25000 ಕಿ.ಮೀ ಉದ್ದ ಮತ್ತು ಸುಮಾರು 250 ಕಿ.ಮೀ ಅಗಲವನ್ನು ವ್ಯಾಪಿಸುತ್ತದೆ, ಇದನ್ನು ಗ್ರಹಣಪಥ ಎಂದು ಕರೆಯಲಾಗುತ್ತದೆ. ಇದು ಭೂಮಿಯ ಸಂಪೂರ್ಣ ಮೇಲ್ಮೈಯಲ್ಲಿ ನೂರಕ್ಕೆ ಒಂದರಷ್ಟು ಸಹ ಆವರಿಸುವುದಿಲ್ಲ. ಆದ್ದರಿಂದ, ಸಂಪೂರ್ಣ ಸೂರ್ಯಗ್ರಹಣ ಅಥವಾ ಕಂಕಣಾಕೃತಿ ಗ್ರಹಣವು ಭೂಮಿಯ ಮೇಲಿನ ಕೆಲವೇ ಸ್ಥಳಗಳಿಂದ ಕಾಣಿಸಬಲ್ಲದು.

ಸಮ್ಮಿಶ್ರ (ಹೈಬ್ರಿಡ್) ಗ್ರಹಣಗಳು

ಗ್ರಹಣದ ಸಂಪೂರ್ಣ ಅವಧಿಯಲ್ಲಿ ಕೆಲವು ಬಾರಿ ಅದು ಖಗ್ರಾಸದಿಂದ ಕಂಕಣಾಕೃತಿ ಅಥವಾ ಕಂಕಣಾಕೃತಿಯಿಂದ ಖಗ್ರಾಸಕ್ಕೆ ಬದಲಾಗುತ್ತದೆ. ಅಂತಹ ಗ್ರಹಣಗಳನ್ನು ಹೈಬ್ರಿಡ್ ಅಥವಾ ಸಮ್ಮಿಶ್ರ ಗ್ರಹಣಗಳು ಎಂದು ಕರೆಯಲಾಗುತ್ತದೆ.

ಸೂರ್ಯಗ್ರಹಣದ ಗಣಿತ ವಿಧಾನ

ಚಂದ್ರಗ್ರಹಣಗಳಿಗೆ ಹೋಲಿಸಿದರೆ ಸೂರ್ಯಗ್ರಹಣಗಳ ಲೆಕ್ಕಾಚಾರವು ಬಹು ಜಟಿಲವಾಗಿದೆ. ೧೯೨೦ ರ ದಶಕದಲ್ಲಿ ಫ್ರೆಡ್ರಿಕ್ ವಿಲ್ಹೆಲ್ಮ್ ಬೆಸೆಲ್ ಎಂಬ ಜರ್ಮನ್ ಖಗೋಲ-ಗಣಿತಜ್ಞನಿಂದ ಬಹಳ ಚತುರ ವಿಧಾನವನ್ನು ಹುಡುಕಿ ತೆಗೆಯಲಾಯಿತು ಮತ್ತು ನಂತರ ವಿಲಿಯಂ ಚೌವೆನೆಟ್ ಮುಂತಾದವರಿಂದ ಅದರಲ್ಲಿ ಹೆಚ್ಚಿನ ಸುಧಾರಣೆ ಮಾಡಲಾಯಿತು. ಈ ವಿಧಾನವು ನಿಜವಾಗಿಯೂ ಮಾನವ ಕಲ್ಪನಾಶಕ್ತಿ ಮತ್ತು ತರ್ಕಶಕ್ತಿಯ ಅತ್ಯುತ್ತಮ ಉದಾಹರಣೆಯಾಗಿದೆ.

ಮೂಲ-ಸಮತಲ

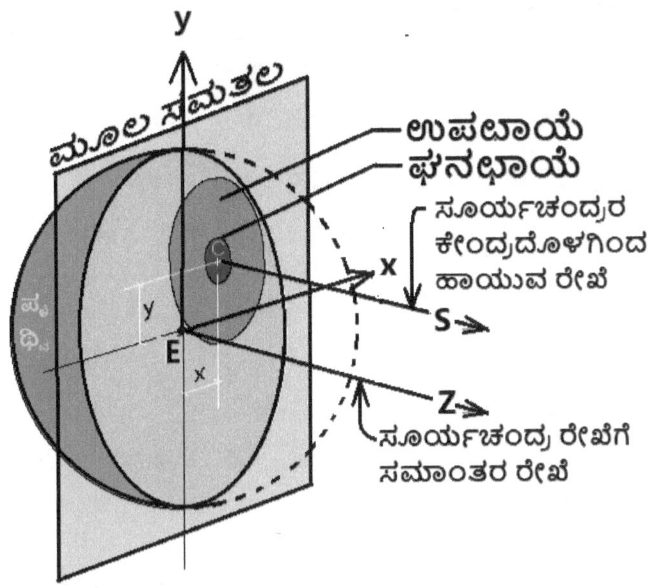

ಮೂಲ-ಸಮತಲವು ಭೂಮಧ್ಯಬಿಂದುವಿನ ಮೂಲಕ ಹಾಯುವ ಕಾಲ್ಪನಿಕ ಪಾತಳಿಯಾಗಿದ್ದು ಯಾವಾಗಲೂ ಸೂರ್ಯ-ಚಂದ್ರ ರೇಖೆಗೆ ಲಂಬವಾಗಿ ತನ್ನನ್ನು ತಾನು ಇರಿಸಿಕೊಳ್ಳುತ್ತದೆ. ಆದ್ದರಿಂದ ಇದು ಸೂರ್ಯ-ಚಂದ್ರರ ವಿಭಿನ್ನ ಸ್ಥಾನಗಳು ಮತ್ತು ಭೂಮಿಯ ಪರಿಭ್ರಮಣದೊಂದಿಗೆ ಒಂದೇ ಸಮನೇ ಬದಲಾಗುತ್ತಿರುತ್ತದೆ. ಇದೊಂದು ಕಾಲ್ಪನಿಕ ದೈತ್ಯಾಕಾರದ ಪರದೆ, ಅದರ ಮೇಲೆ ಚಂದ್ರನ ನೆರಳು ನಿರಂತರವಾಗಿ ಪ್ರಕ್ಷೇಪಿಸಲ್ಪಡುತ್ತಿದೆ, ಭೂಮಿಯು ಯಾವುದೇ ವಿರೂಪವಿಲ್ಲದೆ ಕಿರಣಗಳನ್ನು ಹಾದುಹೋಗಲು ಅನುವು ಮಾಡಿಕೊಡುವ ಪಾರದರ್ಶಕ ವಸ್ತುವಾಗಿರುಸುತ್ತದೆ ಎಂದು ಕಲ್ಪಿಸಬೇಕು. ಈ ಪರದೆಯ ಮೇಲಿನ ಚಂದ್ರಛಾಯೆಯ ನಿರ್ದೇಶಾಂಕಗಳನ್ನು ನಿರಂತರವಾಗಿ ನಿರೀಕ್ಷಿಸಿ ಅವುಗಳನ್ನು ಗಣಿತದ ಉಪಕರಣಗಳನ್ನಾಗಿ ಬಳಸಿಕೊಂಡು ಭೂಮಿಯ ಮೇಲ್ಮೈಯಲ್ಲಿ ಆಯಾ ಸ್ಥಾನಗಳಾಗಿ ಪರಿವರ್ತಿಸಿ ಗ್ರಹಣದ ಕೇಂದ್ರಸ್ಥಾನ, ಸ್ಪರ್ಶಮೋಕ್ಷಾದಿ ಸಮಯಗಳು ಇತ್ಯಾದಿ ಅನೇಕ ಮುಖ್ಯಾಂಶಗಳನ್ನು ಕಂಡುಹಿಡಿಯಲಾಗುತ್ತದೆ. ಈ ಪ್ರಕ್ರಿಯೆಯಲ್ಲಿ ಮುಖ್ಯವಾಗಿ ಒಳಗೊಂಡಿರುವ ಗಣಿತದ ಪ್ರಮಾಣಗಳನ್ನು ಬೆಸೆಲಿಯನ್ ತತ್ವಗಳು ಎಂದು ಕರೆಯಲಾಗುತ್ತದೆ.

ಬೆಸೆಲಿಯನ್ ತತ್ವಗಳನ್ನು ಕೆಳಗೆ ಪಟ್ಟಿ ಮಾಡಲಾಗಿದೆ.

x ಮತ್ತು y : ಛಾಯಾಕೇಂದ್ರದ ಆಯತಾಕಾರ-ನಿರ್ದೇಶಾಂಕಗಳು

a : ಛಾಯಾಕೇಂದ್ರದ ವಿಷುವಾಂಶ

d : ಛಾಯಾಕೇಂದ್ರದ ಕ್ರಾಂತಿ.

μ : ಛಾಯಾಕೇಂದ್ರದ ಹೋರಾಂಶ

l_1: ಮೂಲ-ಸಮತಲದಲ್ಲಿರುವ ಉಪಭಾಯಾ ಶಂಕುವಿನ ತ್ರಿಜ್ಯ.

l_2: ಮೂಲ-ಸಮತಲದಲ್ಲಿರುವ ಘನಭಾಯಾ ಶಂಕುವಿನ ತ್ರಿಜ್ಯ.

L_1: ವೀಕ್ಷಕ ಸಮತಲದಲ್ಲಿ ಉಪಭಾಯಾ-ಶಂಕುವಿನ ತ್ರಿಜ್ಯ.

L_2: ವೀಕ್ಷಕ ಸಮತಲದಲ್ಲಿ ಘನಭಾಯಾ-ಶಂಕುವಿನ ತ್ರಿಜ್ಯ.

f_1: ಉಪಭಾಯಾ-ಶಂಕುವಿನ ಅರೆ-ಲಂಬ ಕೋನ

f_2: ಘನಭಾಯಾ-ಶಂಕುವಿನ ಅರೆ-ಲಂಬ ಕೋನ.

ಬೆಸೆಲಿಯನ್ ತತ್ತ್ವಗಳು ಸಮಯ-ಅವಲಂಬಿತವಾಗಿವೆ. ಕೆಳಗಿನ ಸೂತ್ರಗಳಿಂದ ಸೂರ್ಯಚಂದ್ರರ ನಿರ್ದೇಶಾಂಕಗಳನ್ನು ಉಪಯೋಗಿಸಿ ಯಾವುದೇ ಕ್ಷಣದಲ್ಲಿ ಅವುಗಳ ಮೌಲ್ಯಗಳನ್ನು ಲೆಕ್ಕಹಾಕಬಹುದು.

ಬೆಸೆಲಿಯನ್ ತತ್ತ್ವ - ಸಂಕೇತ ಚಿಹ್ನೆಗಳು

α = ಸೂರ್ಯನ ವಿಷುವಾಂಶ $\alpha 1$ = ಚಂದ್ರನ ವಿಷುವಾಂಶ

δ = ಸೂರ್ಯನ ಕ್ರಾಂತಿ $\delta 1$ = ಚಂದ್ರನ ಕ್ರಾಂತಿ

$r1$ = ಸೂರ್ಯನ ಅಂತರ r = ಚಂದ್ರನ ಅಂತರ

b = ಅನುಪಾತ $r1/r$

GST = ಗ್ರೀನಿಚ ನಾಕ್ಷತ್ರ ಸಮಯ

R = ಸೂರ್ಯತ್ರಿಜ್ಯ/ಭೂತ್ರಿಜ್ಯ = 109.12278047

k = ಚಂದ್ರತ್ರಿಜ್ಯ/ಭೂತ್ರಿಜ್ಯ = 0.27235227

ಬೆಸೆಲಿಯನ್ ತತ್ವ - ಸೂತ್ರಗಳು

ಛಾಯಾಕೇಂದ್ರದ ವಿಷುವಾಂಶ

$$a = \alpha - [b*\sec(\delta)* \cos(\delta 1)*(\alpha 1 - \alpha)/(1 - b)]$$

ಛಾಯಾಕೇಂದ್ರದ ಕ್ರಾಂತಿ

$$d = \delta - [b* (\delta 1 - \delta)/(1 - b)]$$

ಛಾಯಾಕೇಂದ್ರದ ಆಯತಾಕಾರ ನಿರ್ದೇಶಾಂಕ

$$x = r*\cos(\delta)*\sin(- a)$$
$$y = r*[\sin(\delta)*\cos(d) - \cos(\delta)*\sin(d)*\cos(\alpha - a)]$$

ಛಾಯಾಕೇಂದ್ರದ ಗ್ರೀನಿಚ್ ಹೋರಾಂಶ

$$\mu = (GST - a)$$

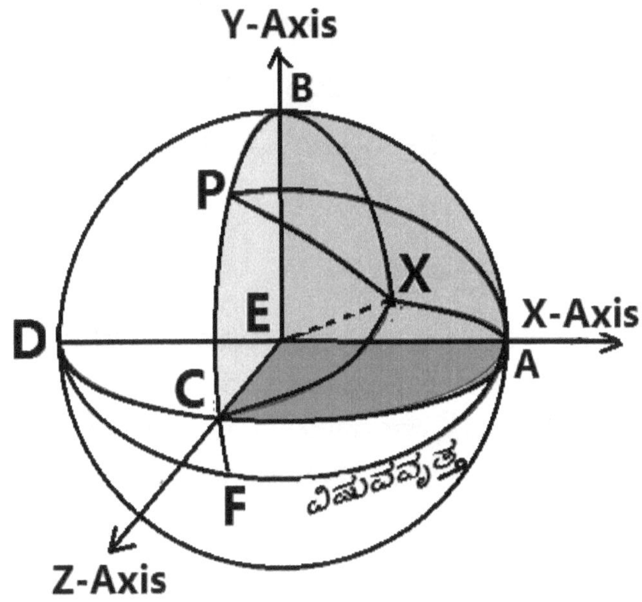

ಮೂಲ-ಸಮತಲ ಮತ್ತು ಮೂಲ ಅಕ್ಷಗಳನ್ನು ತೋರಿಸುವ ಚಿತ್ರ

ಮೂಲ ಅಕ್ಷಗಳು

ಮೇಲಿನ ಚಿತ್ರವನ್ನು ನೋಡಿ. ಭೂಮಿಯ ಕೇಂದ್ರ E ಮೂಲಕ, ಒಂದು ನಿರ್ದಿಷ್ಟ ಕ್ಷಣದಲ್ಲಿ, ಚಂದ್ರ-ಸೂರ್ಯ ರೇಖೆಗೆ ಸಮಾಂತರ ಗೆರೆಯನ್ನು ಎಳೆಯಲಾಗಿ ಆಕಾಶಗೋಲವನ್ನು C ನಲ್ಲಿ ಮುಟ್ಟುವದು. EC ಇದು Z ಅಕ್ಷವು. ಇದಕ್ಕೆ ಲಂಬವಾಗಿರುವ DBA ಪಾತಳಿಯ ಮೂಲ-

ಸಮತಲವಾಗಿದೆ. P ಉತ್ತರ-ಧ್ರುವವು. C ಮತ್ತು P ಮೂಲಕ ಹಾಯುವ ಮಹಾವೃತ್ತದ ಪಾತಳಿಯು EB ಯಲ್ಲಿ ಮೂಲ-ಸಮತಲವನ್ನು ಭೇದಿಸುತ್ತದೆ. EA ಮತ್ತು EB ಕ್ರಮವಾಗಿ ಮೂಲ- ಸಮತಲದ X ಮತ್ತು Y ಅಕ್ಷಗಳಾಗಿವೆ.

ಸೂರ್ಯಗ್ರಹಣಗಳ ಗಣಿತಕ್ರಮ

ಎಲ್ಲ ಅಮಾವಾಸ್ಯೆಯ ದಿನಗಳಲ್ಲಿ ಸೂರ್ಯಗ್ರಹಣಗಳು ಸಂಭವಿಸಲೇಬೇಕೆಂದಿಲ್ಲ, ಮತ್ತು ಅವು ಸಂಭವಿಸಿದರೂ, ಅವು ಎಲ್ಲ ಸ್ಥಳಗಳಿಂದ ಕಾಣುವದಿಲ್ಲ. ಆದ್ದರಿಂದ ಈ ಕೆಳಗಿನ ಹಂತಗಳಲ್ಲಿ ಲೆಕ್ಕಾಚಾರಗಳನ್ನು ಮಾಡಬೇಕಾಗುತ್ತದೆ.

ಭಾಗ 1. ಗ್ರಹಣದ ಸಾಧ್ಯಾಸಾಧ್ಯತೆಯ ಪರಿಶೀಲನೆ

ಭಾಗ 2. ಗ್ರಹಣಮಧ್ಯ ಸಮಯದ ಸಾಧನೆ.

ಭಾಗ 3. ಗ್ರಹಣಕೇಂದ್ರದ ಸ್ಥಾನ ನಿರ್ಣಯ.

ಭಾಗ 4. ಗ್ರಹಣಕೇಂದ್ರದಲ್ಲಿಯ ಗ್ರಹಣದ ಪರಿಸ್ಥಿತಿಗಳು.

ಭಾಗ 5. ಯಾವುದೇ ಅಪೇಕ್ಷಿತ ಸ್ಥಳದಲ್ಲಿ ಗ್ರಹಣದ ಪರಿಸ್ಥಿತಿಗಳು.

(ಆ ಸ್ಥಳ ವು ದೂರದಲ್ಲಿದ್ದರೆ, ಗ್ರಹಣವು ಕಾಣಿಸುಸುವುದಿಲ್ಲ.)

ಭಾಗ 1. ಗ್ರಹಣದ ಸಾಧ್ಯತೆ

ಸೂರ್ಯಚಂದ್ರರ ಯುತಿ (ಅಮಾಂತ) ಕ್ಷಣವು ಮೊದಲೇ ತಿಳಿದಿರಬೇಕು. ಆ ಕ್ಷಣದಲ್ಲಿ ಇರುವ ಸಮೀಪದ ಪಾತದಿಂದ ಚಂದ್ರನ ಅಂತರವು (ಪಾತೋನಚಂದ್ರ) ಅಂದಾಜು ಕಲ್ಪನೆಯನ್ನು ನೀಡುತ್ತದೆ. ಇದು ಚಂದ್ರನ ಅಧ್ಯಯದಲ್ಲಿ ವಿವರಿಸಲಾದ ಚಂದ್ರಾರ್ಕ ಉಪಕರಣಗಳಲ್ಲಿ ಒಂದಾದ ರಾಹೂನಚಂದ್ರ (F) ದಿಂದ ದೊರೆಯುವದು.

ಅಮಾಂತದಲ್ಲಿ ಸೂರ್ಯ ಮತ್ತು ಚಂದ್ರ ಈರ್ವರ ಭೋಗಗಳೂ ಸಮ ಇರುವದರಿಂದ ಪಾತೋನಚಂದ್ರ ಅಥವಾ ಪಾತೋನಸೂರ್ಯ ಯಾವುದನ್ನೂ ತೆಗೆದುಕೊಳ್ಳಬಹುದು

ಚಂದ್ರನುರಾಹುವಿನಸಮೀಪದಲ್ಲಿದ್ದರೆರಾಹೂನಚಂದ್ರ(F)ವೇಪಾತೋನಚಂದ್ರವಾಗುವದು. ಒಂದು ವೇಳೆ ಚಂದ್ರನು ಕೇತುವಿನ ಸಮೀಪದಲ್ಲಿದ್ದರೆ ಪಾತೋನಚಂದ್ರವು (ರಾಹೂನಚಂದ್ರ ± 180°) ಆಗುವದು.

ರಾಹು ಅಥವಾ ಕೇತು ಯಾವದೇ ಸಮೀಪದ ಚಾಂದ್ರಪಾತದಿಂದ ಸೂರ್ಯಚಂದ್ರರ ಅಂತರವು 21°.7 ಕಿಂತ ಹೆಚ್ಚು ಇದ್ದರೆ ಗ್ರಹಣದ ಸಾಧ್ಯತೆ ಇಲ್ಲ. ಅದೇ 13.9° ಕ್ಕಿಂತ ಕಡಿಮೆ ಇದ್ದರೆ ಗ್ರಹಣ ಸಂಭವಿಸುವುದು ಖಚಿತ. ಆದರೆ ಇವೆರಡು ಮೌಲ್ಯಗಳ ನಡುವೆ ಇದ್ದಾಗ ಗ್ರಹಣದ ಸಂಭವವನ್ನು ಊಹಿಸಲು ಹೆಚ್ಚಿನ ತನಿಖೆಯ ಅಗತ್ಯವಿದೆ.

ಭಾಗ 2. ಗ್ರಹಣಮಧ್ಯದ ಸಮಯ

ಚಂದ್ರನ ನೆರಳುಶಂಕುವಿನ ಅಕ್ಷವು ಭೂಮಿಯ ಕೇಂದ್ರಕ್ಕೆ ಕನಿಷ್ಠ ಅಂತರದಲ್ಲಿ ಇದ್ದ ಕ್ಷಣವೇ ಗ್ರಹಣಮಧ್ಯದ ಸಮಯವಾಗುವದು ಮತ್ತು ಆ ಕ್ಷಣದಲ್ಲಿ ನೆರಳಿನ ಕೇಂದ್ರವು ಭೂಮಿಯ ಮೇಲೆ ಎಲ್ಲಿ ಬೀಳುವದೋ ಆ ಸ್ಥಾನವು ಗ್ರಹಣಕೇಂದ್ರವಾಗುವದು.

ಗ್ರಹಣಮಧ್ಯವು ಸ್ವಲ್ಪ ಹೆಚ್ಚುಕಡಿಮೆ ಅಮಾಂತ ಕ್ಷಣದ ಹತ್ತಿರವೇ ಇರುತ್ತದೆ.

ಮೊದಲಿಗೆ, ವೀಕ್ಷಕನು ಪೃಥ್ವಿಯ ಕೇಂದ್ರದಲ್ಲಿ ಇರುವನೆಂದು ಕಲ್ಪಿಸಬೇಕು. ಇದರಿಂದ ವೀಕ್ಷಕನ ನಿರ್ದೇಶಾಂಕಗಳು ಶೂನ್ಯಗಳಾಗಿ ಗಣಿತಕಾರ್ಯಕ್ಕೆ ಅನುಕೂಲವಾಗುವದು.

ಸೂರ್ಯಚಂದ್ರರ ಸಂಯೋಗ (ಅಮಾಂತ) ಸಮಯವು ಎರಡರ ನಡುವೆ ಬರುವ ಹಾಗೆ T1 ಮತ್ತು T2 ಎರಡು ಸೂಕ್ತ ಕ್ಷಣಗಳನ್ನು ಒಂದು ಗಂಟೆಯ ಅಂತರದಲ್ಲಿ ಆಯ್ಕೆ ಮಾಡಬೇಕು.

ಬೆಸೆಲಿಯನ್ ತತ್ವಗಳನ್ನು T1 ಮತ್ತು T2 ಎರಡೂ ಕ್ಷಣಗಳಲ್ಲಿ ಲೆಕ್ಕಹಾಕಿ ಒಂದು ಗಂಟೆಯಲ್ಲಾದ ಬದಲಾವಣೆಯ ದರಗಳನ್ನು ಕಂಡು ಹಿಡಿಯಬೇಕು. ಫಲಿತಾಂಶಗಳನ್ನು ತಾಲಿಕಾ1 ರಲ್ಲಿ ತೋರಿಸಿದಂತೆ 3ನೇ ಮತ್ತು 4ನೆಯ ಸ್ತಂಭಗಳಲ್ಲಿ ವ್ಯವಸ್ಥಿತವಾಗಿ ನೋಂದು ಮಾಡಬೇಕು.

ತಾಲಿಕಾ 1. ಸಮಯಾಧೀನ ಮೌಲ್ಯಗಳು

ತತ್ವ	ಸಂಕೇತ	ಮೌಲ್ಯ೦	ಮೌಲ್ಯ೧
ಸಮಯ (UT)---->	T	T1=	T2=
ದಿನಗಣ ---->	ದಿನಗಣ		
1.ಸೂರ್ಯನ ವಿಷುವಾಂಶ	α		
2.ಸೂರ್ಯನ ಕ್ರಾಂತಿ	δ		
3.ಸೂರ್ಯನ ಅಂತರ	r		
4.ಚಂದ್ರನ ವಿಷುವಾಂಶ	α1		
5.ಚಂದ್ರನ ಕ್ರಾಂತಿ	δ1		
6.ಚಂದ್ರನ ಅಂತರ	r1		
7.ಚ/ಸೂ ಅಂತರ-ಅನುಪಾತ	b=r1/r		
8.ಛಾಯೆಯ ವಿಷುವಾಂಶ	a		
9.ಛಾಯೆಯ ಕ್ರಾಂತಿ	d		

	x	x1=	x2=
10.ಭಾಯಿಯ x ನಿರ್ದೇಶಾಂಕ x= r*cos(δ)+sin(α-a)	x	x1=	x2=
11.ಭಾಯಿಯ y ನಿರ್ದೇಶಾಂಕ y = r*[sin(δ)*cos(d) – sin(δ)*sin(d)*(α-a)]	y	y1=	y2=
12.ಗ್ರೀನಿಚ ನಾಕ್ಷತ್ರ ಸಮಯ	GST	GST1=	GST2=
13. ಭಾಯಿಯ ಗ್ರೀನಿಚ ದಿಗಂಶ μ =(GST - d)	μ	μ1=	μ2=

14. x ,y, d , μ ಗಳ ಪರಿವರ್ತನ-ವೇಗ /ಪ್ರತಿಗಂಟೆ

ಸೂಚನೆ: ಇಲ್ಲಿ d' ಮತ್ತು μ' ಗಳ ಮೌಲ್ಯಗಳನ್ನು ರೇಡಿಯನ್ ಗಳಲ್ಲಿ ತೆಗೆದುಕೊಳ್ಳಬೇಕು.

x' = (x2 – x1) = _______________

y' = (y2 – y1) = _______________

d' = (d2 – d1)* π/180 = _______________ ರೇಡಿಯನ್

μ' = (μ2 – μ1)* π/180 = _______________ ರೇಡಿಯನ್

ಮುಖ್ಯಗ್ರಹಣದ ಅನುಮಾನಿತ ಸಮಯ

ATmid = T1 – (x1*x' + y1*y') / (x' * x' + y' * y') = _______________

ಮುಖ್ಯಗ್ರಹಣದ ನಿಖರ ಸಮಯ

ನಿಖರ ಸಮಯಕ್ಕಾಗಿ ಆವರ್ತಗಣಿತ ಕ್ರಿಯೆಯನ್ನು ಉಪಯೋಗಿಸುವ ರೀತಿಯನ್ನು ಮುಂದೆ ಚಿತ್ರಾತ್ಮಕವಾಗಿ ತೋರಿಸಲಾಗಿದೆ.

ಮುಖ್ಯಗ್ರಹಣ ಸಮಯ - ಆವರ್ತಗಣಿತ ಕ್ರಿಯೆ

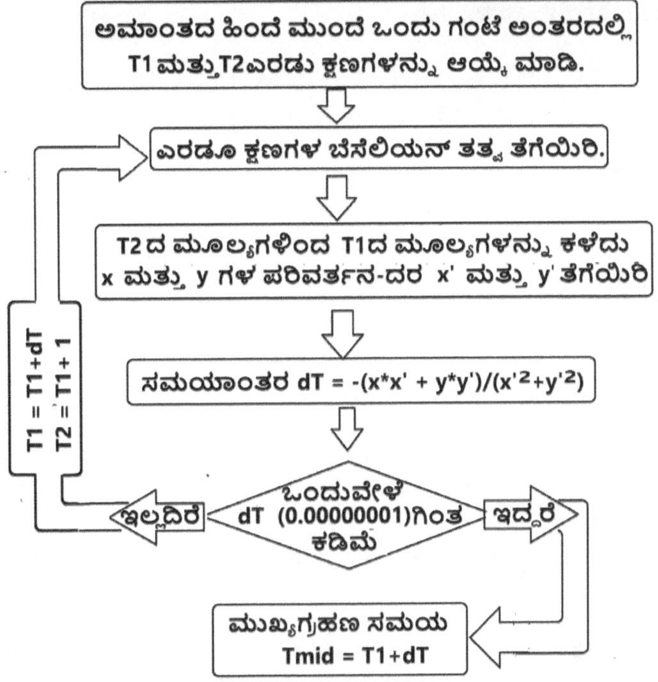

ಬಿಡಿಸಿ ಕೊಟ್ಟ ಉದಾಹರಣಗಳಲ್ಲಿ ನೋಡಿ ರೀತಿಯನ್ನು ಮನದಟ್ಟು ಮಾಡಿಕೊಳ್ಳಬೇಕು.

ಹೀಗೆ ತೆಗೆದ ಮುಖ್ಯಗ್ರಹಣಮಧ್ಯಕ್ಕೆ Tge ಎನ್ನಲಾಗಿದೆ. (ಜಿಇ ಇದು ಗ್ರೇಟೆಸ್ಟ ಎಕ್ಲಿಪ್ಸನ ಸಂಕೇತವಾಗಿದೆ.)

ಭಾಗ 3. ಗ್ರಹಣದ ಕೇಂದ್ರಸ್ಥಾನ ಮತ್ತು ಗ್ರಹಣದ ಪ್ರಕಾರ

ಸೂರ್ಯಗ್ರಹಣವು ಎಲ್ಲ ಸ್ಥಳಗಳಿಂದ ಕಾಣುವದಿಲ್ಲ. ಅದು ಎಲ್ಲಿ ಕಾಣಿಸಬಲ್ಲದು ಎಂದು ತಿಳಿಯಲು ನಾವು ಗ್ರಹಣದ ಕೇಂದ್ರವನ್ನು ಕಂಡುಹಿಡಿಯಬೇಕು.

ಮುಖ್ಯಗ್ರಹಣದ ನಿಖರವಾದ ಸಮಯವನ್ನು ನಿರ್ಧರಿಸಿದನಂತರ, T1= ಮುಖ್ಯಗ್ರಹಣಸಮಯ ಮತ್ತು T2 = T1+1 ತೆಗೆದುಕೊಂಡು ತಾಲಿಕಾ1ನ್ನು ಮತ್ತೆ ತಯಾರಿಸಬೇಕು.

ಈ ಕೋಷ್ಟಕದಿಂದ ಸಿಕ್ಕುವ ಮೂಲಸಮತಲದಲ್ಲಿನ ಭಾಯಾಕೇಂದ್ರದ x ಮತ್ತು y ನಿರ್ದೇಶಾಂಕಗಳು ಭೂಮಂಡಲದ ಮೇಲಿನ ಗ್ರಹಣಕೇಂದ್ರವನ್ನು ತೋರಿಸುತ್ತವೆ ಮತ್ತು ಆಗ ನೆರಳು ಭೂಕೇಂದ್ರದಿಂದ ಕನಿಷ್ಟ ಅಂತರ (ಗೈಮಾ) ದಲ್ಲಿ ಇರುವದು.

ಗೈಮಾ = ವರ್ಗಮೂಲ $(x^2 + y^2)$

ಗ್ರಹಣದ ಸಂಪೂರ್ಣ ಮೌಲ್ಯಮಾಪನಕ್ಕೆ ಗೈಮಾದ ಮೌಲ್ಯವು ಬಹಳ ಮುಖ್ಯವಾಗಿದೆ.

ಗೈಮಾದ ನಿರ್ಣಾಯಕ ಮೌಲ್ಯಗಳು

20ಮತ್ತು 21ನೇ ಶತಮಾನಗಳಲ್ಲಿ ಗ್ರಹಣಗಳ ಲೆಕ್ಕಾಚಾರಗಳಿಂದ, ಸಂಖ್ಯಾತ್ಮಕ ಮೌಲ್ಯಗಳ ದೃಷ್ಟಿಯಿಂದ ನಿರ್ಧರಿಸಲಾದ ವಿವಿಧ ಬಗೆಯ ಗ್ರಹಣಗಳಿಗೆ ಗೈಮಾದ ಸೀಮಿತ ಮೌಲ್ಯಗಳನ್ನು ಕೆಳಗೆ ಕೊಡಲಾಗಿದೆ.

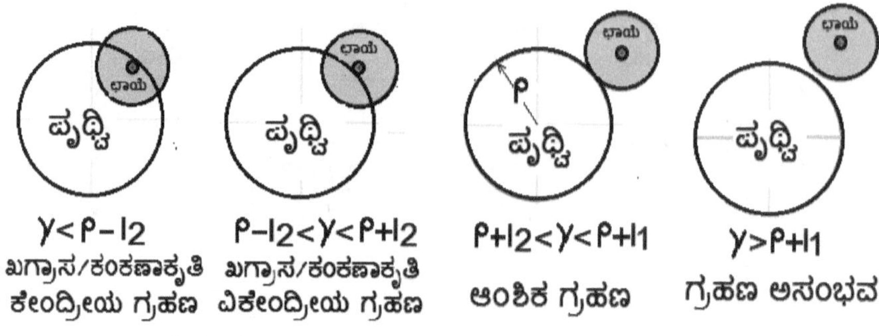

ವಿವಿಧ ಪ್ರಕಾರದ ಗ್ರಹಣಗಳಲ್ಲಿ ಗೈಮಾದ ಮಿತಿಗಳು

1. ಗೈಮಾ 0.9972 ಕ್ಕಿಂತ ಕಡಿಮೆ ಇದ್ದರೆ ಕೇಂದ್ರಾತ್ಮಕ ಖಗ್ರಾಸ ಅಥವಾ ಕಂಕಣಾಕೃತಿ ಗ್ರಹಣ ಸಂಭವಿಸುತ್ತದೆ.

2. ಗೈಮಾ 0.9972 ಮತ್ತು 1.0125 ರ ನಡುವೆ ಇದ್ದರೆ, ಕೇಂದ್ರಚ್ಯುತ ಖಗ್ರಾಸ ಅಥವಾ ಕಂಕಣಾಕೃತಿ ಗ್ರಹಣ ಸಂಭವಿಸುತ್ತದೆ.

3. ಗೈಮಾ 1.0125 ರಿಂದ 1.5467 ರ ನಡುವೆ ಇದ್ದರೆ ಖಂಡಗ್ರಾಸ ಗ್ರಹಣ ಸಂಭವಿಸುತ್ತದೆ.

4. ಗೈಮಾ 1.5467ಕ್ಕಿಂತ ಹೆಚ್ಚಿದ್ದರೆ ಗ್ರಹಣವು ಅಸಂಭವ.

ಖಗ್ರಾಸ ಅಥವಾ ಕಂಕಣಾಕೃತಿ ಗ್ರಹಣಗಳ ಸಂದರ್ಭದಲ್ಲಿ ಗ್ರಹಣಕೇಂದ್ರದ ಸ್ಥಾನನಿರ್ಣಯ

ಮೊದಲು ಕೆಳಗಿನ ಕೆಲವು ಸಂಕೇತಾಕ್ಷರ ಮತ್ತು ಸೂತ್ರಗಳನ್ನು ಗಮನಿಸಿರಿ.

ಸಂಕೇತ ಚಿಹ್ನೆಗಳು

ρ = ಭೂಕೇಂದ್ರದಿಂದ ವೀಕ್ಷಕನ ಅಂತರ

ϕ = ಭೌಗೋಲಿಕ ಅಕ್ಷಾಂಶ

ϕ' = ಭೂಕೇಂದ್ರೀಯ ಅಕ್ಷಾಂಶ

ff = ಭೂಮಿಯ ಚಪ್ಪಟೆತನ = 0.99664718

ER = ಭೂಮಿಯ ಸರಾಸರಿ ತ್ರಿಜ್ಯ = 6378137.0 ಮೀ

Alt = ಸಮುದ್ರಸಪಾಟಿಯಿಂದ ಎತ್ತರ (ಮೀಟರ)

λ = ಭೌಗೋಲಿಕ ರೇಖಾಂಶ

μ = ಭಾಯಾಕೇಂದ್ರದ ಗ್ರೀನಿಚ ಹೋರಾಂಶ

h = ಭಾಯಾಕೇಂದ್ರದ ಸ್ಥಾನಿಕ ಹೋರಾಂಶ

ಸೂತ್ರಗಳು

ಸಹಾಯಕ ಕೋನ $Q = atan[ff \times tan(\phi)]$

ಅಕ್ಷಜ್ಯ $= ff \times sin(Q) + (Alt/ER) \times sin(\phi)$

ಅಕ್ಷಕೊ $= cos(Q) + (Alt/ER) \times cos(\phi)$

ಭಾಯಾಕೇಂದ್ರದ ಸ್ಥಾನಿಕ ಹೋರಾಂಶ $h = (\mu - \lambda)$

ಭೂತ್ರಿಜ್ಯ = ಭೂಮಿಯ ಮೇಲ್ಮೆಯಲ್ಲಿ ವೀಕ್ಷಕನ ಭೂಕೇಂದ್ರಿತ ದೂರ. ಪೃಥ್ವಿಯು ಚಪ್ಪಟೆಯಾದ ಗೋಲಾಕಾರವಿರುವುದರಿಂದ ಅದರ ತ್ರಿಜ್ಯವು ಭೂಮಧ್ಯರೇಖೆಯಲ್ಲಿ 1.00 ರಿಂದ ಧ್ರುವಗಳಲ್ಲಿ 0.99664718 ರವರೆಗೆ ಬದಲಾಗುತ್ತದೆ. ಆದಾಗ್ಯೂ, ನಮ್ಮ ಎಲ್ಲ ಲೆಕ್ಕಾಚಾರಗಳಿಗೆ 1.00 ಎಂದು ಗ್ರಹಿಸಲಾಗುತ್ತದೆ.

z = ಗ್ರಹಣಕೇಂದ್ರದ z ನಿರ್ದೇಶಾಂಕ

$z^2 = 1.0 - (x*x + y*y)$

ಇಲ್ಲಿ z^2 ಧನಾತ್ಮಕವಾಗಿರಬೇಕು ಎಂಬುದು ಗಮನದಲ್ಲಿರಲಿ.

z = ವರ್ಗಮೂಲ (z^2)

ಗೈಮಾ = ವರ್ಗಮೂಲ$(x*x + y*y)$

ಗೈಮಾ 0.9972 ಕ್ಕಿಂತ ಕಡಿಮೆ ಇದ್ದರೆ ಮಾತ್ರ ಖಗ್ರಾಸ ಅಥವಾ ಕಂಕಣಾಕೃತಿ ಗ್ರಹಣವನ್ನು ಕಾಣಬಹುದು. ಆಗ ಭೂಮಿಯ ಮೇಲಿನ ಗ್ರಹಣಕೇಂದ್ರಬಿಂದುವನ್ನು ಈ ಕೆಳಗಿನ ತ್ರಿಕೋನಮಿತಿ-ವಿಧಾನದಿಂದ ಕಂಡುಹಿಡಿಯಬಹುದು.

ಗ್ರಹಣಮಧ್ಯದಲ್ಲಿ ಛಾಯಾಶಂಕುವಿನ ಅಕ್ಷವು ಭೂಮಿಯನ್ನು ಭೇದಿಸುವ ಬಿಂದುವೇ ಗ್ರಹಣಕೇಂದ್ರವಾಗಿರುವದು. ಮೂಲ ಸಮತಲದಲ್ಲಿಯ ಛಾಯಾಕೇಂದ್ರದ x ಮತ್ತು y ನಿರ್ದೇಶಾಂಕಗಳೇ ಭೂಮಿಯ ಮೇಲಿನ ಗ್ರಹಣಕೇಂದ್ರದ (ವೀಕ್ಷಕನ) xo ಮತ್ತು yo ನಿರ್ದೇಶಾಂಕಗಳಗಿರುತ್ತವೆ. ಮತ್ತು ವೀಕ್ಷಕನ z ನಿರ್ದೇಶಾಂಕವು zo = 1 −√(x² + y²) ಆಗುವದು.

ಈ ಮೊದಲು ಸಂಪಾದಿಸಿದ ಮೂಲ್ಯಗಳನ್ನು ಬಳಸಿ ಅಕ್ಷಜ್ಯಾ, ಅಕ್ಷಕೋ ಮತ್ತು h ಗಳ ಮೂಲ್ಯಗಳನ್ನು ಕೆಳಗೆ ಕಾಣಿಸಿದ ಸೂತ್ರಗಳಿಂದ ಪಡೆಯಬೇಕು.

rsn = ಅಕ್ಷಜ್ಯಾ = asin[y∗cos(d)+ z∗sin(d)]

rcs = ಅಕ್ಷಕೋ = ವರ್ಗಮೂಲ(1 − rsn∗rsn/ff²)

h = ಹೋರಾಂಶ = atn2 [(x, z∗cos(d) − y∗sin(d)]

ಅವುಗಳ ಮುಖಾಂತರ ಭೂಮಿಯ ಮೇಲಿನ ಗ್ರಹಣಕೇಂದ್ರದ ಅಕ್ಷಾಂಶ-ರೇಖಾಂಶಗಳನ್ನು ಕೆಳಗಿನ ಸೂತ್ರಗಳಿಂದ ತೆಗೆಯಬೇಕು.

q =atan2 (ಅಕ್ಷಜ್ಯಾ /ff, ಅಕ್ಷಕೋ)

ಅಕ್ಷಾಂಶ = atan(tan(q)/ff²)

mu1 = ಚಕ್ರಶುದ್ಧ(GST1 − a1)

ರೇಖಾಂಶ = ಚಕ್ರಶುದ್ಧ (mu1-h)

ಹೀಗೆ ಮುಖ್ಯ ಗ್ರಹಣಕೇಂದ್ರದ ಅಕ್ಷಾಂಶ-ರೇಖಾಂಶಗಳು ಸಿಗುವವು. ಅಕ್ಷಾಂಶದ ಮೂಲ್ಯವು -90 ರಿಂದ +90 ಅಂಶಗಳವರೆಗೆ ಇರಬಲ್ಲದು. ಧನಾತ್ಮಕವಿದ್ದರೆ ಉತ್ತರ ಅಕ್ಷಾಂಶವೆಂದೂ ಋಣಾತ್ಮಕವಿದ್ದರೆ ದಕ್ಷಿಣ ಅಕ್ಷಾಂಶವೆಂದೂ ತಿಳಿಯಬೇಕು.

ರೇಖಾಂಶದ ಮೂಲ್ಯವು 0° ದಿಂದ 360° ವರೆಗೆ ಇರಬಲ್ಲದು. ಇದು ಗ್ರೀನಿಚದಿಂದ ಪಶ್ಚಿಮದ ಕಡೆಗೆ ಅಳೆದ ಕೋನವಾಗಿರುವದು. ಈ ಮೂಲ್ಯವು 180°ಗಿಂತ ಕಡಿಮೆ ಇದ್ದರೆ ಪಶ್ಚಿಮ-ರೇಖಾಂಶ ಎಂದು ತಿಳಿಯಬೇಕು. ಮೂಲ್ಯವು 180° ಕ್ಕಿಂತ ಹೆಚ್ಚು ಇದ್ದರೆ (360°-ಮೂಲ್ಯ) ಪೂರ್ವ-ರೇಖಾಂಶವೆಂದು ಗ್ರಹಿಸಬೇಕು.

ಉದಾ: ರೇಖಾಂಶವು −105° ಇದ್ದರೆ 105°ಪಶ್ಚಿಮ ಎಂದು ತಿಳಿಯಬೇಕು.

ಅದೇ 270°ಇದ್ದರೆ 90°ಪೂರ್ವ ಎಂದು ತಿಳಿಯಬೇಕು.

ಸೂಚನೆ:-

ಮೇಲಿನ ಲೆಕ್ಕಾಚಾರಗಳನ್ನು ಮಾಡುವಾಗ ನಾವು ಮುಖ್ಯಗ್ರಹಣಕ್ಕೆ ಸಂಬಂಧಿಸಿದ ಕೆಲವು ಮಹತ್ವದ ಮೌಲ್ಯಗಳನ್ನು ಪಡೆಯುತ್ತೇವೆ. ಗ್ರಹಣಕೇಂದ್ರದ ಪರಿಸ್ಥಿತಿಗಳ ಗಣಿತದಲ್ಲಿ ಅವುಗಳು ಬೇಕಾಗುವವು. ಆದ್ದರಿಂದ ಅವುಗಳನ್ನು ಸಂರಕ್ಷಿಸಿ ಇಡಬೇಕು. ಬಿಡಿಸಿ ಕೊಟ್ಟ ಉದಾಹಾರಣೆಗಳಲ್ಲಿ ಗಮನಿಸಿರಿ.

ಖಂಡಗ್ರಾಸ ಅಥವಾ ಕೇಂದ್ರಚ್ಯುತ ಸಂಪೂರ್ಣ-ಗ್ರಹಣಗಳಲ್ಲಿ ಕೇಂದ್ರಸ್ಥಾನ ನಿರ್ಣಯ

ಗೈಮಾ 1.0 ಮೀರಿದಾಗ ಗ್ರಹಣಕೇಂದ್ರದ ಗಣಿತ ವಿಧಾನದಲ್ಲಿ ಸ್ವಲ್ಪ ಬದಲಾವಣೆ ಮಾಡಬೇಕಾಗುವದು.

ಕೆಳಗಿನ ಆಕೃತಿಯನ್ನು ಗಮನಿಸಿ. OS ಇದು ಗೈಮಾ ಆಗಿದೆ. ಗೈಮಾ 1.0 ಗಿಂತ ಹೆಚ್ಚಿದ್ದರೆ ಭಾಯಾಕೇಂದ್ರವು ಭೂಮಿಯಿಂದ ಹೊರಗೆ ಇರುವದು. ಮತ್ತು ಭೂ-ಕೇಂದ್ರದಿಂದ ಭಾಯಾಕೇಂದ್ರಕ್ಕೆ ಎಳೆಯಲಾದ ರೇಖೆಯ ಮೇಲೆ ಭೂಮಿಯ ದಂಡೆಯಲ್ಲಿಯ P ಬಿಂದುವು ಗ್ರಹಣಕೇಂದ್ರವಾಗುವದು.

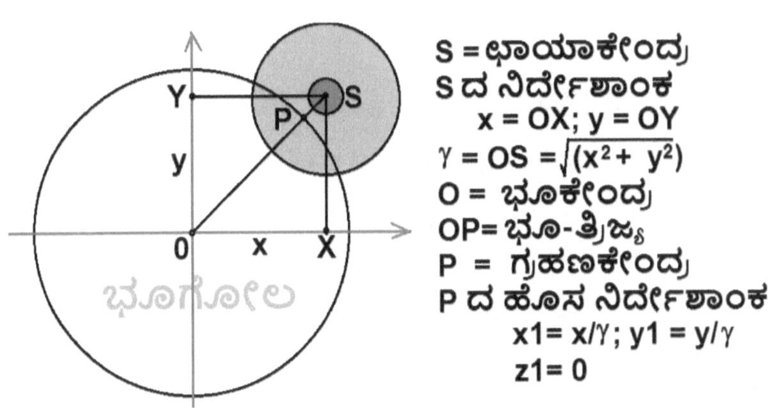

ಭಾಯೆಯ ನಿರ್ದೇಶಾಂಕ x ಮತ್ತು y ನಿರ್ದೇಶಾಂಕಗಳನ್ನು ಗೈಮಾದಿಂದ ಭಾಗಿಸುವ ಮೂಲಕ ಗ್ರಹಣಕೇಂದ್ರ P ಬಿಂದುವಿನ ನಿರ್ದೇಶಾಂಕ x1, y1 ಗಳು ಲಭಿಸುತ್ತವೆ. ಭಾಯೆಯು ಭೂಮಿಯ ಗೋಳಕ್ಕೆ ಸ್ಪರ್ಶಾತ್ಮಕವಾಗಿರುವುದರಿಂದ ಗ್ರಹಣಕೇಂದ್ರದ z ನಿರ್ದೇಶಾಂಕ ಶೂನ್ಯವಾಗಿರುತ್ತದೆ. ನಂತರ ಕೇಂದ್ರಾತ್ಮಕ ಗ್ರಹಣಗಳಲ್ಲಿ ಬಳಸುವ ಅದೇ ವಿಧಾನವನ್ನು ಬಳಸಿಕೊಂಡು, ಗ್ರಹಣಕೇಂದ್ರದ ಭೌಗೋಳಿಕ ರೇಖಾಂಶ ಮತ್ತು ಅಕ್ಷಾಂಶವನ್ನು ನಿರ್ಧರಿಸಲಾಗುತ್ತದೆ.

ಭಾಗ 4. ಸೂರ್ಯಗ್ರಹಣದ ಸಾರ್ವತ್ರಿಕ ಪರಿಸ್ಥಿತಿಗಳು

ಪ್ರತಿ ಸೂರ್ಯಗ್ರಹಣದಲ್ಲಿ ಭೂಮಿಯೊಂದಿಗೆ ಚಂದ್ರನ ನೆರಳಿನ ಎಂಟು ಗಮನಾರ್ಹ ಸಂಪರ್ಕ ಸಮಯಗಳು ಇರುವವು, ನಾಲ್ಕು ಉಪಛಾಯೆಗೆ ಸಂಬಂಧಿಸಿದವು ಮತ್ತು ನಾಲ್ಕು ಘನಛಾಯೆಗೆ ಸಂಬಂಧಿಸಿದವುಗಳು.

ಉಪಛಾಯಾ ಸಂಪರ್ಕಗಳು

P1. ಉಪಛಾಯೆಯು ಭೂಮಿಯನ್ನು ಪ್ರವೇಶಿಸುವಾಗ ಹೊರಗಿನಿಂದ ಭೂಮಿಯನ್ನು ಸ್ಪರ್ಶಿಸುತ್ತದೆ, ಇದು ಭೂಮಿಯ ಮೇಲಿನ ಮೊದಲ ಸ್ಥಳದಲ್ಲಿ ಆಂಶಿಕ ಗ್ರಹಣದ ಪ್ರಾರಂಭವನ್ನು ಸೂಚಿಸುತ್ತದೆ.

P2. ಉಪಛಾಯೆಯು ಭೂಮಿಯನ್ನು ಪ್ರವೇಶಿಸಿದ ನಂತರ ಆಂತರಿಕವಾಗಿ ಭೂಮಿಯನ್ನು ಸ್ಪರ್ಶಿಸುತ್ತದೆ.

P3. ಉಪಛಾಯೆಯು ನಿರ್ಗಮಿಸುವಾಗ ಆಂತರಿಕವಾಗಿ ಭೂಮಿಯನ್ನು ಸ್ಪರ್ಶಿಸುತ್ತದೆ.

P4. ಉಪಛಾಯೆಯು ಭೂಮಿಯನ್ನು ಬಿಡುವಾಗ ಬಾಹ್ಯವಾಗಿ ಭೂಮಿಯನ್ನು ಹೊರಗಿನಿಂದ ಸ್ಪರ್ಶಿಸುತ್ತದೆ. ಭೂಮಿಯ ಮೇಲಿನ ಕೊನೆಯ ಸ್ಥಳದಲ್ಲಿ ಆಂಶಿಕ ಗ್ರಹಣದ ಅಂತ್ಯವನ್ನು ಸೂಚಿಸುತ್ತದೆ.

ಘನಛಾಯಾ ಸಂಪರ್ಕಗಳು

U1. ಘನಛಾಯೆಯು ಭೂಮಿಯನ್ನು ಪ್ರವೇಶಿಸುವಾಗ ಬಾಹ್ಯವಾಗಿ ಭೂಮಿಯನ್ನು ಸ್ಪರ್ಶಿಸುತ್ತದೆ. (ಇದು ಭೂಮಿಯ ಮೇಲೆ ಖಗ್ರಾಸ ಅಥವಾ ಕಂಕಣಾಕೃತಿ ಗ್ರಹಣದ ಪ್ರಾರಂಭವನ್ನುಮೊಟ್ಟ ಮೊದಲು ಕಾಣುವ ಸ್ಥಾನವನ್ನು ಸೂಚಿಸುತ್ತದೆ.)

U2. ಘನಛಾಯೆಯು ಭೂಮಿಯನ್ನು ಪ್ರವೇಶಿಸಿದ ನಂತರ ಆಂತರಿಕವಾಗಿ ಭೂಮಿಯನ್ನು ಸ್ಪರ್ಶಿಸುತ್ತದೆ.

U3. ಘನಛಾಯೆಯು ನಿರ್ಗಮಿಸುವಾಗ ಹೊರಗಿನಿಂದ ಭೂಮಿಯನ್ನು ಸ್ಪರ್ಶಿಸುತ್ತದೆ.

U4. ಘನಛಾಯೆಯು ಭೂಮಿಯನ್ನು ಬಿಡುವ ಮೊದಲು ಭೂಮಿಯನ್ನು ಬಾಹ್ಯವಾಗಿ ಸ್ಪರ್ಶಿಸುತ್ತದೆ. ಇದು ಭೂಮಿಯ ಮೇಲಿನ ಖಗ್ರಾಸ ಅಥವಾ ಕಂಕಣಾಕೃತಿ ಗ್ರಹಣದ ಅಂತ್ಯವನ್ನು ಕಾಣುವ ಕೊನೆಯ ಸ್ಥಾನವನ್ನು ಸೂಚಿಸುತ್ತದೆ.

ಈ ಎಂಟು ವಿಶಿಷ್ಟ ಸಂಪರ್ಕ ಸಮಯಗಳಲ್ಲಿ ಭೂ-ಕೇಂದ್ರದಿಂದ ಛಾಯಾ-ಕೇಂದ್ರದ ಅಂತರಗಳು ಮುಂದೆ ಕೋಷ್ಟಕರೂಪದಲ್ಲಿ ತೋರಿಸಿದೆ. ಇದರಲ್ಲಿ l1 ಮತ್ತು l2 ಬೆಸೆಲಿಯನ್ ತತ್ತ್ವಗಳು ಮೂಲ ಸಮತಲದಲ್ಲಿಯ ಉಪಛಾಯ ಮತ್ತು ಘನಛಾಯೆಯ ತ್ರಿಜ್ಯಗಳಾಗಿವೆ

ಗ್ರಹಣ-ಸ್ಥಿತಿ	ಭೂಕೇಂದ್ರದಿಂದ ಭಾಯಾಕೇಂದ್ರದ ಅಂತರ	ಸಾಮಾನ್ಯ ಗ್ರಹಣದ ಪರಿಸ್ಥಿತಿ
U1	1 + l1 (ಪ್ರವೇಶ)	ಆಂಶಿಕ ಗ್ರಹಣ ಪ್ರಾರಂಭ
U2	1 − l1 (ಪ್ರವೇಶ)	
U3	1 − l1 (ನಿರ್ಗಮನ)	
U4	1 + l1 (ನಿರ್ಗಮನ)	ಆಂಶಿಕ ಗ್ರಹಣ ಮುಕ್ತಾಯ
P1	1 + l2 (ಪ್ರವೇಶ)	ಸಂಪೂರ್ಣ ಖಗ್ರಾಸ/ಕಂಕಣಾಕೃತಿ ಪ್ರಾರಂಭ
P2	1 − l2 (ಪ್ರವೇಶ)	
P3	1 − l2 (ನಿರ್ಗಮನ)	
P4	1 + l2 (ನಿರ್ಗಮನ)	ಸಂಪೂರ್ಣ ಖಗ್ರಾಸ/ಕಂಕಣಾಕೃತಿ ಮುಕ್ತಾಯ

ಈ ವಿಶಿಷ್ಟ ಸಮಯಗಳು ಭೂಮಿಯ ಮೇಲಿನ ಯಾವ ಸ್ಥಳಗಳಲ್ಲಿಯೂ ಸಂಭವಿಸಬಹುದು. ಈ ಎಲ್ಲ ಸಮಯಗಳಲ್ಲಿ ಮೂಲ ಸಮತಲದಲ್ಲಿ ಚಂದ್ರನ ನೆರಳಿನ ಸ್ಥಾನಗಳನ್ನು ತೋರಿಸುವ ಆಕೃತಿಯನ್ನು ಮುಂದಿನ ಪುಟದಲ್ಲಿ ತೋರಿಸಲಾಗಿದೆ.

ಸೂರ್ಯಗ್ರಹಣದ ಸಾರ್ವತ್ರಿಕ ಪರಿಸ್ಥಿತಿಗಳು

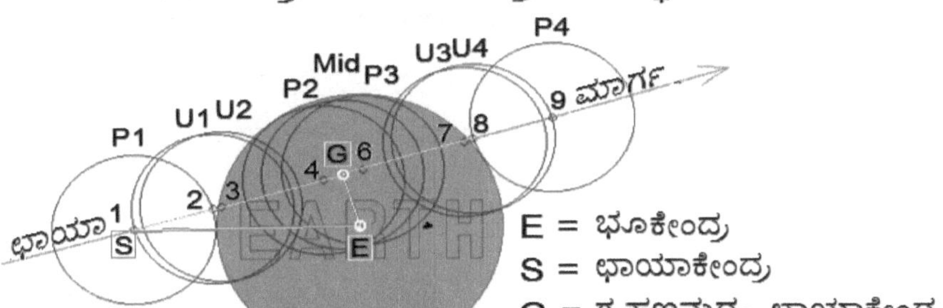

ಇವೆಲ್ಲ ಲೆಕ್ಕಾಚಾರಗಳಿಗೆ ಬಹಳಷ್ಟು ವೇಳೆ ಮತ್ತು ಸಹನೆಯ ಅವಶ್ಯಕತೆ ಇದೆ. ಇವುಗಳನ್ನು ಕಂಪ್ಯೂಟರ್ ಪ್ರೋಗ್ರಾಮಿಂಗ್ ಮುಖಾಂತರ ಮಾಡುವದು ಶ್ರೇಯಸ್ಕರ.

ಗ್ರಹಣಪಥ

ಭೂಮಿಯಾದ್ಯಂತ ಚಂದ್ರನ ಘನಭಾಯೆಯ ಮಾರ್ಗವನ್ನು ಖಗ್ರಾಸ-ಗ್ರಹಣಪಥ ಎಂದು ಕರೆಯಲಾಗುತ್ತದೆ ಮತ್ತು ಅತಿಭಾಯೆಯ ಮಾರ್ಗವನ್ನು ಕಂಕಣಾಕೃತಿ-ಗ್ರಹಣಪಥ ಎಂದು ಕರೆಯಲಾಗುತ್ತದೆ.

ಗ್ರಹಣದ ಆರಂಭದಿಂದ ಕೊನೆಯವರೆಗೆ ಭಾಯೆಯು ಆವರಿಸಿದ ಎಲ್ಲಬಿಂದುಗಳನ್ನು ಜಗತ್ತಿನ ನಕ್ಷೆಯ ಮೇಲೆ ಅಂಕಿತಗೊಳಿಸಿ ಗ್ರಹಣಪಥದ ನಕ್ಷೆಯನ್ನು ತಯಾರಿಸಬಹುದು.

ಒಟ್ಟು ಪಥದ ಉದ್ದ 16000 ಕಿ.ಮೀ.ನಿಂದ 25000 ಕಿ.ಮೀ. ಗ್ರಹಣ-ಪಥದ ಅಗಲವು ವೀಕ್ಷಕನ ಸಮತಲದಲ್ಲಿನ ನೆರಳಿನ ವ್ಯಾಸಕ್ಕೆ ಸರಿಸುಮಾರು ಸಮನಾಗಿದೆ. ಹೀಗಾಗಿ,

ಕಿ.ಮೀ.ನಲ್ಲಿ ಗ್ರಹಣಪಥದ ಅಗಲಲತೆ

ಪಥ ಅಗಲ = 2 * l2 * 6378.14

ಅದೇ ರೀತಿ ಭಾಗಶಃ ಗ್ರಹಣವು ಗೋಚರಿಸುವ ಭೂಮಿಯ ಅಗಲ,

ಭಾಗಶಃ ಗ್ರಹಣದ ಪಥದ ಅಗಲ = 2 * l2 * 6378.14

(ಸೂಚನೆ: ಸಂಪೂರ್ಣ ಗ್ರಹಣದಲ್ಲಿ l2 ದ ಋಣಾತ್ಮಕ ಚಿಹ್ನೆಯನ್ನು ನಿರ್ಲಕ್ಷಿಸಬೇಕು.)

ಮೇಲಿನಂತೆ ಲೆಕ್ಕಹಾಕಲಾದ ಅಗಲಗಳು ಅಂದಾಜು ಮಾತ್ರ. ಭೂಮಿಯ ಗೋಲತ್ವ ಮತ್ತು ಸೂರ್ಯಕಿರಣಗಳ ಕೋನವನ್ನು ಲಕ್ಷಿಸಿ ಹೆಚ್ಚು ನಿಖರವಾದ ಲೆಕ್ಕಾಚಾರಗಳಿಗೆ ಇನ್ನೂ ಸಂಕೀರ್ಣ ವಿಧಾನಗಳ ಅಗತ್ಯವಿದೆ.

ಮೂಲಸಮತಲದಲ್ಲಿಯ ನೆರಳು-ಪಥದ ಎಲ್ಲ ಬಿಂದುಗಳನ್ನು ಭೂಮಿಯ ಮೇಲ್ಮೈಯಲ್ಲಿರುವ ಸಂಬಂಧಿತ ಬಿಂದುಗಳ ಮೇಲೆ ಬಿಂಬಿಸಿ ಅವುಗಳನ್ನು ವಿಶ್ವ-ನಕ್ಷೆಯಲ್ಲಿ ಯೋಜಿಸಿ ಸೂಕ್ತ ಬಣ್ಣಗಳಲ್ಲಿ ತೋರಿಸುವ ಮೂಲಕ ಗ್ರಹಣ-ಪಥದ ಜಗತ್ತಿನ ನಕ್ಷೆಯನ್ನು ತಯಾರಿಸಬಹುದು.

ಘನಛಾಯೆಯ ಪ್ರದೇಶಗಳಲ್ಲಿ ಇರುವವರು ಮಾತ್ರ ಖಗ್ರಾಸ ಅಥವಾ ಕಂಕಣಾಕೃತಿ ಗ್ರಹಣಗಳನ್ನು ನೋಡಲು ಸಾಧ್ಯ. ಆದರೆ ಉಪಛಾಯೆಯ ಪ್ರದೇಶಗಳಲ್ಲಿರುವವರು ಆಂಶಿಕ ಗ್ರಹಣವನ್ನಷ್ಟೇ ನೋಡಲು ಸಾಧ್ಯವಾಗುವದು. ದೂರದ ಸ್ಥಳಗಳಲ್ಲಿ ಇರುವವರಿಗೆ ಗ್ರಹಣದ ಸುಳಿವೇ ಹತ್ತುವದಿಲ್ಲ.

ಕಂಪ್ಯೂಟರ್ ಪ್ರೋಗ್ರಾಂ ಜನಿತ ವಿಶಿಷ್ಟ ಗ್ರಹಣ-ಪಥದ ಜಗತ್ತಿನ ನಕ್ಷೆಯನ್ನು ಮುಂದಿನ ಪುಟದಲ್ಲಿ ತೋರಿಸಲಾಗಿದೆ.

ಈ ಪುಸ್ತಕದಲ್ಲಿ ವಿವರಿಸಿದ ಎಲ್ಲ ತರದ ಗಣಿತ ಹಾಗೂ ಗ್ರಾಫಿಕ್ಸ್‌ಗಳ ಕಾಂಪ್ಯೂಟರ ಪ್ರೋಗ್ರಾಮಗಳನ್ನು ಲೇಖಕನ Python Programs for Astronomical Solutions ಎಂಬ ಪುಸ್ತಕದಲ್ಲಿ ಕೊಡಲಾಗಿದೆ.

ಭಾಗ 5. ಗ್ರಹಣದ ಸ್ಥಾನಿಕ ಪರಿಸ್ಥಿತಿಗಳು

ಗ್ರಹಣದ ಪ್ರಕಾರ, ಸ್ಪರ್ಶ, ಮಧ್ಯ, ಮೋಕ್ಷಾದಿ ಸಮಯಗಳು, ಖಗ್ರಾಸ ಮತ್ತು ಕಂಕಣಾಕೃತಿ ಗ್ರಹಣಗಳ ಸಂದರ್ಭದಲ್ಲಿ ಎರಡು ಆಂತರಿಕ ಸಂಪರ್ಕಗಳ ಸಮಯಗಳು ಮತ್ತು ಇವೆಲ್ಲ ಕ್ಷಣಗಳಲ್ಲಿ ಸೂರ್ಯ-ಚಂದ್ರರ ಸ್ಥಾನಗಳು, ಚಂದ್ರ-ಸೂರ್ಯರ ಆಕಾರಮಾನ, ಗ್ರಹಣದ ಪರಿಮಾಣ ಮುಂತಾದವುಗಳು ಭೂಮಿಯ ಮೇಲಿನ ಬೇರೆ ಬೇರೆ ಸ್ಥಳಗಳಲ್ಲಿ ಬೇರೆಬೇರೆಯಾಗಿರುತ್ತವೆ.

ಇವೆಲ್ಲವುಗಳನ್ನು ಒಟ್ಟಾಗಿ ಗ್ರಹಣದ ಪರಿಸ್ಥಿತಿಗಳು ಎನ್ನಲಾಗಿದೆ. ಇವುಗಳನ್ನು ಗಣನೆ ಮಾಡುವ ವಿಧಾನವನ್ನು ಮುಂದೆ ವಿವರಿಸಲಾಗಿದೆ.

ಭಾಗ 4. ಭೂಮಿಯ ಮೇಲಿನ ಯಾವುದೇ ಸ್ಥಾನದಲ್ಲಿಯ ಗ್ರಹಣ-ಪರಿಸ್ಥಿತಿಗಳು

ಸ್ಥಾನಿಕ ಗ್ರಹಣ ಪರಿಸ್ಥಿತಿಗಾಗಿ ಚಂದ್ರಬಿಂಬವು ಸೂರ್ಯಬಿಂಬದ ಮೇಲಿಂದ ಹಾಯ್ದು ಹೋಗುವಾಗ ಮುಖ್ಯವಾಗಿ ಐದು ಸ್ಥಿತಿಗಳ ಸಮಯಗಳನ್ನು ಪರಿಶೀಲಿಸಲಾಗುತ್ತದೆ.

1) ಗ್ರಹಣದ ಪ್ರಾರಂಭದಲ್ಲಿ ಚಂದ್ರಬಿಂಬವು ಸೂರ್ಯಬಿಂಬವನ್ನು ಹೊರಗಿನಿಂದ ಸ್ಪರ್ಶಿಸುತ್ತದೆ.

2) ಪ್ರಾರಂಭದಲ್ಲಿ ಚಂದ್ರಬಿಂಬವು ಸೂರ್ಯಬಿಂಬವನ್ನು ಆವರಿಸಿ ಒಳಗಿನಿಂದ ಸ್ಪರ್ಶಿಸುತ್ತದೆ.

3) ಗ್ರಹಣ ಮಧ್ಯ ಸ್ಥಿತಿ

4) ಗ್ರಹಣ ಬಿಡುವಾಗ ಚಂದ್ರಬಿಂಬವು ಸೂರ್ಯಬಿಂಬವನ್ನು ಒಳಗಿನಿಂದ ಸ್ಪರ್ಶಿಸುತ್ತದೆ.

5) ಗ್ರಹಣ ಬಿಡುವಾಗ ಚಂದ್ರಬಿಂಬವು ಸೂರ್ಯಬಿಂಬವನ್ನು ಹೊರಗಿನಿಂದ ಸ್ಪರ್ಶಿಸುತ್ತದೆ.

ಈ ಸ್ಥಿತಿಗಳನ್ನು ಕ್ರಮಶಃ T1, T2, Tm, T3,T4 ಎಂದು ಹಾಗೂ ಅವುಗಳ ಅನುಮಾನಿತ ಅಂದಾಜು ಮೂಲ್ಯಗಳನ್ನು AT1, AT2, ATmid, AT3, AT4 ಎಂದು ಅಂಕಿತಗೊಳಿಸಿದೆ.

(T = ಕಾಂಟ್ಯಾಕ್ಟ ಟೈಮ್; AT= ಅಂದಾಜು ಟೈಮ್)

ಇಲ್ಲಿಯವರೆಗೆ, ಬೆಸೆಲಿಯನ್ ತತ್ವಗಳಲ್ಲಿ ಕೆಲವನ್ನು ಮಾತ್ರ ಬಳಸಲಾಗಿದೆ. ಮುಂದಿನ ಲೆಕ್ಕಾಚಾರಗಳಲ್ಲಿ ಇನ್ನುಳಿದ ತತ್ವಗಳನ್ನು ವೀಕ್ಷಕನ ಸ್ಥಳವನ್ನು ಅವಲಂಬಿಸಿರುವ ಕೆಲವು ಹೊಸ ತತ್ವಳೊಂದಿಗೆ ಬಳಸಲಾಗುತ್ತದೆ. ಇವುಗಳನ್ನು ವೀಕ್ಷಣಾಸ್ಥಾನದ ಧ್ರುವಾಂಕಗಳು ಮತ್ತು ದೇಶಕಾಲಾವಲಂಬಿತ ಮೂಲ್ಯಗಳು ಎಂದು ಕರೆಯಲಾಗುತ್ತದೆ. ಇವುಗಳನ್ನು ತಾಲಿಕಾ 2 ದಲ್ಲಿ ತೋರಿಸಿದಂತೆ ನೋಂದಿ ಮಾಡಬೇಕು.

ತಾಲಿಕಾ 2. ಮುಖ್ಯ ಗ್ರಹಣಮಧ್ಯ ಸಮಯ (Tmid) ತೆಗೆಯಲು ಬೇಕಾಗುವ ಹೆಚ್ಚಿನ ಬೆಸೆಲಿಯನ ತತ್ವಗಳು

13. ಉಪಭಾಯಾಶಂಕುವಿನ ಅರೆ-ಲಂಬ ಕೋನ

f1= asin[(R+k)/(r*(1-b)] = ...

tan(f1) = ...

14. ಘನಭಾಯಾಶಂಕುವಿನ ಅರೆ-ಲಂಬ ಕೋನ

f2=asin[(R-k)/(r*(1-b)] = ...

tan(f2) = ...

15. ಚಂದ್ರನ ನಿರ್ದೇಶಾಂಕ

z1 = r1*sin(δ1)*sin(d1)

+ cos(δ1)*cos(d)*cos(α1-a) = ...

16. ಮೂಲಸಮತಲದ ಮೇಲಿನ ಉಪಭಾಯೆಯ ತ್ರಿಜ್ಯ

l1 = z1*tan(f1)+ k/cos(f1) = ...

17. ವೀಕ್ಷಕ ಸಮತಲದ ಮೇಲಿನ ಉಪಭಾಯೆಯ ತ್ರಿಜ್ಯ

l2 = z1*tan(f1)+ k/cos(f2) = ...

ಮುಖ್ಯ ಗ್ರಹಣಮಧ್ಯಸಮಯದ ದೇಶಕಾಲಾಧೀನ ತತ್ತ್ವಗಳು

18. ಚಂದ್ರಭಾಯೆಯ ಸ್ಥಾನಿಕ ದಿಗಂಶ

ಸ್ಥಾನದ ಭೌಗೋಲಿಕ ರೇಖಾಂಶ = ...(ಪೂರ್ವಕ್ಕೆ ಋಣಾತ್ಮಕ (-))

h = (μ – ರೇಖಾಂಶ) = ...

sin(h) = ...

cos(h) = ...

19. ನಿರೀಕ್ಷಣ ಸ್ಥಾನದ ಸಮುದ್ರಸಪಾಟಿಯಲ್ಲಿಯ ಆನುಷಂಗಿಕ ಕೋನಗಳು

ಸ್ಥಾನದ ಭೌಗೋಲಿಕ ಅಕ್ಷಾಂಶ φ = ... (ದಕ್ಷಿಣಕ್ಕೆ ಋಣಾತ್ಮಕ (-))

ಕೋನ Q = atan[ff * tan(φ)] = ...

ಅಕ್ಷಜ್ಯಾ = $\rho sin\varphi'$ = ff * sin(Q) = ...

ಅಕ್ಷಕೋ = $\rho cos\varphi'$ = cos(Q) = ...

20. ನಿರೀಕ್ಷಣ ಸ್ಥಾನದ ನಿರ್ದೇಶಾಂಕಗಳು

xo = $\rho cos\varphi'$ * sin(h) = ...

yo = $\rho sin\varphi'$ * cos(d) – $\rho cos\varphi'$ *cos(u)* sin(d) = ...

zo = $\rho sin\varphi'$ * sin(d) + $\rho cos\varphi'$ *cos(h) *cos(d) = ...

21. ಮೂಲಸಮತಲದ ಮೇಲಿನ ಘನಭಾಯಿಯ ತ್ರಿಜ್ಯ

$$L1 = l1 - z1*\tan(f1) = \ldots\ldots\ldots$$

22. ನಿರೀಕ್ಷಕ ಸಮತಲದ ಮೇಲಿನ ಘನಭಾಯಿಯ ತ್ರಿಜ್ಯ

$$L2 = l2 - z1*\tan(f2) = \ldots\ldots\ldots$$

23. ನಿರೀಕ್ಷಣ ಸ್ಥಾನದ ನಿರ್ದೇಶಾಂಕಗಳ ಪರಿವರ್ತನ ವೇಗ

$$xo' = \mu1 * \rho\sin\varphi' * \cos(h) = \ldots\ldots\ldots$$

$$yo' = \mu1 * xo * \sin(d) - zo*d' = \ldots\ldots\ldots$$

ಅನ್ಯ ಮಹತ್ವದ ಆನುಷಂಗಿಕ ಮೂಲ್ಯಗಳು

$$U = x - xi = \ldots\ldots\ldots$$

$$V = y - yo = \ldots\ldots\ldots$$

$$A = x' - xo' = \ldots\ldots\ldots$$

$$B = y' - yo' = \ldots\ldots\ldots$$

$$N^2 = (A^2 + B^2) = \ldots\ldots\ldots$$

$$N = ವರ್ಗಮೂಲ(N^2) = \ldots\ldots\ldots$$

ಸೂಚನೆ. ಒಂದು ವೇಳೆ ಗ್ರಹಣಕೇಂದ್ರದಲ್ಲಿಯವೇ ಪರಿಸ್ಥಿತಿಗಳನ್ನು ಗಣಿಸಬೇಕಾಗಿದ್ದಲ್ಲಿ ಮೇಲ್ಕಾಣಿಸಿದ ತಾಲಿಕೆಯಲ್ಲಿಯ ಘಟಕ 18, 19 ಮತ್ತು 20 ಗಳಲ್ಲಿ ಮೊದಲೇ ಗಣಿಸಿದ ಗ್ರಹಣಮಧ್ಯ, $\rho\sin\varphi'$, $\rho\cos\varphi'$, ದಿಗಂಶ, ಅಕ್ಷಾಂಶ, ರೇಖಾಂಶ ಇತ್ಯಾದಿಗಳ ಮೂಲ್ಯಗಳನ್ನೇ ಉಪಯೋಗಿಸಬಹುದು. ಗ್ರಹಣಕೇಂದ್ರದಲ್ಲಿ ವೀಕ್ಷಕನ xo, yo ನಿರ್ದೇಶಾಂಕಗಳು ಶೂನ್ಯವಿರುತ್ತವೆ.

ಬೇರೆ ಯಾವದೇ ಸ್ಥಳದ ಗ್ರಹಣ-ಪರಿಸ್ಥಿತಿಗಳಿಗಾಗಿ ಮೇಲೆ ತೋರಿಸಿದಂತೆ ಹೊಸತಾಗಿ ಗಣಿತ ಮಾಡಬೇಕಾಗುವದು.

ಅಂದಾಜು ಸಂಪರ್ಕ ಸಮಯಗಳು

ಅಂದಾಜು ಮಧ್ಯಗ್ರಹಣ ಸಮಯ

ಸಮಯಾಂತರ $dt = -(A * U + B * V)/N^2$

ನಂತರ, , $ATmid = T_{GE} + dt$

ಸ್ಥಳವು ಗ್ರಹಣಕೇಂದ್ರ ಆಗಿದ್ದರೆ, dt ಶೂನ್ಯವಾಗಿರುತ್ತದೆ ಮತ್ತು $Tmid$ ನ ಮೌಲ್ಯವು ಈ ಹಿಂದೆ ಲೆಕ್ಕಹಾಕಲಾದ T_{GE} ಆ. ಗಿರುವದು. ಬೇರೆ ಯಾವುದೇ ಸ್ಥಳಕ್ಕೆ ಅದು ವಿಭಿನ್ನವಾಗಿರುತ್ತದೆ.

2) **ಬಾಹ್ಯ ಸಂಪರ್ಕಗಳ ಅಂದಾಜು ಸಮಯಗಳು AT1 ಮತ್ತು AT4**

ಮೊದಲು ಸಹಾಯಕ ಮೌಲ್ಯಗಳು

ಮೌಲ್ಯ1 = = $(A*V-B*U)/(N*L1)$ = ……….

ಮೌಲ್ಯ1 1.00 ಕ್ಕಿಂತ ಹೆಚ್ಚು ಇದ್ದರೆ, ನೀಡಲಾದ ಸ್ಥಳದಿಂದ ಕಂಡುಬರುವಂತೆ ಯಾವುದೇ ಬಾಹ್ಯ ಸಂಪರ್ಕಗಳು ಇರಲು ಸಾಧ್ಯವಿಲ್ಲ, ಮತ್ತು ಆದ್ದರಿಂದ ಗ್ರಹಣವು ಆ ಸ್ಥಳದಿಂದ ಗೋಚರಿಸುವುದಿಲ್ಲ.

ಮೌಲ್ಯ1 1.00 ಕ್ಕಿಂತ ಕಡಿಮೆ ಇದ್ದರೆ ಮಾತ್ರ ಗಣನೆ ಮುಂದುವರಿಸಬೇಕು.

ಸ್ಥಿತ್ಯರ್ಧ = ವರ್ಗಮೂಲ(1 − ಮೌಲ್ಯ1²) $*L1/N$ = ………

ಅಂದಾಜು ಸ್ಪರ್ಶ1 (AT1) = ಗ್ರಹಣಮಧ್ಯ − ಸ್ಥಿತ್ಯರ್ಧ = …………

ಅಂದಾಜು ಸ್ಪರ್ಶ4 (AT4)= ಗ್ರಹಣಮಧ್ಯ + ಸ್ಥಿತ್ಯರ್ಧ= …………

3) **ಆಂತರಿಕ ಸಂಪರ್ಕ ಅಂದಾಜು ಸಮಯಗಳು AT2 ಮತ್ತು AT3**

ಸಹಾಯಕ ಮೌಲ್ಯ

ಮೌಲ್ಯ2= = $(A*V-B*U)/(N*L2)$ = …………

ಮೌಲ್ಯ2 1.00 ಕ್ಕಿಂತ ಹೆಚ್ಚು ಇದ್ದರೆ, ನೀಡಲಾದ ಸ್ಥಳದಿಂದ ಕಂಡುಬರುವಂತೆ ಯಾವುದೇ ಆಂತರಿಕ ಸಂಪರ್ಕಗಳು ಇರಲು ಸಾಧ್ಯವಿಲ್ಲ,

ಮೌಲ್ಯ2 1.00 ಕ್ಕಿಂತ ಕಡಿಮೆ ಇದ್ದರೆ, ಗಣನೆ ಮುಂದುವರಿಸಬೇಕು.

ವಿಮದ್ರಾರ್ಧ = ವರ್ಗಮೂಲ(1 − ಮೌಲ್ಯ2²) $*L2/N$ = ………

ಅಂದಾಜು ಸ್ಪರ್ಶ2 (AT2) = ಗ್ರಹಣಮಧ್ಯ − ವಿಮದ್ರಾರ್ಧ = …………

ಅಂದಾಜು ಸ್ಪರ್ಶ3 (AT3) = ಗ್ರಹಣಮಧ್ಯ + ವಿಮದ್ರಾರ್ಧ = …………

ನಿಖರವಾದ ಸಂಪರ್ಕ ಸಮಯಗಳು

ಮೇಲಿನ ಕಾರ್ಯವಿಧಾನದಿಂದ ಲೆಕ್ಕಹಾಕಲಾದ ಸಂಪರ್ಕ ಸಮಯಗಳು ಅಂದಾಜು ಇರುತ್ತವೆ. ಹೆಚ್ಚು ನಿಖರವಾದ ಫಲಿತಾಂಶಗಳನ್ನು ಉದಾಹರಣೆಗಳಲ್ಲಿ ತೋರಿಸಿದಂತೆ ಆವರ್ತೀ ಗಣಿತ ವಿಧಾನದಿಂದ ಪಡೆಯಬೇಕು.

ಸೂರ್ಯನ ಕ್ಷೈತಿಜ್ಯ ನಿರ್ದೇಶಾಂಕಗಳು

ಗ್ರಹಣದ ವಿವಿಧ ಹಂತಗಳಲ್ಲಿ ನಿರ್ದಿಷ್ಟ ಸ್ಥಳದಲ್ಲಿ ಸೂರ್ಯನ ತಾತ್ಕಾಲಿಕ ಸ್ಥಳೀಯ ಕ್ಷೈತಿಜ್ಯ ನಿರ್ದೇಶಾಂಕಗಳನ್ನು ಈ ಕೆಳಗಿನಂತೆ ಲೆಕ್ಕಹಾಕಬಹುದು.

ಹೋರಾಂಶ = ಸೂರ್ಯನ ಸ್ಥಳೀಯ ಹೋರಾಂಶ = ಗ್ರೀನಾಸ - ಸೂರ್ಯ ವಿಷುವಾಂಶ + ರೇಖಾಂಶ

ದಿಗಂಶ = = atan2 [-sin (ಹೋರಾಂಶ),
        tan (ಕ್ರಾಂತಿ) * cos (ಅಕ್ಷಾಂಶ) – cos (ಹೋರಾಂಶ)* sin(ಅಕ್ಷಾಂಶ)]
        (ಉತ್ತರ = ೦, ಪೂರ್ವ = ೯೦, ದಕ್ಷಿಣ=೧೮೦, ಪಶ್ಚಿಮ=೨೭೦ ಇತ್ಯಾದಿ).

ಉನ್ನತಾಂಶ = asin [sin (ಅಕ್ಷಾಂಶ) * sin (ಕ್ರಾಂತಿ)
        + cos (ಅಕ್ಷಾಂಶ) * cos (ಕ್ರಾಂತಿ) * cos(ಹೋರಾಂಶ)]

ಸೂರ್ಯಬಿಂಬಕ್ಕೆ ಸಂಬಂಧಿಸಿದ ಚಂದ್ರಬಿಂಬದ ಸ್ಥಾನಗಳು

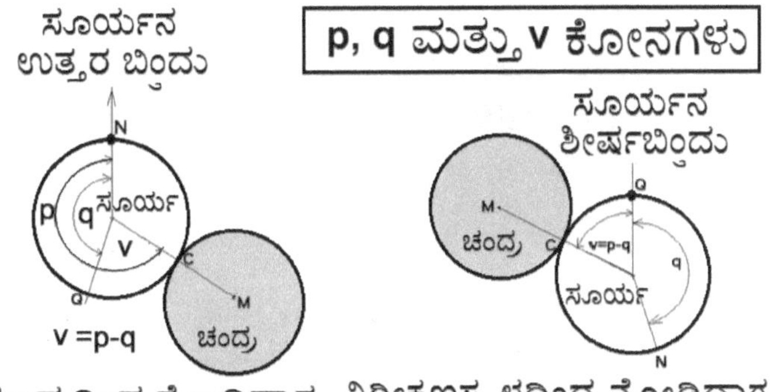

ಭೂಕೇಂದ್ರದಿಂದ ನೋಡಿದಾಗ
ಉತ್ತರಬಿಂದು ಯಾವಾಗಲೂ ಮೇಲ್ಗಡೆ

ನಿರೀಕ್ಷಣಸ್ಥಳದಿಂದ ನೋಡಿದಾಗ
ಉತ್ತರಬಿಂದು ಎಲ್ಲಿಯೂ ಬರಬಹುದು

ಕೋನ P

ಇದು ಸೂರ್ಯಬಿಂಬದ ಕೇಂದ್ರದಲ್ಲಿ ಉತ್ತರ ಬಿಂದುವಿನಿಂದ ಎಡತಿರುವು ಅಳೆಯಲಾದ ಚಂದ್ರ-ಕೇಂದ್ರದ ಕೋನವಾಗಿದೆ. ಯಾವುದೇ ಕ್ಷಣದಲ್ಲಿ ಕೋನ P ಅನ್ನು ಮೊದಲೇ ಗಣಿಸಿದ ತತ್ಕ್ಷಣದ U,V ಮೌಲ್ಯಗಳನ್ನು ಬಳಸಿಕೊಂಡು ಲೆಕ್ಕಹಾಕಬಹುದು,

ಕೋನ P = atan2 (U,V)

ಕೋನ 'q'

ಸೂರ್ಯಬಿಂಬದ ಉತ್ತರ ಬಿಂದುವು ಮೇಲ್ಭಾಗದಲ್ಲಿಯೇ ಇರಬೇಕಾಗಿಲ್ಲ ಆದರೆ ಭೂಮಿಯ ಮೇಲ್ಮೈಯಲ್ಲಿ ವೀಕ್ಷಕನ ಸ್ಥಾನವನ್ನು ಅವಲಂಬಿಸಿ ತಿರುಗುತ್ತದೆ. ಜ್ಯಾಮಿತೀಯವಾಗಿ ಹೇಳುವುದಾದರೆ, ಇಡೀ ಸೂರ್ಯ-ಚಂದ್ರರ ಸಂಯುಕ್ತ ಆಕೃತಿಯು ಸೂರ್ಯನ ಕೇಂದ್ರದ ಬಗ್ಗೆ 'q' (ಬಲತಿರುವಾಗಿ) ತಿರುಗುತ್ತದೆ, ಅವುಗಳ ಕೇಂದ್ರಗಳ ನಡುವಿನ ಅಂತರವು ಬದಲಾಗುವುದಿಲ್ಲ.

ಹೀಗಾಗಿ, 'q' ಮತ್ತೊಂದು ಸಹಾಯಕ ಕೋನವಾಗಿದೆ ಮತ್ತು ಅದರ ಮೌಲ್ಯವನ್ನು ಈ ರೀತಿ ವೀಕ್ಷಣೆಯ ಸ್ಥಳದಲ್ಲಿ ಲೆಕ್ಕಹಾಕಬಹುದು.

q = asin {cos (Lat)* sin (LHA)/cos (Alt)}

ನಿರೀಕ್ಷಕನ yo ನಿರ್ದೇಶಾಂಕವು ಋಣಾತ್ಮಕವಾಗಿದ್ದರೆ q ಕೋನದ ಮೌಲ್ಯವು (180° - q) ತೆಗೆದುಕೊಳ್ಳಬೇಕು. ವೀಕ್ಷಕನು ದಕ್ಷಿಣ ಗೋಳಾರ್ಧದಲ್ಲಿದ್ದಾಗ ಇದು ಸಾಮಾನ್ಯವಾಗಿ ಸಂಭವಿಸುತ್ತದೆ.

ಕೋನ v

ಇದು ವೀಕ್ಷಣಾ ಸ್ಥಳದಿಂದ ನೋಡಿದಂತೆ ಸೂರ್ಯನ ಮೇಲ್ತುದಿಯಿಂದ ಚಂದ್ರ-ಕೇಂದ್ರವು ಮಾಡಿದ ಎಡತಿರುವು ಕೋನವಾಗಿದೆ. ಮೊದಲು ಮೇಲಿನಂತೆ ಸಹಾಯಕ ಕೋನ ಕ್ಯೂ ಅನ್ನು ಲೆಕ್ಕ ಹಾಕಿ.

ಕೋನ v = rev (p − q)

ಗಡಿಯಾರಸದೃಶ ಸ್ಥಿತಿ

ಸೂರ್ಯಸಾಪೇಕ್ಷ ಚಂದ್ರನ ಕೋನವನ್ನು ಸಾಮಾನ್ಯರಿಗೆ ತಿಳಿಯುವುದಕ್ಕಾಗಿ ಕೆಲವೊಮ್ಮೆ ಗಡಿಯಾರದ ತಾಸಿನ ಮುಳ್ಳಿನ ಸ್ಥಿತಿಯಿಂದ ಕೆಳಗಿನಂತೆ ವ್ಯಕ್ತಪಡಿಸಲಾಗುತ್ತದೆ.

v = 0º ಇರುವಾಗ ಗಡಿಯಾರ ಸ್ಥಿತಿ 12.00

v = 90º ಇರುವಾಗ ಗಡಿಯಾರ ಸ್ಥಿತಿ 9.00

v = 180º ಇರುವಾಗ ಗಡಿಯಾರ ಸ್ಥಿತಿ 6.00

v = 270º ಇರುವಾಗ ಗಡಿಯಾರ ಸ್ಥಿತಿ 3.00

ಹೀಗೆ ಗಡಿಯಾರ ಸ್ಥಿತಿ = (360º – v) / 30

ಖಗ್ರಾಸ ಗ್ರಹಣಗಳಲ್ಲಿ p ಮತ್ತು v ಕೋನಗಳ ಬಗ್ಗೆ ವಿಶೇಷ ಸೂಚನೆ

ಆಂಶಿಕ ಮತ್ತು ಕಂಕಣಾಕೃತಿ ಗ್ರಹಣಗಳ ಸಂದರ್ಭದಲ್ಲಿ ಸ್ಪರ್ಶಬಿಂದುಗಳ ಕೋನಗಳಾದ p ಮತ್ತು v ಸೂರ್ಯಕೇಂದ್ರದ ಒಂದೇ ಬದಿಗೆ ಆಗಿರುತ್ತವೆ. ಆದರೆ ಸಂಪೂರ್ಣ ಗ್ರಹಣದ ಸಂದರ್ಭದಲ್ಲಿ ಆಂತರಿಕ ಸ್ಪರ್ಶಬಿಂದುಗಳನ್ನು (ಸಂಪರ್ಕ 2 ಮತ್ತು 3) ವಿರುದ್ಧ ಬದಿಗಳಲ್ಲಿ ಇರಿಸಲಾಗುತ್ತದೆ ಏಕೆಂದರೆ ಚಂದ್ರಬಿಂಬದ ವ್ಯಾಸವು ಸೂರ್ಯಬಿಂಬದ ವ್ಯಾಸಕ್ಕಿಂತ ದೊಡ್ಡದಾಗಿರುತ್ತದೆ. ಆದ್ದರಿಂದ ಸಂಪೂರ್ಣ ಗ್ರಹಣಗಳ ಸಂದರ್ಭದಲ್ಲಿ ಸಂಪರ್ಕ ಬಿಂದು 2 ಮತ್ತು 3 ಗಳ v ಕೋನವನ್ನು **ಚಕ್ರಶುದ್ಧ** (v +180º) ತೆಗಿದುಕೊಳ್ಳಬೇಕು.

ಚಂದ್ರಾರ್ಕ ಅನುಪಾತ

ಇದು ಚಂದ್ರನ ವ್ಯಾಸಾರ್ಧ ಮತ್ತು ಸೂರ್ಯನ ವ್ಯಾಸಾರ್ಧಗಳ ಅನುಪಾತವಾಗಿದೆ. ಇದನ್ನು ಸೂತ್ರದಿಂದ ಕಂಡುಕೊಳ್ಳಬಹುದು,

ಚಂದ್ರಾರ್ಕ ಅನುಪಾತ = ಚಂದ್ರವ್ಯಾಸಾರ್ಧ/ಸೂರ್ಯವ್ಯಾಸಾರ್ಧ

ಸೂರ್ಯಗ್ರಹಣದ ಪರಿಮಾಣ 'ಗ್ರಾಸ'

ಸೂರ್ಯಗ್ರಹಣದ ಪರಿಮಾಣವನ್ನು ಗ್ರಹಣಮಧ್ಯದಲ್ಲಿ ಚಂದ್ರನಿಂದ ಆವರಿಸಲ್ಪಟ್ಟ ಸೂರ್ಯನ ವ್ಯಾಸದ ಅಂಶ ಎಂದು ವ್ಯಾಖ್ಯಾನಿಸಲಾಗಿದೆ.

ಗ್ರಾಸ = ಆವರಿಸಲ್ಪಟ್ಟ ವ್ಯಾಸ / ಸಂಪೂರ್ಣ ವ್ಯಾಸ

ಗ್ರಹಣದ ಪ್ರಕಾರವನ್ನು ಗ್ರೈಮಾದ ಮೂಲ್ಯದಿಂದ ನಿರ್ಧರಿಸಬಹುದು.

ಗ್ರೈಮಾ 1.0125 ಕ್ಕಿಂತ ಕಡಿಮೆ ಇದ್ದರೆ ಅದು ಸಂಪೂರ್ಣ ಗ್ರಹಣವಾಗಿರುತ್ತದೆ. ಆಗ ಗ್ರಾಸವನ್ನು ಕೆಳಗಿನ ಸೂತ್ರದಿಂದ ತೆಗೆಯಬಹುದು.

ಖಗ್ರಾಸ ಸೂರ್ಯಗ್ರಹಣಗಳಲ್ಲಿ ಗ್ರಾಸ ಮತ್ತು ಗ್ರಾಸವ್ಯಾಪ್ತಿ

ಗ್ರಾಸ

ಗ್ರಾಸ = = ಚಂದ್ರವ್ಯಾಸಾರ್ಧ/ಸೂರ್ಯವ್ಯಾಸಾರ್ಧ = ಚಂದ್ರಾರ್ಕ ಅನುಪಾತ

ಚಂದ್ರಾರ್ಕ ಅನುಪಾತವು 1 ಕ್ಕಿಂತ ಕಡಿಮೆ ಇದ್ದರೆ, ಅದು ಕಂಕಣಾಕೃತಿ ಗ್ರಹಣವಾಗಿರುತ್ತದೆ. ಅದು ಏಕತೆಗಿಂತ ಹೆಚ್ಚು ಅಥವಾ ಸಮಾನವಾಗಿದ್ದರೆ ಅದು ಸಂಪೂರ್ಣ ಗ್ರಹಣವಾಗಿರುತ್ತದೆ.

ಗ್ರಾಸವ್ಯಾಪ್ತಿ (Obscurity)

ಗ್ರಾಸವ್ಯಾಪ್ತಿ ಚಂದ್ರನು ಆವರಿಸಿರುವ ಸೌರಬಿಂಬದ ಕ್ಷೇತ್ರ ಭಾಗವೆಂದು ವ್ಯಾಖ್ಯಾನಿಸಲಾಗಿದೆ.

ಖಗ್ರಾಸ ಮತ್ತು ಕಂಕಣಾಕೃತಿ ಗ್ರಹಣದ ಸಂದರ್ಭದಲ್ಲಿ

ಗ್ರಾಸವ್ಯಾಪ್ತಿ = (ಚಂದ್ರನ ಅರೆವ್ಯಾಸ)² /(ಸೂರ್ಯನ ಅರೆವ್ಯಾಸ)² = (ಚಂದ್ರಾರ್ಕ ಅನುಪಾತ)²

ಸಂಪೂರ್ಣ ಗ್ರಹಣದ ಸಂದರ್ಭದಲ್ಲಿ ಗ್ರಾಸವ್ಯಾಪ್ತಿಯು 1.00 ಅಥವಾ ಅದಕ್ಕಿಂತ ಹೆಚ್ಚು ಇರುವದು.

ಖಂಡಗ್ರಾಸ ಗ್ರಹಣದದಲ್ಲಿಯ ಗ್ರಾಸ ಮತ್ತು ಗ್ರಾಸವ್ಯಾಪ್ತಿ

ಕೆಳಗೆ ಸೂಚಿಸಿದ ಸಂಕೇತಗಳನ್ನು ಉಪಯೋಗಿಸೋಣ.

ಸೂವ್ಯಾ = ಸೂರ್ಯವ್ಯಾಸಾರ್ಧ

ಚವ್ಯಾ = ಚಂದ್ರವ್ಯಾಸಾರ್ಧ

ಸೂಚ = ಸೂರ್ಯ ಮತ್ತು ಚಂದ್ರಬಿಂಬಗಳ ಮಧ್ಯಗಳ ಅಂತರ

ಗ್ರಾಸ

ಗ್ರಾಸ (ವ್ಯಾಸಾಧಾರಿತ) = ಸೂವ್ಯಾ+ಚವ್ಯಾ−ಸೂಚ)/(2∗ಸೂವ್ಯಾ)

ಗ್ರಾಸವ್ಯಾಪ್ತಿ

ಖಂಡಗ್ರಾಸ ಗ್ರಹಣದ ಸಂದರ್ಭದಲ್ಲಿ ಗ್ರಾಸವ್ಯಾಪ್ತಿಯು ಸ್ವಲ್ಪ ಜಟಿಲವಾಗಿದೆ

ಮ = 2∗acos [(ಸೂವ್ಯಾ² + ಸೂಚ² − ಚವ್ಯಾ²)/(2∗ಸೂವ್ಯಾ∗ಸೂಚ)]

ನ = 2∗acos [(ಚವ್ಯಾ² + ಸೂಚ² − ಸೂವ್ಯಾ²)/(2∗ ಚವ್ಯಾ ∗ ಸೂಚ)]

ಆಚ್ಛಾದಿತ ಬಿಂಬಕ್ಷೇತ್ರ = 0.5∗ ಚವ್ಯಾ² ∗[180(ಮ)/ ಪಾಯ್ − sin(ಮ)]

+ 0.5∗ ಸೂವ್ಯಾ² ∗[180(ನ)/ಪಾಯ್ − sin(ನ)]

ಸೂರ್ಯಬಿಂಬದ ಕ್ಷೇತ್ರ = ಪಾಯ್ ∗ ಸೂರ್ಯವ್ಯಾಸಾರ್ಧ ²

ಗ್ರಾಸ ವ್ಯಾಪ್ತಿ = ಆಚ್ಛಾದಿತ ಕ್ಷೇತ್ರ / ಸೂರ್ಯಬಿಂಬದ ಕ್ಷೇತ್ರ

ಬಿಡಿಸಿಕೊಟ್ಟ ಉದಾಹಾರಣೆಗಳು

ಮುಂದೆ ಹಂತಹಂತವಾಗಿ ತಿಳಿತಿಳಿಯಾಗಿ ಬಿಡಿಸಿ ಕೊಟ್ಟ ಉದಾಹರಣೆಗಳಿಂದ ಗಣಿತದ ರೀತಿಗಳು ಸ್ಪಷ್ಟವಾಗುವವು. ಪ್ರತಿಯೊಂದು ಹಂತದಲ್ಲಿ ಉಪಯೋಗಿಸಿದ ಸೂತ್ರಗಳು ಹಾಗೂ ಅವುಗಳಿಂದ ಪಡೆದ ಮೂಲ್ಯಗಳನ್ನು ಕೊಡಲಾಗಿದೆ. ಸುದೀರ್ಘವಾದ ಗಣಿತಗಳಿದ್ದಲ್ಲಿ ಮಾತ್ರ ನೇರವಾದ ಉತ್ತರಗಳನ್ನು ಕೊಡಲಾಗಿದೆ. ಅವುಗಳ ಗಣಿತವನ್ನು ಹಿಂದಿನ ಅಧ್ಯಾಯಗಳಲ್ಲಿ ವಿವರಿಸಿದಂತೆ ಮಾಡಬೇಕು. ಆವರ್ತೀ ಗಣಿತಗಳನ್ನು ಕೋಷ್ಟಕರೂಪದಲ್ಲಿ ಕೊಡಲಾಗಿದೆ.

ಖಗೋಲಗಣಿತಗಳು ಸುದೀರ್ಘ ಮತ್ತು ಜಟಿಲವಾಗಿರುತ್ತವೆ ಎಂಬುದರಲ್ಲಿ ಸಂಶಯವಿಲ್ಲ. 16 ಸ್ಥಳಗಳ ಇಲೆಕ್ಟ್ರಾನಿಕ್ ಕ್ಯಾಲ್ಕ್ಯು ಲೇಟರಗಳ ಸಹಾಯದಿಂದ ಮಾಡಬಹುದು ಆದರೆ ಕಾಂಪ್ಯೂಟರ ಪ್ರೋಗ್ರ್ಯಾಮಿಂಗನ್ನು ಅವಲಂಬಿಸುವದು ಶ್ರೇಯಸ್ಕರವಾಗಿದೆ. ಈ ಪುಸ್ತಕದ ಉದ್ದೇಶವು ಓದುಗರಿಗೆ ಗಣಿತದ ರೀತಿಗಳನ್ನು ಸ್ಪಷ್ಟವಾಗಿ ತಿಳಿಸುವದಾಗಿದೆ.

ದೃಶ್ಯಮಾಧ್ಯಮ ಮತ್ತು ಚಿತ್ರೀಕರಣ

ಈ ಮೊದಲು ಮೂಲಸಮತಲದ ಸಂದರ್ಭದಲ್ಲಿ ಸೂರ್ಯಚಂದ್ರರ ವ್ಯಾಸಾರ್ಧ ಹಾಗೂ ಗ್ರಹಣದ ಎಲ್ಲ ಸ್ಥಿತಿಗಳಲ್ಲಿಯ ಸೂರ್ಯಬಿಂಬ-ಸಾಪೇಕ್ಷ ಚಂದ್ರಬಿಂಬದ ನಿರ್ದೇಶಾಂಕಗಳನ್ನು ಪಡೆದು ಆಗಿದೆ. ಅವುಗಳಿಂದ ನಿರೀಕ್ಷಕ ಸಮತಲದಲ್ಲಿಯ ವ್ಯಾಸಾರ್ಧಗಳನ್ನು ಹೀಗೆ ತೆಗೆಯಬಹುದು.

ಸೂರ್ಯಬಿಂಬ ವ್ಯಾಸಾರ್ಧ = asin {k/(r-zo)}

ಚಂದ್ರಬಿಂಬ ವ್ಯಾಸಾರ್ಧ= asin {R/(r1-zo)}

ಇವುಗಳನ್ನು ಬಳಸಿ ಗ್ರಹಣದ ವಿವಿಧ ಸ್ಥಿತಿಗಳ ಪ್ರಮಾಣಬದ್ಧ ಚಿತ್ರಗಳನ್ನು ತಯಾರಿಸಬಹುದು. ಇದಲ್ಲದೆ ಇನ್ನೂ ಕೆಲವು ಚಿತ್ರಗಳು ಹಾಗೂ ಎನಿಮೇಶನ್‌ಗಳನ್ನು ಅಂದರೆ, ಗ್ರಹಣಪಥ ತೋರಿಸುವ ಜಗತ್ತಿನ ನಕ್ಷೆ, ಪೃಥ್ವಿಯ ಮೇಲಿಂದ ಚಂದ್ರನ ಛಾಯೆಯು ಹಾಯ್ದು ಹೋಗುವ ಎನಿಮೇಶನ್, ಸೂರ್ಯಬಿಂಬದ ಮೇಲಿನಿಂದ ಚಂದ್ರಬಿಂಬವು ಹಾಯ್ದು ಹೋಗುವ ಎನಿಮೇಶನ್, ಇತ್ಯಾದಿ ತಯಾರಿಸಬಹುದು, ಎನಿಮೇಶನಗಳನ್ನು ಪುಸ್ತಕದಲ್ಲಿ ತೋರಿಸುವದಂತೂ ಸಾಧ್ಯವಿಲ್ಲ. ಆದರೆ ಅನೇಕ ತರದ ಚಿತ್ರಗಳನ್ನು ಉದಾಹರಣೆಗಳ ಜೊತೆಗೆ ತೋರಿಸಲಾಗಿದೆ.

ಈ ಚಿತ್ರ ಮತ್ತು ಎನಿಮೇಶನಗಳನ್ನು ಕಾಂಪ್ಯೂಟರ್ ಪ್ರೋಗ್ರ್ಯಾಮಿನಿಂದಲೇ ಮಾಡುವದು ಸಾಧ್ಯ. ಅವುಗಳಿಂದ ಗ್ರಹಣಗಳ ಪ್ರತ್ಯಕ್ಷ ದರ್ಶನದ ಅನುಭವ ಪಡೆಯಬಹುದಾಗಿದೆ.

ಸೂರ್ಯಗ್ರಹಣ ಗಣಿತ ಉದಾಹರಣ 8.1

ಖಗ್ರಾಸ ಸೂರ್ಯಗ್ರಹಣ - ಶುಕ್ರವಾರ, ಸೆಪ್ಟೆಂಬರ 12, 2053

ಭಾಗ 1 : ಗ್ರಹಣದ ಸಾಧ್ಯಸಾಧ್ಯತೆ

ದಿನಾರಂಭ ದಿನಗಣ = 19612.50000000

ಡೆಲ್ಟಾಟಿ = 100.44278902 ಸೆಕೆಂಡಗಳು = 0.00116253 ದಿನಗಳು

ಅಮಾಂತ ಸಮಯ = 9.54 ಗಂಟೆ = 0.39750000 ದಿನಗಳು

ಅಮಾಂತ ಕ್ಷಣದ ದಿನಗಣ = 19612.87616253

ಚಂದ್ರ/ಸೂರ್ಯನ ಭೋಗ = 170.07892230

ರಾಹುವಿನ ಭೋಗ = 166.46952103

ಸಮೀಪದ ಪಾತದಿಂದ ಚಂದ್ರ/ಸೂರ್ಯನ ಅಂತರ = 3.60940127

ಪಾತದಿಂದ ಚಂದ್ರ/ಸೂರ್ಯನ ಅಂತರವು ವಿಶಿಷ್ಟ ಮಿತಿಯಲ್ಲಿದೆ ಆದ್ದರಿಂದ ಗ್ರಹಣವು ಸಾಧ್ಯ.

ಭಾಗ 2 : ಮುಖ್ಯ ಗ್ರಹಣಮಧ್ಯ ಸಮಯ:

ಅಮಾಂತದ ಹಿಂದು-ಮುಂದಿನ ಒಂದು ಗಂಟೆ ಅಂತರದ ಕ್ಷಣಗಳು (T1 ಮತ್ತುT2):

ತಾಲಿಕಾ1. ಸಮಯಾಧೀನ ಮೌಲ್ಯಗಳು

ತತ್ವ	ಸಂಕೇತ	ಮೂಲ್ಯ1	ಮೂಲ್ಯ2
ಸಮಯ (UT) ---->	T	T1= 9.00	T2=10.00
ದಿನಗಣ ---->	ದಿನಗಣ	19612.87616253	19612.91782920
1. ಸೂರ್ಯನ ವಿಷುವಾಂಶ	α	170.88260792	170.91997278
2. ಸೂರ್ಯನ ಕ್ರಾಂತಿ	δ	3.92828927	3.91237539
3. ಸೂರ್ಯನ ಅಂತರ	r	23607.35245813	23607.09525802
4. ಚಂದ್ರನ ವಿಷುವಾಂಶ	α_1	170.68736171	171.25498903
5. ಚಂದ್ರನ ಕ್ರಾಂತಿ	δ_1	3.92828927	3.91237539
6.ಚಂದ್ರನ ಅಂತರ	r_1	57.96716801	57.99001036
7.ಚ/ಸೂ ಅಂತರ-ಅನುಪಾತ $b=r_1/r$	0.00245547	0.00245647	
8.ಭಾಯೆಯ ವಿಷುವಾಂಶ	a	170.88308829	170.91914802
9.ಭಾಯೆಯ ಕ್ರಾಂತಿ	d	3.92733935	3.91183465
10.ಭಾಯೆಯ x ನಿರ್ದೇಶಾಂಕ			
$x = r*\cos(\delta)+\sin(\alpha-a)$	x	x1=-0.19745924	x2=0.33902697
11.ಭಾಯೆಯ y ನಿರ್ದೇಶಾಂಕ			
$y = r*[\sin(\delta)*\cos(d)$			
$- \sin(\delta)*\sin(d)*(\alpha-a)]$	y	y1=0.39139214	y2=0.22279575
12.ಗ್ರೀನಿಚ ನಾಕ್ಷತ್ರ ಸಮಯ	GST	GST1=126.83815733	GST2=141.87922436
ಭಾಯೆಯ ಗ್ರೀನಿಚ ದಿಗಂಶ			
$\mu =(GST - d)$	μ	μ1=315.95506904	μ2=330.96007633

13. x ,y, d , μ ಗಳ ಪರಿವರ್ತನ-ವೇಗ /ಪ್ರತಿಗಂಟೆ

[ಸೂಚನೆ: ಇಲ್ಲಿ d' ಮತ್ತು μ' ಗಳ ಮೌಲ್ಯಗಳನ್ನು ರೇಡಿಯನ್ ಗಳಲ್ಲಿ ತೆಗೆದುಕೊಳ್ಳಬೇಕು.]

x' = (x2 − x1)= 0.53648621

y' = (y2 − y1)= −0.16859639

d' = (d2 − d1)∗ π/180 = −0.00027061 ರೇಡಿಯನ್

μ' = (μ2 − μ1)∗ π/180 = 0.26188678 ರೇಡಿಯನ್

ಮುಖ್ಯಗ್ರಹಣದ ಅನುಮಾನಿತ ಸಮಯ

ATmid = T1 − (x1∗x' + y1∗y') / (x' ∗ x' + y' ∗ y') = 9.54363859

ಗ್ರಹಣಮಧ್ಯ ನಿಖರ ಸಮಯಕ್ಕಾಗಿ ಆವರ್ತೀ ಗಣಿತ

Tmid	x1	y1	x'	y'	dt
9.00000000	−0.19745924	0.39139214	0.53648621	−0.16859639	0.54363859
9.54363859	0.09420124	0.29978648	0.53646009	−0.16881228	0.00022902
9.54386761	0.09432410	0.29974787	0.53646007	−0.16881237	0.00000010
9.54386771	0.09432416	0.29974785	0.53646007	−0.16881237	0.00000000

ಗ್ರಹಣಮಧ್ಯ ನಿಖರ ಸಮಯ = 9.54386771

ಭಾಗ 3 ಮುಖ್ಯಗ್ರಹಣದ ಸ್ಥಾನ [ಗ್ರಹಣಕೇಂದ್ರ] ನಿರ್ಣಯ

ತಾಲಿಕಾ1. ಸಮಯಾಧೀನ ಮೌಲ್ಯಗಳು

ಯಾದಿ1 T1= ಮುಖ್ಯ ಗ್ರಹಣಮಧ್ಯ (Tge) ಮತ್ತು T2 = T1 + 1

ತತ್ವ	ಸಂಕೇತ	ಮೂಲ್ಯ1	ಮೂಲ್ಯ2
ಸಮಯ (UT)---->	T	T1= 9.54	T2=10.54
ದಿನಗಣ ---->		19612.89882369	19612.94049035
1. ಸೂರ್ಯನ ವಿಷುವಾಂಶ	α	170.90292954	170.94029407
2. ಸೂರ್ಯನ ಕ್ರಾಂತಿ	δ	3.91963447	3.90371950
3. ಸೂರ್ಯನ ಅಂತರ	r	23607.21258525	23606.95534150
4. ಚಂದ್ರನ ವಿಷುವಾಂಶ	α1	170.99616456	171.56340380
5. ಚಂದ್ರನ ಕ್ರಾಂತಿ	δ1	3.91963447	3.90371950
6. ಚಂದ್ರನ ಅಂತರ	r1	57.97955289	58.00256297

7. ಚ/ಸೂ ಅಂತರ-ಅನುಪಾತ	b=r1/r	0.00245601	0.00245701
8. ಭಾಯೆಯ ವಿಷುವಾಂಶ	a	170.90270007	170.93875955
9. ಭಾಯೆಯ ಕ್ರಾಂತಿ	d	3.91890697	3.90340171
10. ಭಾಯೆಯ x ನಿರ್ದೇಶಾಂಕ			
$x = r*cos(\delta)+sin(\alpha-a)$	x	x1=0.09432416	x2=0.63078423
11. ಭಾಯೆಯ y ನಿರ್ದೇಶಾಂಕ			
$y = r*[sin(\delta)*cos(d)$			
$- sin(\delta)*sin(d)*(\alpha-a)]$	y	y1=0.29974785	y2=0.13093548
12. ಗ್ರೀನಿಚ ನಾಕ್ಷತ್ರ ಸಮಯ	GST	GST1=135.01850805	GST2=150.05957507
ಭಾಯೆಯ ಗ್ರೀನಿಚ ದಿಗಂಶ			
$\mu =(GST - d)$	μ	μ1=324.11580798	μ2=339.12081552

---

13. x ,y, d , μ ಗಳ ಪರಿವರ್ತನ-ವೇಗ /ಪ್ರತಿಗಂಟೆ

[ಸೂಚನೆ: ಇಲ್ಲಿ d' ಮತ್ತು μ' ಗಳ ಮೌಲ್ಯಗಳನ್ನು ರೇಡಿಯನ್ ಗಳಲ್ಲಿ ತೆಗೆದುಕೊಳ್ಳಬೇಕು.]

$x' = (x2 - x1)= 0.53646007$

$y' = (y2 - y1)= -0.16881237$

$d' = (d2 - d1)* \pi/180 = -0.00027062$ ರೇಡಿಯನ್

$\mu' = (\mu2 - \mu1)* \pi/180 = 0.26188679$ ರೇಡಿಯನ್

T1 (ಗ್ರಹಣಮಧ್ಯ) ಸಮಯದ ಬೆಸೆಲಿಯನ ತತ್ತ್ವಗಳು:

x = 0.09432416 y = 0.29974785

ಗೈಮಾ = ವರ್ಗಮೂಲ(x*x + y*y) = 0.31423848

$z^2 = 1.0 - (x*x + y*y) = 0.90125418$

z = 0.94934408

ಭೂಮಿಯ ಚಪ್ಪಟೆತನ = 0.99664718

ಅಕ್ಷಜ್ಯಾ = asin[y*cos(d)+ z*sin(d)] = 0.36392943

ಹೋರಾಂಶ = h = ಚಕ್ರಶುದ್ಧ{atan2 [(x, z*cos(d) - y*sin(d)]} = 5.81222051

rcs = ಅಕ್ಷಕೋ = ವರ್ಗಮೂಲ[1 - (ಅಕ್ಷಜ್ಯಾ/ಚಪ್ಪಟೆತನ)²] = 0.93094724

q =atan2[(ಅಕ್ಷಜ್ಯಾ/ಚಪ್ಪಟೆತನ), ಅಕ್ಷಕೋ] = 21.41704360

GST1 = = 135.01850805

ಅಕ್ಷಾಂಶ = atan(tan(q)/ಚಪ್ಪಟೆತನ²) = 21.54819148

mu1 = rev(GST1 − a1) = 324.11580798

h1 = mu1 − ರೇಖಾಂಶ = 5.81222051

ರೇಖಾಂಶ = rev(mu1-hh) = 318.30358747

ಮುಖ್ಯ ಗ್ರಹಣಕೇಂದ್ರ ಅಕ್ಷಾಂಶ = 21.55 ಪೂರ್ವ; ರೇಖಾಂಶ = 41.70 ಉತ್ತರ

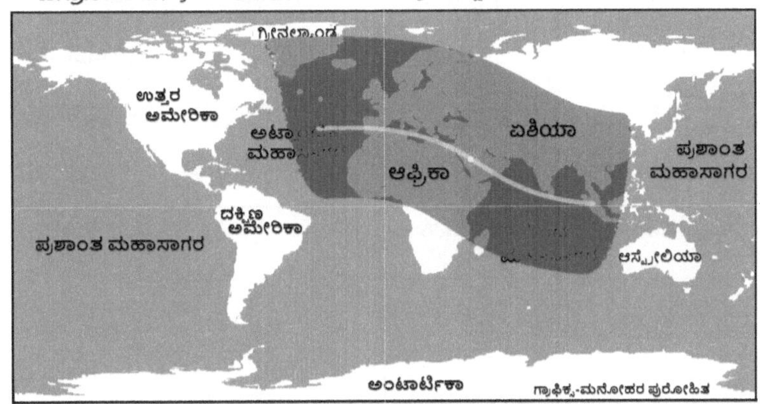

ಭಾಗ 4: ಗ್ರಹಣದ ಸಾರ್ವತ್ರಿಕ ಪರಿಸ್ಥಿತಿಗಳು

ಸಾರ್ವತ್ರಿಕ ದೃಷ್ಟಿಯಿಂದ ವಿಶಿಷ್ಟ ಸಂಪರ್ಕ ಸಮಯಗಳು

ಭಾಯಾಮಾರ್ಗದ ಏರು ಕೋನ slope = atan(y′/x′) = −17°.46766006

ಖಗ್ರಾಸ ಸೂರ್ಯಗ್ರಹಣ ಸಪ್ಟಂಬರ 12, 2053
ಪೃಥ್ವಿಯ ಮೇಲೆ ಚಂದ್ರಭಾಯೆಯ ಮಾರ್ಗ

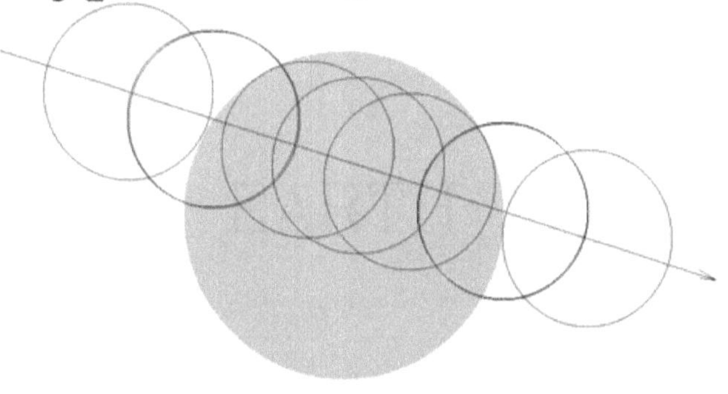

ಸಾರ್ವತ್ರಿಕ ಸಂಪರ್ಕ ಸಮಯಗಳ ಗಣಿತ ಕ್ರಮ

ಸಂಪರ್ಕ	ES	GS	Tdif	GT
U1	1.54169121	1.50932632	-2.68375247	6.86011525
P2	0.99563970	0.94475002	-1.67987210	7.86399561
P2	1.00436030	0.95393595	-1.69620572	7.84766199
U2	0.45830879	0.33361824	-0.59321086	8.95065685
P3	0.45830879	0.33361824	0.59321086	10.13707858
U4	1.00436030	0.95393595	1.69620572	11.24007344
U4	0.99563970	0.94475002	1.67987210	11.22373981
P4	1.54169121	1.50932632	2.68375247	12.22762018

ಸಾರ್ವತ್ರಿಕ ವಿಶಿಷ್ಟ ಸಮಯಗಳು (UT)

Tmid = 09:33

P1=06:52	P2=08:57	P3=10:08	P4=12:14
U1=07:51	U2=07:52	U3=11:13	U4=11:14

ಭಾಗ 5 : ಮುಖ್ಯ ಗ್ರಹಣಕೇಂದ್ರದ ಪರಿಸ್ಥಿತಿಗಳು

ತಾಲಿಕಾ2. ಮುಖ್ಯ ಗ್ರಹಣಮಧ್ಯ ಸಮಯ(T_1= 9.54386771)ದ ಹೆಚ್ಚಿನ ಬೆಸೆಲಿಯನ್ ತತ್ವಗಳು

13. ಉಪಭಾಯಾಶಂಕುವಿನ ಅರೆಲಂಬಕೋನ:

   $asin[(R+k)/(r*(1-b)]$ f1 = 0.26616162

   tan(f1) = 0.00464543

14. ಘನಭಾಯಾಶಂಕುವಿನ ಅರೆಲಂಬಕೋನ:

   $asin[(R-k)/(r*(1-b)]$ f2 = 0.26483633

   tan(f2) = 0.00462230

15. ಚಂದ್ರನ z-ನಿರ್ದೇಶಾಂಕ:

$z1 = r1*\sin(\delta1)*\sin(d1)$

$+ \cos(\delta1)*\cos(d)*\cos(\alpha1-a) = 57.97870131$

16. ಮೂಲ-ಸಮತಲದಲ್ಲಿ ಉಪಛಾಯೆಯ ತ್ರಿಜ್ಯ::

$l1 = z1*\tan(f1)+ k/\cos(f1) = = 0.54169121$

17. ಮೂಲ-ಸಮತಲದಲ್ಲಿ ಘನಛಾಯೆಯ ತ್ರಿಜ್ಯ:

$l2 = z1*\tan(f1)+ k/\cos(f2) = = -0.00436030$

ಯಾದಿ 3. ಮುಖ್ಯ ಗ್ರಹಣಮಧ್ಯದ ದೇಶಕಾಲಾಧೀನ ತತ್ತ್ವಗಳು

18. ಚಂದ್ರಛಾಯೆಯ ಸ್ಥಾನಿಕ ದಿಗಂಶ :

h [ಯಾದಿ1 ರಲ್ಲಿ ಗಣನೆ ಮಾಡಲಾಗಿದೆ.] $= 5.81222051$

$\sin(h) = 0.10126849$

$\cos(h) = 0.99485913$

19. ನಿರೀಕ್ಷಣಸ್ಥಾನದ ಸಮುದ್ರಸಪಾಟಿಯ ಆನುಷಂಗಿಕ ತತ್ತ್ವಗಳು

ಅಕ್ಷಜ್ಯಾ $= \rho\sin\varphi' = 0.36392943$

ಅಕ್ಷಕೋ $= \rho\cos\varphi' = 0.93094724$

20. ನಿರೀಕ್ಷಣಸ್ಥಾನದ ನಿರ್ದೇಶಾಂಕಗಳು:

ಗ್ರಹಣಕೇಂದ್ರದಲ್ಲಿ $xo = x1$; $yo = y1$; $zo = z$; ಇದರ ಪರಿಣಾಮವಾಗಿ

$xo = 0.09427562$

$yo = 0.29978044$

$zo = 0.94886837$

21. ನಿರೀಕ್ಷಕ-ಸಮತಲದಲ್ಲಿ ಉಪಛಾಯೆಯ ತ್ರಿಜ್ಯ:

$L1 = l1 - z1*\tan(f1) = 0.53728330$

22. ನಿರೀಕ್ಷಕ ಸಮತಲದಲ್ಲಿ ಘನಛಾಯೆಯ ತ್ರಿಜ್ಯ:

$L2 = l2 - z1*\tan(f1) = -0.00874625$

23. ನಿರೀಕ್ಷಣಸ್ಥಾನದಲ್ಲಿ ನಿರ್ದೇಶಾಂಕಗಳ ಪರಿವರ್ತನ-ವೇಗ :

    xo' = μ1 * ρsinφ' * cos(h) = 0.24254942

    yo' = μ1 * xo * sin(d)- zo*d' = 0.00194418

24. ಇನ್ನುಳಿದ ಮಹತ್ತ್ವದ ಸಹಾಯಕ ತತ್ತ್ವಗಳು:

    U = x - xo = 0.00004854

    V = y - yo = -0.00003259

    A = x' - xo' = 0.29391065

    B = y' - yo' = -0.17075655

    N^2 = (A^2 + B^2) = 0.11554127

    N = ವರ್ಗಮೂಲ(N^2) = 0.33991362

ಗ್ರಹಣಕೇಂದ್ರದ ಗ್ರಹಣ ಪರಿಸ್ಥಿತಿಗಳು

ಗ್ರಹಣಕೇಂದ್ರ ಸ್ಥಾನಿಕ ಸ್ಪರ್ಶ ಸಮಯಗಳ ಸ್ಥೂಲ ಗಣನೆ :(Approximate Times (AT))

ಮುಖ್ಯ ಗ್ರಹಣಮಧ್ಯ = 9.54386771

ಸಹಾಯಕ ಮೌಲ್ಯಗಳು

ಮೌಲ್ಯ0 = -(A*U+B*V)/N^2)= -0.00017163

ಮೌಲ್ಯ1 = (A*V-B*U)/(N*L1) = -0.00000706

ಮೌಲ್ಯ2 = (A*V-B*U)/(N*L2) = 0.00043394

ಗ್ರಹಣಕೇಂದ್ರ ಸ್ಥಾನಿಕ ಗ್ರಹಣಮಧ್ಯ = ಮುಖ್ಯಗ್ರಹಣಮಧ್ಯ+ ಮೌಲ್ಯ0 = 9.54369608

ಗ್ರಹಣಕೇಂದ್ರ ಸ್ಥಾನಿಕ ಗ್ರಹಣದ ಸ್ಪರ್ಶ ಮತ್ತು ಮೋಕ್ಷ :

ಮೌಲ್ಯ1 1.00 ಕ್ಕಿಂತ ಕಡಿಮೆ ಇರುವದರಿಂದ ಸ್ಪರ್ಶ 2 ಮತ್ತು 3 ಸಂಭವವಿವೆ.

ಸ್ಥಿತ್ಯರ್ಧ = ವರ್ಗಮೂಲ(1 - ಮೌಲ್ಯ1^2)*L1/N = 1.58064659\ಸ್ಪರ್ಶ = ಮುಖ್ಯಗ್ರಹಣಮಧ್ಯ - ಸ್ಥಿತ್ಯರ್ಧ = 7.96322113

ಮೋಕ್ಷ = ಮುಖ್ಯಗ್ರಹಣಮಧ್ಯ + ಸ್ಥಿತ್ಯರ್ಧ = 11.12451430

ಗ್ರಹಣಕೇಂದ್ರ ಸ್ಥಾನಿಕ ನಿಮೀಲನ ಉನ್ಮೀಲನ :

ಮೌಲ್ಯ2 1.00 ಕ್ಕಿಂತ ಕಡಿಮೆ ಇರುವದರಿಂದ ಸ್ಪರ್ಶ1 ಮತ್ತು 4 ಸಂಭವವಿವೆ.

ವಿಮರ್ದಾರ್ಧ = ವರ್ಗಮೂಲ(1 - ಮೌಲ್ಯ2^2)*L2/N   = -0.02573081

ಸಮ್ಮೀಲನ = ಮುಖ್ಯಗ್ರಹಣಮಧ್ಯ – ವಿಮರ್ದಾರ್ಧ = 9.56959852

ಉನ್ಮೀಲನ = ಮುಖ್ಯಗ್ರಹಣಮಧ್ಯ + ವಿಮರ್ದಾರ್ಧ = 9.51813691

ಸ್ಥಾನಿಕ ಪರಿಸ್ಥಿತಿಗಳ ಸೂಕ್ಷ್ಮ ಗಣಿತ :

ಗ್ರಹಣಕೇಂದ್ರ ಸ್ಪರ್ಶ1 ರ ನಿಖರತೆಗಾಗಿ ಆವರ್ತೀ ಗಣಿತ.

ಪ್ರಥಮ ಅನುಮಾನ = AT1 = 7.96322113

T1	U	V	A'	B'	dt
7.96322113	−0.46750910	0.26360852	0.30453948	−0.16326073	0.00162106
7.96160007	−0.46800283	0.26387283	0.30457139	−0.16325321	0.00000128
7.96159878	−0.46800322	0.26387304	0.30457142	−0.16325320	0.00000000

ಗ್ರಹಣಕೇಂದ್ರ ಸ್ಪರ್ಶ1 ರ ನಿಖರ ಸಮಯ = 7.96159878

ಗ್ರಹಣಕೇಂದ್ರ ಸ್ಪರ್ಶ2 ರ ನಿಖರತೆಗಾಗಿ ಆವರ್ತೀ ಗಣಿತ.

ಪ್ರಥಮ ಅನುಮಾನ = AT2 = 9.56959852

T2	U	V	A'	B'	dt
9.56959852	0.00761389	−0.00442277	0.29408127	−0.17087793	0.00019056
9.56940796	0.00755784	−0.00439025	0.29407997	−0.17087704	−0.00000008
9.56940805	0.00755787	−0.00439026	0.29407997	−0.17087704	0.00000000

ಗ್ರಹಣಕೇಂದ್ರ ಸ್ಪರ್ಶ2 ರ ನಿಖರ ಸಮಯ = 9.56940805

ಗ್ರಹಣಕೇಂದ್ರ ಸ್ಪರ್ಶ3 ರ ನಿಖರತೆಗಾಗಿ ಆವರ್ತೀ ಗಣಿತ.

ಪ್ರಥಮ ಅನುಮಾನ = AT3 = 9.51813691

T3	U	V	A'	B'	dt
9.51813691	−0.00751257	0.00435446	0.29375104	−0.17063503	−0.05132312
9.56946003	0.00757316	−0.00439913	0.29408033	−0.17087728	0.00005200
9.56940802	0.00755786	−0.00439026	0.29407997	−0.17087704	−0.00000002
9.56940805	0.00755787	−0.00439026	0.29407997	−0.17087704	0.00000000

ಗ್ರಹಣಕೇಂದ್ರ ಸ್ಪರ್ಶ3 ರ ನಿಖರ ಸಮಯ = 9.56940805

ಗ್ರಹಣಕೇಂದ್ರ ಸ್ಪರ್ಶ4 ರ ನಿಖರತೆಗಾಗಿ ಆವರ್ತೀ ಗಣಿತ.

ಪ್ರಥಮ ಅನುಮಾನ = AT4 = 11.12451430

T4	U	V	A'	B'	dt
11.12451430	0.48341287	−0.27533638	0.32424668	−0.17779609	0.04965705
11.07485725	0.46734886	−0.26652169	0.32270463	−0.17759315	0.00019059
11.07466667	0.46728735	−0.26648787	0.32269878	−0.17759237	0.00000036
11.07466631	0.46728724	−0.26648781	0.32269877	−0.17759237	0.00000000

ಗ್ರಹಣಕೇಂದ್ರ ಸ್ಪರ್ಶ4 ರ ನಿಖರ ಸಮಯ = 11.07466631

ಸ್ಥಾನಿಕ ಪರಿಸ್ಥಿತಿಗಳು: ಗ್ರಹಣಕೇಂದ್ರ ಅಕ್ಷಾಂಶ:21.55 N ; ರೇಖಾಂಶ:41.70 E

ಸಂಪರ್ಕ ಸಮಯ	UT	ಉನ್ನತಾಂಶ	ದಿಗಂಶ	p	q	v	ಗಡಿಯಾರ ಸ್ಥಿತಿ
ಸ್ಪರ್ಶ	07:58	65.25	132.83	299.42	316.86	342.55	12.58
ಸಮ್ಮೀಲನ	09:31	71.60	197.38	300.10	16.17	283.93	2.54
ಗ್ರಹಣಮಧ್ಯ	09:33	71.49	198.56	123.88	17.26	106.62	8.45
ಉನ್ಮೀಲನ	09:34	71.37	199.70	120.15	18.32	101.84	8.61
ಮೋಕ್ಷ	11:04	56.96	241.76	119.70	55.21	64.48	9.85

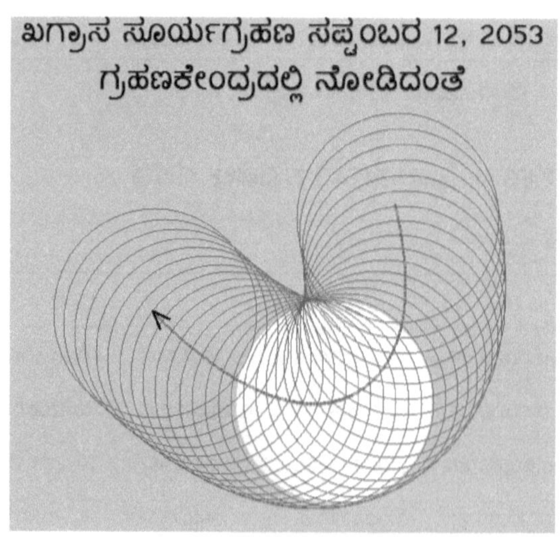

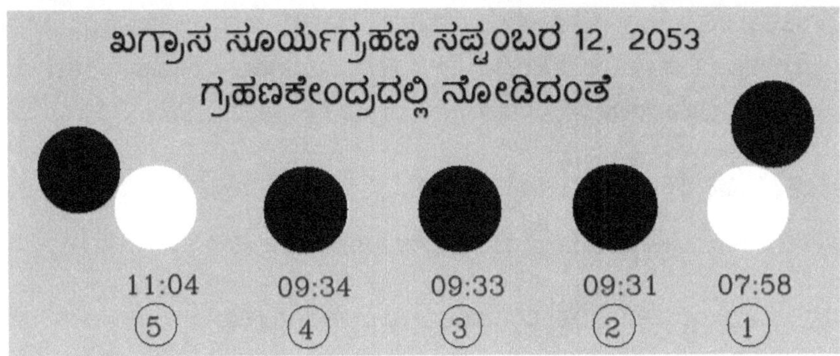

ಸೂರ್ಯಗ್ರಹಣದ ಪ್ರಮಾಣ (ಗ್ರಾಸ)

ಚಂದ್ರಬಿಂಬದ ವ್ಯಾಸಾರ್ಧ(ಚವ್ಯಾ) = 0.27361928

ಸೂರ್ಯಬಿಂಬದ ವ್ಯಾಸಾರ್ಧ(ಸೂವ್ಯಾ) = 0.26485754

ಚಂದ್ರಾರ್ಕ ಅನುಪಾತ = (ಚವ್ಯಾ/ಸೂವ್ಯಾ) = 1.03308094

ಗೈಮಾ1.0125 ಕಿಂತ ಕಡಿಮೆ ಇದೆ, ಆದ್ದರಿಂದ ಗ್ರಹಣವು ಖಗ್ರಾಸ ಅಥವ ಕಂಕಣಾಕೃತಿ ಆಗುವದು ಚಂದ್ರಬಿಂಬ ಸೂರ್ಯಬಿಂಬಕ್ಕಿಂತ ದೊಡ್ಡದು ಆದ್ದರಿಂದ ಸಂಪೂರ್ಣ ಗ್ರಹಣ ಗ್ರಾಸ (Magnitude)= ಚವ್ಯಾ/ಸೂವ್ಯಾ = 1.03308094 ಅಂದರೆ 103.31 ಪ್ರತಿಶತ

ಕೇಂದ್ರಸ್ಥಾನದ ಗ್ರಹಣಮಧ್ಯದ ಸ್ಥಿತಿಗಳು

ತತ್ವ	ಸೂರ್ಯ	ಚಂದ್ರ
ಭೂಮ್ಯಂತರ (ಭೂತ್ರಿಜ್ಯ ಮಾನಗಳಲ್ಲಿ)	23607.21258525	57.97955289
ಬಿಂಬದ ವ್ಯಾಸಾರ್ಧ	0.26485754	0.27361928
ವಿಷುವಾಂಶ	170.90292954	170.99616456
ಕ್ರಾಂತಿ	3.91963447	4.21511977

ಸೂರ್ಯಗ್ರಹಣದ ಪ್ರಮಾಣ (ಗ್ರಾಸ)

ಚಂದ್ರಬಿಂಬದ ವ್ಯಾಸಾರ್ಧ(ಚವ್ಯಾ)   = 0.27361928

ಸೂರ್ಯಬಿಂಬದ ವ್ಯಾಸಾರ್ಧ(ಸೂವ್ಯಾ) = 0.26485754

ಚಂದ್ರಾರ್ಕ ಅನುಪಾತ = (ಚವ್ಯಾ/ಸೂವ್ಯಾ) = 1.03308094

ಗೈಮಾ1.0125 ಕಿಂತ ಕಡಿಮೆ ಇದೆ, ಆದ್ದರಿಂದ ಗ್ರಹಣವು ಖಗ್ರಾಸ ಅಥವ ಕಂಕಣಾಕೃತಿ ಆಗುವದು ಚಂದ್ರಬಿಂಬ ಸೂರ್ಯಬಿಂಬಕ್ಕಿಂತ ದೊಡ್ಡದು ಆದ್ದರಿಂದ ಸಂಪೂರ್ಣ ಗ್ರಹಣ ಗ್ರಾಸ (Magnitude) = ಚವ್ಯಾ/ಸೂವ್ಯಾ = 1.03308094 ಅಂದರೆ 103.31 ಪ್ರತಿಶತ

ಭಾಗ 6 : ಗ್ರಹಣಕೇಂದ್ರೇತರ ಇಚ್ಛಿತ ಸ್ಥಾನದ ಗ್ರಹಣ ಪರಿಸ್ಥಿತಿಗಳು

ಸ್ಥಾನ : ಬೆಂಗಳೂರು ಅಕ್ಷಾಂಶ:12°58'ಉತ್ತರ ರೇಖಾಂಶ:77°38'ಪೂರ್ವ

ಯಾದಿ 3. ಮುಖ್ಯ ಗ್ರಹಣಮಧ್ಯದ ದೇಶಕಾಲಾಧೀನ ತತ್ವಗಳು

18. ಚಂದ್ರಛಾಯೆಯ ಸ್ಥಾನಿಕ ದಿಗಂಶ :

   $h = [\mu - ರೇಖಾಂಶ] = 41.74914131$

   $\sin(h) = 0.66587048$

   $\cos(h) = 0.74606735$

19. ನಿರೀಕ್ಷಣಸ್ಥಾನದ ಸಮುದ್ರಸಪಾಟಿಯ ಆನುಷಂಗಿಕ ತತ್ವಗಳು

   ಅಕ್ಷಜ್ಯಾ = $\rho\sin\varphi' = 0.36392943$

   ಅಕ್ಷಕೋ = $\rho\cos\varphi' = 0.93094724$

20. ನಿರೀಕ್ಷಣಸ್ಥಾನದ ನಿರ್ದೇಶಾಂಕಗಳು:

   ಇಚ್ಛಿತ ಸ್ಥಾನದಲ್ಲಿ :

   $xo = *\sin\_h1$

   $yo = $ ಅಕ್ಷಜ್ಯಾ $ *\cos_d1 - $ ಅಕ್ಷಕೋ $ *\cos_h1*\sin_d1$

   $zo = $ ಅಕ್ಷಜ್ಯಾ $ *\sin_d1 + $ ಅಕ್ಷಕೋ$*\cos\_h1*\cos\_d1$

   ಇದರ ಪರಿಣಾಮವಾಗಿ : $xo = 0.64900068$

   $yo = 0.17270058$

   $zo = 0.74070083$

21. ನಿರೀಕ್ಷಕ-ಸಮತಲದಲ್ಲಿ ಉಪಛಾಯೆಯ ತ್ರಿಜ್ಯ:

   $L1 = l1 - z1*\tan(f1) = 0.53825033$

22. ನಿರೀಕ್ಷಕ ಸಮತಲದಲ್ಲಿ ಘನಛಾಯೆಯ ತ್ರಿಜ್ಯ:

   $L2 = l2 - z1*\tan(f1) = -0.00778404$

23. ನಿರೀಕ್ಷಣಸ್ಥಾನದಲ್ಲಿ ನಿರ್ದೇಶಾಂಕಗಳ ಪರಿವರ್ತನ-ವೇಗ :

$$xo' = \mu1 * \rho sin\varphi' * \cos(h) = 0.19043511$$

$$yo' = \mu1 * xo * \sin(d) - zo*d' = 0.01181660$$

24. ಇನ್ನುಳಿದ ಮಹತ್ತದ ಸಹಾಯಕ ತತ್ವಗಳು:

$$U = x - xo = -0.55467652$$

$$V = y - yo = 0.12704727$$

$$A = x' - xo' = 0.34602497$$

$$B = y' - yo' = -0.18062897$$

$$N^2 = (A^2 + B^2) = 0.15236010$$

$$N = ವರ್ಗಮೂಲ(N^2) = 0.39033332$$

ಬೆಂಗಳೂರು ಸ್ಥಾನಿಕ ಸ್ಪರ್ಶ ಸಮಯಗಳ ಸ್ಥೂಲ ಗಣನೆ :(Approximate Times (AT))

ಮುಖ್ಯ ಗ್ರಹಣಮಧ್ಯ = 9.54386771

ಸಹಾಯಕ ಮೂಲ್ಯಗಳು

ಮೂಲ್ಯ0 = -(A*U+B*V)/N²)= 1.41034522

ಮೂಲ್ಯ1 = (A*V-B*U)/(N*L1) = -0.26763405

ಮೂಲ್ಯ2 = (A*V-B*U)/(N*L2) = 18.50634358

ಬೆಂಗಳೂರು ಸ್ಥಾನಿಕ ಗ್ರಹಣಮಧ್ಯ = ಮುಖ್ಯಗ್ರಹಣಮಧ್ಯ+ ಮೂಲ್ಯ0 = 10.95421293

ಬೆಂಗಳೂರುಸ್ಥಾನಿಕ ಗ್ರಹಣದ ಸ್ಪರ್ಶ ಮತ್ತು ಮೋಕ್ಷ :

ಮೂಲ್ಯ1 1.00 ಕ್ಕಿಂತ ಕಡಿಮೆ ಇರುವದರಿಂದ ಸ್ಪರ್ಶ 2 ಮತ್ತು 3 ಸಂಭವವಿವೆ.

ಸ್ಥಿತ್ಯರ್ಧ = ವರ್ಗಮೂಲ(1 - ಮೂಲ್ಯ1²)*L1/N = 1.32864726

ಸ್ಪರ್ಶ = ಮುಖ್ಯಗ್ರಹಣಮಧ್ಯ - ಸ್ಥಿತ್ಯರ್ಧ = 8.21522045

ಮೋಕ್ಷ = ಮುಖ್ಯಗ್ರಹಣಮಧ್ಯ + ಸ್ಥಿತ್ಯರ್ಧ = 10.87251497

ಬೆಂಗಳೂರು ಸ್ಥಾನಿಕ ನಿಮೀಲನ ಉನ್ಮೀಲನ :

ಮೂಲ್ಯ2 1.00 ಕ್ಕಿಂತ ಹೆಚ್ಚು ಇರುವದರಿಂದ ಸಂಪೂರ್ಣ ಗ್ರಹಣವು ಕಾಣಲಾರದು.

ಸ್ಥಾನಿಕ ಪರಿಸ್ಥಿತಿಗಳ ಸೂಕ್ಷ್ಮ ಗಣಿತ :

ಗ್ರಹಣಮಧ್ಯ ನಿಖರ ಸಮಯಕ್ಕಾಗಿ ಆವರ್ತೀ ಗಣಿತ

Tmid	x1	y1	x'	y'	dt
9.54386771	−0.55467652	0.12704727	0.34602497	−0.18062897	1.41034522
10.95421293	−0.01684380	−0.13068747	0.42015478	−0.18491604	−0.08109758
10.87311535	−0.05072464	−0.11571394	0.41535918	−0.18472490	−0.00148223
10.87163312	−0.05134028	−0.11544041	0.41527203	−0.18472134	−0.00001997
10.87161315	−0.05134857	−0.11543672	0.41527086	−0.18472129	−0.00000027
10.87161288	−0.05134868	−0.11543667	0.41527084	−0.18472129	−0.00000000

ಗ್ರಹಣಮಧ್ಯ ನಿಖರ ಸಮಯ = 10.87161288

ಬೆಂಗಳೂರು ಸ್ಪರ್ಶ1 ರ ನಿಖರತೆಗಾಗಿ ಆವರ್ತೀ ಗಣಿತ.

ಪ್ರಥಮ ಅನುಮಾನ = AT1 = 8.21522045

T1	U	V	A'	B'	dt
8.21522045	−0.98067603	0.36319144	0.29954587	−0.17503978	−1.51084116
9.72606162	−0.49087748	0.09411294	0.35433941	−0.18129029	0.10070351
9.62535811	−0.52632804	0.11233158	0.34969133	−0.18092835	0.00037496
9.62498315	−0.52645916	0.11239935	0.34967426	−0.18092698	−0.00000088
9.62498402	−0.52645886	0.11239919	0.34967430	−0.18092699	0.00000000

ಬೆಂಗಳೂರು ಸ್ಪರ್ಶ1 ರ ನಿಖರ ಸಮಯ = 9.62498402

ಸ್ಪರ್ಶ2 , ಸ್ಪರ್ಶ3 ಸಂಭವವಿಲ್ಲ.

ಬೆಂಗಳೂರು ಸ್ಪರ್ಶ4 ರ ನಿಖರತೆಗಾಗಿ ಆವರ್ತೀ ಗಣಿತ.

ಪ್ರಥಮ ಅನುಮಾನ = AT4 = 10.87251497

T4	U	V	A'	B'	dt
10.87251497	−0.05097402	−0.11560314	0.41532388	−0.18472346	−1.15322275
12.02573772	0.46893105	−0.32973249	0.48758012	−0.18673972	0.06391780
11.96181993	0.43789800	−0.31780994	0.48339666	−0.18666855	0.00038353
11.96143640	0.43771259	−0.31773842	0.48337160	−0.18666811	0.00000100
11.96143540	0.43771211	−0.31773823	0.48337154	−0.18666811	0.00000000

ಬೆಂಗಳೂರು ಸ್ಪರ್ಶ4 ರ ನಿಖರ ಸಮಯ = 11.96143540

ಬೆಂಗಳೂರು ಸ್ಥಾನಿಕ ಗ್ರಹಣ ಪರಿಸ್ಥಿತಿಗಳು ಅಕ್ಷಾಂಶ:12°58'ಉತ್ತರ ರೇಖಾಂಶ:77°38'ಪೂರ್ವ

ಸಂಪರ್ಕ	UT	ಉನ್ನತಾಂಶ	ದಿಗಂಶ	p	q	v	ಗಡಿಯಾರ ಸ್ಥಿತಿ
ಸ್ಪರ್ಶ	09:37	46.62	261.86	282.05	75.23	206.82	5.11
ಗ್ರಹಣಮಧ್ಯ	10:52	28.47	267.39	203.98	77.36	126.62	7.78
ಮೋಕ್ಷ	11:58	12.53	271.14	125.98	77.57	48.41	10.39

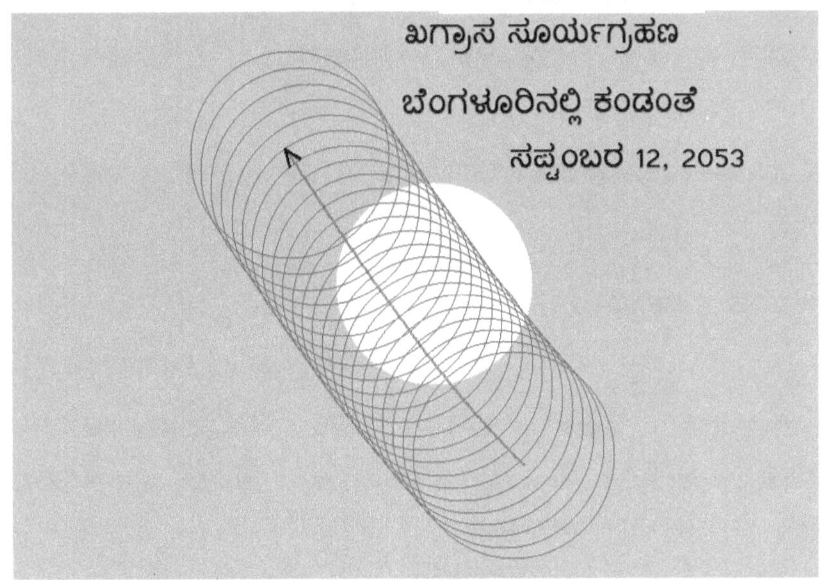

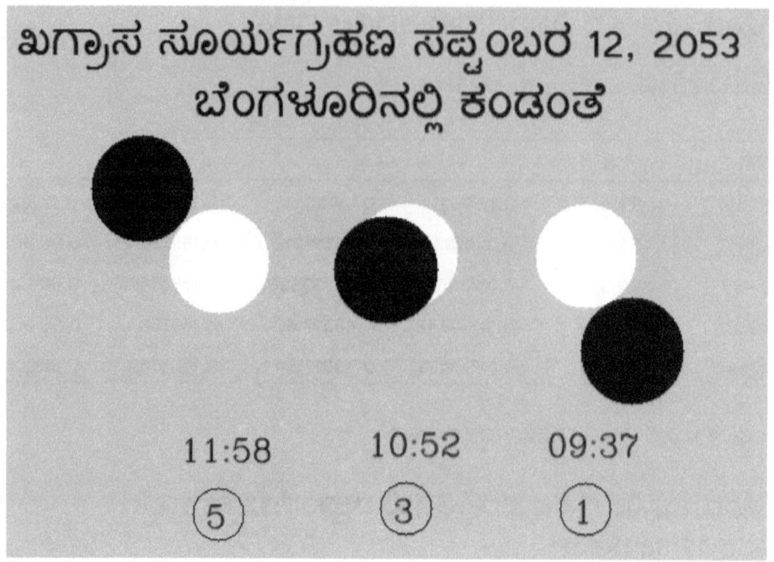

ಸೂರ್ಯಗ್ರಹಣದ ಪ್ರಮಾಣ (ಗ್ರಾಸ)

ಚಂದ್ರಬಿಂಬದ ವ್ಯಾಸಾರ್ಧ(ಚವ್ಯಾ) = 0.27122754

ಸೂರ್ಯಬಿಂಬದ ವ್ಯಾಸಾರ್ಧ(ಸೂವ್ಯಾ) = 0.26485608

ಚಂದ್ರಾರ್ಕ ಅನುಪಾತ = (ಚವ್ಯಾ/ಸೂವ್ಯಾ) = 1.02405633

ಇಲ್ಲಿ ಗ್ರಹಣ ಖಂಡಗ್ರಾಸವಾಗಿದೆ

ಗ್ರಾಸ (ವ್ಯಾಸಾಧಾರಿತ) = ಸೂವ್ಯಾ + ಚವ್ಯಾ-ಸೂಚ)/(2*ಸೂವ್ಯಾ) = 0.77622175

ಗ್ರಾಸ ವ್ಯಾಪ್ತಿ (ಕ್ಷೇತ್ರಾಧಾರಿತ)

ಮ = 2*acos [(ಸೂವ್ಯಾ² + ಸೂಚ² − ಚವ್ಯಾ²)/(2*ಸೂವ್ಯಾ*ಸೂಚ)] = 158.77284968

ನ = 2*acos [(ಚವ್ಯಾ² + ಸೂಚ² − ಸೂವ್ಯಾ²)/(2* ಚವ್ಯಾ * ಸೂಚ)] = 147.39882616

ಆಚ್ಛಾದಿತ ಬಿಂಬಕ್ಷೇತ್ರ = 0.5* ಚವ್ಯಾ² *[(ಮ*180/π) − sin(ಮ)] + 0.5* ಸೂವ್ಯಾ² *[(ನ*180/π) − sin(ನ)] = 0.15994436

ಸೂರ್ಯಬಿಂಬದ ಕ್ಷೇತ್ರ = π * ಸೂರ್ಯವ್ಯಾಸಾರ್ಧ² = 0.22037877

ಗ್ರಾಸ ವ್ಯಾಪ್ತಿ = ಆಚ್ಛಾದಿತ ಕ್ಷೇತ್ರ / ಸೂರ್ಯಬಿಂಬದ ಕ್ಷೇತ್ರ = 0.72577026

ಸ್ಥಾನಿಕ ಗ್ರಹಣಮಧ್ಯದ ಸ್ಥಿತಿಗಳು

ತತ್ತ್ವ	ಸೂರ್ಯ	ಚಂದ್ರ
ಭೂಮ್ಯಂತರ(ಭೂತ್ರಿಜ್ಯ ಮಾನಗಳಲ್ಲಿ)	23606.87101366	58.01017120
ಬಿಂಬದ ವ್ಯಾಸಾರ್ಧ	0.26485608	0.27122754
ವಿಷುವಾಂಶ	170.95253998	171.74915911
ಕ್ರಾಂತಿ	3.89850301	3.97291253

ಚಂದ್ರಾರ್ಕ ಅನುಪಾತ = 1.0241

ಗ್ರಾಸ = 0.7762

ಗ್ರಾಸ [ಕ್ಷೇತ್ರಶಃ] = 0.7258

ಸೂರ್ಯಗ್ರಹಣ ಗಣಿತ ಉದಾಹರಣ 8.2

ಕಂಕಣಾಕೃತಿ ಸೂರ್ಯಗ್ರಹಣ - ಶನಿವಾರ, ಜೂನ್ 01, 2030

ಭಾಗ1 : ಗ್ರಹಣದ ಸಾಧ್ಯಾಸಾಧ್ಯತೆ

ದಿನಾರಂಭ ದಿನಗಣ = 11108.50000000

ಡೆಲ್ಟಾಟಿ = 77.81624090 ಸೆಕೆಂಡಗಳು = 0.00090065 ದಿನಗಳು

ಅಮಾಂತ ಸಮಯ = 6.47 ಗಂಟೆ = 0.26958333 ದಿನಗಳು

ಅಮಾಂತ ಕ್ಷಣದ ದಿನಗಣ = 11108.75090065

ಚಂದ್ರ/ಸೂರ್ಯನ ಭೋಗ = 70.82045992

ರಾಹುವಿನ ಭೋಗ = 256.79456385

ಸಮೀಪದ ಪಾತದಿಂದ ಚಂದ್ರ/ಸೂರ್ಯನ ಅಂತರ = 5.97410392

ಪಾತದಿಂದ ಚಂದ್ರ/ಸೂರ್ಯನ ಅಂತರವು ವಿಶಿಷ್ಟ ಮಿತಿಯಲ್ಲಿದೆ ಆದ್ದರಿಂದ ಗ್ರಹಣವು ಸಾಧ್ಯ.

ಭಾಗ 2 : ಮುಖ್ಯ ಗ್ರಹಣಮಧ್ಯ ಸಮಯ:

ಅಮಾಂತದ ಹಿಂದು-ಮುಂದಿನ ಒಂದು ಗಂಟೆ ಅಂತರದ ಕ್ಷಣಗಳು (T1 ಮತ್ತುT2):

ತಾಲಿಕಾ1. ಸಮಯಾಧೀನ ಮೌಲ್ಯಗಳು

ತತ್ತ್ವ	ಸಂಕೇತ	ಮೌಲ್ಯ1	ಮೌಲ್ಯ2
ಸಮಯ (UT)---->	T	T1= 6.00	T2= 7.00
ದಿನಗಣ ---->	ದಿನಗಣ	11108.75090065	11108.79256732
1. ಸೂರ್ಯನ ವಿಷುವಾಂಶ	α	69.23791352	69.28057929
2. ಸೂರ್ಯನ ಕ್ರಾಂತಿ	δ	22.06309298	22.06871750
3. ಸೂರ್ಯನ ಅಂತರ	r	23782.94007706	23783.09144790
4. ಚಂದ್ರನ ವಿಷುವಾಂಶ	α_1	68.98452214	69.51861842
5. ಚಂದ್ರನ ಕ್ರಾಂತಿ	δ_1	22.06309298	22.06871750
6. ಚಂದ್ರನ ಅಂತರ	r_1	63.67545714	63.67101784
7. ಚ/ಸೂ ಅಂತರ-ಅನುಪಾತ	$b = r_1/r$ 0.00267736	0.00267715	
8. ಭಾಯಿಯ ವಿಷುವಾಂಶ	a	69.23859135	69.27994266
9. ಭಾಯಿಯ ಕ್ರಾಂತಿ	d	22.06176471	22.06733897
10. ಭಾಯಿಯ x ನಿರ್ದೇಶಾಂಕ			
$x = r*\cos(\delta)+\sin(\alpha-a)$	x	x1=-0.26075879	x2=0.24489971
11. ಭಾಯಿಯ y ನಿರ್ದೇಶಾಂಕ			
$y = r*[\sin(\delta)*\cos(d)$			
$- \sin(\delta)*\sin(d)*(\alpha-a)]$	y	y1=0.55135438	y2=0.57222045
12. ಗ್ರೀನಿಚ ನಾಕ್ಷತ್ರಸಮಯ	GST	GST1=339.77476699	GST2=354.81583687
ಭಾಯಿಯ ಗ್ರೀನಿಚ ದಿಗಂಶ			
$\mu = (GST - d)$	μ	μ1=270.53617564	μ2=285.53589421

13. x ,y, d , μ ಗಳ ಪರಿವರ್ತನ-ವೇಗ /ಪ್ರತಿಗಂಟೆ

[ಸೂಚನೆ: ಇಲ್ಲಿ d' ಮತ್ತು μ' ಗಳ ಮೌಲ್ಯಗಳನ್ನು ರೇಡಿಯನ್ ಗಳಲ್ಲಿ ತೆಗೆದುಕೊಳ್ಳಬೇಕು.]

$x' = (x2 - x1)$= 0.50565850

$y' = (y2 - y1)$= 0.02086607

$d' = (d2 - d1)* \pi/180$ = 0.00009729 ರೇಡಿಯನ್

$\mu' = (\mu2 - \mu1)* \pi/180$ = 0.26179448 ರೇಡಿಯನ್

ಮುಖ್ಯಗ್ರಹಣದ ಅನುಮಾನಿತ ಸಮಯ

ATmid = T1 − (x1∗x' + y1∗y') / (x' ∗ x' + y' ∗ y') = 6.46988724

ಗ್ರಹಣಮಧ್ಯ ನಿಖರ ಸಮಯಕ್ಕಾಗಿ ಆವರ್ತೀ ಗಣಿತ

Tmid	x1	y1	x'	y'	dt
6.00000000	−0.26075879	0.55135438	0.50565850	0.02086607	0.46988724
6.46988724	−0.02315864	0.56140205	0.50566768	0.01994899	0.00199601
6.47188325	−0.02214934	0.56144381	0.50566772	0.01994509	0.00000843
6.47189169	−0.02214508	0.56144399	0.50566772	0.01994507	0.00000004
6.47189172	−0.02214506	0.56144399	0.50566772	0.01994507	0.00000000

ಗ್ರಹಣಮಧ್ಯ ನಿಖರ ಸಮಯ = 6.47189172

ಭಾಗ3 ಮುಖ್ಯಗ್ರಹಣದ ಸ್ಥಾನ [ಗ್ರಹಣಕೇಂದ್ರ] ನಿರ್ಣಯ

ಯಾದಿ1 T1= ಮುಖ್ಯ ಗ್ರಹಣಮಧ್ಯ (Tge) ಮತ್ತು T2 = T1 + 1

ತಾಲಿಕಾ1. ಸಮಯಾಧೀನ ಮೌಲ್ಯಗಳು

	ತತ್ತ	ಸಂಕೇತ	ಮೂಲ್ಯ1	ಮೂಲ್ಯ2
	ಸಮಯ (UT)---->	T	T1= 6.47	T2= 7.47
	ದಿನಗಣ ---->	ದಿನಗಣ	11108.77056281	11108.81222947
1.	ಸೂರ್ಯನ ವಿಷುವಾಂಶ	α	69.25804679	69.30071391
2.	ಸೂರ್ಯನ ಕ್ರಾಂತಿ	δ	22.06574853	22.07136780
3.	ಸೂರ್ಯನ ಅಂತರ	r	23783.01152826	23783.16282124
4.	ಚಂದ್ರನ ವಿಷುವಾಂಶ	α1	69.23652488	69.77074438
5.	ಚಂದ್ರನ ಕ್ರಾಂತಿ	δ1	22.06574853	22.07136780
6.	ಚಂದ್ರನ ಅಂತರ	r1	63.67338451	63.66886103
7.	ಚ/ಸೂ ಅಂತರ-ಅನುಪಾತ	b=r1/r	0.00267726	0.00267706
8.	ಭಾಯೆಯ ವಿಷುವಾಂಶ	a	69.25810435	69.29945695
9.	ಭಾಯೆಯ ಕ್ರಾಂತಿ	d	22.06439595	22.06996718
10.	ಭಾಯೆಯ x ನಿರ್ದೇಶಾಂಕ			
	x = r∗cos(δ)+sin(α−a)	x	x1=−0.02214506	x2=0.48352266
11.	ಭಾಯೆಯ y ನಿರ್ದೇಶಾಂಕ			
	y = r∗[sin(δ)∗cos(d)			
	− sin(δ)∗sin(d)∗(α−a)]	y	y1=0.56144399	y2=0.58138906

12. ಗ್ರೀನಿಚ ನಾಕ್ಷತ್ರ ಸಮಯ   GST   GST1=346.87252334   GST2= 1.91359323
ಛಾಯೆಯ ಗ್ರೀನಿಚ ದಿಗಂಶ

μ =(GST - d) μ μ1=277.61441899 μ2=292.61413628

13. x ,y, d , μ ಗಳ ಪರಿವರ್ತನ-ವೇಗ /ಪ್ರತಿಗಂಟೆ

[ಸೂಚನೆ: ಇಲ್ಲಿ d' ಮತ್ತು μ' ಗಳ ಮೌಲ್ಯಗಳನ್ನು ರೇಡಿಯನ್ ಗಳಲ್ಲಿ ತೆಗೆದುಕೊಳ್ಳಬೇಕು.]

x' = (x2 - x1)= 0.50566772

y' = (y2 - y1)= 0.01994507

d' = (d2 - d1)* π/180 = 0.00009724 ರೇಡಿಯನ್

μ' = (μ2 - μ1)* π/180 = 0.26179445 ರೇಡಿಯನ್

T1 (ಗ್ರಹಣಮಧ್ಯ) ಸಮಯದ ಬೆಸೆಲಿಯನ ತತ್ವಗಳು:

x = -0.02214506 y = 0.56144399

ಗ್ಯೆಮಾ = ವರ್ಗಮೂಲ(x∗x + y∗y) = 0.56188056

z^2 = 1.0 - (x∗x + y∗y) = 0.68429024

z = 0.82721838

ಭೂಮಿಯ ಚಪ್ಪಟೆತನ = 0.99664718

ಅಕ್ಷಜ್ಯಾ = asin[y∗cos(d)+ z∗sin(d)] = 0.83106838

ಹೋರಾಂಶ = h = ಚಕ್ರಶುದ್ಧ{atan2 [(x, z∗cos(d) - y∗sin(d)]} = -2.28195209

rcs = ಅಕ್ಷಕೋ = ವರ್ಗಮೂಲ[1 - (ಅಕ್ಷಜ್ಯಾ/ಚಪ್ಪಟೆತನ)²] = 0.55196968

q =atan2[(ಅಕ್ಷಜ್ಯಾ/ಚಪ್ಪಟೆತನ), ಅಕ್ಷಕೋ] = 56.49775329

GST1 = = 346.87252334

ಅಕ್ಷಾಂಶ = atan(tan(q)/ಚಪ್ಪಟೆತನ²) = 56.67465420

mu1 = rev(GST1 - a1) = 277.61441899

h1 = mu1 - ರೇಖಾಂಶ = -2.28195209

ರೇಖಾಂಶ = rev(mu1-hh) = 279.89637108

ಮುಖ್ಯ ಗ್ರಹಣಕೇಂದ್ರ ಅಕ್ಷಾಂಶ = 56.67 ಪೂರ್ವ; ರೇಖಾಂಶ = 80.10 ಉತ್ತರ

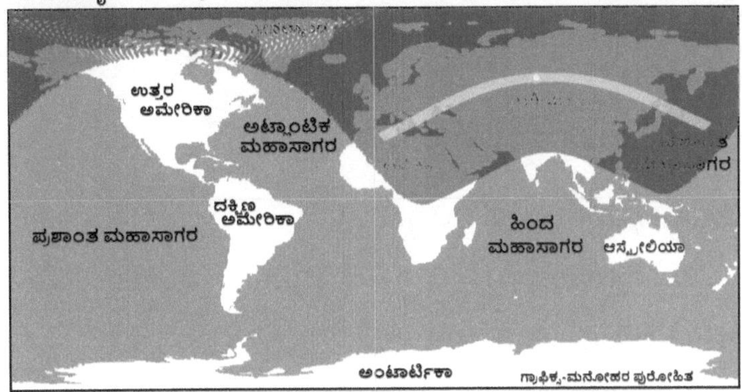

ಭಾಗ4 : ಗ್ರಹಣದ ಸಾರ್ವತ್ರಿಕ ಪರಿಸ್ಥಿತಿಗಳು

ಸಾರ್ವತ್ರಿಕ ದೃಷ್ಟಿಯಿಂದ ವಿಶಿಷ್ಟ ಸಂಪರ್ಕ ಸಮಯಗಳು

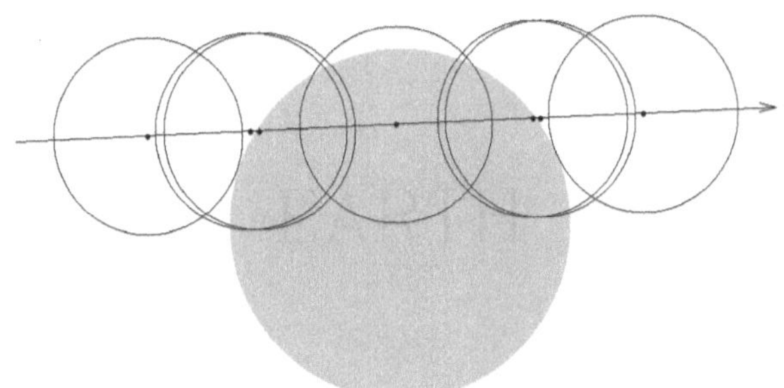

ಪೃಥ್ವಿಯ ಮೇಲಿನಿಂದ ಚಂದ್ರಛಾಯೆಯ ಮಾರ್ಗ
ಕಂಕಣಾಕೃತಿ ಸೂರ್ಯಗ್ರಹಣ ಜೂನ 1, 2030

ಛಾಯಾಮಾರ್ಗದ ಏರು ಕೋನ slope = atan(y'/x') = 2°.25874887

ಸಂಪರ್ಕ ಸಮಯಗಳ ಗಣಿತ ಕ್ರಮ

ಸಂಪರ್ಕ	ES	GS	Tdif	GT	UT
U1	1.56601265	1.46174070	-2.88846788	3.58342384	03:35
P2	1.01984013	0.85109584	-1.68180512	4.79008660	04:47
P2	0.98015987	0.80312117	-1.58700494	4.88488678	04:53
U4	0.98015987	0.80312117	1.58700494	8.05889666	08:04
U4	1.01984013	0.85109584	1.68180512	8.15369684	08:09
P4	1.56601265	1.46174070	2.88846788	9.36035960	09:22

ಸಾರ್ವತ್ರಿಕ ವಿಶಿಷ್ಟ ಸಮಯಗಳು (UT)

Tmid = 06:28

P1=03:35 P4=09:22

U1=04:47 U2=04:53 U3=08:04 U4=08:09

ಭಾಗ5 :ಮುಖ್ಯ ಗ್ರಹಣಕೇಂದ್ರದ ಪರಿಸ್ಥಿತಿಗಳು

ತಾಲಿಕಾ2. ಮುಖ್ಯ ಗ್ರಹಣಮಧ್ಯ (T1= 6.47189172)ದ ಹೆಚ್ಚಿನ ಬೆಸೆಲಿಯನ್ ತತ್ವಗಳು

13. ಉಪಭಾಯಾಶಂಕುವಿನ ಅರೆಲಂಬಕೋನ:

$asin[(R+k)/(r*(1-b)]$ f1 = 0.26425280

tan(f1) = 0.00461211

14. ಘನಭಾಯಾಶಂಕುವಿನ ಅರೆಲಂಬಕೋನ:

$asin[(R-k)/(r*(1-b)]$ f2 = 0.26293702

tan(f2) = 0.00458915

15. ಚಂದ್ರನ z-ನಿರ್ದೇಶಾಂಕ:

z1 = r1*sin(δ1)*sin(d1)

+ cos(δ1)*cos(d)*cos(α1−a) = 63.67090538

16. ಮೂಲ-ಸಮತಲದಲ್ಲಿ ಉಪಭಾಯೆಯ ತ್ರಿಜ್ಯ::

l1 = z1*tan(f1)+ k/cos(f1) = = 0.56601265

17. ಮೂಲ-ಸಮತಲದಲ್ಲಿ ಘನಭಾಯೆಯ ತ್ರಿಜ್ಯ:

l2 = z1*tan(f1)+ k/cos(f2) = = 0.01984013

ಯಾದಿ 3. ಮುಖ್ಯ ಗ್ರಹಣಮಧ್ಯದ ದೇಶಕಾಲಾಧೀನ ತತ್ವಗಳು

18. ಚಂದ್ರಭಾಯೆಯ ಸ್ಥಾನಿಕ ದಿಗಂಶ :

h [ಯಾದಿ1 ರಲ್ಲಿ ಗಣನೆ ಮಾಡಲಾಗಿದೆ.] = 357.71804791

sin(h) = −0.03981705

cos(h) = 0.99920699

19. ನಿರೀಕ್ಷಣಸ್ಥಾನದ ಸಮುದ್ರಸಪಾಟಿಯ ಆನುಷಂಗಿಕ ತತ್ವಗಳು

ಅಕ್ಷಜ್ಯ = $\rho\sin\varphi'$ = 0.83106838

ಅಕ್ಷಕೋ = $\rho\cos\varphi'$ = 0.55196968

20. ನಿರೀಕ್ಷಣಸ್ಥಾನದ ನಿರ್ದೇಶಾಂಕಗಳು:

ಗ್ರಹಣಕೇಂದ್ರದಲ್ಲಿ x_0 = x_1; y_0 = y_1; z_0 = z

ಇದರ ಪರಿಣಾಮವಾಗಿ : x_0 = −0.02197780

y_0 = 0.56302067

z_0 = 0.82332854

21. ನಿರೀಕ್ಷಕ-ಸಮತಲದಲ್ಲಿ ಉಪಭಾಯಿಯ ತ್ರಿಜ್ಯ:

L_1 = l_1 − $z_1*\tan(f_1)$ = 0.56221537

22. ನಿರೀಕ್ಷಕ ಸಮತಲದಲ್ಲಿ ಘನಭಾಯಿಯ ತ್ರಿಜ್ಯ:

L_2 = l_2 − $z_1*\tan(f_1)$ = 0.01606175

23. ನಿರೀಕ್ಷಣಸ್ಥಾನದಲ್ಲಿ ನಿರ್ದೇಶಾಂಕಗಳ ಪರಿವರ್ತನ-ವೇಗ :

x_0' = $\mu_1 * \rho\sin\varphi' * \cos(h)$ = 0.14438801

y_0' = $\mu_1 * x_0 * \sin(d) - z_0*d'$ = −0.00224141

24. ಇನ್ನುಳಿದ ಮಹತ್ವದ ಸಹಾಯಕ ತತ್ವಗಳು:

U = $x - x_0$ = −0.00016725

V = $y - y_0$ = −0.00157668

A = $x' - x_0'$ = 0.36127971

B = $y' - y_0'$ = 0.02218649

N^2 = $(A^2 + B^2)$ = 0.13101527

N = ವರ್ಗಮೂಲ(N^2) = 0.36196032

ಗ್ರಹಣಕೇಂದ್ರದ ಗ್ರಹಣ ಪರಿಸ್ಥಿತಿಗಳು

ಗ್ರಹಣಕೇಂದ್ರ ಸ್ಥಾನಿಕ ಸ್ಪರ್ಶ ಸಮಯಗಳ ಸ್ಥೂಲ ಗಣನೆ :(Approximate Times (AT))

ಮುಖ್ಯ ಗ್ರಹಣಮಧ್ಯ = 6.47189172

ಸಹಾಯಕ ಮೂಲ್ಯಗಳು

ಮೌಲ್ಯ0 = -(A*U+B*V)/N²)= 0.00072821

ಮೌಲ್ಯ1 = (A*V-B*U)/(N*L1) = -0.00278090

ಮೌಲ್ಯ2 = (A*V-B*U)/(N*L2) = -0.09734104

ಗ್ರಹಣಕೇಂದ್ರ ಸ್ಥಾನಿಕ ಗ್ರಹಣಮಧ್ಯ = ಮುಖ್ಯಗ್ರಹಣಮಧ್ಯ+ ಮೌಲ್ಯ0 = 6.47261993

ಗ್ರಹಣಕೇಂದ್ರ ಸ್ಥಾನಿಕ ಗ್ರಹಣದ ಸ್ಪರ್ಶ ಮತ್ತು ಮೋಕ್ಷ :

ಮೌಲ್ಯ1 1.00 ಕ್ಕಿಂತ ಕಡಿಮೆ ಇರುವದರಿಂದ ಸ್ಪರ್ಶ 2 ಮತ್ತ 3 ಸಂಭವವಿವೆ.

ಸ್ಥಿತ್ಯರ್ಧ = ವರ್ಗಮೂಲ(1 - ಮೌಲ್ಯ1²)*L1/N = 1.55324540\ಸ್ಪರ್ಶ = ಮುಖ್ಯಗ್ರಹಣಮಧ್ಯ - ಸ್ಥಿತ್ಯರ್ಧ = 4.91864632

ಮೋಕ್ಷ = ಮುಖ್ಯಗ್ರಹಣಮಧ್ಯ + ಸ್ಥಿತ್ಯರ್ಧ = 8.02513712

ಗ್ರಹಣಕೇಂದ್ರ ಸ್ಥಾನಿಕ ನಿಮೀಲನ ಉನ್ಮೀಲನ :

ಮೌಲ್ಯ2 1.00 ಕ್ಕಿಂತ ಕಡಿಮೆ ಇರುವದರಿಂದ ಸ್ಪರ್ಶ1 ಮತ್ತ 4 ಸಂಭವವಿವೆ.

ವಿಮದರ್ಾಧ್ = ವರ್ಗಮೂಲ(1 - ಮೌಲ್ಯ2²)*L2/N = 0.04416361

ಸಮ್ಮೀಲನ = ಮುಖ್ಯಗ್ರಹಣಮಧ್ಯ - ವಿಮದರ್ಾಧ್ = 6.42772811

ಉನ್ಮೀಲನ = ಮುಖ್ಯಗ್ರಹಣಮಧ್ಯ + ವಿಮದರ್ಾಧ್ = 6.51605533

ಸ್ಥಾನಿಕ ಪರಿಸ್ಥಿತಿಗಳ ಸೂಕ್ಷ್ಮ ಗಣಿತ :

ಗ್ರಹಣಕೇಂದ್ರ ಸ್ಪರ್ಶ1 ರ ನಿಖರತೆಗಾಗಿ ಆವರ್ತೀ ಗಣಿತ.

ಪ್ರಥಮ ಅನುಮಾನ AT1 = 4.91864632

T1	U	V	A'	B'	dt
4.91864632	−0.56920920	−0.05669951	0.37530146	0.04647783	−0.02531246
4.94395878	−0.55971478	−0.05550314	0.37489126	0.04610399	−0.00002627
4.94398505	−0.55970493	−0.05550190	0.37489084	0.04610360	−0.00000001
4.94398506	−0.55970493	−0.05550190	0.37489084	0.04610360	−0.00000000

ಗ್ರಹಣಕೇಂದ್ರ ಸ್ಪರ್ಶ1 ರ ನಿಖರ ಸಮಯ = 4.94398506

ಗ್ರಹಣಕೇಂದ್ರ ಸ್ಪರ್ಶ2 ರ ನಿಖರತೆಗಾಗಿ ಆವರ್ತೀ ಗಣಿತ.

ಪ್ರಥಮ ಅನುಮಾನ AT2 = 6.42772811

T2	U	V	A'	B'	dt
6.42772811	-0.01612383	-0.00261537	0.36135499	0.02289960	-0.00075097
6.42847908	-0.01585247	-0.00259745	0.36135355	0.02288748	0.00000019
6.42847889	-0.01585254	-0.00259745	0.36135355	0.02288748	-0.00000000

ಗ್ರಹಣಕೇಂದ್ರ ಸ್ಪರ್ಶ2 ರ ನಿಖರ ಸಮಯ = 6.42847889

ಗ್ರಹಣಕೇಂದ್ರ ಸ್ಪರ್ಶ3 ರ ನಿಖರತೆಗಾಗಿ ಆವರ್ತೀ ಗಣಿತ.

ಪ್ರಥಮ ಅನುಮಾನ AT3 = 6.51605533

T3	U	V	A'	B'	dt
6.51605533	0.01578642	-0.00056950	0.36122374	0.02147305	-0.00073042
6.51678575	0.01605025	-0.00055310	0.36122298	0.02146125	-0.00000001

ಗ್ರಹಣಕೇಂದ್ರ ಸ್ಪರ್ಶ3 ರ ನಿಖರ ಸಮಯ = 6.51678575

ಗ್ರಹಣಕೇಂದ್ರ ಸ್ಪರ್ಶ4 ರ ನಿಖರತೆಗಾಗಿ ಆವರ್ತೀ ಗಣಿತ.

ಪ್ರಥಮ ಅನುಮಾನ AT4 = 8.02513712

T4	U	V	A'	B'	dt
8.02513712	0.56533553	0.01505414	0.37081345	-0.00248963	0.00869915
8.01643797	0.56211039	0.01506671	0.37069555	-0.00235702	0.00000497
8.01643300	0.56210855	0.01506672	0.37069548	-0.00235695	0.00000000

ಗ್ರಹಣಕೇಂದ್ರ ಸ್ಪರ್ಶ4 ರ ನಿಖರ ಸಮಯ = 8.01643300

ಸ್ಥಾನಿಕ ಪರಿಸ್ಥಿತಿಗಳು: ಮುಖ್ಯ ಗ್ರಹಣಕೇಂದ್ರ ಅಕ್ಷಾಂಶ:56.67 N ; ರೇಖಾಂಶ: 80.10 E

ಸಂಪರ್ಕ	UT	ಉನ್ನತಾಂಶ	ದಿಗಂಶ	p	q	v	ಗಡಿಯಾರ ಸ್ಥಿತಿ
ಸ್ಪರ್ಶ	04:57	50.76	141.41	264.34	338.30	286.04	2.47
ಸಮ್ಮೀಲನ	06:26	55.32	175.22	260.69	357.17	263.53	3.22
ಗ್ರಹಣಮಧ್ಯ	06:28	55.35	176.28	186.06	357.80	188.26	5.72
ಉನ್ಮೀಲನ	06:31	55.37	177.38	91.97	358.44	93.53	8.88
ಮೋಕ್ಷ	08:01	52.16	212.58	88.46	18.62	69.85	9.67

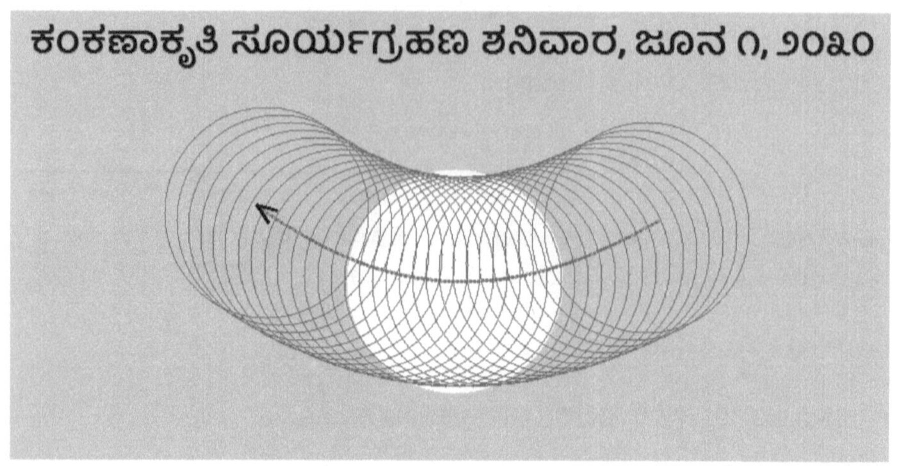

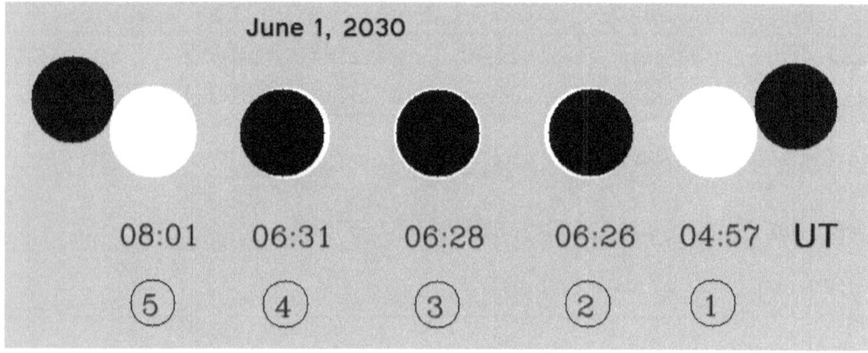

ಸೂರ್ಯಗ್ರಹಣದ ಪ್ರಮಾಣ (ಗ್ರಾಸ)

ಚಂದ್ರಬಿಂಬದ ವ್ಯಾಸಾರ್ಧ(ಚವ್ಯಾ) = 0.24828434

ಸೂರ್ಯಬಿಂಬದ ವ್ಯಾಸಾರ್ಧ(ಸೂವ್ಯಾ) = 0.26289829

ಚಂದ್ರಾರ್ಕ ಅನುಪಾತ = (ಚವ್ಯಾ/ಸೂವ್ಯಾ) = 0.94441212

ಗ್ಯೆಮಾ1.0125 ಕಿಂತ ಕಡಿಮೆ ಇದೆ, ಆದ್ದರಿಂದ ಗ್ರಹಣವು ಖಗ್ರಾಸ ಅಥವ ಕಂಕಣಾಕೃತಿ ಆಗುವದು ಚಂದ್ರಬಿಂಬ ಸೂರ್ಯಬಿಂಬಕ್ಕಿಂತ ಸಣ್ಣದಿದೆ ಆದ್ದರಿಂದ ಕಂಕಣಾಕೃತಿ ಗ್ರಹಣ ಗ್ರಾಸ (Magnitude)= ಚವ್ಯಾ/ಸೂವ್ಯಾ = 0.94441212 ಅಂದರೆ 94.44 %

ಗ್ರಹಣಮಧ್ಯದ ಸ್ಥಿತಿಗಳು

ತತ್ತ್ವ	ಸೂರ್ಯ	ಚಂದ್ರ
ಭೂಮ್ಯಂತರ (ಭೂತ್ರಿಜ್ಯ ಮಾನಗಳಲ್ಲಿ)	23783.01152826	63.67338451
ಬಿಂಬದ ವ್ಯಾಸಾರ್ಧ	0.26289829	0.24828434
ವಿಷುವಾಂಶ	69.25804679	69.23652488
ಕ್ರಾಂತಿ	22.06574853	22.56960502
ಚಂದ್ರಾರ್ಕ ಅನುಪಾತ = 0.9444		
ಗ್ರಾಸ = 0.9444		
ಗ್ರಾಸವ್ಯಾಪ್ತಿ [ಕ್ಷೇತ್ರಶಃ] = 0.8919		

ಭಾಗ 6 : ಗ್ರಹಣಕೇಂದ್ರೇತರ ಇಚ್ಛಿತ ಸ್ಥಾನದ ಗ್ರಹಣ ಪರಿಸ್ಥಿತಿಗಳು

ಸ್ಥಾನ : ITALY ಅಕ್ಷಾಂಶ:41°54'ಉತ್ತರ ರೇಖಾಂಶ:12°29'ಪೂರ್ವ

ತಾಲಿಕಾ 3. ಮುಖ್ಯ ಗ್ರಹಣಮಧ್ಯದ ದೇಶಕಾಲಾಧೀನ ತತ್ತ್ವಗಳು

18. ಚಂದ್ರಛಾಯೆಯ ಸ್ಥಾನಿಕ ದಿಗಂಶ :

    h = [μ − ರೇಖಾಂಶ] = 290.09775232

    sin(h) = −0.93910773

    cos(h) = 0.34362285

19. ನಿರೀಕ್ಷಣಸ್ಥಾನದ ಸಮುದ್ರಸಪಾಟಿಯ ಆನುಷಂಗಿಕ ತತ್ತ್ವಗಳು

    ಅಕ್ಷಜ್ಯಾ = ρsinφ' = 0.83106838

    ಅಕ್ಷಕೋ = ρcosφ' = 0.55196968

20. ನಿರೀಕ್ಷಣಸ್ಥಾನದ ನಿರ್ದೇಶಾಂಕಗಳು:

    ಇಚ್ಛಿತ ಸ್ಥಾನದಲ್ಲಿ :

    xo = *sin_h1

    yo = ಅಕ್ಷಜ್ಯಾ *cos_d1 − ಅಕ್ಷಕೋ *cos_h1*sin_d1

    zo = ಅಕ್ಷಜ್ಯಾ *sin_d1 + ಅಕ್ಷಕೋ*cos_h1*cos_d1

    ಇದರ ಪರಿಣಾಮವಾಗಿ : xo = −0.70003456

    yo = 0.51947800

    zo = 0.48694931

21. ನಿರೀಕ್ಷಕ-ಸಮತಲದಲ್ಲಿ ಉಪಛಾಯೆಯ ತ್ರಿಜ್ಯ:

$$L1 = l1 - z1*\tan(f1) = 0.56376679$$

22. ನಿರೀಕ್ಷಕ ಸಮತಲದಲ್ಲಿ ಘನಛಾಯೆಯ ತ್ರಿಜ್ಯ:

$$L2 = l2 - z1*\tan(f1) = 0.01760544$$

23. ನಿರೀಕ್ಷಣಸ್ಥಾನದಲ್ಲಿ ನಿರ್ದೇಶಾಂಕಗಳ ಪರಿವರ್ತನ-ವೇಗ :

$$xo' = \mu1 * \rho\sin\phi' * \cos(h) = 0.06705737$$

$$yo' = \mu1 * xo * \sin(d) - zo*d' = -0.06889062$$

24. ಇನ್ನುಳಿದ ಮಹತ್ವದ ಸಹಾಯಕ ತತ್ವಗಳು:

$$U = x - xo = 0.67788950$$

$$V = y - yo = 0.04196599$$

$$A = x' - xo' = 0.43861035$$

$$B = y' - yo' = 0.08883569$$

$$N^2 = (A^2 + B^2) = 0.20027082$$

$$N = ವರ್ಗಮೂಲ(N^2) = 0.44751628$$

ITALY ಸ್ಥಾನಿಕ ಸ್ಪರ್ಶ ಸಮಯಗಳ ಸ್ಥೂಲ ಗಣನೆ :(Approximate Times (AT))

ಮುಖ್ಯ ಗ್ರಹಣಮಧ್ಯ = 6.47189172

ಸಹಾಯಕ ಮೌಲ್ಯಗಳು

ಮೌಲ್ಯ0 = -(A*U+B*V)/N²)= -1.50325160

ಮೌಲ್ಯ1 = (A*V-B*U)/(N*L1) = -0.16573494

ಮೌಲ್ಯ2 = (A*V-B*U)/(N*L2) = -5.30721384

ITALY ಸ್ಥಾನಿಕ ಗ್ರಹಣಮಧ್ಯ = ಮುಖ್ಯಗ್ರಹಣಮಧ್ಯ+ ಮೌಲ್ಯ0 = 4.96864012

ITALYಸ್ಥಾನಿಕ ಗ್ರಹಣದ ಸ್ಪರ್ಶ ಮತ್ತು ಮೋಕ್ಷ :

ಮೌಲ್ಯ1 1.00 ಕ್ಕಿಂತ ಕಡಿಮೆ ಇರುವದರಿಂದ ಸ್ಪರ್ಶ 2 ಮತ್ತ 3 ಸಂಭವವಿವೆ.

ಸ್ಥಿತ್ಯರ್ಧ = ವರ್ಗಮೂಲ(1 - ಮೌಲ್ಯ1²)*L1/N = 1.24234606\ಸ್ಪರ್ಶ = ಮುಖ್ಯಗ್ರಹಣಮಧ್ಯ - ಸ್ಥಿತ್ಯರ್ಧ = 5.22954566

ಮೋಕ್ಷ = ಮುಖ್ಯಗ್ರಹಣಮಧ್ಯ + ಸ್ಥಿತ್ಯರ್ಧ = 7.71423778

ITALY ಸ್ಥಾನಿಕ ನಿಮೀಲನ ಉನ್ಮೀಲನ :

ಮೂಲ್ಯ2 1.00 ಕ್ಕಿಂತ ಹೆಚ್ಚು ಇರುವದರಿಂದ ಸಂಪೂರ್ಣ ಗ್ರಹಣವು ಕಾಣಲಾರದು.

ಸ್ಥಾನಿಕ ಪರಿಸ್ಥಿತಿಗಳ ಸೂಕ್ಷ್ಮ ಗಣಿತ :

ಗ್ರಹಣಮಧ್ಯ ನಿಖರ ಸಮಯಕ್ಕಾಗಿ ಆವರ್ತೀ ಗಣಿತ

Tmid	4x1	y1	x'	y'	dt
6.47189172	0.67788950	0.04196599	0.43861035	0.08883569	−1.50325160
4.96864012	−0.03751340	−0.09991150	0.51398513	0.09611131	0.10564024
5.07428036	0.01649851	−0.08966253	0.50859217	0.09596795	0.00079782
5.07507818	0.01690425	−0.08958518	0.50855142	0.09596666	0.00000190
5.07508008	0.01690522	−0.08958500	0.50855133	0.09596665	0.00000000

ಗ್ರಹಣಮಧ್ಯ ನಿಖರ ಸಮಯ = 5.07508008

ITALY ಸ್ಪರ್ಶ1 ರ ನಿಖರತೆಗಾಗಿ ಆವರ್ತೀ ಗಣಿತ.

ಪ್ರಥಮ ಅನುಮಾನ AT1 = 5.22954566

T1	U	V	A'	B'	dt
5.22954566	0.09484845	−0.07463355	0.50066298	0.09565547	1.24883371
3.98071195	−0.56995884	−0.19555414	0.56355970	0.09476294	−0.06527357
4.04598552	−0.53327775	−0.18929738	0.56036777	0.09499971	−0.00022347
4.04620899	−0.53315252	−0.18927593	0.56035681	0.09500049	−0.00000018
4.04620917	−0.53315242	−0.18927591	0.56035681	0.09500049	−0.00000000

ITALY ಸ್ಪರ್ಶ1 ರ ನಿಖರ ಸಮಯ = 4.04620917

ITALY ಸ್ಪರ್ಶ2 ಮತ್ತು ಸ್ಪರ್ಶ3 ಆಗುವದಿಲ್ಲ.

ITALY ಸ್ಪರ್ಶ4 ರ ನಿಖರತೆಗಾಗಿ ಆವರ್ತೀ ಗಣಿತ.

ಪ್ರಥಮ ಅನುಮಾನ AT4 = 7.71423778

T4	U	V	A'	B'	dt
7.71423778	1.18755971	0.14551581	0.38359410	0.07478506	1.62992745
6.08431033	0.50425241	0.00656354	0.45751103	0.09177658	−0.13011012
6.21442045	0.56336036	0.01857343	0.45110105	0.09086997	−0.00068203
6.21510248	0.56366801	0.01863607	0.45106761	0.09086500	0.00000124
6.21510124	0.56366745	0.01863596	0.45106767	0.09086501	−0.00000000

ITALY ಸ್ಪರ್ಶ4 ರ ನಿಖರ ಸಮಯ = 6.21510124

ITALY ಸ್ಥಾನಿಕ ಗ್ರಹಣ ಪರಿಸ್ಥಿತಿಗಳು ITALY ಅಕ್ಷಾಂಶ:41°54'ಉತ್ತರ ರೇಖಾಂಶ:12°29'ಪೂರ್ವ

ಸಂಪರ್ಕ	UT	ಉನ್ನತಾಂಶ	ದಿಗಂಶ	p	q	v	ಗಡಿಯಾರ	ಸ್ಥಿತಿ
ಸ್ಪರ್ಶ	04:03	3.29	63.02	250.45	314.31	296.15	2.13	
ಗ್ರಹಣಮಧ್ಯ	05:05	13.92	72.69	169.31	309.94	219.38	4.69	
ಮೋಕ್ಷ	06:13	26.35	83.18	88.11	307.11	140.99	7.30	

ಸೂರ್ಯಗ್ರಹಣದ ಪ್ರಮಾಣ (ಗ್ರಾಸ)

ಚಂದ್ರಬಿಂಬದ ವ್ಯಾಸಾರ್ಧ(ಚವ್ಯಾ) = 0.24597461

ಸೂರ್ಯಬಿಂಬದ ವ್ಯಾಸಾರ್ಧ(ಸೂವ್ಯಾ) = 0.26289418

ಚಂದ್ರಾರ್ಕ ಅನುಪಾತ = (ಚವ್ಯಾ/ಸೂವ್ಯಾ) = 0.93564114

ಇಲ್ಲಿ ಗ್ರಹಣ ಖಂಡಗ್ರಾಸವಾಗಿದೆ

ಗ್ರಾಸ (ವ್ಯಾಸಾಧಾರಿತ) = ಸೂವ್ಯಾ+ಚವ್ಯಾ–ಸೂಚ)/(2*ಸೂವ್ಯಾ) = 0.81112378

ಗ್ರಾಸವ್ಯಾಪ್ತಿ (ಕ್ಷೇತ್ರಾಧಾರಿತ)

ಮ = 2*acos [(ಸೂವ್ಯಾ² + ಸೂಚ² – ಚವ್ಯಾ²)/(2*ಸೂವ್ಯಾ*ಸೂಚ)] = 138.35800580

ನ = 2*acos [(ಚವ್ಯಾ² + ಸೂಚ² – ಸೂವ್ಯಾ²)/(2* ಚವ್ಯಾ * ಸೂಚ)] = 185.15248950

ಆಚ್ಛಾದಿತ ಬಿಂಬಕ್ಷೇತ್ರ = 0.5* ಚವ್ಯಾ² *[(ಮ*180/π) – sin(ಮ)]

+ 0.5* ಸೂವ್ಯಾ² *[(ನ*180/π) – sin(ನ)] = 0.16772453

ಸೂರ್ಯಬಿಂಬದ ಕ್ಷೇತ್ರ = π * ಸೂರ್ಯವ್ಯಾಸಾರ್ಧ² = 0.21712599

ಗ್ರಾಸ ವ್ಯಾಪ್ತಿ = ಆಚ್ಛಾದಿತ ಕ್ಷೇತ್ರ / ಸೂರ್ಯಬಿಂಬದ ಕ್ಷೇತ್ರ = 0.77247564

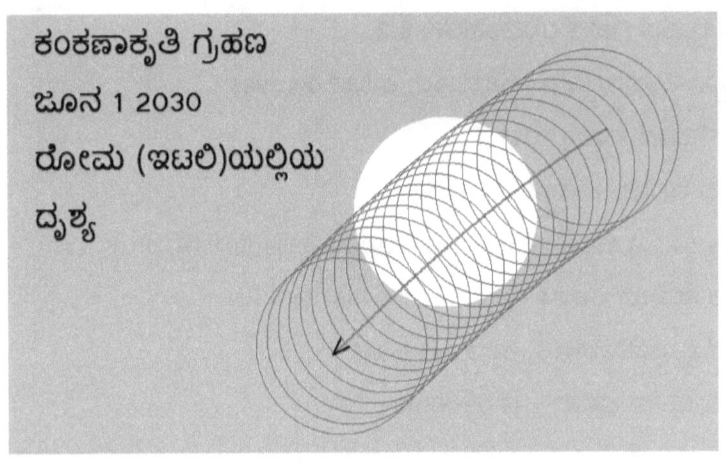

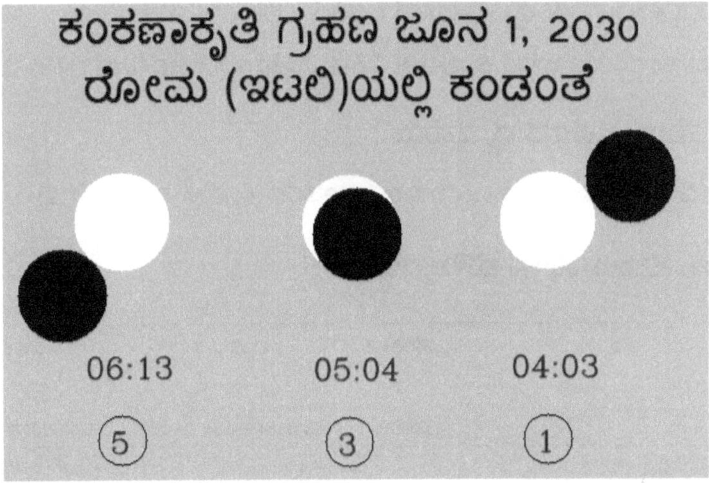

ಗ್ರಹಣಮಧ್ಯದ ಸ್ಥಿತಿಗಳು

ತತ್ವ	ಸೂರ್ಯ	ಚಂದ್ರ
ಭೂಮ್ಯಂತರ(ಭೂತ್ರಿಜ್ಯ ಮಾನಗಳಲ್ಲಿ)	23782.79992433	63.67940416
ಬಿಂಬದ ವ್ಯಾಸಾರ್ಧ	0.26289418	0.24597461
ವಿಷುವಾಂಶ	69.19845365	68.49076528
ಕ್ರಾಂತಿ	22.05788086	22.53375635

ಚಂದ್ರಾರ್ಕ ಅನುಪಾತ = 0.9356

ಗ್ರಾಸ   = 0.8111

ಗ್ರಾಸವ್ಯಾಪ್ತಿ [ಕ್ಷೇತ್ರಶಃ] = 0.7725

ಸೂರ್ಯಗ್ರಹಣ ಗಣಿತ ಉದಾಹರಣ 8.3

ಖಂಡಗ್ರಾಸ ಸೂರ್ಯಗ್ರಹಣ - ಗುರುವಾರ, ಏಪ್ರಿಲ್ 09, 1986

ಭಾಗ1 : ಗ್ರಹಣದ ಸಾಧ್ಯಾಸಾಧ್ಯತೆ

ದಿನಾರಂಭ ದಿನಗಣ = −5015.50000000

ಡೆಲ್ಟಾಟಿ = 54.99745450 ಸೆಕೆಂಡಗಳು = 0.00063654 ದಿನಗಳು

ಅಮಾಂತ ಸಮಯ = 6.34 ಗಂಟೆ = 0.26416667 ದಿನಗಳು

ಅಮಾಂತ ಕ್ಷಣದ ದಿನಗಣ = −5015.24936346

ಚಂದ್ರ/ಸೂರ್ಯನ ಭೋಗ = 19.09686110

ರಾಹುವಿನ ಭೋಗ = 30.62092971

ಸಮೀಪದ ಪಾತದಿಂದ ಚಂದ್ರ/ಸೂರ್ಯನ ಅಂತರ = 168.47593139

ಪಾತದಿಂದ ಚಂದ್ರ/ಸೂರ್ಯನ ಅಂತರವು ವಿಶಿಷ್ಟ ಮಿತಿಯಲ್ಲಿದೆ ಆದ್ದರಿಂದ ಗ್ರಹಣವು ಸಾಧ್ಯ.

ಭಾಗ2 : ಮುಖ್ಯ ಗ್ರಹಣಮಧ್ಯ ಸಮಯ:

ಅಮಾಂತದ ಹಿಂದು-ಮುಂದಿನ ಒಂದು ಗಂಟೆ ಅಂತರದ ಕ್ಷಣಗಳು (T1 ಮತ್ತುT2):

ತಾಲಿಕಾ1. ಸಮಯಾಧೀನ ಮೌಲ್ಯಗಳು

ತತ್ವ	ಸಂಕೇತ	ಮೂಲ್ಯ 1	ಮೂಲ್ಯ2
ಸಮಯ (UT)---->	T	T1= 6.00	T2= 7.00
ದಿನಗಣ ---->	ದಿನಗಣ	−5015.24936346	−5015.20769679
1. ಸೂರ್ಯನ ವಿಷುವಾಂಶ	α	17.62195403	17.66015481
2. ಸೂರ್ಯನ ಕ್ರಾಂತಿ	δ	7.47888317	7.49440135
3. ಸೂರ್ಯನ ಅಂತರ	r	23492.04612370	23492.32542694
4. ಚಂದ್ರನ ವಿಷುವಾಂಶ	α_1	17.94476912	18.40318750
5. ಚಂದ್ರನ ಕ್ರಾಂತಿ	δ_1	7.47888317	7.49440135
6. ಚಂದ್ರನ ಅಂತರ	r_1	62.47579779	62.49414238
7. ಚ/ಸೂ ಅಂತರ-ಅನುಪಾತ	$b=r_1/r$	0.00265944	0.00266019
8. ಭಾಯೆಯ ವಿಷುವಾಂಶ	a	17.62109148	17.65816976
9. ಭಾಯೆಯ ಕ್ರಾಂತಿ	d	7.48141753	7.49634828
10. ಭಾಯೆಯ x ನಿರ್ದೇಶಾಂಕ			
$x = r*\cos(\delta)+\sin(\alpha-a)$	x	x1=0.35065027	x2=0.80695189
11. ಭಾಯೆಯ y ನಿರ್ದೇಶಾಂಕ			

$y = r*[\sin(\delta)*\cos(d)$

$- \sin(\delta)*\sin(d)*(\alpha-a)]$ y   y1=-1.03911973   y2=-0.79827389

12. ಗ್ರೀನಿಚ ನಾಕ್ಷತ್ರಸಮಯ   GST   GST1=287.19029030   GST2=302.23135772

ಛಾಯೆಯ ಗ್ರೀನಿಚ ದಿಗಂಶ

$\mu = (GST - d)$ μ   μ1=269.56919882   μ2=284.57318796

13. x ,y, d , μ ಗಳ ಪರಿವರ್ತನ-ವೇಗ /ಪ್ರತಿಗಂಟೆ

[ಸೂಚನೆ: ಇಲ್ಲಿ d' ಮತ್ತು μ' ಗಳ ಮೌಲ್ಯಗಳನ್ನು ರೇಡಿಯನ್ ಗಳಲ್ಲಿ ತೆಗೆದುಕೊಳ್ಳಬೇಕು.]

$x' = (x2 - x1) = 0.45630162$

$y' = (y2 - y1) = 0.24084584$

$d' = (d2 - d1)* \pi/180 = 0.00026059$ ರೇಡಿಯನ್

$\mu' = (\mu2 - \mu1)* \pi/180 = 0.26186901$ ರೇಡಿಯನ್

ಮುಖ್ಯಗ್ರಹಣದ ಅನುಮಾನಿತ ಸಮಯ

$ATmid = T1 - (x1*x' + y1*y') / (x' * x' + y' * y') = 6.33906578$

ಗ್ರಹಣಮಧ್ಯ ನಿಖರ ಸಮಯಕ್ಕಾಗಿ ಆವರ್ತೀ ಗಣಿತ

Tmid	x1	y1	x'	y'	dt
6.00000000	0.35065027	-1.03911973	0.45630162	0.24084584	0.33906578
6.33906578	0.50536627	-0.95740538	0.45630189	0.24068787	-0.00061514
6.33845064	0.50508557	-0.95755358	0.45630189	0.24068816	0.00000117
6.33845181	0.50508611	-0.95755330	0.45630189	0.24068816	-0.00000000

ಗ್ರಹಣಮಧ್ಯ ನಿಖರ ಸಮಯ = 6.33845180

ಭಾಗ3 ಮುಖ್ಯಗ್ರಹಣದ ಸ್ಥಾನ [ಗ್ರಹಣಕೇಂದ್ರ] ನಿರ್ಣಯ

ಯಾದಿ1 T1= ಮುಖ್ಯ ಗ್ರಹಣಮಧ್ಯ (Tge) ಮತ್ತು T2 = T1 + 1

ತಾಲಿಕಾ1. ಸಮಯಾಧೀನ ಮೌಲ್ಯಗಳು

ತತ್ತ	ಸಂಕೇತ	ಮೂಲ್ಯ1	ಮೂಲ್ಯ2
ಸಮಯ (UT)---->	T	T1= 6.34	T2= 7.34
ದಿನಗಣ ---->	ದಿ	-5015.23526130	-5015.19359463
1. ಸೂರ್ಯನ ವಿಷುವಾಂಶ	α	17.63488295	17.67308434
2. ಸೂರ್ಯನ ಕ್ರಾಂತಿ	δ	7.48413574	7.49965268

3. ಸೂರ್ಯನ ಅಂತರ $\quad$ r $\quad$ 23492.14065691 $\quad$ 23492.41995252

4. ಚಂದ್ರನ ವಿಷುವಾಂಶ $\quad$ α_1 $\quad$ 18.09990281 $\quad$ 18.55837932

5. ಚಂದ್ರನ ಕ್ರಾಂತಿ $\quad$ δ_1 $\quad$ 7.48413574 $\quad$ 7.49965268

6. ಚಂದ್ರನ ಅಂತರ $\quad$ r_1 $\quad$ 62.48201677 $\quad$ 62.50033036

7. ಚ/ಸೂ ಅಂತರ-ಅನುಪಾತ $\quad$ $b=r_1/r$ $\quad$ 0.00265970 $\quad$ 0.00266045

8. ಭಾಯೆಯ ವಿಷುವಾಂಶ $\quad$ a $\quad$ 17.63364049 $\quad$ 17.67071937

9. ಭಾಯೆಯ ಕ್ರಾಂತಿ $\quad$ d $\quad$ 7.48647115 $\quad$ 7.50140105

10. ಭಾಯೆಯ x ನಿರ್ದೇಶಾಂಕ

$x = r*\cos(\delta)+\sin(\alpha-a)$ $\quad$ x $\quad$ $x_1=0.50508611$ $\quad$ $x_2=0.96138799$

11. ಭಾಯೆಯ y ನಿರ್ದೇಶಾಂಕ

$y = r*[\sin(\delta)*\cos(d)$

$\quad - \sin(\delta)*\sin(d)*(\alpha-a)]$ $\quad$ y $\quad$ $y_1=-0.95755330$ $\quad$ $y_2=-0.71686514$

12. ಗ್ರೀನಿಚ ನಾಕ್ಷತ್ರಸಮಯ $\quad$ GST $\quad$ $GST_1=292.28096668$ $\quad$ $GST_2=307.32203411$

ಭಾಯೆಯ ಗ್ರೀನಿಚ ದಿಗಂಶ

$\mu =(GST - d)$ $\quad$ μ $\quad$ $\mu_1=274.64732619$ $\quad$ $\mu_2=289.65131474$

13. x ,y, d , μ ಗಳ ಪರಿವರ್ತನ-ವೇಗ /ಪ್ರತಿಗಂಟೆ

[ಸೂಚನೆ: ಇಲ್ಲಿ d' ಮತ್ತು μ' ಗಳ ಮೌಲ್ಯಗಳನ್ನು ರೇಡಿಯನ್ ಗಳಲ್ಲಿ ತೆಗೆದುಕೊಳ್ಳಬೇಕು.]

$x' = (x_2 - x_1)= 0.45630189$

$y' = (y_2 - y_1)= 0.24068816$

$d' = (d_2 - d_1)* \pi/180 = 0.00026058$ ರೇಡಿಯನ್

$\mu' = (\mu_2 - \mu_1)* \pi/180 = 0.26186900$ ರೇಡಿಯನ್

T1 (ಗ್ರಹಣಮಧ್ಯ) ಸಮಯದ ಬೆಸೆಲಿಯನ ತತ್ತ್ವಗಳು:

x = 0.50508611 y = -0.95755330

ಗ್ಯೆಮಾ = ವರ್ಗಮೂಲ$(x*x + y*y)$ = 1.08259886

$z^2 = 1.0 - (x*x + y*y) = -0.17202029$

z^2 ಖುಣ(-) ಇರುವದರಿಂದ x, y, z ಗಳ ಹೊಸ ಮೌಲ್ಯಗಳು

x = x/ಗ್ಯೆಮಾ = 0.50508611

y = y/ಗ್ಯೆಮಾ = 0.50508611

z = 0

ಭೂಮಿಯ ಚಪ್ಪಟೆತನ = 0.99664718

ಅಕ್ಷಜ್ಯಾ = $\text{asin}[y*\cos(d)+ z*\sin(d)]$ = -0.87695528

ಹೋರಾಂಶ = h = ಚಕ್ರಶುದ್ಧ$\{\text{atan2} [(x, z*\cos(d) - y*\sin(d))]\}$ = 76.12507491 rcs = ಅಕ್ಷಕೋ = ವರ್ಗಮೂಲ[1 − (ಅಕ್ಷಜ್ಯಾ/ಚಪ್ಪಟೆತನ)²] = 0.47514884

q =atan2[(ಅಕ್ಷಜ್ಯಾ/ಚಪ್ಪಟೆತನ), ಅಕ್ಷಕೋ] = −61.63095885

GST1 = = 292.28096668

ಅಕ್ಷಾಂಶ = atan(tan(q)/ಚಪ್ಪಟೆತನ²) = −61.79156257

mu1 = rev(GST1 − a1) = 274.64732619

h1 = mu1 − ರೇಖಾಂಶ = 76.12507491

ರೇಖಾಂಶ = rev(mu1−hh) = 198.52225129

ಮುಖ್ಯ ಗ್ರಹಣಕೇಂದ್ರ ಅಕ್ಷಾಂಶ = 61.79 ಪೂರ್ವ; ರೇಖಾಂಶ = 161.48 ದಕ್ಷಿಣ

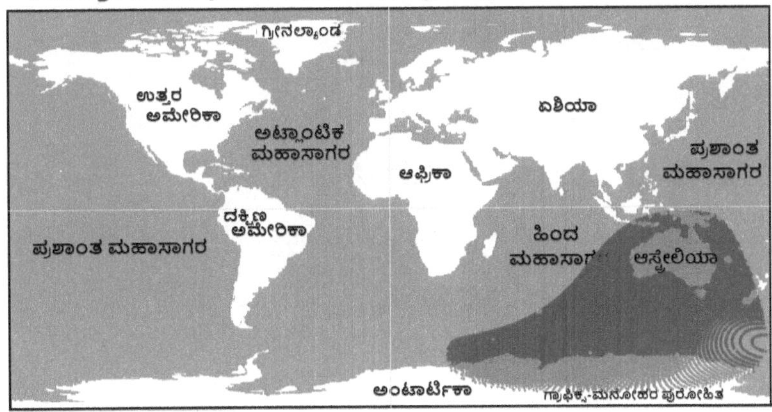

ಗ್ರಹಣಪಥದರ್ಶಕ ಜಗತ್ತಿನ ನಕ್ಷೆ

ಭಾಗ4 : ಗ್ರಹಣದ ಸಾರ್ವತ್ರಿಕ ಪರಿಸ್ಥಿತಿಗಳು

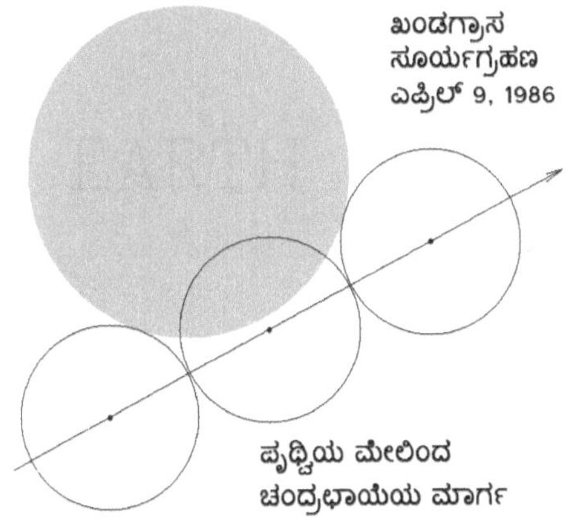

ಸಾರ್ವತ್ರಿಕ ದೃಷ್ಟಿಯಿಂದ ವಿಶಿಷ್ಟ ಸಂಪರ್ಕ ಸಮಯಗಳು

ಭಾಯಾಮಾರ್ಗದ ಏರು ಕೋನ slope = atan(y'/x') = 27°.81055812

ಸಂಪರ್ಕ ಸಮಯಗಳ ಗಣಿತ ಕ್ರಮ

ಸಂಪರ್ಕ	ES	GS	Tdif	GT	UT
U1	1.56404867	1.12881705	-2.18809759	4.15035421	04:09
U4	1.56404867	1.12881705	2.18809759	8.52654940	08:32

ಸಾರ್ವತ್ರಿಕ ವಿಶಿಷ್ಟ ಸಮಯಗಳು

Tmid = 06:20

P1=04:09   P4=08:32

ಘನಭಾಯಿಯ ಸಂಪರ್ಕಗಳಿಲ್ಲ.

ಭಾಗ5 :ಮುಖ್ಯ ಗ್ರಹಣಕೇಂದ್ರದ ಪರಿಸ್ಥಿತಿಗಳು

ತಾಲಿಕಾ1. ಮುಖ್ಯ ಗ್ರಹಣಮಧ್ಯ (T1= 6.33845180)ದ ಹೆಚ್ಚಿನ ಬೆಸೆಲಿಯನ್ ತತ್ವಗಳು

13. ಉಪಭಾಯಾಶಂಕುವಿನ ಅರೆಲಂಬಕೋನ:

    asin[(R+k)/(r*(1-b)] f1 = 0.26752000

    tan(f1) = 0.00466914

14. ಘನಭಾಯಾಶಂಕುವಿನ ಅರೆಲಂಬಕೋನ:

    asin[(R-k)/(r*(1-b)] f2 = 0.26618794

    tan(f2) = 0.00464589

15. ಚಂದ್ರನ z-ನಿರ್ದೇಶಾಂಕ:

    z1 = r1*sin(δ1)*sin(d1)

    + cos(δ1)*cos(d)*cos(α1-a) = 62.47264189

16. ಮೂಲ-ಸಮತಲದಲ್ಲಿ ಉಪಭಾಯಿಯ ತ್ರಿಜ್ಯ::

    l1 = z1*tan(f1)+ k/cos(f1) = = 0.56404867

17. ಮೂಲ-ಸಮತಲದಲ್ಲಿ ಘನಭಾಯೆಯ ತ್ರಿಜ್ಯ:

$l2 = z1*\tan(f1) + k/\cos(f2) = = 0.01788578$

ತಾಲಿಕಾ 3. ಮುಖ್ಯ ಗ್ರಹಣಮಧ್ಯದ ದೇಶಕಾಲಾಧೀನ ತತ್ತ್ವಗಳು

18. ಚಂದ್ರಭಾಯೆಯ ಸ್ಥಾನಿಕ ದಿಗಂಶ :

h [ಯಾದಿ1 ರಲ್ಲಿ ಗಣನೆ ಮಾಡಲಾಗಿದೆ.] = 76.12507491

$\sin(h) = 0.97082152$

$\cos(h) = 0.23980320$

19. ನಿರೀಕ್ಷಣಸ್ಥಾನದ ಸಮುದ್ರಸಪಾಟಿಯ ಆನುಷಂಗಿಕ ತತ್ತ್ವಗಳು

ಅಕ್ಷಜ್ಯಾ = $\rho\sin\varphi' = -0.87695528$

ಅಕ್ಷಕೋ = $\rho\cos\varphi' = 0.47514884$

20. ನಿರೀಕ್ಷಣಸ್ಥಾನದ ನಿರ್ದೇಶಾಂಕಗಳು:

ಗ್ರಹಣಕೇಂದ್ರದಲ್ಲಿ $xo = x1;\ yo = y1;\ zo = z$

ಇದರ ಪರಿಣಾಮವಾಗಿ : $xo = 0.46128472$

$yo = -0.88432557$

$zo = -0.00128941$

21. ನಿರೀಕ್ಷಕ-ಸಮತಲದಲ್ಲಿ ಉಪಭಾಯೆಯ ತ್ರಿಜ್ಯ:

$L1 = l1 - z1*\tan(f1) = 0.56405469$

22. ನಿರೀಕ್ಷಕ ಸಮತಲದಲ್ಲಿ ಘನಭಾಯೆಯ ತ್ರಿಜ್ಯ:

$L2 = l2 - z1*\tan(f1) = 0.01789177$

23. ನಿರೀಕ್ಷಣಸ್ಥಾನದಲ್ಲಿ ನಿರ್ದೇಶಾಂಕಗಳ ಪರಿವರ್ತನ-ವೇಗ :

$xo' = \mu1 * \rho\sin\varphi' * \cos(h) = 0.02983793$

$yo' = \mu1 * xo * \sin(d) - zo*d' = 0.01573912$

24. ಇನ್ನುಳಿದ ಮಹತ್ತ್ವದ ಸಹಾಯಕ ತತ್ತ್ವಗಳು:

$U = x - xo = 0.04380139$

$V = y - yo = -0.07322772$

$A = x' - xo' = 0.42646395$

$B = y' - yo' = 0.22494904$

$N^2 = (A^2 + B^2) = 0.23247358$

$N = ವರ್ಗಮೂಲ(N^2) = 0.48215514$

ಗ್ರಹಣಕೇಂದ್ರದ ಗ್ರಹಣ ಪರಿಸ್ಥಿತಿಗಳು

ಗ್ರಹಣಕೇಂದ್ರ ಸ್ಥಾನಿಕ ಸ್ಪರ್ಶ ಸಮಯಗಳ ಸ್ಥೂಲ ಗಣನೆ :(Approximate Times (AT))

ಮುಖ್ಯ ಗ್ರಹಣಮಧ್ಯ = 6.33845180

ಸಹಾಯಕ ಮೌಲ್ಯಗಳು

ಮೌಲ್ಯ0 = -(A*U+B*V)/N²)= -0.00949445

ಮೌಲ್ಯ1 = (A*V-B*U)/(N*L1) = -0.15105818

ಮೌಲ್ಯ2 = (A*V-B*U)/(N*L2) = -4.76225067

ಗ್ರಹಣಕೇಂದ್ರ ಸ್ಥಾನಿಕ ಗ್ರಹಣಮಧ್ಯ = ಮುಖ್ಯಗ್ರಹಣಮಧ್ಯ+ ಮೌಲ್ಯ0 = 6.32895736

ಗ್ರಹಣಕೇಂದ್ರ ಸ್ಥಾನಿಕ ಗ್ರಹಣದ ಸ್ಪರ್ಶ ಮತ್ತು ಮೋಕ್ಷ :

ಮೌಲ್ಯ1 1.00 ಕ್ಕಿಂತ ಕಡಿಮೆ ಇರುವದರಿಂದ ಸ್ಪರ್ಶ 2 ಮತ್ತು 3 ಸಂಭವವಿವೆ.

ಸ್ಥಿತ್ಯರ್ಧ = ವರ್ಗಮೂಲ(1 - ಮೌಲ್ಯ1²)*L1/N = 1.15643710\ಸ್ಪರ್ಶ = ಮುಖ್ಯಗ್ರಹಣಮಧ್ಯ - ಸ್ಥಿತ್ಯರ್ಧ = 5.18201470

ಮೋಕ್ಷ = ಮುಖ್ಯಗ್ರಹಣಮಧ್ಯ + ಸ್ಥಿತ್ಯರ್ಧ = 7.49488891

ಗ್ರಹಣಕೇಂದ್ರ ಸ್ಥಾನಿಕ ನಿಮೀಲನ ಉನ್ಮೀಲನ :

ಮೌಲ್ಯ2 1.00 ಕ್ಕಿಂತ ಹೆಚ್ಚು ಇರುವದರಿಂದ ಸಂಪೂರ್ಣ ಗ್ರಹಣವು ಕಾಣಲಾರದು.

ಸ್ಥಾನಿಕ ಪರಿಸ್ಥಿತಿಗಳ ಸೂಕ್ಷ್ಮ ಗಣಿತ :

ಗ್ರಹಣಕೇಂದ್ರ ಸ್ಪರ್ಶ1 ರ ನಿಖರತೆಗಾಗಿ ಆವರ್ತೀ ಗಣಿತ.

ಪ್ರಥಮ ಅನುಮಾನ = AT1 = 5.18201470

T1	U	V	A'	B'	dt
5.18201470	-0.42890707	-0.33493190	0.39179266	0.22742133	0.04264417
5.13937054	-0.44558926	-0.34464206	0.39060816	0.22753729	-0.00002831
5.13939885	-0.44557820	-0.34463562	0.39060895	0.22753721	0.00000005
5.13939880	-0.44557822	-0.34463563	0.39060894	0.22753721	-0.00000000

ಗ್ರಹಣಕೇಂದ್ರ ಸ್ಪರ್ಶ1 ರ ನಿಖರ ಸಮಯ = 5.13939880

ಗ್ರಹಣಕೇಂದ್ರ ಸ್ಪರ್ಶ2 ಮತ್ತು ಸ್ಪರ್ಶ3 ಆಗುವದಿಲ್ಲ.

ಗ್ರಹಣಕೇಂದ್ರ ಸ್ಪರ್ಶ4 ರ ನಿಖರತೆಗಾಗಿ ಆವರ್ತೀ ಗಣಿತ.

ಪ್ರಥಮ ಅನುಮಾನ = AT4 = 7.49488891

T4	U	V	A'	B'	dt
7.49488891	0.55849578	0.18642763	0.46384122	0.22387818	0.04697751
7.44791139	0.53674139	0.17589864	0.46231321	0.22389325	0.00011815
7.44779324	0.53668677	0.17587216	0.46230936	0.22389329	0.00000013
7.44779311	0.53668671	0.17587213	0.46230936	0.22389329	0.00000000

ಗ್ರಹಣಕೇಂದ್ರ ಸ್ಪರ್ಶ4 ರ ನಿಖರ ಸಮಯ = 7.44779311

ಸ್ಥಾನಿಕ ಪರಿಸ್ಥಿತಿಗಳು: ಮುಖ್ಯ ಗ್ರಹಣಕೇಂದ್ರ ಅಕ್ಷಾಂಶ:61.79 S ; ರೇಖಾಂಶ:161.48 E

ಸಂಪರ್ಕ	UT	ಉನ್ನತಾಂಶ	ದಿಗಂಶ	p	q	v	ಗಡಿಯಾರ ಸ್ಥಿತಿ
ಸ್ಪರ್ಶ	05:08	7.64	301.83	232.28	156.11	76.17	9.46
ಗ್ರಹಣಮಧ್ಯ	06:20	-0.14	285.73	149.11	152.68	356.43	12.12
ಮೋಕ್ಷ	07:27	-7.91	271.13	71.86	151.53	280.32	2.66

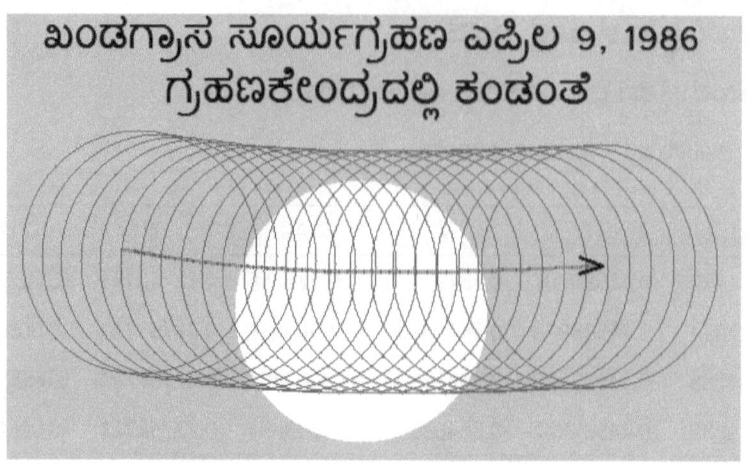

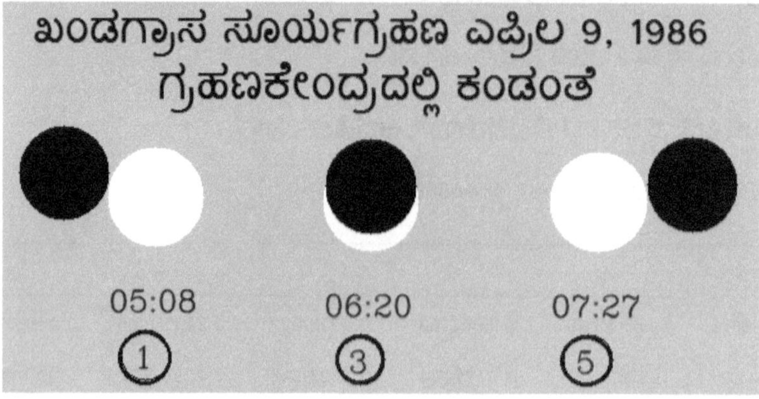

ಸೂರ್ಯಗ್ರಹಣದ ಪ್ರಮಾಣ (ಗ್ರಾಸ)

ಚಂದ್ರಬಿಂಬದ ವ್ಯಾಸಾರ್ಧ(ಚವ್ಯಾ) = 0.24974167

ಸೂರ್ಯಬಿಂಬದ ವ್ಯಾಸಾರ್ಧ(ಸೂವ್ಯಾ) = 0.26614420

ಚಂದ್ರಾರ್ಕ ಅನುಪಾತ = (ಚವ್ಯಾ/ಸೂವ್ಯಾ) = 0.93836976

ಇಲ್ಲಿ ಗ್ರಹಣ ಖಂಡಗ್ರಾಸವಾಗಿದೆ

ಗ್ರಾಸ (ವ್ಯಾಸಾಧಾರಿತ) = ಸೂವ್ಯಾ+ಚವ್ಯಾ-ಸೂಚ)/(2*ಸೂವ್ಯಾ) = 0.82293408

ಗ್ರಾಸ ವ್ಯಾಪ್ತಿ (ಕ್ಷೇತ್ರಾಧಾರಿತ)

ಮ = 2*acos [(ಸೂವ್ಯಾ² + ಸೂಚ² - ಚವ್ಯಾ²)/(2*ಸೂವ್ಯಾ*ಸೂಚ)] = 138.96927025

ನ = 2*acos [(ಚವ್ಯಾ² + ಸೂಚ² − ಸೂವ್ಯಾ²)/(2* ಚವ್ಯಾ * ಸೂಚ)] = 187.08207672

ಆಚ್ಛಾದಿತ ಬಿಂಬಕ್ಷೇತ್ರ = 0.5* ಚವ್ಯಾ² *[(ಮ*180/π) − sin(ಮ)]

+ 0.5* ಸೂವ್ಯಾ² *[(ನ*180/π) − sin(ನ)] = 0.17517528

ಸೂರ್ಯಬಿಂಬದ ಕ್ಷೇತ್ರ = π * ಸೂರ್ಯವ್ಯಾಸಾರ್ಧ² = 0.22252760

ಗ್ರಾಸ ವ್ಯಾಪ್ತಿ = ಆಚ್ಛಾದಿತ ಕ್ಷೇತ್ರ / ಸೂರ್ಯಬಿಂಬದ ಕ್ಷೇತ್ರ = 0.78720698

ಗ್ರಹಣಮಧ್ಯದ ಸ್ಥಿತಿಗಳ ಸಾರಾಂಶ

ತತ್ವ	ಸೂರ್ಯ	ಚಂದ್ರ
ಭೂಮ್ಯಂತರ(ಭೂತ್ರಿಜ್ಯ ಮಾನಗಳಲ್ಲಿ)	23492.14065691	62.48201677
ಬಿಂಬದ ವ್ಯಾಸಾರ್ಧ	0.26614420	0.24974167
ವಿಷುವಾಂಶ	17.63488295	18.09990281
ಕ್ರಾಂತಿ	7.48413574	6.60839764

ಚಂದ್ರಾರ್ಕ ಅನುಪಾತ = 0.9384

ಗ್ರಾಸ = 0.8229

ಗ್ರಾಸ [ಕ್ಷೇತ್ರಶಃ] = 0.7872

ತಾಲಿಕಾ 3. ಮುಖ್ಯ ಗ್ರಹಣಮಧ್ಯದ ದೇಶಕಾಲಾಧೀನ ತತ್ವಗಳು

18. ಚಂದ್ರಭಾಯೆಯ ಸ್ಥಾನಿಕ ದಿಗಂಶ :

 h = [μ − ರೇಖಾಂಶ] = 65.81399286

sin(h) = 0.91222020

cos(h) = 0.40970026

19. ನಿರೀಕ್ಷಣಸ್ಥಾನದ ಸಮುದ್ರಸಪಾಟಿಯ ಆನುಷಂಗಿಕ ತತ್ವಗಳು

ಅಕ್ಷಜ್ಯಾ = ρsinφ' = −0.87695528

ಅಕ್ಷಕೋ = ρcosφ' = 0.47514884

20. ನಿರೀಕ್ಷಣಸ್ಥಾನದ ನಿರ್ದೇಶಾಂಕಗಳು:

ಇಚ್ಛಿತ ಸ್ಥಾನದಲ್ಲಿ :

xo = *sin_h1

yo = ಅಕ್ಷಜ್ಯಾ *cos_d1 − ಅಕ್ಷಕೋ *cos_h1*sin_d1

zo = ಅಕ್ಷಜ್ಯಾ *sin_d1 + ಅಕ್ಷಕೋ*cos_h1*cos_d1

ಇದರ ಪರಿಣಾಮವಾಗಿ : xo = 0.75823840

yo = -0.59375455

zo = 0.26544452

21. ನಿರೀಕ್ಷಕ-ಸಮತಲದಲ್ಲಿ ಉಪಭಾಯೆಯ ತ್ರಿಜ್ಯ:

L1 = l1 - z1*tan(f1) = 0.56280927

22. ನಿರೀಕ್ಷಕ ಸಮತಲದಲ್ಲಿ ಘನಭಾಯೆಯ ತ್ರಿಜ್ಯ:

L2 = l2 - z1*tan(f1) = 0.01665255

23. ನಿರೀಕ್ಷಣಸ್ಥಾನದಲ್ಲಿ ನಿರ್ದೇಶಾಂಕಗಳ ಪರಿವರ್ತನ-ವೇಗ :

xo' = μ1 * ρsinφ' * cos(h) = 0.08917773

yo' = μ1 * xo * sin(d)- zo*d' = 0.02580152

24. ಇನ್ನುಳಿದ ಮಹತ್ವದ ಸಹಾಯಕ ತತ್ವಗಳು:

U = x - xo = -0.25315229

V = y - yo = -0.36379875

A = x' - xo' = 0.36712415

B = y' - yo' = 0.21488665

$N^2 = (A^2 + B^2)$ = 0.18095642

N = ವರ್ಗಮೂಲ(N^2) = 0.42538972

ಸಿಡ್ನೀ (ಆಸ್ಟ್ರೇಲಿಯಾ) ಸ್ಥಾನಿಕ ಸಮಯಗಳ ಸ್ಥೂಲ ಗಣನೆ :(Approximate Times (AT))

ಮುಖ್ಯ ಗ್ರಹಣಮಧ್ಯ = 6.33845180

ಸಹಾಯಕ ಮೂಲ್ಯಗಳು

ಮೂಲ್ಯ0 = -(A*U+B*V)/N^2)= 0.94560789

ಮೂಲ್ಯ1 = (A*V-B*U)/(N*L1) = -0.33064273

ಮೂಲ್ಯ2 = (A*V-B*U)/(N*L2) = -11.17479248

ಸಿಡ್ನೀ (ಆಸ್ಟ್ರೇಲಿಯಾ) ಸ್ಥಾನಿಕ ಗ್ರಹಣಮಧ್ಯ = ಮುಖ್ಯಗ್ರಹಣಮಧ್ಯ+ ಮೂಲ್ಯ0 = 7.28405970

ಸಿಡ್ನೀ (ಆಸ್ಟ್ರೇಲಿಯಾ)ಸ್ಥಾನಿಕ ಗ್ರಹಣದ ಸ್ಪರ್ಶ ಮತ್ತು ಮೋಕ್ಷ :

ಮೂಲ್ಯ1 1.00 ಕ್ಕಿಂತ ಕಡಿಮೆ ಇರುವದರಿಂದ ಸ್ಪರ್ಶ 2 ಮತ್ತು 3 ಸಂಭವವಿವೆ.

ಸ್ಥಿತ್ಯರ್ಧ = ವರ್ಗಮೂಲ(1 - ಮೂಲ್ಯ1²)*L1/N = 1.24863060\ಸ್ಪರ್ಶ = ಮುಖ್ಯಗ್ರಹಣಮಧ್ಯ
- ಸ್ಥಿತ್ಯರ್ಧ = 5.08982120

ಮೋಕ್ಷ = ಮುಖ್ಯಗ್ರಹಣಮಧ್ಯ + ಸ್ಥಿತ್ಯರ್ಧ = 7.58708240

ಸಿಡ್ನೀ (ಆಸ್ಟ್ರೇಲಿಯಾ) ಸ್ಥಾನಿಕ ನಿಮೀಲನ ಉನ್ಮೀಲನ :

ಮೂಲ್ಯ2 1.00 ಕ್ಕಿಂತ ಹೆಚ್ಚು ಇರುವದರಿಂದ ಸಂಪೂರ್ಣ ಗ್ರಹಣವು ಕಾಣಲಾರದು.

ಸ್ಥಾನಿಕ ಪರಿಸ್ಥಿತಿಗಳ ಸೂಕ್ಷ್ಮ ಗಣಿತ :

ಗ್ರಹಣಮಧ್ಯ ನಿಖರ ಸಮಯಕ್ಕಾಗಿ ಆವರ್ತೀ ಗಣಿತ

Tmid	x1	y1	x'	y'	dt
6.33845180	-0.25315229	-0.36379875	0.36712415	0.21488665	0.94560789
7.28405970	0.11799082	-0.16174024	0.41850808	0.21227383	-0.06832998
7.21572972	0.08952486	-0.17626587	0.41467916	0.21240722	0.00145595
7.21718567	0.09012867	-0.17595627	0.41476061	0.21240429	-0.00003665
7.21714902	0.09011347	-0.17596406	0.41475856	0.21240436	0.00000092
7.21714994	0.09011386	-0.17596386	0.41475861	0.21240436	-0.00000002
7.21714991	0.09011385	-0.17596387	0.41475861	0.21240436	0.00000000

ಸಿಡ್ನೀ (ಆಸ್ಟ್ರೇಲಿಯಾ) ಸ್ಪರ್ಶ1 ರ ನಿಖರತೆಗಾಗಿ ಆವರ್ತೀ ಗಣಿತ.

ಪ್ರಥಮ ಅನುಮಾನ = AT1 = 5.08982120

T1	U	V	A'	B'	dt
5.08982120	-0.67334954	-0.63575300	0.30807022	0.22067090	-0.97637900
6.06620020	-0.35119655	-0.42250482	0.35320641	0.21593426	0.03346770
6.03273250	-0.36298944	-0.42974166	0.35153022	0.21607171	-0.00005643
6.03278893	-0.36296960	-0.42972945	0.35153304	0.21607148	0.00000017
6.03278876	-0.36296966	-0.42972948	0.35153303	0.21607148	-0.00000000

ಸಿಡ್ನೀ (ಆಸ್ಟ್ರೇಲಿಯಾ) ಸ್ಪರ್ಶ1 ರ ನಿಖರ ಸಮಯ = 6.03278876

ಸಿಡ್ನೀ (ಆಸ್ಟ್ರೇಲಿಯಾ) ಸ್ಪರ್ಶ2 ಮತ್ತು ಸ್ಪರ್ಶ3 ಗಳು ಆಗುವದಿಲ್ಲ.

ಸಿಡ್ನೀ (ಆಸ್ಟ್ರೇಲಿಯಾ) ಸ್ಪರ್ಶ4 ರ ನಿಖರತೆಗಾಗಿ ಆವರ್ತೀ ಗಣಿತ.

ಪ್ರಥಮ ಅನುಮಾನ = AT4 = 7.58708240

T4	U	V	A'	B'	dt
7.58708240	0.24739684	−0.09742085	0.43561663	0.21178923	−0.72081766
8.30790006	0.57618360	0.05519856	0.47663368	0.21134644	0.02824606
8.27965400	0.56274303	0.04922183	0.47503056	0.21134488	0.00010440
8.27954960	0.56269343	0.04919974	0.47502464	0.21134488	0.00000022
8.27954938	0.56269333	0.04919969	0.47502462	0.21134488	0.00000000

ಸಿಡ್ನೀ (ಆಸ್ಟ್ರೇಲಿಯಾ) ಸ್ಪರ್ಶ4 ರ ನಿಖರ ಸಮಯ = 8.27954938

ಸಿಡ್ನೀ (ಆಸ್ಟ್ರೇಲಿಯಾ) ಸ್ಥಾನಿಕ ಪರಿಸ್ಥಿತಿಗಳು ಅಕ್ಷಾಂಶ:33°52'ದ. ರೇಖಾಂಶ:151°10'ಪೂ.

ಸಂಪರ್ಕ	UT	ಉನ್ನತಾಂಶ	ದಿಗಂಶ	p	q	v	ಗಡಿಯಾರ ಸ್ಥಿತಿ
ಸ್ಪರ್ಶ	06:02	18.89	293.29	220.19	129.71	90.47	8.98
ಗ್ರಹಣಮಧ್ಯ	07:13	4.84	282.39	152.88	125.12	27.77	11.07
ಮೋಕ್ಷ	08:17	−8.26	273.54	85.00	123.29	321.72	1.28

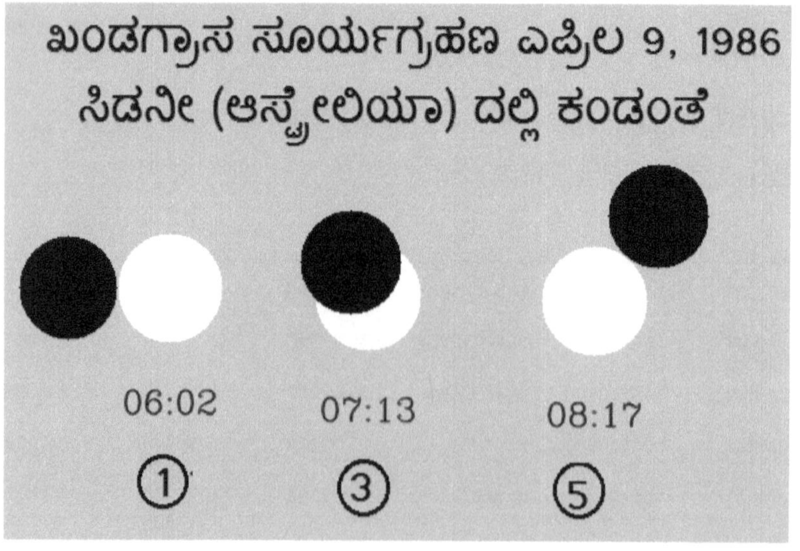

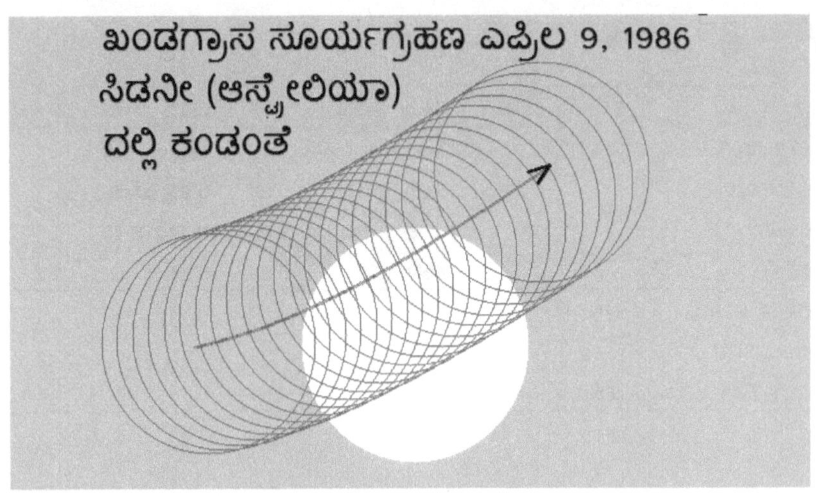

ಸೂರ್ಯಗ್ರಹಣದ ಪ್ರಮಾಣ (ಗ್ರಾಸ)

ಚಂದ್ರಬಿಂಬದ ವ್ಯಾಸಾರ್ಧ(ಚವ್ಯಾ) = 0.25002234

ಸೂರ್ಯಬಿಂಬದ ವ್ಯಾಸಾರ್ಧ(ಸೂವ್ಯಾ) = 0.26614239

ಚಂದ್ರಾರ್ಕ ಅನುಪಾತ = (ಚವ್ಯಾ/ಸೂವ್ಯಾ) = 0.93943073

ಇಲ್ಲಿ ಗ್ರಹಣ ಖಂಡಗ್ರಾಸವಾಗಿದೆ

ಗ್ರಾಸ (ವ್ಯಾಸಾಧಾರಿತ) = ಸೂವ್ಯಾ+ಚವ್ಯಾ−ಸೂಚ)/(2*ಸೂವ್ಯಾ) = 0.63096517

ಗ್ರಾಸ ವ್ಯಾಪ್ತಿ (ಕ್ಷೇತ್ರಾಧಾರಿತ)

ಮ = 2*acos [(ಸೂವ್ಯಾ² + ಸೂಚ² − ಚವ್ಯಾ²)/(2*ಸೂವ್ಯಾ*ಸೂಚ)] = 129.64248347

ನ = 2*acos [(ಚವ್ಯಾ² + ಸೂಚ² − ಸೂವ್ಯಾ²)/(2* ಚವ್ಯಾ * ಸೂಚ)] = 148.87280921

ಆಚ್ಛಾದಿತ ಬಿಂಬಕ್ಷೇತ್ರ = 0.5* ಚವ್ಯಾ² *[(ಮ*180/π) − sin(ಮ)] + 0.5* ಸೂವ್ಯಾ² *[(ನ*180/π) − sin(ನ)] = 0.12036754

ಸೂರ್ಯಬಿಂಬದ ಕ್ಷೇತ್ರ = π * ಸೂರ್ಯವ್ಯಾಸಾರ್ಧ² = 0.22252458

ಗ್ರಾಸ ವ್ಯಾಪ್ತಿ = ಆಚ್ಛಾದಿತ ಕ್ಷೇತ್ರ / ಸೂರ್ಯಬಿಂಬದ ಕ್ಷೇತ್ರ = 0.54091794

ಗ್ರಹಣಮಧ್ಯದ ಸ್ಥಿತಿಗಳ ಸಾರಾಂಶ

ತತ್ತ್ವ	ಸೂರ್ಯ	ಚಂದ್ರ
ಭೂಮ್ಯಂತರ (ಭೂತ್ರಿಜ್ಯ ಮಾನಗಳಲ್ಲಿ)	23492.38607464	62.49811379
ಬಿಂಬದ ವ್ಯಾಸಾರ್ಧ	0.26614239	0.25002234
ವಿಷುವಾಂಶ	17.66845034	18.50275585
ಕ್ರಾಂತಿ	7.49777064	6.81565202

ಚಂದ್ರಾರ್ಕ ಅನುಪಾತ = 0.9394

ಗ್ರಾಸ = 0.6310

ಗ್ರಾಸವ್ಯಾಪ್ತಿ [ಕ್ಷೇತ್ರಶಃ] = 0.5409

ಪರಿಶಿಷ್ಟ 1

21ನೇ ಶತಕದ ಚಂದ್ರಗ್ರಹಣಗಳು

ದಿನಾಂಕ	ಪೌರ್ಣಿಮಾಂತ	ಸಂಪರ್ಕ ಸಮಯಗಳು					ಗ್ರಾಸ
DD-MM-YYYY	Opp.Time	T1	T2	Tm	T3	T4	Magn.
09-01-2001	20.42	18:42	19:49	20:21	20:52	21:59	1.196
05-07-2001	15.07	13:35	-----	14:55	-----	16:16	0.502
16-05-2003	03.60	02:02	03:13	03:40	04:06	05:17	1.135
09-11-2003	01.23	23:32	01:05	01:18	01:31	03:04	1.025
04-05-2004	20.57	18:48	19:52	20:30	21:08	22:12	1.311
28-10-2004	03.12	01:13	02:22	03:03	03:44	04:53	1.315
17-10-2005	12.23	11:33	-----	12:03	-----	12:33	0.071
07-09-2006	18.70	18:04	-----	18:51	-----	19:38	0.192
03-03-2007	23.29	21:30	22:43	23:21	23:58	25:12	1.240
28-08-2007	10.59	08:50	09:51	10:37	11:23	12:24	1.484
21-02-2008	03.50	01:42	03:00	03:25	03:51	05:09	1.113
16-08-2008	21.28	19:36	-----	21:10	-----	22:45	0.814
31-12-2009	19.22	18:51	-----	19:23	-----	19:55	0.086
26-06-2010	11.51	10:16	-----	11:38	-----	13:00	0.545
21-12-2010	08.23	06:32	07:40	08:17	08:54	10:02	1.264
15-06-2011	20.22	18:22	19:21	20:12	21:02	22:02	1.707
10-12-2011	14.62	12:45	14:06	14:32	14:58	16:19	1.111
04-06-2012	11.20	09:59	-----	11:03	-----	12:07	0.378
25-04-2013	19.97	19:50	-----	20:08	-----	20:25	0.025

ದಿನಾಂಕ	ಪೌರ್ಣಿಮಾಂತ	ಸಂಪರ್ಕ ಸಮಯಗಳು					ಗ್ರಾಸ
DD-MM-YYYY	Opp.Time	T1	T2	Tm	T3	T4	Magn.
15-04-2014	07.72	05:58	07:06	07:46	08:26	09:34	1.299
08-10-2014	10.84	09:14	10:24	10:54	11:24	12:34	1.174
04-04-2015	12.11	10:15	11:54	12:01	12:07	13:46	1.006
28-09-2015	02.84	01:06	02:10	02:47	03:23	04:27	1.285
07-08-2017	18.19	17:22	-----	18:21	-----	19:19	0.254
31-01-2018	13.45	11:48	12:51	13:30	14:08	15:11	1.324
27-07-2018	20.34	18:24	19:30	20:22	21:14	22:20	1.615
21-01-2019	05.27	03:33	04:40	05:12	05:44	06:51	1.203
16-07-2019	21.64	20:01	-----	21:30	-----	23:00	0.661
26-05-2021	11.24	09:44	11:09	11:18	11:28	12:53	1.017
19-11-2021	08.96	07:18	-----	09:03	-----	10:47	0.982
16-05-2022	04.23	02:27	03:28	04:11	04:54	05:55	1.423
08-11-2022	11.04	09:08	10:16	10:59	11:42	12:49	1.365
28-10-2023	20.40	19:33	-----	20:13	-----	20:54	0.131
18-09-2024	02.58	02:11	-----	02:44	-----	03:17	0.093
14-03-2025	06.93	05:10	06:26	06:59	07:33	08:49	1.186
07-09-2025	18.14	16:26	17:29	18:11	18:52	19:56	1.369
03-03-2026	11.65	09:50	11:04	11:34	12:04	13:18	1.156
28-08-2026	04.31	02:33	-----	04:12	-----	05:52	0.937
12-01-2028	04.05	03:43	-----	04:13	-----	04:43	0.076
06-07-2028	18.19	17:09	-----	18:20	-----	19:32	0.399
31-12-2028	16.80	15:06	16:15	16:51	17:27	18:36	1.253
26-06-2029	03.39	01:32	02:31	03:23	04:14	05:13	1.848
20-12-2029	22.77	20:54	22:14	22:42	23:09	24:29	1.123

ದಿನಾಂಕ	ಪೌರ್ಣಿಮಾಂತ	ಸಂಪರ್ಕ ಸಮಯಗಳು					ಗ್ರಾಸ
DD-MM-YYYY	Opp.Time	T1	T2	Tm	T3	T4	Magn.
15-06-2030	18.69	17:20	-----	18:33	-----	19:46	0.510
25-04-2032	15.16	13:27	14:40	15:13	15:47	16:59	1.199
18-10-2032	18.98	17:24	18:38	19:02	19:27	20:41	1.111
14-04-2033	19.29	17:24	18:47	19:13	19:38	21:01	1.100
08-10-2033	10.97	09:13	10:15	10:55	11:35	12:36	1.359
28-09-2034	02.94	02:29	-----	02:46	-----	03:03	0.024
19-08-2035	01.00	00:31	-----	01:11	-----	01:50	0.111
11-02-2036	22.16	20:30	21:34	22:12	22:50	23:53	1.310
07-08-2036	02.82	00:55	02:03	02:51	03:39	04:47	1.460
31-01-2037	14.07	12:21	13:28	14:00	14:33	15:39	1.214
27-07-2037	04.26	02:32	-----	04:09	-----	05:45	0.817
06-06-2039	18.80	17:23	-----	18:53	-----	20:23	0.893
30-11-2039	16.82	15:11	-----	16:54	-----	18:38	0.949
26-05-2040	11.79	09:59	10:59	11:45	12:32	13:31	1.542
18-11-2040	19.10	17:12	18:18	19:03	19:47	20:53	1.404
16-05-2041	00.88	00:11	-----	00:42	-----	01:13	0.073
08-11-2041	04.71	03:46	-----	04:33	-----	05:19	0.179
29-09-2042	10.57	10:37	-----	10:44	-----	10:51	0.004
25-03-2043	14.43	12:42	14:02	14:30	14:58	16:18	1.121
19-09-2043	01.79	00:07	01:14	01:50	02:27	03:34	1.264
13-03-2044	19.69	17:52	19:03	19:37	20:11	21:22	1.210
07-09-2044	11.41	09:36	11:01	11:19	11:37	13:03	1.051
22-01-2046	12.86	12:34	-----	13:01	-----	13:29	0.063
DD-MM-YYYY	Opp.Time	T1	T2	Tm	T3	T4	Magn.
18-07-2046	00.91	00:06	-----	01:04	-----	02:02	0.254

ದಿನಾಂಕ	ಪೌರ್ಣಿಮಾಂತ	ಸಂಪರ್ಕ ಸಮಯಗಳು					ಗ್ರಾಸ
DD-MM-YYYY	Opp.Time	T1	T2	Tm	T3	T4	Magn.
12-01-2047	01.37	23:40	00:49	01:25	02:01	03:10	1.243
07-07-2047	10.56	08:44	09:43	10:34	11:25	12:24	1.760
01-01-2048	06.96	05:05	06:24	06:52	07:21	08:40	1.133
26-06-2048	02.14	00:41	-----	02:01	-----	03:21	0.646
06-05-2050	22.45	20:48	22:08	22:31	22:54	24:15	1.086
30-10-2050	03.26	01:43	03:01	03:20	03:38	04:56	1.062
26-04-2051	02.32	00:24	01:40	02:15	02:50	04:06	1.207
19-10-2051	19.22	17:27	18:28	19:10	19:52	20:53	1.421
08-10-2052	10.90	10:10	-----	10:44	-----	11:17	0.091
22-02-2054	06.78	05:09	06:13	06:50	07:26	08:31	1.287
18-08-2054	09.36	07:30	08:42	09:24	10:06	11:18	1.312
11-02-2055	22.81	21:05	22:11	22:44	23:18	24:24	1.231
07-08-2055	10.95	09:09	-----	10:51	-----	12:33	0.967
17-06-2057	02.31	00:59	-----	02:24	-----	03:49	0.763
11-12-2057	00.77	23:09	-----	00:52	-----	02:34	0.925
06-06-2058	19.26	17:27	18:25	19:14	20:03	21:01	1.669
30-11-2058	03.28	01:23	02:29	03:14	03:59	05:05	1.433
27-05-2059	08.06	07:04	-----	07:54	-----	08:43	0.192
19-11-2059	13.16	12:09	-----	13:00	-----	13:50	0.216
04-04-2061	21.81	20:08	21:36	21:53	22:10	23:38	1.043
29-09-2061	09.53	07:54	09:05	09:36	10:06	11:17	1.169
25-03-2062	03.60	01:46	02:55	03:32	04:10	05:19	1.275
18-09-2062	18.60	16:45	18:01	18:32	19:02	20:18	1.156
DD-MM-YYYY	Opp.Time	T1	T2	Tm	T3	T4	Magn.
14-03-2063	16.25	15:42	-----	16:04	-----	16:26	0.039

ದಿನಾಂಕ	ಪೌರ್ಣಿಮಾಂತ	ಸಂಪರ್ಕ ಸಮಯಗಳು					ಗ್ರಾಸ
DD-MM-YYYY	Opp.Time	T1	T2	Tm	T3	T4	Magn.
02-02-2064	21.62	21:23	-----	21:47	-----	22:11	0.048
28-07-2064	07.68	07:12	-----	07:51	-----	08:31	0.114
22-01-2065	09.89	08:12	09:22	09:57	10:32	11:42	1.230
17-07-2065	17.76	15:58	16:57	17:46	18:35	19:35	1.621
11-01-2066	15.12	13:15	14:33	15:03	15:32	16:51	1.143
07-07-2066	09.58	08:02	-----	09:28	-----	10:54	0.782
17-05-2068	05.58	04:00	-----	05:40	-----	07:20	0.962
09-11-2068	11.67	10:09	11:33	11:44	11:56	13:20	1.023
06-05-2069	09.20	07:14	08:25	09:08	09:50	11:01	1.328
30-10-2069	03.58	01:49	02:48	03:32	04:16	05:16	1.471
19-10-2070	18.97	18:06	-----	18:48	-----	19:30	0.147
04-03-2072	15.30	13:41	14:46	15:21	15:56	17:01	1.255
28-08-2072	15.99	14:12	15:30	16:03	16:36	17:54	1.172
22-02-2073	07.45	05:43	06:48	07:23	07:58	09:03	1.256
17-08-2073	17.75	15:53	17:14	17:40	18:06	19:26	1.109
28-06-2075	09.78	08:34	-----	09:53	-----	11:13	0.631
22-12-2075	08.79	07:11	-----	08:53	-----	10:35	0.908
17-06-2076	02.64	00:50	01:47	02:38	03:28	04:26	1.802
10-12-2076	11.57	09:41	10:46	11:31	12:17	13:22	1.454
06-06-2077	15.13	13:55	-----	14:58	-----	16:01	0.319
29-11-2077	21.71	20:39	-----	21:33	-----	22:26	0.244
16-04-2079	05.05	03:26	-----	05:08	-----	06:50	0.953
DD-MM-YYYY	Opp.Time	T1	T2	Tm	T3	T4	Magn.
10-10-2079	17.39	15:48	17:05	17:28	17:50	19:08	1.086
04-04-2080	11.41	09:34	10:39	11:21	12:02	13:08	1.353

ದಿನಾಂಕ	ಪೌರ್ಣಿಮಾಂತ	ಸಂಪರ್ಕ ಸಮಯಗಳು					ಗ್ರಾಸ
DD-MM-YYYY	Opp.Time	T1	T2	Tm	T3	T4	Magn.
29-09-2080	01.91	00:01	01:13	01:50	02:28	03:39	1.250
25-03-2081	00.50	23:45	-----	00:19	-----	00:54	0.101
13-02-2082	06.29	06:10	-----	06:27	-----	06:45	0.025
02-02-2083	18.35	16:40	17:50	18:24	18:58	20:09	1.214
29-07-2083	01.01	23:15	00:16	01:02	01:48	02:49	1.486
22-01-2084	23.26	21:22	22:40	23:11	23:42	24:59	1.156
17-07-2084	17.03	15:24	-----	16:56	-----	18:27	0.919
28-05-2086	12.59	11:06	-----	12:41	-----	14:16	0.827
20-11-2086	20.20	18:42	-----	20:16	-----	21:51	0.994
17-05-2087	15.93	13:57	15:05	15:53	16:41	17:49	1.460
10-11-2087	12.07	10:18	11:17	12:02	12:47	13:46	1.510
05-05-2088	16.43	15:35	-----	16:14	-----	16:54	0.107
30-10-2088	03.16	02:11	-----	03:00	-----	03:48	0.192
15-03-2090	23.71	22:07	23:13	23:46	24:18	25:25	1.212
08-09-2090	22.74	21:02	22:32	22:49	23:06	24:36	1.044
05-03-2091	15.98	14:14	15:18	15:55	16:32	17:36	1.289
29-08-2091	00.65	22:46	23:58	00:35	01:12	02:24	1.242
08-07-2093	17.24	16:10	-----	17:21	-----	18:33	0.496
01-01-2094	16.86	15:16	-----	16:57	-----	18:38	0.895
28-06-2094	09.97	08:10	09:07	09:58	10:49	11:47	1.830
21-12-2094	19.94	18:03	19:07	19:54	20:40	21:44	1.468
17-06-2095	22.10	20:43	-----	21:57	-----	23:11	0.453
11-12-2095	06.35	05:16	-----	06:12	-----	07:07	0.264
26-04-2097	12.17	10:37	-----	12:16	-----	13:54	0.851

ದಿನಾಂಕ	ಪೌರ್ಣಿಮಾಂತ	ಸಂಪರ್ಕ ಸಮಯಗಳು					ಗ್ರಾಸ
DD-MM-YYYY	Opp.Time	T1	T2	Tm	T3	T4	Magn.
21-10-2097	01.37	23:48	01:17	01:26	01:36	03:04	1.015
15-04-2098	19.09	17:14	18:17	19:02	19:47	20:51	1.442
10-10-2098	09.32	07:25	08:34	09:16	09:58	11:07	1.332
05-04-2099	08.62	07:43	-----	08:27	-----	09:12	0.175

21ನೇ ಶತಕದ ಚಂದ್ರ ಗ್ರಹಣಗಳ ಸಾರಾಂಶ

ಒಟ್ಟು ಹುಣ್ಣಿಮೆಗಳು = 1236

ಸಂಪೂರ್ಣ ಗ್ರಹಣಗಳು = 85

ಖಂಡಗ್ರಾಸ ಗ್ರಹಣಗಳು = 58

ಒಟ್ಟು ಗ್ರಹಣಗಳು = 143

ಪರಿಶಿಷ್ಟ 2

21 ನೆಯ ಶತಕದ ಸೂರ್ಯ ಗ್ರಹಣಗಳ ವಿವರಣೆ

ದಿನಾಂಕ	ಅಮಾಂತ	ಗ್ರಹಣಮಧ್ಯ	ಪ್ರಕಾರ	ಚಂದ್ರಶರ	ಗ್ರಾಸ	ಅಕ್ಷಾಂಶ ರೇಖಾಂಶ	
DD-MM-YYYY	Conj(UT)	MidEcl	Type	Gamma	Magn	Latitude	Longitude
21-06-2001	11:58	12:04	Total	0.5700	1.0504	11°.28 S	2°.54 E
14-12-2001	20:47	20:52	Annular	0.4088	0.9688	0°.64 N	130°.81 W
10-06-2002	23:47	23:45	Annular	0.1998	0.9970	34°.70 N	178°.79 W
04-12-2002	07:34	07:31	Total	0.3018	1.0252	39°.59 S	59°.51 E
31-05-2003	04:19	04:08	Annular	0.9960	0.9397	68°.90 N	20°.98 W
23-11-2003	22:59	22:49	Total	0.9631	1.0390	73°.58 S	90°.72 E
19-04-2004	13:21	13:33	Partial	1.1338	0.7362	62°.21 S	44°.26 E
14-10-2004	02:48	02:59	Partial	1.0352	0.9274	61°.84 N	153°.62 W
08-04-2005	20:32	20:36	Annular	0.3473	1.0082	10°.61 S	119°.12 W
03-10-2005	10:28	10:32	Annular	0.3300	0.9583	12°.90 N	28°.62 E
29-03-2006	10:15	10:11	Total	0.3850	1.0524	23°.26 N	16°.63 E
22-09-2006	11:45	11:40	Annular	0.4060	0.9359	20°.70 S	9°.05 W
19-03-2007	02:42	02:32	Partial	1.0741	0.8732	61°.56 N	55°.31 E
11-09-2007	12:44	12:31	Partial	1.1258	0.7503	61°.53 S	90°.38 W
07-02-2008	03:44	03:55	Annular	0.9570	0.9659	67°.90 S	151°.95 W
01-08-2008	10:12	10:21	Total	0.8303	1.0403	65°.79 N	71°.81 E
26-01-2009	07:55	07:58	Annular	0.2818	0.9290	34°.17 S	70°.18 E
22-07-2009	02:34	02:35	Total	0.0696	1.0808	24°.29 N	144°.11 E
15-01-2010	07:12	07:07	Annular	0.4009	0.9197	1°.67 N	69°.11 E

21 ನೆಯ ಶತಕದ ಸೂರ್ಯ ಗ್ರಹಣಗಳ ವಿವರಣೆ

ದಿನಾಂಕ	ಅಮಾಂತ	ಗ್ರಹಣಮಧ್ಯ	ಪ್ರಕಾರ	ಚಂದ್ರಶರ	ಗ್ರಾಸ	ಅಕ್ಷಾಂಶ ರೇಖಾಂಶ	
DD-MM-YYYY	Conj(UT)	MidEcl	Type	Gamma	Magn	Latitude	Longitude
11-07-2010	19:40	19:33	Total	0.6794	1.0589	19°.83 S	121°.94 W
04-01-2011	09:03	08:51	Partial	1.0635	0.8563	65°.19 N	20°.59 E
01-06-2011	21:02	21:16	Partial	1.2129	0.6014	68°.40 N	46°.51 E
01-07-2011	08:53	08:38	Partial	1.4922	0.0962	65°.71 S	28°.62 E
25-11-2011	06:10	06:20	Partial	1.0538	0.9045	69°.22 S	82°.83 W
20-05-2012	23:47	23:53	Annular	0.4818	0.9447	49°.20 N	176°.22 E
13-11-2012	22:08	22:12	Total	0.3725	1.0509	40°.13 S	161°.37 W
10-05-2013	00:29	00:26	Annular	0.2706	0.9551	2°.15 N	175°.20 E
03-11-2013	12:50	12:46	Total	0.3272	1.0167	3°.51 N	11°.77 W
29-04-2014	06:15	06:03	NonC(A)	1.0006	0.9850	71°.40 S	130°.90 E
23-10-2014	21:56	21:44	Partial	1.0914	0.8101	71°.93 N	97°.30 W
20-03-2015	09:36	09:46	Total	0.9442	1.0456	64°.36 N	5°.75 W
13-09-2015	06:41	06:54	Partial	1.1004	0.7869	72°.83 S	2°.40 W
09-03-2016	01:54	01:57	Total	0.2598	1.0458	10°.09 N	148°.72 E
01-09-2016	09:03	09:07	Annular	0.3323	0.9744	10°.67 S	37°.59 E
26-02-2017	14:58	14:53	Annular	0.4582	0.9930	34°.80 S	31°.30 W
21-08-2017	18:30	18:25	Total	0.4372	1.0314	37°.09 N	87°.71 W
15-02-2018	21:05	20:52	Partial	1.2116	0.5992	71°.62 S	0°.28 E
13-07-2018	02:48	03:01	Partial	1.3542	0.3367	68°.52 S	127°.12 E
11-08-2018	09:58	09:46	Partial	1.1478	0.7363	70°.95 N	173°.97 E
06-01-2019	01:28	01:41	Partial	1.1420	0.7142	68°.03 N	153°.39 E
02-07-2019	19:16	19:22	Total	0.6468	1.0468	17°.45 S	109°.05 W
26-12-2019	05:13	05:18	Annular	0.4133	0.9709	1°.00 N	102°.12 E

21 ನೆಯ ಶತಕದ ಸೂರ್ಯ ಗ್ರಹಣಗಳ ವಿವರಣೆ

ದಿನಾಂಕ	ಅಮಾಂತ	ಗ್ರಹಣಮಧ್ಯ	ಪ್ರಕಾರ	ಚಂದ್ರಶರ	ಗ್ರಾಸ	ಅಕ್ಷಾಂಶ ರೇಖಾಂಶ		
DD-MM-YYYY	Conj(UT)	MidEcl	Type	Gamma	Magn	Latitude		Longitude
21-06-2020	06:41	06:40	Annular	0.1209	0.9948	30°.63	N	79°.63 E
14-12-2020	16:17	16:13	Total	0.2939	1.0262	40°.48	S	67°.10 W
10-06-2021	10:53	10:42	Annular	0.9156	0.9443	82°.13	N	64°.56 W
04-12-2021	07:43	07:34	Total	0.9524	1.0377	77°.92	S	44°.03 W
30-04-2022	20:27	20:40	Partial	1.1909	0.6383	62°.77	S	71°.44 W
25-10-2022	10:48	10:59	Partial	1.0707	0.8609	62°.28	N	77°.38 E
20-04-2023	04:12	04:17	Annular	0.3953	1.0140	9°.64	S	125°.66 E
14-10-2023	17:55	17:59	Annular	0.3752	0.9527	11°.40	N	83°.15 W
08-04-2024	18:21	18:17	Total	0.3439	1.0574	25°.41	N	104°.31 W
02-10-2024	18:49	18:45	Annular	0.3508	0.9333	22°.02	S	114°.55 W
29-03-2025	10:58	10:48	Partial	1.0421	0.9345	61°.61	N	77°.42 W
21-09-2025	19:53	19:41	Partial	1.0647	0.8557	61°.41	S	153°.55 E
17-02-2026	12:01	12:12	Annular	0.9733	0.9640	65°.02	S	84°.29 E
12-08-2026	17:36	17:45	Total	0.8976	1.0396	65°.38	N	25°.87 W
06-02-2027	15:56	15:59	Annular	0.2948	0.9288	31°.37	S	48°.56 W
02-08-2027	10:05	10:06	Total	0.1417	1.0799	25°.56	N	33°.14 E
26-01-2028	15:12	15:08	Annular	0.3907	0.9215	2°.10	N	51°.68 W
22-07-2028	03:02	02:56	Total	0.6068	1.0569	15°.70	S	126°.50 E
14-01-2029	17:24	17:12	Partial	1.0556	0.8710	64°.25	N	114°.23 W
12-06-2029	03:51	04:06	Partial	1.2933	0.4596	67°.34	N	66°.89 W
11-07-2029	15:52	15:37	Partial	1.4207	0.2274	64°.82	S	85°.90 W
05-12-2029	14:52	15:02	Partial	1.0615	0.8902	68°.12	S	135°.25 E
01-06-2030	06:21	06:28	Annular	0.5619	0.9450	56°.67	N	80°.10 E

21 ನೆಯ ಶತಕದ ಸೂರ್ಯ ಗ್ರಹಣಗಳ ವಿವರಣೆ

ದಿನಾಂಕ	ಅಮಾಂತ	ಗ್ರಹಣಮಧ್ಯ	ಪ್ರಕಾರ	ಚಂದ್ರಶರ	ಗ್ರಾಸ	ಅಕ್ಷಾಂಶ ರೇಖಾಂಶ	
DD-MM-YYYY	Conj(UT)	MidEcl	Type	Gamma	Magn	Latitude	Longitude
25-11-2030	06:46	06:50	Total	0.3870	1.0477	43°.78 S	71°.16 E
21-05-2031	07:17	07:14	Annular	0.1975	0.9597	8°.93 N	71°.68 E
14-11-2031	21:10	21:06	Annular	0.3082	1.0114	0°.61 S	137°.77 W
09-05-2032	13:35	13:25	Annular	0.9376	0.9965	51°.24 S	7°.36 W
03-11-2032	05:45	05:33	Partial	1.0655	0.8533	71°.17 N	132°.21 E
30-03-2033	17:52	18:01	Total	0.9769	1.0473	71°.47 N	152°.86 W
23-09-2033	13:39	13:52	Partial	1.1586	0.6882	72°.92 S	121°.23 W
20-03-2034	10:15	09:57	Total	0.3496	1.0462	12°.41 N	15°.98 E
12-09-2034	16:13	16:17	Annular	0.3936	0.9744	18°.30 S	72°.55 W
09-03-2035	23:10	23:05	Annular	0.4372	0.9927	29°.15 S	155°.10 W
02-09-2035	01:59	01:55	Total	0.3728	1.0328	29°.18 N	158°.05 E
27-02-2036	05:00	04:46	Partial	1.1946	0.6278	72°.27 S	131°.81 W
23-07-2036	10:17	10:30	Partial	1.4253	0.1985	69°.50 S	3°.39 E
21-08-2036	17:35	17:24	Partial	1.0823	0.8623	71°.71 N	46°.74 E
16-01-2037	09:34	09:47	Partial	1.1478	0.7050	69°.13 N	20°.61 E
13-07-2037	02:32	02:39	Total	0.7242	1.0422	24°.78 S	138°.87 E
05-01-2038	13:41	13:46	Annular	0.4165	0.9735	2°.08 N	25°.61 W
02-07-2038	13:32	13:31	Annular	0.0399	0.9919	25°.52 N	21°.95 W
26-12-2038	01:02	00:59	Total	0.2886	1.0276	40°.45 S	163°.82 E
21-06-2039	17:21	17:12	Annular	0.8317	0.9462	79°.71 N	101°.40 W
15-12-2039	16:32	16:22	Total	0.9454	1.0366	82°.60 S	175°.80 E
11-05-2040	03:28	03:41	Partial	1.2531	0.5303	63°.44 S	174°.17 E
04-11-2040	18:55	19:07	Partial	1.0999	0.8064	62°.86 N	53°.44 W

21 ನೆಯ ಶತಕದ ಸೂರ್ಯ ಗ್ರಹಣಗಳ ವಿವರಣೆ

ದಿನಾಂಕ	ಅಮಾಂತ	ಗ್ರಹಣಮಧ್ಯ	ಪ್ರಕಾರ	ಚಂದ್ರಶರ	ಗ್ರಾಸ	ಅಕ್ಷಾಂಶ ರೇಖಾಂಶ	
DD-MM-YYYY	Conj(UT)	MidEcl	Type	Gamma	Magn	Latitude	Longitude
30-04-2041	11:47	11:51	Total	0.4491	1.0197	9°.66 S	11°.93 E
25-10-2041	01:29	01:34	Annular	0.4135	0.9474	9°.99 N	162°.92 E
20-04-2042	02:19	02:17	Total	0.2964	1.0623	27°.09 N	137°.06 E
14-10-2042	02:02	01:59	Annular	0.3030	0.9308	23°.82 S	137°.83 E
09-04-2043	19:06	18:56	NonC(T)	1.0038	1.0418	61°.81 N	151°.85 E
03-10-2043	03:12	03:00	NonC(A)	1.0106	0.9441	61°.46 S	35°.07 E
28-02-2044	20:12	20:23	Annular	0.9950	0.9613	62°.75 S	30°.10 W
23-08-2044	01:05	01:15	Total	0.9609	1.0375	64°.54 N	121°.95 W
16-02-2045	23:51	23:55	Annular	0.3122	0.9292	28°.32 S	166°.31 W
12-08-2045	17:39	17:41	Total	0.2112	1.0783	25°.96 N	78°.64 W
05-02-2046	23:10	23:05	Annular	0.3775	0.9239	4°.85 N	171°.68 W
02-08-2046	10:24	10:19	Total	0.5355	1.0540	12°.79 S	15°.20 E
26-01-2047	01:44	01:32	Partial	1.0463	0.8885	63°.41 N	111°.41 E
23-06-2047	10:35	10:51	Partial	1.3763	0.3135	66°.29 N	178°.60 W
22-07-2047	22:49	22:35	Partial	1.3486	0.3588	64°.01 S	160°.13 E
16-12-2047	23:38	23:49	Partial	1.0661	0.8818	67°.00 S	7°.19 W
11-06-2048	12:50	12:58	Annular	0.6458	0.9450	63°.86 N	11°.58 W
05-12-2048	15:30	15:34	Total	0.3973	1.0449	46°.29 S	56°.47 W
31-05-2049	14:00	13:59	Annular	0.1199	0.9639	15°.29 N	30°.07 W
25-11-2049	05:35	05:32	Annular	0.2944	1.0064	3°.81 S	95°.22 E
20-05-2050	20:51	20:41	Annular	0.8696	1.0046	40°.22 S	123°.89 W
14-11-2050	13:40	13:28	Partial	1.0454	0.8862	70°.23 N	0°.90 E

21 ನೆಯ ಶತಕದ ಸೂರ್ಯ ಗ್ರಹಣಗಳ ವಿವರಣೆ

ದಿನಾಂಕ	ಅಮಾಂತ	ಗ್ರಹಣಮಧ್ಯ	ಪ್ರಕಾರ	ಚಂದ್ರಶರ	ಗ್ರಾಸ	ಅಕ್ಷಾಂಶ ರೇಖಾಂಶ	
DD-MM-YYYY	Conj(UT)	MidEcl	Type	Gamma	Magn	Latitude	Longitude
11-04-2051	01:58	02:08	Partial	1.0160	0.9836	72°.33 N	32°.19 E
04-10-2051	20:45	20:59	Partial	1.2093	0.6024	72°.76 S	117°.84 E
30-03-2052	18:27	18:30	Total	0.3226	1.0475	22°.38 N	102°.52 W
22-09-2052	23:31	23:36	Annular	0.4480	0.9742	25°.76 S	175°.19 E
20-03-2053	07:11	07:06	Annular	0.4096	0.9926	23°.12 S	82°.90 E
12-09-2053	09:35	09:32	Total	0.3142	1.0337	21°.55 N	41°.85 E
09-03-2054	12:45	12:32	Partial	1.1715	0.6669	72°.71 S	97°.89 E
03-08-2054	17:47	18:01	Partial	1.4946	0.0645	70°.42 S	121°.21 W
02-09-2054	01:17	01:07	Partial	1.0212	0.9774	72°.30 N	82°.27 W
27-01-2055	17:38	17:52	Partial	1.1548	0.6936	70°.18 N	112°.28 W
24-07-2055	09:47	09:55	Total	0.8010	1.0368	33°.31 S	25°.89 E
16-01-2056	22:09	22:14	Annular	0.4197	0.9767	3°.91 N	153°.45 W
12-07-2056	20:19	20:20	Annular	0.0421	0.9886	19°.54 N	123°.72 W
05-01-2057	09:49	09:46	Total	0.2845	1.0295	39°.40 S	35°.22 E
01-07-2057	23:46	23:38	Annular	0.7456	0.9472	71°.88 N	175°.86 W
26-12-2057	01:22	01:13	Total	0.9409	1.0357	89°.35 S	24°.15 E
22-05-2058	10:22	10:36	Partial	1.3197	0.4137	64°.20 S	61°.00 E
21-06-2058	00:34	00:17	Partial	1.4872	0.1255	66°.54 N	9°.74 E
16-11-2058	03:08	03:20	Partial	1.1232	0.7632	63°.57 N	174°.20 E
11-05-2059	19:14	19:20	Total	0.5083	1.0250	10°.79 S	100°.37 W
05-11-2059	09:10	09:16	Annular	0.4451	0.9424	8°.77 N	47°.11 E
30-04-2060	10:11	10:08	Total	0.2430	1.0669	28°.10 N	20°.80 E
24-10-2060	09:24	09:21	Annular	0.2624	0.9284	25°.87 S	28°.32 E

21 ನೆಯ ಶತಕದ ಸೂರ್ಯ ಗ್ರಹಣಗಳ ವಿವರಣೆ

ದಿನಾಂಕ	ಅಮಾಂತ	ಗ್ರಹಣಮಧ್ಯ	ಪ್ರಕಾರ	ಚಂದ್ರಶರ	ಗ್ರಾಸ	ಅಕ್ಷಾಂಶ ರೇಖಾಂಶ	
DD-MM-YYYY	Conj(UT)	MidEcl	Type	Gamma	Magn	Latitude	Longitude
20-04-2061	03:05	02:55	Total	0.9593	1.0485	64°.90 N	59°.43 E
13-10-2061	10:40	10:29	Annular	0.9638	0.9478	62°.37 S	53°.01 W
11-03-2062	04:13	04:24	Partial	1.0230	0.9341	61°.44 S	147°.21 W
03-09-2062	08:41	08:51	Partial	1.0194	0.9739	61°.74 N	150°.54 E
28-02-2063	07:38	07:42	Annular	0.3352	0.9300	25°.26 S	77°.57 E
24-08-2063	01:16	01:19	Total	0.2770	1.0759	25°.63 N	168°.52 E
17-02-2064	07:02	06:58	Annular	0.3600	0.9269	7°.07 N	69°.73 E
12-08-2064	17:49	17:44	Total	0.4664	1.0503	11°.03 S	96°.06 W
05-02-2065	10:01	09:50	Partial	1.0342	0.9111	62°.71 N	21°.92 W
03-07-2065	17:15	17:32	Partial	1.4609	0.1656	65°.29 N	71°.21 E
02-08-2065	05:45	05:32	Partial	1.2771	0.4881	63°.28 S	46°.54 E
27-12-2065	08:26	08:37	Partial	1.0688	0.8772	65°.89 S	149°.60 W
22-06-2066	19:14	19:23	Annular	0.7323	0.9443	70°.39 N	96°.31 W
17-12-2066	00:17	00:21	Total	0.4043	1.0424	47°.53 S	175°.92 E
11-06-2067	20:40	20:39	Annular	0.0390	0.9678	21°.10 N	130°.04 W
06-12-2067	14:04	14:01	Annular	0.2850	1.0019	6°.04 S	32°.40 W
31-05-2068	04:02	03:54	Total	0.7974	1.0118	31°.10 S	123°.20 E
24-11-2068	21:41	21:29	Partial	1.0305	0.9100	69°.17 N	131°.28 W
21-04-2069	09:58	10:09	Partial	1.0615	0.9005	71°.74 N	101°.38 W
20-05-2069	18:05	17:50	Partial	1.4860	0.0863	69°.44 S	70°.25 W
15-10-2069	04:02	04:16	Partial	1.2524	0.5296	72°.34 S	5°.30 W
11-04-2070	02:30	02:34	Total	0.3641	1.0481	29°.08 N	135°.03 E

21 ನೆಯ ಶತಕದ ಸೂರ್ಯ ಗ್ರಹಣಗಳ ವಿವರಣೆ

ದಿನಾಂಕ	ಅಮಾಂತ	ಗ್ರಹಣಮಧ್ಯ	ಪ್ರಕಾರ	ಚಂದ್ರಶರ	ಗ್ರಾಸ	ಅಕ್ಷಾಂಶ		ರೇಖಾಂಶ
DD-MM-YYYY	Conj(UT)	MidEcl	Type	Gamma	Magn	Latitude		Longitude
04-10-2070	07:00	07:05	Annular	0.4951	0.9738	32°.95	S	60°.63 E
31-03-2071	15:03	14:59	Annular	0.3750	0.9927	16°.81	S	37°.20 W
23-09-2071	17:20	17:17	Total	0.2619	1.0341	14°.27	N	76°.56 W
19-03-2072	20:22	20:09	Partial	1.1415	0.7179	72°.89	S	30°.52 W
12-09-2072	09:06	08:56	Total	0.9654	1.0569	69°.91	N	100°.49 E
07-02-2073	01:40	01:53	Partial	1.1646	0.6776	71°.13	N	114°.77 E
03-08-2073	17:03	17:12	Total	0.8763	1.0303	43°.25	S	89°.26 W
27-01-2074	06:37	06:42	Annular	0.4244	0.9805	6°.54	N	78°.68 E
24-07-2074	03:06	03:08	Annular	0.1238	0.9846	12°.85	N	133°.71 E
16-01-2075	18:36	18:33	Total	0.2803	1.0319	37°.32	S	94°.02 W
13-07-2075	06:11	06:03	Annular	0.6585	0.9475	63°.38	N	95°.26 E
06-01-2076	10:14	10:05	Total	0.9376	1.0352	0°.00	N	178°.78 E
01-06-2076	17:14	17:28	Partial	1.3895	0.2900	65°.04	S	51°.59 W
01-07-2076	07:04	06:49	Partial	1.4013	0.2733	67°.55	N	98°.64 W
26-11-2076	11:27	11:39	Partial	1.1411	0.7299	64°.39	N	40°.12 E
22-05-2077	02:38	02:44	Total	0.5721	1.0299	13°.14	S	148°.09 E
15-11-2077	16:59	17:04	Annular	0.4704	0.9378	7°.83	N	70°.73 W
11-05-2078	17:56	17:54	Total	0.1841	1.0710	28°.26	N	93°.72 W
04-11-2078	16:55	16:53	Annular	0.2290	0.9262	27°.95	S	83°.31 W
01-05-2079	10:56	10:47	Total	0.9087	1.0521	66°.51	N	45°.77 W
24-10-2079	18:19	18:08	Annular	0.9244	0.9492	63°.67	S	159°.80 W
21-03-2080	12:05	12:17	Partial	1.0577	0.8735	61°.44	S	86°.03 E
13-09-2080	16:24	16:35	Partial	1.0725	0.8742	61°.59	N	25°.93 E

21 ನೆಯ ಶತಕದ ಸೂರ್ಯ ಗ್ರಹಣಗಳ ವಿವರಣೆ

ದಿನಾಂಕ	ಅಮಾಂತ	ಗ್ರಹಣಮಧ್ಯ	ಪ್ರಕಾರ	ಚಂದ್ರಶರ	ಗ್ರಾಸ	ಅಕ್ಷಾಂಶ ರೇಖಾಂಶ	
DD-MM-YYYY	Conj(UT)	MidEcl	Type	Gamma	Magn	Latitude	Longitude
10-03-2081	15:17	15:21	Annular	0.3647	0.9311	22°.43 S	36°.88 W
03-09-2081	09:00	09:03	Total	0.3384	1.0729	24°.73 N	53°.88 E
27-02-2082	14:49	14:45	Annular	0.3372	0.9305	9°.52 N	47°.41 W
24-08-2082	01:16	01:12	Total	0.4005	1.0460	10°.32 S	151°.96 E
16-02-2083	18:15	18:04	Partial	1.0182	0.9408	62°.15 N	154°.29 W
14-07-2083	23:53	24:11	Partial	1.5458	0.0179	64°.36 N	38°.22 W
13-08-2083	12:44	12:31	Partial	1.2073	0.6131	62°.65 S	67°.40 W
07-01-2084	17:17	17:28	Partial	1.0708	0.8739	64°.85 S	67°.98 E
03-07-2084	01:38	01:48	Annular	0.8201	0.9429	75°.38 N	169°.59 W
27-12-2084	09:06	09:10	Total	0.4092	1.0404	47°.46 S	47°.81 E
22-06-2085	03:18	03:19	Annular	0.0442	0.9712	26°.18 N	131°.12 E
16-12-2085	22:37	22:34	Annular	0.2790	0.9979	7°.27 S	160°.78 W
11-06-2086	11:12	11:04	Total	0.7219	1.0182	23°.28 S	12°.43 E
06-12-2086	05:47	05:35	Partial	1.0200	0.9263	68°.05 N	96°.01 E
02-05-2087	17:51	18:02	Partial	1.1130	0.8029	70°.98 N	127°.37 E
01-06-2087	01:38	01:24	Partial	1.4193	0.2132	68°.41 S	165°.03 E
26-10-2087	11:28	11:43	Partial	1.2881	0.4697	71°.70 S	130°.38 W
21-04-2088	10:25	10:29	Total	0.4122	1.0483	36°.04 N	14°.99 E
14-10-2088	14:38	14:44	Annular	0.5347	0.9735	39°.76 S	55°.86 W
10-04-2089	22:46	22:42	Annular	0.3331	0.9927	10°.30 S	155°.01 W
04-10-2089	01:13	01:11	Total	0.2163	1.0342	7°.43 N	162°.10 E
31-03-2090	03:48	03:36	Partial	1.1040	0.7816	72°.81 S	156°.54 W

21 ನೆಯ ಶತಕದ ಸೂರ್ಯ ಗ್ರಹಣಗಳ ವಿವರಣೆ

ದಿನಾಂಕ	ಅಮಾಂತ	ಗ್ರಹಣಮಧ್ಯ	ಪ್ರಕಾರ	ಚಂದ್ರಶರ	ಗ್ರಾಸ	ಅಕ್ಷಾಂಶ ರೇಖಾಂಶ	
DD-MM-YYYY	Conj(UT)	MidEcl	Type	Gamma	Magn	Latitude	Longitude
23-09-2090	17:02	16:53	Total	0.9153	1.0571	60°.72 N	40°.84 W
18-02-2091	09:37	09:51	Partial	1.1782	0.6553	71°.92 N	17°.74 W
15-08-2091	00:21	00:31	Total	0.9488	1.0225	55°.46 S	150°.80 E
07-02-2092	15:02	15:07	Annular	0.4317	0.9848	9°.94 N	48°.77 W
03-08-2092	09:54	09:56	Annular	0.2042	0.9802	5°.62 N	30°.26 E
27-01-2093	03:22	03:19	Total	0.2747	1.0348	34°.28 S	136°.39 E
23-07-2093	12:36	12:29	Annular	0.5718	0.9472	54°.74 N	1°.32 E
16-01-2094	19:05	18:56	Total	0.9344	1.0351	87°.31 S	14°.33 W
13-06-2094	00:02	00:18	Partial	1.4617	0.1611	65°.94 S	163°.81 W
12-07-2094	13:36	13:21	Partial	1.3148	0.4228	68°.56 N	152°.39 E

DD-MM-YYYY ತಾರೀಖ	Conj(UT) अमांत	MidEcl ग्रहणमध्य	Type प्रकार	Gamma गैमा	Magn ग्रास	Latitude Longitude अक्षांश-रेखांश	
07-12-2094	19:50	20:02	Partial	1.1547	0.7048	65°.31 N	95°.31 W
02-06-2095	09:58	10:04	Total	0.6396	1.0341	16°.77 S	37°.04 E
27-11-2095	00:53	00:59	Annular	0.4900	0.9337	7°.26 N	169°.77 E
22-05-2096	01:35	01:34	Total	0.1204	1.0746	27°.41 N	153°.25 E
15-11-2096	00:35	00:33	Annular	0.2023	0.9244	29°.86 S	163°.29 E
11-05-2097	18:40	18:32	Total	0.8526	1.0548	67°.80 N	149°.43 W
04-11-2097	02:07	01:57	Annular	0.8921	0.9502	66°.04 S	87°.80 E
01-04-2098	19:48	20:00	Partial	1.0996	0.8001	61°.60 S	38°.33 W
25-09-2098	00:15	00:26	Partial	1.1196	0.7850	61°.61 N	100°.65 W
24-10-2098	10:47	10:31	Partial	1.5395	0.0078	62°.22 S	95°.23 W
21-03-2099	22:46	22:51	Annular	0.4011	0.9325	20°.05 S	149°.21 W

21 ನೆಯ ಶತಕದ ಸೂರ್ಯ ಗ್ರಹಣಗಳ ವಿವರಣೆ

ದಿನಾಂಕ	ಅಮಾಂತ	ಗ್ರಹಣಮಧ್ಯ	ಪ್ರಕಾರ	ಚಂದ್ರಶರ	ಗ್ರಾಸ	ಅಕ್ಷಾಂಶ ರೇಖಾಂಶ	
DD-MM-YYYY	Conj(UT)	MidEcl	Type	Gamma	Magn	Latitude	Longitude
14-09-2099	16:50	16:54	Total	0.3946	1.0693	23°.45 N	62°.70 W
10-03-2100	22:29	22:25	Annular	0.3084	0.9345	12°.03 N	162°.63 W
04-09-2100	08:49	08:45	Total	0.3388	1.0411	10°.52 S	39°.06 E

21ನೆಯ ಶತಕದ ಸೂರ್ಯ ಗ್ರಹಣಗಳ ಸಾರಾಂಶ

ಒಟ್ಟು ಅಮಾವಾಸ್ಯೆಗಳು : 1237

ಆಂಶಿಕ ಸೂರ್ಯಗ್ರಹಣಗಳು : 77

ಕಂಕಣಾಕೃತಿ ಸೂರ್ಯಗ್ರಹಣಗಳು : 76

ಖಗ್ರಾಸ ಸೂರ್ಯಗ್ರಹಣಗಳು : 68

ವಿಕೇಂದ್ರಿಯ ಸೂರ್ಯಗ್ರಹಣಗಳು : 3

======

ಒಟ್ಟು ಸೂರ್ಯ ಗ್ರಹಣಗಳು : 224

ಮಹತ್ವದ ಧ್ರುವಾಂಕಗಳು

ಪೃಥ್ವಿ

ವಿಷುವವೃತ್ತೀಯ ತ್ರಿಜ್ಯ = 6378.137 ಕಿಮೀ .

ಧ್ರುವೀಯ ತ್ರಿಜ್ಯ = 6356.75 ಕಿಮೀ

ಚಪ್ಪಟೆತನ = 0.99664719

ಸರಾಸರಿ ತ್ರಿಜ್ಯ = 6371.00 ಕಿಮೀ

ಪರಿವಲನ ವೇಗ = 7.292115 × 10^{-5} ರೇಡಿಯನ/ಸೆಕೆಂಡ

ಚಂದ್ರ

ವಿಷುವವೃತ್ತೀಯ ತ್ರಿಜ್ಯ = 1378.1 ಕಿಮೀ

ಧ್ರುವೀಯ ತ್ರಿಜ್ಯ = 1736.0 ಕಿಮೀ

ಸರಾಸರಿ ತ್ರಿಜ್ಯ = 1737.1 ಕಿಮೀ

ಮಧ್ಯಮ ಭೂಮ್ಯಂತರ = 385000.56 ಕಿಮೀ

ಸೂರ್ಯ

ತ್ರಿಜ್ಯ = 696000 ಕಿಮೀ

ಮಧ್ಯಮ ಭೂಮ್ಯಂತರ = 149597870.691 ಕಿಮೀ = 1(AU)

ಕಾಲಗಣನೆ

ಜ್ಯೂಲಿಯನ ಕ್ಯಾಲೆಂಡರ ಪ್ರಾರಂಭ = 4743 ಈಸಾ ಪೂರ್ವ -4742) 12:00 UT

ಕ್ಷೇಪಕ J2000 = 1 ಜಾನೆವರೀ, 2000 12:00 TT (jd= 2451545.0)

ಜ್ಯೂಲಿಯನ ದಿನ= 86400 ಸೆಕೆಂಡುಗಳು

ಜ್ಯೂಲಿಯನ ಶತಕ = 36525 ಜ್ಯೂಲಿಯನ ದಿನಗಳು